Grundoperationen

Lehrbuch der Technischen Chemie · Band 2

Herausgegeben von M. Baerns, J. Falbe, F. Fetting
H. Hofmann, W. Keim, U. Onken

 Georg Thieme Verlag Stuttgart · New York

Grundoperationen

Jürgen Gmehling
Axel Brehm

251 Abbildungen, 50 Tabellen

1996
Georg Thieme Verlag Stuttgart · New York

Anschriften:

Prof. Dr. Manfred Baerns
Lehrstuhl für Technische Chemie
Ruhr-Universität Bochum
Universitätsstr. 150
44801 Bochum

Priv.-Doz. Dr. Axel Brehm
Technische Chemie
Universität Oldenburg
Ammerländer Heerstr. 114–118
26129 Oldenburg

Prof. Dr. Jürgen Falbe
Linnéplatz 14
41466 Neuss

Prof. em. Dr. Fritz Fetting
Physikalische Chemie
und Chemische Technologie
TH Darmstadt
Petersenstr. 20
64287 Darmstadt

Prof. Dr. Jürgen Gmehling
Technische Chemie
Universität Oldenburg
Ammerländer Heerstr. 114–118
26129 Oldenburg

Prof. em. Dr. Hanns Hofmann
Institut für Technische Chemie
Universität Erlangen-Nürnberg
Egerlandstr. 3
91058 Erlangen

Prof. Dr. Wilhelm Keim
Institut für Technische Chemie
und Petrolchemie
RWTH Aachen
Worringer Weg 1
52056 Aachen

Prof. em. Dr. Ulfert Onken
Universität Dortmund
Lehrstuhl für Technische Chemie B
Emil-Figge-Straße 50
44227 Dortmund

Die Deutsche Bibliothek – CIP-Einheitsaufnahme

Lehrbuch der Technischen Chemie / hrsg. von M. Baerns ... –
Stuttgart ; New York : Thieme.
NE: Baerns, Manfred [Hrsg.]
Bd. 2. Grundoperationen / Jürgen Gmehling ; Axel Brehm. –
1996
NE: Gmehling, Jürgen

Geschützte Warennamen (Warenzeichen) wurden **nicht** in jedem einzelnen Fall besonders kenntlich gemacht. Aus dem Fehlen eines solchen Hinweises kann also nicht geschlossen werden, daß es sich um einen freien Warennamen handele.

Das Werk, einschließlich aller seiner Teile, ist urheberrechtlich geschützt. Jede Verwertung außerhalb der engen Grenzen des Urheberrechtsgesetzes ist ohne Zustimmung des Verlages unzulässig und strafbar. Das gilt insbesondere für Vervielfältigungen, Übersetzungen, Mikroverfilmungen und die Einspeicherung und Verarbeitung in elektronischen Systemen.

© 1996 Georg Thieme Verlag
Rüdigerstraße 14, D-70469 Stuttgart
Printed in Germany
Gesamtherstellung: Druckhaus „Thomas Müntzer"
99947 Bad Langensalza

ISBN 3-13-687401-3   1 2 3 4 5 6

Vorwort

Die Technische Chemie hat sich in den letzten Jahrzehnten von einem Lehrfach mit überwiegend verfahrensbeschreibendem Charakter zu einem modernen, theoretisch fundierten Grundlagenfach der Chemie entwickelt. Eine wichtige Aufgabe der Technischen Chemie besteht in der wirtschaftlichen, umweltgerechten und ressourcenschonenden Überführung der im Labor gewonnenen Grundlagenkenntnisse in die Praxis. Geschah diese Maßstabsvergrößerung bis vor wenigen Jahrzehnten weitgehend empirisch und schrittweise, so wird diese Übertragung heutzutage durch den Einsatz von Prozeßsimulatoren erleichtert. Dies gilt beispielsweise für die in diesem Lehrbuch behandelten thermischen Trennverfahren, bei denen die Auslegung der Trennkolonnen, die Auswahl selektiver Lösungsmittel und die Festlegung der Trennsequenz aufgrund der in den letzten Jahren erfolgten rasanten Verbesserung der für diese Aufgabenstellung benötigten Modelle der Mischphasenthermodynamik weitgehend computergestützt erfolgen kann.

Die Lehre im Fachgebiet Technische Chemie gliedert sich in die Teilgebiete *Chemische Reaktionstechnik*, *Grundoperationen* sowie *Chemische Prozeßkunde*. Der hier vorliegende Band 2 der Lehrbuchreihe Technischen Chemie führt in die Grundoperationen ein. Die Grundoperationen beschreiben die Schritte der chemischen Produktionsverfahren, die dem eigentlichen Reaktor vor- oder nachgeschaltet sind. Dies sind sowohl Prozesse zur Vorbereitung der Eduktströme (Zerkleinern, Mischen, Reinigen u. a.) als auch zur Aufarbeitung der Produktströme (insbesondere thermische Trennverfahren wie die Rektifikation). Obwohl der Reaktor als das Herz einer Chemieanlage angesehen wird, verursacht die energieintensive Aufarbeitung bei organisch-chemischen Großprodukten oftmals 50 bis 80% der Gesamtkosten des Verfahrens. So verbrauchten in den USA Rektifikationsprozesse etwa 41% der in Raffinerien der chemischen und petrochemischen Industrie benötigten Energie; dies sind ca. 3% des gesamten Energieverbrauchs der USA.

Grundsätzlich kann man zwischen thermischen und mechanischen Grundoperationen unterscheiden. Die Auslegung von Apparaten zur Durchführung von thermischen Grundoperationen erfordert die zuverlässige Kenntnis des Wärme- und Stofftransports und der thermodynamischen Reinstoff- und Gemischdaten (insbesondere Phasengleichgewichtsdaten) des zu trennenden Systems. Wie bei den thermischen wurden auch bei den mechanischen Grundoperationen, bei denen insbesondere Gesetze der Mechanik und der Physik zu beachten sind, computergestützte Simulationsverfahren entwickelt. Bei der Konzeption muß dennoch häufig auf handbuchartige Zusammenstellungen, empirische oder halbempirische Korrelationen sowie auf dimensionslose Kriteriengleichungen, die auf Basis der Ähnlichkeitstheorie entwickelt wurden, zurückgegriffen werden.

Im vorliegenden Lehrbuch werden nach der Vorstellung der Grundlagen zum Stoff- und Wärmetransport, sowie der Strömungslehre die verschiedenen mechanischen Trocknungsverfahren und die Verfahren zum Fördern und Komprimieren fluider Systeme vorgestellt.

Zur Erleichterung des Verständnisses bei der Auswahl thermischer Trennprozesse, der Auswahl geeigneter selektiver Zusatzstoffe, der Festlegung der Bedingungen und der

Trennsequenz werden zunächst die modernen Modelle zur Berechnung der verschiedenen Phasengleichgewichte (VLE, LLE, ...) und hilfreiche Darstellungen (z. B. Rückstandslinien) ausführlich behandelt.

Mit Hilfe des Gleichgewichtsstufenkonzepts wird gezeigt, wie die Anzahl theoretischer Trennstufen durch Lösung der Bilanzgleichungen (MESH-Gleichungen) unter Berücksichtigung des Phasengleichgewichts für binäre und höhere Systeme bestimmt werden kann. Dabei steht die Rektifikation als wichtigstes thermisches Trennverfahren im Vordergrund. Aber auch die Absorption, verschiedene Extraktions- (Flüssig-Flüssig-, Fest-Flüssig-, mit überkritischen Gasen), Kristallisations-, Adsorptions- und Membranverfahren sowie die in der Praxis eingesetzten Apparate werden vorgestellt. Auch auf das Stoffübergangskonzept zur Bestimmung der Höhe von Packungskolonnen und Kriterien (Druckverlust, Stau- und Flutpunkt) zur Festlegung des Druchmessers und der benötigten Anzahl zu realisierender Trennstufen (Bodenwirkungsgrad) wird eingegangen.

Aus dem Teilgebiet der mechanischen Grundoperationen werden das Mischen (Rühren und Versprühen) und das Trennen (Abscheiden von Feststoffen aus Flüssigkeiten und Gasen, Flüssigkeitsabscheidung aus Gasströmen, Emulsionstrennung) sowie Verfahren zur Feststoffverarbeitung (Zerkleinern, Klassieren, Sortieren, Konvektionieren, Extrudieren) behandelt.

Insbesondere die im Text eingearbeiteten Rechenbeispiele helfen, den Lernstoff zu vertiefen; ein im Anhang gelistetes FORTRAN-Programm erlaubt dem Leser unter Verwendung der ebenfalls gegebenen Reinstoff- und Gemischinformation die Berechnung auch komplexerer Rektifikationsverfahren.

Der Inhalt des Lehrbuchs entspricht der vom DECHEMA-Unterrichtsausschuß für Technische Chemie angegebenen Empfehlung. Das Lehrbuch wendet sich insbesondere an Studierende des Fachs Chemie sowie der Fächer des Chemieingenieurwesens und der Verfahrenstechnik. Durch die ausführliche Behandlung der modernen, computergestützten Möglichkeiten zur Verfahrensentwicklung sollte das Lehrbuch aber auch für bereits im Beruf stehende Chemiker und Ingenieure sowie alle, die an einer interdisziplinären Teamarbeit im Bereich der Entwicklung und Durchführung chemischer Prozesse und an der behördlichen Aufsicht beteiligt sind, ein wertvolles Hilfsmittel sein.

Als Basis für das Studium dieses Lehrbuchs werden neben einem allgemeinen chemischen und mathematischen Verständnis Kenntnisse der Grundlagenfächer Physik und Physikalische Chemie erwartet, wie sie im Grundstudium vermittelt werden.

Wir, die Autoren des Buches, haben als Lehrende im Fachgebiet Technische Chemie neben den anderen für die Ausbildung in Technischer Chemie erforderlichen Lehrveranstaltungen über mehrere Jahre die Vorlesungen zu den Grundoperationen durchgeführt. Aufgrund des uns vorgegebenen Umfangs des Lehrbuchs mußten wir eine Auswahl des Stoffs treffen. Diese Auswahl sowie die Festlegung der Schwerpunkte unterliegen sicherlich einer gewissen Willkür. So sind wir davon überzeugt, daß die Vorstellung der Modelle zur Mischphasenthermodynamik sowie die Prinzipien und die Anwendung der thermischen Stofftrennung schwerpunktmäßig behandelt werden sollten, da diese neben dem eigentlichen Reaktionsschritt von entscheidender Bedeutung sind.

Bei der Abfassung des Manuskripts erhielten wir wertvolle Anregungen von verschiedenen Seiten. Insbesondere möchten wir uns bei Prof. Dr. W. Arlt, Dr. L. Deibele, Dr. W. Geipel, Dr. P. Grenzheuser, Dr. B. Kolbe, Dr. M. Sakuth, Dr. P. Suess bedanken. Weiterhin gilt unser Dank W. Althoff, R. Joh, B. Krentscher und L. Kunzner für die Hilfe bei der mehrfachen Überarbeitung des Manuskripts und der Erstellung der zahlreichen Abbildungen. Schließlich danken wir den beteiligten Mitarbeitern des Georg Thieme Verlags für die entgegenkommende konstruktive Zusammenarbeit.

Oldenburg, im Frühjahr 1996   J. Gmehling, A. Brehm

Inhaltsverzeichnis

A Stoff- und Wärmetransportprozesse

Kapitel 1 Stofftransportprozesse 2

1.1	Grundlagen des Stofftransports	2	1.3.2	Druckverlust beim Durchströmen von Apparaten	23
1.1.1	Einführende Erläuterungen zum Stofftransport	2	1.3.2.1	Durchströmen von Schüttschichten ..	23
1.1.2	Strömungsarten, Reynoldssche Ähnlichkeit	3	1.3.2.2	Ausbildung von Wirbelschichten ...	24
			1.3.3	Messen von Durchflußmengen	27
1.1.3	Molekulare Strömungsvorgänge ...	4	1.3.4	Charakterisierung von Förderströmen (Kennlinien und Pumpgrenzlinien) ..	30
1.1.4	Stofftransport im konvektiven Hauptstrom und an den Phasengrenzflächen	7			
1.1.5	Dispersion	11	1.4	Pumpen, Komprimieren, Vakuumerzeugung	31
1.2	Mechanik fließfähiger Medien	13	1.4.1	Pumpen – Apparate zum Fördern von Flüssigkeiten	33
1.2.1	Allgemeine Grundlagen der Fluidbewegung	13	1.4.1.1	Arbeitsweise von Hubkolbenpumpen	33
1.2.2	Strömung „idealer" Fluide (reibungsfreie Strömung)	15	1.4.1.2	Arbeitsweise von Kreiselpumpen ...	35
1.2.3	Strömung realer Flüssigkeiten (Auftreten von Reibungskräften) ...	16	1.4.1.3	Arbeitsweise von Umlaufkolbenpumpen	37
			1.4.2	Verdichten von Gasen.........	38
1.3	Anwendungsbeispiele der Strömungslehre	19	1.4.2.1	Druck-Volumen-Diagramm (ein- und mehrstufiges Verdichten)	39
1.3.1	Druckverlust beim Durchströmen eines Rohrsystems	19	1.4.2.2	Bauarten von Hubkolbenkompressoren	41
			1.4.2.3	Bauarten von Kreiselverdichtern ...	43
1.3.1.1	Ungestörte Strömung – Durchströmen eines geraden Rohrs	20	1.4.2.4	Einsatzbereiche von Kompressoren..	47
1.3.1.2	Gestörte Strömung – Auftreten eines örtlichen Druckverlustes	22	1.4.3	Vakuumerzeugung..........	48
				Literatur	52

Kapitel 2 Wärmetransportprozesse 54

2.1	Molekularer Wärmetransport durch Leitung	54	2.4.1	Bauarten von Wärmetauschern	73
			2.4.2	Wärmeübertragung beim Auftreten von Temperatursensitivitäten (isotherme Reaktionsführung).....	74
2.2	Effektiver Wärmetransport	56			
2.2.1	Wärmetransport durch Konvektion ..	56			
2.2.2	Wärmetransport durch Strahlung ...	61	2.5	Trocknung	77
2.3	Wärmetransport und Reaktionsführung	62	2.5.1	Trocknungsgüter und Trocknungsarten	77
2.3.1	Wärmeträger.............	63	2.5.2	Kriterien zur Auslegung von Trocknern	78
2.3.2	Direkte Temperaturlenkung......	66			
2.3.3	Indirekte Temperaturlenkung	68	2.5.3	Apparate zum technischen Trocknen	80
2.4	Apparative Möglichkeiten zur Temperaturlenkung	73		Literatur	84

B Thermische Trennverfahren

Kapitel 3 Thermodynamische Grundlagen für die Berechnung von Phasengleichgewichten 92

3.1	Messung von Phasengleichgewichten	93
3.1.1	Dynamische und statische Methode .	93
3.1.2	Phasengleichgewichtsbeziehung . . .	97
3.1.3	Einführung der Hilfsgrößen Fugazitätskoeffizient und Aktivitätskoeffizient	98
3.2	Dampf-Flüssig-Gleichgewicht	99
3.2.1	Anwendung von Fugazitätskoeffizienten	99
3.2.1.1	Kubische Zustandsgleichungen	100
3.2.1.2	Virialgleichung	105
3.2.1.3	Chemische Theorie	107
3.2.2	Anwendung von Aktivitätskoeffizienten	107
3.2.2.1	g^E-Modelle	113
3.2.2.2	Konzentrationsabhängigkeit des Trennfaktors binärer Systeme	120
3.2.2.3	Bedingung für das Auftreten azeotroper Punkte	124
3.2.2.4	Destillationslinien und Destillationsfelder	131
3.2.2.5	Flash-Berechnung	134
3.2.3	Gruppenbeitragsmethode UNIFAC . . .	137
3.2.4	Sättigungsdampfdruck	139
3.2.5	Verdampfungsenthalpie	140
3.2.5.1	Berechnung der Verdampfungsenthalpie mit Hilfe von Zustandsgleichungen	142
3.3	Flüssig-Flüssig-Gleichgewicht	143
3.4	Gaslöslichkeit	149
3.4.1	Gaslöslichkeit bei gleichzeitiger chemischer Reaktion	154
3.5	Fest-Flüssig-Gleichgewicht	155
3.6	Datensammlungen für Reinstoff- und Gemischdaten	159
	Literatur	161

Kapitel 4 Berechnung thermischer Trennverfahren 163

4.1	Konzept der idealen Trennstufe . . .	163
4.2	Realisierung mehrerer Trennstufen . .	163
4.2.1	Gegenstromprinzip	165
4.3	Kontinuierliche Rektifikation	167
4.3.1	Rektifikationskolonne	167
4.3.1.1	Geschichtliche Entwicklung der Destillationstechnik	168
4.3.2	Ermittlung der Zahl theoretischer Trennstufen	170
4.3.2.1	Binäre Systeme	172
4.3.2.1.1	Melabe-Thiele-Verfahren	172
4.3.2.2	Mehrkomponentensysteme	190
4.3.2.2.1	Short-cut-Methoden	190
4.3.3	Konzept der Übertragungseinheit . . .	213
4.4	Rektifikation bei Drücken $\neq$ Atmosphärendruck	220
4.4.1	Vakuumrektifikation	221
4.4.2	Rektifikation bei erhöhtem Druck . .	224
4.5	Sonderverfahren der kontinuierlichen Rektifikation	224
4.5.1	Trennung binärer heteroazeotroper Systeme	225
4.5.2	Zweidruckverfahren	226
4.5.3	Extraktive Rektifikation	229
4.5.4	Azeotrope Rektifikation	232
4.5.5	Wasserdampfdestillation	234
4.6	Reaktive Rektifikation	236
4.7	Zahl der Kolonnen und Schaltungsmöglichkeiten	239
4.7.1	Energieeinsparung	244
4.8	Diskontinuierliche Rektifikation . . .	247
4.8.1	Einfache diskontinuierliche Destillation	248
4.8.2	Mehrstufige diskontinuierliche Rektifikation	251
4.9	Absorption	255
4.9.1	Lösungsmittelauswahl	257
4.9.2	McCabe-Thiele-Verfahren	258
4.9.3	Kremser-Gleichung	263
4.9.4	Chemische Absorption	267
4.9.5	Nichtisotherme Absorption	267
4.9.6	Absorberbauarten	268
4.10	Flüssig-Flüssig-Extraktion	268
4.10.1	Auswahl des Extraktionsmittels . . .	271
4.10.2	McCabe-Thiele-Verfahren	272
4.10.2.1	Kremser-Gleichung	275
4.10.3	Anwendung von Dreiecksdiagrammen	276
4.10.4	Numerische Berechnung im Falle von Mehrkomponentensystemen	280
4.10.5	Extraktoren	281
4.10.5.1	Mischer-Scheider	281
4.10.5.2	Zentrifugalextratoren	283
4.10.5.3	Kolonnen ohne Energiezufuhr	283
4.10.5.4	Kolonnen mit Energiezufuhr	283
4.11	Technische Auslegung von Rektifikationskolonnen	285

4.11.1	Bodenkolonnen	285	4.11.2.3	Druckverlust in Packungskolonnen	296
4.11.1.1	Dimensionierung von Kolonnenböden	288	4.11.3	Wärmetauscher	302
4.11.1.2	Bodenwirkungsgrad (örtlicher, mittlerer)	288	4.11.3.1	Verdampfer	302
4.11.2	Packungskolonnen	291	4.11.3.2	Kondensatoren	306
4.11.2.1	Aufbau von Packungskolonnen	294		Literatur	306
4.11.2.2	Auslegung von Packungskolonnen	296			

Kapitel 5 Weitere wichtige Trennverfahren 308

5.1	Fest-Flüssig-Extraktion	308	5.4.2	Adsorptionsgleichgewicht	320
5.2	Extraktion mit überkritischen Gasen	309	5.4.3	Adsorptions- und Desorptionsschritt	326
			5.4.4	Adsorberbauarten	328
5.3	Kristallisation	311	5.4.4.1	SORBEX-Verfahren	329
5.3.1	Kristallisatoren	314			
5.3.1.1	Suspensionskristallisatoren	314	5.5	Membrantrennverfahren	331
5.3.1.2	Schichtkristallisatoren	314		Literatur	339
5.3.1.3	Schabkühlkristallisatoren	316			
5.4	Adsorption	316			
5.4.1	Adsorptionsmittel	317			

C Mechanische Verfahrenstechnik

Kapitel 6 Mischen als verfahrenstechnische Grundoperation 342

6.1	Mischen von und in Flüssigkeiten	343	6.2.1	Kriterien zur Flüssigkeitsverteilung	359
6.1.1	Möglichkeiten des Mischens	343	6.2.2	Abtropfen, Strahl- und Lamellenzerfall	361
6.1.2	Aufbau von Rührbehältern; Rührorgane und ihre Förderwirkung	344	6.2.3	Einflußgrößen und Auswahlkriterien beim Zerstäuben	363
6.1.3	Ermittlung des Leistungsbedarfs für das Rühren	351			
6.1.4	Begasen von Flüssigkeiten	355		Literatur	366
6.1.5	Emulgieren und Suspendieren	357			
6.1.6	Rühren zur Verbesserung des Wärmeaustausches	358			
6.2	Flüssigkeitsverteilung in der Gasphase	359			

Kapitel 7 Mechanische Trennverfahren 367

7.1	Feststoffabtrennung aus Flüssigkeiten	367	7.3	Partikelabscheidung aus Gasströmen	389
7.1.1	Sedimentieren und Zentrifugieren	367	7.3.1	Ausnutzung der Schwer- und der Zentrifugalkraft (Absetzkammern und Zyklone)	390
7.1.1.1	Modellmäßige Beschreibung des Sedimentierens	367			
7.1.1.2	Beschleunigung des Absetzens	370	7.3.2	Verwendung von Trennhilfen (Filterelemente, Elektrofilter, Naßentstaubung)	393
7.1.2	Filtrieren	375			
7.1.2.1	Möglichkeiten des Filtrierens	375			
7.1.2.2	Filtriergeschwindigkeit	380			
7.1.2.3	Filterbauarten und ihre Einsatzbereiche	383	7.4	Trennen von Nebeln und Schäumen	398
7.2	Emulsionstrennung	388		Literatur	400

Kapitel 8 Verarbeiten von Feststoffen 402

8.1	Grundlagen des Zerkleinerns von Feststoffen 402	8.3.2	Funktionen zur Beschreibung der Kornverteilung 418
8.1.1	Methoden zum Zerkleinern 402	8.3.3	Auftrennen des Mahlguts unter Ausnutzung von Stoffeigenschaften (Sortieren) 420
8.1.2	Energiebedarf beim Zerkleinern . . . 406		
8.2	Zerkleinerungsapparate 409		
8.2.1	Brecher 410	8.4	Formgebung 427
8.2.2	Mahlen 413	8.4.1	Schüttgutbehandlung 427
		8.4.2	Herstellung von Formkörpern 428
8.3	Trennen von Haufwerken fester Mischgüter 415		Literatur 433
8.3.1	Auftrennen des Mahlguts in Kornklassen (Klassieren) 416		

D Anhang 435

Ausgewählte Reinstoff- und Gemischdaten
Programm DESWBUCH zur Auslegung von
   Trennkolonnen nach dem Naphtali-Sandholm-
   Verfahren 439

Weiterführende Literatur zu den einzelnen
   Kapiteln 454

Sachverzeichnis 456

Symbolverzeichnis

Symbol	Einheit	Bedeutung
a	$(dm^3)^2\,bar/mol^2$	Parameter der Soave-Redlich-Kwong-Zustandsgleichung
a	m^2/m^3	spezifische Phasengrenzfläche
a	J/mol	molare Helmholtzsche Energie
a	m^2/s	Temperaturleitzahl
a_i	–	Aktivität der Komponente i
A	m^2	Austauschfläche
A	–	Absorptionsfaktor
b	dm^3/mol	Parameter der Soave-Redlich-Kwong-Zustandsgleichung
$\dot{b}_i$	mol/h	Sumpfmenge der Komponente i
B	cm^3/mol	2. Virialkoeffizient
$\dot{B}$	mol/h	Sumpfablaufmenge
c	mol/dm^3	Konzentration
c	$J/(mol\,K)$	molare Wärmekapazität
c_p	$J/(kg\,K)$	Wärmekapazität
C	$W/(m^2\,K^4)$	Strahlungszahl (Wärmeübertragung durch Strahlung)
$\dot{d}_i$	mol/h	Destillatmenge der Komponente i
d	m	Durchmesser
d_R	m	Reaktordurchmesser
$\dot{D}$	mol/h	Destillatstrom
D	m^2/h	molekularer Diffusionskoeffizient
D	m^2/h	Dispersionskoeffizient
D^e	m^2/h	effektiver Diffusionskoeffizient
$D^{K,e}$	m^2/h	Knudsen-Dispersionskoeffizient
E	–	Bodenwirkungsgrad
E	J	Energie
E	–	Enhancement-Faktor
E	–	Extraktionsfaktor
$\dot{E}$	mol/h	Extraktstrom
E_A	J/mol	Aktivierungsenergie
E_D	$J/(kg\,h)$	Energiedissipation
f_i	kPa	Fugazität der Komponente i
$\dot{f}_i$	mol/h	Feed-Strom der Komponente i
F	N	Kraft
F	–	Zielfunktion
$\dot{F}$	mol/h	Feed-Strom
g	J/mol	molare Gibbssche Enthalpie
g	$9{,}81\,m/s$	Fallbeschleunigung
$G11$	–	zweite Ableitung der Gibbsschen Mischungsenthalpie nach der Konzentration
h	J/mol	molare Enthalpie
Δh_m	J/mol	molare Schmelzenthalpie
Δh_v	J/mol	molare Verdampfungsenthalpie
H	J	Enthalpie
H	m	Höhe
H_j^L	dm^3	Flüssigkeitsmenge auf dem Boden j
$H_{j,i}$	kPa	Henry-Konstante der Komponente j in Komponente i
I	W/m^2	Intensität der Strahlung (Wärmeübertragung durch Strahlung)
j	$mol/(m^2\,h)$	Stoffflußdichte
J	mol/h	Stoffflußd
k	m	absolute Rauheit
k_{ij}	–	binärer Wechselwirkungsparameter der Soave-Redlich-Kwong-Zustandsgleichung
k_w	$W/(m^2\,K)$	Wärmedurchgangszahl
K_i	–	K-Faktor der Komponente i
K_i	–	Konstante zur Darstellung des Adsorptions-Desorptions-Gleichgewichts in der Adsorptionsisotherme von Langmuir
l	m	Länge
$\dot{l}_i$	mol/h	molarer Flüssigkeitsstrom der Komponente i
$\dot{L}$	mol/h	Flüssigkeitsstrom
$\dot{L}_R$	mol/h	Rücklaufstrom
m	g	Masse
M	g/mol	molare Masse
n	–	Anzahl der Komponenten
n	mol	Molzahl, Stoffmenge
n	–	relative Rauheit
n	–	Polytropenexponent (beim Verdichten)
n	–	Zerkleinerungsgrad
$\dot{n}$	mol/h	Stoffmengenstrom
N	–	Anzahl der Böden
N	–	Anzahl der Verdichterstufen
N	s^{-1}	Drehzahl (zum Beispiel beim Rühren)
p_i	kPa	Partialdruck der Komponente i
P	kPa	Gesamtdruck
P_i^s	kPa	Sättigungsdampfdruck der Komponente i
q	J/mol	spezifische Wärmemenge
q	–	thermischer Zustand
$\dot{q}$	$J/(m^2\,h)$	Wärmestromdichte
Q	J	Wärmemenge
$\dot{Q}$	J/h	Wärmestrom
r_i	$mol/(m^3\,h)$	Reaktionsgeschwindigkeit der Komponente i
r	m	Radius, radialer Laufparameter
R	–	allgemeine Gaskonstante*
$\dot{R}$	mol/h	Raffinatstrom
$\dot{S}$	mol/h	Seitenstrommenge
$\dot{S}$	mol/h	Lösungsmittelstrom

XI

Symbolverzeichnis

t	h	Zeit
T	K	absolute Temperatur
ΔT_{ln}	K	logarithmische Temperaturdifferenz
u	m/h	lineare Geschwindigkeit
u_s	m/h	Sedimentationsgeschwindigkeit im Teilchenschwarm
$\bar{u}$	m/h	mittlere Strömungsgeschwindigkeit
v	–	Rücklaufverhältnis
v_i	cm³/mol	Molvolumen der Komponente i
V	m³	Gesamtvolumen
V_R	m³	Reaktionsvolumen
$\dot{V}$	m³/h	Volumenstrom
$\dot{V}$	mol/h	Dampfstrom
W	J	Arbeit
$\dot{W}$	J/s	Leistung
W	N	Reibungskraft
x_i	–	Molanteil in der flüssigen Phase
X	–	Umsatz
X_i	mol/mol	Beladung
y_i	–	Molanteil in der Dampfphase
Y_i	mol/mol	Beladung
z	–	Kompressibilitätsfaktor
z	m	Weg, linearer Laufparameter
z	N/m²	Zerreißspannung
z_i	–	wahrer Molanteil der Komponente i bei Assoziation
Z	m/m	normierter örtlicher Parameter

(kleine Buchstaben bezeichnen molare Größen; große Buchstaben bezeichnen Gesamtgrößen)

Griechische Symbole

α	Grad	Öffnungswinkel (Strömungslehre)
α	–	Trennfaktor (thermische Grundoperationen)
α	W/(m² K)	Wärmeübergangskoeffizient
β	m/h*	Stofftransportkoeffizient
β_G	m/h	gasseitiger Stoffübergangskoeffizient an der Phasengrenzfläche Gas/Flüssigkeit
β_L	m/h	flüssigkeitsseitiger Stoffübergangskoeffizient an der Phasengrenzfläche Gas/Flüssigkeit
β_O	m/h	Stoffdurchgangskoeffizient
β_S	m/h	fluidseitiger Stoffübergangskoeffizient an der Phasengrenzfläche Fluid/Feststoff
γ_i	–	Aktivitätskoeffizient der Komponente i
$\dot{\gamma}$	1/s	Schergeschwindigkeit
δ	m	Filmdicke
Δ	–	Differenzwert einer thermodynamischen Größe
ε	–	Leistungszahl
ε	–	Porositätsfaktor
ε	–	Volumenanteil einer Phase
ζ	–	Widerstandsbeiwert, Reibungszahl (Strömungslehre)
η	–	Wirkungsgrad
ϑ	°C	Temperatur
θ	–	Underwood-Faktor
$\varkappa$	–	Adiabaten- bzw. Isentropenexponent beim Verdichten
λ	–	Reibungszahl
λ	W/m K	Wärmeleitzahl
λ	m	Wellenlänge
λ	–	Wechselwirkungsparameter der Wilson-Gleichung
Λ	–	Parameter der Wilson-Gleichung
μ	J/mol	chemisches Potential
μ	Pa s	dynamische Viskosität
ν	m²/s	kinematische Viskosität
ξ	–	Assoziationsparameter (zur Berechnung von Diffusionskoeffizienten)
Π	kPa	osmotischer Druck
ϱ	kg/dm³	Dichte
σ	J/m²	Oberflächenspannung
σ	$\dfrac{W}{(Volt)^2} \dfrac{m}{mm}$	elektrische Leitfähigkeit
σ^2	–	Varianz (statistischer Parameter)
τ	kg/(m h²)	Schubspannung
φ	–	Fugazitätskoeffizient
Ψ	–	Druckkennzahl beim Verdichten
Φ	–	Formbeiwert
ω	–	azentrischer Faktor

* Einheit der Stofftransportkoeffizienten hängen von der Definition der Triebkraft ab

Indizes

Hochgestellt

′	Bezeichnung der Phasen
′, ″	Bezeichnung der flüssigen Phase ′ und ″
*	mit Hilfe des Henryschen Gesetzes aus der Konzentration bzw. dem Partialdruck im Kernstrom berechnet
ad	adiabatisch
b	im Kernstrom (intensiv durchmischt) der jeweiligen Phase (bulk)
ex	an der äußeren Oberfläche
E	Exzeßgröße
G	Gasphase
i	an der Phasengrenzfläche
L	flüssige Phase
P	Partikel (Feststoffteilchen)
s	Sättigungszustand
S	lösungsmittelfreie Basis
S	feste Phase
ς	feste Phase
V	Dampfphase
o	Standardwert
·	auf die Zeit bezogen

Tiefgestellt

a	adsorbiert
Abs	Absorption
B	Sumpf
D	Destillat
D	druckseitig
eff	effektiv
F	Zulauf (Feed)
G	gasseitig (Phasengrenzfläche Gas/Flüssigkeit)
i	Bezeichnung der Komponente
I	Rührer (Impeller)
kin	kinetisch
kr	kritische Größe
L	flüssigkeitsseitig (Phasengrenzfläche Gas/Flüssigkeit)
min	minimale(r) Anzahl (Wert)
O	insgesamt (overall)
P	bei konstantem Druck
r	reduzierte Größe
R	Größe für die chemische Reaktion
S	fluidseitig (Phasengrenzfläche Fluid/Feststoff)
S	saugseitig
sp	auf einen Standard bezogen
T	bei konstanter Temperatur
T	gesamte Größe
th	theoretische Anzahl z.B. an Trennstufen
U	Phasenumwandlung
v	Größe bei der Verdampfung

Kennzahlen (dimensionslos)

Ar	Archimedes-Zahl $\equiv$ Dichte-Auftriebskraft/innere Trägheitskraft
Bo	Bodenstein-Zahl $\equiv$ Konvektionsstrom/Diffusionsstrom
Fr	Froude-Zahl $\equiv$ Trägheitskraft/Schwerkraft
Nu	Nusselt-Zahl $\equiv$ Wärmeübergangsstrom/Wärmeleitstrom
Pe	Péclet-Zahl $\equiv$ Konvektionsstrom/Wärmeleitstrom
Pr	Prandtl-Zahl $\equiv$ innere Reibung/Wärmeleitstrom
Re	Reynolds-Zahl $\equiv$ Trägheitskraft/innere Reibungskraft
Sc	Schmidt-Zahl $\equiv$ innere Reibung/Diffusionsstrom
Sh	Sherwood-Zahl $\equiv$ Stoffübergangsstrom/Diffusionsstrom

Umrechnungsfaktoren

Druck $1\ \text{kPa} = 10^3\ \text{kg/(m s}^2)$
$= 0{,}009869\ \text{atm}$
$= 0{,}01\ \text{bar}$
$= 7{,}50062\ \text{Torr}$
$= 10^3\ \text{N/m}^2$
$= 1000\ \text{Pa}$

Energie $1\ \text{J} = 1\ \text{kg m}^2/\text{s}^2$
$= 1\ \text{Nm}$
$= 0{,}239006\ \text{cal}$

$\ln$ = natürlicher Logarithmus
$\log$ = dekadischer Logarithmus

* allgemeine Gaskonstante
$R = 1{,}98721\ \text{cal/(mol K)}$
$= 8{,}31433\ \text{J/(mol K)}$
$= 0{,}08205\ \text{dm}^3\ \text{atm/(mol K)}$
$= 8{,}31433\ \text{dm}^3\ \text{kPa/(mol K)}$
$= 0{,}0831433\ \text{dm}^3\ \text{bar/(mol K)}$

A Stoff- und Wärmetransportprozesse

Kapitel 1
Stofftransportprozesse

1.1 Grundlagen des Stofftransports

1.1.1 Einführende Erläuterungen zum Stofftransport

Die Produktion chemischer Erzeugnisse ist wirtschaftlich eingebunden in die unterschiedlichsten Industriezweige. Dazu zählen die rohstoffproduzierenden Betriebe (z. B. der Bergbau und die metallurgischen Betriebe, die Erdöl- und die Erdgasförderung sowie die Raffinerien), Betriebe, die Begleitstoffe oder Verpackungsmaterialien liefern, die Energiewirtschaft sowie Firmen, die die chemischen Produkte und Nebenprodukte verarbeiten. Abfallstoffe jeglicher Art müssen in Wertprodukte oder (sofern nicht anders möglich) in einen zum Deponieren geeigneten Zustand überführt werden. In und zwischen diesen Betrieben spielen Fragen des Stofftransports eine wichtige Rolle. Dabei werden Fluide (Flüssigkeiten, Gase, Dämpfe, Suspensionen, Lösungen und Schmelzen) sowie Feststoffe transportiert. In zwischen- und innerbetrieblichen Bereichen ist es oft vorteilhaft mit Feststoffen zu arbeiten. Die Lagerhaltung ist in der Regel flexibler, die Waren lassen sich leichter vermarkten, Abfallstoffe dürfen (auch bei Verwendung von Fässern) nur in festem oder „stichfestem" Zustand deponiert werden. Im eigentlichen Produktionsablauf wird hingegen die Verwendung fließfähiger (fluider) Masseströme bevorzugt. Die Vorteile sind

- kontinuierliche Prozeßführung wird erleichtert,
- zum Dosieren und Messen der Masseströme bzw. der Volumenströme können Ventile und Durchflußmesser verwendet werden, und
- die Gefahr von Verstopfungen wird verringert.

Aus der Sicht der Technischen Chemie sind folgende Transportmechanismen für den Stoff- und Wärmefluß (Tab. 1.1) ausschlaggebend:

Tab. 1.1 Stoff- und Wärmetransportmechanismen in Fluiden

	Stofftransport	Wärmetransport
molekulare Ebene	molekulare Diffusion	Wärmeleitung
makroskopische Ebene („effektiver Transport")	Konvektion	konvektiver Wärmetransport (an konvektiven Stofftransport gebunden), Wärmestrahlung

Transportvorgänge, bei denen die Einzelschritte im molekularen Bereich liegen, sind im Vergleich zur Konvektion langsam. Für die Technische Chemie sind daher molekulare Transportvorgänge nur dann relevant, wenn die Ausbildung einer konvektiven Strömung nicht möglich ist. Dies ist einerseits im Porensystem eines Feststoffs oder in einer Membran der Fall. Andererseits wird sich, bedingt durch Adhäsionserscheinungen an festen

Oberflächen oder durch Oberflächeneigenschaften von Fluiden, an Phasengrenzflächen ein laminar fließender Grenzfilm ausbilden. Selbst bei intensiver Vermischung wird dieser Film (Prandtlsche Grenzschicht) nicht vollkommen abgebaut. Der Stofftransport senkrecht zur Fließrichtung dieses Films erfolgt durch Diffusion.

Bei der konvektiven Strömung muß unterschieden werden, ob freie Konvektion oder erzwungene Strömung vorliegt. Die freie Konvektion wird unter anderem durch temperaturbedingte Dichteunterschiede verursacht. Sie spielt in der chemischen Industrie eine untergeordnete Rolle, ist aber wichtig bei der Auslegung von Kühltürmen oder von Kaminen zur Abgasentsorgung (Kraftwerke, Abfallverbrennungsanlagen). Innerhalb von chemischen Produktionsanlagen werden die Fluide im allgemeinen gepumpt. Daraus resultiert eine erzwungene Strömung. Erzwungene Strömungen sind auch durch Rühren und/oder Einleiten von Fluiden (z. B. den Gaseintrag in Flüssigkeiten unter Verwendung eines Gasverteilers) zu erreichen.

Für die reaktionstechnische Auslegung muß geklärt werden, ob der Stoff- und Wärmetransport in Richtung und innerhalb des konvektiven Hauptstroms oder senkrecht dazu erfolgt (Kap. 1.1.4). Ferner ist bei der Beschreibung des Stoff- und Wärmetransports zu beachten, daß Strömungswiderstände, Bypässe und andere Unregelmäßigkeiten im Strömungsverhalten Vermischungseffekte bewirken, die unter dem Begriff Dispersion zusammengefaßt werden (Kap. 1.1.5).

1.1.2 Strömungsarten, Reynoldssche Ähnlichkeit

Bei geringer Strömungsgeschwindigkeit bewegen sich die Fluidteilchen geradlinig, d. h., parallel zur Rohrachse beziehungsweise zur Wandfläche. Diese Strömungsart wird als laminare Strömung bezeichnet. Bedingt durch Reibungskräfte bildet sich bei laminarer Strömung ein parabolisches Strömungsprofil aus („rotationale Verschiebung des Strömungskörpers"). Die Steigerung der Strömungsgeschwindigkeit bewirkt das Ausbrechen der Strömungsschichten, so daß erste Turbulenzen auftreten. Durch das Ausbrechen der Strömungsschichten verflacht das Geschwindigkeitsprofil. Bei sehr hohen Geschwindigkeiten wird schließlich eine ausgeprägte turbulente Strömung zu beobachten sein. Da die Verwirbelung der Schichten eine „Verfestigung des Strömungskörpers" zur Folge hat, wird der für das Erzeugen der Strömung notwendige Kraftaufwand (in der Regel ausgedrückt durch den leicht meßbaren Druckverlust) ansteigen. Abb. 1.1 zeigt vergleichend die Geschwindigkeitsprofile für die laminare und die turbulente Strömung sowie das labile Strömungsverhalten im Bereich zwischen laminarer und turbulenter Strömung.

Reynolds gelang es, die Ausbildung von Turbulenzen in Abhängigkeit von der mittleren Strömungsgeschwindigkeit $\bar{u}$, der Fluiddichte ϱ und der Viskosität μ zu beschreiben. Er entwickelte dazu eine dimensionslose Kennzahl, die das Verhältnis von Trägheitskraft zur inneren Reibungskraft darstellt:

$$Re = \frac{\bar{u}\,\varrho\,d}{\mu} \qquad (1.1)$$

Re Reynolds-Zahl
d eine definierte, das System charakterisierende Abmessung (z. B. Rohrdurchmesser)

Durch experimentelle Untersuchungen konnte Reynolds feststellen, daß bei ungestörter Strömung (Verwendung eines geraden, glattwandigen Rohrs) Turbulenzen ab $Re = 2315$ auftreten (kritische Reynolds-Zahl). Reynolds-Zahlen zwischen 2315 und 10000 charakterisieren den Übergangsbereich zur turbulenten Strömung (labiles Strömungsverhalten). Bei $Re > 10000$ liegt eine ausgeprägte turbulente Strömung vor. Durch Rohrbiegungen,

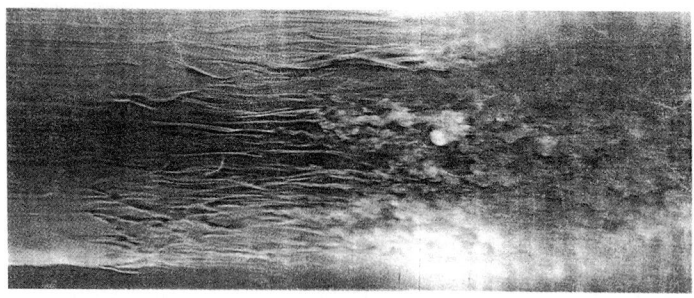

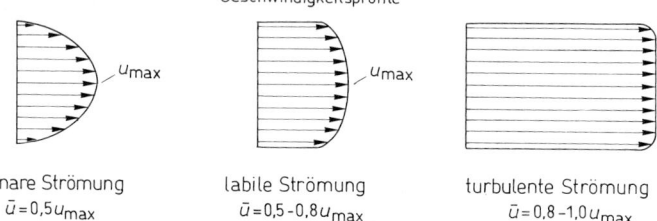

Abb. 1.1 Strömungsverhalten und Geschwindigkeitsprofile bei laminarer und turbulenter Strömung, sowie im Übergangsbereich (labile Strömung).
$\bar{u}$ mittlere Strömungsgeschwindigkeit
u_{max} maximale Strömungsgeschwindigkeit

Einbauten, Schüttschichten sowie sedimentierende Feststoffteilchen wird die Strömung gestört. Die kritische Reynolds-Zahl ist dann < 2315. Kritische Reynolds-Zahlen > 2315 werden beim Durchströmen von Rohrschlangen beobachtet. Hier wird durch die Wirkung der Zentrifugalkraft die Strömung „geglättet".

1.1.3 Molekulare Strömungsvorgänge

Aufgrund der Brownschen Molekularbewegung sind Moleküle in der Lage, in fluiden Stoffen zu wandern. Diese Bewegung wird richtungsgebunden und makroskopisch meßbar, wenn z. B. ein Konzentrationsgefälle* ausgeglichen wird. Der Diffusionsstrom läuft dann vom Ort der höheren zu dem der niedrigeren Konzentration. Bleibt das Konzentrationsgefälle zeitlich gleich groß, wie es für kontinuierlich durchgeführte Prozesse typisch ist, liegen stationäre Bedingungen vor. Die pro Zeiteinheit diffundierende Menge des Stoffs 1 läßt sich mit Hilfe des **1. Fickschen Gesetzes** berechnen:

$$\dot{n}_1 = -D_{1,2}^L A \frac{dc_1}{dz} \quad (1.2)$$

$\dot{n}_1$ Mengenstrom des Fluids 1 [mol/h],
$D_{1,2}^L$ Koeffizient für die Diffusion der Komponente 1 durch die Flüssigkeit 2 (molekularer Flüssigkeitsdiffusionskoeffizient) [m²/h],
A Stoffaustauschfläche [m²],
$\frac{dc_1}{dz}$ Konzentrationsgradient* [mol/m²],
z Ortsparameter in Richtung des Diffusionsstroms [m].

---

* Die Verwendung von Konzentrationstermen entspricht nicht den exakten physikalisch-chemischen Gegebenheiten. Wie aus der Thermodynamik bekannt ist, kann die Vernachlässigung der Realanteile zu gravierenden Fehlern führen. Eine exakte Beschreibung gelingt bei der Verwendung von Aktivitäten, Fugazitaten bzw. chemischen Potentialen.

Diffusionskoeffizienten für binäre Systeme sind der Literatur zu entnehmen oder aus Korrelationen abschätzbar. Im allgemeinen wird angenommen, daß der Diffusionskoeffizient umgekehrt proportional zur Flüssigkeitsviskosität ist (Stokes-Einstein-Beziehung). Eine Zusammenstellung der wichtigsten Berechnungsgleichungen ist im „Data Prediction Manual" AIChE DIPPR[1] gegeben. Einen Vergleich der verschiedenen Ansätze geben Reid und Mitarb.[2] Häufig wird die für verdünnte Lösungen entwickelte empirische Beziehung von Wilke und Chang[3] verwendet:

$$D_{1,2}^L = 7,4 \cdot 10^{-8} \frac{T(\xi M_2)^{1/2}}{\mu v_{S,1}^{0,6}} \tag{1.3}$$

ξ ist ein Assoziationsparameter, der für nicht assoziierte Flüssigkeiten gleich 1 und für Wasser gleich 2,6 ist. v_S ist das molare Volumen des diffundierenden Gases am Normalsiedepunkt (bei 101,325 kPa). In Tab. 1.2 sind einige v_S-Werte aufgelistet.

Tab. 1.2 Molvolumen am Normalsiedepunkt

Gasart	H_2	O_2	N_2	Luft	CO	CO_2	SO_2	H_2O
v_S (cm^3 mol^{-1})	14,3	25,5	31,2	29,9	30,7	34,0	44,8	18,9

Die mit Hilfe der Wilke-Chang-Beziehung errechneten Diffusionskoeffizienten beschreiben nach Reid u. Mitarb.[2] die experimentellen Daten mit einem mittleren Fehler von 23,2%. Trotz dieser großen Abweichung hat sich die von Wilke und Chang entwickelte Korrelation weitestgehend durchgesetzt.

Für die Diffusion einer Komponente durch ein Gas (z. B. Grenzfilm am Katalysatorkorn bei heterogen katalysierten Gasreaktionen) gilt bei Annahme der Gültigkeit des idealen Gasgesetzes $c_i = n/V = p_i/(RT)$:

$$\dot{n}_1 = -\frac{D_{1,2}^G}{RT} A \frac{dp_1}{dz} \tag{1.4}$$

$\dot{n}_1$ Mengenstrom des Gases 1 [mol/h],
$D_{1,2}^G$ Koeffizient für die Diffusion der Komponente 1 durch das Gas 2 (molekularer Gasdiffusionskoeffizient) [m^2/h],
A Stoffaustauschfläche [m^2],
$\frac{dp_1}{dz}$ Partialdruckgefälle [kPa/m],

Molekulare Gasdiffusionskoeffizienten können für binäre Gasgemische nach Hirschfelder u. Mitarb.[4] wie folgt abgeschätzt werden:

$$D_{1,2}^G = \frac{0,00186\, T^{2/3}(M_1 + M_2)/(M_1 M_2)}{P\, \sigma_{1,2}^2\, \Omega} \tag{1.5}$$

$D_{1,2}^G$ molekularer Gasdiffusionskoeffizient [m^2/h],
M_i molare Masse der Komponente i [g/mol],
P Gesamtdruck [kPa],

Ω Kollisionsintegral $\Omega = f\left(\frac{kT}{\varepsilon_{1,2}}\right) = f\left(1,30\frac{T}{T_{kr}}\right)$ (1.6)

σ, ε Kraftkonstanten der Funktion für das Lennard-Jones-Potential (tabelliert sowie abschätzbar aus T_{kr}, v_S und Viskositätsdaten)

k $\quad$ 1,381 10^{-23} J K^{-1} ($\hat{=}$ Boltzmann-Konstante)

Von besonderem Interesse ist die Abhängigkeit des Diffusionskoeffizienten (und damit des Diffusionsstroms) von der Temperatur. Aus den Gl. (1.5) und (1.6) errechnet sich, daß diese Abhängigkeit im Vergleich zur Temperaturabhängigkeit der Reaktionsgeschwindigkeit (Arrhenius-Gleichung) gering ist, so daß das Arrhenius-Diagramm einen Hinweis auf eine Limitierung der Makrokinetik durch die Filmdiffusion gibt[5-7].

Diffusionsvorgänge in Poren und Kapillaren

In einer Membran oder innerhalb des Porengefüges eines mikroporösen Festkörpers (z. B. eines Katalysatorkorns) wird die molekulare Diffusion gestört. Je nach Ausmaß der Störung muß zwischen Normal-, Knudsen- und konfigureller Diffusion unterschieden werden.

Die **Normaldiffusion** beschreibt den Stofftransport durch das Porengefüge für den Fall, daß der Porendurchmesser groß ist gegenüber der mittleren freien Weglänge der diffundierenden Moleküle. Bei der Normaldiffusion müssen im Vergleich zur ungestörten molekularen Diffusion zusätzlich Labyrinth- und Porositätsfaktoren berücksichtigt werden. Die pro Zeiteinheit diffundierende Stoffmenge berechnet sich analog den Gl. (1.2) bzw. (1.3). Für den molekularen Diffusionskoeffizienten $D_{1,2}$ wird bei der Normaldiffusion der effektive Diffusionskoeffizient $D_{1,2}^e$ eingesetzt:

$$D_{1,2}^e = D_{1,2} \frac{\varepsilon_p}{\tau_p} \qquad (1.7)$$

ε_P ist der Porositätsfaktor, der als Flächenanteil der Porenöffnungen an der gesamten äußeren Oberfläche des Feststoffs interpretiert werden kann. Bei Raney-Nickel[8] ist $\varepsilon_P \approx 0{,}5$, bei vielen Katalysatorträgermaterialien wie z. B. Aktivkohle und Aluminiumoxid gilt

$$0{,}55 < \varepsilon_P < 0{,}72 \,. \qquad (1.8)$$

$1/\tau_p$ ist der Labyrinthfaktor ($\tau \hat{=}$ tortuosity factor), der die Komplexität des Porensystems (Windungen und Verzweigungen) berücksichtigt. Da der Einfluß der Porenstruktur auf die Diffusionsgeschwindigkeit unter anderem von der Größe und der Beweglichkeit der diffundierenden Moleküle abhängt, ist eine Abschätzung des Wertes von τ nicht möglich. Die experimentelle Ermittlung von τ erfordert besondere Meßmethoden, z. B. die dynamische Methode nach Wicke-Kallenbach[9]. Für die Diffusion von Wasserstoff im Porensystem von mit Edelmetallen belegten Trägerkatalysatoren werden Werte von $2{,}5 < \tau_p < 7{,}5$ angegeben; wird Aktivkohle in Wasser suspendiert, kann der Labyrinthfaktor Werte kleiner 1 annehmen.

Ist der Porendurchmesser kleiner als die mittlere freie Weglänge der Moleküle, werden diese im Porengefüge ihren Impuls häufiger an die Porenwand als an andere Fluidmoleküle weitergeben. Es resultiert der sog. **Knudsen-Diffusionsstrom**. Unter Normalbedingungen liegt die mittlere freie Weglänge von Gasmolekülen in der Größenordnung von 100 bis 1000 nm, bei 1 MPa von 10 bis 100 nm. Bei 5 MPa ist mit Knudsen-Diffusion zu rechnen, wenn der Porendurchmesser < 2 nm ist. Zur Berechnung des pro Zeiteinheit diffundierenden Stoffstroms wird der effektive Knudsen-Diffusionskoeffizient $D_{1,2}^{K,e}$ verwendet[7, 10]:

$$D_{1,2}^{K,e} = \frac{\varepsilon_P \, d_P}{3\tau_p} \left(\frac{8RT}{\pi M_1} \right)^{1/2} \qquad (1.9)$$

Liegen die Porendurchmesser in der Größenordnung der Moleküldurchmesser, wird der Stofftransport durch die **konfigurelle Diffusion** beschrieben. Typisches Beispiel dafür ist der Stofftransport im Porengefüge von Zeolithen[11-13]. Kleine Veränderungen an der Struktur des Feststoffs oder an der Art der diffundierenden Spezies können bei der konfigurellen Diffusion den Wert des Diffusionskoeffizienten um mehrere Zehnerpotenzen verschieben. Eine abschätzende Vorausberechnung der Geschwindigkeit der konfigurellen Diffusion ist deshalb bislang noch nicht möglich.

1.1.4 Stofftransport im konvektiven Hauptstrom und an den Phasengrenzflächen

Chemische Prozesse werden in der Technik entweder kontinuierlich, halbkontinuierlich oder diskontinuierlich durchgeführt. Der kontinuierliche Betrieb (Fließbetrieb) ist dadurch gekennzeichnet, daß ständig ein konstanter Stoffstrom durch die Prozeßapparatur geleitet wird. Zur allgemeinen Charakterisierung der Aufenthaltsdauer wird die mittlere Verweilzeit $\tau = V_R/\dot{V}$ eingeführt (V_R Volumen der betrachteten Apparateeinheit, z. B. des Reaktionsraums; $\dot{V}$ Volumenstrom (Volumenänderungen durch chemische Reaktionen, Temperatur- und/oder Druckänderungen müssen berücksichtigt werden)). τ gibt einen Mittelwert an, sagt aber über die effektive Verweilzeit der einzelnen Teilchen nichts aus. Die effektiven Verweilzeiten der einzelnen Teilchen sind aufgrund von Vermischungseffekten (Rühren, hydrodynamische Strömungseffekte, Diffusion) über ein mehr oder weniger breites Zeitspektrum verteilt. Dabei sind zwei Grenzfälle denkbar:

1 Eine vollkommene Vermischung der Reaktionsmasse im Reaktor – maximale Streuung im Verweilzeitverhalten.
2 Ein Durchströmen des Reaktors ohne axiale Vermischungseffekte – Pfropfenströmung mit vollständiger radialer Vermischung.

Neben der mittleren Verweilzeit und den Vermischungseffekten müssen bei der Auslegung von Prozessen mit mehreren Phasen die Phänomene des Stofftransports berücksichtigt werden, da der Stofftransport in unmittelbarer Nähe der Phasengrenzflächen verlangsamt wird. Diese Erscheinung wird als Stoffübergang bezeichnet und mit Hilfe von Stoffübergangskoeffizienten dargestellt:

Stoffmenge/Zeit = Stoffübergangskoeffizient · Austauschfläche · treibende Kraft
(z. B.: Konzentrationsgefälle)

$$\dot{n} = \beta\, A\, \Delta c \tag{1.10}$$

Reagiert beispielsweise ein nicht gelöstes Gas an einem in einer Flüssigkeit suspendierten Katalysator, müssen folgende Stoffübergangskoeffizienten* unterschieden werden:

- β_G gasseitiger Stoffübergangskoeffizient an der Phasengrenzfläche Gas/Flüssigkeit,
- β_L flüssigkeitsseitiger Stoffübergangskoeffizient an der Phasengrenzfläche Gas/Flüssigkeit und
- β_S fluidseitiger Stoffübergangskoeffizient an der Phasengrenzfläche Fluid/Feststoff.

---

* Aus der Gleichung 1.10 ist abzuleiten, daß der Stoffübergangskoeffizient die Einheit m/s besitzt. Für den Fall, daß statt der Konzentrationsterme Aktivitäten, Partialdrücke, chemische Potentiale, Fugazitäten oder Molanteile verwendet werden, verändert sich entsprechend der verwendeten Größe die Einheit des Stoffübergangskoeffizienten.

Modellmäßiges Erfassen der Stoffübergänge und des Stoffdurchgangs

Ein weitverbreitetes Modell zur Beschreibung der Stoffübergänge basiert auf der Filmtheorie[15]. Es wird angenommen, daß an den Phasengrenzflächen die Fluide einen laminar fließenden Film ausbilden. Der Stofftransport senkrecht zur Flußrichtung dieses Films erfolgt allein durch molekulare Diffusion. Mit Kenntnis des absorbierten Stoffmengenstroms (Meßgröße) und der Größe der Phasengrenzfläche läßt sich die Stoffstromdichte j analog dem 1. Fickschen Gesetz beschreiben. Für den flüssigkeitsseitigen Stoffübergangskoeffizienten an der Phasengrenzfläche Gas/Flüssigkeit gilt damit

$$\dot{n}_1 / A = j = \frac{D_{1,2}^L}{\delta} \left(c_1^i - c_1^b \right). \tag{1.11}$$

δ wird als Dicke des Grenzfilms aufgefaßt. Sie ist eine modellspezifische Größe und stellt (nur in den sehr vereinfachenden Modellvorstellungen der Filmtheorie exakt definiert – s. Abb. 1.2) den Abstand zwischen Phasengrenzfläche und dem intensiv durchmischten Bereich des Fluidstroms („Kernströmung") dar.

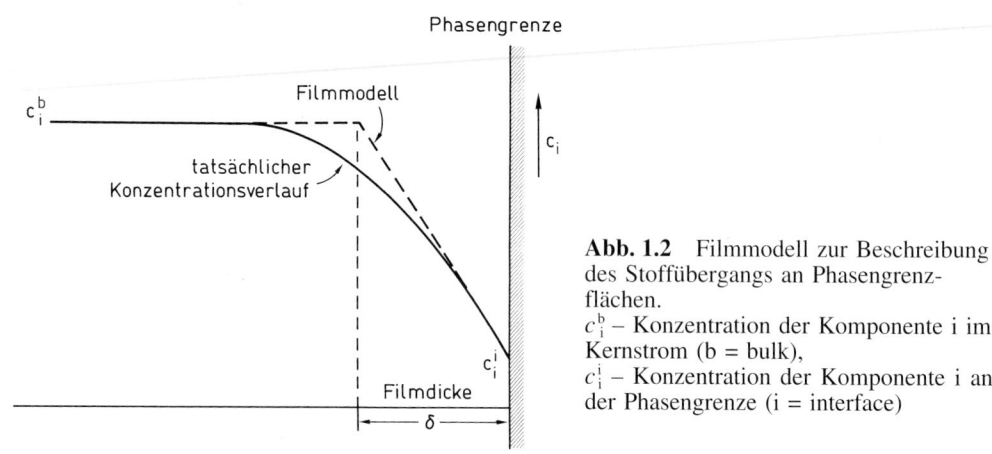

Abb. 1.2 Filmmodell zur Beschreibung des Stoffübergangs an Phasengrenzflächen.
c_i^b – Konzentration der Komponente i im Kernstrom (b = bulk),
c_i^i – Konzentration der Komponente i an der Phasengrenze (i = interface)

δ ist von zahlreichen stofflichen und hydrodynamischen Parametern abhängig und experimentell nicht beziehungsweise nur indirekt zugänglich. Da nach Gl. (1.10) der Stoffübergangskoeffizient der Proportionalitätsfaktor zwischen der Absorptionsrate und der Differenz zwischen der Konzentration an der Phasengrenzfläche und der im Kern der fluiden Phase ist, gilt

$$\beta_L = D_{1,2}^L / \delta. \tag{1.12}$$

Voraussetzung für die Anwendbarkeit des Filmmodells ist die Ausbildung eines stationären Konzentrationsprofils innerhalb des Grenzfilms. Dies ist nur gewährleistet, wenn der laminar strömende Film nicht durch das Eindringen von Fluidelementen gestört wird. Bei hoher Durchmischung ist ein derartiges Eindringen unvermeidbar. Der Stofffluß einer Komponente von der Gasphase in die flüssige Phase muß unter diesen Bedingungen durch instationäre Stoffübergangsmodelle beschrieben werden. Higbie[10] hat ein Modell vorgeschlagen, aus dem eine Gleichung resultiert, in der der Stoffübergangskoeffizient proportional zur Wurzel aus dem Diffusionskoeffizienten ist: $\beta \propto (D_{1,2}^L)^{1/2}$. Darüber hinaus ist der Stoffübergangskoeffizient von einer modelleigenen „Kontaktzeit" abhängig. Es wurden eine Reihe weiterer Stoffübergangsmodelle entwickelt, bei denen die Abhängigkeit des Stoffübergangskoeffizienten vom Diffusionskoeffizienten zwischen den Grenzen $\beta \propto (D_{1,2}^L)^{1/2}$ und $\beta \propto (D_{1,2}^L)^1$ liegt. Bei der Erarbeitung eines kinetischen Ansatzes sollte abgeschätzt werden, in welchem Rahmen sich die Diffusionskoeffizienten ändern und mit welcher Genauigkeit diese Änderung erfaßt werden kann. Oft wird es ausreichen, den Stoffübergang mit Hilfe des Filmmodells zu beschreiben. Ändern sich die Diffusionskoeffizienten signifikant, muß die Relativgeschwindigkeit zwischen den Phasen Auskunft über die Anwendbarkeit des einen oder anderen Modells geben.

Unabhängig von der Wahl des Modells gilt, daß beim Stoffübergang die Stoffflußdichte proportional zur treibenden Konzentrationsdifferenz ist: $\dot{n}/A \propto (c^i - c^b)$. Die Konzentration an der Phasengrenzfläche c^i ist allerdings experimentell nicht zugängig. Deshalb sollte die Geschwindigkeit des Gaseintrags ohne Kenntnis der Konzentrationen an der Phasengrenzfläche beschrieben werden. Dies gelingt durch die Einführung des **Stoffdurchgangskoeffizienten**. Dieser bezieht sich auf den Stofffluß vom Kernstrom der Gasphase in den Kernstrom der Flüssigkeit, faßt also formelmäßig die Stoffübergänge an der Phasengrenzfläche Gas/Flüssigkeit zusammen und berücksichtigt dabei die Gaslöslichkeit (s. Abb. 1.3). Die treibende Kraft ist die Differenz der chemischen Potentiale zwischen dem Kern der flüssigen und dem Kern der gasförmigen Phase. Die formelmäßige Erfassung dieser Differenz gelingt bei idealem Verhalten dadurch, daß aus dem Partialdruck des Gases im Kernstrom der Gasphase und der Henry-Konstanten ($H_{1,2}$) ein Konzentrationsterm c^* errechnet wird.** Als Differenz zwischen der Gasphasenkonzentration und der Gaskonzentration im Kernstrom der Flüssigkeit kann dann ($c^* - c^b$) eingesetzt werden. Proportionalitätskonstante ist der Stoffdurchgangskoeffizient β_0. Es ergeben sich folgende Gleichungen:

$$\dot{n}/A = j = \beta_0(c^* - c^b) \tag{1.13}$$

mit $\quad 1/\beta_0 = 1/\beta_L + 1/(H_{1,2}\beta_G) \tag{1.14}$

bzw. (unter der Verwendung des Partialdruckgefälles formuliert):

$$j = \beta_{0,G}(p^b - p^*) \tag{1.15}$$

mit $\quad 1/\beta_{0,G} = H_{1,2}/\beta_L + 1/\beta_G . \tag{1.16}$

Häufig ist der gasseitige Stoffübergangswiderstand zu vernachlässigen, so daß gilt:

$$\beta_0 = \beta_L \tag{1.17}$$

Danckwerts[17] führte zur Beschreibung des Eintrags einer Gaskomponente A in eine Flüssigkeit den auf das Volumen der flüssigen Phase bezogenen Stoffmengenstrom $j_A a$ ein. Durch die Einbeziehung der spezifischen Phasengrenzfläche (a = Phasengrenzfläche/Volumen der flüssigen Phase) kann der Stoffdurchgang ohne Kenntnis der (oft schwer zu ermittelnden) Größe der Phasengrenzfläche beschrieben werden. Unter Berücksichtigung der Gl. (1.17) ergibt sich:

$$j_A a = \beta_L a(c_A^* - c_A^b) \tag{1.18}$$

** Die Henry-Konstante hat entsprechend ihrer Verwendbarkeit als Standardfugazität für die Gaslöslichkeit die Einheit $[H_{1,2}] = $ kPa. Für die Beschreibung des Stoffdurchgangskoeffizienten wird i.allg. die unter Vernachlässigung aller Realanteile gültige Form des Henryschen Gesetzes ($H_{1,2} = p_1 / c_1$) verwendet. Dadurch erhält die Henrykonstante die Einheit $[H_{1,2}] = $ (Pa m3) / mol und gasseitige Stoffübergangskoeffizient $[\beta_G] = $ mol / (Pa s m^2).

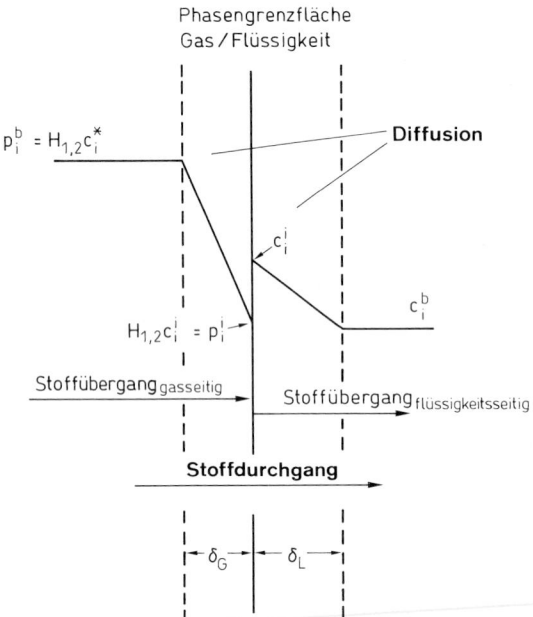

Abb. 1.3 Darstellung des Stoffdurchgangs unter Verwendung des Filmmodells

$\beta_L a$ (oft auch als $k_l a$-Wert bezeichnet) ist sowohl vom Diffusionskoeffizienten als auch von modelleigenen Parametern, z. B. der Filmdicke (Filmmodell), abhängig. Die modelleigenen Parameter müssen mit Hilfe der sie beeinflussenden Stoffeigenschaften, geometrischer und hydrodynamischer Parameter sowie Größen, die das Koaleszenzverhalten der Gasblasen[14] beschreiben, ausgedrückt werden. Wegen der Vielzahl der Parameter werden üblicherweise folgende Vorgehensweisen bevorzugt[18]:

- Durch die Verwendung eines Apparates mit standardisierten Abmessungen sind die apparativen Parameter durch nur einen charakterisierenden Wert zu erfassen (bei Rührapparaten z. B. der Durchmesser des Rührers d_A).
- Die Verwendung von dimensionslosen Kennzahlen kann die Anzahl der Parameter verringern und eine Maßstabsübertragung ermöglichen.

In der Literatur haben sich unterschiedliche Konzepte zur Beschreibung der Stoffübergangscharakteristik mit Hilfe dimensionsloser Kennzahlen durchgesetzt[19, 20]. Weitverbreitet sind die Verwendung der Sherwood-Zahl Sh (Stoffübergangsstrom/Diffusionsstrom), bzw. der Stanton-Zahl St (Stoffübergangsstrom/Konvektionsstrom).

Ähnlich den Stoffübergängen an der Phasengrenzfläche Gas/Flüssigkeit ist der Stoffübergang an der Phasengrenzfläche Fluid/Feststoff mit Hilfe der Filmtheorie zu beschreiben. Der Stoffstrom ist (bei idealem Verhalten) proportional zum treibenden Konzentrationsgefälle (Konzentration im Kern des Fluidstroms minus der Konzentration an der Feststoffoberfläche). Der Proportionalitätsfaktor ist das Produkt aus dem Stoffübergangskoeffizienten β_S und der äußeren Feststoffoberfläche. Die Größe β_S ist unter anderem von den hydrodynamischen Bedingungen abhängig, die durch die Relativgeschwindigkeit zwischen Feststoff und umgebendem Fluid bestimmt werden. Diese Geschwindigkeit entspricht in Festbettreaktoren der Strömungsgeschwindigkeit des Fluids innerhalb der Feststoffschüttung. Bei fluidisierten Feststoffteilchen ist sie in der Regel kleiner. Nach Deckwer[21] liegt die flüssigkeitsseitige Grenzfilmdicke im Bereich zwischen 5 und 100 µm. Übersichten über die Berechnungsgrundlagen für β_S werden unter anderem von Smith[5] und von Carberry[6] gegeben. Oft wird auf das Konzept der Sherwood-Zahl Sh zurückgegriffen. Die Sherwood-Zahl ist eine Funktion der Schmidt- und der Reynolds-Zahl; sie ist für den Stoffübergang Flüssigkeit/Feststoff wie folgt definiert:

$$Sh = \beta_S d / D_{1,2}^L \tag{1.19}$$

Allgemein gilt:

$$\underset{\substack{\text{Stoffübergang für ein „ruhendes System"} \\ \text{Relativgeschwindigkeit} = 0}}{2} < Sh < \underset{\substack{\text{Stoffübergang für umströmte Partikel} \\ \text{in turbulent durchströmter Schüttschicht}}}{2 + 0{,}76\, Re^{1/2}\, Sc^{1/3}} \tag{1.20}$$

mit $\quad Sc = v / D_{1,2}^L \quad$ und $\tag{1.21}$

$$Re = \left(\frac{\dot{E}_D d^4}{v^3} \right)^n \tag{1.22}$$

Der Wert des Exponenten n in der Gl. (1.22) ist abhängig davon, ob die „Turbulenzwirbel"* größer oder kleiner als der Durchmesser der Feststoffteilchen sind.[22].

Ist die „Turbulenzwirbelgröße" größer als der Durchmesser der Feststoffteilchen d ist $n = 1/2$. Für den Fall, daß die „Turbulenzwirbelgröße" kleiner als der Durchmesser der Feststoffteilchen ist, gilt $n = 1/3$. Verallgemeinernd kann festgestellt werden, daß die β_S-Werte zwischen $5 \cdot 10^{-5}$ und $5 \cdot 10^{-4}$ m s^{-1} liegen, solange die Flüssigkeitsviskosität nicht sehr hoch ist und die Feststoffteilchen größer als $d = 20$ µm sind.

1.1.5 Dispersion

Wie bereits erläutert, wird zur allgemeinen Charakterisierung der Aufenthaltsdauer in kontinuierlich arbeitenden Reaktoren die mittlere Verweilzeit eingeführt. Zur reaktionstechnischen Auslegung von Reaktoren oder von Apparaten für den Stoff- und/oder Wärmeaustausch ist es darüber hinaus notwendig, die effektiven Verweilzeiten der einzelnen Fluidteilchen zu kennen. Die effektiven Verweilzeiten der einzelnen Teilchen streuen mehr oder weniger um die mittlere Verweilzeit. Dieser Vermischungseffekt wird häufig als Dispersion bezeichnet (s. Tab. 1.3). Von besonderer Bedeutung für die verfahrenstechnische Auslegung ist die axiale Dispersion. Abb. 1.4 zeigt die Strömungsstruktur beim Durchströmen des Rohrzwischenraums im Rohrbündel (quer angeströmt $\cong$ Kreuzstrom). Deutlich zu erkennen sind die dabei auftretenden Verwirbelungen[23].

Die formelmäßige Erfassung des Dispersionsstroms gelingt aufgrund seiner stochastischen Natur und kann analog dem 1. Fickschen Gesetz unter Einbeziehung eines Dispersionskoeffizienten erfolgen. Die Anwendung dieser Gleichung versagt allerdings, wenn der Dispersionsstrom durch apparative Unstetigkeiten (z. B. Beginn oder Ende der Schüttung, Begrenzungsflächen) gestört wird. Dann müssen diese Unstetigkeiten durch Formulierung geeigneter Randbedingungen formelmäßig erfaßt werden[14]. Auch die Dispersionsvorgänge werden häufig in dimensionsloser Form dargestellt. Dazu wird der Dispersionsstrom ins

---

* „Turbulenzwirbelgröße" $= \left[\dfrac{\text{kinetische Viskosität}^3}{\text{Energiedissipation}} \right]^{1/4} \tag{1.23}$

Zur Berechnung der Energiedissipation ($\dot{E}_D = \dot{W}/m$) sei auf das Kap. 6.1 verwiesen.

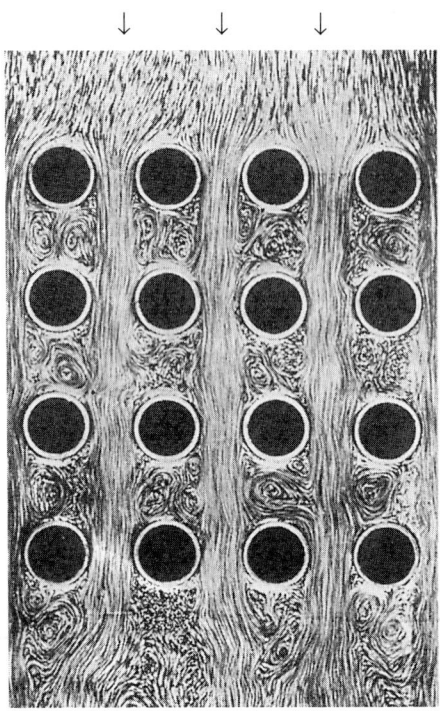

Abb. 1.4 Ausbildung von Turbulenzen beim Durchströmen des Rohrzwischenraums im Rohrbündel (aus [23], S. 112)

Tab. 1.3 Vergleich zwischen molekularer und konvektiver Dispersion

	molekulare Dispersion ($\cong$ Diffusion)	konvektive Dispersion
Ursache	Streben nach maximaler Unordnung (Entropiemaximum)	Störungen der konvektiven Strömung, Geschwindigkeitsprofile
Transportmechanismus	molekulare Bewegung	Mikro- und Makroturbulenzen
Wirkung	molekülspezifisch	nicht molekülspezifisch
Größenordnung der Einzelschritte	mittlere freie Weglänge	charakteristische Abmessung (Blasen- oder Katalysatorteilchengröße, Rohrdurchmesser, Abstand im Rohrbündel, Durchmesser des Reaktors)

Verhältnis zum Konvektionsstrom gesetzt. Der reziproke Wert dieses Verhältnisses wird als Bodenstein-Zahl ($Bo = u d_P / D$) oft auch als Peclet-Zahl zweiter Art bezeichnet und ist von der Reynolds-Zahl, der Schmidt-Zahl und dem Leerraumanteil im Festbett ε abhängig.

1.2 Mechanik fließfähiger Medien

1.2.1 Allgemeine Grundlagen der Fluidbewegung

Die Strömungslehre behandelt die Gesetzmäßigkeiten der Bewegung fluider Medien. Dabei gelten für Gase und Flüssigkeiten weitgehend die gleichen Gesetze, obwohl die verschiedenen fluiden Medien sich beträchtlich in ihren Eigenschaften unterscheiden. So zeigen beispielsweise Flüssigkeiten mit ungefähr gleicher Dichte und etwa gleichem mittleren Atom- oder Molekülabstand ein sehr unterschiedliches Viskositätsverhalten. Im Vergleich zu Flüssigkeiten besitzen Gase eine wesentlich größere Kompressibilität. Die Dichte von Gasen ist bei Normalbedingungen ca. um den Faktor 1000 kleiner als die der Flüssigkeiten. Dennoch kann die Bewegung von Gasen und Flüssigkeiten verallgemeinernd als Fluidbewegung oder Hydrodynamik beschrieben und wie folgt gegliedert werden:

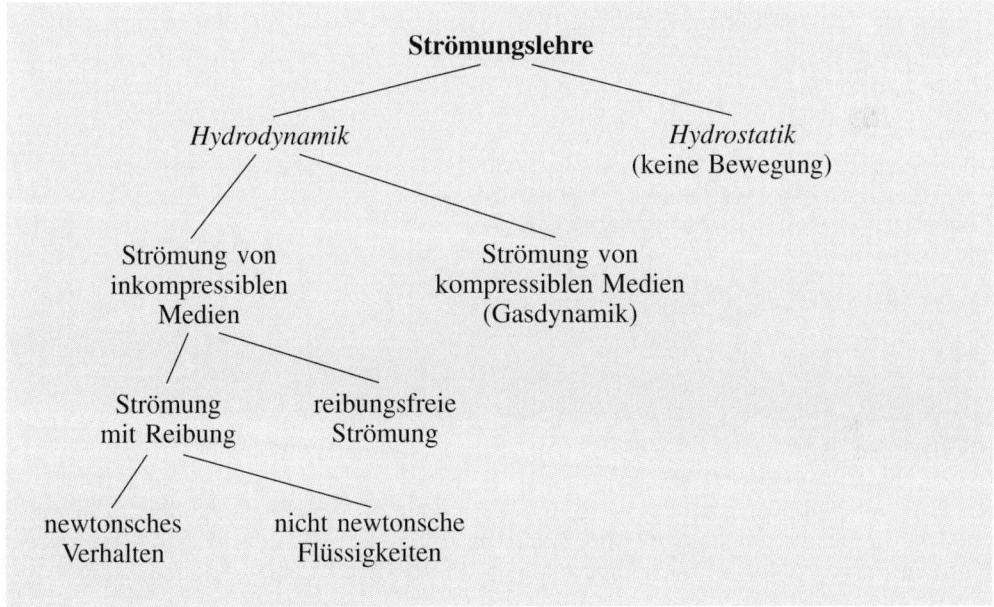

Schema 1.1 Gliederung zur Strömungslehre

Hydrostatik

Ist ein Fluid der Schwerkraft unterworfen, wird der hydrostatische Druck unterhalb des Fluids von dem auf das Fluid wirkenden Druck (P_0) und vom Gewicht des Fluids bestimmt:

$$P = P_0 + \varrho g z \tag{1.24}$$

Kommunizieren zwei gefüllte Behälter miteinander, so wird sich das statische Gleichgewicht einstellen. Es lassen sich die in Abb. 1.5 gezeigten Druckverhältnisse unterscheiden. Die Gleichgewichtseinstellung in Abb. 1.5b (Gl. 1.25) stellt die Grundlage für das Meßprinzip eines Flüssigkeitsmanometers dar:

$$\varrho g (z_2 - z_1) = P_1 - P_2 = \Delta P \tag{1.25}$$

Ein Schenkel eines mit Flüssigkeit gefüllten U-Rohrs wird an einen Behälter, dessen Druck zu messen ist, angeschlossen. Der Druck über dem zweiten Schenkel (in der Regel Außen-

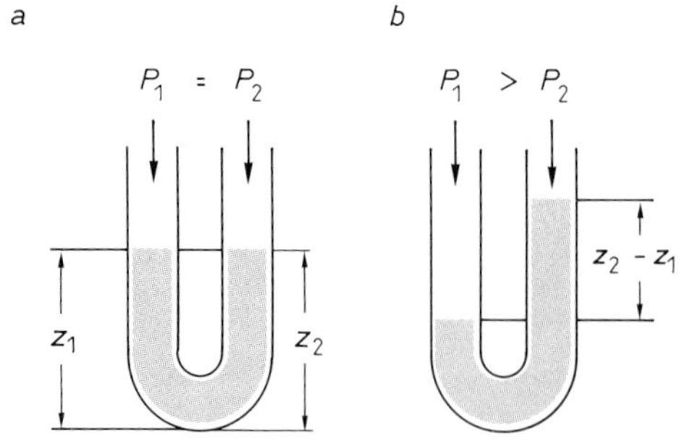

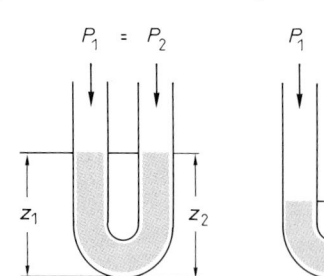

Abb. 1.5 Kommunizierende Behälter bei unterschiedlichen Druckverhältnissen.
a In zwei offenen, kommunizierenden Behältern, gefüllt mit der gleichen Flüssigkeit wird $z_1 = z_2$ sein,
b bei unterschiedlichem Druck über den kommunizierenden Behältern gilt Gl. 1.25

druck oder Vakuum) und die Dichte der Flüssigkeit müssen bekannt sein. Bei Kenntnis des Referenzdrucks läßt sich aus $z_2 - z_1$ der unbekannte Druck ermitteln. Entsprechend der Dichte der Flüssigkeit können Flüssigkeitsmanometer sehr flexibel eingesetzt werden. Als Flüssigkeiten werden dabei häufig Quecksilber, Glycerin und Wasser eingesetzt.

Flüssigkeit	Dichte bei $T = 293$ K (g/cm^3)
Quecksilber	13,55
Glycerin	1,26
Wasser	1,00

Hydrodynamik

Treten in einem Fluid nicht überall gleiche Kräfte auf, strömt das Fluid vom Ort größerer zu dem geringerer Krafteinwirkung. Beim Durchströmen von Rohrleitungen erfolgt die Krafteinwirkung üblicherweise durch Pumpen. In der Regel werden folgende Strömungsgeschwindigkeiten erzeugt:

	Strömungsgeschwindigkeit
Flüssigkeiten	$u \leq 3$ m/s
Gase:	
– Normaldruck	8 m/s $\leq u \leq$ 15 m/s
– erhöhter Druck	15 m/s $\leq u \leq$ 25 m/s
überhitzter Dampf	$u \leq 50$ m/s

Grundlagen zur Erfassung hydrodynamischer Gesetzmäßigkeiten sind die
- Massenerhaltung (Kontinuitätsgleichung),
- Impulserhaltung (nach Newton als Kräftebilanz formuliert) und
- Energieerhaltung.

Die Kontinuitätsgleichung läßt sich mit Hilfe der Strömung durch ein Rohrsystem veranschaulichen:

Sind alle die Strömung beeinflussenden Größen von der Zeit unabhängig, fließt (unabhängig von der jeweiligen Form und Größe des Querschnitts) durch jede Querschnittsfläche in jeder Zeiteinheit die gleiche Fluidmasse:

$$\dot{m}_1 = \dot{m}_2 = \dot{m} = \ldots = \text{konst.} \tag{1.26}$$

$$A_1 u_1 = A_2 u_2 = \ldots = \text{konst.} \tag{1.27}$$

Die Anwendung des Gesetzes zur Impulserhaltung beruht auf der „Newtonschen Bewegungsgleichung". Diese kann mit Hilfe einer Kräftebilanz für ein vorgegebenes Volumenelement der Masse m gelöst werden. Wird diese Kräftebilanz unter der Annahme durchgeführt, daß die Kräfte in Richtung aller drei örtlichen Koordinaten wirken (isotrope Bedingungen), resultiert daraus die Navier-Stokes-Gleichung[24]. Die Anwendung dieser Gleichung in ihrer vollständigen Form beschränkt sich in der Regel auf Detonationsvorgänge, bei denen Stoff- und Wärmetransport allein durch die Gesetze des Impulsaustausches beschrieben werden (Druckstörungen pflanzen sich in Fluiden mit Schallgeschwindigkeit fort, Diffusions- und Konvektionsvorgänge sind hier zu langsam!). Eine geschlossene Lösung der Navier-Stokes-Gleichung ist meist nicht möglich. Daher werden Vereinfachungen vorgenommen. So wird erstens angenommen, daß die Strömung eine Vorzugsrichtung hat. Die Impulsgesetze werden nur für diese Richtung, also eindimensional, gelöst. Ferner erfolgt die Bilanz unter der Annahme von stationären, also zeitunabhängigen Bedingungen. Schließlich wird ein „ideales" Fluid formuliert. Bei Verwendung dieser vereinfachenden Annahmen resultiert aus der Navier-Stokes-Gleichung die Bernoulli-Gleichung.

1.2.2 Strömung „idealer" Fluide (reibungsfreie Strömung)

Energiebilanz bei stationärem Fließverhalten

Ein „ideales" Fluid besitzt definitionsgemäß folgende Eigenschaften[25]: Es

- ist absolut inkompressibel,
- hat keinen thermischen Ausdehnungskoeffizienten und
- fließt reibungsfrei.

Zur Ableitung der **Bernoulli-Gleichung** wird der Energieinhalt eines derartigen fließenden Mediums am Ein- und Ausgang eines Rohrsystems formuliert:

Die Fluidmasse m der Dichte ϱ besitzt potentielle sowie kinetische Energie und muß außerdem, wenn sie in das Rohrsystem mit der Geschwindigkeit u_1 eintritt, gegen einen statischen Druck P_1 eine Volumenarbeit verrichten. Der aus dieser Bilanz resultierende Energieinhalt muß bei idealen Fluiden gleich dem Energieinhalt bei Austritt aus dem Rohrsystem sein:

$$mgH_1 \quad + \quad \frac{P_1}{\varrho}m \quad + \quad m\frac{u_1^2}{2} = mgH_2 + m\frac{P_2}{\varrho} + m\frac{u_2^2}{2} = \text{konst.} \tag{1.28}$$

potentielle Volumenarbeit kinetische
Energie   Energie

Die tiefgestellten Indices beziehen sich auf die unterschiedlichen Bilanzstellen im Rohrsystem (z. B. 1 Eingang, 2 Ausgang).

Mit Hilfe der Bernoulli-Gleichung lassen sich Förderströme und -höhen von Pumpen charakterisieren. Darüber hinaus gibt diese Gleichung den formelmäßigen Zusammenhang zwischen der Durchflußmenge und dem beim Durchströmen von Querschnittsverengungen auftretenden Druckverlust. Damit bildet sie die Grundlage für das Messen von Durchflußmengen mittels Staublenden und ähnlicher Meßapparate (s. Kap. 1.3.3). Dies unterstreicht die Bedeutung dieser Gleichung, obwohl sie weder für Gase (kompressibel) noch für Flüssigkeiten (keine reibungsfreie Strömung) streng gültig ist.

1.2.3. Strömung realer Flüssigkeiten (Auftreten von Reibungskräften)

In einem strömenden Medium findet unter den Teilchen auch in radialer Richtung ein fortwährender Impulsaustausch statt. Dadurch treten Kräfte auf, die zur inneren Reibung (viskoses Verhalten) führen. Dies kann am **Grundversuch der Viskositätslehre** (s. Abb. 1.6) verdeutlicht werden[23, 26, 27]:

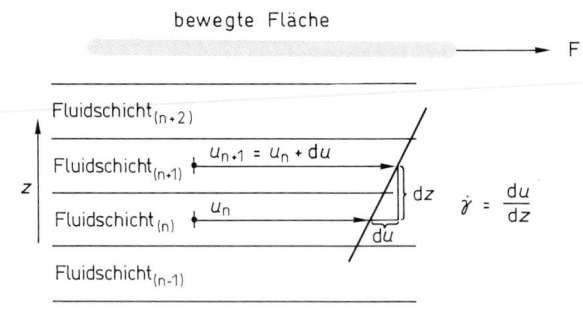

Abb. 1.6 Grundversuch der Viskositätslehre

Zwischen zwei parallel angeordneten Platten mit der Fläche A und dem Abstand z befindet sich ein Fluid, das die Platten benetzt. Unmittelbar an den Platten haften die Fluidteilchen. Über diesen haftenden Fluidteilchen kann eine Fluidbewegung initiiert werden. Denkt man sich das Fluid in Schichten aufgeteilt, und wird eine der Platten mit der Kraft F gegen die andere bewegt, resultiert daraus ein schichtweises Verschieben des „Fluidkörpers" (Abb. 1.6). Dies bedeutet, daß das vom Fluid eingenommene Volumen deformiert wird. Nach Newton ist die Geschwindigkeit dieser Deformation $du/dz = \dot{\gamma}$ (Schergeschwindigkeit) der Schubspannung $\tau = F/A$ proportional[30]. Der Proportionalitätsfaktor ist die dynamische Viskosität μ:

$$\tau = \mu \dot{\gamma} \tag{1.29}$$

bzw. $$F = \mu A \frac{du}{dz} \tag{1.29a}$$

Die dynamische Viskosität hat die Einheit Pa s

$$1 \text{ Pa s} = 10 \text{ g s}^{-1} \text{cm}^{-1}.$$

In Tab. 1.4 sind die dynamischen Viskositäten ausgewählter Stoffe angegeben[28]:

1.2 Mechanik fließfähiger Medien

Tab. 1.4 Dynamische Viskositäten ausgewählter Stoffe

Stoff	μ (Pa s)
Luft (ϑ = 20 °C)	$1,9 \cdot 10^{-5}$
Wasser (ϑ = 20 °C)	0,001
Blut (ϑ = 37 °C)	0,004–0,015
Motoröl, SAE 20	0,2
Polymerschmelzen (Verarbeitungstemperatur)	$10^2 - 10^4$

Häufig wird anstelle der dynamischen Viskosität μ die kinematische Viskosität ≙ dynamische Viskosität/Dichte des Fluids

$$\nu = \mu / \varrho \tag{1.30}$$

verwendet. In der Regel ist die Viskosität eine von der Schubspannung unabhängige Stoffgröße (**newtonsches Fließverhalten**). Dies gilt für Wasser, Methanol, Ethanol sowie viele Aromaten und andere Fluide. Bei einer Reihe von Fluiden, z. B. viele fließfähigen Produkte der Lebensmittelindustrie, ändert sich die Viskosität in Abhängigkeit von der Schubspannung. Diese Eigenschaft wird als **nicht newtonsches Fließverhalten** bezeichnet. In der Abb. 1.7a, b sind die wichtigsten Arten des Fließverhaltens aufgeführt.

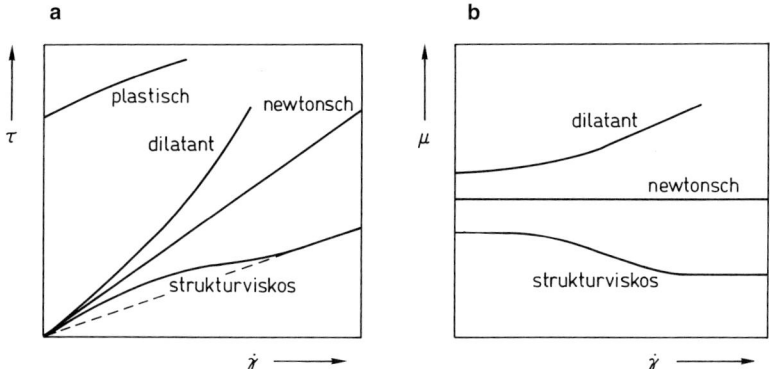

Abb. 1.7a, b Viskositätsverhalten in Abhängigkeit von der Schergeschwindigkeit

In Tab. 1.5 sind einige typische Fluide mit nichtnewtonschem Fließverhalten aufgelistet.

Tab. 1.5 Beispiele für Stoffe mit nichtnewtonschem Fließverhalten

strukturviskose Stoffe	dilatante Stoffe
viele technische und handelsübliche Emulsionen (Farben)	Kaliumsilicatlösungen
Blut	Aufschlämmungen von Sand
Asphalt	Bodensatz bei Ölfarben

Mit steigender Schubspannung zeigen **strukturviskose Fluide** eine Abnahme, dilatante Stoffe eine Zunahme der Zähigkeit. Dies bedeutet für strukturviskose Stoffe, daß sich bei ihrer Förderung der spezifische Energiebedarf durch Erhöhung der Fördergeschwindigkeit senken läßt. Ein strukturviskoses Fließverhalten (oft auch als pseudoplastisches Fließverhalten bezeichnet) wird dadurch hervorgerufen, daß durch energetische Wechselwirkungen (ionisch, Wasserstoffbrücken) Überstrukturen entstehen, die ab einem bestimmten Wert der Scherkraft geschwächt werden[26]. Oftmals wird als Begründung für das Auftreten von strukturviskosem Verhalten angegeben, daß sich mit zunehmender Schubspannung stab- oder kettenförmige Fluidelemente in Fließrichtung orientieren. Zum Beispiel können sich Polymerketten in einer Schmelze oder in einer Lösung entwirren, strecken und parallel zur Fließrichtung orientieren. Ein anderes Beispiel ist das viskose Verhalten von Blut. Blut enthält kernlose Zellen (Erythrozyten), die sich zu kettenförmigen Agglomeraten verbinden und im Blutplasma (newtonsches Verhalten, $\mu(37\ °C) = 1,2$ m Pa s) suspendiert sind. Mit zunehmender Schubspannung orientieren sich diese Ketten und bewirken so das pseudoplastische Verhalten des Blutes. Blut kann durch diese Eigenschaft einerseits in den feinsten Adern fließen und ist andererseits beim Austreten aus Wunden dickflüssig, was den Heilungsprozeß begünstigt oder sogar erst ermöglicht. Weitere Beispiele für strukturviskoses Verhalten sind die handelsüblichen Farben. Während des Verstreichens der Farbe wird durch den Pinselstrich eine Schubspannung erzeugt, die Viskosität der Farbe wird herabgesetzt. Dadurch ist ein gleichmäßiges Auftragen der Farbe möglich. Unmittelbar nach dem Auftragen (ohne Einwirkung des Pinselstrichs) ist die Farbe hochviskos und kann ohne Ausbildung von Tränen trocknen. **Dilatantes Verhalten** tritt in Suspensionen auf, in denen die Feststoffe vergleichsweise eng gepackt und wenig solvatisiert sind. In diesen Systemen entstehen beim Aneinanderreiben der Feststoffteilchen Ladungen, die zusätzliche Bindungskräfte und ein Verfestigen des Fluidkörpers zur Folge haben. Ein derartiges Viskositätsverhalten zeigt aufgeschlämmter Seesand. Beim Baden oder beim Wandern im Wattenmeer wird man beim Auftreten anfangs etwas einsacken und schon nach kurzer Zeit „festen Boden" unter den Füßen verspüren. Hier ist das dilatante Verhalten der Seesandaufschlämmung von großem Vorteil. Beim Freihalten der Fahrrinne in Flüssen und im küstennahen Bereich hingegen ist es extrem unerwünscht, da eine Verfestigung des Schlamms insbesondere innerhalb der Förderpumpen zu großen Schäden führen kann. Beim **viskoelastischen Fließen** (oft auch als plastisches Verhalten oder als Bingham-Flüssigkeit bezeichnet) bedarf es eines Grundwerts für die Schubspannung, bevor das Fluid zu fließen beginnt (Fließgrenze). Erreicht die Schubspannung diesen Grundwert nicht, verhält sich eine Bingham-Flüssigkeit wie ein elastischer Körper. Typische Beispiele für viskoelastisches Verhalten sind Polymerschmelzen, bei denen die Ausbildung von Wasserstoffbrückenbindungen ein derartiges Fließverhalten verursacht. Beim **zeitabhängigen Fließverhalten** verändert sich die Viskosität mit der Zeit, auch wenn die Schubspannung in dieser Zeit konstant gehalten wird[30, 31]. Ist dieser Vorgang reversibel und wird die Viskosität zeitabhängig kleiner, liegt **thixotropes**, wird sie größer, liegt **rheopexes Fließverhalten** vor. Eine irreversible Veränderung der inneren Struktur des Fluids durch Einwirkung der Schubspannung wird als **Rheodestruktion** bezeichnet.

Temperaturabhängigkeit der dynamischen Viskosität[2]

Die Viskosität von Gasen erklärt sich aus den Zusammenstößen schwingender Moleküle bzw. Atome. Mit steigender Temperatur nimmt die Intensität der Schwingungen und damit die Zahl der Zusammenstöße zu. Das führt zu einer Erhöhung der Gasviskosität mit steigender Temperatur. Zur Beschreibung der Temperaturabhängigkeit wird oftmals die folgende Gleichung herangezogen, die allerdings sehr vereinfacht und keine hohe Genauigkeit besitzt:

$$\mu = \mu_0 \left(\frac{T}{273\ \text{K}} \right)^i \qquad (1.31)$$

μ_0 Gasviskosität bei 273 K (s. auch Tab. 1.6)

In der Tab. 1.6 sind für Wasserstoff, Luft und Methan die Parameter μ_0 und i sowie die sich daraus errechnende Viskosität für $\vartheta = 50\,°C$ angegeben.

Tab. 1.6 Parameter zur Berechnung der Viskosität typischer Gase

Gas	H$_2$	Luft	CH$_4$
μ_0 (mPa s)	$0{,}82 \cdot 10^{-2}$	$1{,}74 \cdot 10^{-2}$	$1{,}06 \cdot 10^{-2}$
i	0,65	0,67	0,72
μ (mPa s bei 323 K)	$0{,}95 \cdot 10^{-2}$	$1{,}95 \cdot 10^{-2}$	$1{,}19 \cdot 10^{-2}$

Im Gegensatz zur Gasviskosität nimmt die Viskosität von Flüssigkeiten mit steigender Temperatur ab, was durch folgende Gleichung ausgedrückt werden kann:

$$\mu = B \exp (A/T) \tag{1.32}$$

Eine allgemeingültige Theorie zum Viskositätstemperaturverhalten von Flüssigkeiten gibt es nicht. Man kann allerdings davon ausgehen, daß die Wirkung der in Flüssigkeiten zwischen den Molekülen existierenden Kräfte (u.a. Brückenbindungen) mit steigender Temperatur geschwächt wird und das Ausmaß der Nahordnung abnimmt[26].

In Tab. 1.7 sind die Konstanten A und B für einige organische Flüssigkeiten aufgelistet.

Tab. 1.7 Parameter zur Berechnung der Viskosität einiger organischer Flüssigkeiten

Flüssigkeit	A (K)	B (mPa s)	μ (mPa s bei 323 K)
Aceton	780	0,022	0,246
Benzol	1250	0,009	0,431
Octan	1070	0,014	0,384
Phenol	3460	0,001	3,591

Tab. 1.8 zeigt die Viskosität von Wasser als Funktion der Temperatur.

Tab. 1.8 Viskosität von Wasser als Funktion der Temperatur

ϑ (°C)	0	10	20	30	40	50	...	100
μ (mPa s)	1,792	1,307	1,002	0,797	0,653	0,548	...	0,282

1.3 Anwendungsbeispiele der Strömungslehre

1.3.1 Druckverlust beim Durchströmen eines Rohrsystems

Die Beschreibung der hydrodynamischen Verhältnisse dient unter anderem der Berechnung des beim Durchströmen von Rohrsystemen, Armaturen, Formstücken und Schüttschichten entstehenden Druckverlustes. Der Druckverlust ist ein wichtiger Auslegungsparameter im Chemieanlagenbau, da seine Überwindung oft einen wesentlichen Beitrag zur Energiebilanz und zur Wirtschaftlichkeit des Verfahrens ausmacht.

Der Druckverlust in Rohrsystemen und in Schüttschichten ist abhängig von den geometrischen Verhältnissen sowie von der (auf das Volumen bezogenen) kinetischen Energie des Fluids:

$$E_{kin} = \tfrac{1}{2}\varrho \bar{u}^2 \qquad (1.33)$$

Er läßt sich unter Einbeziehung der Reibungszahl λ wie folgt berechnen:

$$\Delta P = \lambda \frac{l}{d} \frac{\varrho \bar{u}^2}{2} \qquad (1.34)$$

Mit dem Faktor l/d werden die geometrischen Verhältnisse erfaßt. In einem geraden Rohr ist l die Länge und d der Innendurchmesser des Rohrs. In anderen Systemen können andere Zuordnungen getroffen werden. So werden z. B. in Schüttschichten die Schütthöhe und der Teilchendurchmesser verwendet. Wichtig ist, daß die jeweiligen Größen meßbar und eindeutig definiert sind. Ferner sollten sie charakteristisch für die geometrischen Verhältnisse sein.

1.3.1.1 Ungestörte Strömung – Durchströmen eines geraden Rohrs

Laminares Strömungsverhalten (Gesetz von Hagen-Poiseuille)

Zur Herleitung des Gesetzes von Hagen-Poiseuille wird die Energie für eine geradlinige, nicht reibungsfreie Strömung durch ein zylindrisches Rohr mit dem Radius r bilanziert. In der Rohrmitte ist die Strömungsgeschwindigkeit des Fluids am größten, an der Rohrwand (bedingt durch Adhäsionskräfte) gleich Null. Über den gesamten Rohrdurchmesser resultiert ein parabolisches Geschwindigkeitsprofil (s. Abb. 1.1). Von besonderem Interesse sind die Ermittlung der mittleren und der maximalen Strömungsgeschwindigkeit als Funktion der Viskosität sowie die Berechnung des Druckverlustes. Nach dem Gesetz von Hagen-Poiseuille gilt[28]:

$$u_{max} = \frac{\Delta P}{4\mu l} r^2 \qquad (1.35)$$

bzw. für die mittlere Strömungsgeschwindigkeit

$$\bar{u} = \frac{\Delta P}{8\mu l} r^2 \,, \qquad (1.36)$$

damit ist

$$u_{max} = 2\bar{u} \,. \qquad (1.37)$$

Durch Umstellen der Gl. (1.36) erhält man

$$\Delta P = \frac{8\mu l \bar{u}}{r^2} = \frac{32\mu l \bar{u}}{d^2} \qquad (1.38)$$

Die Einführung der Reynolds-Zahl (Gl. 1.1) ergibt

$$\Delta P = \frac{32}{Re} \frac{l}{d} \varrho \bar{u}^2 \,. \qquad (1.39)$$

Aus den Gl. (1.34) und (1.39) folgt

$$\lambda = \frac{64}{Re}. \tag{1.40}$$

In ähnlicher Weise läßt sich auch der Druckverlust berechnen, der beim Durchströmen von Membranen auftritt. Die Poren von Membranen sind derart eng, daß der Stofftransport durch Knudsen-Diffusion erfolgt. Die Reibungszahl ist indirekt proportional zur Reynolds-Zahl. Allerdings müssen bei der Berechnung der Reibungszahl die mittlere freie Weglänge des Moleküls Λ, der Durchmesser der Membranpore d_K und ein Faktor k^K, der den Zusammenstoß zwischen Membranwand und diffundierendem Molekül charakterisiert, berücksichtigt werden[23]. Es gilt:

$$\lambda = \frac{64}{Re}\left[1 - 8Kn\left(1 - \frac{2}{k^K}\right)\right]$$

$Kn = \Lambda/d_K \cong$ Knudsen-Zahl

und $0 \leq k^K \leq 1$.

In der Praxis gilt meist $0{,}75 < k^K < 1$.

Strömung durch ein gerades Rohr beim Auftreten von Turbulenzen

Die Ausbildung von Strömungsturbulenzen ist mit einem zusätzlichen Energieverbrauch verbunden. Dadurch wird der resultierende Druckverlust vergrößert. Die Berechnung des Druckverlustes gelingt wiederum mit Hilfe der Gl. (1.34). Die Reibungszahl λ kann, solange das Rohr glattwandig ist, durch empirische Gleichungen berechnet werden. Für

- $2400 < Re < 10^5$: $\quad \lambda = 0{,}3164\, Re^{-0{,}25}$ und $\tag{1.41}$
- $10^5 < Re < 2 \cdot 10^6$: $\quad \lambda = 0{,}0054 + 0{,}3964\, Re^{-0{,}3}$ $\tag{1.42}$

In der Abb. 1.8 ist die Abhängigkeit der Reibungszahl von der Reynolds-Zahl graphisch aufgetragen. Deutlich zu erkennen ist der qualitative Sprung zwischen laminaren und turbulenten Strömungsbedingungen. Obwohl die Reibungszahl mit Ansteigen der Reynolds-Zahl (Vergrößerung der mittleren Strömungsgeschwindigkeit $\bar{u}$) kleiner wird, resultiert aus der quadratischen Abhängigkeit der volumenbezogenen kinetischen Energie ($\frac{1}{2}\varrho\bar{u}^2$) von der mittleren Strömungsgeschwindigkeit ein Ansteigen des Druckverlustes.

Insbesondere bei turbulenten Strömungsverhältnissen wird der Druckverlust durch das Auftreten von Wandrauhigkeit weiter erhöht. Die Reibungszahl λ ist für diesen Fall sowohl

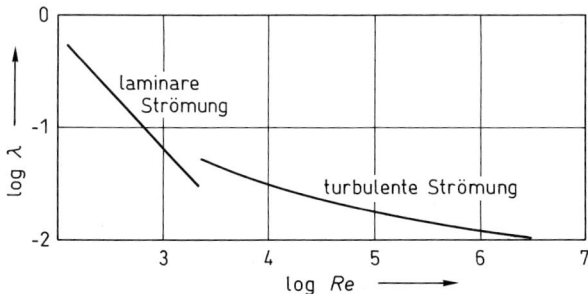

Abb. 1.8 Abhängigkeit der Reibungszahl λ von der Reynolds-Zahl

von der Reynolds-Zahl als auch von dem Ausmaß der Rauhigkeit abhängig. Zur Beschreibung dieses Einflusses wird die absolute (meßbare) Rauhigkeit auf den Rohrdurchmesser bezogen und als relative Rauhigkeit n ausgedrückt. Für $n > 225 Re^{-7/8}$ ist die Reibungszahl λ unabhängig von der Reynolds-Zahl (s. Tab. 1.9)[25].

Tab. 1.9 Reibungszahl in Abhängigkeit von der Rauhigkeit (stark turbulente Strömung)

n	0,001	0,002	0,01	0,025
λ	0,0197	0,0234	0,0380	0,0529

1.3.1.2 Gestörte Strömung – Auftreten eines örtlichen Druckverlustes

Wird eine Strömung in einem Rohrsystem durch den Einbau eines Widerstands gestört, treffen die Fluidteilchen auf diesen Widerstand und/oder müssen diesem ausweichen. Im Falle des Auftreffens wird die kinetische Energie in Druckenergie umgewandelt. Der resultierende höhere Druck heißt Staudruck. Beim Ausweichen treten zusätzliche Reibungskräfte und Verwirbelungen auf. Es resultiert eine Druckänderung, die kleiner als der Staudruck ist und als örtlicher Druckverlust ($\Delta P'$) bezeichnet wird. Das Ausmaß auch dieser Druckänderung ist wieder von der volumenbezogenen kinetischen Energie abhängig und wird durch folgende Gleichung berechnet:

$$\Delta P' = \zeta \frac{\varrho \bar{u}^2}{2} \tag{1.43}$$

ζ Widerstandsbeiwert (oft auch als „c_w-Wert" bezeichnet)

In Rohrsystemen wird die Strömung durch Rohrbögen, Probehähne, Rohrerweiterungen und -verengungen gestört. Die Wirkung ist mit der eines eingebauten Strömungswiderstands vergleichbar. Die Größe von ζ ist jetzt abhängig von den Strömungsverhältnissen sowie von der Art und der Geometrie der Änderung im Rohrsystem[28]. In Tab. 1.10 sind einige wichtige Widerstandsbeiwerte aufgelistet.

Bei einer *Verengung* im Rohrsystem ist der Widerstandsbeiwert ζ vom Ausmaß der Verengung (Verhältnis der Querschnittsflächen A_{eng}/A_{weit}) sowie von den Strömungsverhältnissen abhängig. Bei einer stetigen Rohrverengung sollte für den Öffnungswinkel gelten: $\alpha < 40°$. Scharfkantige oder vorstehende *Rohreintritte* vergrößern den Druckverlust. Sie sollten daher vermieden werden. Dementsprechend sollten zur Verringerung des örtlichen Druckverlustes die Rohreinschweißungen (z. B. bei Rohrbündeln) abgerundet werden. Auch bei einer *Querschnittserweiterung* können sich zusätzliche Turbulenzen ausbilden. Die resultierende Erhöhung des Druckverlustes läßt sich mit Hilfe der Gl. (1.44) berechnen:

$$\Delta P = \zeta \left(1 - A_{eng}/A_{weit}\right) \frac{\varrho \bar{u}^2}{2} \tag{1.44}$$

Der Widerstandsbeiwert durchläuft bei steten Querschnittserweiterungen in Abhängigkeit vom Öffnungswinkel α ein Minimum. Ein Öffnungswinkel von 5 bis 15° gewährleistet einen besonders kleinen Widerstandsbeiwert.

Tab. 1.10 In Rohrsystemen auftretende Widerstandsbeiwerte[28]

Art des Widerstands	Widerstandsbeiwert					
Rohrknie	$\alpha =$	90°	120°	135°	150°	
	$\zeta =$	1,10	0,55	0,35	0,20	

	R/d \ α	60°	90°	120°	135°	150°
Rohrbogen	1,5	0,20	0,18	0,14	0,11	0,08
	2,0	0,17	0,15	0,12	0,10	0,07

	Nenndurchmesser d (mm)					
	13	19	25	32	38	>50
Probehahn	4	2	2	2	2	2
Ventil	11	7	6	6	6	5
Ventil mit Schrägspindel	3	3	3	2,5	2,5	2

1.3.2 Druckverlust beim Durchströmen von Apparaten

1.3.2.1 Durchströmen von Schüttschichten

Sind in einem senkrecht stehenden Rohr Feststoffteilchen aufgeschüttet oder geordnete Packungen installiert, so setzt sich der beim Durchströmen entstehende Druckverlust additiv zusammen:

ΔP durch die innere Reibung des Fluids
$+ \Delta P$ durch die Störung des Strömungsverhaltens an den festen Einbauten*
$+ \Delta P$ durch Reibung an den Feststoffteilchen bzw. der Packung

Im allgemeinen sind der Druckverlust durch innere Reibung des Fluids und der örtliche Druckverlust an den Einbauten vernachlässigbar klein gegenüber dem Druckverlust durch die Reibung an den Feststoffteilchen (Katalysatorteilchen oder Füllkörper), so daß entsprechend der Gl. (1.34) näherungsweise gilt:

$$\Delta P = \lambda \frac{l}{d^P} \frac{\varrho \bar{u}^2}{2} \qquad (1.45)$$

l ist dabei die Schütthöhe und d^P der mittlere Durchmesser des Schüttguts. $\bar{u}$ ist die Geschwindigkeit des Fluids im leeren Anströmquerschnitt. Die Größe von λ ist von der Art und der Form des Schüttguts bzw. der Packung, der Strömungsart und dem Volu-

---

* Anströmböden in Reaktoren, Rohrböden (Ein- und Austritt aus Rohrbündelapparaten) sowie Flüssigkeitsverteiler und -sammler, Trag- und Niederhalteroste in Rektifikationskolonnen.

menanteil des Raums zwischen den Schüttgutteilchen (relatives Zwischenkornvolumen ε) abhängig. Besteht die Schüttung aus gleichgroßen Kugeln (der Kugeldurchmesser sollte maximal $1/20$ des Rohrdurchmessers betragen), gelten folgende Zusammenhänge. Für die:

- laminare Strömung ($Re < 20$)

$$\lambda = \frac{(1-\varepsilon)^2}{\varepsilon^3} \frac{300}{Re} \quad \text{und} \tag{1.46}$$

- turbulente Strömung ($Re > 200$)

$$\lambda = 3{,}5 \frac{1-\varepsilon}{\varepsilon^3}. \tag{1.47}$$

Bei laminarer Strömung ist die Reibungszahl umgekehrt proportional zur Reynolds-Zahl und damit umgekehrt proportional zur Strömungsgeschwindigkeit. Beim Vorliegen einer turbulenten Strömung ist die Reibungszahl unabhängig von der Strömungsgeschwindigkeit. Aus der Gl. (1.45) ergeben sich unter Einbeziehung der Gl. (1.46) und (1.47) folgende Zusammenhänge zwischen dem Druckverlust und der Strömungsgeschwindigkeit:

$$Re < 20 \;\Rightarrow\; \Delta P \propto \bar{u} \tag{1.48}$$

$$Re > 200 \;\Rightarrow\; \Delta P \propto \bar{u}^2 \tag{1.49}$$

Für $1 < Re < 3000$ lassen sich die Gl. (1.46) und (1.47) kombinieren (Ergun-Gleichung):

$$\lambda = \frac{1-\varepsilon}{\varepsilon^3}\left(3{,}5 + (1-\varepsilon)\frac{300}{Re}\right). \tag{1.50}$$

1.3.2.2 Ausbildung von Wirbelschichten

Wird eine Schüttschicht, wie in Abb. 1.9 dargestellt, von unten nach oben durchströmt, wirkt die Reibungskraft gleichgerichtet der Auftriebskraft und entgegengerichtet der Gewichtskraft. Durch Erhöhung der Strömungsgeschwindigkeit steigt die Reibungskraft, so daß ein Punkt erreicht werden kann, an dem die Summe aus Auftriebs- und Reibungskraft gleich der Gewichtskraft ist. Dieser Punkt wird als Wirbelpunkt* bezeichnet. Bei weiterer Steigerung der Strömungsgeschwindigkeit werden die Teilchen aufwirbeln.

Eine Erhöhung der Strömungsgeschwindigkeit über den Wirbelpunkt hinaus bewirkt eine Vergrößerung der Wirbelschichthöhe. Dadurch wird der Raum zwischen den wirbelnden Feststoffteilchen größer und die Summe der Spantflächen** pro Volumeneinheit kleiner. Das heißt, daß die Erhöhung der Strömungsgeschwindigkeit nicht zur Vergrößerung der Reibungskraft, sondern zur Verkleinerung der Reibungsfläche (Vergrößerung der Wirbelschichthöhe $\cong$ weniger wirbelnde Teilchen pro bilanziertem Volumenelement) führt. Der Druckverlust in Wirbelschichten ist demzufolge unabhängig von der Strömungsgeschwindigkeit. In Abb. 1.10 ist die Abhängigkeit des Druckverlustes von der Strömungsgeschwindigkeit graphisch dargestellt (log ΔP gegen log u). Bis zum Wirbelpunkt ergeben sich entsprechend der Theorie zum Druckverlust in Schüttschichten zwei Geraden (Steigung = 1 für die laminare Strömung; Steigung = 2 für die turbulente Strömung). Oberhalb

---
* In Flüssigkeit/Feststoff-Systemen wird der Wirbelpunkt als Lockerungspunkt bezeichnet.
** In Strömungsrichtung projizierte Fläche der Teilchen

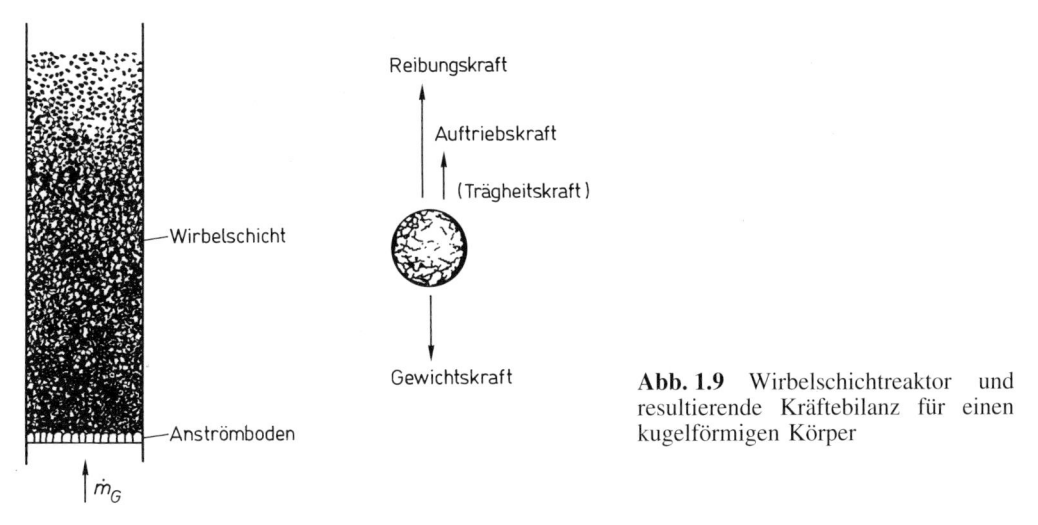

Abb. 1.9 Wirbelschichtreaktor und resultierende Kräftebilanz für einen kugelförmigen Körper

des Wirbelpunkts ist der Druckverlust unabhängig von der Strömungsgeschwindigkeit. Real (gestrichelte Linie) ergeben sich folgende Abweichungen:
- Im Übergangsbereich zwischen laminarer und turbulenter Strömung entspricht der Kurvenverlauf der Ergun-Gleichung.
- Der Druckverlust wird über den Wirbelpunkt hinaus ansteigen, da sich ruhende Feststoffteilchen durch Adhäsion und Verhaken gegenseitig am Aufwirbeln behindern.

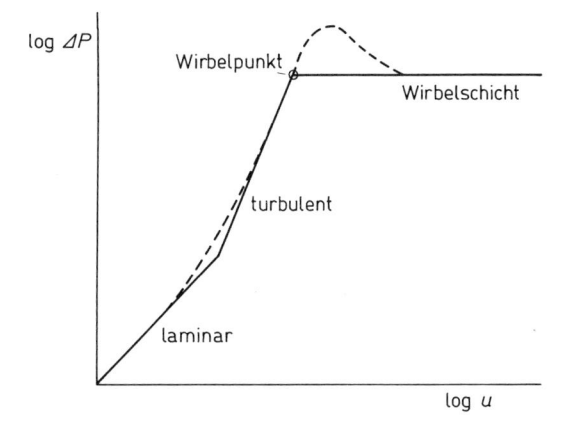

Abb. 1.10 Druckverlust in Schütt- und Wirbelschichten in Abhängigkeit von der Strömungsgeschwindigkeit

In die genaue Berechnung des Wirbelpunkts gehen eine Vielzahl von physikalischen und strömungstechnischen Parametern ein. So ist die Ausbildung einer Wirbelschicht abhängig von der Strömungsgeschwindigkeit des Fluids, dem Durchmesser und der Form der Feststoffteilchen, der Dichte der Feststoffteilchen und der Dichte des Fluids sowie der Viskosität des Fluids. Oft werden diese Parameter zu dimensionslosen Kennzahlen zusammengefaßt und in Form des „Reh-Diagramms" (Abb. 1.11) miteinander in Verbindung gebracht[30, 31]. Dabei sind zwei Darstellungsformen üblich:

1 Eine modifizierte Froude-Zahl wird gegen die Reynolds-Zahl aufgetragen (Froude-Zahl = Trägheitskraft/Schwerkraft):

$$Fr = \frac{3}{4} \frac{u^2}{g d^P} \frac{\varrho^G}{\varrho^P - \varrho^G} \tag{1.51}$$

2 Es werden zwei dimensionslose Größen gegeneinander aufgetragen, von denen eine den Feststoffdurchmesser und die andere die Strömungsgeschwindigkeit als Parameter beinhalten. Damit werden die bei der Verfahrensentwicklung oftmals beeinflußbaren Parameter getrennt erfaßt:

$$\Omega = f(u) \neq f(d^P)$$

$$Ar = f(d^P) \neq f(u)$$

Ar ist die Archimedes-Zahl, für die gilt

$$Ar = \frac{(d^P)^3 g}{\nu^2} \frac{\varrho^P - \varrho^G}{\varrho^G}. \tag{1.52}$$

Die Archimedes-Zahl stellt eine Kombination aus der Trägheitskraft, der Schwerkraft, der inneren Reibungskraft und dem Auftriebseffekt dar. Sie wird häufig zur dimensionslosen Beschreibung von Absetzvorgängen verwendet.

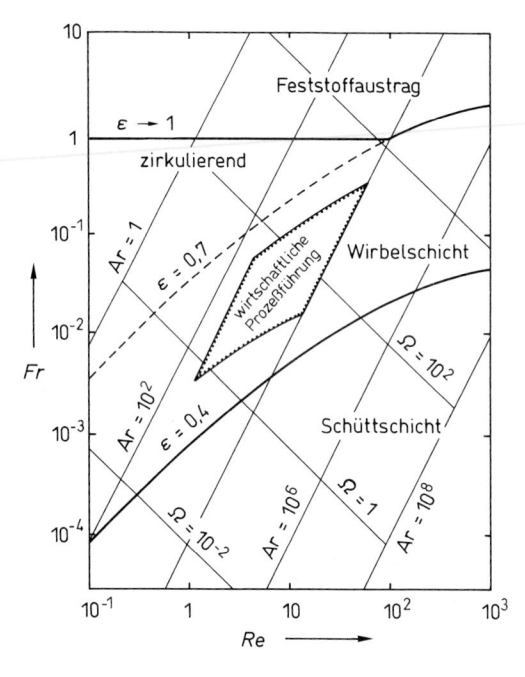

Abb. 1.11 „Reh-Diagramm" zur Ermittlung der Prozeßparameter für Wirbelschichtreaktoren (nach [33])

Auch unter Berücksichtigung aller Prozeßparameter können bei zu kleiner Dimensionierung sowie durch Restfeuchten im Gasstrom oder in der Schüttung Instabilitäten auftreten. Derartige Instabilitäten sind:

- das Fluid strömt ungehindert durch sich ausbildende Kanäle und überträgt seine Energie nicht auf die Feststoffteilchen (Kanalbildungen);
- die Wirbelschicht ist nicht homogen, das Fluid durchdringt die Feststoffschicht stoßartig (Stoßen der Schüttung).

Die Verwendung von Wirbelschichtreaktoren ist mit folgenden Vor- und Nachteilen verbunden:

- sehr schneller Wärmeaustausch (ermöglicht eine nahezu isotherme Prozeßführung bei nur kleinen Wärmeaustauschflächen),

- erleichtertes Feststoff-Handling (fluidähnliches Verhalten des Fluid/Feststoff-Gemisches) und
- jedoch verstärkter Abrieb an Reaktorwand und Feststoffteilchen.

Bei sehr starker Steigerung des Fluidstroms kann ein kontinuierlicher Feststoffaustrag erreicht werden. Dies wird in der industriellen Praxis ausgenutzt, um Katalysatoren kontinuierlich zu regenerieren und/oder die Wärmeführung zu verbessern. Ein Beispiel ist das katalytische Cracken (FCC – *f*luid *c*atalytic *c*racking).

1.3.3 Messen von Durchflußmengen

Das Messen von Durchflußmengen basiert auf unterschiedlichen Prinzipien. So können durch das strömende Medium Flügelräder bewegt werden. Die Geschwindigkeit des Flügelrads ist ein Maß für den Volumenstrom. Andere Meßprinzipien benötigen keine beweglichen Teile im Meßrohr und sind somit wesentlich robuster. Dazu gehören die Wirbel- und Dralldurchflußmesser. Weiterhin haben sich insbesondere in den letzten Jahrzehnten Meßmethoden bewährt, die die Wärmeleitfähigkeit des Fluids ausnutzen oder mit Hilfe des Ultraschalls (Messen der Laufzeitdifferenz von zwei unterschiedlich gerichteten Ultraschallwellen) ein berührungsloses Messen erlauben. Ein weiteres physikalisches Prinzip ist die magnetisch-induktive Durchflußmessung. Eine rein mechanische Massedurchflußmessung ist möglich, wenn der Fluidstrom gedrosselt (eingeschnürt) wird. Zu den Meßgeräten, die die Drosselwirkung ausnutzen, zählen Venturidüsen und Staublenden (Abb. 1.12).

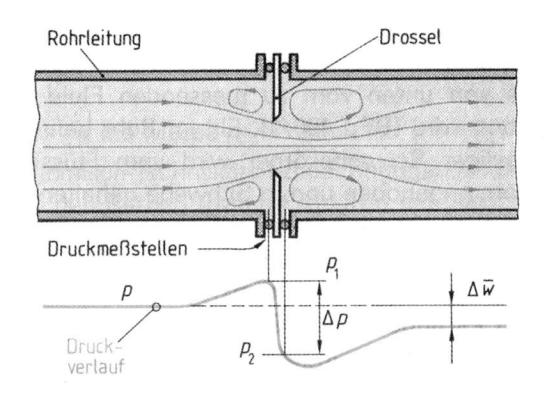

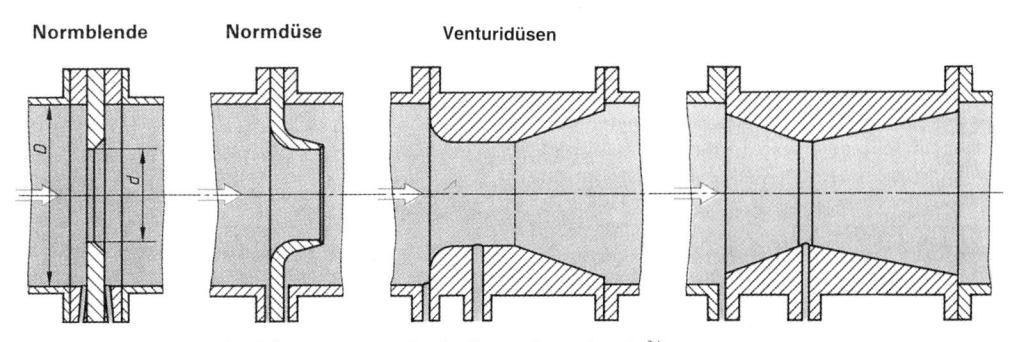

Abb. 1.12 Messen des Massestroms mittels Drosselung (nach [34])

Bei **Staurändern** (Staublenden) wird der Druck vor und hinter der Lochscheibe gemessen. Um diese Lochscheibe zu passieren, muß sich der Fluidstrom entsprechend der Öffnungsfläche der Blende einschnüren. Durch das Auftreten von Turbulenzen und durch die Trägheit des Fluids wird sich der Strömungsstrahl nach dem Passieren der Lochscheibe weiter zusammenziehen (s. Abb. 1.12). Erst anschließend verwirbelt der Strahl und nimmt wieder die gesamte Querschnittsfläche des Rohrs in Anspruch. Unter der Annahme, daß das Fluid inkompressibel ist, kann aus der meßbaren Druckdifferenz unter Zuhilfenahme der Kontinuitätsgleichung und der Bernoulli-Gleichung die Strömungsgeschwindigkeit und damit der Volumen- bzw. Massestrom berechnet werden.

$$\Delta P = \left(\frac{A_1^2}{A_3^2} - 1 \right) \frac{\varrho}{2} u_1^2 \,. \tag{1.53}$$

Die Gleichung ist gültig für

$$0{,}05 \le \frac{A_2}{A_1} \le 0{,}55,$$

wobei nach Prandtl [23] gilt:

$$\frac{A_3}{A_2} \approx 0{,}6 + 0{,}4 \left(\frac{A_2}{A_1} \right)^2 \tag{1.54}$$

A_1 Querschnitt des Rohrs,
A_2 Fläche der Staurandöffnung,
A_3 Querschnittsfläche des Strömungsstrahls bei der stärksten Einschnürung

Kleinste Ungenauigkeiten bei der Herstellung der Blenden sowie das Auftreten von Reibungskräften machen es notwendig, daß Stauscheiben geeicht werden müssen.

Bei **Venturidüsen** wird durch kommunizierende Meßstellen vor der Verengung (1) und an der engsten Stelle (2) der Differenzdruck gemessen. Entsprechend der Bernoulli-Gleichung (Gl. 1.29) gilt für horizontal angeordnete Meßstellen ($H_1 = H_2$)

$$m \frac{P_1}{\varrho} + m \frac{u_1^2}{2} = m \frac{P_2}{\varrho} + m \frac{u_2^2}{2}$$

bzw.

$$P_1 + \frac{\varrho}{2} u_1^2 = P_2 + \frac{\varrho}{2} u_2^2 \,. \tag{1.55}$$

Durch die Verengung strömt das Fluid an der Stelle 2 schneller als an der Stelle 1. Da entsprechend den Annahmen zur Ableitung der Bernoulli-Gleichung die Fluiddichte jeweils gleich ist und sich die Masse nach der Kontinuitätsgleichung ebenfalls nicht ändert, wird die Zunahme der Strömungsgeschwindigkeit durch eine Abnahme des Drucks kompensiert. Durch Umstellen der Gl. (1.55) ergibt sich

$$\frac{2}{\varrho}(P_1 - P_2) = u_2^2 - u_1^2 \,. \tag{1.56}$$

Unter Berücksichtigung der jeweiligen Querschnittsflächen können aus ($P_1 - P_2 = \Delta P$) unter Zuhilfenahme der Kontinuitätsgleichung $A_1 u_1 = A_2 u_2$ die Strömungsgeschwindigkeiten berechnet werden:

$$u_2 = \sqrt{\frac{2}{\varrho} \Delta P \frac{A_1^2}{A_1^2 - A_2^2}} \qquad (1.57)$$

Um den Druckverlust gering zu halten und Verwirbelungen zu vermeiden, werden bei Venturidüsen die Querschnittsverengung und die anschließende Querschnittserweiterung stetig ausgeführt. Dabei werden folgende Öffnungswinkel (α) eingehalten:

$20° < \alpha_{\text{Verengung}} < 25°$ und

$5° < \alpha_{\text{Erweiterung}} < 15°$.

Auf ähnliche Weise kann in offenen Kanälen der Durchfluß gemessen werden. Durch eine seitliche Einschnürung (Venturikanal) wird die Strömungsgeschwindigkeit erhöht. Da die Kanäle offen sind, kann sich eine Druckdifferenz nicht aufbauen. Deshalb wird, entsprechend der Gl. (1.29), eine Höhendifferenz im Strömungsniveau vor und nach dem Venturikanal entstehen. Diese Höhendifferenz ist ein Maß für den Massedurchfluß[35, 36].

Bei **Staurohren** (z. B. beim Prandtlschen Staurohr) wird die Druckdifferenz zwischen dem Staudruck und dem statischen Druck gemessen. Die Öffnung für die Meßstelle des Staudrucks ist der Strömung entgegengerichtet. Zur Messung des statischen Drucks dienen seitlich angeordnete Bohrungen. Wichtig ist, daß an diesen Bohrungen keine zusätzlichen Verwirbelungen auftreten. Deshalb ist darauf zu achten, daß

- das Staurohr genau ausgerichtet ist,
- der Durchmesser der Öffnung nicht größer als 0,5 mm ist und
- die durch den Einbau des Staurohrs erzeugten Störungen im Strömungsverlauf an der Meßstelle des statischen Drucks weitestgehend ausgeglichen sind.

Eine weitere Möglichkeit, mit Hilfe des Staudrucks die Durchflußmenge zu messen, ist der Einbau von **Prallscheiben** (federnd gelagerte Paddel bzw. Schwingflügel). Je nach Massedurchfluß und Größe des Paddels findet eine Auslenkung statt, deren Grad gemessen werden kann. Darüber hinaus werden Wirbel-, Drall- und Schwebekörperdurchflußmesser verwendet.

Die Funktionsweise eines **Wirbeldurchflußmessers** beruht auf der Wirbelbildung beim Anströmen eines Widerstands („Staukörper"). Durch die Strömung werden die sich bildenden Wirbel abgelöst; es bildet sich die sog. „Kamansche Wirbelstraße" aus. Die Frequenz des Ablösens der Wirbel ist proportional der Strömungsgeschwindigkeit und indirekt proportional der Breite des Staukörpers. Bei geeigneter Dimensionierung und bekannter Größe des Staukörpers ist (über einen weiten Bereich der Reynolds-Zahl) die Wirbelablösefrequenz nur noch von der Durchflußgeschwindigkeit abhängig. Das Meßprinzip der **Dralldurchflußmesser** ist ähnlich. Bei diesen wird der Fluidstrom durch „Eintrittsleitkörper" (eingeschweißte Bleche) in eine Rotationsbewegung versetzt. Die Frequenz einer sich ausbildenden „Sekundärrotation" ist wiederum proportional zum Durchfluß. Weit verbreitet ist die Durchflußmessung mit Hilfe von **Schwebekörperdurchflußmessern** (oft auch als Schwimmermesser bezeichnet). Diese bestehen aus einem vertikal angeordneten, durchsichtigen Rohr, das sich konisch nach oben hin erweitert. Jede Meßrohrhöhe besitzt damit einen bestimmten Innendurchmesser. In dem Rohr befindet sich ein „Schwebekörper" (s. Abb. 1.13). Das Fluid, dessen Massestrom zu ermitteln ist, durchströmt das Rohr von unten nach oben. Ab einem minimalen Wert für den Massestrom wird der Schwebekörper angehoben. Die am Schwebekörper wirkende Reibungskraft ist abhängig von der Strömungsgeschwindigkeit des Fluids. Diese wiederum läßt sich aus dem Fluidstrom und der Fläche des Ringspalts zwischen Schwebekörper und umgebendem Meßrohr ermitteln. Bei Einstellung des Kräftegleichgewichts (Reibungskraft = Gewichtskraft − Auftriebskraft) wird der Schwebekörper eine konstante Relativgeschwindigkeit gegenüber dem strömenden Fluid besitzen. Er schwebt dann in konstanter (meßbarer) Höhe. Damit besteht ein unmittelbarer Zusammenhang zwischen dem Massestrom des Fluids und der Höhe, in der der Körper schwebt. Unter Zuhilfenahme einer von den Herstellern gegebenen Umrechnungstabelle kann der Masse- bzw. der Volumenstrom bestimmt werden.

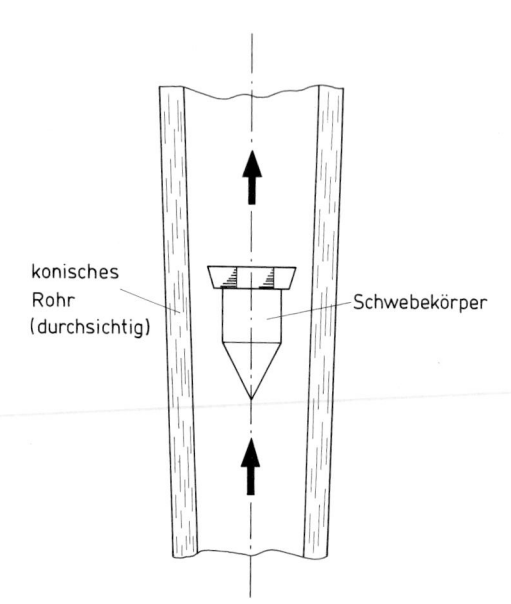

Abb. 1.13 Schematische Darstellung eines Schwebekörperdurchflußmessers

1.3.4 Charakterisierung von Förderströmen (Kennlinien und Pumpgrenzlinien)

Soll eine Flüssigkeit vom Höhenniveau H_1 auf das Niveau H_2 gepumpt werden, bedarf es einer Pumpenergie ΔE. Die Pumpe soll sich auf Höhe der zu pumpenden Flüssigkeit (Bilanzstelle 1) befinden und die Flüssigkeit vor dem Pumpen ruhen ($E_{kin,1} = 0$). Nach der Förderung tritt die Flüssigkeit aus einem Rohr mit dem Querschnitt A_2 aus (Bilanzstelle 2). Es ergeben sich folgende Zusammenhänge:

$$mgH_1 + m\frac{P_1}{\varrho} + \Delta E = mgH_2 + m\frac{P_2}{\varrho} + m\frac{u_2^2}{2} \tag{1.58}$$

bzw.

$$\Delta E = mg(H_2 - H_1) + m\frac{P_2 - P_1}{\varrho} + m\frac{u_2^2}{2}. \tag{1.59}$$

mit $u_2 = \dot{V}/A_2$ folgt

$$\Delta E = mg(H_2 - H_1) + m\frac{\Delta P}{\varrho} + m\frac{\dot{V}^2}{2A_2^2}. \tag{1.60}$$

Die graphische Auftragung des Volumenstroms gegen die Förderhöhe ergibt die **Pumpenkennlinien**, wie sie in der Abb. 1.14 für unterschiedliche Drehzahlen (N) dargestellt sind. Bei realen Flüssigkeiten muß die Viskosität berücksichtigt werden. Ferner ist zu beachten, daß je nach Funktionsweise der Pumpen ein minimaler Volumenstrom aufrecht erhalten werden muß (Auftreten von **Pumpgrenzlinien**). Anzumerken ist, daß die Kennlinien von Hubkolbenpumpen (bei konstanter Dreh- bzw. Hubzahl) nahezu senkrechte Geraden sind. Eine Variation des Fördervolumens sollte daher durch Änderung der Drehzahl erfolgen. Bei Kreiselpumpen ist der oben dargestellte Zusammenhang zwischen Fördervolumen und Förderdruck (Förderhöhe) stark ausgeprägt.

Eine weitere die Pumpen charakterisierende Kennlinie ist die **Anlagenkennlinie** (oder Widerstandskennlinie). Diese berücksichtigt, daß mit steigendem Volumenstrom der Strömungswiderstand innerhalb der Pumpe zunimmt. Die Anlagenkennlinie steigt demzufolge mit steigendem Volumenstrom an. Eine Kreiselpumpe stellt sich im praktischen Betrieb auf einen bestimmten Betriebszustand ein, in dem der erzeugte Förderdruck (Forderhöhe) gerade so groß ist wie die entgegenwirkenden Widerstände der Anlage (Berücksichtigung von $H_2 - H_1$, ΔP und des Strömungswiderstandes). Diesen Betriebszustand nennt man „Betriebspunkt". Der „Betriebspunkt" entspricht dem Schnittpunkt zwischen der Anlagenkennlinie und der Pumpenkennlinie, seine Lage läßt sich recht einfach durch Drosseln des Förderstroms verändern.

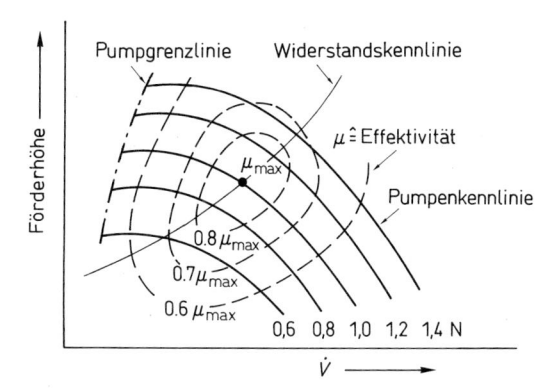

Abb. 1.14 Pumpenkennlinien (Drosselkurven für verschiedene Drehzahlen (N = Umdrehungen pro Sekunde))

Die Summe aller für den Gebrauch einer Pumpe notwendigen Informationen werden zur **Pumpencharakteristik** zusammengefaßt.

1.4 Pumpen, Komprimieren, Vakuumerzeugung

Pumpen dienen zur Förderung und zur Dosierung fluider Medien, zur Erhöhung der Strömungsgeschwindigkeit sowie zur Erzeugung von Überdruck bzw. Vakuum. Für die Förderung und Dosierung ist die Wahl des Pumpentyps abhängig von der Förderaufgabe sowie von der Art des zu fördernden Fluids. Dabei wird unterschieden zwischen der Förderung von Gasen (unter Normaldruck und unter erhöhtem Druck), von reinen und leicht verschmutzten Flüssigkeiten, stark verschmutzten Flüssigkeiten und Dickstoffen, von Suspensionen, Flüssigkeit/Gas-Gemischen sowie leicht gasenden (gasgesättigten) Flüssigkeiten. Ferner werden Salzschmelzen und flüssige Metalle gepumpt. Aus Sicherheitsgründen müssen das Auftreten von Explosionsgrenzen sowie die Aggressivität des Fluids berücksichtigt werden. Ein weiteres Kriterium bei der Auswahl der Pumpe ist die Regelbarkeit. In bezug auf die Pumpaufgabe kann wie folgt unterschieden werden:

- Variabilität in der Regelbarkeit des Volumenstroms bei Konstanthalten des erzeugten Drucks (wichtig bei vielen chemischen Prozessen, bei denen die Synthesebedingungen gleich, die Auslastung aber variabel sein soll) und
- flexible Druckregelung bei Konstanthalten des erzeugten Volumenstroms (wichtig bei vielen Dosierpumpen).

In diesem Lehrbuch können nur die wichtigsten Pumpentypen vorgestellt und ihre Einsatzbereiche miteinander verglichen werden. Grundlage dabei ist die unterschiedliche Arbeitsweise der Pumpen. Es wird unterschieden zwischen:

- Hubkolbenpumpen oder oszillierende Verdrängerpumpen,
- Umlaufkolbenpumpen (Kapselpumpen),
- Kreiselpumpen und
- sonstigen Pumpen (z. B. Treibmittelpumpen).

Allgemein gilt, daß in Pumpen dem Fluid Energie zugeführt wird. Es ist klar, daß die mechanisch aufgebrachte Energie möglichst effektiv auf den Fluidstrom übertragen werden soll. Als Gradmesser dafür dient der Wirkungsgrad (η) einer Pumpe[33, 34]. Er stellt das Verhältnis zwischen der in Pumpleistung umgewandelten und der aufgebrachten Energie dar. η ist immer < 1 und errechnet sich aus dem

- volumetrischen Wirkungsgrad (Verhältnis zwischen dem tatsächlich gefördertem Volumenstrom und dem konstruktiv erreichbaren Volumenstrom); verringert wird der volumetrische Wirkungsgrad durch ein schlechtes Öffnen und Schließen der Ventile, durch unvermeidbare Öffnungs- und Schließzeiten sowie durch Verformungen, die auf den elastischen Eigenschaften des Fördermediums, des Pumpenarbeitsraums sowie (falls verwendet) der Hydraulikflüssigkeit beruhen – als Anhaltspunkt kann gelten:

$$0{,}88 < \eta_{\text{volumetrisch}} < 0{,}98;$$

- hydraulischen Wirkungsgrad (berücksichtigt Strömungswiderstände beim Durchströmen der Pumpe) und
- mechanischen Wirkungsgrad [berücksichtigt Verluste durch Reibung bewegter Apparateteile (Zahnräder, Kolben- und Wellendichtungen, Lager)].

Diese Teilbeträge beinhalten die Abhängigkeit des Wirkungsgrads von der Art des gepumpten Fluids. So beeinflußt beispielsweise die Viskosität des Fluids sowohl das Rückströmverhalten, das auf örtliche Druckunterschiede innerhalb des Pumpengehäuses zurückzuführen ist, als auch das Öffnungs- und Schließverhalten der Ventile.

Bezüglich der Pumpenbauart können zum Wirkungsgrad folgende Richtwerte angegeben werden:

- Den schlechtesten Wirkungsgrad haben Treibmittelpumpen (hierzu zählt die den Chemikern aus dem Labor vertraute Wasserstrahlpumpe zur Erzeugung eines Unterdrucks): $\eta \approx 0{,}2$ bis $0{,}35$.
- Bei Umlaufkolbenpumpen gilt $0{,}4 < \eta < 0{,}8$.
- Bei Hubkolben- und Kreiselpumpen kann ein Wirkungsgrad bis zu $\eta = 0{,}94$ erreicht werden. Dies gilt allerdings nur für große Pumpen, kleine Kreiselpumpen (Laborbetrieb) besitzen in der Regel nur einen Wirkungsgrad zwischen $0{,}60$ und $0{,}75$.

Bei Hubkolbenpumpen wird der Wirkungsgrad nicht zuletzt durch den Energieverlust bestimmt, der durch das Abdichten des oszillierenden Kolbens bedingt ist. Membranpumpen, bei denen der oszillierende Kolben durch eine schwingende Membran ersetzt wird, zeichnen sich in der Regel durch eine besonders günstige Energiebilanz aus.

1.4.1 Pumpen – Apparate zum Fördern von Flüssigkeiten

Zum Fördern von Flüssigkeiten werden in der Regel Hubkolben-, Umlaufkolben- oder Kreiselpumpen verwendet[35]. Dabei müssen Druck- und/oder Höhenunterschiede sowie der durch Strömungswiderstände verursachte Druckverlust überwunden werden. Zur Kompensation dieses Druckverlustes kann das Fluid mittels Überdruck gedrückt oder mittels Unterdruck gesogen werden. Zu beachten ist der vom Gewicht der Flüssigkeit ausgeübte hydrodynamische Druck. Steht Wasser vor dem Ansaugen unter Normaldruck (0,1 MPa), ist ein Ansaugen nur über eine Höhe von knapp 10 m möglich, da eine 10 m hohe Wassersäule einen Druck von ca. 0,1 MPa ausübt. Bei größeren Saughöhen reißt die Flüssigkeitssäule durch Verdampfen des Wassers ab. Das Fördern von Grubenwasser kann deshalb nicht mittels Saugen, sondern nur durch Drücken des Wassers erfolgen. Das bedeutet, daß die notwendigen Pumpen in dafür zu schaffenden (oft riesige) unterirdischen Hohlräumen installiert werden müssen. In speziellen Fällen können für ein Ansaugen über größere Höhen Treibmittelpumpen (oft auch als Strahlpumpen bezeichnet) verwendet werden. So wird bei der Erdölförderung das Treibmittel mit einem Druck von 4 bis 5 MPa in die Strahlpumpe eintreten. Durch derart hohe, saugseitig auftretende Drücke kann das Abreißen der Flüssigkeitssäule (bis zu einer großen, vom Dampfdruck des Fluids abhängigen Höhe) vermieden werden.

1.4.1.1 Arbeitsweise von Hubkolbenpumpen

Die Arbeitsweise von Hubkolbenpumpen ist mit der eines Ottomotors vergleichbar. Durch einen hin- und hergehenden Kolben bzw. eine schwingende elastische Membran wird ein „Arbeitsraum" (Pumpenzylinder) periodisch vergrößert oder verkleinert. Der Fördereffekt wird dadurch erzielt, daß Druck- und Saugventile synchron zur Hubzahl öffnen und schließen. Der theoretisch zu erzielende Förderstrom (Durchsatz bei $\eta = 1$) errechnet sich bei einer einfachwirkenden, einzylindrigen Hubkolbenpumpe aus der Kolbenfläche A_{Kolben}, dem Kolbenhub Δz und der Drehzahl N der Kurbelwelle:

$$\dot{V} = A_{Kolben}\, \Delta z\, N . \tag{1.61}$$

Bei einfachwirkenden Hubkolbenpumpen wird entsprechend dem Kolbenhub periodisch gesaugt und gepumpt. Dies führt, wie die Abb. 1.15a zeigt, zu einem pulsartigen Förderstrom. Der in Gl. (1.61) berechnete Volumenstrom bezieht sich auf einen zeitlichen Mittelwert. Während der Förderspitze (Maximum im Förderdiagramm) ist dieser Wert um den Faktor π größer. Die pulsartige Förderung kann durch den Einbau von „Windkesseln" (wenn das geförderte Medium kompressibel ist) oder durch ein Pumpen gegen ein kompressibles Luftpolster geglättet werden[40]. Eine gleichmäßige Förderung gelingt durch die Verwendung von mehrfach wirkenden Kolbenpumpen. Die Arbeitsweise von zweifach wirkenden Pumpen ist vergleichbar mit einem Parallelbetrieb von zwei einfachwirkenden Pumpen, bei denen die Saugperiode der einen Pumpe zeitlich gleich der Druckperiode der zweiten Pumpe ist. Pro Umdrehung der Kurbelwelle entstehen somit statt einem zwei Maxima im Förderdiagramm (s. Abb. 1.15b). Auch bei zweifach wirkenden Pumpen sollte ein Windkessel nachgeschaltet werden. Abb. 1.15c zeigt das Förderdiagramm einer dreifach wirkenden Hubkolben- beziehungsweise Membranpumpe. Zu erkennen ist, daß sich pro Umdrehung der Kurbelwelle sechs Maxima ausbilden (drei Maxima durch den Kolbenhub eines der drei Kolben und drei Maxima durch das Zusammenwirken von jeweils

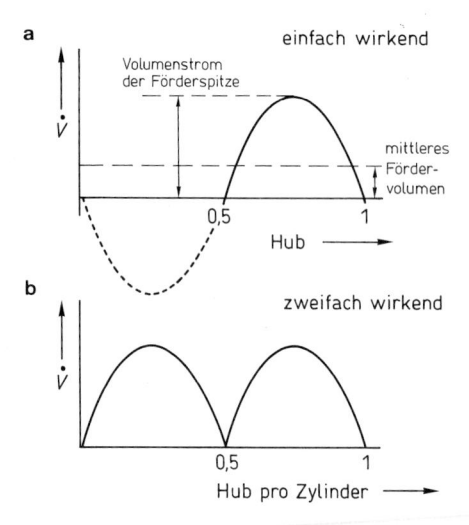

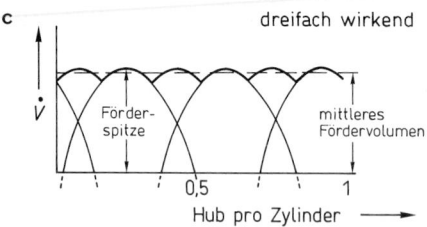

Abb. 1.15 Förderdiagramme von Hubkolbenpumpen. Für eine **a** einfach, **b** zweifach, **c** dreifach wirkende Hubkolbenpumpe, **d** Pumpköpfe einer dreifachwirkenden Membranpumpe (LEWA, Leonberg)

zwei Kolben) und der Förderstrom weitestgehend geglättet ist. Der mittlere Volumenstrom beträgt bei dreifachwirkenden Pumpen $3/\pi$ der Förderspitze. Windkessel sind hier in der Regel nicht mehr notwendig. Eine dreifachwirkende Membranpumpe ist in der Abb. 1.15d gezeigt.

1.4.1.2 Arbeitsweise von Kreiselpumpen

Im Pumpengehäuse von Kreiselpumpen wird ein Laufrad schnell gedreht. Damit entspricht die Bewegungsform des Laufrads der Bewegungsform des Rotors im Pumpenmotor und muß nicht mittels Kurbeln und Kurbelwelle in eine Hubbewegung überführt werden. Auf dem Laufrad befinden sich Schaufeln. Diese sind so angebracht, daß sich zwischen den Schaufeln Laufradkanäle ausbilden (s. Abb. 1.16). Die zu fördernde Flüssigkeit wird axial auf das Zentrum des Laufrads geleitet. Durch dessen Drehung wird die Flüssigkeit vom Zentrum durch die Schaufelkanäle gefördert und verläßt am äußeren Rand das Pumpengehäuse durch den Druckstutzen. Die geförderte Flüssigkeit strömt also ohne Unterbrechung (keine „Totzeiten"!) von der Saugleitung über das Laufrad zur Druckleitung. Der Förderstrom muß demzufolge nicht geglättet werden. Während des Fördervorgangs ist darüber hinaus kein Öffnen und Schließen von Ventilen notwendig. Lediglich bei *nicht-selbstansaugenden Pumpen* muß das Pumpengehäuse vor Inbetriebnahme mit Flüssigkeit gefüllt werden; bei aussetzendem Betrieb ist ein Leerlaufen mit Hilfe von Hähnen oder Ventilen zu verhindern. *Selbstansaugend* sind Kreiselpumpen, die mit zusätzlichen „Hilfsvakuumpumpen" (z. B. Flüssigkeitsringvakuumpumpen) ausgestattet sind. Bei Inbetriebnahme der Kreiselpumpe füllen diese das Pumpengehäuse mit der zu fördernden Flüssigkeit.

Die Bewegungs- und Geschwindigkeitsverhältnisse des Flüssigkeitsstroms am äußeren Rand des Laufrads resultieren aus der Umlaufgeschwindigkeit, der Laufradform und der Laufradgröße. Durch eine Rückwärtskrümmung der Schaufeln ergibt sich eine Bewegung, die der Drehrichtung des Laufrads entspricht, aber langsamer als die Umlaufgeschwindigkeit ist (Abb. 1.16). Entsprechend dieser (absoluten) Bewegungsrichtung ist der Druckstutzen tangential am Pumpengehäuse angebracht. Dennoch entstehen zwischen dem Laufrad und dem Druckstutzen zusätzliche Wirbelbildungen. Um die resultierenden Druckverluste gering zu halten, kann im Pumpengehäuse um das Laufrad herum ein feststehendes Leitrad angebracht werden, durch das der Förderstrom aus dem Laufrad zum Druckstutzen gelenkt wird. Eine derartige Bauweise von Kreiselpumpen ist üblich, wenn die Förderhöhe größer als 20 m ist.

Bezüglich der Bauweise von Kreiselpumpen wird in erster Linie unterschieden nach der Form der Laufräder. Ein weiteres Unterscheidungsmerkmal ist die Abdichtung des Förderraums zum Antriebsmotor der Welle[41]. Einerseits wird ein leckagefreier Betrieb der Pumpe erwartet, andererseits darf die Abdichtung nicht derart groß sein, daß durch energetische Verluste der Wirkungsgrad verschlechtert wird. Die Abdichtung erfolgt meist mit Hilfe von Gleitringdichtungen oder Stopfbuchsen am Wellenlager. Beim Pumpen von organischen Verbindungen oder von Gemischen mit organischen Flüssigkeiten, aggressiven oder toxischen Medien muß entsprechend den gültigen Sicherheitsnormen der Förderraum hermetisch und druckfest von den elektrisch betriebenen Teilen des Antriebsmotors abgekapselt werden. Druckfest heißt, daß die Kapselung auf einen Differenzdruck von 1 MPa ausgelegt sein muß[42]. Eine Einhaltung dieser Forderungen gelingt durch die Verwendung von Pumpen mit Magnetkupplung oder von Spaltrohrmotorpumpen[43]. In einer Pumpe mit Magnetkupplung ist die Antriebswelle zwischen Motor und Laufrad unterbrochen. Die Kraftübertragung zwischen beiden Teilen der Antriebswelle erfolgt über einen Permanent-

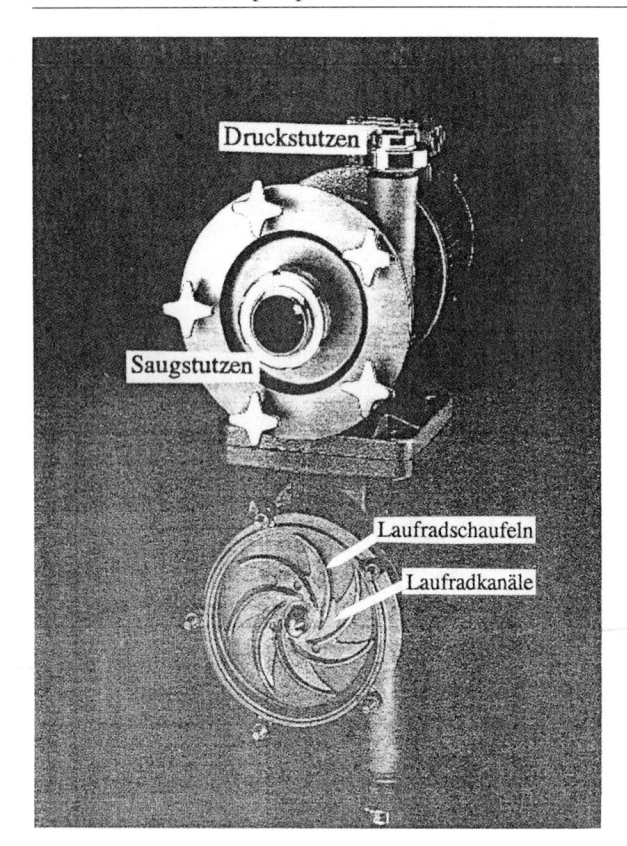

Abb. 1.16 a Kreiselpumpe Fristam Pumpen F. Stamp KG (GmbH & Co), Hamburg

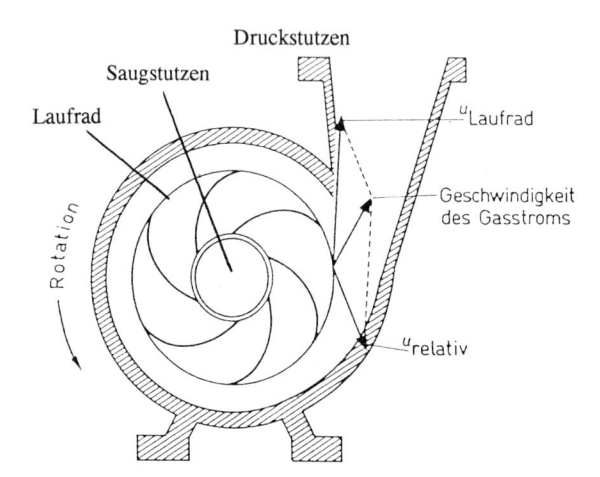

Abb. 1.16 b Arbeitsweise einer Kreiselpumpe und Geschwindigkeitsverhältnisse des Fluidstroms am äußeren Rand des Laufrads

magneten, d. h., daß das Antriebsmoment des Motors von einem Außenläufer auf einen Innenläufer übertragen wird. Außen- und Innenläufer sind durch eine druckfeste Wand getrennt. In einer Spaltrohrmotorpumpe befindet sich die druckfeste Abkapselung zwischen dem Rotor- und dem Statorteil im Antriebsmotor. Damit ist es möglich, daß der Rotor direkt mit dem Laufrad der Kreiselpumpe verbunden und gleichzeitig hermetisch abgeschlossen wird.

Der Wirkungsgrad η von Kreiselpumpen wird durch die Güte der Kupplung beeinflußt. An Stopfbuchsen und Gleitringen treten mechanisch bedingte Energieverluste auf, bei gekapselten Pumpen sind Energieverluste bedingt durch die magnetische Kraftübertragung unvermeidbar. Darüber hinaus bedingen die im Förderraum von Kreiselpumpen auftretenden Druckdifferenzen ein Rückströmverhalten der geförderten Flüssigkeit. Dies bewirkt eine Verschlechterung des volumetrischen Wirkungsgrads. Ferner ist darauf zu achten, daß Kavitation (Hohlsog) vermieden wird. Kavitation tritt auf, wenn sich an der Rückseite der Schaufeln des Laufrads ein derart starker Unterdruck bildet, daß die Flüssigkeit verdampft. Die gebildeten Dampfblasen implodieren anschließend an Stellen höheren Drucks und bewirken so eine mechanische Belastung, die die Lebensdauer des Laufrads und der Lager stark herabsetzen kann. Außerdem bewirkt die Kavitation einen Rückgang des Förderstroms sowie einen Abfall des Förderdrucks.

1.4.1.3 Arbeitsweise von Umlaufkolbenpumpen

In Umlaufkolbenpumpen drängen rotierende oder taumelnde* Einbauten die Förderflüssigkeit vom Saugstutzen zum Druckstutzen. Als rotierende Verdränger werden unter anderem Zahnräder verwendet. So können zwei gleichgroße Zahnräder gegenläufig im Pumpengehäuse rotieren (Abb. 1.17). Die Flüssigkeit wird durch die schaufelartig wirkenden Zähne in den Zahnlücken gefördert. Während des Ineinandergreifens der Zahnräder ist der Raum zwischen den Zahnrädern weitestgehend abgedichtet und ein Rücktransport der Flüssigkeit vom Pump- zum Saugstutzen unterbunden. Ähnlich arbeiten Dreh- oder Kreiskolbenpumpen (vgl. Abb. 1.25, S. 49). Auch bei diesen Pumpen rotieren speziell geformte Drehkolben gegeneinander in einem entsprechend geformten Pumpengehäuse. Die Formen müssen so aufeinander abgestimmt sein, daß durch die Rotation ständig wiederkehrend ein Förderraum gebildet wird. In Schrauben-, Spindel- sowie Exzenterschneckenpumpen werden ein, zwei oder vier schrauben- oder spindelförmige Umlaufkolben (Förderschrauben) in einem rohr-

Abb. 1.17 Schematische Darstellung einer Zahnradpumpe

---

* Das Prinzip der Flüssigkeitsförderung mittels taumelnder Bewegung eines „Ringkolbens" wurde erst in den letzten Jahren entwickelt. Es zeichnet sich durch ein breites Einsatzgebiet (niedrig- bis hochviskose Flüssigkeiten) aus[44].

artigen Gehäuse gedreht. Durch die Drehung wird die zu fördernde Flüssigkeit entlang des Gewindes transportiert.

Mit Umlaufkolbenpumpen werden bevorzugt hochviskose Flüssigkeiten** und Suspensionen gefördert. Hervorzuheben ist die gute, oft stufenlose Regelbarkeit des Volumenstroms. Dadurch bietet sich die Verwendung von Umlaufkolbenpumpen insbesondere zur Lösung von Dosieraufgaben an.

1.4.2 Verdichten von Gasen

Aufgrund der Kompressibilität der Gase besteht die Möglichkeit, Gase zu verdichten. Durch eine Erhöhung des Drucks kann beispielsweise das chemische Gleichgewicht zugunsten der Produkte verschoben werden (wenn der Reaktionsablauf mit einer Volumenkontraktion verbunden ist). Ein weiteres Einsatzgebiet für die Gasverdichtung ist die Ausnutzung der Joule-Thomson-Drosselung zur Luftverflüssigung und zur Kälteerzeugung.

Die Bedeutung, die der Kompression in chemischen Anlagen zukommt, und die Größenordnung der zu komprimierenden Volumenströme sei an einer überschlagsmäßigen Rechnung dargestellt. Als Beispiel soll eine Anlage dienen, in der pro Tag 1000 t Ammoniak hergestellt werden (Anlagenkapazitäten von 1000 t/Tag sind bei der industriellen Ammoniakherstellung üblich; es werden Anlagen mit einer Kapazität bis zu 1600 t/Tag gebaut). Für eine molare Masse von 17 g/mol errechnet sich, daß in der 1000 t/Tag-Anlage $2,45 \cdot 10^3$ kmol Ammoniak pro Stunde gebildet werden. Dazu werden $3,67 \cdot 10^3$ kmol Wasserstoff und $1,22 \cdot 10^3$ kmol Stickstoff benötigt. Unter Zuhilfenahme des idealen Gasgesetzes errechnet sich ein Volumenstrom von rund $110 \cdot 10^3$ Nm^3 Synthesegas pro Stunde. Dieser muß auf den für die Ammoniaksynthese benötigten Druck (üblicherweise ca. 25 MPa $\cong$ 250 bar) komprimiert werden. Ferner muß berücksichtigt werden, daß je nach Auslegung der zur Ammoniakabtrennung dienenden Kälteanlage, auch der Kreislaufstrom (ca. 5fache Menge des Eingangsstroms) und (zur Rückverflüssigung) der Kühlammoniak komprimiert werden müssen.

Die wesentlichen Unterschiede zwischen Gas- und Flüssigkeitsförderung bestehen in der Kompressibilität der Gase und darin, daß Gase weniger dicht als Flüssigkeiten sind. Deshalb sind geodätische Drücke praktisch ohne Bedeutung. Ferner sind die volumenbezogenen Wärmekapazitäten und die Viskositäten von Gasen klein gegenüber den entsprechenden Eigenschaften der Flüssigkeiten. In maschineller Hinsicht haben die Apparate zur Gasverdichtung sowie zur Gasförderung viel Ähnlichkeit mit denen der Flüssigkeitsförderung. Es gibt Hubkolben- und Umlaufkolbenverdichter, Kreiselverdichter sowie Treibmittelverdichter. Ein weiteres Unterscheidungsmerkmal beim Fördern und Verdichten von Gasen beruht auf dem Grad der Druckerhöhung (Druckverhältnis druckseitig P_D zu saugseitig P_S):

	P_D/P_S
Lüfter	>1 ... 1,1
Gebläse	1,1 ... 3
Verdichter	3 ... 1000

** Solange es sich um niedrigviskose, wäßrige Flüssigkeiten handelt, werden meist Kreiselpumpen verwendet. Mit zunehmender Viskosität steigt der Leistungsbedarf der Kreiselpumpen jedoch stark an, so daß ab einer Viskosität von ca. 300 mPa s rotierende oder oszillierende Verdrängerpumpen wirtschaftlicher eingesetzt werden können.

1.4 Erzeugen von Förderströmungen und Verdichten von Gasen 39

Bei den Verdichtern wird weiter zwischen Nieder-, Mittel-, Hoch- und Höchstdruckverdichtern unterschieden. Niederdruckverdichter erzeugen einen Druck bis zu 1 MPa, Mitteldruckverdichter werden für die Druckerzeugung im Bereich 1 MPa $\leq P \leq$ 10 MPa verwendet, bei einem angestrebten Synthesedruck von 10 bis 40 MPa benötigt man Hochdruckverdichter und mit Höchstdruckverdichtern (ausnahmslos Hubkolbenverdichter) können Drücke bis 200 MPa erzielt werden (z. B. Synthese von Hochdruckpolyethylen $\cong$ LDPE).

1.4.2.1 Druck-Volumen-Diagramm (ein- und mehrstufiges Verdichten)

Das Verdichten von Gasen ist sowohl mit einer Volumen- als auch mit einer Temperaturänderung verbunden. Grenzfälle stellen das isotherme und das adiabatische Verdichten dar. Beim **isothermen Verdichten** bleibt die Temperatur im Gasstrom während des Verdichtens konstant. Die gesamte Verdichtungswärme muß mittels Kühlmittel abgeführt werden. Wie im Kap. 2.3.1 erläutert wird, ist ein derartiges Vorgehen praktisch nicht zu erreichen; eine annähernd isotherme Fahrweise ist unwirtschaftlich und wird nur in Ausnahmefällen angestrebt. Beim **adiabatischen Verdichten** wird die während der Kompression entstandene Wärme ausschließlich vom komprimierten Medium aufgenommen. Ein Vergleich zwischen isothermen und adiabatischen Verdichten zeigt, daß die zum adiabatischen Verdichten notwendige Arbeit größer ist als die, die beim isothermen Verdichten aufzubringen ist. Unter der Annahme, daß sich die Gase ideal verhalten, gilt:

	isotherm	adiabatisch	
	PV = konst.	$PV^\varkappa$ = konst.	(1.62) (1.63)
Temperatur im Gasstrom nach dem Verdichten	$T_D = T_S$	$T_D = T_S \left(\dfrac{P_D}{P_S} \right)^{\frac{\varkappa-1}{\varkappa}}$	(1.64) (1.65)
Verdichterleistung	$\dot{W}_{\text{isoth.}} = P_S \dot{V}_S \ln\left[\dfrac{P_D}{P_S} \right]$	$\dot{W}_{\text{adiab.}} = \dfrac{\varkappa}{\varkappa-1} P_S \dot{V}_S \left[\left(\dfrac{P_D}{P_S} \right)^{\frac{\varkappa-1}{\varkappa}} - 1 \right]$	(1.66) (1.67)

$$\dot{W} = \int_{P_S}^{P_D} \dot{V}\, dP \tag{1.68}$$

Der tiefgestellte Index S bedeutet „saugseitig" (vor dem Verdichten), D steht für „druckseitig" (nach dem Verdichten); $\varkappa$ heißt Adiabaten- oder Isentropenexponent und berechnet sich aus dem Verhältnis von spezifischer Wärme bei konstantem Druck und spezifischer Wärme bei konstantem Volumen $\varkappa = c_P/c_V$. $\varkappa$ ist immer größer 1. Für einige Gase sind die Werte für $\varkappa$ in Tab. 1.11 angegeben.

Tab. 1.11 Adiabatenexponent einiger Gase

Gasart	H_2	O_2	N_2	Ar	CO_2	CO	CH_4	H_2S	Cl_2	SO_2
$\varkappa$	1,41	1,40	1,40	1,66	1,30	1,40	1,31	1,30	1,36	1,25

In der Regel wird man zwischen den beiden Grenzfällen, d. h. unter polytropen Bedingungen, arbeiten, so daß eine Auslegung unter Zuhilfenahme des Polytropenexponenten n durchzuführen ist. Es gilt

$1 < n < \varkappa$.

Für Luft und zweiatomige Gase gilt

$1{,}25 \leq n \leq 1{,}35$.

Die graphische Auftragung der Gleichungen für die Verdichterlinien Gl. (1.62, 1.63) ist in der Abb. 1.18 zu sehen. Die Verdichterleistung ergibt sich entsprechend der Gl. (1.68) aus der Fläche zwischen der Verdichterlinie und der Ordinate im Bereich P_S und P_D (schraffiert eingezeichnet für den Fall des isothermen Verdichtens).

Der Unterschied zwischen der Leistung bei isothermer und adiabatischer (bzw. polytroper) Verdichtung wird mit steigendem Druckverhältnis P_D/P_S größer. In der Praxis wird deshalb bei einer angestrebten Druckerhöhung auf mehr als das 5fache in mehreren Stufen verdichtet. Nach Verlassen einer jeden Stufe wird das komprimierte Gas abgekühlt. Die Verdichterlinie hat, wie die Abb. 1.19 für ein zweistufiges Verdichten zeigt, ein stufenförmiges Aussehen und resultiert aus dem Aufeinanderfolgen von nahezu adiabatischen Verdichtungsschritten und (durch Zwischenkühlung erzeugter) isobarer Volumenkontraktion. Die in der Abb. 1.19 schraffiert eingezeichnete Fläche entspricht der durch Zwischenkühlung eingesparten Verdichterleistung.

Da mit steigender Anzahl an Verdichterstufen die Druckverluste steigen (zunehmende Anzahl an Ventilen, Kühlern, längere Leitungen) ist bei Verwendung von Hubkolbenkompressoren die Stufenzahl auf 6 begrenzt*. Das Druckverhältnis pro Stufe sollte zwischen 2,5 und 4,0 liegen[25]. Damit läßt sich die Anzahl der Verdichterstufen (N) durch folgende Gleichung abschätzen:

$$\sqrt[N]{\frac{P_{\text{End}}}{P_{\text{Start}}}} = 2{,}5 \text{ bis } 4{,}0 \quad (\text{Druckverhältnis pro Stufe}) \tag{1.69}$$

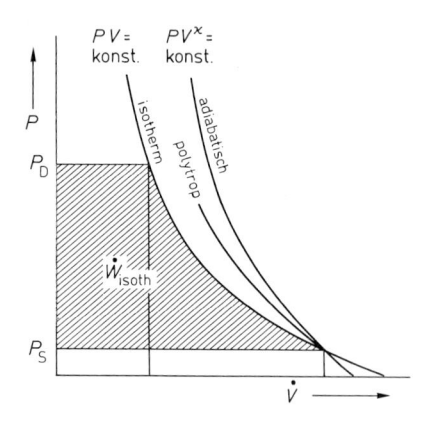

Abb. 1.18 Druck-Volumen-Diagramm für das isotherme, polytrope und adiabatische Verdichten

---

* In der chemischen Technik gibt es nur wenige Prozesse, die bei so hohen Drücken arbeiten, daß eine Stufenzahl von 6 nicht ausreicht. Eine wichtige Ausnahme ist die Herstellung von LDPE (low density polyethylene). Hier werden Drücke von über 200 MPa (2000 bar) benötigt. Zum Erreichen eines derart hohen Drucks werden „Sekundärkompressoren" verwendet, die das Ethylen von 23 auf 215 MPa verdichten. Als „Sekundärkompressoren" dienen mehrfach wirkende, zweistufige Hubkolbenkompressoren: $N = 2 \Rightarrow \sqrt[2]{\frac{215}{23}} = 3{,}01$

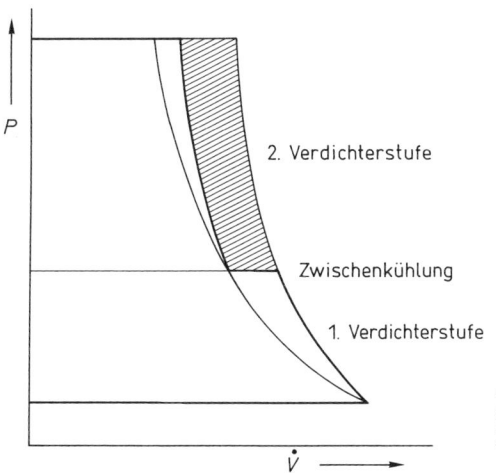

Abb. 1.19 Druck-Volumen-Diagramm beim zweistufigen nahezu adiabatischem Verdichten mit Zwischenkühlen

Bei einer angestrebten Druckerhöhung von 0,1 auf 25 MPa (Ammoniaksynthese) ergeben sich als Druckverhältnis pro Stufe in Abhängigkeit von der Anzahl der Stufen N:

$$N = 4 \Rightarrow \sqrt[4]{\frac{25}{0,1}} = 3,98\,,$$

$$N = 5 \Rightarrow \sqrt[5]{\frac{25}{0,1}} = 3,02$$

und

$$N = 6 \Rightarrow \sqrt[6]{\frac{25}{0,1}} = 2,51\,.$$

Im Fall der Ammoniaksynthese wird heutzutage in der Regel mit fünfstufigen Kompressoren gearbeitet. Allgemein gilt, daß Lüfter (Ventilatoren) generell mit nur einer, Gebläse mit ein oder zwei (selten mehr) Verdichterstufen arbeiten, während Verdichter (Kompressoren) durchweg mehrstufig ausgelegt sind.

1.4.2.2 Bauarten von Hubkolbenkompressoren

Die Arbeitsweise der Hubkolbenverdichter unterscheidet sich von der der Hubkolbenpumpen dadurch, daß die Ventilöffnungszeiten anders gesteuert werden. Das Druckventil öffnet erst, wenn der Druck im Zylinder gleich dem Druck in der Druckleitung ist. Anschließend wird, entsprechend der Arbeitsweise der Hubkolbenpumpen, das komprimierte Gas aus dem Pumpzylinder verdrängt, bis der Kolben seinen oberen Totpunkt erreicht hat. Das jetzt noch im „schädlichen Raum" (Raum zwischen Zylinderdeckel und Kolben am oberen Totpunkt) verbliebene Gas wird während der Abwärtsbewegung des Kolbens entspannt, bis der Druck dem in der Saugleitung entspricht. Jetzt öffnet das Ventil am Saugstutzen, so daß mit weiterer Abwärtsbewegung des Kolbens Gas angesaugt wird. Am unteren Totpunkt schließt das Saugventil. Mit der anschließenden Aufwärtsbewegung des Kolbens beginnt erneut das Verdichten.

42   1 Stofftransportprozesse

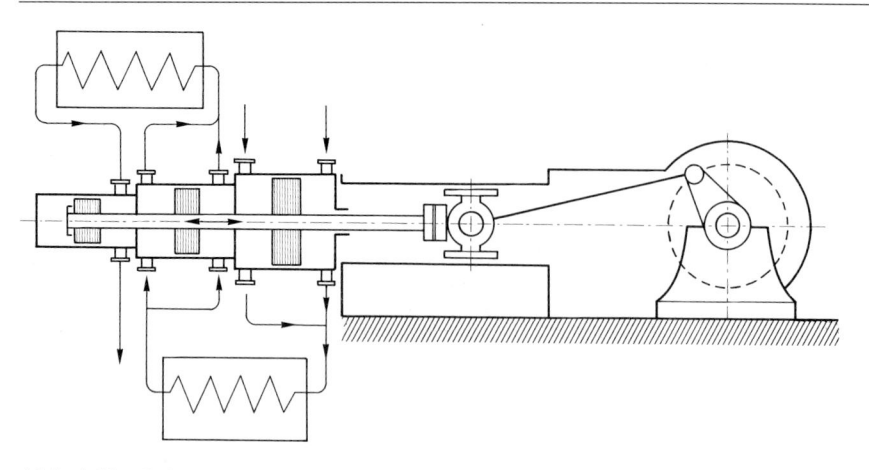

Abb. 1.20 Schematische Darstellung eines dreistufigen Hubkolbenverdichters (nach[37])

Bei einer mehrstufigen Verdichtung sind die Verdichterstufen hintereinandergeschaltet, d. h., daß die Kolben durch nur einen Motor angetrieben und mit ein oder zwei Kurbelstangen verbunden sind (Abb. 1.20). Zwischen den Verdichterssstufen wird das komprimierte Gas abgekühlt. Große Hubkolbenkompressoren, wie sie in der chemischen Verfahrenstechnik zur Erzeugung von Drücken über 20 MPa verwendet werden, werden zum besseren Ausgleich der sich bewegenden Massen in horizontaler Bauweise erstellt. Dabei wird die erste (gegebenenfalls auch die zweite) Verdichterstufe doppeltwirkend und die weiteren einfachwirkend ausgeführt.

Beispiel zur Auslegung eines Hubkolbenkompressors[37]

Ein Kompressor soll 210 m³ Methan pro Stunde ($\cong$ 0,0583 m³/s) auf einen Druck von 5,5 MPa adiabatisch komprimieren. Das Methan wird unter Atmosphärendruck (0,1 MPa) bei einer Temperatur von $\vartheta = 18$ °C angesaugt. Gefragt ist nach

1 der Anzahl der Kompressionsstufen und der Druckverteilung in den Stufen (bei Vernachlässigung der Druckverluste zwischen den Stufen) sowie

2 dem Leistungsbedarf (es wird eine adiabatische Verdichtung und ein Wirkungsgrad von $\eta = 0,7$ angenommen).

Lösung:

zu 1 Mit Hilfe der Gl. (1.69) errechnet sich bei einem Druckverhältnis

P_{End}/P_{Start} = 5,5 MPa/0,1 MPa = 55 für

eine Stufenzahl von	2	3	4	5
Druckverhältnis/Stufe	7,42	3,80	2,72	2,23

Das Komprimieren sollte demzufolge drei- oder vierstufig erfolgen. Für die weitere Berechnung soll angenommen werden, daß der Kompressor dreistufig ausgelegt wird. Damit wäre das Druckverhältnis je Stufe 3,80. Es würde sich somit folgende Druckverteilung in den Stufen ergeben:

	P_S	P_D
1. Stufe	0,10 MPa	0,38 MPa
2. Stufe	0,38 MPa	1,44 MPa
3. Stufe	1,44 MPa	5,50 MPa

zu 2 Mit $\varkappa_{\text{Methan}} = 1{,}31$ (s. Tab. 1.10) errechnet sich die Verdichterleistung unter Anwendung der Gl. (1.67). Es soll angenommen werden, daß das Methan nach jeder Verdichterstufe auf 18 °C abgekühlt wird und sich Methan im gesamten Druckbereich wie ein ideales Gas verhält. Unter diesen Bedingungen ist unabhängig von der Stufe das Produkt aus P_S und V_S konstant. Somit gilt für jede Stufe:

$$P_D/P_S = 3{,}80\,, \qquad P_S \dot{V}_S = 0{,}00583 \text{ MPa m}^3/\text{s}\,,$$

$$\dot{W}/\text{Stufe} = \frac{1{,}31}{1{,}31-1}\, 0{,}00583 \left(3{,}80^{\frac{1{,}31-1}{1{,}31}} - 1 \right) \text{MPa m}^3\text{ s}^{-1}$$

$$= 0{,}00915 \text{ MPa m}^3\text{ s}^{-1}$$

$$= 9{,}15 \cdot 10^3 \text{ Pa m}^3\text{ s}^{-1} = 9{,}15 \cdot 10^3 \text{ W}$$

Das heißt, bei drei Stufen ist $\dot{W}_{\text{gesamt}} = 27{,}45$ kW.
(Bei einer nur einstufigen Kompression von 0,1 bis 5,5 MPa wäre $\dot{W}_{\text{gesamt}} = 38{,}96$ kW; je höher das angestrebte Gesamtdruckverhältnis ist, desto günstiger ist im Vergleich zum einstufigen ein mehrstufiges Verdichten).

Unter Einbeziehung des Kompressorwirkungsgrads $\quad \dot{W}_{\text{real}} = 27{,}45$ kW/0,7
ergibt sich als Leistungsbedarf $\qquad\qquad\qquad\qquad\quad \mathbf{\dot{W}_{\text{real}} = 39{,}21}$ **kW**

1.4.2.3 Bauarten von Kreiselverdichtern

Bei Kreiselverdichtern (Turbokompressoren) ist sowohl der theoretisch zu erzielende Förderstrom als auch die Förderhöhe abhängig von
- der Form, dem Durchmesser und der Drehzahl des Laufrads,
- weiteren geometrischen Parametern des Verdichters und
- den Fließeigenschaften des zu fördernden bzw. zu komprimierenden Gases.

Während Flüssigkeiten überwiegend mit Hilfe radial fördernder Laufräder gepumpt werden, ist es bei den oft sehr hohen Volumenströmen und Strömungsgeschwindigkeiten der Gase notwendig, neben radial auch diagonal und axial fördernde Laufräder zu verwenden[39].

Für einen Vergleich der einzelnen Verdichterbauarten wurde als Kriterium die spezifische Drehzahl N_{sp} eingeführt[45, 46]. Die spezifische Drehzahl errechnet sich aus der Drehzahl des Laufrads und einem dimensionslosen, den Verdichtertyp charakterisierenden Faktor. Dieser Faktor wird mit Hilfe ähnlichkeitstheoretischer Zusammenhänge und unter Verwendung der Bernoulli-Gleichung abgeleitet [Gl. (1.59), s. a. S. 30]

$$\Delta E = mg(H_2 - H_1) + m\frac{P_2 - P_1}{\varrho} + m\frac{u_2^2}{2}\,. \tag{1.59}$$

Da bei der Gasförderung aufgrund der gegenüber Flüssigkeiten geringeren Dichte der Einfluß von geodätischen Drücken klein ist, gilt näherungsweise

$$\Delta E \approx mg\,\Delta H + m\frac{u_2^2}{2}. \qquad (1.70)$$

Wird die Gl. (1.70) durch die kinetische Energie dividiert, ergeben sich dimensionslose Größen, die eine ähnlichkeitstheoretische Betrachtung ermöglichen:

$$\frac{2\,\Delta E}{m u_2^2} = \frac{2g\,\Delta H}{u_2^2} + 1. \qquad (1.71)$$

Sollen die verschiedenen Typen von Kreiselverdichtern verglichen werden, ist es sinnvoll, die Gl. (1.71) für den das Laufrad verlassenen Gasstrom (äußerer Rand des Laufrads) zu formulieren. Der Term

$$\Psi = \frac{2g\,\Delta H}{u_2^2} \qquad (1.72)$$

wird dann als eine den Verdichtertyp charakterisierende Kennzahl (oft als Druckkennzahl bezeichnet) aufgefaßt.

Um den Zusammenhang zwischen Förderhöhe, Fördervolumen und Drehzahl des Laufrads zu bestimmen, muß die Absolutgeschwindigkeit des (das Laufrad verlassenen) Fluids bekannt sein. Wie Abb. 1.16b zeigt, errechnet sich diese aus der Relativgeschwindigkeit des Fluidstroms beim Austritt aus dem Laufrad und der Umfanggeschwindigkeit des Laufrads. Bei einem Vergleich zwischen zwei Verdichtern gleichen Typs (gleiche Laufradform, gleiche geometrische Proportionen) ändern sich zwar die Beträge der Geschwindigkeitsvektoren proportional zum Laufraddurchmesser, ihre Richtungen bleiben jedoch gleich. Das ist gleichbedeutend damit, daß sich bei typgleichen Verdichtern die Absolutgeschwindigkeit u_2 sowohl zur Relativgeschwindigkeit u_{rel} als auch zur Umfanggeschwindigkeit des Laufrads u_{Lfr} proportional verhält. Es ergeben sich zwei Möglichkeiten zur Formulierung der den Verdichtertyp charakterisierenden Kennzahl:

1. $\quad \Psi \propto \dfrac{2g\,\Delta H}{u_{rel}^2} = \dfrac{2g\,\Delta H\,\text{Stirnfläche}^2}{\dot{V}^2} \propto \dfrac{2g\,\Delta H\,d^4}{\dot{V}^2}. \qquad (1.73)$

Die Relativgeschwindigkeit errechnet sich aus dem Volumenstrom dividiert durch die Fläche, die dieser Strom passiert. Diese Fläche entspricht der Stirnfläche und errechnet sich aus dem Umfang πd und der Dicke des Laufrads am äußeren Rand. Bei typgleichen Laufrädern unterschiedlicher Größe ändert sich auch die Dicke des Laufrads proportional zum Durchmesser des Laufrads, so daß gilt:

Stirnfläche $\propto d^2$

2. $\quad \Psi \propto \dfrac{2g\,\Delta H}{u_{Lfr}^2} = \dfrac{2g\,\Delta H}{(\pi d N)^2}. \qquad (1.74)$

Bei einem Vergleich zwischen zwei typgleichen Verdichtern I und II und Verwendung desselben Fluids gilt mit $\Psi_I = \Psi_{II}$ nach **1**

$$\frac{2g\,\Delta H_I\, d_I^4}{\dot{V}_I^2} = \frac{2g\,\Delta H_{II}\, d_{II}^4}{\dot{V}_{II}^2} \qquad (1.75)$$

1.4 Erzeugen von Förderströmungen und Verdichten von Gasen

bzw. nach **2**

$$\frac{2g\,\Delta H_{\mathrm{I}}}{(\pi d_{\mathrm{I}} N_{\mathrm{I}})^2} = \frac{2g\,\Delta H_{\mathrm{II}}}{(\pi d_{\mathrm{II}} N_{\mathrm{II}})^2}. \tag{1.76}$$

Mit Hilfe der Gl. (1.75) und (1.76) können d_{I} und d_{II} eliminiert werden, und es ergibt sich

$$N_{\mathrm{sp}} \equiv N_{\mathrm{II}} = N_{\mathrm{I}} \left(\frac{\dot V_{\mathrm{II}}}{\dot V_{\mathrm{I}}}\right)^{-\frac{1}{2}} \left(\frac{\Delta H_{\mathrm{II}}}{\Delta H_{\mathrm{I}}}\right)^{\frac{3}{4}}. \tag{1.77}$$

Für die Laufraddurchmesser gilt dann

$$d_{\mathrm{sp}} \equiv d_{\mathrm{II}} = d_{\mathrm{I}} \left(\frac{\dot V_{\mathrm{II}}}{\dot V_{\mathrm{I}}}\right)^{\frac{1}{2}} \left(\frac{\Delta H_{\mathrm{II}}}{\Delta H_{\mathrm{I}}}\right)^{-\frac{1}{4}}. \tag{1.78}$$

Für den Vergleich der einzelnen Verdichterbauarten wird als Verdichter II ein Kompressor ausgewählt, der einen Förderstrom von $\dot V_{\mathrm{II}} = 1$ m³/s und eine Förderhöhe von $\Delta H_{\mathrm{II}} = 1$ m besitzt. Damit lassen sich für die einzelnen Laufradformen typische Werte für N_{sp} und d_{sp} angeben, bei denen eine optimale Förderleistung (maximaler Wirkungsgrad des jeweiligen Kompressors) erreicht wird. Diese Werte befinden sich in einem schmalen Band eines Diagramms (Cordier-Diagramm), in dem die spezifische Drehzahl gegen den spezifischen Durchmesser aufgetragen ist (s. Abb. 1.21). Mit Hilfe des Cordier-Diagramms läßt sich für einen vorgegebenen Volumenstrom und Druckunterschied (Förderhöhe) ein geeigneter Laufraddurchmesser bestimmen. Wenn $\dot V_{\mathrm{II}} = 1$ m³/s und $\Delta H_{\mathrm{II}} = 1$ m ergibt sich aus Gl. (1.78):

$$d_{\mathrm{sp}} \propto d_{\mathrm{I}}\,(\dot V_{\mathrm{I}})^{-1/2}\,(\Delta H_{\mathrm{I}})^{1/4}$$

Das heißt, daß sich kleine Werte für d_{sp} errechnen, wenn $\dot V$ groß und ΔH_{I} klein ist. Sehr große Fördermengen lassen sich, wie das Diagramm zeigt, leichter mit axial fördernden Laufrädern erreichen; für das Erzeugen hoher Drücke bzw. Förderhöhen sind radial fördernde Laufräder besser. Das Diagramm gilt für annähernd reibungsfrei strömende Fluide und kann bei Verwendung von Pumpen, Gebläsen und Verdichtern angewendet werden.

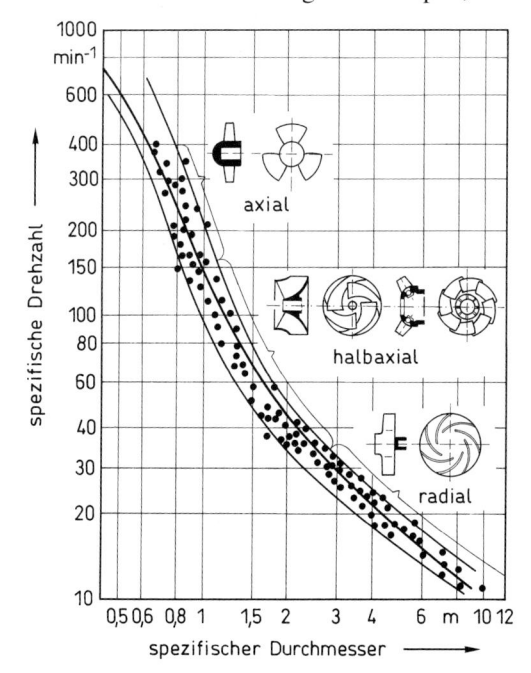

Abb. 1.21 Cordier-Diagramm (aus [46])

Aus materialtechnischen Gründen sind der Größe und der Drehzahl der Laufräder Grenzen gesetzt. Oftmals kann die (durch die Reaktionstechnik oder durch die Trenntechnik) vorgegebene Verdichteraufgabe nicht mehr allein durch Variation des Durchmessers, der Drehzahl und der Form des Laufrads erfüllt werden. Deshalb muß auch bei Kreiselverdichtern in mehreren Stufen verdichtet werden. Dies hat zwei wesentliche Vorteile:

1. Das angestrebte Druckverhältnis kann auf mehrere Stufen aufgeteilt werden; in der Praxis gilt bei radial fördernden Kreiselverdichtern für jede Stufe (wie bei den Hubkolbenkompressoren)

$2{,}5 \leq P_D/P_S \leq 4$.

2. Die Verwendung von mehreren Stufen erlaubt die Zwischenkühlung des komprimierten Fluids, und damit eine Herabsetzung der für die Kompression notwendigen Verdichterarbeit.

Die Wirkungsweise von radial fördernden Kreiselverdichtern (mehrstufig arbeitend) kann wie folgt beschrieben werden: (s. Abb. 1.22b)

Beim Durchströmen der Kanäle des Laufrads findet eine Beschleunigung des Fluidstroms und eine Druckerhöhung statt. Anschließend tritt das Fluid in ein ortsfest eingebautes Leitrad (Diffusor) und wird dort umgelenkt. Dadurch wird das Fluid abgebremst, kinetische Energie wird in Wärme- und Druckenergie umgewandelt. Nach möglicher Kühlung gelangt das Fluid über einen Rückführkanal zum nachfolgenden Laufrad, also zur nächsten Stufe des Verdichtens.

In der Bauart unterscheiden sich radial und axial fördernde Kompressoren in erster Linie dadurch, daß bei radialer Förderung (wegen der Umlenkung des Gasstroms) die Erhöhung des Drucks und der Strömungswiderstand größer sind. Wegen des höheren Strömungswiderstandes sind in radial fördernden Verdichtern die Volumenströme kleiner als in axial fördernden. Abb. 1.22a, b zeigt die Bauweise eines radial fördernden Verdichters.

Häufig wird bei Anwendung der axialen Bauart die letzte Verdichterstufe radial fördernd ausgeführt. Dadurch kann das Druckverhältnis gesteigert werden, während die durch Strömungswiderstände bedingten Leistungsverluste begrenzt bleiben. Abb. 1.23a, b zeigt den

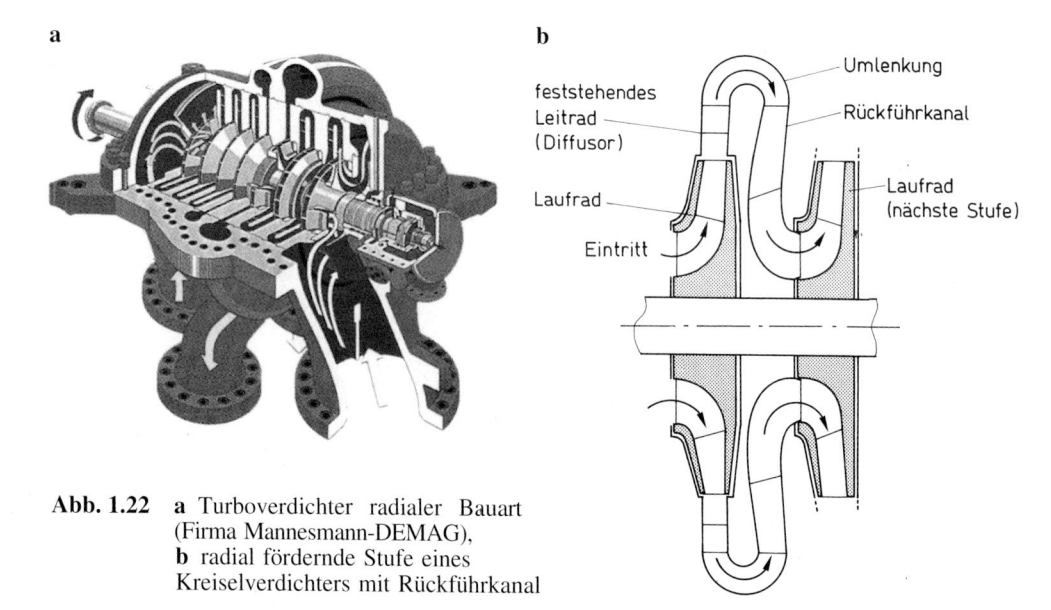

Abb. 1.22 a Turboverdichter radialer Bauart (Firma Mannesmann-DEMAG), b radial fördernde Stufe eines Kreiselverdichters mit Rückführkanal

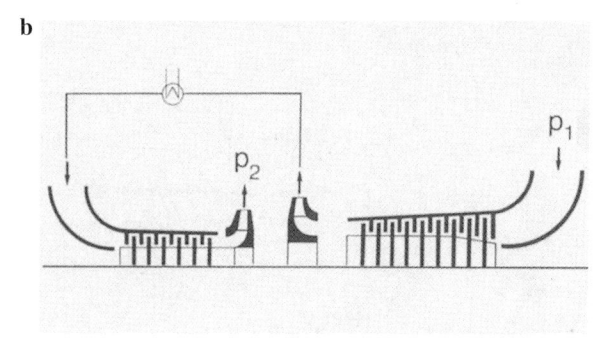

Abb. 1.23 Gekühlter Axial/Radial-Kompressor (Firma Mannesmann-DEMAG).
  a Einbau der Laufräder,
  b schematische Darstellung der Gasstromführung dieser Bauart

Einbau der die Laufräder tragenden Welle in das Kompressorgehäuse. Zwei axial fördernde Stufengruppen mit je einer radialen Endstufe werden auf einer Welle gegeneinandergeschaltet. Zwischen den Stufengruppen wird gekühlt.

1.4.2.4 Einsatzbereiche von Kompressoren

Die Vor- und Nachteile der Verwendung von Kreiselkompressoren (Turbokompressoren) können im Vergleich zu den Hubkolbenkompressoren recht anschaulich am Beispiel der Ammoniaksynthese aufgezeigt werden. Wie bereits erwähnt wurde, liegt der Synthesedruck üblicherweise zwischen 25 und 35 MPa. Ammoniak wird in Anlagen mit einer Kapazität bis zu 1600 t/Tag hergestellt. Derart große Anlagen werden mit Turbokompressoren ausgestattet. Als wesentliche Vorteile gegenüber der Verwendung von Hubkolbenkompressoren seien erwähnt:

- keine Verunreinigung des Gases durch Öl,
- ruhigerer Lauf wegen der ausgeglichenen Massekräfte,
- geringere Investitions-, Wartungs- und Reparaturkosten sowie
- geringerer Platzbedarf (kleineres Bauvolumen wegen der hohen Strömungsgeschwindigkeiten).

Gegen die Verwendung von Turbokompressoren sprechen folgende Überlegungen:

Ein effektives Überführen von kinetischer Energie in Druckenergie ist nur dann möglich, wenn das Fluid durch die Laufräder auf sehr hohe Strömungsgeschwindigkeiten gebracht wird. Da aus fertigungstechnischen Gründen die Spaltbreite der Laufräder nicht beliebig eng sein kann, ist besonders bei hohen Drücken, also in der letzten Druckstufe, ein Mindestgasvolumen erforderlich. Deshalb werden bei Anlagen mit einer Ammoniakkapazität kleiner 600 t/Tag besser fünfstufig arbeitende Hubkolbenkompressoren verwendet[42]. In manchen Fällen kann es zweckmäßig sein, in den niedrigen Druckstufen (bis ca. 3 MPa) mit Turbo- und für das weitere Verdichten mit Hubkolbenkompressoren zu arbeiten. Bei einem Vergleich zwischen Hubkolben- und Kreiselverdichtern sei ferner erwähnt, daß bei Hubkolbenkompressoren der energetische Wirkungsgrad in der Regel etwas höher als der bei den Turbokompressoren ist. Diesen Nachteil kompensieren die Turbokompressoren aber oft dadurch, daß sie direkt mittels Dampfturbinen (auf derselben Welle) angetrieben werden können. In Abb. 1.24 sind die Verwendungsbereiche der verschiedenen Verdichtertypen dargestellt.

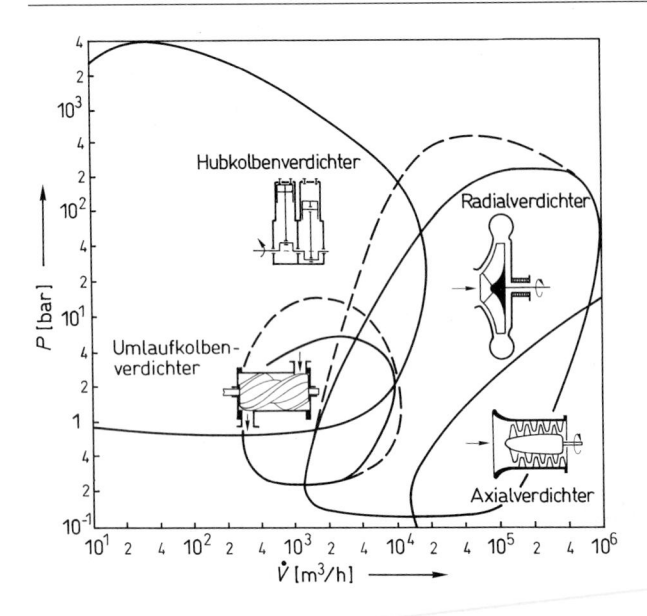

Abb. 1.24 Anwendungsbereiche verschiedener Verdichtertypen (aus [47])

Neben den Hubkolben- und Kreiselverdichtern sind in Abb. 1.24 Umlaufkolbenverdichter (Rotationsverdichter) aufgeführt. Diese sind mit den Umlaufkolbenpumpen für das Fördern von Flüssigkeiten vergleichbar. Als Rotationsverdichter werden in erster Linie Schrauben-, Kreiskolben-, Drehschieber- und Flüssigkeitsringpumpen (s. Kap. 1.4.3)) eingesetzt. Deren Verwendung beim Verdichten von Gasen läßt sich folgendermaßen charakterisieren:

- Es werden keine Ventile benötigt, der Förderstrom braucht nicht geglättet zu werden.
- Das erreichbare Druckverhältnis P_D/P_S ist begrenzt; es bleibt bei Kreiskolbenverdichtern unter 3 und bei Schrauben- und Vielzellenverdichtern unter 10 (meist unter 5).
- Hohe Förderströme können mit Schrauben- und mit Kreiskolbenverdichtern erreicht werden. Abb. 1.25 zeigt einen Kreiskolbenverdichter (Roots-Gebläse) entsprechender Größe.

1.4.3 Vakuumerzeugung

Die Erzeugung eines Unterdrucks dient in der Verfahrenstechnik in erster Linie der Trennung von temperaturempfindlichen Stoffen. Dies bezieht sich auf Rektifikationsverfahren sowie auf das Trocknen. Ferner werden Unterdrücke erzeugt bei der Vakuumkristallisation und zur Aufrechterhaltung des Stoffstroms durch Schüttschichten, Filtertücher und Membranen (z. B. der Pervaporation). Schließlich wird durch Drucksenkung eine Desorption erreicht, wie sie zum Regenerieren von Adsorptionsmitteln und Katalysatoren notwendig ist.

Bei der Vakuumerzeugung unterscheidet man nach dem angestrebten Unterdruck folgende Vakuumbereiche:

Bereich	Grobvakuum	Feinvakuum	Hochvakuum
Druck (kPa)	2,3–101,3	10^{-4}–2,3	10^{-6}–10^{-4}

Abb. 1.25 Roots-Gebläse (während der Montage) für die ölfreie Förderung von 65 000 m³ h⁻¹ Prozeßgas, Betriebsüberdruck 0,09 MPa (Aerzener Maschinenfabrik)

Als Grobvakuum werden demzufolge Drücke zwischen dem Dampfdruck des Wassers bei Raumtemperatur und dem Normaldruck bezeichnet. Derartige Unterdrücke werden bei Vakuumfiltern und in der Vakuumkristallisation angewandt. Die Vakuumdestillation wird, je nach Trennaufgabe, bei Drücken zwischen 0,1 und 0,01 M Pa durchgeführt. Da auch für die Desorption im technischen Maßstab keine tieferen Drücke verwendet werden, ist für die chemische Verfahrenstechnik lediglich die Vakuumerzeugung in den Bereichen des Grob- und des Feinvakuums wichtig. Für spezielle Anwendungen werden Vakuumpumpen eingesetzt, die das „Klauenprinzip" anwenden. Eine Kondensation von angesaugten Lösemitteln innerhalb der Pumpe läßt sich bei diesem Pumpentyp weitestgehend vermeiden. Da sich viele Prozeßmedien in der flüssigen Phase aggressiver verhalten als in der Dampfphase, ist dies beim Abpumpen aggressiver und korrosiver trockener Gase von Bedeutung[48]. Drücke unter 10^{-6} kPa werden als Ultrahochvakuum bezeichnet. Ein Arbeiten bei derart geringen Drücken ist bei empfindlichen Aufdampfprozessen (in der Mikroelektronik) sowie bei einigen Analysenmethoden notwendig. Zum Erzeugen derart tiefer Drücke werden Spezialpumpen (Turbomolekularpumpen, Diffusionspumpen, Kryopumpen, Ionenzerstäuberpumpen und Sublimationspumpen) verwendet.

Generell gilt, daß zur Erzeugung eines Unterdrucks Gase, Gas/Dampf-Gemische oder reine Dämpfe abgepumpt werden müssen. Das heißt, daß die Gase oder Dämpfe mittels Pumpen von einem Unterdruck (saugseitig) auf einen Enddruck, in der Regel Normaldruck (ca. 0,1 MPa), *verdichtet* werden. Für die Vakuumerzeugung werden daher Pumpen verwendet, die den Pumpen zur Druckerzeugung ähneln. Allerdings gibt es einige wesentliche Unterschiede:

- Vakuumpumpen werden in der Regel nur ein- oder zweistufig ausgelegt (eine wichtige Ausnahme sind die Turbomolekularpumpen).
- Beim Absaugen von Dämpfen oder von Gas/Dampf-Gemischen kommt es in der Regel innerhalb der Pumpen zur Kondensation.
- Entsprechend des Dampfdrucks der „Hilfsflüssigkeiten" (Wasser bei Wasserstrahl- und Wasserringpumpen, Öle zum Schmieren oder zur Vermeidung eines „schädlichen Volumens") ergibt sich ein temperaturabhängiges Grenzvakuum, bei dem die „Hilfsflüssigkeit" verdampft.*
- Stoff- und Wärmetransport werden mit abnehmendem Druck schwieriger, da sowohl die Diffusion als auch die Konvektion an die Dichte gebunden sind.

Zur Erzeugung eines Grob- sowie eines Feinvakuums werden Verdränger- und Treibmittelpumpen verwendet. Zu den Verdrängerpumpen zählen die Hubkolben- und die Umlaufkolbenpumpen. Dabei besitzen die Hubkolbenpumpen eine untergeordnete Bedeutung. Dies liegt in erster Linie daran, daß nach Erreichen des oberen Kolbentotpunkts ein schädliches Volumen mit dem Druck P_D (druckseitig) verbleibt. Dieses expandiert anschließend bis zum Druck P_S (saugseitig erzeugter Unterdruck). Ist der erzeugte Unterdruck sehr klein, wird sich das saugseitige Ventil erst kurz vor dem unteren Totpunkt des Kolbens öffnen, so daß kaum Gas angesaugt werden kann (das Saugvolumen geht gegen Null). Ein effektives Verdichten ist demzufolge nicht oder bestenfalls mehrstufig möglich. Ähnliches gilt für **Membranvakuumpumpen**. Dennoch setzt sich die Verwendung von Membranvakuumpumpen speziell im Laborbereich immer weiter durch. Sie verdrängen aus Umweltschutzgründen die Wasserstrahlpumpen. Als Vorteile gelten dabei:

- Es gibt kein Abwasser (bei Wasserstrahlpumpen oftmals durch die abgesaugten Gase und Lösemitteldämpfe, z. B. durch chlorierte Verbindungen, belastet).
- Leichte Rückgewinnung des abgesaugten Lösemittels.
- Der erreichbare Enddruck liegt unterhalb des Dampfdrucks von Wasser, in der Regel ist $P_S < 1$ k Pa.
- Eine komplette Auskleidung aller medienberührten Teile mit inerten Kunststoffen ist möglich, so daß die Membranpumpen ähnlich den Wasserstrahlpumpen universell eingesetzt werden können.

Als Umlaufkolbenpumpen zur Erzeugung von Vakuum dienen neben den Drehkolbenpumpen die **Drehschieber-** und die **Flüssigkeitsringpumpen**. Beide Pumpenarten gehören zu den rotierenden Verdrängerpumpen und arbeiten mit einem exzentrisch gelagerten Rotor. Bei den Drehschieberpumpen ist der Rotor mit zwei oder mehr federnd gelagerten Schiebern versehen, die während der Rotation an die Gehäusewand angepreßt werden. Durch die exzentrische Lagerung entstehen in Förderrichtung „Räume" für das abzusaugende Fluid, während entgegen der Förderrichtung (bei in den Rotor gepreßten Schiebern) kein Förderraum zwischen Rotor und Gehäusewand existiert (Abb. 1.26). Die Schmierung

---

* Zu berücksichtigen ist dabei auch das Entgasen der abzusaugenden Gase und Dämpfe, die sich druckseitig in der Hilfsflüssigkeit lösen.

der Pumpe erfolgt mittels Öl, das kontinuierlich in den Pumpenraum dosiert und mit dem Fördermedium ausgetragen wird. Das ausgetragene Öl muß anschließend abgetrennt werden und kann in den Förderraum zurückgeführt werden (ölüberflutete Pumpen mit Umlaufschmierung). Bei der Förderung von aggressiven oder ätzenden Dämpfen sowie von Dämpfen mit hohen Kohlenwasserstoffgehalten ist eine Anreicherung dieser Stoffe im Öl nicht auszuschließen. Dies kann zu einer Beeinträchtigung der Betriebssicherheit führen. Daher wird bei derartigen Förderaufgaben ständig mit frischem Öl gearbeitet.

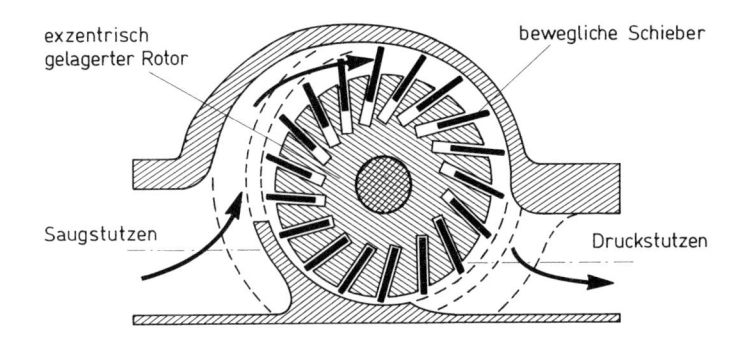

Abb. 1.26 Schnittzeichnung einer Drehschieberpumpe (schematisiert)

Ölüberflutete Drehschieberpumpen sind zur Zeit die wichtigsten Vakuumpumpen im Druckbereich von $0.1–10^5$ Pa. Das Verdichtungsverhältnis einer einstufigen Pumpe liegt bei etwa 2000:1; bei einer zweistufigen Pumpe bei ca. 10^6:1. Die Kapazitätsbereiche reichen von 1 m^3/h bis 2500 m^3/h[48, 49].

In Flüssigkeitsringvakuumpumpen rotiert exzentrisch ein Rotor mit feststehenden Schaufeln. Durch die Zentrifugalkraft wird eine im Pumpengehäuse befindliche Flüssigkeit an die Gehäusewand gepreßt, so daß sich zentrisch ein Flüssigkeitsring ausbildet. Zwischen Rotor und Flüssigkeitsring bildet sich ein Hohlraum aus, der durch die Schaufeln am Rotor in mehrere „Förderräume" aufgeteilt ist. Bedingt durch die exzentrische Lagerung des Rotors wird nur in eine Richtung gefördert. Bei Flüssigkeitsringpumpen ist der Grad des erzeugbaren Unterdrucks vom Dampfdruck der verwendeten Hilfsflüssigkeit abhängig. Häufig wird mit Wasser gearbeitet. Bedingt durch den hohen Dampfdruck von Wasser wird während des Evakuierens viel Wasser ausgetragen. Vor allem aus Umweltschutzgründen muß dieses Wasser in geschlossenen Kreisläufen geführt werden[50, 51]. Flüssigkeitsringvakuumpumpen sind unempfindlich gegenüber Dampf, Staub und anderen kleinen Schwebekörpern. Sie eignen sich zum Absaugen von feuchten, giftigen, aggressiven und/oder zündfähigen Gasen[52].

Bei **Treibmittelpumpen** wird das Treibmittel (Flüssigkeit, Dampf oder Gas) durch eine Düse gepreßt und beschleunigt. Dies bewirkt einen Unterdruck (Bernoulli-Gleichung). Am Austritt der Treibdüse ist der Druck des Treibmittels derart niedrig, daß ein abzusaugendes Fluid über eine seitlich angebrachte Öffnung eingezogen wird. Als Nachteil bei der Verwendung von Treibmittelpumpen gelten insbesondere der schlechte Wirkungsgrad sowie der „Verbrauch" einer großen Menge des Treibmittels. Dabei wird das Treibmittel mit dem abgesaugten Medium vermischt und verunreinigt. Die Vorteile der Treibmittelpumpen sind die hohe mechanische Belastbarkeit, ein niedriger Preis und ein geringer Platzbedarf. Ferner ist zu erwähnen, daß sich in Treibmittelpumpen auf einfache Weise alle medienberührenden Teile aus inerten Materialien fertigen lassen[53, 54]. Deshalb ist die Verwendung von Treibmittelpumpen trotz des schlechten Wirkungsgrads überall dort wirtschaftlich, wo

- ohnehin ein Treibmedium mit ausreichendem Druck zur Verfügung steht,
- eine Vermischung von Treib- und Saugmedium erwünscht ist.

Bei den Treibmittelpumpen wird unterschieden zwischen gleichphasigen (Treibmedium und Saugmedium gleich – z. B. Wasserdampf beim Absaugen von Brüdendämpfen) und ungleichphasigen Strahlpumpen. Ferner kann als Treibmittel ein systemeigener Stoff verwendet werden. So läßt sich bei der Herstellung von Polyesterfasern das für die Polykondensation notwendige Vakuum vorteilhaft mittels Dampfstrahlvakuumpumpen erzeugen. Als Treibmittel dient dampfförmiges Ethylenglykol.

Literatur

1 Danner, R. P., Daubert, T. E. (1983 sowie 1986), Data Prediction Manual (Manual for Predicting Chemical Process Design Data), AIChE – Design Institute for Physical Property Data, New York.
1a Siever, R. (1989), Sand (Ein Archiv der Erdgeschichte, Bd. 22, Spektrum der Wissenschaft, Verlagsgesellschaft mbH, Heidelberg, S. 54).
2 Reid, R. C., Prausnitz, J. M., Poling, B. E. (1988), The Properties of Gases and Liquids, 4. Aufl., McGraw-Hill, New York.
3 Wilke, C. R., Chang, P. (1955), AIChE J. **1**, 264.
4 Hirschfelder, J. O., Curtiss, C. F., Bird, R. B. (1954), Molecular Theory of Gases and Liquids, John Willy & Sons, New York, London.
5 Smith, J. M. (1981), Chemical Engineering Kinetics, 3. Aufl., Chemical Engineering Series, McGraw-Hill, New York.
6 Carberry, J. J. (1976), Chemical and Catalytic Reaction Engineering, Chemical Engineering Series, McGraw-Hill, New York.
7 Baerns, M., Hofmann, H., Renken, A. (1993), Chemische Reaktionstechnik, 2. Aufl., Georg Thieme Verlag, Stuttgart, New York.
8 Ramachandran, P. A., Chaudhari, R. V. (1983), Three-Phase Catalytic Reactors, Gordon and Breach Science Publishers, London.
9 Wicke, E., Kallenbach, R. (1941), Kolloid-Z. **97**, 135.
10 Zimens, K. E. (1943), Kennzeichnung, Herstellung und Eigenschaften poröser Körper, Handbuch der Katalyse (Hrsg. G. M. Schwab), Springer-Verlag, Wien.
11 Weisz, P. B. (1973), Chemtech **3**, 498.
12 Satterfield, C. N. (1981), Mass Transfer in Heterogeneous Catalysis, Robert E. Krieger Publishing Company, Huntington, New York.
13 Post, M. F. M. (1991), Diffusion in Zeolite Molecular Sieves, in Introduction to Zeolite Science and Practice (Hrsg. H. van Bekkum, E. M. Flanigen, J. C. Jansen), Elsevier, Amsterdam, London, New York.
14 Deckwer, W.-D. (1985), Reaktionstechnik in Blasensäulen, Salle u. Sauerländer, Frankfurt, Aarau.
15 Whitman, W. G. (1923), Chem. Met. Eng. **29**, 146.
16 Higbie, R. (1935), Trans. Amer. Inst. Chem. Eng. **31**, 365.
17 Danckwerts, P. V. (1970), Gas-Liquid Reactions, McGraw-Hill, New York.
18 Judat, H. (1982), Ger. Chem. Eng. **5**, 357.
19 Yagi, H., Yoshida, F. (1975), Ind. Eng. Chem., Process Des. Dev. **14**, 488.
20 Zlokarnik, M. (1979), Adv. Biochem. Engng. **8**, 133.
21 Sänger, P., Deckwer, W.-D. (1981), Chem. Eng. J. **22**, 179.
22 Levins, D. M., Glastonbury, J. R. (1972), Chem. Eng. Sci. **27**, 537.
23 Brauer, H. (1971), Grundlagen der Einphasen- und Mehrphasenströmung, Salle u. Sauerländer, Aarau, Frankfurt.
24 Grassmann, P. (1983), Physikalische Grundlagen der Verfahrenstechnik, 3. Aufl., Salle u. Sauerländer, Aarau, Frankfurt.
25 Vauck, W. R. A., Müller, H. A. (1994), Grundoperationen chemischer Verfahrenstechnik, 10. Aufl., Deutscher Verlag für Grundstoffindustrie GmbH, Leipzig.

26 Kulicke, W.-M. (1986), Fließverhalten von Stoffen und Stoffgemischen, Hüthig und Wepf Verlag, Basel.
27 Bird, R. B., Stewart, W. E., Lightfood, E. N. (1960), Transport Phenomena, John Wiley & Sons, New York, London.
28 VDI-Wärmeatlas (1984), VDI-Verlag GmbH, Düsseldorf.
29 Henzler, H.-J. (1988), Chem.-Ing.-Tech. **60**, 1.
30 Boger, D. V. (1990), Fluid Mechanics, in Ullmann's Encyclopedia of Industrial Chemistry (5. Aufl.) Vol. B1 – Fundamentals of Chemical Engineering, VCH Verlagsgesellschaft mbH, Weinheim.
31 Becker, A., Van Arsdale (1992), Rheol Acta **31**, 119.
32 Reh, L. (1977), Chem.-Ing.-Tech. **49**, 768.
33 Werther, J. (1982), Chem.-Ing.-Tech. **54**, 876.
34 Ignatowitz, E. (1992), Chemietechnik (aus Europa-Fachbuchreihe für Chemieberufe), 4. Aufl., Verlag Europa-Lehrmittel, Nourney, Vollmer GmbH & Co, Haan-Gruiten.
35 Marks, H. E., Wenzel, M. (1979), Mengen- und Durchflußmessung, Arbeitsblätter mit Übungsfragen aus Weiterbildung in der Chemischen Industrie (BASF AG), Bopp u. Reutther GmbH, Mannheim-Waldhof.
36 Schrank, W., Hils, F. (1994), Chem.-Anlag. Verfahr., 5, 223.
37 Pawlow, K. F., Romankow, P. G., Noskow, A. A. (1972), Beispiele und Übungsaufgaben zur chemischen Verfahrenstechnik, Deutscher Verlag für Grundstoffindustrie GmbH, Leipzig.
38 Fritsch, H. (1991), Chemie-Technik **20**, 44.
39 Taschenbuch Maschinenbau, Bd. 5, Kolbenmaschinen, Strömungsmaschinen (1989), Verlag Technik GmbH, Berlin.
40 Vetter, G., Seidl, B. (1993), Chem.-Ing.-Tech. **65**, 677.
41 Buthmann, P. (1993), Chem.-Ing.-Tech. **65**, 639.
42 Krahmer-Möllenberg, H. P., Mersch, A., Rennett, U. (1992), Chemie-Technik **21**, 31.
43 Bittermann, H. J. (1989), Chemie-Technik **18**, 64.
44 Brendecke, K. (1994), Chemie-Technik **23**, 9–68.
45 Franke, H. (1990), Einführung in die Maschinen- und Anlagentechnik, Bd. 2, Arbeitsmaschinen, Springer Verlag, Heidelberg, Berlin, New York.
46 Radke, M., Siekmann, H. E., Ulbrich, C. (1992), Chemische Industrie **3**, 35.
47 Bakemeier, H., Gössling, H., Krabetz, R. (1974), Ammoniak, Ullmann's Encyclopädie der Technischen Chemie, VCH Verlagsgesellschaft mbH, Weinheim.
48 Jorisch, W., Gottschlich, U. (1992), Chemische Industrie **7/8**, 38.
49 Baratti, G. (1987), Verfahrenstechnik **7/8**, 14.
50 Neumaier, R., Bannwarth, H. (1988), Verfahrenstechnik – ACHEMA-Report '88.
51 Bannwarth, H. (1994), Flüssigkeitsring-Vakuumpumpen – Kompressoren und Anlagen, 2. Aufl., VCH Verlagsgesellschaft, Weinheim.
52 Heinrich, M. (1994), Chem.-Anlag. Verfahr. **5**, 149.
53 Bartscher, H. (1990), Chem.-Tech. **19**, 40.
54 Gehring, H. (1991), Chem.-Ing.-Tech. **63**, 471.

Kapitel 2
Wärmetransportprozesse

Eine genaue Kenntnis der Wärmetransport- bzw. der Wärmeübertragungsmechanismen ist unumgänglich, um einen sicheren Ablauf des Prozesses und eine richtige Dimensionierung der Reaktoren, Trennkolonnen, Wärmetauscher und Rohrleitungen zu gewährleisten. Neben den chemischen und verfahrenstechnischen sind auch wirtschaftliche Gesichtspunkte von großer Bedeutung, da die Energiekosten bei der Durchführung eines Prozesses möglichst klein gehalten werden sollten. Darüber hinaus gehen Energieverluste mit zusätzlichen Umweltbelastungen einher.

Wärme kann durch Leitung, Konvektion und/oder Strahlung übertragen werden. Den einzelnen Mechanismen kommt je nach übertragendem Medium, Druck und/oder Temperatur verschiedene Bedeutung zu. Oftmals stellt die Wärmeübertragung einen komplexen Vorgang dar, der nur durch die Aneinanderreihung von mehreren Teilschritten mathematisch erfaßbar ist. So wird sich in einem stark durchmischten Fluid, in dem die Wärmekonvektion vorherrscht, in der Nähe der Gefäßwand ein laminarer Grenzfilm ausbilden. Durch diesen Grenzfilm wird die Wärmeübertragung zur Wand nur noch durch die (im Vergleich zur Konvektion) langsamere Wärmeleitung gewährleistet[1,2].

2.1 Molekularer Wärmetransport durch Leitung

Die Wärmeleitung ist ein Transportvorgang im atomaren Bereich[*]. Zur mathematischen Erfassung der Geschwindigkeit der Wärmeleitung wird vereinfachend angenommen, daß innerhalb des wärmeübertragenden Mediums keine Änderungen der spezifischen Wärme und der Dichte auftreten. Ferner soll eine nur eindimensionale Wärmeleitung in Richtung des Wärmestroms betrachtet werden. Bei stationärem (zeitunabhängigem) Verlauf gilt dann die 1. Fouriersche Gleichung:

$$\dot{Q} = -\lambda A \frac{dT}{dz} \qquad (2.1\,a)$$

bzw. $\dot{q} = -\lambda \frac{dT}{dz},$ (2.1 b)

$$\dot{Q} = \frac{Q}{t} = \text{Wärmestrom}, \qquad \dot{q} = \frac{\dot{Q}}{A} = \text{Wärmestromdichte}, \qquad (2.2)$$

λ = Wärmeleitzahl, $[\lambda]$ = W/m K
A = Wärmeaustauschfläche

---

[*] In elektronenleitenden Materialien (vor allem in Metallen) wird die Wärme zum weitaus überwiegenden Teil durch Elektronen und Photonen übertragen. Deshalb besteht hier eine enge Beziehung zwischen dem Kehrwert des spezifischen elektrischen Widerstands bzw. der elektrischen Leitfähigkeit σ und der Wärmeleitfähigkeit λ (Wiedemann-Franz-Lorenzsches Gesetz)[3]:

$\lambda/(\sigma T) \approx 2{,}4 \cdot 10^{-8}$ (Volt/K)^2.

Wird beispielsweise Wärme durch eine ebene Wand abgeleitet, ist der Wärmestrom $\dot{Q}$ bei *stationären* Bedingungen entlang des Ortsparameters z konstant. Das heißt, daß pro Zeiteinheit von der Wand genausoviel Wärme aufgenommen wie abgegeben wird. Nur so kann eine Wärmeakkumulation, und damit eine zeitliche Änderung des Temperaturprofils innerhalb der Wand, vermieden werden, und es gilt (s. Abb. 2.1):

$$\frac{dT}{dz} \neq f(z).$$

Für die *instationäre* Wärmeleitung in einem Körper gilt die 2. Fouriersche Differentialgleichung:

$$\frac{\partial T}{\partial t} = \frac{\lambda}{\varrho c_P} \frac{\partial^2 T}{\partial z^2}. \qquad (2.3)$$

Die in der Gl. (2.3) vorhandenen Stoffkonstanten Wärmeleitfähigkeit, Dichte und Wärmekapazität werden zur Temperaturleitzahl a zusammengefaßt:

$$a = \frac{\lambda}{\varrho c_P}. \qquad (2.4)$$

Wärme- und Temperaturleitzahlen sind temperaturabhängige Größen, die Tabellenwerken zu entnehmen sind[4]. In der Tab. 2.1 sind einige typische Werte aufgeführt.

Tab. 2.1 Wärme- und Temperaturleitzahlen einiger Stoffe[4] (bei $T = 293$ K)

	λ [W/(m K)]	$a \cdot 10^3$ [m²/h]
Aluminium	221	320
Eisen	86	87
Gußeisen	42–63	66
Chromnickelstahl (18% Cr, 8% Ni)	21	46
Gold (rein)	314	470
Kupfer (sehr rein)	393	408
Beton	0,8–1,4	1,8–2,5
Schamotte	0,5–1,2	1,2–2,5
Wasser	0,60	0,52
Luft (0,1 MPa)	0,026	78,5

Für die **Wärmeleitung durch eine ebene Wand** der Dicke Δz läßt sich durch die Lösung der 1. Fourierschen Gleichung eine allgemeine Beziehung zwischen dem Wärmestrom und der treibenden Temperaturdifferenz ΔT ableiten (beachten Sie, daß $T_1 > T_2$ ist):

$$\dot{Q} \int_{z_1}^{z_2} dz = -\lambda A \int_{T_1}^{T_2} dT, \qquad z_2 - z_1 = -\frac{\lambda A}{\dot{Q}}(T_2 - T_1), \qquad \frac{\Delta z}{\lambda} = \frac{A \, \Delta T}{\dot{Q}} \qquad (2.5)$$

$\Delta z / \lambda$ spezifischer Wärmeleitwiderstand

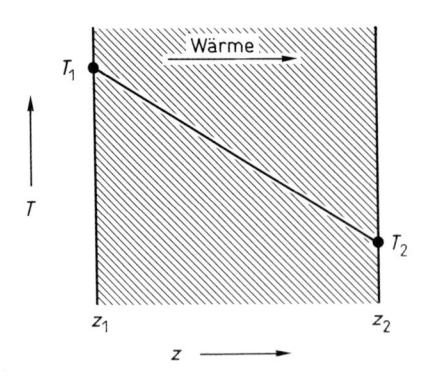

Abb. 2.1 Temperaturprofil für eine eindimensionale Wärmeleitung

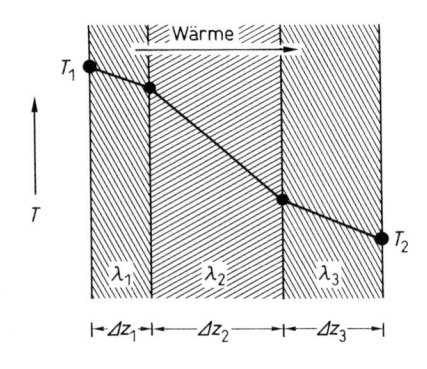

Abb. 2.2 Eindimensionale Wärmeleitung durch eine mehrschichtige Wand

Ist die Wand aus mehreren Schichten unterschiedlicher Wärmeleitfähigkeit aufgebaut, addieren sich die spezifischen Wärmeleitwiderstände $\Delta z_i/\lambda_i$:

$$\sum_{i=1}^{j} \frac{\Delta z_i}{\lambda_i} = \frac{A \, \Delta T}{\dot{Q}} \qquad (2.6)$$

j Anzahl der Schichten,
ΔT Gesamttemperaturdifferenz

2.2 Effektiver Wärmetransport

2.2.1 Wärmetransport durch Konvektion

Als konvektiver Transport wird ein Transport durch die Bewegung größerer Materieaggregate bezeichnet. Dieses Transportphänomen ist in strömenden Fluiden dem molekularen Transport überlagert und wird durch hydrodynamische Vorgänge im System maßgebend beherrscht. Wird die Bewegung der Materieaggregate durch Dichteunterschiede im Medium hervorgerufen, liegt Eigenkonvektion vor. Davon zu unterscheiden ist die erzwungene Konvektion. Diese wird z. B. durch Verrühren oder Umpumpen erzeugt. Da die Wärmekonvektion sehr schnell verläuft, sind die radialen Temperaturgradienten innerhalb der konvektiven Strömung in der Regel nicht sehr groß und werden bei der Berechnung des Wärmetransports oftmals vernachlässigt. Beim Wärmeübergang von einer festen Wand auf ein fluides Medium und umgekehrt bildet sich allerdings an der Wand ein laminarer Film aus. Der Wärmetransport durch diesen Film erfolgt durch Wärmeleitung. Somit ist die Wärmestromdichte (Wärmestrom/Austauschfläche) der Temperaturdifferenz zwischen der Wand und der Kernströmung des Fluids (konvektive Strömung) proportional. Der Wärmeübergangskoeffizient α ist der Proportionalitätsfaktor:

$$\dot{Q} = \alpha \, A \, \Delta T = \alpha A (T_{\text{Wand}} - T_{\text{Fluid}}) \qquad (2.7)$$

Der reziproke Wert des Wärmeübergangskoeffizienten $1/\alpha$ wird als Wärmeübergangswiderstand aufgefaßt. Aufgrund der meist komplexen hydrodynamischen Vorgänge an den Phasengrenzen können keine exakten Angaben über die Dicke der laminar fließenden Grenzschicht gemacht werden, so daß α nur experimentell bestimmt werden kann. In der Technik ist es üblich, α dimensionslos (in Form einer „Kennzahl" – der Nusselt-Zahl Nu)

darzustellen:

$$Nu = \frac{\alpha d}{\lambda}$$

d kennzeichnende Abmessung

Die Nusselt-Zahl Nu stellt das Verhältnis zwischen Wärmestrom und Wärmeleitung dar.

Die genaue Form der Kriteriengleichungen zur Berechnung der Nusselt-Zahl ist für unterschiedliche hydrodynamische Bedingungen und konstruktive Merkmale der Reaktoren, Kühler und Verdampfer der Fachliteratur (z. B. dem VDI-Wärmeatlas[4]) zu entnehmen. Für abschätzende Berechnungen können die Kriteriengleichungen in Form eines Potentialansatzes ausgedrückt werden [1, 2, 5*]:

$$Nu = C\,Re^m\,Pr^n \tag{2.8}$$

C Konstante (abhängig von dem Bautyp des Wärmetauschers, der Art der beteiligten Phasen, der Strömungsart und der Strömungsrichtung)
m, n Exponenten (meist gilt: $0{,}4 \leq m \leq 0{,}8$; $0{,}33 \leq n \leq 0{,}43$)

Die Reynolds-Zahl wurde bereits im Kap. 1.1.2 eingeführt. Sie stellt das Verhältnis von Trägheitskraft zur inneren Reibungskraft dar. Die Prandtl-Zahl Pr ist das Verhältnis zwischen innerer Reibung und Wärmeleitstrom. Sie wird in der Regel als Quotient aus kinematischer Viskosität ($\nu = \mu/\varrho$) und Temperaturleitzahl ($a = \lambda/\varrho c_\mathrm{p}$) berechnet.

Eine Auflistung wichtiger Berechnungsformeln ist in Tab. 2.2 gegeben. Bei der Anwendung dieser Gleichungen ist auf die charakteristische Abmessung des Systems zu achten, auf die sich die Berechnung der Reynolds-Zahl bezieht. Bei Rohren ist es der Rohrdurchmesser, bei Schüttschichten der Partikeldurchmesser und bei angeströmten Platten die Länge der Platte. Im Rohrspalt, z. B. in einem Doppelrohrwärmetauscher, wird die doppelte Breite des Spalts eingesetzt. Zusätzlich muß hier das Verhältnis von Außendurchmesser des inneren Rohrs zum Innendurchmesser des äußeren Rohrs berücksichtigt werden. Vereinfachend kann mit folgender modifizierten Reynolds-Zahl gerechnet werden:

$$Re = \frac{2\dot{V}\varrho\,(d_\mathrm{Ringspalt})}{\mu\,(A_\mathrm{Ringspalt})} \tag{2.9}$$

Tab. 2.2 Formeln zur überschlagsmäßigen Berechnung von Wärmeübergangskoeffizienten bei turbulenter Strömung in geometrisch ähnlichen Apparaten[5]

Wärmeübergang	vereinfachte Kriteriengleichung	
in längsdurchströmten glatten Rohren	$Nu = 0{,}02\,Re^{0{,}80}\,Pr^{0{,}43}$	(2.10)
an querangeströmten Einzelrohren	$Nu = 0{,}21\,Re^{0{,}62}\,Pr^{0{,}38}$	(2.11)
an querangeströmten Rohrbündeln:		
– Rohre fluchtend	$Nu = 0{,}23\,Re^{0{,}65}\,Pr^{0{,}33}$	(2.12)
– Rohre versetzt	$Nu = 0{,}41\,Re^{0{,}60}\,Pr^{0{,}33}$	(2.13)
an angeströmten Platten	$Nu = 0{,}04\,Re^{0{,}80}\,Pr^{0{,}43}$	(2.14)
in durchströmten Schüttungen	$Nu = 0{,}58\,Re^{0{,}70}\,Pr^{0{,}33}$	(2.15)

---

* Die Berechnungsgleichungen für die Nusselt-Zahl gelten nur für die erzwungene Konvektion. Sollten thermische Auftriebskräfte die Strömung bedingen, wird anstelle der Reynolds-Zahl die Grashof-Zahl Gr verwendet, die den Quotienten aus thermischer Auftriebskraft und innerer Trägheitskraft darstellt.

Tab. 2.3 Typische Werte der Wärmeübergangszahlen für Wasser (flüssig) und Luft[5]

	Wärmeübergangskoeffizient α in W m^{-2} K^{-1}	
	Wasser	Luft
turbulente Längsströmung	700–5000	20–40
turbulente Querströmung	1800–6000	40–60

In Tab. 2.3 sind einige typische Werte für Stoffübergangszahlen α für Wasser und Luft aufgeführt.

Eine Beschleunigung des Wärmeübergangs läßt sich durch folgende Maßnahmen erzielen:

- *Erhöhung der Temperaturdifferenz* (oftmals nur im begrenzten Maß oder nicht möglich, da die Temperaturen in den wärmeabgebenden und wärmeaufnehmenden Fluidströmen aus verfahrenstechnischen, ökonomischen und ökologischen Gründen vorgegeben sind);
- Herabsetzung der Dicke des laminar fließenden Grenzfilms durch *Erhöhung der Konvektion* (schnelleres Fließen, intensiveres Durchmischen). Auch in Schüttschichten sind die Wärmeübergangskoeffizienten recht hoch, da beim Durchströmen der Schüttung zusätzliche Turbulenzen entstehen. Eine weitere deutliche Verbesserung des Wärmeübergangs wird erreicht, wenn die Feststoffteilchen verwirbelt werden. Abb. 2.3 zeigt experimentell bestimmte Wärmeübergangskoeffizienten zwischen einer senkrechten zylindrischen Heizfläche und einer Wirbelschicht in Abhängigkeit von der Strömungsgeschwindigkeit[4]. Dabei wird unterschieden zwischen einer einphasigen Gasströmung und dem Durchströmen einer Schüttung sowie einer Wirbelschicht. Die sehr hohen Werte für den Wärmeübergangskoeffizienten in Wirbelschichtreaktoren erlauben es, daß (im Vergleich zum Rohrbündelreaktor) mit relativ kleinen Kühlflächen gearbeitet werden kann.

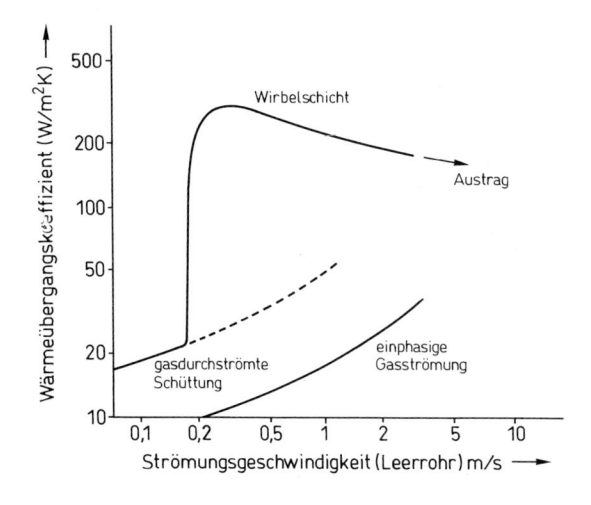

Abb. 2.3 Wärmeübergangskoeffizienten für eine einphasige Gasströmung und für das Durchströmen einer Schüttung und einer Wirbelschicht[4]

Besonders effektiv ist es, wenn durch Sieden oder Kondensieren des Fluids unmittelbar an der Wand sowohl der laminar fließende Grenzfilm verwirbelt als auch ein zusätzlicher Wärmestrom durch sich ablösende Fluidaggregate erreicht wird[6,7]. Die Wärmeübergangskoeffizienten betragen dabei:

$$\alpha \leq 25000 \text{ W m}^{-2} \text{ K}^{-1} \quad \text{(typischerweise } \alpha \approx 14000 \text{ W m}^{-2} \text{ K}^{-1}\text{)} \quad (2.16)$$

Ein derartiges Vorgehen hat darüber hinaus den Vorteil, daß latente Wärme ausgenutzt wird. Eine weitgehend isotherme Prozeßführung wird somit möglich.

Bei der Kondensation schlägt sich das Kondensat an der Wand als zusammmenhängender Flüssigkeitsfilm (**Filmkondensation**) oder in Tropfenform (**Tropfenkondensation**) nieder. Tropfenkondensation tritt auf, wenn das Kondensat die Wand nicht oder nur schlecht benetzt. Da bei der Tropfenkondensation ein Teil der Wandfläche nicht von dem (den Wärmetransport hemmenden) Kondensatfilm bedeckt ist, sind die Wärmeübergangskoeffizienten erheblich größer als bei der Filmkondensation. Bei zu guter Benetzbarkeit kann eine Tropfenkondensation durch Zugabe von Antinetzmitteln (hydrophobe Stoffe wie z. B. Fettsäuren) zum Dampf erreicht werden[8].

Die Art der Wärmeübertragung ist beim **Verdampfen** abhängig von der Heizflächenbelastung und vom Temperaturunterschied zwischen der Heizfläche und dem zu verdampfenden Fluid. Ist die erzielte Wärmestromdichte niedrig, wird die Wärme durch Wärmeleitung und durch freie Konvektion (thermisch bedingte Konvektion) an die Flüssigkeitsoberfläche gelangen. Dort findet dann das Verdampfen statt (konvektives Sieden). Bei einer Steigerung der Heizflächentemperatur werden sich bereits an der Heizfläche Dampfblasen bilden, ablösen und zu einer Verstärkung der Durchmischung innerhalb der Flüssigkeit führen (Blasenverdampfung). Allerdings ist der durch Blasenverdampfung übertragbare Wärmestrom begrenzt. Ein Überschreiten der Grenzbedingungen führt zum Erreichen der „Siedekrise". An diesem Punkt beginnt die flächige, instabile Ausbildung einer Dampfphase zwischen der Wand und der Flüssigkeit, so daß der unmittelbare Kontakt zwischen Flüssigkeit und Heizfläche verloren geht (Übergangssieden oder instabiles Verdampfen). Bei weiterer Steigerung der Wandtemperatur wird der Dampffilm die gesamte Heizfläche bedecken. Ab dieser Leidenfrost-Temperatur wird die zum Verdampfen notwendige Wärme ausschließlich über diesen Dampffilm zur Flüssigkeit gelangen (Filmsieden). In der Abb. 2.4 wird der Verlauf der Wärmestromdichte als Funktion der Wandtemperatur schematisch dargestellt.

Als **Wärmedurchgang** wird der Wärmetransport aus dem Kernstrom einer fluiden Phase über die Trennwand und die Grenzfilme hinweg in den Kernstrom einer anderen fluiden Phase bezeichnet. Entsprechend den stationären Bedingungen muß die pro Zeiteinheit zur Wand übertragene Wärmemenge ($\dot{Q}_1$) gleich der durch die Wand geleiteten Wärmemenge ($\dot{Q}_W$) und auch gleich der von der Wand in das kühlere Fluid übertragenden Wärmemenge ($\dot{Q}_2$) sein ($\dot{Q}_1 = \dot{Q}_W = \dot{Q}_2$). Daraus läßt sich ableiten, daß sich der gesamte Durchgangs-

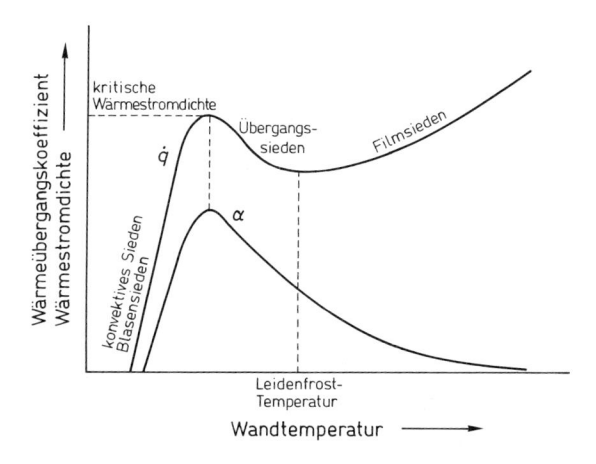

Abb. 2.4 Wärmeübergangskoeffizient und Wärmestromdichte als Funktion der Wandtemperatur

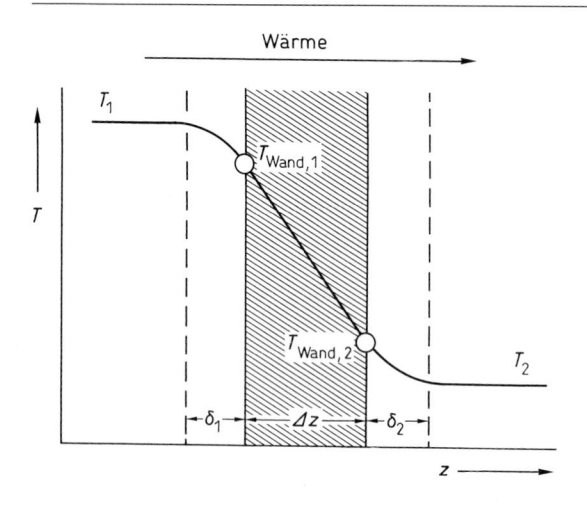

Abb. 2.5 Schematische Darstellung eines Wärmedurchgangs

widerstand additiv aus den einzelnen Wärmewiderständen zusammensetzt (Abbildung 2.5).

mit $T_{Fluid,warm} \cong T_1$ und $T_{Fluid,kalt} \cong T_2$ und
$T_{Wand,1} \cong T_{W1}$ und $T_{Wand,2} \cong T_{W2}$ gilt

$$\dot{Q}_1 = \alpha_1 A (T_1 - T_{W1}) \Rightarrow \frac{1}{\alpha_1} \frac{\dot{Q}_1}{A} = T_1 - T_{W1},$$

$$\dot{Q}_W = \frac{\lambda}{\Delta z} A (T_{W1} - T_{W2}) \Rightarrow \frac{\Delta z}{\lambda} \frac{\dot{Q}_W}{A} = T_{W1} - T_{W2},$$

$$\dot{Q}_2 = \alpha_2 A (T_{W2} - T_2) \Rightarrow \frac{1}{\alpha_2} \frac{\dot{Q}_2}{A} = T_{W2} - T_2 \quad \text{und}$$

$$(T_1 - T_{W1}) + (T_{W1} - T_{W2}) + (T_{W2} - T_2) = (T_1 - T_2) = \Delta T$$

Die Wärmestromdichte errechnet sich für den Wärmedurchgang unter Zuhilfenahme der Wärmedurchgangszahl k_w nach Gl. (2.13):

$$\dot{Q} = k_w A \, \Delta T \tag{2.13}$$

mit

$$\frac{1}{k_w} = \frac{1}{\alpha_1} + \frac{\Delta z}{\lambda} + \frac{1}{\alpha_2} \tag{2.14}$$

Unter Zuhilfenahme der Wärmedurchgangszahl k_w errechnet sich die Wärmestromdichte für den Wärmedurchgang nach Gl. (2.14):

$$\dot{Q} = \dot{q}A = k_w A (T_{Fluid,\,warm} - T_{Fluid,\,kalt}) = k_w A \, \Delta T \tag{2.18}$$

Während die Wandstärke Δz_i eine Apparategröße des Wärmetauschers ist und die Wärmeleitzahl des Wandmaterials λ_i aus Tabellenwerken entnommen werden kann, ist man bei der Bestimmung der Wärmeübergangskoeffizienten α_i auf Kriteriengleichungen oder auf eine experimentelle Bestimmung angewiesen. Die experimentellen Messungen sind in der Regel recht aufwendig, da die Wärmeübergangskoeffizienten α_1 und α_2 getrennt voneinander für jeweils unterschiedliche hydrodynamische Verhältnisse bestimmt werden müssen.

2.2.2 Wärmetransport durch Strahlung

Wärmestrahlen sind elektromagnetische Wellen mit einer Wellenlänge von 0,8 μm bis 0,8 mm. Wärme wird sowohl von Feststoffen als auch von Flüssigkeiten und Gasen abgestrahlt (emittiert). Der Transport von Wärme ist bei der Strahlung *nicht* auf das Vorhandensein von Materie angewiesen. Wärmestrahlung wird, wenn sie auf einen Körper trifft, absorbiert, reflektiert und/oder hindurchgelassen ($\dot{Q} = \dot{Q}_r + \dot{Q}_a + \dot{Q}_d$). Dabei sind folgende Sonderfälle zu unterscheiden:

- schwarzer Körper   ≙ Wärmestrahlung wird vollständig absorbiert,
- idealer Spiegel   ≙ Wärmestrahlung wird vollständig reflektiert und
- diathermer Körper   ≙ Wärmestrahlung wird vollständig durchgelassen.

Der von einem schwarzen Körper emittierte oder absorbierte Wärmestrom $\dot{Q}$ ist abhängig von seiner Fläche und der Intensität der Strahlung. Die Intensität der Strahlung ist nach Planckschem Strahlungsgesetz eine Funktion der Wellenlänge λ und der Temperatur T. Die über den gesamten Wellenbereich bei der Temperatur T ausgestrahlte Energie errechnet sich mit Hilfe der Stefan-Boltzmann-Gleichung[9]:

$$\dot{Q} = A \int_{\lambda=0}^{\infty} I_s(\lambda, T) d\lambda = A \frac{2\pi^5 k^4}{15 C_0^2 h^3} T^4 = c_s T^4 \tag{2.19}$$

$C_0 = 2{,}998 \cdot 10^{10}$ cm/s   (Lichtgeschwindigkeit im Vakuum)
$h = 6{,}625 \cdot 10^{-34}$ W s²   (Plancksches Wirkungsquantum)
$k = 1{,}381 \cdot 10^{-23}$ J/K   (Boltzmann-Konstante)
$c_s = 5{,}676 \cdot 10^{-8}$ W/m² K⁴

Tab. 2.4 Durch Strahlung eines schwarzen Körpers übertragbare Wärmestromdichte[4]

Temperatur (K)	273	373	473	573	673	773	873	973	1073	1173	1273	1373
$\dot{Q}/A$ (W m⁻²)	314	1097	2838	6112	11631	20244	32933	50819	75159	197343	148900	201495

In der Tab. 2.4 sind die von einem schwarzen Körper emittierten (auf die emittierende Fläche bezogenen) Wärmeströme als Funktion der Temperatur aufgelistet. Mit steigenden Temperaturen wird die Strahlung intensiver. Dies führt letztlich dazu, daß in der chemischen Prozeßtechnik die Wärmestrahlung erst ab Temperaturen größer $\vartheta = 500$ °C einen bedeutenden Beitrag zur Wärmeübertragung leistet. Für die Wärmeübertragung im Vakuum (z. B. zwischen Sonne und Erde) ist hingegen die Wärmestrahlung der einzig mögliche Transportmechanismus und damit (unabhängig von der Temperatur) von bestimmendem Einfluß.

Die Gl. (2.19) gilt für einen „schwarzen Körper", also einen Körper mit maximalem Absorptions- bzw. Emissionsvermögen. Feststoffe, die ein Emissionsvermögen besitzen, das kleiner als das des schwarzen Körpers ist, werden als graue Körper bezeichnet. Als Maß für die Herabsetzung des Emissionsvermögens dient die Emissionszahl ε. (ε ist eine Funktion des Materials, der Oberflächenbeschaffenheit und der Temperatur). Tabelle 2.5 zeigt einige Werte für ε[4].

Tab. 2.5

Material/Oberfläche	T (K)	ε^*
Kupfer:		
– poliert	293	0,03
– oxidiert	403	0,76
Eisen:		
– vorpoliert	373	0,17
– rot angerostet	293	0,61
– stark verrostet	292	0,69
verzinktes Eisenblech:		
– blank	301	0,23
– grau oxidiert	297	0,28
Emaille, weiß lackiert	292	0,90
Schamotte	1300	0,80–0,85
Glas	293	0,94
Wasser	273	0,95
	373	0,96

* Emissionszahl für die in Richtung der Flächennormalen emittierte Strahlung; bei grauen Körpern ist die Intensität der Strahlung richtungsabhängig[4,10].

Der zwischen zwei parallelen, gleich großen Platten (kleiner Abstand gegenüber Länge und Breite und diathermes Medium zwischen den Platten) durch Wärmestrahlung übertragene Wärmestrom (Strahlungsaustausch) ist abhängig von deren Temperaturen und Emissionszahlen und berechnet sich entsprechend der Gl. (2.20):

$$\dot{Q} = A c_s \frac{T_1^4 - T_2^4}{\varepsilon_1^{-1} + \varepsilon_2^{-1} - 1} \qquad (2.20)$$

Für den Strahlungsaustausch im geschlossenem Raum (mit diathermem Medium, z. B. Luft, nicht Wasserdampf oder CO_2) gilt:

$$\dot{Q} = A_1 c_s \frac{T_1^4 - T_2^4}{\varepsilon_1^{-1} + (A_1 / A_2)(\varepsilon_2^{-1} - 1)} \qquad (2.20\text{ a})$$

Index 1 ≙ strahlender Körper
Index 2 ≙ umschließender Körper

2.3 Wärmetransport und Reaktionsführung

Für die Auslegung chemischer Prozesse ist die Kenntnis sowohl des reaktionskinetischen Modells als auch des Reaktormodells notwendig. Entsprechende Modelle, sowie das Zusammenwirken dieser Modelle, werden in den Lehrbüchern der chemischen Reaktionstechnik (z. B. dem Lehrbuch der Technischen Chemie, Bd. 1[1]) vorgestellt. Es ist klar, daß die Temperatur ein wichtiger thermodynamischer und kinetischer Parameter der Reaktion ist und die Temperaturlenkung sowie die Bauform des Reaktors beeinflußt. Wenn aus reaktionstechnischen Gründen unter isothermen oder weitestgehend isothermen Bedingungen gearbeitet werden muß (s. Kap. 2.4.2), kann die Temperaturlenkung sogar bestimmend für die verfahrenstechnische Auslegung des Reaktors werden. Ist die Sensitivität gegenüber Veränderungen der Temperatur innerhalb der Reaktionsmasse nicht so ausgeprägt, genügen adiabatische oder polytrope Bedingungen. Dies führt zur Änderung der Temperatur innerhalb der Reaktionsmasse (möglicherweise auch zu einer Änderung des Aggregatzustands) und bei reversiblen Reaktionen (endotherm oder exotherm) zu einer Verschlechterung des thermodynamischen Umsatzes.

Prinzipiell wird zwischen direkter und indirekter Kühlung oder Heizung unterschieden. Bei der direkten Temperaturlenkung wird die Reaktionsmasse unmittelbar mit dem Wärmeträger vermischt. Die indirekte Temperaturlenkung erfolgt über Reaktor- oder Kühlerwände und wird mit Hilfe der im Kap. 2.2 vorgestellten Grundlagen zum Wärmedurchgang ausgelegt. Bevor die prinzipiellen Möglichkeiten der Temperaturlenkung vorgestellt werden, soll auf die in der chemischen Technik verwendeten Wärmeträger eingegangen werden. Als Wärmeträger werden die Medien bezeichnet, die die zu übertragende Wärme aufnehmen und transportieren.

2.3.1 Wärmeträger

Für die Temperaturlenkung sowie für eine sichere Prozeßführung sind seitens des Wärmeträgers folgende Dinge maßgebend:
- thermischer Zustand sowie die kalorischen und hydrodynamischen Eigenschaften und
- Auftreten von latenten Wärmen (den mit Phasenumwandlungen verbundenen Wärmen).

Es gelten folgende Richtlinien:
- Durch eine hohe Wärmekapazität und -leitfähigkeit sowie niedrige Viskosität können bei kleinem Druckverlust hohe Wärmeübergangskoeffizienten erzielt werden.
- Der Wärmeträger muß
  - inert und temperaturbeständig sein; auf die Aggressivität gegenüber dem Reaktormaterial ist zu achten (z. B. Korrosion bei Metallen),
  - unempfindlich gegenüber Wasser und Luft sein,
  - ungiftig, nicht ätzend und nicht übelriechend sein.
- Durch die Ausnutzung von latenten Wärmen kann der Wärmeübergangskoeffizient vergrößert und die Temperatur des Wärmeträgers konstant gehalten werden (s. Kap. 2.21). Dabei sollte der Wärmeträger eine hohe Verdampfungsenthalpie besitzen. Die Siedetemperatur des Wärmeträgers läßt sich unter Berücksichtigung des kritischen Punkts und des Schmelzpunkts durch Druckveränderung im Kühlsystem variieren.
- Flüssige Wärmeträger sind gasförmigen zu bevorzugen. Erstens sind die Wärmeübergangskoeffizienten und die auf das Volumen bezogenen Wärmekapazitäten von Flüssigkeiten höher als die von Gasen, und zweitens begünstigt das temperaturabhängige Viskositätsverhalten von Flüssigkeiten eine sicherere Prozeßführung (s. Kap. 2.4.2 – Wärmeübertragung beim Auftreten von Temperatursensitivitäten).
- Wenn eine Änderung des Aggregatzustands nicht angestrebt wird, sollte der Dampfdruck von flüssigen Wärmeträgern bei den Betriebsbedingungen gering sein.
- Bei direkter Temperaturlenkung muß der Wärmeträger leicht regenerierbar sein.
- Die Kosten sind gering zu halten. Dies bezieht sich sowohl auf die Beschaffungskosten als auch auf die laufenden Kosten und die Kosten der Entsorgung nach dem Gebrauch.

Der verbreitetste Wärmeträger ist das Wasser; es wird den aufgeführten Kriterien am besten gerecht. Abb. 2.6 zeigt das Enthalpie/Temperatur-Diagramm von Wasser[4, 11, 12]. Durch Variation des Drucks kann der Siedepunkt bis zur kritischen Temperatur ($\vartheta = 374{,}15\ °C$) verschoben werden. Bei einem Druck von ca. 4 MPa siedet Wasser bei ca. 250 °C (Hochdruckdampf), bei 0,25 bis 0,4 MPa beträgt der Siedepunkt 125 bis 140 °C (Niederdruckdampf). Somit ist es beispielsweise möglich, Hochdruckdampf zum Aufhei-

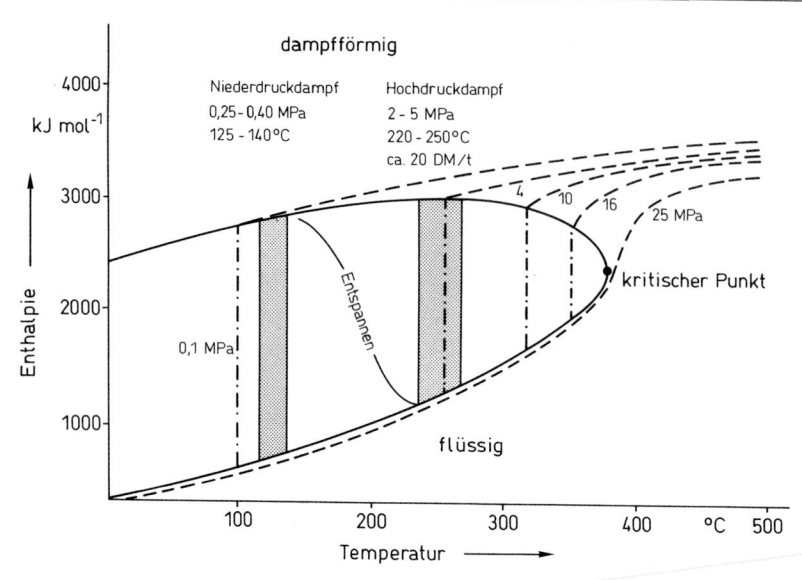

Abb. 2.6 Wärmeinhalt/Temperatur-Diagramm des Wassers

zen eines Reaktors oder zum Vorheizen eines Reaktionsgemisches zu verwenden und das Kondensat anschließend auf 0,25 bis 0,4 MPa zu entspannen. Der entstehende Niederdruckdampf kann erneut unter Ausnutzung der latenten Wärme verwendet werden. Die Wärme- und die Temperaturleitfähigkeiten von Wasser sind Tab. 2.6 zu entnehmen. Es bleibt anzumerken, daß sich Wasserdampf sehr gut transportieren läßt. Ferner kann man mit ihm (über Turbinen) Kompressoren betreiben oder Strom erzeugen (Möglichkeit der Kraft-Wärme-Kopplung). Alles zusammengenommen belegt, daß Wasser (bzw. Wasserdampf) ein sehr vielseitiger Wärmeträger ist. Dies gilt insbesondere in der chemischen Industrie, in der die durch exotherme Reaktionen entstehende Wärme effektiv ausgenutzt wird.

Tab. 2.6 Wärme- und Temperaturleitfähigkeiten von Wasser in Abhängigkeit von Druck und Temperatur[4]

Druck (MPa)	Temperatur (°C)							
	0	25	50	75	100	150	200	240
Wärmeleitfähigkeit λ (W/m K)								
0,1	0,562	0,608	0,640	0,663	0,025*	0,029*	0,033*	0,038*
1,0	0,563	0,608	0,641	0,664	0,678	0,684	0,036*	0,040*
5,0	0,565	0,610	0,643	0,666	0,680	0,688	0,666	0,620
Temperaturleitzahl $a/10^{-3}$ ($m^2\,h^{-1}$)								
0,1–5,0		0,48	0,53	0,56	0,58	0,60**	0,62**	0,62**	0,57**

* Wasser liegt als Dampf vor
** gilt bis 5,0 MPa, also in einem Druckbereich, in dem das Wasser noch nicht verdampft ist

Unterhalb von 0 °C verwendet man als Wärmeträger oftmals wäßrige Salzlösungen. Je nach der Art des Salzes lassen sich folgende Temperaturen erreichen[4]:

ϑ (°C)	bei Verwendung von Lösungen mit	Masse%
−21,2	NaCl	23,1
−33,6	MgCl$_2$	20,6
−55,0	CaCl$_2$	29,9

Weitere Wärmeträger („Kältemittel") für das Arbeiten bei Temperaturen $\vartheta < 0$ °C sind Alkohole, Kühlsolen mit Glykol und bei sehr tiefen Temperaturen Flüssiggase.

Für Temperaturen oberhalb des Einsatzbereichs von Wasser/Wasserdampf werden organische Wärmeträger (insbesondere Thermoöle) verwendet. Dabei handelt es sich um Produkte aus der Mineralölraffinerie, die bei Temperaturen $\vartheta \leq 300$ °C verwendet werden, oder um synthetisch hergestellte Produkte (häufig modifizierte Polydimethylsiloxane oder Gemische isomerer Dibenzyltoluole), die bei $\vartheta \geq 50$ °C relativ dünnflüssig sind. Ihr Einsatzbereich erstreckt sich in der Regel bis zu Temperaturen von ca. $\vartheta = 400$ °C.[13] Sie sollten allerdings bei derart hohen Temperaturen nicht mit Luft in Berührung kommen (geschlossene Kreislaufführung des Wärmeträgers). Ihre Wärme- und Temperaturleitfähigkeit beträgt bei

- $\vartheta = 50$ °C: $\lambda \approx 0{,}14$ W/(m K)
  $a \approx 0{,}3 \cdot 10^{-3}$ m^2 h^{-1} und
- $\vartheta = 400$ °C: $\lambda \approx 0{,}07$ W/(m K);
  $a \approx 0{,}2 \cdot 10^{-3}$ m^2 h^{-1}.

Bei der Auswahl der geeigneten organischen Wärmeträgerflüssigkeit sollten aus Gründen der Sicherheit folgende Richtlinien beachtet werden[14]:

- Auch bei Anwendung eines erhöhten Drucks sollten organische Wärmeträger nur bei Temperaturen unterhalb ihres Siedepunkts bei Normaldruck verwendet werden. Von der Ausnutzung latenter Wärmen ist abzusehen, zumal viele Thermoöle Multikomponentensysteme sind, deren Siedepunkt sich während des Verdampfens ändert.
- Der Wärmeträger sollte einer möglichst niedrigen Wassergefährdungsklasse (WGK) zugeordnet sein; Flüssigkeiten mit einer WGK 3 – stark wassergefährdend – sind nicht in Betracht zu ziehen.
- Der Flammpunkt der Wärmeträgerflüssigkeit sollte möglichst hoch liegen und sich mit zunehmender Betriebsdauer nicht wesentlich verändern; er darf niemals auf Werte $\vartheta < 55$ °C abfallen.

Die Priorität dieser Auswahlkriterien muß an den Betriebsbedingungen (insbesondere der Betriebstemperatur) orientiert werden. So zeichnet sich beispielsweise das sehr dünnflüssige eutektische Gemisch von Diphenyl und Diphenylether einerseits durch eine hohe Stabilität der Siededaten aus, ist allerdings andererseits unangenehm riechend, gesundheitsschädlich und der Wassergefährdungsklasse 2 zugeordnet. Letzteres führt zu verschärften Vorschriften von Seiten der zuständigen Wasserbehörden. Dementsprechend müssen auch schon bei kleinen Füllvolumina Vorrichtungen für eventuell austretende Wärmeträgerflüssigkeit (Unterbauten für verwendete Pumpen und Armaturen) sowie große Rückhalte- und Auffangwannen für den Fall von Betriebsstörungen erstellt werden.

Bei Temperaturen über 300 °C kann auch mit Salzschmelzen gearbeitet werden. Dies sind eutektische Gemische mit Erstarrungspunkten, die unter 200 °C liegen. Als Beispiele seien aufgeführt (Angaben in Gewichts-%)[14, 15]:

53% KNO$_3$ + 7% NaNO$_3$ + 40% NaNO$_2$ („HTS" – Hochtemperaturschmelze)
mit einem Erstarrungspunkt von $\vartheta_m = 142$ °C und

47% KOH + 53% NaOH
mit einem Erstarrungspunkt von $\vartheta_m = 185$ °C.

Darüber hinaus werden eutektische Gemische von Carbonaten verwendet. Salzschmelzen besitzen im Einsatzbereich eine Wärmekapazität und eine Viskosität, die mit der des Wassers bei Normalbedingungen vergleichbar ist. Die Verwendung von Salzschmelzen hat allerdings den Nachteil, daß diese sehr korrosiv wirken. Dies gilt insbesondere für lithiumhaltige Schmelzen (ein ternäres Eutektikum von $NaNO_2$, KNO_3 und $LiNO_3$ hat einen Schmelzpunkt von ca. $\vartheta_m = 120$ °C). Bei Temperaturen von ca. $\vartheta = 450$ °C zersetzen sich diese Salze, so daß für höhere Temperaturen Gase oder Schmelzen von Alkalimetallen (insbesondere Natrium) als Wärmeträger verwendet werden. Tab. 2.7 faßt die Einsatzbereiche von technisch verwendeten Kälte- und Wärmeträgern zusammen.

Tab. 2.7 Einsatzbereiche von Kälte- und Wärmeträgern[4, 12]

Kälte- und Wärmeträger	Temperatur in °C
	−200 0 200 400 600 800 1000
Flüssiggas zur Kälteerzeugung	
Kühlsolen mit anorganischen Verbindungen	
Kühlsolen mit organischen Verbindungen	
organische Verbindungen (wasserfrei)	
Wasser/Wasserdampf	
Mineralöle	
synthetische Wärmeträger	
Salzschmelzen	
Metallschmelzen	
Gase	

2.3.2 Direkte Temperaturlenkung

Bei der direkten Temperaturlenkung wird die Reaktionsmasse unmittelbar mit dem Wärmeträger vermischt. Dies ist besonders vorteilhaft wenn

- der Wärmeträger systemeigen ist (z. B. bei der Verdunstungskühlung sowie der Kaltgaseinspeisung) oder
- durch eine Wasserdampfzugabe das Entfernen der gewünschten Komponenten erleichtert wird (z. B. bei Abwasserstrippern zur Schadstoffabtrennung mittels Wasserdampf – s. Kap. 4.4.3).

Darüber hinaus ist die direkte Temperaturlenkung sowohl zum besonders schnellen (instantanen) Abkühlen – Quenchen – als auch zur Reaktionsführung bei Temperaturen >1400 K (durch eine Kopplung exothermer und endothermer Reaktionen) der indirekten Temperaturlenkung überlegen. Die Abtrennung des Wärmeträgers (bzw. der Produkte der temperaturlenkenden Reaktion) aus dem Reaktionsmassestrom darf allerdings nur einen geringen Trennaufwand erfordern.

Quenchen und Kaltgaseinspeisung

Quenchen ist ein direktes Vermischen eines kalten Wärmeträgers mit dem heißen Produktstrom. Gequencht wird, nachdem der Produktstrom den Reaktionsraum verlassen hat. Es dient entweder dem „Einfrieren" einer bei hohen Temperaturen günstigen Zusammensetzung des Produktstroms und damit der Überführung dieser Zusammensetzung in einen metastabilen Zustand (vergleichbar dem Abschrecken bei der Herstellung von austenitischen Stählen), oder es führt zu einer instantanen Rekombination von Radikalen, ein langsameres Abkühlen (thermodynamische Kontrolle) würde ein unerwünschtes Produktspektrum ergeben. So ist beispielsweise die Bildung von Alkenen (Olefinen) nur durch ein Quenchen des den Steamcracker verlassenden Produktstroms möglich. In der Regel erfolgt das Quenchen durch Einleiten einer systemeigenen hochsiedenden Verbindung. Denkbar ist allerdings auch, daß der gas- oder dampfförmige Produktstrom in ein Reservoir an flüssigem Quenchmittel eingeleitet wird. Die Wahl des Quenchmittels ist abhängig vom gewünschten Grad des Abkühlens, vom Temperaturniveau, von der Zusammensetzung des Reaktionsgemisches und von der Abtrennbarkeit des Quenchmittels aus dem Produktstrom.

Eine weitere Möglichkeit der Temperaturlenkung durch direktes Kühlen ist die Kaltgaseinspeisung. Diese wird bei der Durchführung von heterogen katalysierten Gasreaktionen in adiabaten Abschnittsreaktoren (oft auch als Etagen- oder Hordenreaktoren bezeichnet) angewendet. In derartigen Reaktoren ist die Katalysatormasse in mehrere Schichten (Horden) aufgeteilt. Beim Durchströmen der Schichten läuft die Reaktion unter adiabaten Bedingungen ab. Im Falle einer exothermen Reaktion erwärmt sich der Reaktionsmassestrom, so daß ohne Abkühlung der thermodynamisch erreichbare Umsatz verringert wird. Ferner können Zersetzungsreaktionen auftreten, unerwünschte Nebenreaktionen begünstigt oder der Katalysator desaktiviert werden. Um dem entgegenzuwirken, wird zwischen den Horden gekühlt. Dies kann direkt oder indirekt geschehen. Bei der direkten Wärmelenkung wird zum Kühlen kaltes Eduktgas verwendet (Kaltgaseinspeisung). In vielen Abschnittsreaktoren werden die direkte und indirekte Wärmelenkung kombiniert. Oftmals wird die Abkühlung nach der ersten Horde mittels direkter und im weiteren Verlauf mittels indirekter Wärmelenkung erreicht.

Verdunstungskühlung

Die Ausnutzung der Verdampfungswärme wird in Kühltürmen angewendet. Weitere Einsatzgebiete der Verdunstungskühlung sind die Berieselungskondensatoren für Kältemittel und eine Reihe von chemischen Umsetzungen. Derartige chemische Umsetzungen werden in flüssiger Phase durchgeführt und haben den Vorteil, daß durch die Ausnutzung latenter Wärmen eine weitestgehend isotherme Reaktionsführung ermöglicht wird. Ferner kann durch das Verdampfen das oder eines der Reaktionsprodukte kontinuierlich aus dem Reaktionsraum entfernt und so der Umsatz erhöht werden. Beispiele sind die Naßoxidation von Industrieabwässern (Teilverdampfung von Wasser) sowie die Oxidation von Ethylen zu Acetaldehyd (Einstufenverfahren von Wacker-Höchst). Häufig wird die Verdunstungskühlung mit einer indirekten Kühlung kombiniert.

Kopplung exothermer und endothermer Reaktionen

Bei gleichzeitig ablaufenden endothermen und exothermen Reaktionen kann durch Variation der Umsätze eine ausgeglichene Wärmetönung, und damit eine Temperaturlenkung erzielt werden. Derartige Prozeßvarianten haben sich insbesondere bei der Synthesegasherstellung und bei Crackreaktionen als sinnvoll erwiesen. Diese Reaktionen sind endotherm und sollten aus thermodynamischen Gründen bei hohen Temperaturen durchgeführt werden. Bei der Herstellung von Synthesegas (Kohlenmonoxid und Wasserstoff) werden zufriedenstellende Selektivitäten erst ab Temperaturen $T > 1400$ K erreicht. Ein Arbeiten bei diesen Temperaturen ist aus materialtechnischen Gründen nur in ausgemauerten Vollraumreaktoren möglich. Deshalb ist folgende Verfahrensvariante weit verbreitet:

In einem ersten Reaktor (Primärreaktor) läuft die Reaktion bei Temperaturen bis zu ca. 1100 K in von außen beheizten Rohren ab (unter Ausnutzung der Wärmestrahlung). Anschließend gelangt das Reaktionsgemisch in einen ausgemauerten Vollraumreaktor (Sekundärreformer), in dem neben der gewünschten endothermen Reaktion ein Teil des bis dahin nicht abreagierten Methans oder Naphthas mit Sauerstoff oder Luft verbrannt wird (exotherme Reaktion). Durch die dabei freiwerdende Reaktionswärme lassen sich Reaktionstemperaturen von über 1400 K erreichen.

Die Kopplung von exothermen und endothermen Reaktionen wird auch beim katalytischen Cracken von hochsiedenden Kohlenwasserstoffen im Wirbelbett- oder Flugstaubreaktor verwirklicht. Die Reaktion ist ebenfalls endotherm und wird bei 620 bis 700 K mit Zeolith, Magnesium- oder Molybdänsilicaten als Katalysator durchgeführt. Durch eine unerwünschte und sehr schnell verlaufende Nebenreaktion bildet sich Koks. Der Koks setzt sich im Porengefüge des Katalysators ab und führt so zu dessen Desaktivierung. Deshalb muß er in einem Regenerator kontinuierlich abgebrannt werden (exotherme Reaktion). Die dadurch freigesetzte Reaktionswärme wird durch den im Kreislauf geführten Katalysator, der hierbei gleichzeitig Wärmeträger ist, in den Reaktor geleitet.

2.3.3 Indirekte Temperaturlenkung

Bei der indirekten Temperaturlenkung sind der wärmeaufnehmende und der wärmeabgebende Fluidstrom durch eine Wand voneinander getrennt. Wärmeaufnehmendes Fluid kann ein Kühlmittel (wärmeaufnehmender Wärmeträger) oder eine dem Reaktor zulaufende Reaktionsmasse sein. Wärmeabgebendes Fluid kann ein Heizmittel (wärmeabgebender Wärmeträger) oder eine Reaktionsmasse sein, die nach Verlassen des Reaktors abgekühlt werden muß. Bei nicht adiabatisch durchgeführten Prozessen erfolgt der Wärmeaustausch zumindest teilweise während des Reaktionsablaufes (also innerhalb des Reaktors). Auch dabei ist eine indirekte Temperaturlenkung üblich.

Bedingt durch die Trennwand zwischen den Fluidströmen und die sich an der Trennwand ausbildenden laminar fließenden Grenzfilme, erfolgt die Wärmeübertragung mittels des im Kap. 2.2.1 beschriebenen Wärmedurchgangs (s. Gl. 2.17 und 2.17a). Als treibende Kraft der Wärmeübertragung kann eine mittlere Temperaturdifferenz eingesetzt werden*, die sich wie folgt berechnet:

$$\Delta \bar{T} = \frac{\Delta T^{ein} - \Delta T^{aus}}{\ln\left(\Delta T^{ein} / \Delta T^{aus}\right)}. \qquad (2.21)$$

Heterogen katalysierte Gasreaktionen werden je nach Wärmetönung unter adiabatischen, absatzweise adiabatischen oder polytropen Bedingungen durchgeführt. Oft ist es sinnvoll, einen Wärmetauscher vor den Reaktor zu schalten. Dies gilt insbesondere für die Durchführung von exothermen Reaktionen, bei denen aus kinetischen Gründen der Zulaufstrom eine erhöhte Temperatur besitzen muß. Typische Beispiele für die Verwendung von Abschnittsreaktoren sind die Ammoniak- und die Schwefelsäureherstellung.

---

* Voraussetzung dafür ist, daß keine latenten Wärmen freigesetzt werden, daß also weder Kondensations- noch Verdampfungsprozesse ablaufen.

2.3 Wärmetransport und Reaktionsführung

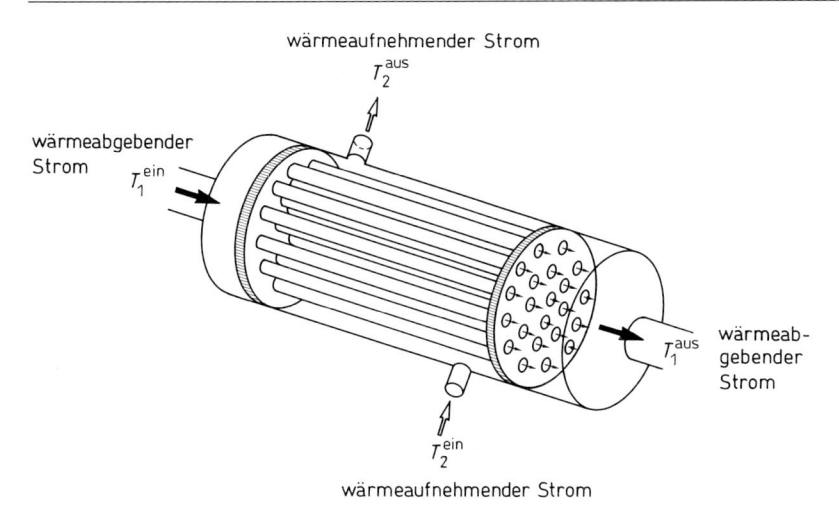

Abb. 2.7 Rohrbündelapparat (schematische Darstellung)

Ist die Wärmetönung sehr groß, wie es bei der partiellen Oxidation von Ethylen zu Ethylenoxid oder von Xylol zu Phthalsäureanhydrid der Fall ist, kann nicht mehr unter adiabatischen oder absatzweise adiabatischen Bedingungen gearbeitet werden. Vielmehr muß die Temperaturlenkung quasi am Ort des Entstehens der Wärme einsetzen. Bei einer indirekten Temperaturlenkung ist eine derartige Kühlung näherungsweise unter Verwendung von Rohrbündelreaktoren möglich. Ein Rohrbündelreaktor besteht aus vielen Einzelrohren, die zum Fixieren in Lochplatten (Rohrböden) eingeschweißt sind. Das so entstandene Rohrbündel wird ummantelt, so daß die Einzelrohre vom Wärmeträger umströmt werden können (Abb. 2.7). Je nach Wärmetönung und Temperatursensitivität der Reaktion können die Einzelrohre einen Durchmesser von 2 cm (bei sehr stark exothermen Reaktionen, s. Kap. 2.4.2) bis 8 cm besitzen. Wegen der großen Wärmeaustauschfläche sind Rohrbündelapparate auch als Wärmeaustauscher weit verbreitet. Während bei Rohrbündelreaktoren in der Regel über 4000 Rohre zusammengefaßt werden (bei der Ethylenoxidherstellung sind es bis zu 10000, bei der Herstellung von Phthalsäureanhydrid bis zu 28000 Einzelrohre), werden in Wärmetauschern selten mehr als 1000 Einzelrohre gebündelt.

Einfluß der Stromführung
Die Auslegung der Apparate zur Wärmeübertragung ist stark davon abhängig, in welcher Richtung die Strömung der Fluide erfolgt. Wie im Kap. 4.2.1 näher erläutert wird, werden grundsätzlich folgende Fälle unterschieden:

- **Parallel- oder Gleichstrom.** Die Medien 1 und 2 strömen entlang der Wärmeaustauschfläche in gleicher Richtung.
- **Gegenstrom.** Die wärmeaustauschenden Medien strömen beiderseits ihrer Trennwand in entgegengesetzter Richtung.
- **Kreuz- und Querstrom.** Der Wärmeträger strömt senkrecht auf die Trennwand, also quer zum temperierenden Fluidstrom.

Daneben werden eine Reihe von Kombinationen dieser genannten Grundarten verwendet. Als Beispiel sei der Kreuzgegenstrom erwähnt (s. Kap. 2.4.1).

Die Temperatur des wärmeabgebenden Mediums fällt von dem Anfangswert T_1^{ein} auf den Endwert T_1^{aus} ab, während die Temperatur des wärmeaufnehmenden Mediums von T_2^{ein} am

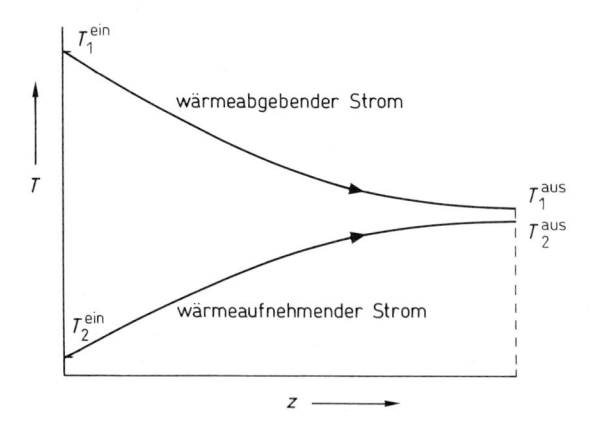

Abb. 2.8 Temperaturprofil in einem Gleichstromwärmeaustauscher

Anfang bis auf T_2^{aus} am Ende ansteigt*. Dabei ändert sich auch die Temperaturdifferenz von dem Anfangswert ΔT^{ein} auf den Endwert ΔT^{aus} (Ein- und Ausgang des Reaktionsmassestroms). Abb. 2.8 und 2.9 zeigen für die Gleich- und die Gegenstromführung die Temperaturprofile des wärmeabgebenden (z. B. Reaktionsmasse) und des wärmeaufnehmenden Stroms (z. B. Wärmeträger) entlang des Wärmetauschers. Während beim Gleichstromwärmetauscher diese Temperaturdifferenz am Eingang sehr groß ist und zum Ausgang hin immer kleiner wird, existiert beim Gegenstromwärmetauscher eine annähernd gleich große Temperaturdifferenz über die gesamte Länge. Die mittleren Temperaturdifferenzen sind beim Gegenstrom größer als die bei der Gleichstromführung. Dies bedeutet, daß bei Anwendung des Gegenstromprinzips mehr Wärme ausgetauscht bzw. die Kühlfläche verkleinert werden kann**. Eine Gleichstromführung wird daher nur in wenigen Fällen, z. B. bei der Durchführung einiger endotherm ablaufender Reaktionen, angewendet.

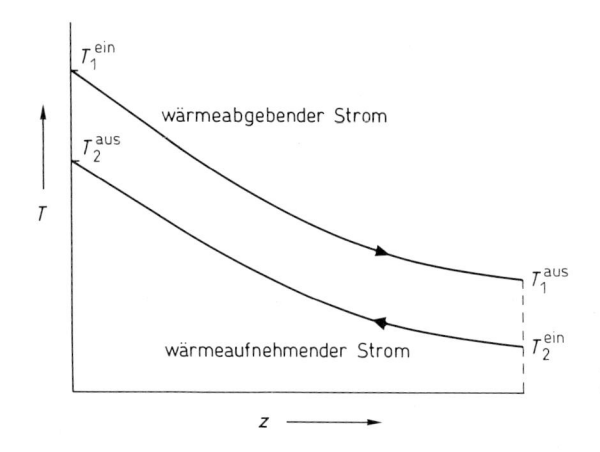

Abb. 2.9 Temperaturprofil in einem Gegenstromwärmetauscher

---

*   Werden latente Wärmen zur Temperaturlenkung ausgenutzt, ergibt sich ein horizontaler Verlauf des entsprechenden Temperaturprofils.

** Analog zum Wärmetausch wird das Gegenstromprinzip auch beim Stoffaustausch angewandt. So fließt in Trennkolonnen die spezifisch schwerere Phase von oben nach unten; ihr entgegen strömt die leichtere Phase. Im Gegensatz zum Wärme- und Stoffaustausch ist die Ausnutzung des Gegenstromprinzips bei der Impulsübertragung technisch nicht zu realisieren.

2.3 Wärmetransport und Reaktionsführung

Beispiel 2.1
In einem Wärmetauscher wird ein Reaktionsmassestrom von 325 K auf 305 abgekühlt. Dazu muß ein Wärmestrom von $\dot{Q}$ = 100 kJ/s durch eine ebene Wand auf einen Kühlwasserstrom (4,5 m³/h) übertragen werden. Das Kühlwasser hat vor der Wärmeübertragung eine Temperatur von T_K^{ein} = 283 K. Die Wand besteht aus Chromnickelstahl (s. Tab. 2.1) und hat eine Dicke von 2 mm. Ermitteln Sie

a die Temperatur, mit der das Kühlwasser den Wärmetauscher verläßt und

b die Größe der Wärmeaustauschfläche sowohl für die Gleichstrom- als auch für die Gegenstromführung für den Fall, daß die Wärmeübergänge gegenüber der Wärmeleitung vernachlässigt werden können und

c die Größe der Wärmeaustauschfläche für die Gegenstromführung für den Fall, daß die Wärmeübergangskoeffizienten folgende Werte annehmen:
 – Wärmeübergang Reaktionsmassestrom ⇒ Wand α_1 = 2500 W/(m² K)
 – Wärmeübergang Wand ⇒ Kühlwasserstrom α_2 = 1000 W/(m² K)

Lösung:
Zu a Die Wärmekapazität des Wassers beträgt im Temperaturbereich zwischen 280 K und 370 K im Mittel ca. 4,2 J/(g K). Die Dichte des Wassers bei 283 K beträgt ca. 1 g/cm³. Damit errechnet sich

$$\dot{Q} = \dot{m} c_p \Delta T_K \quad \text{bzw.}$$

$$T_K^{aus} - T_K^{ein} = \frac{\dot{Q}}{\dot{m} c_p}$$

$$T_K^{aus} - 283 \text{ K} = \frac{100 \text{ kJ/s}}{4,5 \text{ m}^3/\text{h} \cdot 1 \text{ g/cm}^3 \cdot 4,2 \text{ J/(g K)}}$$

$$T_K^{aus} = 283 \text{ K} + \frac{10^5 \text{ J/s}}{(4,5 \cdot 10^6 \text{ g}/3600 \text{ s}) \, 4,2 \text{ J/(g K)}}$$

$$T_K^{aus} = 283 \text{ K} + 19 \text{ K} = 302 \text{ K}.$$

Zu b Zur Berechnung der benötigten Wärmeaustauschfläche muß die als treibende Kraft wirkende Temperaturdifferenz bekannt sein. Da sich die Temperaturdifferenz entlang der Wärmeaustauschfläche ändert, wird mit Hilfe der Gl. (2.21) ein Mittelwert berechnet.

Für die *Gleichstromführung* errechnet sich folgender Wert:

Bilanzstelle	ein*	aus**
wärmeabgebender Reaktionsmassestrom	325 K ⇒	305 K
wärmeaufnehmender Kühlwasserstrom	283 K ⇒	302 K
Temperaturdifferenz	ΔT^{ein} = 42 K	ΔT^{aus} = 3 K

* Bilanzstelle „ein" ≙ Eingang des Reaktionsmassestroms
** Bilanzstelle „aus" ≙ Ausgang des Reaktionsmassestroms

$$\Delta \bar{T} = \frac{42 \text{ K} - 3 \text{ K}}{\ln(42 \text{ K}/3 \text{ K})} = 14,8 \text{ K}.$$

Damit errechnet sich nach Gl. (2.5) eine Wärmeaustauschfläche von:

$$A = \frac{100 \text{ kJ/s } 2 \text{ mm}}{21 \text{ W/(mK) } 14,8 \text{ K}}, \quad A = \frac{10^5 \text{ W } 2 \cdot 10^{-3} \text{ m}}{21 \text{ W/(mK) } 14,8 \text{ K}}, \quad A = 0,64 \text{ m}^2.$$

Für die *Gegenstromführung* errechnet sich folgender Wert:

Bilanzstelle	ein		aus
wärmeabgebender Reaktionsmassestrom	325 K	⇒	305 K
wärmeaufnehmender Kühlwasserstrom	302 K	⇐	283 K
Temperaturdifferenz	$\Delta T^{\text{ein}} = 23$ K		$\Delta T^{\text{aus}} = 22$ K

$$\Delta \bar{T} = \frac{23 \text{ K} - 22 \text{ K}}{\ln(23 \text{ K}/22 \text{ K})} = 22,5 \text{ K}$$

und damit

$$A = \frac{100 \text{ kJ/s } 2 \text{ mm}}{21 \text{ W/(mK) } 22,5 \text{ K}}, \quad A = \frac{10^5 \text{ W } 2 \cdot 10^{-3} \text{ m}}{21 \text{ W/(mK) } 22,5 \text{ K}}, \quad A = 0,42 \text{ m}^2.$$

Bei der Gegenstromführung ist in diesem Beispiel die mittlere Temperaturdifferenz um ca. 1/3 größer als beim Gleichstrom. Der Unterschied zwischen Gleich- und Gegenstromführung wird gravierender, wenn die angestrebte Temperaturdifferenz zwischen den austretenden Strömen noch kleiner ist. Soll der wärmeabgebende Strom mit der gleichen Temperatur den Kühler verlassen wie der wärmeaufnehmende Strom, müßte die Wärmeaustauschfläche unendlich groß sein. Bei der Gegenstromführung hingegen kann sogar der wärmeabgebende Strom den Wärmetauscher kälter verlassen als der wärmeaufnehmende.

Zu **c**: Im allgemeinen ist es nicht zulässig, die Wärmeübergänge zu vernachlässigen, so daß sich die notwendige Größe der Kühlfläche unter Verwendung der Gl. (2.17) und (2.17a) berechnet:

$$A = \frac{\dot{Q}}{\Delta T}\left(\frac{1}{\alpha_1} + \frac{\Delta z}{\lambda} + \frac{1}{\alpha_2}\right)$$

$$A = \frac{10^5 \text{ W}}{22,5 \text{ K}}\left[\left(2500 \text{ W m}^{-2}\text{ K}^{-1}\right)^{-1} + \frac{2 \cdot 10^{-3} \text{ m}}{21 \text{ W m}^{-1}\text{ K}^{-1}} + \left(1000 \text{ W m}^{-2}\text{ K}^{-1}\right)^{-1}\right]$$

$$A = 6,65 \text{ m}^2$$

Die in der Aufgabenstellung gewählten Größen für die Stoffübergangskoeffizienten sind entsprechend der Tab. 2.3 als „typisch" einzustufen. Selbst wenn durch eine Erhöhung Strömungsgeschwindigkeiten Stoffübergangskoeffizienten von $\alpha_1 = \alpha_2 = 5000$ W m^{-2} K^{-1} auftreten, beträgt die notwendige Austauschfläche noch immer 2,20 m^2 und ist damit deutlich größer als 0,42 m^2 (berechnet für den Fall der Vernachlässigung der Wärmeübergangskoeffizienten).

2.4 Apparative Möglichkeiten zur Temperaturlenkung

2.4.1 Bauarten von Wärmetauschern

Die wichtigsten Bauarten von Wärmetauschern sind Rohrbündel- und Plattenwärmetauscher sowie Kühlspiralen. Bei Verwendung von Rührkesselreaktoren sind ferner Kühlmäntel bzw. auf die Reaktorwand aufgeschweißte Kühlrohre sowie eingehängte Kühlspiralen gebräuchlich.

Rohrbündelwärmetauscher sind die in der chemischen Verfahrenstechnik am häufigsten verwendeten Wärmetauscher. Das Rohrbündel besteht aus bis zu 1000 Einzelrohren (in seltenen Fällen auch mehr), deren Dicke, Länge und Form (Rohrführung) unterschiedlich sind. Die Stärke der Einzelrohre ist in Deutschland genormt und beträgt:

$$4 \text{ mm} \leq \text{Außendurchmesser} \leq 64 \text{ mm}.$$

In der Regel werden Rohre mit einem Außendurchmesser von 15 bis 40 mm verwendet. Die Rohre werden fluchtend oder versetzt angeordnet. Der Abstand zwischen den Einzelrohren beträgt mindestens das 0,3fache des Außendurchmessers. Rohre mit einer Länge von 1 bis 6 m werden gradrohrig oder als U-Rohre geführt. Werden für den gewünschten Grad des Wärmeaustausches längere Einzelrohre benötigt,* werden diese spiral- bzw. wendelförmig angeordnet. Es entstehen „gewickelte Rohrwendelapparate" (Abb. 2.10). Der Wärmeträger umspült die Rohre in der Regel im Gegenstrom oder wird durch Verwendung von Blechen, die im Mantelraum des Wärmetauschers eingeschweißt sind, umgelenkt, so daß eine Kombination von Kreuz- und Gegenstromführung (Kreuzgegenstrom-Schaltung) resultiert. Der Manteldurchmesser von Rohrbündelwärmetauschern ist meist nicht größer als 2 m, in seltenen Fällen kann er bis zu 6 m betragen.

Plattenwärmetauscher besitzen eine große Austauschfläche auf kleinem Raum. Sie bestehen aus parallel aneinanderliegenden, gerieften Platten. Durch eine unterschiedliche Anbindung der Riefen an den wärmeaufnehmenden bzw. wärmeabgebenden Fluidstrom

Abb. 2.10 Gewickelter Rohrwendelapparat (Kreuzgegenstrom) der Firma Linde

---

* Die Lösung des Beispiels 2.1c ergab, daß eine Kühlfläche von 6,65 m² benötigt wird. Soll die Wärme mittels Rohrbündelwärmetauscher abgeführt werden und besitzen die Einzelrohre einen Durchmesser von 60 mm, errechnet sich eine Gesamtrohrlänge von 2352 m. Bei einer Kühlerlänge von 5 m müßten somit 470 Rohre gebündelt werden.

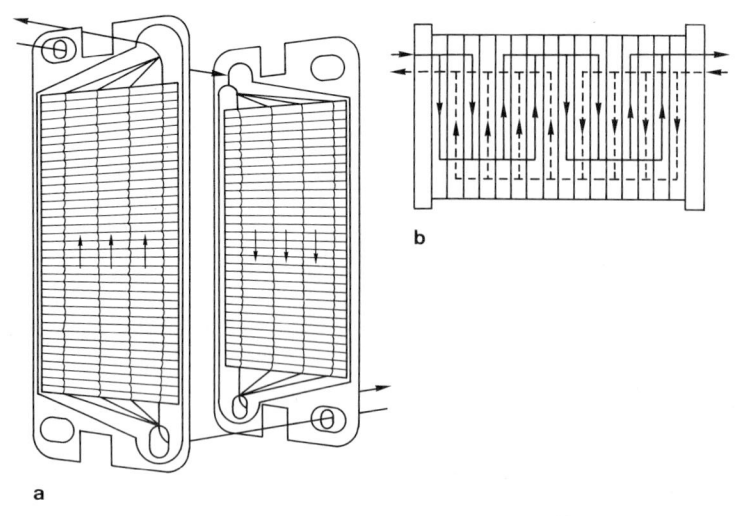

Abb. 2.11 Aufbau eines Plattenwärmetauschers (aus [19]).
a Zwei Platten, **b** Beispiel für die Schaltung

wird eine Gegenstromführung erreicht (Abb. 2.11). In der Regel werden die Platten aneinander gepreßt (Kassettenplattenwärmetauscher). Die Einsatzgebiete liegen bei diesem Bautyp bei einer maximalen Betriebstemperatur von $\vartheta = 160\,°C$, einem maximalen Betriebsdruck von $P = 2{,}5$ MPa und einem maximalen Volumenstrom von $\dot{V} = 2500$ m³/h. Werden organische Lösemittel, Aromaten, Chlorkohlenwasserstoffe oder Säuren durch den Wärmetauscher geleitet, sollten „semigeschweißte" oder dichtungsfreie Plattenwärmetauscher eingesetzt werden. Bei den „semigeschweißten" Wärmetauschern besteht das Plattenpaket aus Kassetten mit einer geschweißten und einer mit Dichtungen versehenen Seite. Durch die mit einer Schweißnaht abgedichteten Kanäle kann das aggressive Medium fließen[20]. Die Einsatzgebiete liegen hier bei einer maximalen Betriebstemperatur von $\vartheta = 160\,°C$, einem maximalen Betriebsdruck von ca. $P = 3$ MPa und einem maximalen Volumenstrom von $\dot{V} = 1800$ m³/h. Sollten sowohl das wärmeabgebende als auch das wärmeaufnehmende Fluid aggressiv sein, können dichtungsfreie Wärmetauscher verwendet werden, bei denen alle Platten entweder miteinander verlötet (als Lot wird Nickel verwendet) oder verschweißt sind[21]. Die Einsatzgebiete liegen bei

- **gelöteten Plattenwärmetauschern:**
  - max. Betriebstemperatur $\vartheta = 225\,°C$,
  - max. Betriebsdruck $P = 1{,}6$ MPa und
  - max. Volumenstrom $\dot{V} = 80$ m³/h; sowie

- **geschweißten Wärmetauschern:**
  - max. Betriebstemperatur $\vartheta = 350\,°C$ und
  - max. Betriebsdruck $P = 4{,}0$ MPa.

2.4.2. Wärmeübertragung beim Auftreten von Temperatursensitivitäten (isotherme Reaktionsführung)

Die Möglichkeiten zur isothermen Reaktionsführung sollen am Beispiel der Herstellung von Phthalsäureanhydrid (PSA) aufgezeigt werden. Phthalsäureanhydrid dient der Herstel-

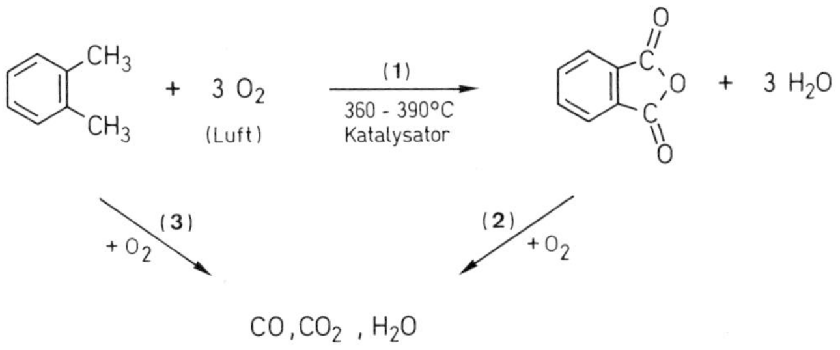

2.4 Apparative Möglichkeiten zur Temperaturlenkung

1	$\Delta h_{R,1} = -1285$ kJ/mol	$E_{A,1} = 113$ kJ/mol	
2	$\Delta h_{R,2} = -3279$ kJ/mol	$E_{A,2} = 131$ kJ/mol	
3	$\Delta h_{R,3} = -4564$ kJ/mol	$E_{A,3} = 120$ kJ/mol	

Schema 2.1 Reaktionsmechanismus der Herstellung von Phthalsäureanhydrid aus o-Xylol

lung von Phthalaten, die in erster Linie als Weichmacher im PVC verwendet werden. Die Produktionsmenge an PVC und damit verbunden auch die der Phthalate war bis Mitte der 50er Jahre derart gering, daß Naphthalin als Ausgangsprodukt für die Herstellung von Phthalsäureanhydrid in ausreichendem Maß zur Verfügung stand. Heute wird Phthalsäureanhydrid überwiegend durch die partielle Oxidation von o-Xylol gewonnen[22, 23]. Die Reaktion ist stark exotherm ($\Delta h_R = -1285$ kJ/mol wenn o-Xylol Ausgangsprodukt ist; $\Delta h_R = -1788$ kJ/mol wenn Naphthalin Ausgangsprodukt ist). Die Totaloxidation (Entstehen von CO_2 und H_2O) ist sowohl Parallel- als auch Folgereaktion (siehe Schema 2.1). Da einerseits die Aktivierungsenergien und andererseits die Wärmetönung der Totaloxidation größer als die bei der partiellen Oxidation sind, verschlechtert eine Temperaturerhöhung die Selektivität bezüglich des Phthalsäureanhydrids. Deshalb muß die Reaktion so weit wie möglich unter isothermen Bedingungen ablaufen. Die Reaktionstemperatur beträgt je nach Verfahrensvariante $\vartheta = 360$ bis 390 °C.

Eine isotherme Reaktionsführung läßt sich als Flüssigphasenreaktion durch die Kombination von indirekter Kühlung und Verdampfungskühlung, also unter Ausnutzung der latenten Wärme, erreichen. Ein entsprechendes Verfahren zur Herstellung von Phthalsäureanhydrid wurde von den Firmen Rhône-Progil und Hüls AG entwickelt[24, 25], konnte sich allerdings nicht bzw. nur in einem sehr begrenzten Umfang gegen die heterogen-katalysierte Gasphasenreaktion durchsetzen. Bei der heterogen-katalysierten Gasphasenreaktion gelingt die Einhaltung von isothermen Betriebsbedingungen im Wirbelbettreaktor. Durch die vollständige Vermischung innerhalb der Wirbelschicht ist es möglich, daß das Naphthalin in flüssiger Form in den Reaktor eingespeist wird. Die rückvermischte Reaktionswärme bewirkt ein sofortiges Verdampfen des Naphthalins, was wiederum zur Kühlung beiträgt. Die darüber hinaus abzuführende Wärmemenge wird mit Hilfe einer Katalysatorzirkulation ausgetragen und in einen (dem Reaktor vorgeschalteten) Kühler dem Katalysator entzogen.[26] Das Verfahren ist inzwischen veraltet.

Bei Verwendung von o-Xylol kann die Verdampfungswärme nicht ausgenutzt werden. Deshalb werden heute fast ausschließlich Festbettverfahren zur Herstellung von Phthalsäureanhydrid verwendet[27, 28]. Da die Phthalsäureanhydridherstellung bei 360 bis 390 °C durchgeführt werden muß, ist die Verwendung von Wasser/Wasserdampf als Wärmeträger nicht möglich, bzw. unwirtschaftlich (Nähe der kritischen Temperatur von Wasser). Als „Alternative" bot sich Quecksilber an, dessen Siedepunkt durch Variation des Drucks auf die gewünschte Reaktionstemperatur gebracht wurde, so daß die Ausnutzung der latenten Wärme möglich war. Vor allem aus statischen Gründen und aufgrund des hohen Quecksilberpreises wurden derartige Anlagen (Quecksilberbadöfen, in denen ca. 3000 kg Quecksilber umgepumpt, verdampft und kondensiert wurden) schon vor dem zweiten Weltkrieg

Abb. 2.12 Rohrbündelreaktor zur Herstellung von Phthalsäureanhydrid (Deggendorfer Werft und Eisenbau GmbH)

stillgelegt. Kleinere Anlagen wurden erst in den 50er Jahren wegen der Giftigkeit der Quecksilberdämpfe abgeschaltet.

Bei den heute angewandten Verfahren[29, 30] können latente Wärmen nicht mehr zum Kühlen ausgenutzt werden. Die Aufnahme der durch Reaktion freigesetzten Wärme führt zu einem Anstieg der Temperatur im Kühlmedium. Als Wärmeträger verwendet man Salzschmelzen. Diese werden beim Umströmen der Reaktionsrohre durch eingeschweißte Bleche im Kreuzgegenstrom geführt. In Abb. 2.12 ist ein moderner Reaktor zu Herstellung von Phthalsäureanhydrid gezeigt. Für die Herstellung von 75 000 t PSA/Jahr (heute übliche Kapazität einer Großanlage) muß die Summe der Einzelrohre ein Innenvolumen von ca. 40 m^3 besitzen. Charakteristische Rahmendaten für die Auslegung der Kühlung eines derartigen Reaktors sind

- Wärmeabfuhrleistung: bis zu 30 MW,
- Länge der Einzelrohre: bis zu 4,5 m,
- Innendurchmesser der Einzelrohre: 2 bis 2,5 cm,
- Gesamtdurchmesser des Reaktors: bis zu 7 m (bei 28 000 Einzelrohren) sowie
- Erwärmung des Wärmeträgers zwischen Ein- und Ausgang: $2\ \text{K} \leq \Delta T \leq 5\ \text{K}$ (erreichbar durch einen Massestrom des Wärmeträgers von 10 000–20 000 t/h)

2.5 Trocknung

2.5.1 Trocknungsgüter und Trocknungsarten

In der chemischen Technik müssen sowohl Fluide als auch Feststoffe getrocknet werden. So würde bei der Verflüssigung von Luft eine Restfeuchte zur Bildung von Eis und damit zum Verstopfen der Tieftemperaturanlage führen; bei der destillativen Trennung von organischen Substanzen können schon geringe Mengen an Wasser durch Ausbildung azeotroper Gemische Trennprobleme verursachen oder das Schäumungsverhalten dieser Substanzen wesentlich verändern. Das Trocknen von Gasen oder Flüssigkeiten basiert (sofern das Wasser nicht durch Destillation abgetrennt werden kann) auf den Prinzipen der Absorption, des Ausfrierens (Kristallisation) oder der Adsorption. Diese Trennverfahren zählen zu den thermischen Grundoperationen und werden in den entsprechenden Kapiteln besprochen. Gegenstand dieses Kapitels ist die Trocknung von Feststoffen.

Zu trocknende Feststoffe werden als Trocknungsgut bezeichnet. Die Trocknung dient der besseren Handhabbarkeit dieser Stoffe, macht sie haltbarer, lagerfähig und erleichtert den Transport. Auch bei der Herstellung von Formkörpern (zum Beispiel Katalysatorextrudate) sind Trocknungsverfahren unumgänglich.

Grundsätzlich wird unterschieden zwischen mechanischen und thermischen Trocknungsverfahren. Bei der **mechanischen Trocknung** (Entwässerung) erfolgt die Abtrennung der Flüssigkeit durch Abtropfen, Pressen, Zentrifugieren und andere mechanische Operationen[31]. Die Wirkungsweise der **thermischen Trocknungsverfahren** beruht darauf, daß die Flüssigkeit durch Verdunsten oder Verdampfen dem Trocknungsgut entzogen wird. Der Vorteil der thermischen Verfahren ist das Erreichen niedrigerer Restfeuchten im Gut. Oftmals werden beide Trocknungsprinzipien kombiniert[32]. Es muß vorab geklärt werden,

- ob und inwieweit mittels mechanischer Trennverfahren der Feststoff entwässert werden kann (diese Verfahren sind im allgemeinen kostengünstiger, da die Verdampfungsenthalpie eingespart wird),
- bis zu welchem Ausmaß überhaupt entwässert oder getrocknet werden muß,
- ob das Gut porös ist,
- ob und in welchem Ausmaß zwischen den Einzelkörnern Haft- bzw. Kapillarkräfte auftreten,
- ob durch eine Belagsbildung die Trocknungskinetik beeinflußt wird,
- ob die Feststoffe gequollen sind,
- ob Kristallwasser entfernt werden muß,
- ob das zu trocknende Gut temperaturempfindlich ist oder
- ob das Gut mit Bestandteilen aus dem Trocknungsgas (im allgemeinen Luft) reagiert; bei brennbaren Stäuben sowie beim Abtrennen von organischen Lösungsmitteln müssen entsprechende Sicherheitsvorschriften beachtet werden.

Ist das zu trocknende Gut derart temperaturempfindlich, daß ein Verdunsten oder ein Verdampfen der Flüssigkeit nicht mehr angewandt werden kann, wird mittels Vakuum oder im eingefrorenen Zustand getrocknet. Bei der Vakuumtrocknung wird der Siedepunkt durch Anlegen eines Unterdrucks herabgesetzt. Die Wirkungsweise der Gefriertrocknung beruht darauf, daß das Wasser bei Drücken <10 Pa durch Sublimation aus dem zu trocknenden Gut entfernt wird. Durch Variation der Trocknungsbedingungen kann insbesondere bei der Gefriertrocknung eine schonende Herstellung von Granulaten aromatischer Instantgetränke und eine Trocknung von Enzymen erfolgen. Ferner kann ein Trockengranulat mit idealen Gebrauchseigenschaften produziert werden. Diese müssen im getrockneten Zustand rieselfähig bleiben; sie müssen sich bei Bedarf schnell in Wasser auflösen lassen (Instantgetränke). Düngemittel sollten hingegen ihre Wirkstoffe nur dosiert abgeben (z. B. bei Langzeitdüngern).

2.5.2 Kriterien zur Auslegung von Trocknern

In der Technik wird meist unter Verwendung eines heißen Gases (Konvektionstrocknung) getrocknet[33]. Dabei muß der Zustand des Trocknungsgases, insbesondere dessen Temperatur und Feuchtigkeitsgehalt, berücksichtigt werden. Ferner ist die Art der Bindung des Wassers zu beachten.

Eine vergleichsweise einfache Beschreibung der Trocknung ist möglich, wenn eine nur an der äußeren Oberfläche benetzte Kugelschüttung mit Hilfe eines Luftstroms getrocknet wird und keine zusätzlichen Haft- und Kapillarkräfte auftreten[7, 34]. Die für das Verdunsten der Flüssigkeit notwendige Wärmemenge wird dabei sowohl den oberflächennahen Gasschichten als auch dem zu trocknenden Gut entzogen. Es bildet sich eine Temperaturdifferenz zwischen der Gutoberfläche und dem Luftstrom aus. Als treibende Kräfte wirken für den

- *Massetransport:* Differenz zwischen der Sättigungskonzentration an der äußeren Oberfläche des Guts (c^i) und der Konzentration des Wassers im Luftstrom (c^b) und
- *Wärmetransport:* Differenz zwischen der Temperatur im Kernstrom (T^b) und einer sich einregelnden Temperatur an der Oberfläche des Guts. Diese Temperatur wird als „Kühlgrenztemperatur" (T^{eq}) bezeichnet und berechnet sich wie folgt:

Massestrom (Wasser) in den Kernstrom des Trocknungsgases

$$\dot{n} = \beta_g A (c^i - c^b) \quad \text{und} \tag{2.24}$$

Wärmestrom in Richtung der Gutoberfläche

$$\dot{Q} = \alpha A (T^b - T^{eq}) \tag{2.25}$$

$$\dot{Q} = \Delta h_v \, \dot{n}_{\text{Wasser}} \tag{2.26}$$

Aus den Gl. (2.24–2.26) errechnet sich:

$$T^{eq} = T^b - \frac{\Delta h_v \beta (c^i - c^b)}{\alpha} \tag{2.27}$$

Abb. 2.13 zeigt den Konzentrations- und Temperaturverlauf als Funktion des Abstands von der Gutoberfläche.

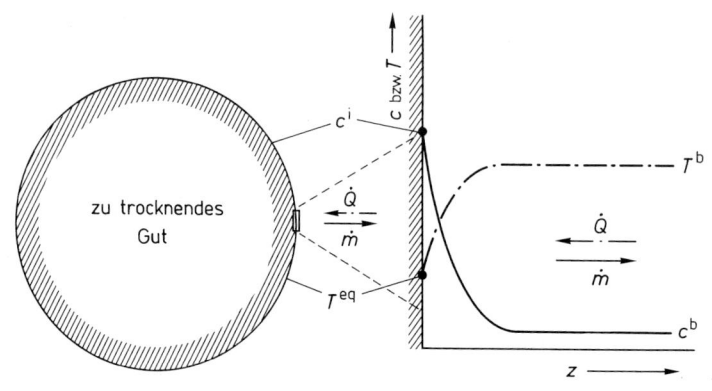

Abb. 2.13 Konzentrations- und Temperaturverlauf im quasistationären Zustand des Trocknens der Gutoberfläche[7]

Komplizierter ist der Trocknungsvorgang eines porösen Trockenguts. Wie Abb. 2.14 zeigt, ist die Feuchtigkeit am Trockungsgut auf drei verschiedene Arten gebunden als

- „Haftflüssigkeit" auf der äußeren Oberfläche,
- „Kapillarflüssigkeit" in den Poren und
- molekular gebundene „Quellflüssigkeit".

Während in einem ersten Trocknungsabschnitt die Haftflüssigkeit entfernt wird und die Feuchtigkeit des Guts annähernd linear mit der Zeit abnimmt, wird in einem zweiten Trocknungsabschnitt die Trocknungsgeschwindigkeit immer weiter verlangsamt. In dieser Trocknungsphase erschweren Kapillarkräfte das Verdampfen, wobei die Stärke der Kapillarkräfte (Kapillarzug) der Weite der Kapillaren umgekehrt proportional ist. In den sich nach außen erweiternden Poren verstärkt das Nachlassen der Kapillarkräfte die Wirkung der für das Trocknen maßgebenden Kräfte. Die Kapillarflüssigkeit verdampft daher oft schlagartig. Dies kann zu mechanischen Belastungen im Inneren des Porensystems führen. Bei hochporösen Feststoffen kann es deshalb vorteilhaft (oder sogar notwendig) sein, dem Trocknungsmittel gezielt Feuchtigkeit (Dampf) zuzusetzen. Dadurch trocknet das Gut von innen heraus, so daß die Trocknung produktschonender verläuft.

Ein besonders schonendes Trocknen gelingt, zumindest bei einigen speziellen Herstellungsverfahren, durch die Anwendung von Mikrowellen. Durch Mikrowellen lassen sich bewegliche Moleküle mit einem permanenten Dipolmoment in eine Rotationsbewegung versetzen. Die schonende Trocknung der Mikrowellen basiert darauf, daß die zu übertragende Energie nicht an ein wärmeübertragendes Medium gebunden ist. So gelingt es beispielsweise in einem ausgehöhlten und mit Wasser gefüllten Eisblock die flüssigen (beweglichen) Wassermoleküle zum Sieden zu bringen, während die als Eis kristallisierten (unbeweglichen) Wassermoleküle die Mikrowellen nicht absorbieren. Das Beispiel macht deutlich, daß mittels Mikrowellen ein Erwärmen von innen nach außen möglich ist. Eine derartige Wärmeführung ist für das Herstellen von porösen Formkörpern, Sintermaterialien, Enzymen sowie Pigmenten von großem Vorteil. Auch bei der selektiven Abtrennung von Fullerenen aus fullerenhaltigem Ruß (Vorprodukt bei der Fullerenherstellung) hat sich die Anwendung von Mikrowellen bewährt[35]. Als Nachteil muß erwähnt werden, daß die Mikrowellenstrahlung vergleichsweise teuer ist.

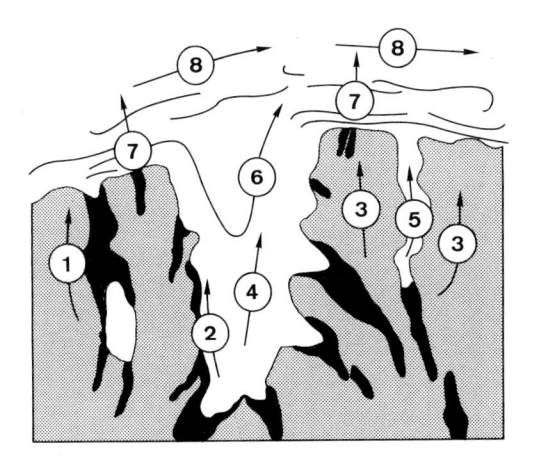

Abb. 2.14 Mechanismen des Stofftransports beim Trocknen poröser Güter[3]. Die Flüssigkeit bewegt sich aufgrund folgender Ursachen vom Inneren an die Oberfläche des Guts:
1 kapillarer Zug,
2 Oberflächendiffusion,
3 Diffusion im Feststoff,
4 Normaldiffusion in den weiten Poren,
5 Knudsen-Diffusion in den engen Poren,
6 Konvektion in den weiten Poren,
7 Filmdiffusion,
8 konvektiver Abtransport im Kernstrom des Trocknungsgases.

2.5.3 Apparate zum technischen Trocknen

Als Trocknungsverfahren wurden entwickelt

- die Sprühtrocknung,
- das Trocknen in der Sprühwirbelschicht (in der Regel verbunden mit einem Agglomerieren oder anderen Prozessen zur Konfektionierung),
- die Wirbelschichttrocknung,
- die Stromtrocknung,
- die Band- bzw. Schachttrocknung,
- die Kontakttrocknung und
- die Mikrowellentrocknung.

Eine prinzipielle, typenmäßige Einteilung der Apparate zum technischen Trocknen ergibt sich aus der Art der Wärmezu- bzw. der Dampfabführung. Bei den Konvektionstrocknern wird die Wärme durch ein Trocknungsgas direkt in das zu trocknende Gut gebracht und der Dampf mit dem Trocknungsgas abgeführt. Wird mit indirekter Wärmeübertragung, also über eine Apparatewand, geheizt und der Dampf als „Brüdendampf" abgezogen, heißen die entsprechenden Apparate Kontakttrockner. Ein weitergehendes Unterscheidungsmerkmal der Trockner ergibt sich aus der Art des Guttransports sowie aus der Frage, ob die Trockner kontinuierlich oder diskontinuierlich arbeiten. Als eigenständige Trocknertypen werden aufgrund der Trocknungsbedingungen die Vakuum- und die Gefriertrockner angesehen.

Konvektionstrockner

Der wichtigste Trocknertyp ist der Konvektionstrockner. Bei diesem strömt das Trocknungsgas entweder entlang der Oberfläche des zu trocknenden Guts oder durch das aufgeschüttete Gut hindurch. Das Gut kann je nach Abriebfestigkeit auf einer Unterlage ruhen oder auf der Unterlage bewegt werden[36]. Bei ruhendem Gut wird unterschieden, ob die Unterlage fest oder beweglich ist. Feste Unterlagen sind geschlossene Kammerböden (für feines Pulver) oder Siebböden und Drahtgeflechte (für stückige und körnige Güter). Da kein Transport des Guts vorliegt, arbeiten die Trockner diskontinuierlich. Als typische Vertreter gelten Trockenschränke, Kammertrockner und Hordentrockner. Eine kontinuierliche Fahrweise ist bei einem auf der Unterlage ruhenden Gut nur denkbar, wenn die Unterlage selbst bewegt wird. Dies kann mittels Hordenwagen in Kanal- oder Tunneltrocknern (Abb. 2.15a) oder mit Hilfe von Förderbändern geschehen. Ist das zu trocknende Gut relativ abriebfest, kann eine kompakte Bauweise von Bandtrocknern dadurch erzielt werden, daß mehrere Förderbänder versetzt übereinander angeordnet werden (Abb. 2.15b). Bei einem weiteren Typ von Konvektionstrocknern wird das Gut auf der Unterlage bewegt. Diese Bewegung erfolgt mittels Drehtrommeln, mit mechanischen Einbauten oder mit Hilfe des Trocknungsgases:

- Drehtrommeltrockner bestehen aus einer schwach geneigten, rotierenden Trommel mit einem Durchmesser von bis zu 4 m (Abb. 2.15c). Durch Einbauten wird das Gut aufgelockert und so der Kontakt zwischen Gut und Trocknungsgas verbessert.

2.5 Trocknung   81

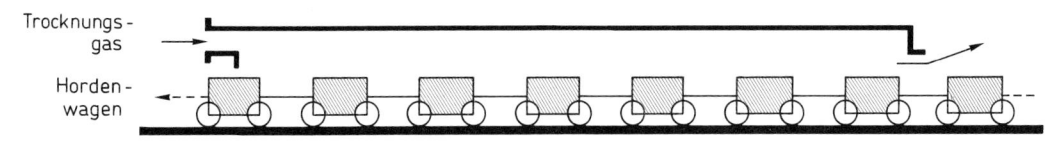

Abb. 2.15a

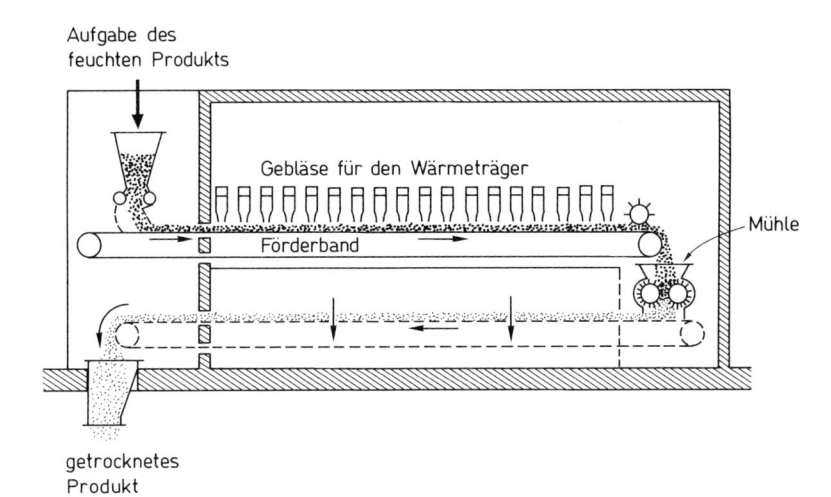

Abb. 2.15b

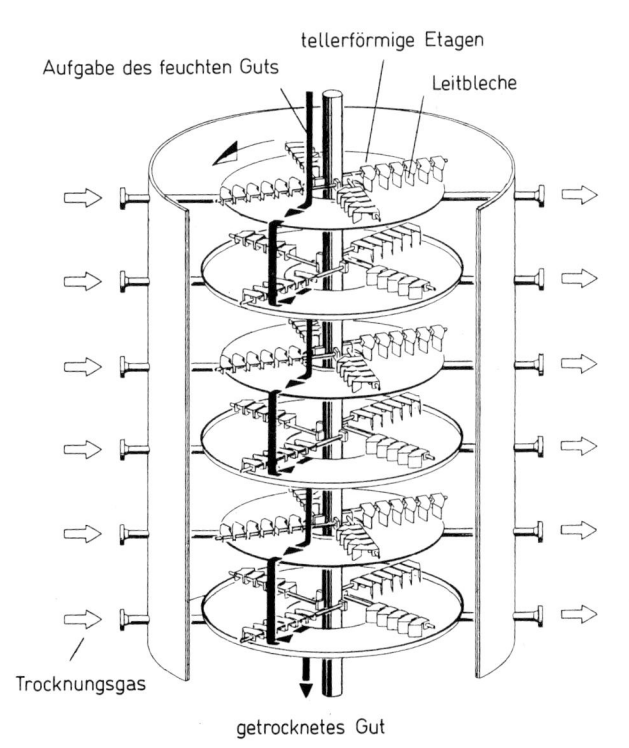

Abb. 2.15c

Abb. 2.15d

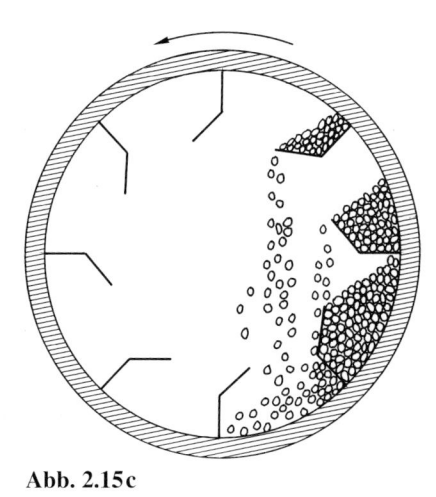

Abb. 2.15 Bauformen von Trocknern.
a Tunneltrockner mit Hordenwagen,
b Bandtrockner (hier mit zwei Förderbändern, aus [36]),
c Trommeltrockner und
d Etagentrockner (hier mit beweglich angeordneten Leitblechen)
(Krauss-Maffei AG)

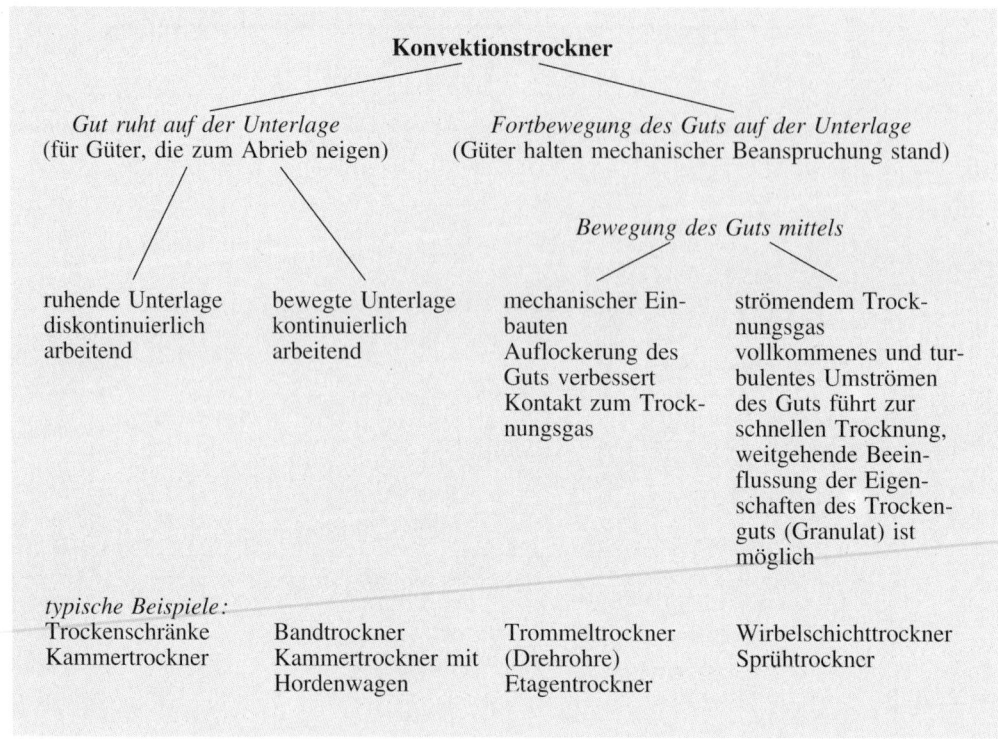

Konvektionstrockner

Gut ruht auf der Unterlage
(für Güter, die zum Abrieb neigen)

- ruhende Unterlage diskontinuierlich arbeitend
- bewegte Unterlage kontinuierlich arbeitend

Fortbewegung des Guts auf der Unterlage
(Güter halten mechanischer Beanspruchung stand)

Bewegung des Guts mittels

- mechanischer Einbauten
  Auflockerung des Guts verbessert Kontakt zum Trocknungsgas
- strömendem Trocknungsgas
  vollkommenes und turbulentes Umströmen des Guts führt zur schnellen Trocknung, weitgehende Beeinflussung der Eigenschaften des Trockenguts (Granulat) ist möglich

typische Beispiele:

Trockenschränke Kammertrockner	Bandtrockner Kammertrockner mit Hordenwagen	Trommeltrockner (Drehrohre) Etagentrockner	Wirbelschichttrockner Sprühtrockner

Schema 2.2 Bautypen von Konvektionstrocknern

- Etagentrockner bestehen aus mehreren übereinander angeordneten tellerförmigen Etagen, die an einer vertikalen, sich drehenden Achse befestigt sind. Das zu trocknende Gut wird kontinuierlich auf die oberste Etage aufgegeben und mit Hilfe von feststehenden Leitblechen über die einzelnen Etagen transportiert, bevor es auf die nächste Etage herabrieselt (Abb. 2.15d). Alternativ können auch die einzelnen Etagen fest und die leitblechtragenden Einbauten rotierend angeordnet sein. Eine derartige Bauweise erleichtert eine direkte Beheizung der tellerförmigen Etagen, so daß eine Kombination von Konvektions- und Kontakttrocknung möglich ist.
- Ein sehr schneller Wärme- und Stoffaustausch läßt sich erzielen, wenn das Gut mit Hilfe des Trocknungsgases verwirbelt wird. Dabei wird unterschieden zwischen Wirbelschicht- und Stromtrocknern. In Wirbelschichttrocknern (auch Fließbetttrockner genannt) wird das meist feinkörnige Gut durch den Trocknungsstrom lediglich aufgewirbelt. Die Schüttung expandiert und bewegt sich entlang des Anströmbodens vom Feststoffeintrag zum -austrag. Das Trocknungsgas wird demzufolge im Querstrom geführt. Bei Stromtrocknern wird das zu trocknende Gut vom Trocknungsstrom nach oben hin mitgerissen (Gleichstromführung). Ein derartiges Trocknen bietet sich an, wenn die Teilchen des Guts zwar feinkörnig aber doch unterschiedlich im Feuchtigkeitsgehalt sind. Schwere Teilchen, die eine längere Trocknungszeit benötigen, haben eine höhere Sinkgeschwindigkeit und verweilen deshalb länger im Trockner.
- In Sprüh- oder Zerstäubungstrocknern wird das Gut (im gelösten oder suspendierten Zustand) mittels eines rotierenden Tellers oder Düsen fein verteilt und fällt nebel- oder tropfenförmig im Trocknungsraum herunter. Während des Herabfallens wird das Gut durch im Gegenstrom geführtes Gas getrocknet und bildet dabei kugelförmige Granu-

latteilchen aus. Die Größe dieser Teilchen, die Teilchengrößenverteilung sowie die Porösität kann durch die Trocknungsbedingungen variiert werden[37]. Auch Pasten oder breiige Güter werden mit Hilfe von Sprühtrocknern getrocknet. Das Trocknungsgut wird dabei mittels einer Förderschnecke in den Trocknungsraum gefördert und zu einem pastösen Hohlextrudat geformt. Das Trocknungsgas wird zentral in den Kanal des Extrudats gepreßt, so daß dieses verstäubt wird[38].

Im Schema 2.2 sind die Bautypen von Konvektionstrocknern zusammengefaßt.

Kontakttrockner

Bei vielen Lebensmitteln ist es für die Aufrechterhaltung des Aromas wichtig, daß die Temperatur beim Trocknen niedrig gehalten wird. Sie werden daher im Vakuum getrocknet. Da aufgrund des Vakuums kein bzw. nur sehr wenig Trocknungsgas zur Verfügung steht, werden derartige Trockner als Kontakttrockner (indirekte Beheizung des Trockenguts) ausgelegt[39]. Weitere Argumente, die für die Verwendung von Kontakttrocknern sprechen, sind die ständig steigenden Anforderungen hinsichtlich des Umweltschutzes und der Arbeitsbedingungen (Verunreinigungen durch Abblasen von Trocknungsgas, dessen Reinigung aufwendig und möglicherweise unvollständig ist)[40]. Kennzeichnend für die Verwendung von Kontakttrocknern sind:

- Für den Wärmeübergang steht lediglich die Kontaktfläche zur Verfügung (das zu trocknende Gut muß deshalb ständig vermischt oder in möglichst dünnen Schichten und großflächig aufgebracht werden. Ein Aufreißen dieser Schichten ist zu vermeiden).
- Ein effektives Trocknen ist lediglich durch Verdampfen und nicht durch Verdunsten möglich.

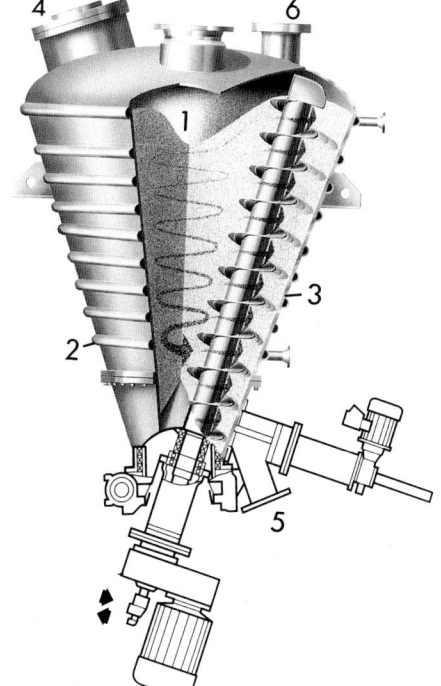

Abb. 2.16 Schematische Darstellung eines Kontakttrockners nach dem Mischer-Trockner-Prinzip (Krauss Maffei).
1 Konusbehälter,
2 außenaufgeschweißte Halbrohre zum Heizen,
3 beheizbare Mischerschnecke,
4 Produkteintragsstutzen,
5 Produktaustrag,
6 Brüdenaustrag bzw. Austrag des Heizgases

- Zum kontinuierlichen Abtransport der verdampften Flüssigkeit muß der Dampfstrom ständig abgesaugt werden.

Bei den Kontakttrocknern wird unterschieden zwischen

- Trocknern, bei denen das Gut auf einer bewegten Unterlage (Trockner mit beheizten und rotierenden Walzen) haftet,
- Trocknern mit einem ständigen Umschichten des zu trocknenden Guts bei feststehenden Heizflächen (Tellertrockner mit beheizten tellerförmigen Etagen oder vertikal angeordneten Scheiben) und
- Misch-Trocknern, bei denen wird das Trockengut mittels beheizbarer Schaufeln oder Mischschnecken sowie durch Heizen über den Apparatemantel getrocknet wird. Oftmals läuft der Apparatemantel nach unten hin konusförmig zusammen (Konusschneckentrockner, Abb. 2.16) und erlaubt so eine vollständige Ausnutzung des Innenvolumens. Eine Direkteinspeisung von Trockengas (Heizgas), also eine Kombination von Konvektions- und Kontakttrocknung, ist im allgemeinen apparativ möglich und führt zum Erreichen sehr geringer Restfeuchten.

Bei der Trocknerauswahl sind die Chargenmengen und die Taktzeiten der Chargen, die benötigte Trocknergröße und die Trocknungszeit zu berücksichtigen. Misch-Trockner arbeiten diskontinuierlich und werden vorwiegend für kleinchargige, hochwertige Produkte im Pharmabereich und bei der Herstellung von Feinchemikalien verwendet. Bezüglich der Trocknungszeit gilt, daß eine schonende Trocknung eine längere Zeit in Anspruch nimmt und bei schneller Trocknung mit hohem Abrieb zu rechnen ist. Weitere Bewertungspunkte sind das Ausmaß der Agglomeration und die Ausbildung von Wandbelag[41].

Literatur

1 Baerns, M., Hofmann, H., Renken, A. (1993), Chemische Reaktionstechnik (Lehrbuch der Technischen Chemie, Bd. 1), 2. Aufl., Georg Thieme Verlag, Stuttgart, New York.

2 Vauck, W. R. A., Müller, H. A. (1994), Grundoperationen chemischer Verfahrenstechnik, 10. Aufl., Deutscher Verlag für Grundstoffindustrie, Leipzig.

3 Grassmann, P. (1983), Physikalische Grundlagen der Verfahrenstechnik, 3. Aufl., Salle + Sauerländer, Frankfurt, Aarau.

4 VDI-Wärmeatlas (1984), VDI-Verlag GmbH, Düsseldorf

5 Jakubith, M. (1991), Chemische Verfahrenstechnik: Einführung in die Reaktionstechnik und Grundoperationen, VCH Verlagsgesellschaft mbH, Weinheim.

6 Bird, R. B., Stewart, W. E., Lightfood, E. N. (1960), Transport Phenomena, John Wiley & Sons, New York.

7 Zogg, M. (1983), Wärme- und Stofftransportprozesse, Salle + Sauerländer, Frankfurt, Aarau.

8 Grigull, U. (1963), Die Grundgesetze der Wärmeübertragung, 3. Aufl., Springer Verlag, Berlin, Göttingen, Heidelberg.

9 Knudsen, J. G. et al. (1984), Heat Transmission (Kap. 10, S. 10–53) in Perry's Chemical Engineers' Handbook, McGraw-Hill, New York.

10 Coulson, J. M., Richardson, J. F. (1977), Chemical Engineering, Bd. 1 – Fluid Flow, Heat Transfer and Mass Transfer, Pergamon Press, Oxford, New York.

11 Fitzer, E., Fritz, W. (1989), Technische Chemie, 3. Aufl., Springer-Verlag, Berlin, Heidelberg.

12 Martin, H. (1988), Wärmeübertrager, Georg Thieme Verlag, Stuttgart, New York.

13 Schmitt, G. (1991), Chemie-Technik **20**, S. 60.

14 Diebel, D. (1994), Chem.-Anlag. Verfahr. **7**, 18.

15 Lux, H. (1959), Anorganisch-Chemische Experimentierkunst, J. A. Barth Verlag, Leipzig.

16 Dornieden, M. (1972), Indirekte Heizung und Kühlung (Wärmetauscher), in Ullmann's Encyclopädie der Technischen Chemie, Bd. 2, VCH Verlagsgesellschaft mbH, Weinheim.
17 Zlokarnik, M. (1991), Chem.-Ing.-Tech. **63**, 994.
18 Wersel, M. (1992), Verfahrenstechnik **26**, 28.
19 Weiß, S., Militzer, K.-E., Gramlich, K. (1993), Thermische Verfahrenstechnik, Deutscher Verlag für Grundstoffindustrie, Leipzig, Stuttgart.
20 Nilsson, M., Ericsson, M. (1994), Chem.-Anlag. Verfahr, **6**, 70.
21 Wersel, M. (1994), Verfahrenstechnik **28**, 7/8–46.
22 Wirth, F. et al. (1979), Phthalsäure und Derivate, in Ullmann's Encyclopädie der Technischen Chemie, Bd. 18, VCH Verlagsgesellschaft mbH, Weinheim.
23 Towae, F. K. (1992), Phthalic Acid and Derivatives, in Ullmann's Encyclopedia of Industrial Chemistry, 5. Aufl., Vol. A20, VCH-Verlagsgesellschaft mbH, Weinheim.
24 Rhône-Progil, Patent-Nr. Fr 998 922 (1964) und Auslegungsschrift-Nr. DAS 1 267 677.
25 Hüls AG (1967), Patent-Nr. DE 1 643 827.
26 Lee, J. A. (1945), Chem. Metallurg. Engng. **52**, 100.
27 Downs, C. R. (1926), J. Soc. Chem. Ind. **45**, 188.
28 Marek, F., Hahn, D. A. (1932), The Catalytic Oxydation of Organic Compounds in the Vapor Phase, Amer. Chem. Soc. Monograph Series, New York.
29 BASF (1968), Patent-Nr. DT 1 601 162.
30 Deggendorfer Werft und Eisenbau GmbH (1972), Auslegungsschrift-Nr. DAS 2 207 166.
31 Redecker, D., Steiner, K.-H., Esser, U. (1983), Chem.-Ing.-Tech. **55**, 829.
32 Thurner, F., Waldherr, M., Oess, J. (1993), Chemie-Technik **22**, 12–20.
33 Krischer, O., Karst, W. (1978), Die wissenschaftlichen Grundlagen der Trocknungstechnik, Springer-Verlag, Berlin, Heidelberg, New York.
34 Schlünder, E.-U. (1993), Chem.-Ing.-Tech. **65**, 174.
35 Vennen, H. (1994), Wärme durch Rotation, in Hoechst High Chem Magazin **16**, S. 21
36 Porter, B. S. et al. (1984), Solid Drying and Gas-Solid Systems (Kap. 20) in Perry's Chemical Engineers' Handbook, McGraw-Hill, New York.
37 Ullrich, H. (1994), Verfahrenstechnik **28**, 3–22.
38 Mortensen, S., Lohmann, D. (1992), Chemie-Technik **21**, 6–72.
39 Schlünder, E.-U. (1988), Wärmeübertragung, Georg Thieme Verlag, Stuttgart, New York.
40 Thurner, F. (1992), Chemische Industrie, 1–42.
41 Heffels, S. (1993), Chem.-Ing.-Tech. **65**, 825.

B Thermische Trennverfahren

B Thermische Trennverfahren

Eine Chemieanlage läßt sich grob in eine Vorbereitungs-, Reaktions- und Aufarbeitungsstufe unterteilen. Obwohl der Reaktor als das Herz einer Chemieanlage angesehen wird, betragen die Kosten für die Aufarbeitung bei organisch-chemischen Großprodukten oftmals 80% der gesamten Kosten.

Die Aufarbeitung hat zum Ziel, die verschiedenen Reaktionsprodukte und nicht umgesetzten Edukte so zu trennen, daß die Nebenprodukte entfernt, die Produkte in der gewünschten Reinheit erhalten und die nicht umgesetzten Reaktanden in den Reaktor zurückgeführt werden können.

Für diese Trennaufgaben und zur Reinigung der anfallenden Abgas- und Abwasserströme werden in der chemischen Industrie hauptsächlich thermische Trennprozesse herangezogen. Bei diesen thermischen Trennverfahren wird das Auftreten von Konzentrationsdifferenzen in unterschiedlichen Stoffströmen (Phasen) in mehrstufigen Verfahren zur Trennung ausgenutzt. Die zweite Phase läßt sich dabei entweder durch Energiezufuhr bzw. -abfuhr oder durch einen Zusatzstoff (Absorptions-, Extraktionsmittel, ...) erzeugen. Das allgemeine Prinzip eines Trennprozesses ist in Abb. B1 gezeigt. Da der Einsatz von Zusatzstoffen immer mit einer Regenerierung und damit einem zusätzlichen Kostenfaktor verbunden ist, stehen in der chemischen Industrie die Verfahren im Vordergrund, bei denen die zweite Phase durch Energiezufuhr oder -entzug erzeugt wird. Da weiterhin eine leichte Trennung der Phasen und ein einfacher Transport der Ströme wünschenswert ist, wird in ca. 90% der in der chemischen Industrie realisierten Trennverfahren die Rektifikation eingesetzt, da dieses Trennverfahren alle gewünschten Vorteile aufweist.

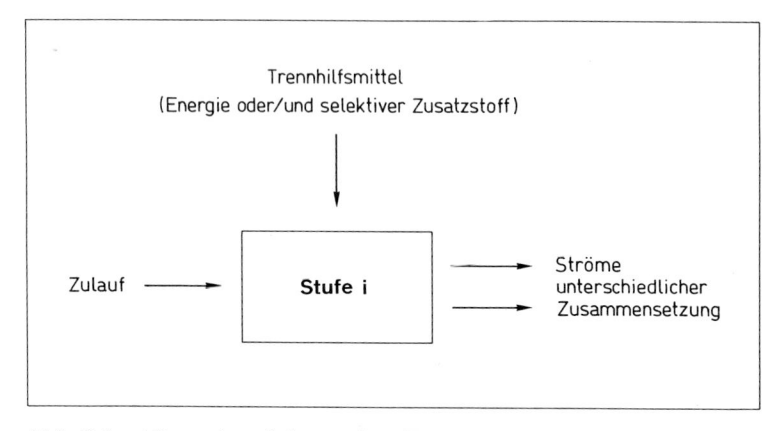

Abb. B1 Allgemeines Schema eines Trennprozesses

Die Kosten für die Trennung sind stark von der erforderlichen Aufkonzentrierung abhängig. Die Auswirkung der Trennkosten auf den Verkaufspreis eines Produktes kann man aus Abb. B2a, 2b erkennen, in denen der Verkaufspreis der Produkte in Abhängigkeit von der Konzentration vor der Aufarbeitung dargestellt ist.

Die Tabelle zeigt einige der wichtigsten in der chemischen Industrie angewandten thermischen Trennprozesse. Gleichzeitig sind technisch wichtige Anwendungen und der Weg zur Erzeugung der 2. Phase angegeben.

Grund für den Stoffaustausch sind Potentialdifferenzen [Unterschiede der chemischen Potentiale (Fugazitäten)] der Komponenten in den verschiedenen, in Kontakt befindlichen

Wichtige thermische Trennprozesse

Grundoperation	Weg zur Erzeugung der 2. Phase	Prinzip der Trennung	Technische Beispiele
Verdampfung	Wärmezufuhr (E)	unterschiedliche Flüchtigkeit	Meerwasserentsalzung
Rektifikation	Wärmezufuhr, Kühlung (E)	unterschiedliche Flüchtigkeit	Zerlegung von Erdöl in verschiedene Fraktionen
azeotrope Rektifikation	Wärmezufuhr, Kühlung (E)	Erzeugung eines leichter siedenden und trennbaren Azeotrops durch einen Zusatzstoff (Z)	Absolutierung von Ethanol
extraktive Rektifikation	Wärmezufuhr, Kühlung (E)	Beeinflussung der relativen Flüchtigkeit durch schwer flüchtigen selektiven Zusatzstoff (Z)	Butan-Buten-, Buten-Butadien-, Aliphaten-Aromaten, Ethanol-Wasser-Trennung
Absorption	Absorptionsmittel (Z)	unterschiedlich gute Löslichkeit	Abtrennung saurer Gase aus Erdgas, Absorption von Ethylenoxid
Extraktion	Zugabe des kaum mischbaren Extraktionsmittels (Z)	unterschiedliche Konzentrationen in den beiden flüssigen Phasen	Aliphaten-Aromaten-Trennung
Extraktion mit überkritischen Gasen	Zugabe des überkritischen Gases (Z)	unterschiedlich gute Löslichkeit im komprimierten Gas	Entkoffeinierung von Kaffee
Kristallisation	Kühlung (E)	unterschiedliche Löslichkeiten von Feststoffen	Trennung von Xylolisomeren
Adsorption	Adsorptionsmittel (Z)	unterschiedliche Tendenz zur Anreicherung an Feststoffoberflächen	Trennung von Gasgemischen, Abtrennung von Schadstoffen aus der Luft
Membrantrennprozeß	Membran (Z)	unterschiedliche Permeabilität	Meerwasserentsalzung

E Trenneffekt durch Energiezufuhr oder -abfuhr
Z Trenneffekt durch Zugabe eines Zusatzstoffes

Phasen. Ist eine Potentialdifferenz vorhanden, so kommt es so lange zu einem Stofftransport bis die Potentialdifferenz ausgeglichen ist, d. h. die chemischen Potentiale (Fugazitäten) der beteiligten Komponenten in beiden Phasen gleiche Werte aufweisen. Für die Beschreibung des Stofftransports wurden verschiedene Gleichungen vorgeschlagen. Betrachtet man die für den Stoffaustausch in den meisten Fällen benutzte Gleichung, so

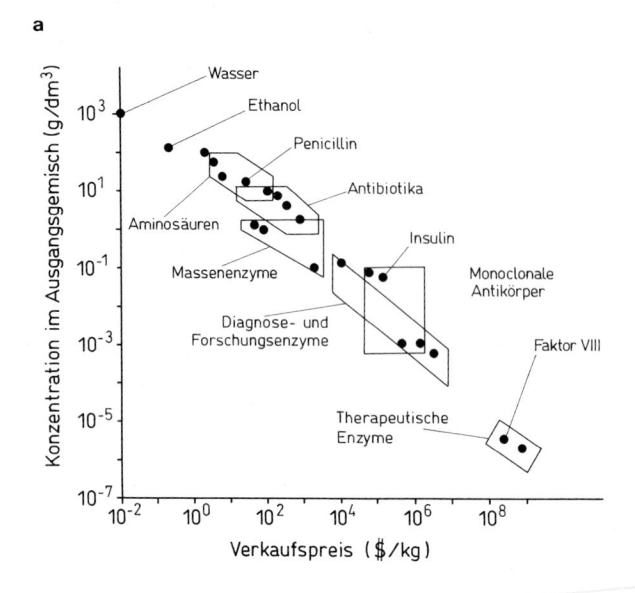

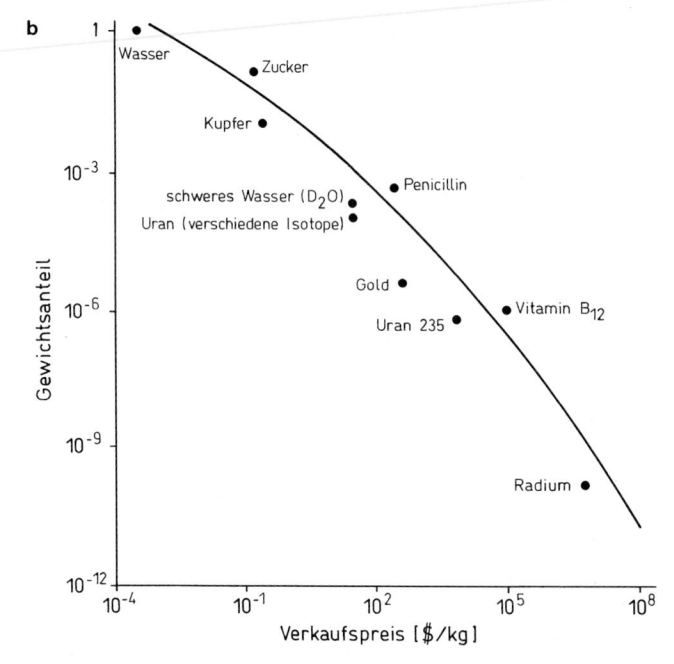

Abb. B 2 Verkaufspreis als Funktion der Ausgangskonzentration, in der das zu isolierende Produkt anfällt.
a Bioprodukte[1a], **b** verschiedene Produkte

läßt sich direkt die Aufgabe eines Trennapparates erkennen.

$$\dot{n}_i = \beta_i A \, \Delta c_i \tag{B.1}$$

$\dot{n}_i$ Stoffstrom (kmol/h) der Komponente i,
β_i Stofftransportkoeffizient für Komponente i (m/h),
A gesamte Austauschfläche m²,
Δc_i treibendes Konzentrationsgefälle für Komponente i (kmol/m³)

In dieser Gleichung wurden die Aktivitätsdifferenzen Δa_i^* vereinfacht durch Konzentrationsdifferenzen Δc_i ersetzt.

Der Stoffaustausch zwischen den Phasen findet in sog. Kontaktapparaten (meist Kolonnen) statt. Zum Erreichen hoher Stoffaustauschraten werden in diesen Apparaten sowohl große Werte für das Produkt $\beta_i A$ als auch hohe Konzentrationsdifferenzen angestrebt. Einen möglichst hohen Wert für das Produkt $\beta_i A$ erreicht man durch Füllkörper oder entsprechende Einbauten, die für intensiven Kontakt zwischen den beteiligten Phasen und große Phasengrenzflächen sorgen.

Die maximal erreichbare Konzentrationsdifferenz wird durch das Phasengleichgewicht bestimmt. Für die Auswahl, Auslegung, Simulation und Optimierung thermischer Trennprozesse ist deshalb die genaue Kenntnis des Phasengleichgewichts unbedingte Voraussetzung. Während man vor etwa 20 Jahren auf eine Vielzahl zeit- und kostenintensiver Messungen angewiesen war, gestatten die modernen Methoden der Phasengleichgewichtsthermodynamik eine zuverlässige Berechnung des Phasengleichgewichtverhaltens von Multikomponentensystemen mit Hilfe von Zustandsgleichungen oder Aktivitätskoeffizientenmodellen allein bei Kenntnis des Verhaltens der binären Systeme. Sind keine binären Daten verfügbar, so läßt sich heutzutage das reale Verhalten mit Hilfe von Gruppenbeitragsmethoden abschätzen. Auf die Möglichkeiten zur Berechnung der Phasengleichgewichte wird im folgenden Kapitel eingegangen.

Neben den klassischen thermischen Trennverfahren, bei denen die zweite Phase durch Energie oder Zugabe eines Zusatzstoffs erzeugt wird, haben auch andere Trennverfahren Bedeutung in der chemischen Industrie erlangt. Dazu zählen insbesondere Trennprozesse, bei denen Membranen zur Trennung herangezogen werden. Bei diesen Verfahren kann die Trennung in manchen Fällen, wie z. B. der Aufkonzentrierung von Salzen oder Säuren durch Anlegen elektrischer Felder in gewünschter Weise verbessert werden. Weiterhin haben die verschiedenen chromatographischen Methoden in den letzten Jahren eine gewisse Bedeutung in der Trenntechnik erlangt.

Die Trennung von Stoffgemischen ist im Gegensatz zum Mischen ein von der Thermodynamik her benachteiligter Prozeß. Dies ist ein Grund dafür, daß die Durchführung von Trennoperationen oftmals die Hauptkosten chemischer Prozesse verursacht. Aus diesem Grunde zählen Trennverfahren neben den Crackverfahren und der Chloralkalielektrolyse zu den größten Energieverbrauchern in der chemischen Industrie. So wurden nach Humphrey und Seibert[2a] 1989 in den USA insgesamt $8{,}45 \cdot 10^{16}$ kJ an Energie verbraucht. Davon entfielen ca. 7,25 % (d. h. $6{,}15 \cdot 10^{15}$ kJ) des Energieverbrauchs auf Raffinerien, die petrochemische und die chemische Industrie. Von der verbrauchten Energie wurden ca. 43 % für die verschiedensten Trennprozesse benötigt, wovon etwa 95 % auf den Betrieb von ca. 40 000 Rektifikationskolonnen entfielen.

Die für die Trennung eines Gemisches benötigte minimale Arbeit kann mit Hilfe der folgenden Gleichung berechnet werden:

$$\Delta g = RT \sum x_i \ln a_i \tag{B.2}$$

---

* Statt der Aktivität könnte auch die Fugazität oder das chemische Potential zur Darstellung der Potentialdifferenz herangezogen werden.

Kapitel 3
Thermodynamische Grundlagen für die Berechnung von Phasengleichgewichten

Eine bedeutende Rolle für das Verständnis und die Auslegung von Trennprozessen spielt das Phasengleichgewicht. Bei Kenntnis des Phasengleichgewichts läßt sich entscheiden, ob eine Trennung in der gewünschten Art möglich und wirtschaftlich sinnvoll ist oder nicht. Weiterhin lassen sich dann auch die verschiedenen Trennsequenzen vom ökonomischen Standpunkt aus vergleichen.

Die Phasengleichgewichte werden von der Art der Komponenten, der Zusammensetzung, der Temperatur und dem Druck beeinflußt.

Die verschiedenen Phasengleichgewichte lassen sich nach der Art der beteiligten Phasen unterteilen. Die wichtigsten Phasengleichgewichte sind in Tab. 3.1 mit den üblichen englischen Kurzbezeichnungen zusammengestellt.

Tab. 3.1 Phasengleichgewichte

Trennprozeß	Phase α	Phase β	Gleichgewicht
Rektifikation	Flüssigkeit	Dampf	VLE (vapor-liquid equilibrium)
Absorption	Flüssigkeit	Gas (Dampf)	GLE (gas-liquid equilibrium)
Extraktion	Flüssigkeit	Flüssigkeit	LLE (liquid-liquid equilibrium)
Kristallisation	Feststoff	Flüssigkeit	SLE (solid-liquid equilibrium)

Bei der Auslegung thermischer Trennanlagen möchte man in der Regel wissen, welche Konzentration ζ_i^β und welcher Druck P sich in der zweiten Phase einstellt, wenn sich diese mit einer Phase gegebener Temperatur T und Zusammensetzung ζ_i^α im Gleichgewicht befindet, d. h., man möchte die Verteilungskoeffizienten bzw. Trennfaktoren für vorgegebene Bedingungen kennen. Abb. 3.1a zeigt eine Gleichgewichtsstufe.

Für den Fall des Dampf-Flüssig-Gleichgewichts ist die Antwort auf die allgemeine Fragestellung für das binäre System Propen(1)–Buten-1(2) in Form eines P-$x(y)$-Diagramms in Abb. 3.1b dargestellt. Aus diesem Diagramm lassen sich für vorgegebene Temperatur und vorgegebene Flüssigkeitszusammensetzung die gesuchten Größen Druck und Zusammensetzung in der Dampfphase ablesen. Aus der Abb. 3.1b ist zu erkennen, daß im Falle der Isothermen bei 377,59 K und 410,93 K die Komponente Propen bereits überkritisch ist und somit nicht mehr als reine Flüssigkeit existiert.

Die Anzahl der Phasen ist aber nicht immer auf zwei begrenzt. Es können auch drei oder mehr Phasen auftreten. Dies ist auch bei vielen technisch interessanten Trennprozessen der

Abb. 3.1a Gleichgewichtsstufe

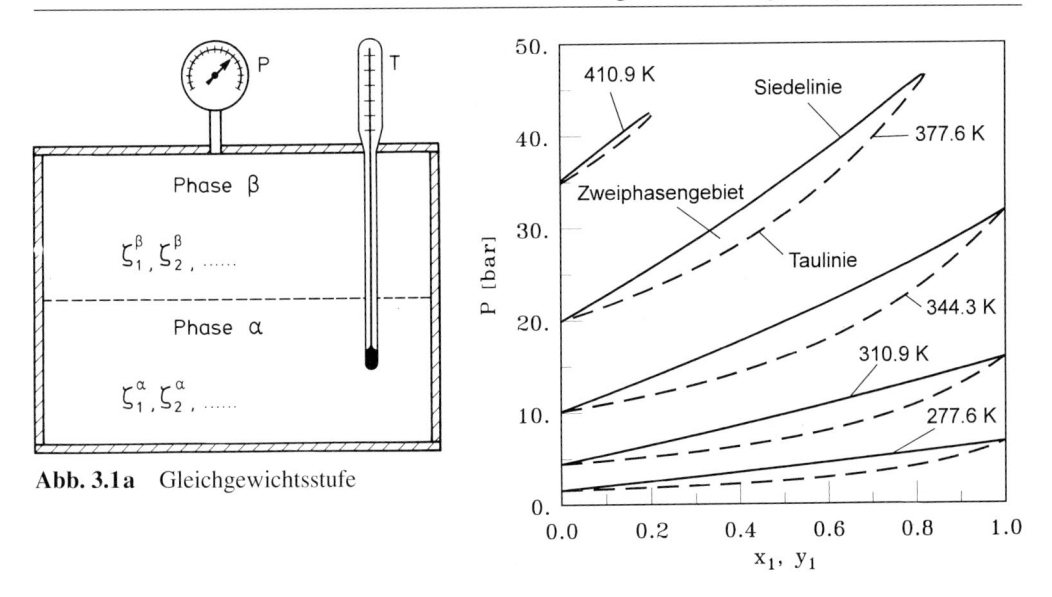

Abb. 3.1b P-$x(y)$-Diagramm für das System Propen(1)–Buten-1(2) bei verschiedenen Temperaturen

Fall, wie z. B. bei der Absolutierung von Ethanol mit Benzol bzw. Cyclohexan als Zusatzstoff oder aber bereits bei der Trennung von binären Systemen (z. B. n-Butanol–Wasser, s. Kap. 4.4). Bei diesen Verfahren kann das Auftreten eines sog. heteroazeotropen Punktes zur Trennung ausgenutzt werden, da in einem bestimmten Konzentrationsbereich zwei flüssige Phasen neben der Dampfphase im Gleichgewicht vorliegen.

3.1 Messung von Phasengleichgewichten

Die benötigten Verteilungskoeffizienten lassen sich durch Phasengleichgewichtsmessungen erhalten. Zur Ermittlung wurden die unterschiedlichsten Meßtechniken entwickelt.

An dieser Stelle soll lediglich auf zwei allgemein anerkannte Meßtechniken, und zwar die dynamische und die statische Methode zur Bestimmung von Dampf-Flüssig-Gleichgewichten eingegangen werden.

3.1.1 Dynamische und statische Methode

In Abb. 3.2a ist eine Meßanordnung nach der dynamischen Methode dargestellt. Bei der dynamischen Methode wird das Phasengleichgewicht unter isobaren Bedingungen vermessen, d. h., der Druck wird mit Hilfe eines Manostaten, einer Vakuumpumpe und eines Puffervolumens konstant gehalten. Das zu vermessende System (in der Regel ein binäres oder ternäres System) wird mit Hilfe einer Heizvorrichtung unter starkem Rühren auf Siedetemperatur gebracht, so daß ein Zweiphasengemisch (Dampf und Flüssigkeit) über das sog. Cottrell-Rohr zum Thermometer gelangt. An dieser Stelle trennen sich Dampf und Flüssigkeitsstrom. Sie werden getrennt im Kreis geführt, wobei der Dampfstrom zwi-

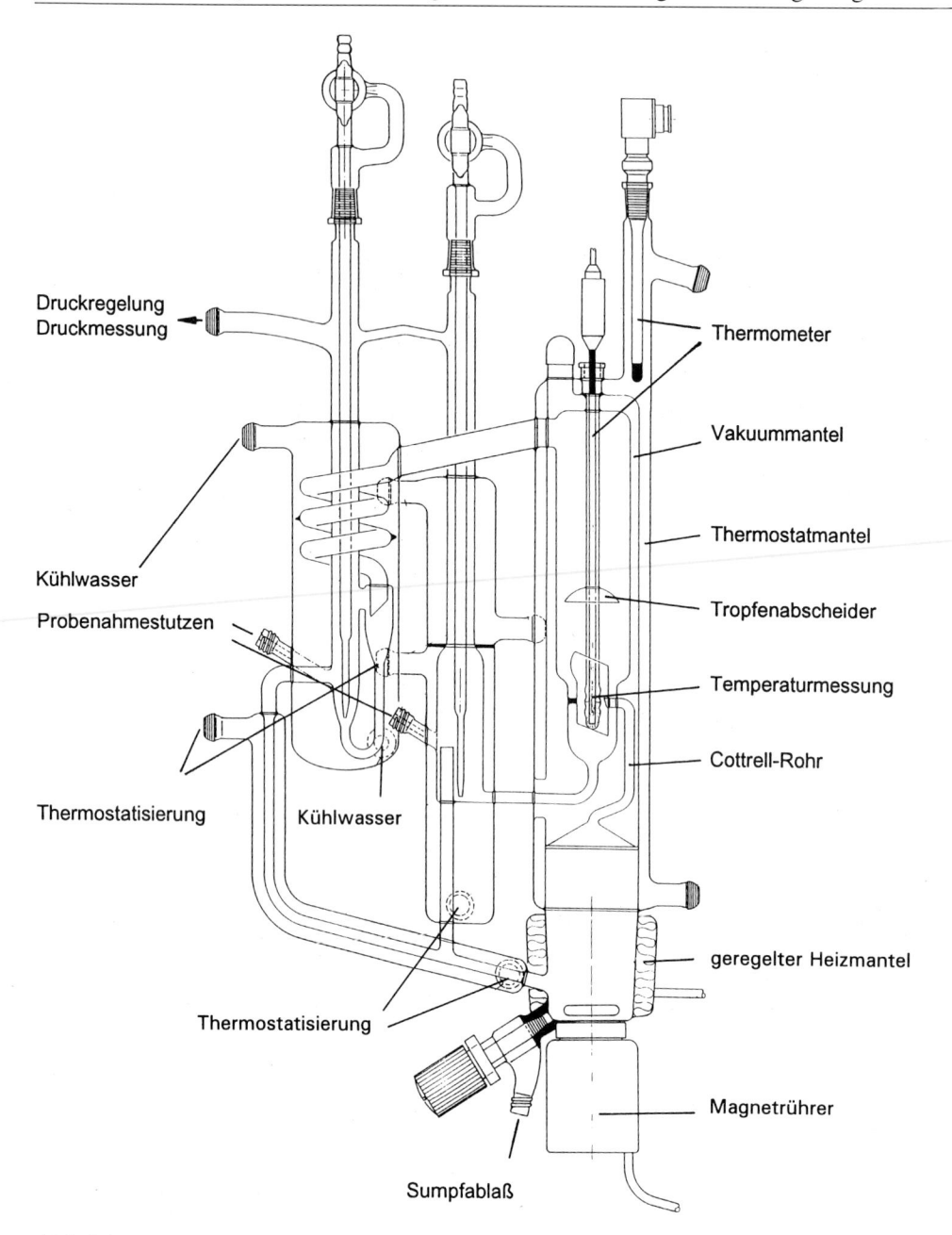

Abb. 3.2 a Dynamische Apparatur (NORMAG GmbH) zur Messung von Dampf-Flüssig-Gleichgewichten

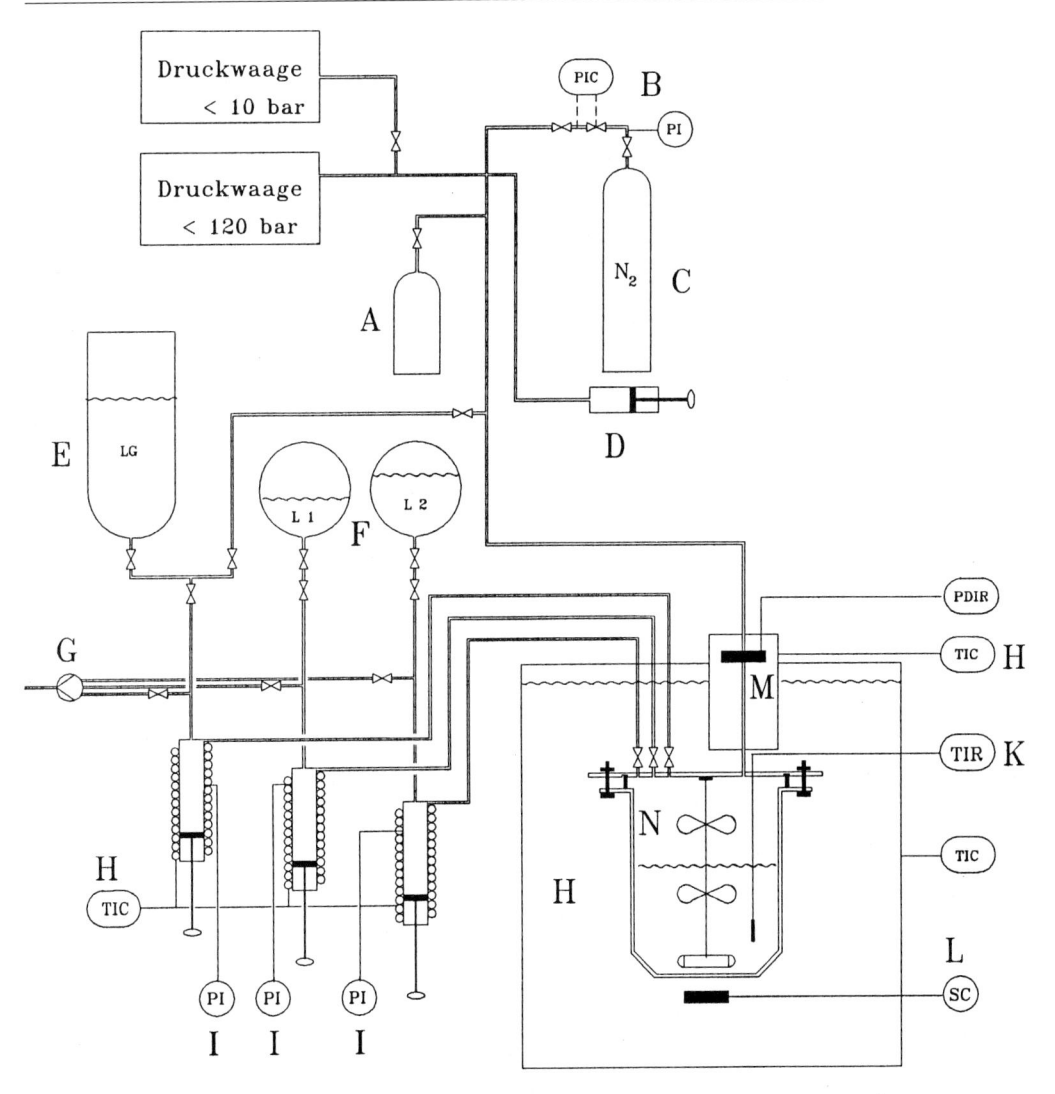

Abb. 3.2b Statische Apparatur zur Messung von Dampf-Flüssig-Gleichgewichten[44] (isotherme P-x-Daten).

A Puffervolumen,
B Druckregelventil,
C Stickstoffflasche,
D variables Volumen zur Druckregelung,
E Vorratsbehälter für Flüssiggas,
F Vorratsbehälter für Flüssigkeiten,
G Vakuumpumpe,
TIC Temperaturanzeige und -Regelung,
H Thermostat,
I Bourdon-Manometer,
K Quarzthermometer
L Magnetrührermotor,
M Differenzdruckindikator,
N Meßzelle
PI Druckanzeige,
PIC Druckanzeige und -Regelung,
PDIR Differenzdruckanzeige und -Aufzeichnung
TIR Temperaturanzeige und -Aufzeichnung,
SC Drehzahlregelung

schenzeitlich kondensiert wird. Eine Kondensation des Dampfes bzw. Verdampfung der Flüssigkeit werden im Raum oberhalb des Cottrell-Rohres durch Vakuum- und Thermostatisiermantel verhindert. Ein Mitreißen der Flüssigkeit durch den Dampfstrom wird durch einen „Schirm" unterdrückt. Sowohl von der flüssigen als auch der dampfförmigen Phase können Proben der kondensierten Phase entnommen und die Zusammensetzung mit Hilfe geeigneter Analysenmethoden bestimmt werden. Als Resultat erhält man für einen vorgegebenen Druck die Gleichgewichtstemperatur und die Konzentrationen der einzelnen Komponenten in der flüssigen und dampfförmigen Phase, aus denen direkt die K-Faktoren (Verteilungskoeffizienten) bzw. Trennfaktoren berechnet werden können.

Bei der statischen Methode ermittelt man für eine vorgegebene Temperatur und Flüssigkeitskonzentration den Gleichgewichtsdruck. Abb. 3.2b zeigt eine typische Meßanordnung[44]. Bei der gezeigten Meßanordnung werden mit Hilfe präziser Kolbenpumpen entgaste Flüssigkeiten (LG, L1, L2) in die thermostatisierte und intensiv gerührte Meßzelle eindosiert. Nach Gleichgewichtseinstellung wird dann der Druck gemessen. In der in Abb. 3.2b gezeigten Meßanordnung erfolgt diese Druckmessung mit Hilfe einer Druckwaage, wobei der sich einstellende Druck des zu vermessenden Systems an einer Metallmembran des Differenzdruckindikators auf ein Referenzsystem (z. B. N_2) übertragen wird. Um eine Kondensation in der Kapillare zur Membran zu verhindern, wird dieser Teil leicht überhitzt.

In der Praxis werden in der Regel nicht binäre oder ternäre Systeme, sondern Mehrkomponentensysteme getrennt. Welcher Meßaufwand sich im Falle eines Mehrkomponentensystems ergibt, ist in Tab. 3.1 für die Vermessung eines Zehnkomponentensystems bei konstanter Temperatur (bzw. konstantem Druck) dargestellt. Dabei wurde angenommen, daß eine Vermessung in 10-Mol%-Schritten ausreichend ist.

Tab. 3.1 Anzahl der benötigten experimentellen Daten für ein System mit 10 Komponenten ($\Delta x_i = 0{,}1$)

Art des Systems (Anzahl Komponenten)	Anzahl der Systeme	Meßpunkte/ System	Gesamtzahl Meßpunkte/ System	Gesamtzahl Meßpunkte
1	10	1	10	10
2	45	9	405	415
3	120	36	4320	4735
4	210	84	17640	22375
5	252	126	31752	54127
6	210	126	26460	80587
7	120	84	10080	90667
8	45	36	1620	92287
9	10	9	90	92377
10	1	1	1	92378

Durch diese Vorgabe müssen neben 10 Reinstoffwerten (T = konst.: Sättigungsdampfdrücke, P = konst.: Siedepunkte) für jedes der zu vermessenden 45 binären Systeme die Werte bei 10, 20 ... 90 Mol%, d. h. insgesamt 405 Meßwerte bestimmt werden. Wenn in gleicher Weise die ternären, quaternären, quinären und höheren Systeme vermessen werden, ergeben sich insgesamt 92378 Meßpunkte für die Vermessung bei konstanter Temperatur bzw. konstantem Druck. Dies bedeutet bei der Ermittlung von 10 Punkten pro Tag und ca. 250 Tagen im Jahr eine Meßzeit von mehr als 37 Jahren.

Bei diesem Meßaufwand für höhere Systeme kann man sich vorstellen, welch großes Interesse seit langem an thermodynamischen Modellen besteht, die eine zuverlässige Abschätzung des Phasengleichgewichtverhaltens allein bei Kenntnis der Reinstoffdaten (Sättigungsdampfdrücke ...) und des realen Verhaltens der binären Systeme gestatten, was nach Tab. 3.1 für den Fall des Zehnkomponentensystems und den Vorgaben lediglich noch eine Meßzeit von ca. 42 Tagen verursachen würde.

3.1.2 Phasengleichgewichtsbeziehung

Zur Berechnung der Phasengleichgewichte bedient man sich der Mischphasenthermodynamik[1,2]. Nach Gibbs herrscht Phasengleichgewicht, wenn die chemischen Potentiale μ_i der beteiligten Komponenten in den verschiedenen Phasen (α, β, γ ...) gleiche Werte aufweisen:

$$\mu_i^\alpha = \mu_i^\beta = \mu_i^\gamma = ... \quad (3.1\,\text{a})$$

$i = 1, 2 ... n$

Gleichzeitig muß thermisches und mechanisches Gleichgewicht herrschen, d. h., Temperatur und Druck müssen in allen Phasen gleich groß sein:

$$T^\alpha = T^\beta = T^\gamma = ... \quad (3.1\,\text{b})$$

$$P^\alpha = P^\beta = P^\gamma = ... \quad (3.1\,\text{c})*$$

Nach Lewis läßt sich die obige Gleichgewichtsbeziehung (3.1a) auch durch die folgende Beziehung ersetzen[1,2]:

$$f_i^\alpha = f_i^\beta = f_i^\gamma = ... \quad (3.2)$$

$i = 1, 2 ... n$

Diese Beziehung besagt, daß im Phasengleichgewicht die Fugazitäten f_i der einzelnen Komponenten in den verschiedenen Phasen identisch sein müssen.

Beide Gleichgewichtsbeziehungen (3.1a) und (3.2) können als Ausgangsgleichung für die Berechnung von Phasengleichgewichten herangezogen werden. Beziehung (3.2) hat jedoch den Vorteil, daß die Fugazität f_i gegenüber dem chemischen Potential μ_i eine leichter vorstellbare Größe darstellt. Die Fugazität der Komponente i (f_i) entspricht bei nicht zu stark assoziierenden Komponenten und nicht zu hohem Druck etwa dem Partialdruck p_i dieser Komponente.

Für den Fall des idealen Gases sind Partialdruck p_i und Fugazität f_i der Komponente i sogar identisch. Im Falle von reinen Flüssigkeiten und Feststoffen (oder deren Gemische) ist die Fugazität in erster Näherung gleich dem Sättigungsdampfdruck P_i^s (Partialdruck p_i) der betrachteten Komponente.

---

* Diese Gleichung ist nur gültig, wenn die Phasen sich im direkten Kontakt befinden. Werden die Phasen z. B. durch eine semipermeable Membran getrennt (s. Kap. 5.6), so ergibt sich im Gleichgewichtszustand eine Druckdifferenz.

3.1.3 Einführung der Hilfsgrößen Fugazitätskoeffizient und Aktivitätskoeffizient

Gleichgewichtsbeziehung (3.2) reicht aber zur Lösung der Problemstellung nicht aus. Zur Berechnung von Verteilungskoeffizienten oder Trennfaktoren wird noch die Verbindung zu den meßbaren Größen Druck, Temperatur und Zusammensetzung benötigt. Um diese Verbindung zu schaffen, wurden die Hilfsgrößen Fugazitätskoeffizient φ_i und Aktivitätskoeffizient γ_i eingeführt.

Der Fugazitätskoeffizient φ_i stellt das Verhältnis von Fugazität zu dem Produkt aus Molanteil und Gesamtdruck dar. So gilt für die flüssige Phase L

$$\varphi_i^L \equiv \frac{f_i}{x_i P} \tag{3.3}$$

und für die Dampfphase V

$$\varphi_i^V \equiv \frac{f_i}{y_i P} = \frac{f_i}{p_i}. \tag{3.4}$$

Unter Verwendung von Gl. (3.3) bzw. (3.4) ergeben sich zur Beschreibung der Fugazität die folgenden Gleichungen für die flüssige Phase L

$$f_i^L = x_i \varphi_i^L P \tag{3.5}$$

bzw. die Dampfphase V

$$f_i^V = y_i \varphi_i^V P. \tag{3.6}$$

Der Aktivitätskoeffizient γ_i ist folgendermaßen definiert:

$$\gamma_i \equiv \frac{f_i}{\zeta_i f_i^0} \tag{3.7}$$

ζ_i willkürliches Konzentrationsmaß,
f_i^0 frei wählbare Standardfugazität

Üblicherweise wird dabei bei Molekülen ähnlicher Größe der Molanteil x_i als Konzentrationsmaß benutzt. Unter Benutzung des Aktivitätskoeffizienten läßt sich demnach die Fugazität in der flüssigen Phase folgendermaßen beschreiben:

$$f_i^L = x_i \gamma_i f_i^{0L} \tag{3.8}$$

In der gleichen Weise kann auch die Fugazität der festen Phase dargestellt werden (s. Kap. 3.4).

Mit den unterschiedlichen Hilfsgrößen Fugazitätskoeffizient φ_i und Aktivitätskoeffizient γ_i zur Darstellung der Fugazität ergeben sich somit mehrere Möglichkeiten, die verschiedenen Phasengleichgewichte zu beschreiben und damit die benötigten Verteilungskoeffizienten bzw. Trennfaktoren zu berechnen.

3.2 Dampf-Flüssig-Gleichgewicht

Betrachten wir Dampf-Flüssig-Gleichgewichte (VLE), so gilt im Gleichgewicht für die Fugazitäten in den beiden Phasen

$$f_i^L = f_i^V, \quad (3.2)$$

und es kann eine der folgenden Gleichgewichtsbeziehungen zur Beschreibung des Phasengleichgewichts herangezogen werden:

A $\quad x_i \gamma_i f_i^{0L} = y_i \varphi_i^V P,$ (3.9)

B $\quad x_i \varphi_i^L = y_i \varphi_i^V .$ (3.10)

Auf beiden Wegen lassen sich die benötigten Verteilungskoeffizienten K_i

A $\quad K_i \equiv \dfrac{y_i}{x_i} = \dfrac{\gamma_i f_i^{0L}}{\varphi_i^V P},$ (3.11)

B $\quad K_i \equiv \dfrac{y_i}{x_i} = \dfrac{\varphi_i^L}{\varphi_i^V} .$ (3.12)

und damit die Trennfaktoren (relativen Flüchtigkeiten) α_{ij} berechnen:

A $\quad \alpha_{ij} \equiv \dfrac{K_i}{K_j} = \dfrac{y_i / x_i}{y_j / x_j} = \dfrac{\gamma_i f_i^{0L} \varphi_j^V}{\varphi_i^V \gamma_j f_j^{0L}},$ (3.13)

B $\quad \alpha_{ij} \equiv \dfrac{K_i}{K_j} = \dfrac{y_i / x_i}{y_j / x_j} = \dfrac{\varphi_i^L \varphi_j^V}{\varphi_i^V \varphi_j^L} .$ (3.14)

Während Weg **A** in erster Linie benutzt wird, um das Dampf-Flüssig-Gleichgewicht bei geringen Drücken zu beschreiben, besitzt Weg **B** Vorteile bei hohen Drücken und der Anwesenheit überkritischer Komponenten.

3.2.1 Anwendung von Fugazitätskoeffizienten

Für die Berechnung des Dampf-Flüssig-Gleichgewichts werden bei beiden Wegen Fugazitätskoeffizienten benötigt. Während die Fugazitätskoeffizienten bei Methode **A** lediglich zur Beschreibung des realen Verhaltens der Dampfphase herangezogen werden, werden bei Methode **B** Fugazitätskoeffizienten für die flüssige und die Dampfphase benötigt. Zur Berechnung der Fugazitätskoeffizienten kann die folgende Beziehung herangezogen werden[1,2]:

$$\ln \varphi_i = \dfrac{1}{RT} \int_V^\infty \left[\left(\dfrac{\partial P}{\partial n_i} \right)_{T,V,n_j \neq n_i} - \dfrac{RT}{V} \right] dV - \ln z . \quad (3.15)$$

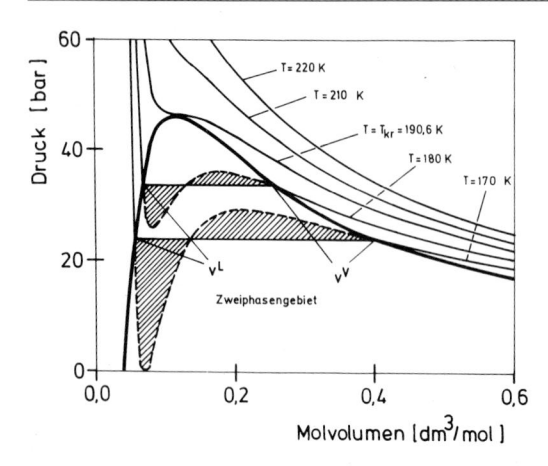

Abb. 3.3 Typischer Verlauf der Isothermen in einem Pv-Diagramm

Danach lassen sich die Fugazitätskoeffizienten bei Kenntnis des Differentialquotienten $(\partial P/\partial n_i)_{T, V, n_j \neq n_i}$ und des Kompressibilitätsfaktors z berechnen, wobei der Kompressibilitätsfaktor z in der üblichen Weise definiert ist:

$$z = \frac{Pv}{RT} = \frac{PV}{n_T RT} \tag{3.16}$$

V Gesamtvolumen,
P Gesamtdruck,
R allgemeine Gaskonstante,
T absolute Temperatur,
n_i Molzahl der Komponente i,
n_T Gesamtmolzahl Σn_i

Um mit Gl. (3.15) Fugazitätskoeffizienten in der flüssigen Phase sowie in der Dampfphase berechnen zu können, muß eine Beziehung benutzt werden, die in der Lage ist, das Druck-Volumen-Temperatur-(PVT-)Verhalten der beiden Phasen als Funktion von Druck, Temperatur und Zusammensetzung zu beschreiben. Der typische Verlauf der Isothermen ($T < T_{kr}$, $T = T_{kr}$, $T > T_{kr}$) ist in Abb. 3.3 in einem Pv-Diagramm dargestellt. Zur Darstellung des PVT-Verhaltens beider Phasen können die verschiedensten Zustandsgleichungen verwandt werden. In der Regel handelt es sich dabei um Weiterentwicklungen der von van der Waals vorgeschlagenen kubischen Zustandsgleichung[3] oder Weiterentwicklungen der Virialgleichung (s. Kap. 3.1.1.2).

3.2.1.1 Kubische Zustandsgleichungen

In der Industrie haben insbesondere kubische Zustandsgleichungen eine große Bedeutung erlangt. Es handelt sich dabei in fast allen Fällen um Weiterentwicklungen der 1873 von van der Waals aufgestellten Zustandsgleichung[3]:

$$P = \frac{RT}{v-b} - \frac{a}{v^2}. \tag{3.17}$$

Diese Gleichung gestattete erstmals eine Beschreibung der Phänomene der Kondensation und der Verdampfung und des Auftretens kritischer Punkte durch Einführung von zwei Parametern, die das Eigenvolumen der Moleküle und die Wechselwirkungskräfte zwischen den Molekülen beschreiben. Durch eine leichte Änderung des Terms, der die Wechselwirkungskräfte beschreibt, sowie die Einführung des azentrischen Faktors und einer Temperaturabhängigkeit des Parameters *a* (z. B. der SRK-Gleichung) konnte die Darstellung des *PVT*-Verhaltens und des Sättigungsdampfdrucks deutlich verbessert werden.

In Tab. 3.2 sind die entsprechenden Ausdrücke für den Druck dargestellt. Alle Gleichungen besitzen noch die bereits von van der Waals vorgeschlagene Form, bei dem der resultierende Druck sich aus einem abstoßenden (P^{ab}) und einem anziehenden Beitrag (P^{an}) ergibt. Alle Gleichungen weisen eine kubische Form auf. Das ist die einfachste Form, mit der das *PVT*-Verhalten des Dampfes und der Flüssigkeit und das Auftreten des Zweiphasengebiets [3 Lösungen für das Volumen für $T < T_{kr}$: v^L, v^V und Volumen im Zweiphasengebiet (s. Abb. 3.3)] beschrieben werden kann. Für den Fall der van-der-Waals- (vdW-)[3], Redlich-Kwong- (RK-)[4], Soave-Redlich-Kwong- (SRK-)[5] und Peng-Robinson- (PR-) Zustandsgleichung[6] sind die einzelnen Beiträge in Tab. 3.2 dargestellt.

Tab. 3.2 Darstellung verschiedener kubischer Zustandsgleichungen und Gleichungen zur Berechnung der Parameter *a* und *b*

van der Waals (1873)

$$P^{ab} = \frac{RT}{v-b} \qquad P^{an} = -\frac{a}{v^2}$$

$$a = \frac{27 R^2 T_{kr}^2}{64 P_{kr}} \qquad b = \frac{RT_{kr}}{8 P_{kr}}$$

Redlich-Kwong (1949)

$$P^{ab} = \frac{RT}{v-b} \qquad P^{an} = -\frac{a}{T^{1/2} v(v+b)}$$

$$a = 0{,}42748 \frac{R^2 T_{kr}^{2,5}}{P_{kr}} \qquad b = 0{,}08664 \frac{RT_{kr}}{P_{kr}}$$

Soave-Redlich-Kwong (1972)

$$P^{ab} = \frac{RT}{v-b} \qquad P^{an} = -\frac{a(T) RT}{v(v+b)}$$

$$a(T) = 0{,}42748 \frac{R^2 T_{kr}^2}{P_{kr}} \alpha(T) \qquad b = 0{,}08664 \frac{RT_{kr}}{P_{kr}}$$

$$\alpha(T) = [1 + (0{,}48 + 1{,}574\omega - 0{,}176\omega^2)(1 - T_r^{0,5})]^2$$

Peng-Robinson (1976)

$$P^{ab} = \frac{RT}{v-b} \qquad P^{an} = -\frac{a(T)}{v(v+b)+b(v-b)}$$

$$a(T) = 0{,}45724 \frac{R^2 T_{kr}^2}{P_{kr}} \alpha(T) \qquad b = 0{,}0778 \frac{RT_{kr}}{P_{kr}}$$

$$\alpha(T) = [1 + (0{,}37464 + 1{,}54226\omega - 0{,}26992\omega^2)(1 - T_r^{0,5})]^2$$

Bei allen in Tab. 3.2 gegebenen Zustandsgleichungen besitzt der Term, der die abstoßenden Kräfte über das Eigenvolumen b der Moleküle berücksichtigt, weiterhin die schon 1873 von van der Waals vorgeschlagene Form, d. h., alle später eingeführten Verbesserungen betreffen lediglich den Term, der die anziehenden Wechselwirkungskräfte zwischen den Molekülen mit Hilfe des Parameters a berücksichtigt.

Während der Parameter a in der van der Waals- und Redlich-Kwong-Zustandsgleichung als konstant angenommen wird, betrachtet man diesen Parameter in der SRK- und PR-Gleichung als temperaturabhängig. Die eingeführte Temperaturabhängigkeit $\alpha(T)$ wird als Funktion des azentrischen Faktors ω und der reduzierten Temperatur $T_r = T/T_{kr}$ dargestellt (s. Tab. 3.2). Der azentrische Faktor ω_i ist folgendermaßen definiert[2]:

$$\omega_i = -\left(\log P^s_{r,i}\right)_{T_r = 0{,}7} - 1{,}000 \tag{3.18}$$

und berücksichtigt damit die Abweichung des reduzierten Sättigungsdampfdrucks $P^s_{r,i} = P^s_i/P_{kr,i}$ der Komponente i vom reduzierten Sättigungsdampfdruck ($\log P^s_r = -1{,}000$) der einfachen Fluide bei der reduzierten Temperatur $T_r = 0{,}7$.

Der in die Soave-Redlich-Kwong- und die Peng-Robinson-Gleichung eingeführte Term $\alpha(T)$ besitzt am kritischen Punkt den Wert 1, da an diesem Punkt die reduzierte Temperatur $T_r = T/T_{kr}$ den Wert 1 aufweist.

Bei Temperaturen $T < T_{kr}$ ergibt sich durch Einführung des azentrischen Faktors automatisch eine verbesserte Darstellung des Reinstoffdampfdrucks. Die gute Darstellung der Sättigungsdampfdrücke der reinen Stoffe ist eine Grundvoraussetzung, wenn das Dampf-Flüssig-Gleichgewichtsverhalten von Gemischen mit ausreichender Genauigkeit beschrieben werden soll.

Die Ermittlung der Parameter a und b kann auf verschiedenen Wegen erfolgen. Die Parameter können mit Hilfe nichtlinearer Regressionsverfahren so angepaßt werden, daß die mit Zustandsgleichungen berechenbaren Daten, wie z. B. Dichten, Sättigungsdampfdrücke oder andere thermodynamische Größen (Enthalpie, Entropie ...), für die betrachtete Komponente mit der Zustandsgleichung möglichst gut beschrieben werden (minimale Fehlerquadratsumme). Weiterhin lassen sich die zwei Parameter a und b direkt aus den kritischen Daten T_{kr}, P_{kr} ermitteln, da die kritische Isotherme am kritischen Punkt einen Sattelpunkt aufweist, d. h. für die erste und zweite Ableitung des Drucks nach dem Volumen folgende Abhängigkeit gilt[2]:

$$\left(\frac{\partial P}{\partial v}\right)_{T_{kr}} = 0 \tag{3.19}$$

und

$$\left(\frac{\partial^2 P}{\partial v^2}\right)_{T_{kr}} = 0. \tag{3.20}$$

In Tab. 3.2 sind die Beziehungen zur Ermittlung der Parameter a und b für die genannten Zustandsgleichungen mit Hilfe der kritischen Daten (T_{kr}, P_{kr}) und des azentrischen Faktors zusammengestellt. Da die in der SRK- und PR-Gleichung enthaltene Temperaturabhängigkeit $\alpha(T)$ am kritischen Punkt den Wert Eins aufweist, können auch für diese kubischen Zustandsgleichungen die benötigten Parameter a und b über Gl. (3.19) und Gl. (3.20) mit Hilfe der kritischen Daten bestimmt werden.

Die in der Technik am häufigsten angewandten Zustandsgleichungen sind die Soave-Redlich-Kwong-[5] und die Peng-Robinson-Zustandsgleichung[6].

Anwendung von Zustandsgleichungen auf Gemische

Bei der Darstellung des *PVT*-Verhaltens von binären oder Mehrkomponentensystemen müssen die Parameter der Zustandsgleichung für das betrachtete System bekannt sein. Für die Ermittlung dieser Gemischparameter gibt es keine streng theoretische Vorgehensweise, sondern man versucht, diese Parameter aus den Werten der reinen Stoffe unter Verwendung von Mischungsregeln zu bestimmen. Im Falle kubischer Zustandsgleichungen benutzt man meistens die folgenden empirischen Regeln (linear zur Abschätzung von b, quadratisch zur Abschätzung von a) zur Berechnung der Gemischparameter

$$b = \sum z_i b_i \tag{3.21}$$

und

$$a = \sum_i \sum_j z_i z_j a_{ij}, \tag{3.22}$$

z_i Molanteil (flüssige Phase x_i, Dampfphase y_i)

wobei die benötigten Kreuzparameter a_{ij} ($a_{ij} = a_{ji}$) aus den Reinstoffwerten a_{ii} (a_{jj}) mit Hilfe anpaßbarer binärer Parameter k_{ij} üblicherweise unter Verwendung der folgenden Kombinationsregel berechnet werden:

$$a_{ij} = \sqrt{a_{ii} a_{jj}} \left(1 - k_{ij}\right). \tag{3.23}$$

Dabei werden die binären Parameter k_{ij} so gewählt, daß die experimentellen Phasengleichgewichtsdaten binärer Systeme möglichst gut (minimale Fehlerquadratsumme) wiedergegeben werden. Unter Benutzung von Gl. (3.15) und den Mischungsregeln (Gl. 3.21 und 3.22) ergibt sich für die Soave-Redlich-Kwong-Zustandsgleichung (Tab. 3.2) die folgende Beziehung für die Berechnung der Fugazitätskoeffizienten,

$$\ln \varphi_k = \ln \frac{v}{v-b} - \frac{2 \sum_i z_i a_{ik}(T)}{RTb} \ln \frac{v+b}{v} + \frac{b_k}{v-b} - \ln \frac{Pv}{RT}$$
$$+ \frac{a(T) b_k}{RTb^2} \left(\ln \frac{v+b}{v} - \frac{b}{v+b} \right), \tag{3.24}$$

wobei im Falle der Dampfphase die Parameter, Konzentrationen und Volumina der Dampfphase ($z_i = y_i$, $v = v^V$) und im Falle der flüssigen Phase die entsprechenden Werte der flüssigen Phase ($z_i = x_i$, $v = v^L$) eingesetzt werden müssen. Die Volumina müssen dabei jeweils für die vorgegebenen Bedingungen [$T, P, x_i(y_i)$] der entsprechenden Gleichung aus Tab. 3.2 (im Falle der van-der-Waals-Gleichung: Gl. 3.17) berechnet werden. Mit der Möglichkeit, für vorgegebene Bedingungen Fugazitätskoeffizienten sowohl für die flüssige als auch die Dampfphase zu berechnen, lassen sich auch die Bedingungen ermitteln, für die die Gleichgewichtsbeziehung (3.10) erfüllt wird. Für den Fall einer isothermen Berechnung ist die Vorgehensweise in Abb. 3.4 in Form eines Flußdiagramms dargestellt. Die Vorgehensweise wird in[2] am Beispiel der Berechnung des Dampf-Flüssig-Gleichgewichts des Systems N_2–CH_4 dargestellt. Die Berechnung von Phasengleichgewichten unter Benutzung von Zustandsgleichungen ist wesentlich aufwendiger als die Berechnung mit Hilfe von Aktivitätskoeffizienten. Die Vielzahl der iterativen Berechnungen wird dabei zweckmäßigerweise mit dem Computer durchgeführt. Fortran-IV-Unterprogramme für die Soave-Redlich-Kwong-Gleichung findet man ebenfalls in[2]. Weiterhin existieren Programme für programmierbare Taschenrechner[9]. Obgleich die Berechnung nach Methode B

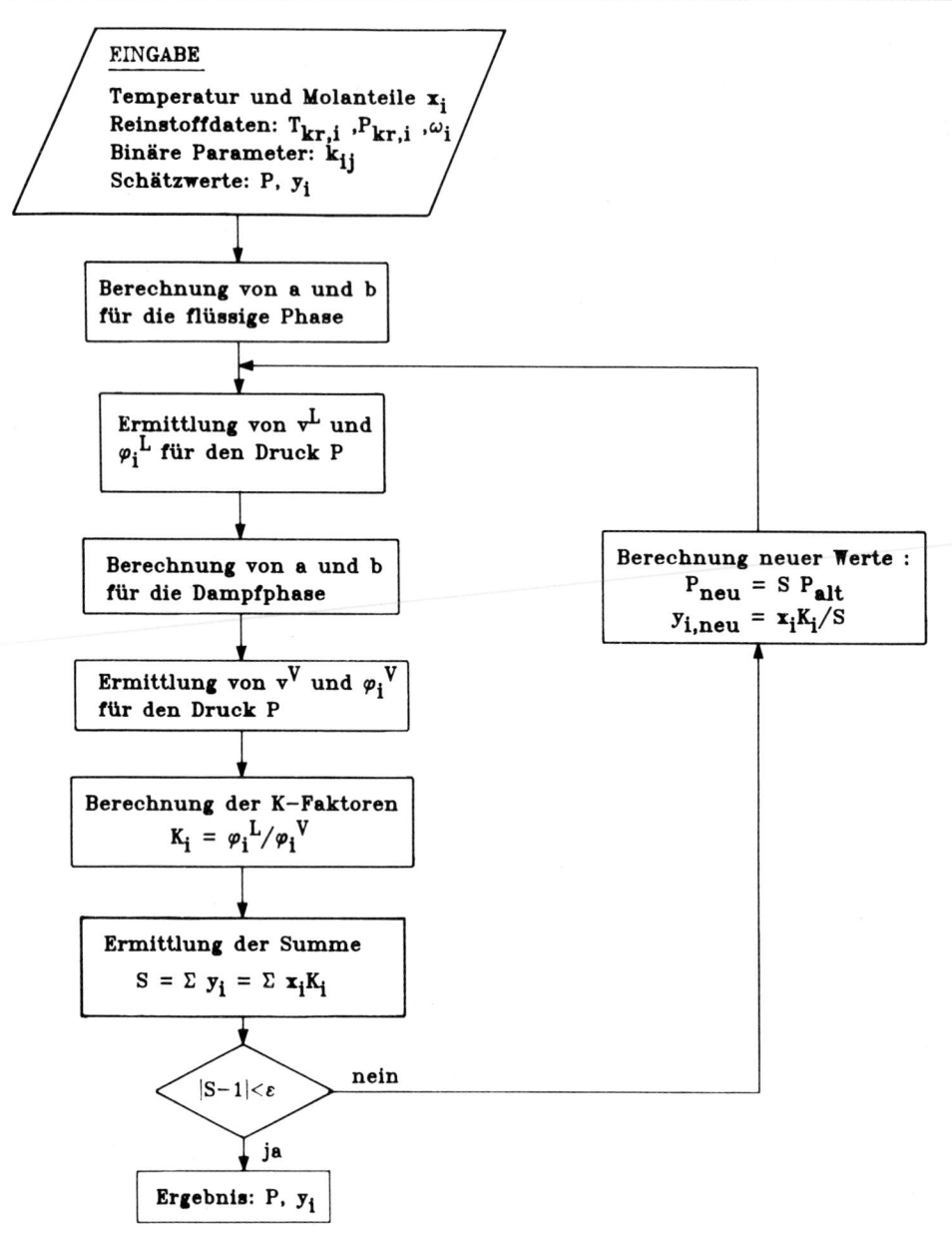

```
┌─────────────────────────────┐
│ EINGABE                     │
│ Temperatur und Molanteile $x_i$ │
│ Reinstoffdaten: $T_{kr,i}$, $P_{kr,i}$, $\omega_i$ │
│ Binäre Parameter: $k_{ij}$  │
│ Schätzwerte: P, $y_i$       │
└─────────────────────────────┘
             │
             ▼
┌─────────────────────────────┐
│ Berechnung von a und b      │
│ für die flüssige Phase      │
└─────────────────────────────┘
             │
             ▼
┌─────────────────────────────┐
│ Ermittlung von $v^L$ und    │
│ $\varphi_i^L$ für den Druck P │
└─────────────────────────────┘
             │
             ▼
┌─────────────────────────────┐         ┌─────────────────────────────┐
│ Berechnung von a und b      │         │ Berechnung neuer Werte:     │
│ für die Dampfphase          │         │ $P_{neu} = S\,P_{alt}$      │
└─────────────────────────────┘         │ $y_{i,neu} = x_i K_i / S$   │
             │                          └─────────────────────────────┘
             ▼                                        ▲
┌─────────────────────────────┐
│ Ermittlung von $v^V$ und    │
│ $\varphi_i^V$ für den Druck P │
└─────────────────────────────┘
             │
             ▼
┌─────────────────────────────┐
│ Berechnung der K-Faktoren   │
│ $K_i = \varphi_i^L / \varphi_i^V$ │
└─────────────────────────────┘
             │
             ▼
┌─────────────────────────────┐
│ Ermittlung der Summe        │
│ $S = \Sigma y_i = \Sigma x_i K_i$ │
└─────────────────────────────┘
             │
             ▼
        ╱ $|S-1|<\varepsilon$ ╲  nein
        ╲                     ╱ ─────────►
             │ ja
             ▼
┌─────────────────────────────┐
│ Ergebnis: P, $y_i$          │
└─────────────────────────────┘
```

Abb. 3.4 Flußdiagramm zur Berechnung von Dampf-Flüssig-Gleichgewichten mit Hilfe kubischer Zustandsgleichungen

wesentlich komplexer ist als nach Methode A, hat diese Vorgehensweise den großen Vorteil, daß neben Phasengleichgewichten auch Dichten, Realanteile thermodynamischer Größen und damit die Enthalpien und Entropien der verschiedenen Phasen sowie Verdampfungsenthalpien und Sättigungsdampfdrücke gleichzeitig mit der Zustandsgleichung berechnet werden können. Außerdem lassen sich kritische Punkte, wie sie in Abb. 3.1 b bei

Temperaturen von 377,59 und 410,93 K für das System Propen–Buten-1 auftreten, nur mit Hilfe von Zustandsgleichungen und nicht mit Hilfe von Aktivitätskoeffizienten (Weg A) berechnen.

Die für die Berechnung benötigten Reinstoffdaten (T_{kr}, P_{kr}, ω, c_P^{id}) wurden für eine Vielzahl von Komponenten tabelliert[7]. Sind keine experimentellen Daten bekannt, lassen sich diese Größen mit Hilfe von Gruppenbeitragsmethoden zuverlässig abschätzen[7]. Die binären Parameter k_{12} verschiedener Zustandsgleichungen findet man für eine begrenzte Zahl von Systemen in[8].

3.2.1.2 Virialgleichung

Bei der Berechnung von Dampf-Flüssig-Gleichgewichten nach Methode A werden ebenfalls Fugazitätskoeffizienten zur Berücksichtigung des realen Verhaltens der Dampfphase benötigt. Auch dafür können kubische Zustandsgleichungen herangezogen werden. Es ist jedoch ausreichend, Zustandsgleichungen zu verwenden, die lediglich in der Lage sind, das *PVT*-Verhalten der Dampfphase zu beschreiben, wie z. B. die Virialgleichung (Leiden-Form):

$$z = \frac{Pv}{RT} = 1 + B\varrho + C\varrho^2 + \ldots \tag{3.25}$$

ϱ molare Dichte ($\varrho = 1/v$),
B zweiter Virialkoeffizient (cm³/mol),
C dritter Virialkoeffizient [(cm³/mol)²]

Unter Benutzung der Virialgleichung ergibt sich für den Fall, daß dritte und höhere Virialkoeffizienten vernachlässigt werden, die folgende Beziehung zur Berechnung der Fugazitätskoeffizienten φ_i:

$$\ln \varphi_i = \left(2\sum_j y_j B_{ij} - B\right)\frac{P}{RT}. \tag{3.26}$$

Der 2. Virialkoeffizient B der Mischung kann exakt mit Hilfe der Virialkoeffizienten $B_{ii}(B_{jj})$ der reinen Stoffe und der Kreuzvirialkoeffizienten B_{ij} berechnet werden.

$$B = \sum_i \sum_j y_i y_j B_{ij} \tag{3.27}$$

B Virialkoeffizient für das Gemisch (cm³/mol),
B_{ii} Virialkoeffizient für den reinen Stoff (cm³/mol),
B_{ij} Kreuzvirialkoeffizient (cm³/mol)

Mit der Beziehung (3.26) läßt sich auch der Fugazitätskoeffizient im Sättigungszustand ($P = P_i^s$) für den reinen Stoff ($y_i = 1$, d. h. $B = B_{ii}$) berechnen:

$$\ln \varphi_i^s = \frac{B_{ii} P_i^s}{RT}. \tag{3.28}$$

Die 2. Virialkoeffizienten für die reinen Stoffe (B_{ii}) sowie die Kreuzvirialkoeffizienten (B_{ij}) werden über *PVT*-Messungen bestimmt und wurden für eine große Zahl reiner Stoffe und Mischungen in[10, 11] tabelliert. Sind keine experimentellen Daten bekannt, lassen sich diese Werte für unpolare Gemische mit Hilfe von Korrespondenzmethoden abschätzen[7].

Beispiel 3.1
Berechnen Sie für 60 °C mit Hilfe der Virialgleichung die Fugazitätskoeffizienten von Benzol(1) und Cyclohexan(2) bei den folgenden Bedingungen:

y_1	P (kPa)
0,0	51,84
0,5203	57,62
1,0	52,18

Virialkoeffizienten bei 60 °C:

$B_{11} = -1117$ cm^3/mol
$B_{12} = -1268$ cm^3/mol
$B_{22} = -1203$ cm^3/mol

Lösung:
Für die reinen Stoffe ergibt sich für die Fugazitätskoeffizienten im Sättigungszustand

$$\ln \varphi_1^s = \frac{-1117 \cdot 52,18}{8314,33 \cdot 333,15},$$

$$\varphi_1^s = 0,9792$$

und

$$\ln \varphi_2^s = \frac{-1203 \cdot 51,84}{8314,33 \cdot 333,15},$$

$$\varphi_2^s = 0,9777.$$

Für die Mischung muß zunächst der 2. Virialkoeffizient der Mischung berechnet werden:

$$B = 0,5203^2 \, (-1117) + 2 \cdot 0,5203 \cdot 0,4797 \, (-1268) + 0,4797^2 \, (-1203)$$

$$B = -1212 \text{ cm}^3/\text{mol}.$$

Damit ergibt sich für Benzol(1)

$$\ln \varphi_1 = \left[2(y_1 B_{11} + y_2 B_{12}) - B \right] \frac{P}{RT},$$

$$\ln \varphi_1 = \left[2(0,5203(-1117) + 0,4797(-1268)) + 1212 \right] \frac{57,62}{8314,33 \cdot 333,15},$$

$$\varphi_1 = 0,9760$$

und für Cyclohexan (2)

$$\ln \varphi_2 = \left[2(y_1 B_{12} + y_2 B_{22}) - B \right] \frac{P}{RT},$$

$$\ln \varphi_2 = \{2[0{,}5203(-1268) + 0{,}4797(-1203)] + 1212\} \frac{57{,}62}{8314{,}33 \cdot 333{,}15},$$

$$\varphi_2 = 0{,}9741.$$

An den Resultaten ist deutlich zu erkennen, daß selbst bei dem in diesem Beispiel betrachteten niedrigen Druck die Realität in der Dampfphase nicht zu vernachlässigen ist. Es ergeben sich Abweichungen von etwa 2,5 %, wobei dies sowohl für das Gemisch als auch für die reinen Komponenten gilt.

3.2.1.3 Chemische Theorie

Eine noch wesentlich stärkere Abweichung vom idealen Verhalten in der Dampfphase tritt auf, wenn die Wechselwirkungen so stark werden, daß man bereits von einer chemischen Reaktion sprechen kann. Dies ist z. B. bei Carbonsäuren der Fall, bei denen eine Dimerisation zu beobachten ist, oder in Systemen mit Fluorwasserstoff, bei denen sogar Hexamere $(HF)_6$ in der Dampfphase auftreten.

Bei solchen Systemen läßt sich der Fugazitätskoeffizient und seine Temperaturabhängigkeit nicht mehr mit Hilfe der Virialgleichung beschreiben. Stattdessen müssen zur Berechnung der Fugazitätskoeffizienten Gleichgewichtskonstanten der auftretenden chemischen Reaktionen berücksichtigt werden[2], um nach Prigogine[43] über die Konzentration der Monomeren die Fugazitätskoeffizienten der im System enthaltenen Komponenten zu bestimmen.

3.2.2 Anwendung von Aktivitätskoeffizienten

Bei der Anwendung von Gl. (3.9) zur Berechnung von Dampf-Flüssig-Gleichgewichten benötigt man neben den Fugazitätskoeffizienten (φ_i, φ_i^s) für die Dampfphase noch die Werte der Aktivitätskoeffizienten γ_i und der Standardfugazitäten f_i^0. Die Standardfugazität ist dabei frei wählbar. Sie sollte so gewählt werden, daß die Werte der Aktivitätskoeffizienten möglichst wenig vom Wert 1 abweichen. Aus diesem Grund wird bei der Darstellung von Dampf-Flüssig-Gleichgewichten die Fugazität der reinen Flüssigkeit bei Systemtemperatur und Systemdruck als Standardfugazität gewählt.

Für den Fall des Systems Benzol(1)–Cyclohexan(2) bei 60 °C sind die experimentellen Dampf-Flüssig-Gleichgewichtswerte in Tab. 3.3 gelistet. Mit Hilfe dieser Werte wurden unter Benutzung der Virialgleichung die Fugazitätskoeffizienten φ_i der beiden Komponenten in der Dampfphase nach Gl. (3.26) und damit die Fugazitäten f_i berechnet [aufgrund der Gleichgewichtsbedingung (3.2) sind die Fugazitäten in der Dampfphase identisch mit den Werten der Fugazität in der flüssigen Phase] und in Abb. 3.5 dargestellt, wobei die Fugazitätskoeffizienten in der gleichen Weise wie in Beispiel 3.1 bestimmt wurden. Für die reinen Stoffe ergeben sich damit als Werte der Standardfugazität beim jeweiligen Gesamtdruck, der im Falle reiner Stoffe identisch mit dem Sättigungsdampfdruck P_i^s ist (s. Beispiel 3.1):

$$f_1^0 = \varphi_1^s P_1^s = 0{,}9792 \cdot 52{,}18 = 51{,}09 \text{ kPa}$$

$$f_2^0 = \varphi_2^s P_2^s = 0{,}9754 \cdot 51{,}84 = 50{,}68 \text{ kPa}.$$

Tab. 3.3 VLE-Daten des Systems Benzol(1)–Cyclohexan(2) bei 60 °C[12]

x_1	y_1	P (kPa)	φ_1	φ_2	f_1 (kPa)	f_2 (kPa)
0,0	0,0	51,84	0,9754	0,9777	0	50,68
0,0672	0,0912	53,42	0,9753	0,9770	4,75	47,43
0,2261	0,2670	55,92	0,9754	0,9757	14,56	39,99
0,3201	0,3526	56,73	0,9756	0,9751	19,51	35,81
0,4320	0,4480	57,51	0,9757	0,9745	25,14	30,94
0,5203	0,5203	57,62	0,9760	0,9741	29,26	26,92
0,6029	0,5895	57,42	0,9764	0,9739	33,05	22,96
0,7095	0,6770	56,98	0,9768	0,9736	37,68	17,92
0,7952	0,7563	56,08	0,9774	0,9735	41,45	13,30
0,8752	0,8386	54,92	0,9780	0,9735	45,04	8,63
0,8932	0,8600	54,62	0,9781	0,9735	45,94	7,44
1,0	1,0	52,18	0,9792	0,9736	51,09	0

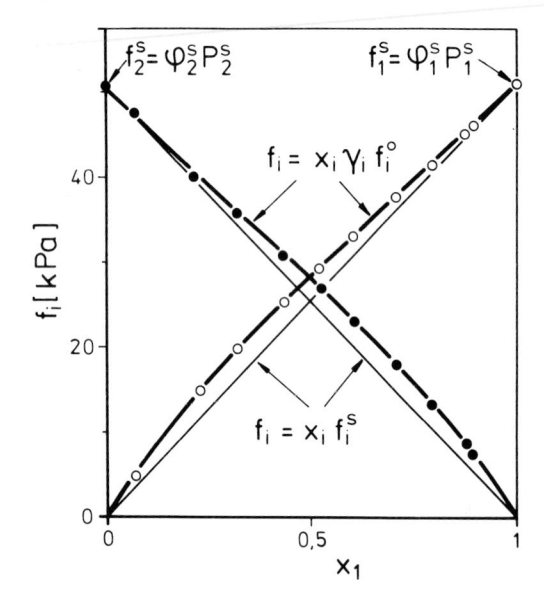

$B_{11} = -1117$ cm³/mol
$B_{12} = -1268$ cm³/mol
$B_{22} = -1203$ cm³/mol
$v_1^L = 93,45$ cm³/mol
$v_2^L = 113,66$ cm³/mol

Abb. 3.5 Fugazität von Benzol und Cyclohexan für das binäre System Benzol(1)–Cyclohexan(2) bei 60 °C

Da die Standardfugazitäten per Definition jeweils beim Systemdruck P und nicht beim Sättigungsdampfdruck betrachtet werden, muß für die Mischung noch der Einfluß des Drucks auf die Fugazität nach der folgenden Beziehung berücksichtigt werden (Poynting-Korrektur)[2]:

$$f_i^0 = \varphi_i^s P_i^s \exp\frac{v_i^L(P-P_i^s)}{RT} \tag{3.29}$$

v_i^L molares Flüssigkeitsvolumen der Komponente i

Der Exponentialterm wird als Poynting-Faktor (Poy_i) bezeichnet. Unter Benutzung dieser Beziehung für die Standardfugazität ergibt sich als Gleichgewichtsbeziehung:

$$x_i\gamma_i\varphi_i^s P_i^s Poy_i = y_i\varphi_i^V P. \tag{3.30}$$

Für nicht zu große Druckdifferenzen besitzt der Poynting-Faktor aber etwa den Wert 1. So ergibt sich für Benzol(1) ($v_1^L = 93{,}45\,\text{cm}^3/\text{mol}$) bei $P = 57{,}62$ kPa und 60 °C:

$$Poy_1 = \exp\frac{0{,}09345 \cdot (57{,}62 - 52{,}18)}{8{,}31433 \cdot 333{,}15} = 1{,}0002 \,,$$

und damit für die Standardfugazität des Benzols bei diesen Bedingungen

$$f_1^0 = 51{,}09 \cdot 1{,}0002 = 51{,}10 \text{ kPa} \,.$$

Für nicht zu hohe Drücke und nicht stark assoziierende Komponenten läßt sich die Gleichgewichtsbeziehung (3.30) oftmals vereinfachen, da obwohl die Fugazitätskoeffizienten φ_i^s und φ_i^V auch bei niedrigen Drücken stärker vom Wert 1 abweichen (s. Tab. 3.3) der Quotient

$$\phi_i = \frac{\varphi_i^s Poy_i}{\varphi_i^V} \qquad (3.31)$$

ungefähr den Wert 1 aufweist, da φ_i^s und φ_i^V in der Regel ähnliche Werte besitzen und daher die Tendenz haben, sich gegenseitig aufzuheben. So ergibt sich für den oben betrachteten Meßpunkt im Falle der Komponente Benzol (s. Tab. 3.3):

$$\phi_1 = \frac{0{,}9792 \cdot 1{,}0002}{0{,}9760} = 1{,}0035 \,.$$

Für den gesamten Konzentrationsbereich sind diese Werte in Abb. 3.6 gezeigt.

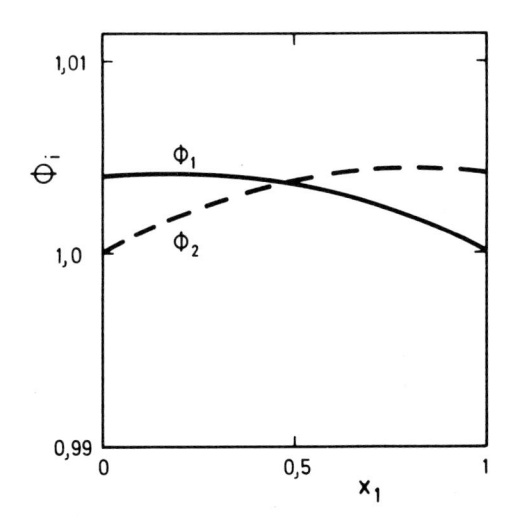

Abb. 3.6 Realfaktoren der Komponenten Benzol und Cyclohexan im binären System Benzol(1)–Cyclohexan(2) bei 60 °C

An der Darstellung ist zu erkennen, daß die Abweichung vom Wert 1 maximal 0,45% beträgt, so daß eine Vernachlässigung für viele Berechnungen gerechtfertigt erscheint. Bei Vernachlässigung von ϕ_i ergibt sich als vereinfachte Gleichgewichtsbeziehung:

$$x_i \gamma_i P_i^s = y_i P \,. \qquad (3.32)$$

Nach dieser Beziehung werden zur Berechnung von Dampf-Flüssig-Gleichgewichten neben den Sättigungsdampfdrücken lediglich noch die Aktivitätskoeffizienten der einzelnen Komponenten benötigt. Damit vereinfachen sich auch die Beziehungen (3.11) und (3.13) zur Berechnung der *K*- bzw. Trennfaktoren:

$$K_i = \frac{y_i}{x_i} = \frac{\gamma_i P_i^s}{P}, \tag{3.33}$$

$$\alpha_{ij} = \frac{K_i}{K_j} = \frac{\gamma_i P_i^s}{\gamma_j P_j^s}. \tag{3.34}$$

Die Aktivitätskoeffizienten sind in erster Linie von der Konzentration abhängig. Der Verlauf der Aktivitätskoeffizienten als Funktion der Konzentration läßt sich direkt aus experimentellen VLE-Daten berechnen. So ergeben sich mit Hilfe der vereinfachten Gleichgewichtsbeziehung (3.32) für den Datenpunkt $x_1 = 0{,}3201$, $y_1 = 0{,}3526$, $P = 56{,}73$ kPa aus Tab. 3.3 für die Aktivitätskoeffizienten die folgenden Werte:

$$\gamma_1 = \frac{y_1 P}{x_1 P_1^s} = \frac{0{,}3526 \cdot 56{,}73}{0{,}3201 \cdot 52{,}18} = 1{,}198,$$

$$\gamma_2 = \frac{y_2 P}{x_2 P_2^s} = \frac{0{,}6474 \cdot 56{,}73}{0{,}6799 \cdot 51{,}84} = 1{,}042.$$

Für den gesamten Konzentrationsbereich ist der Verlauf der Aktivitätskoeffizienten in Abb. 3.7 dargestellt. Dabei ergibt sich bei der gewählten Standardfugazität, daß die Aktivitätskoeffizienten für die reinen Stoffe den Wert 1 annehmen. Die größte Abweichung vom Wert 1 tritt in fast allen Fällen bei sehr niedrigen Konzentrationen auf. Den Wert des Aktivitätskoeffizienten γ_i bei $x_i = 0$ bezeichnet man auch als Aktivitätskoeffizienten bei unendlicher Verdünnung γ_i^∞. Im betrachteten Fall betragen die Werte für $\gamma_1^\infty \sim 1{,}45$ und $\gamma_2^\infty \sim 1{,}52$.

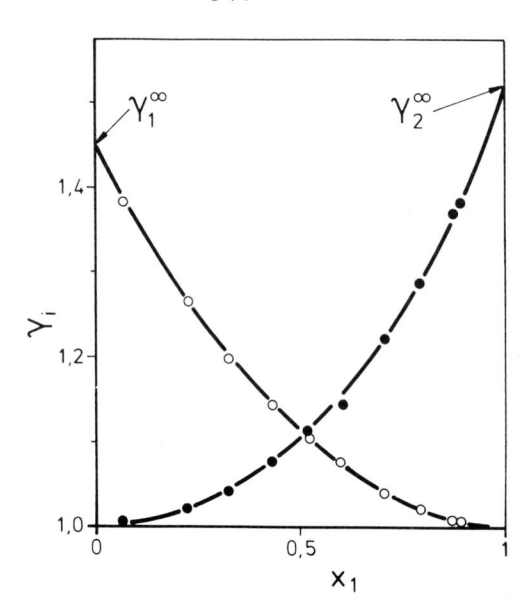

Abb. 3.7 Aktivitätskoeffizienten der Komponenten Benzol und Cyclohexan im binären System Benzol(1)–Cyclohexan(2) bei 60 °C

Die in vielen Lehrbüchern benutzte vereinfachende Annahme, daß die Aktivitätskoeffizienten den Wert 1 aufweisen, tritt in realen Fällen sehr selten auf. Lediglich bei Gemischen ähnlicher Komponenten, etwa gleicher Größe (z. B. Isomerengemischen), kann man mit der Annahme idealen Verhaltens sinnvolle Ergebnisse erzielen. In diesem Fall vereinfacht sich die Gleichgewichtsbeziehung (3.32) zum sog. „Raoultschen Gesetz"

$$x_i P_i^s = y_i P, \qquad (3.35)$$

und man erhält für den K-Faktor bzw. Trennfaktor

$$K_i = \frac{P_i^s}{P} \qquad (3.35\,a)$$

bzw.

$$\alpha_{ij} = \frac{K_i}{K_j} = \frac{P_i^s}{P_j^s}. \qquad (3.35\,b)$$

Bei der Bedeutung von Aktivitätskoeffizienten zur Berechnung von Phasengleichgewichten liegt es nahe, analytische Ausdrücke zur Beschreibung der Konzentrations- und Temperaturabhängigkeit zu entwickeln.

Bei der Ableitung solcher Ansätze geht man zweckmäßigerweise von der Gibbsschen Exzeßenthalpie g^E aus. So ergibt sich für die Änderung der molaren Gibbsschen Enthalpie beim Mischen[2]

$$\Delta g = RT \sum x_i \ln x_i \gamma_i . \qquad (3.36)$$

Für ideale Systeme ($\gamma_i = 1$) gilt demnach

$$\Delta g_{ideal} = RT \sum x_i \ln x_i . \qquad (3.37)$$

Den durch das reale Verhalten der Mischung verursachten Beitrag Δg_{real} bezeichnet man auch als Gibbssche Exzeßenthalpie g^E:

$$\Delta g_{real} = g^E = RT \sum x_i \ln \gamma_i = \sum x_i \bar{g}_i^E \qquad (3.38)$$

$\bar{g}_i^E$ partielle molare Gibbssche Exzeßenthalpie der Komponente i (($\partial G^E/\partial n_i)_{T,P,n_j \neq n_i}$)

Zwischen dem Aktivitätskoeffizienten und der Gibbsschen Exzeßenthalpie besteht somit der folgende Zusammenhang:

$$RT \ln \gamma_i = \left(\frac{\partial G^E}{\partial n_i}\right)_{T,P,n_j \neq n_i} = \bar{g}_i^E , \qquad (3.39)$$

wobei $G^E = n_T g^E$ ist.

Mit Hilfe der Beziehung (3.39) läßt sich für jeden g^E-Ansatz ein konsistenter analytischer Ausdruck zur Darstellung der Aktivitätskoeffizienten als Funktion der Konzentration ableiten. Neben der Abhängigkeit von der Konzentration sind die Aktivitätskoeffizienten aber auch von der Temperatur und dem Druck abhängig. Diese Abhängigkeit kann exakt berücksichtigt werden, wenn die Mischungsenthalpie h^E und das Exzeßvolumen v^E des betrachteten Systems bekannt ist. Mischungsenthalpien (Exzeßenthalpien) (h^E) lassen sich kalorimetrisch und Exzeßvolumina (v^E) durch Dichtemessung ermitteln. Für die Abhängigkeit von der Temperatur bzw. dem Druck gilt

$$\left(\frac{\partial \ln \gamma_i}{\partial 1/T}\right)_{P,x} = \frac{\bar{h}_i^E}{R} \qquad (3.40)$$

und

$$\left(\frac{\partial \ln \gamma_i}{\partial P}\right)_{T,x} = \frac{\bar{v}_i^E}{RT}, \qquad (3.41)$$

$\bar{h}_i^E$ partielle molare Exzeßenthalpie der Komponente i,
$\bar{v}_i^E$ partielles molares Exzeßvolumen der Komponente i

wobei die Druckabhängigkeit bei der Berechnung in der Regel zu vernachlässigen ist. Der Einfluß der Mischungsenthalpie sollte aber bei der Auslegung von Rektifikationsprozessen berücksichtigt werden.

Die benötigten partiellen molaren Größen ($\bar{g}_i^E$, $\bar{h}_i^E$, $\bar{v}_i^E$) lassen sich für vorgegebene Temperatur und Konzentration direkt aus einem $g^E(h^E, v^E)$-x-Diagramm ermitteln. Für das System Benzol(1)–Cyclohexan(2) ist dies für eine Temperatur von 25 °C und eine Konzentration $x_1 = 0{,}35$ in Abb. 3.8 dargestellt. Für die vorgegebene Konzentration muß lediglich die Tangente an die Kurve für die Exzeßgröße angelegt werden. Die Achsenabschnitte liefern dann die gewünschten partiellen Größen.

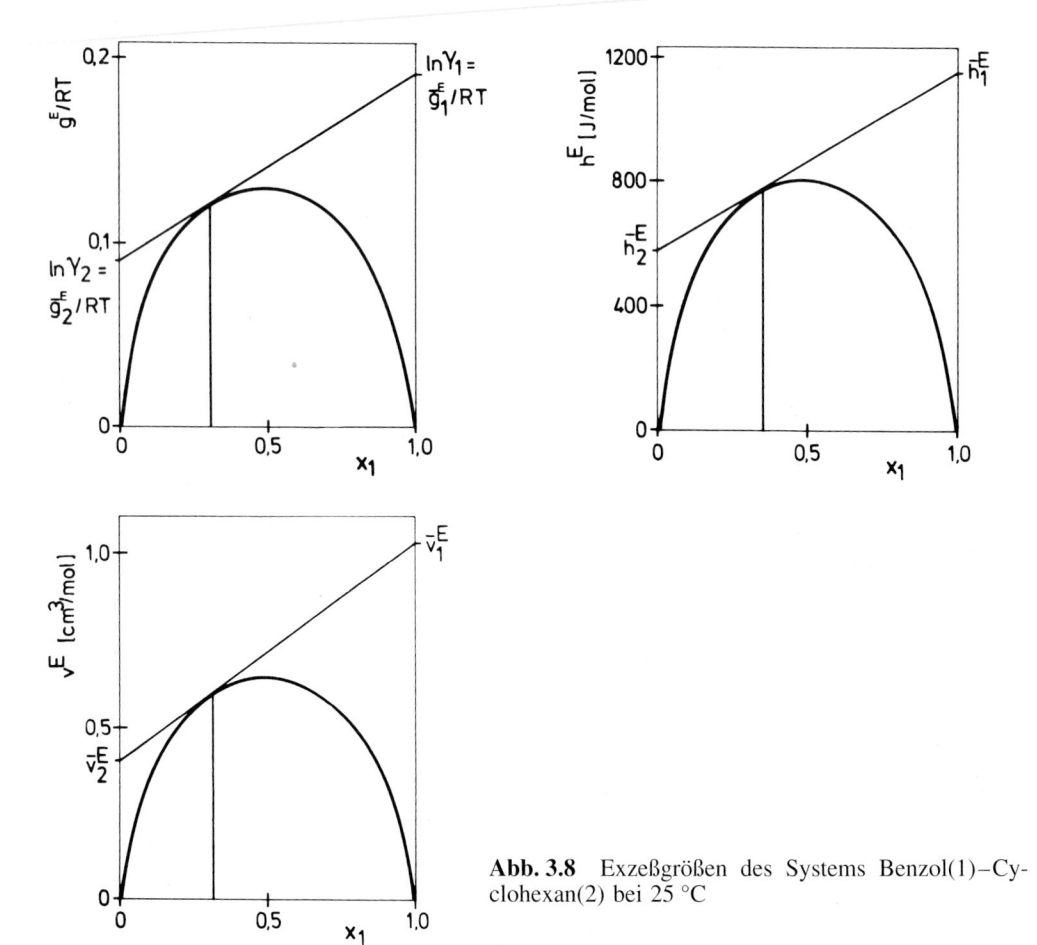

Abb. 3.8 Exzeßgrößen des Systems Benzol(1)–Cyclohexan(2) bei 25 °C

3.2.2.1 g^E-Modelle

Ansätze für die Gibbssche Exzeßenthalpie müssen natürlich die Grenzbedingungen einhalten. So muß der Wert von g^E für reine Stoffe per Definition den Wert 0 aufweisen. Weiterhin ist es wünschenswert, daß diese Ansätze nicht nur das reale Verhalten von binären Systemen, sondern auch von Mehrkomponentensystemen beschreiben. Dabei ist es wichtig, daß zur Darstellung des realen Verhaltens von Mehrkomponentensystemen lediglich binäre Parameter benötigt werden, da aufgrund des benötigten Meßaufwands für höhere als ternäre Systeme (s. Tab. 3.1) nahezu keine experimentellen Phasengleichgewichtsdaten in der Literatur publiziert wurden.

Verschiedene g^E-Ansätze sind in Tab. 3.4 zusammengestellt. Von den in Tab. 3.4 angegebenen Ansätzen sind die Margules- und van-Laar-Gleichung nur für binäre Systeme anwendbar. Die anderen Modelle gestatten die Berechnung des realen Verhaltens von Multikomponentensystemen allein aus der Kenntnis binärer Informationen. Die Möglichkeiten dieser Modelle führten zu großen Fortschritten bei der Simulation von Trennprozessen. All diese Ansätze (Wilson[16], NRTL[17], UNIQUAC[18]) basieren auf dem Modell der lokalen Zusammensetzung, welches erstmals von Wilson[16] eingeführt wurde. Während die Wilson- und die UNIQUAC-Gleichung zwei Parameter für das binäre System brauchen, werden beim NRTL-Ansatz drei Parameter benötigt. Die Parameter können durch Anpassung an experimentelle Phasengleichgewichtsdaten bestimmt werden. Für die Beschreibung des realen Verhaltens werden bei der Wilson- und UNIQUAC-Gleichung weiterhin Reinstoffdaten benötigt. Dies sind die molaren Flüssigkeitsvolumina v_i^L (Wilson-Gleichung) bzw. die relativen van der Waalsschen Größen r_i und q_i (UNIQUAC-Gleichung). Diese Größen sind aber leicht zugänglich[13].

Für eine Vielzahl binärer Systeme wurden diese Modellparameter und die benötigten Reinstoffdaten in [13] tabelliert. Für einige ausgewählte Systeme sind die Parameter im Anhang zu finden.

Im Gegensatz zur Wilson-Gleichung können bei Verwendung der NRTL-Gleichung und des UNIQUAC-Ansatzes auch Flüssig-Flüssig-Gleichgewichte dargestellt werden.

Mit Hilfe der binären Parameter und der Reinstoffdaten läßt sich dann direkt das Phasengleichgewichtsverhalten von Mehrkomponentensystemen beschreiben. Für den isobaren Fall ist die Vorgehensweise in Abb. 3.9 in Form eines Flußdiagramms dargestellt.

Zur Anpassung der Parameter können z. B. Dampf-Flüssig-Gleichgewichtsdaten[13] herangezogen werden. Stehen diese Daten nicht zur Verfügung, so können auch Aktivitätskoeffizienten bei unendlicher Verdünnung γ_1^∞ und γ_2^∞ zur Ermittlung der Parameter benutzt werden[19].

Für den Fall unendlicher Verdünnung vereinfachen sich die in Tab. 3.4 gegebenen Beziehungen. Die sich ergebenden Gleichungen findet man in Tab. 3.5. An den Gleichungen für γ_i^∞ ist zu erkennen, daß sich für die Margules- und die van-Laar-Gleichung eine recht leichte Möglichkeit zur Bestimmung der binären Parameter ergibt. Bei den anderen Gleichungen erhält man Beziehungen, die iterativ gelöst werden müssen[20]. Im Falle der NRTL-Gleichung (3 Parameter) muß bei dieser Vorgehensweise weiterhin ein Parameter (z. B. α_{12}) festgelegt werden.

Um eine möglichst genaue Darstellung des Phasengleichgewichts zu erhalten, sollten neben VLE-Daten und γ^∞-Daten auch Mischungsenthalpiedaten[21, 22] zur Anpassung temperaturabhängiger binärer Parameter benutzt werden. Erst dadurch läßt sich erreichen, daß neben der Konzentrationsabhängigkeit auch die Temperaturabhängigkeit der Aktivitätskoeffizienten (siehe Gl. 3.40) richtig beschrieben wird[30].

Tab. 3.4 Verschiedene Ansätze für den Aktivitätskoeffizienten

Gleichung	Parameter	Ansätze für den Aktivitätskoeffizienten
Margules[14]	A_{12}	$\ln \gamma_1 = x_2^2 [A_{12} + 2(A_{21} - A_{12}) x_1]$
	A_{21}	$\ln \gamma_2 = x_1^2 [A_{21} + 2(A_{12} - A_{21}) x_2]$
van Laar[15]	A_{12}	$\ln \gamma_1 = A_{12} \left(\dfrac{A_{21} x_2}{A_{12} x_1 + A_{21} x_2} \right)^2$
	A_{21}	$\ln \gamma_2 = A_{21} \left(\dfrac{A_{12} x_1}{A_{12} x_1 + A_{21} x_2} \right)^2$
Wilson[16]	$\Delta \lambda_{12}{}^*$	$\ln \gamma_1 = -\ln(x_1 + \Lambda_{12} x_2) + x_2 \left(\dfrac{\Lambda_{12}}{x_1 + \Lambda_{12} x_2} - \dfrac{\Lambda_{21}}{\Lambda_{21} x_1 + x_2} \right)$
	$\Delta \lambda_{21}$	$\ln \gamma_2 = -\ln(x_2 + \Lambda_{21} x_1) - x_1 \left(\dfrac{\Lambda_{12}}{x_1 + \Lambda_{12} x_2} - \dfrac{\Lambda_{21}}{\Lambda_{21} x_1 + x_2} \right)$
	$\Delta \lambda_{ij}$	$\ln \gamma_i = -\ln \left(\sum_j x_j \Lambda_{ij} \right) + 1 - \sum_k \dfrac{x_k \Lambda_{ki}}{\sum_j x_j \Lambda_{kj}}$
NRTL[17]	$\Delta g_{12}{}^{**}$ Δg_{21}	$\ln \gamma_1 = x_2^2 \left[\tau_{21} \left(\dfrac{G_{21}}{x_1 + x_2 G_{21}} \right)^2 + \dfrac{\tau_{12} G_{12}}{(x_2 + x_1 G_{12})^2} \right]$
	α_{12}	$\ln \gamma_2 = x_1^2 \left[\tau_{12} \left(\dfrac{G_{12}}{x_2 + x_1 G_{12}} \right)^2 + \dfrac{\tau_{21} G_{21}}{(x_1 + x_2 G_{21})^2} \right]$
	Δg_{ij} α_{ij}	$\ln \gamma_i = \dfrac{\sum_i \tau_{ji} G_{ji} x_j}{\sum_k G_{ki} x_k} + \sum_j \dfrac{x_j G_{ij}}{\sum_k G_{kj} x_k} \left(\tau_{ij} - \dfrac{\sum_n x_n \tau_{nj} G_{nj}}{\sum_k G_{kj} x_k} \right)$
UNIQUAC[18]	$\Delta u_{12}{}^{***}$	$\ln \gamma_1 = \ln \gamma_1^C + \ln \gamma_1^R$
	Δu_{21}	$\ln \gamma_1^C = 1 - V_1 + \ln V_1 - 5 q_1 \left(1 - \dfrac{V_1}{F_1} + \ln \dfrac{V_1}{F_1} \right)$
		$\ln \gamma_1^R = -q_1 \ln \dfrac{q_1 x_1 + q_2 x_2 \tau_{21}}{q_1 x_1 + q_2 x_2}$
		$+ q_1 q_2 x_2 \left(\dfrac{\tau_{21}}{q_1 x_1 + q_2 x_2 \tau_{21}} - \dfrac{\tau_{12}}{q_1 x_1 \tau_{12} + q_2 x_2} \right)$
		$\ln \gamma_2 = \ln \gamma_2^C + \ln \gamma_2^R$
		$\ln \gamma_2^C = 1 - V_2 + \ln V_2 - 5 q_2 \left(1 - \dfrac{V_2}{F_2} + \ln \dfrac{V_2}{F_2} \right)$

Tab. 3.4 (Fortsetzung)

Gleichung	Parameter	Ansätze für den Aktivitätskoeffizienten

$$\ln \gamma_2^R = -q_2 \ln \frac{q_1 x_1 \tau_{12} + q_2 x_2}{q_1 x_1 + q_2 x_2}$$

$$+ q_1 q_2 x_1 \left(\frac{\tau_{12}}{q_1 x_1 \tau_{12} + q_2 x_2} - \frac{\tau_{21}}{q_1 x_1 + q_2 x_2 \tau_{21}} \right)$$

Δu_{ij} $\quad \ln \gamma_i = \ln \gamma_i^C + \ln \gamma_i^R$

$$\ln \gamma_i^C = 1 - V_i + \ln V_i - 5 q_i \left(1 - \frac{V_i}{F_i} + \ln \frac{V_i}{F_i} \right)$$

$$\ln \gamma_i^R = q_i \left(1 - \ln \frac{\sum_j q_j x_j \tau_{ji}}{\sum_j q_j x_j} - \sum_j \frac{q_j x_j \tau_{ij}}{\sum_k q_k x_k \tau_{kj}} \right)$$

---

* $\quad \Lambda_{ij} = \frac{v_j}{v_i} \exp\left(-\Delta \lambda_{ij} / T\right), \qquad \Lambda_{ii} = 1$

$v_i \quad$ Molvolumen der reinen Flüssigkeit i,
$\Delta \lambda_{ij} \quad$ Wechselwirkungsparameter zwischen den Komponenten i und j (K)

** $\tau_{ij} = \Delta g_{ij}/T, \qquad \tau_{ii} = 0$
$G_{ij} = \exp(-\alpha_{ij} \tau_{ij}), \qquad G_{ii} = 1$

$\Delta g_{ij} \quad$ Wechselwirkungsparameter zwischen den Komponenten i und j (K),
$\alpha_{ij} \quad$ Nonrandomness-Parameter: $\alpha_{ij} = \alpha_{ji}$

*** $\gamma_i^C \quad$ Kombinatorischer Anteil des Aktivitätskoeffizienten der Komponente i,
$\gamma_i^R \quad$ Restanteil des Aktivitätskoeffizienten der Komponente i

$\tau_{ij} = \exp(-\Delta u_{ij}/T), \qquad \tau_{ii} = 0$

$\Delta u_{ij} \quad$ Wechselwirkungsparameter zwischen den Komponenten i und j (K),
$r_i \quad$ relatives van der Waalssches Volumen der Komponente i,
$q_i \quad$ relative van der Waalssche Oberfläche der Komponente i

$V_i = \dfrac{r_i}{\sum_j r_j x_j} \quad$ Volumenanteil/Molanteil der Komponente i

$F_i = \dfrac{q_i}{\sum_j q_j x_j} \quad$ Oberflächenanteil/Molanteil der Komponente i

Je nach den Werten der Aktivitätskoeffizienten und Sättigungsdampfdrücke ergeben sich die unterschiedlichsten Arten binärer Dampf-Flüssig-Gleichgewichtsdiagramme. In Abb. 3.10 sind die Dampfphasenzusammensetzung y_1, der Logarithmus der Aktivitätskoeffizienten $\ln \gamma_i$, der Druck P und die Temperatur T als Funktion des Molanteils der leichterflüchtigen Komponente 1 dargestellt.

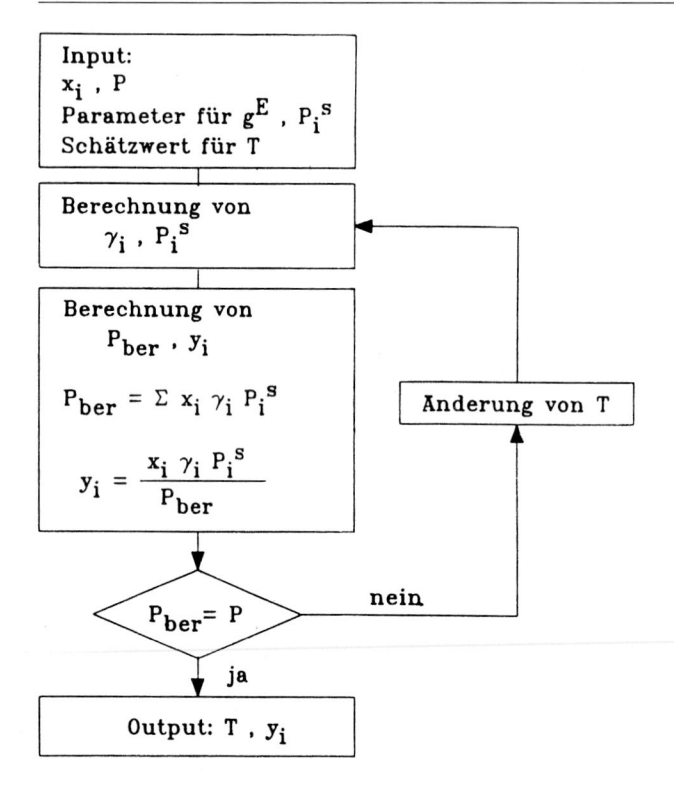

Abb. 3.9 Flußdiagramm zur Berechnung isobarer Dampf-Flüssig-Gleichgewichte

Flowchart content:
- Input: x_i, P; Parameter für g^E, P_i^s; Schätzwert für T
- Berechnung von γ_i, P_i^s
- Berechnung von P_{ber}, y_i
  $$P_{ber} = \sum x_i \gamma_i P_i^s$$
  $$y_i = \frac{x_i \gamma_i P_i^s}{P_{ber}}$$
- $P_{ber} = P$? nein → Änderung von T (zurück zu Berechnung von γ_i, P_i^s); ja → Output: T, y_i

Tab. 3.5 Ausdrücke für die Aktivitätskoeffizienten bei unendlicher Verdünnung

Gleichung	$\ln \gamma_1^\infty = \ldots$ $\ln \gamma_2^\infty = \ldots$
Margules[14]	A_{12} A_{21}
van Laar[15]	A_{12} A_{21}
Wilson[16]	$1 - \ln \Lambda_{12} - \Lambda_{21}$ $1 - \ln \Lambda_{21} - \Lambda_{12}$
NRTL[17]	$\tau_{21} + \tau_{12} \exp(-\alpha_{12}\tau_{12})$ $\tau_{12} + \tau_{21} \exp(-\alpha_{12}\tau_{21})$
UNIQUAC[18]	$1 - \dfrac{r_1}{r_2} + \ln \dfrac{r_1}{r_2} - 5q_1 \left(\ln \dfrac{r_1 q_2}{r_2 q_1} - \dfrac{r_1 q_2}{r_2 q_1} \right) - q_1(4 + \ln \tau_{21} + \tau_{12})$ $1 - \dfrac{r_2}{r_1} + \ln \dfrac{r_2}{r_1} - 5q_2 \left(\ln \dfrac{r_2 q_1}{r_1 q_2} - \dfrac{r_2 q_1}{r_1 q_2} \right) - q_2(4 + \ln \tau_{12} + \tau_{21})$

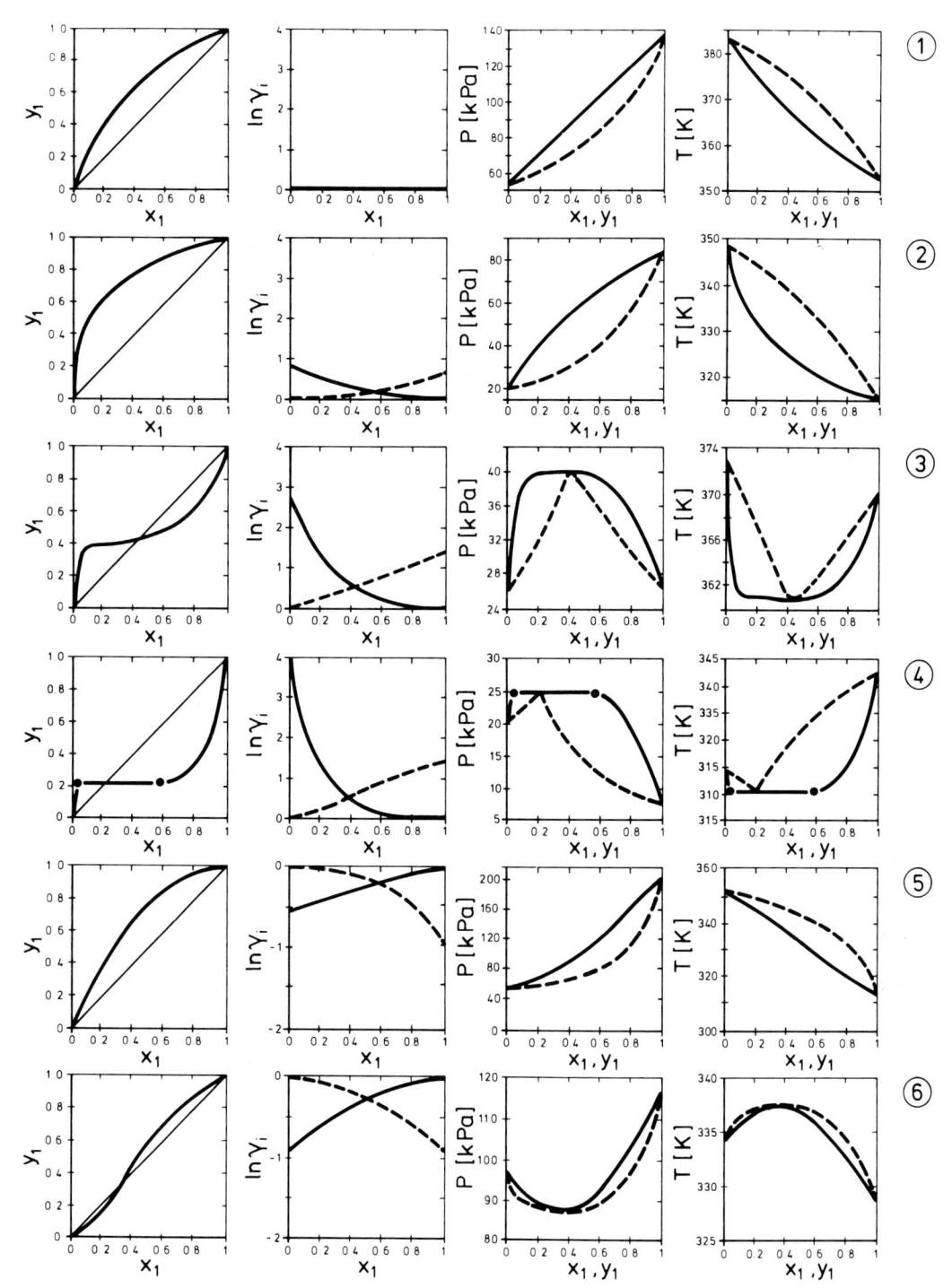

Abb. 3.10 Verschiedene Phasengleichgewichtsdiagramme für die folgenden binären Systeme:
① Benzol(1)–Toluol(2)   ④ 1-Butanol(1)–Wasser(2)
② Methanol(1)–Wasser(2)   ⑤ Dichlormethan(1)–Butanon-2(2)
③ 1-Propanol(1)–Wasser(2)   ⑥ Aceton(1)–Chloroform(2)

Bei der Auftragung des Drucks und der Temperatur ist auch die Abhängigkeit von der Dampfzusammensetzung (gestrichelte Linie) gezeigt.

Während sich das System Benzol–Toluol nahezu ideal verhält ($\gamma_i = 1$), nehmen die Werte der Aktivitätskoeffizienten bis zum System Butanol–Wasser immer weiter zu. Dies zeigt sich insbesondere im Verhalten des Drucks als Funktion der Flüssigkeitskonzentration. Während der Druck beim System Benzol–Toluol linear mit der Flüssigkeitskonzentration zunimmt, ist beim System Methanol–Wasser ($\gamma_i > 1$) eine deutliche Abweichung von der Linearität zu erkennen. Mit weiter steigenden Aktivitätskoeffizienten [System: 1-Propanol–Wasser ($\gamma_i \gg 1$)] durchläuft der Druck ein Maximum. Dies ist der Fall bei azeotropen Systemen. Am Druckmaximum weisen die Konzentrationen in der Dampfphase und in der flüssigen Phase gleiche Werte auf. Bei konstantem Druck zeichnet sich dieser Punkt durch ein Temperaturminimum aus. Werden die Werte der Aktivitätskoeffizienten noch größer, so führt dies in der Regel zum Auftreten von zwei flüssigen Phasen, wie z. B. beim System Butanol–Wasser. Schneidet das Zweiphasengebiet (gekennzeichnet durch die Waagerechte) die Diagonale im y-x-Diagramm, so tritt ein sog. Heteroazeotrop auf. Wird der Dampf mit heteroazeotroper Zusammensetzung kondensiert, so entstehen zwei flüssige Phasen, deren Gesamtkonzentration identisch mit der heteroazeotropen Konzentration ist. Im gesamten heterogenen Gebiet weisen im isothermen (isobaren) Fall der Druck (Temperatur) und die Dampfphasenkonzentration konstante Werte auf. Abhängig von der Konzentrationsabhängigkeit der Aktivitätskoeffizienten und den Sättigungsdampfdrücken können auch heterogene Systeme einen homogenen azeotropen Punkt aufweisen, wie z. B. im Fall des Systems 2-Butanon–Wasser[47].

Neben den vielen Systemen mit positiver Abweichung ($\gamma_i > 1$) vom Raoultschen Gesetz, treten seltener auch Systeme mit negativer Abweichung ($\gamma_i < 1$), auf. Als Beispiel hierfür wurden in Abb. 3.10 die Systeme Dichlormethan–Butanon-2 und Aceton–Chloroform gewählt. Bei diesen Systemen kommt es aufgrund der starken Wasserstoffbrückenbindung zwischen den beiden Komponenten zur Bildung schwerflüchtiger Assoziate. Dies äußert sich darin, daß der Druck im Vergleich zum idealen Verhalten geringere Werte aufweist. Je nach der Stärke der Abweichung vom Wert $\gamma = 1$ und den Sättigungsdampfdrücken kann es ebenfalls zur Ausbildung eines azeotropen Punktes kommen, wie z. B. bei dem in Abb. 3.10 dargestellten System Aceton–Chloroform. Im Gegensatz zu Systemen mit positiver Abweichung weisen diese Azeotrope ein Druckminimum bzw. Temperaturmaximum auf. Bei Systemen mit negativer Abweichung vom Raoultschen Gesetz kann es im Normalfall nicht zum Auftreten zweier flüssiger Phasen kommen. Es gibt jedoch Ausnahmen, wenn die Aktivitätskoeffizienten als Funktion der Konzentration sowohl stark negative als auch stark positive Abweichung vom Raoultschen Gesetz aufweisen. Zu diesen Ausnah-

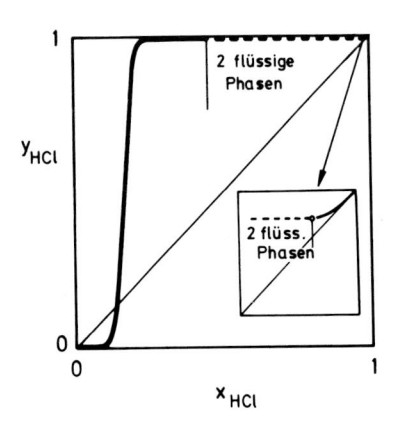

Abb. 3.11 Dampf-Flüssig-Gleichgewicht des Systems Chlorwasserstoff(1)–Wasser(2) bei 25 °C

mesystemen gehören z. B. Triethylamin–Essigsäure und Chlorwasserstoff–Wasser (S-förmiger Verlauf der Gibbsschen Exzeßenthalpie). Dies führt im Falle der Systeme Triethylamin–Essigsäure, HCl–H$_2$O und weniger weiterer Systeme[37, 47] zu einem azeotropen Punkt mit Druckminimum und in einem anderen Konzentrationsbereich zu einer Mischungslücke (s. Abb. 3.11). Bei einem sehr ungewöhnlichen Verlauf der Aktivitätskoeffizienten oder bedingt durch starke Dampfphasenrealität kann es in seltenen Fällen sogar zu Doppelazeotropen kommen[47] (s. auch Kap. 3.1.2.3).

Beispiel 3.2
Berechnen Sie mit Hilfe der Wilson-Gleichung für das System Benzol(1)–Cyclohexan(2) bei 60 °C unter Benutzung der Gleichgewichtsbeziehung (3.32)

a die Aktivitätskoeffizienten,
b die K-Faktoren $K_i = y_i/x_i$,
c den Trennfaktor $\alpha_{12} = K_1/K_2$,
d das y-x-Verhalten,
e das P-$x(y)$-Verhalten und
f die Gibbssche Exzeßenthalpie g^E

als Funktion der Zusammensetzung.
Wilson-Parameter bei 60 °C[13]:

$\Delta\lambda_{12} = 95{,}82$ K ,

$\Delta\lambda_{21} = 45{,}13$ K

Sättigungsdampfdrücke und molare Volumina:

$P_1^s = 52{,}18$ kPa	$v_1 = 89{,}41$ cm^3/mol
$P_2^s = 51{,}84$ kPa	$v_2 = 108{,}75$ cm^3/mol

Lösung:
Zunächst müssen die Parameter Λ_{12} und Λ_{21} aus den angegebenen Daten ermittelt werden.

$$\Lambda_{12} = \frac{108{,}75}{89{,}41}\exp\left(\frac{-95{,}82}{333{,}15}\right) = 0{,}9123 ,$$

$$\Lambda_{21} = \frac{89{,}41}{108{,}75}\exp\left(\frac{-45{,}13}{333{,}15}\right) = 0{,}718 .$$

Unter Benutzung der Wilson-Gleichung ergibt sich für eine Konzentration von $x_1 = 0.4$ für die Aktivitätskoeffizienten

$$\ln\gamma_1 = -\ln(0{,}4 + 0{,}9123 \cdot 0{,}6) + 0{,}6\left(\frac{0{,}9123}{0{,}4 + 0{,}9123 \cdot 0{,}6} - \frac{0{,}718}{0{,}718 \cdot 0{,}4 + 0{,}6}\right)$$

$\ln\gamma_1 = 0{,}1463$

$\gamma_1 = 1{,}158$

und in gleicher Weise für die zweite Komponente

$\gamma_2 = 1{,}060 .$

Mit Hilfe der Aktivitätskoeffizienten lassen sich dann die Partialdrücke der einzelnen Komponenten und der Gesamtdruck berechnen:

$p_1 = 0{,}4 \cdot 1{,}158 \cdot 52{,}18 = 24{,}17$ kPa,

$p_2 = 0{,}6 \cdot 1{,}060 \cdot 51{,}84 = 32{,}97$ kPa,

$P = p_1 + p_2 = 57{,}14$ kPa.

Der Molanteil ergibt sich als Verhältnis von Partialdruck zu Gesamtdruck:

$$y_1 = \frac{24{,}17}{57{,}14} = 0{,}4230,$$

$y_2 = 0{,}5770$.

Damit erhält man für die K-Faktoren K_i und den Trennfaktor α_{12}:

$$K_1 = y_1/x_1 = \frac{0{,}423}{0{,}400} = 1{,}0575,$$

$$K_2 = y_2/x_2 = \frac{0{,}577}{0{,}600} = 0{,}9617,$$

$$\alpha_{12} = K_1/K_2 = \frac{1{,}0575}{0{,}9617} = 1{,}100.$$

Für die molare Gibbssche Exzeßenthalpie ergibt sich nach Gl. (3.38):

$g^E = 8{,}31433 \cdot 333{,}15(0{,}4 \ln 1{,}158 + 0{,}6 \ln 1{,}060)$

$g^E = 259{,}4$ J/mol.

Für den gesamten Konzentrationsbereich sind die Ergebnisse in Abb. 3.12 in Form der verschiedenen Diagramme zusammen mit den aus Tab. 3.3 entnommenen experimentellen Daten dargestellt.

3.2.2.2 Konzentrationsabhängigkeit des Trennfaktors binärer Systeme

Der Trennfaktor, der maßgeblich den erforderlichen Trennaufwand bestimmt und vereinfacht mit Hilfe der folgenden Beziehung berechnet werden kann,

$$\alpha_{12} = \frac{\gamma_1 P_1^s}{\gamma_2 P_2^s}, \tag{3.34}$$

ist bedingt durch die Konzentrationsabhängigkeit der Aktivitätskoeffizienten stark von der Zusammensetzung abhängig. Die extremsten Werte ergeben sich in der Regel bei unendlicher Verdünnung. Dafür gilt

$$x_1 \to 0 \quad \alpha_{12} = \frac{\gamma_1^\infty P_1^s}{P_2^s} \tag{3.42a}$$

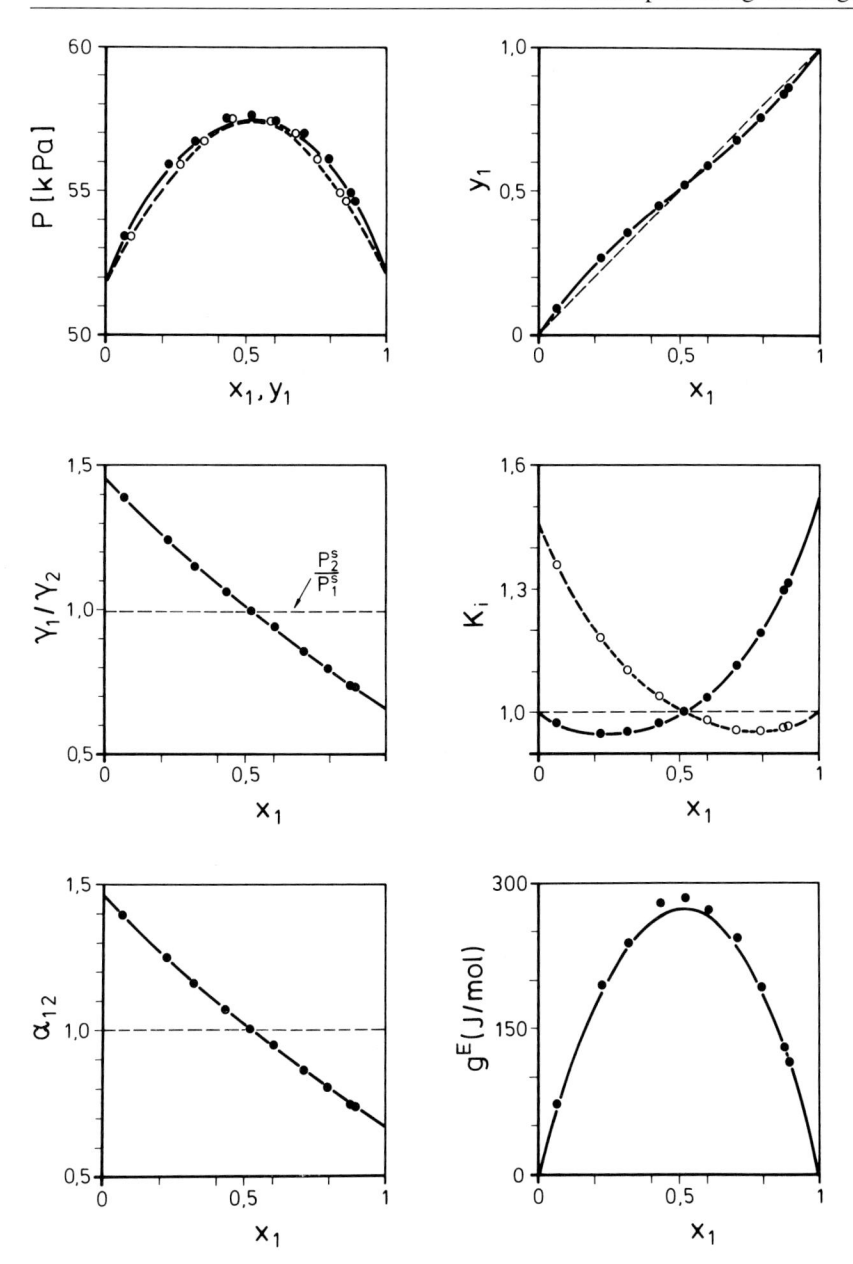

Abb. 3.12 Verschiedene Darstellungen des realen Verhaltens des binären Systems Benzol(1)–Cyclohexan(2) bei 60 °C

und

$$x_1 \to 1 \qquad \alpha_{12} = \frac{P_1^s}{\gamma_2^\infty P_2^s}. \tag{3.42b}$$

Bei der Trennung eines binären zeotropen Systems sind dies die im Sumpf und Kopf der Kolonne wirksamen Trennfaktoren. Für den häufiger auftretenden Fall der positiven Abweichung vom Raoultschen Gesetz ($\gamma_i > 1$, Definition: Komponente 1 = leichter flüchtige Komponente) ergibt sich damit der größte Trennaufwand am Kopf der Kolonne ($x_1 \to 1$, $\gamma_2 = \gamma_2^\infty > 1$). Hier weist der zur Trennung ausnutzbare Term $\alpha_{12} - 1$ die geringsten Werte auf, d. h., es ist ein verhältnismäßig großer Aufwand zur Abtrennung der letzten Spuren der schwerflüchtigen Komponente erforderlich. Im selteneren Fall der negativen Abweichung vom Raoultschen Gesetz ergibt sich der größte Trennaufwand nach den angegebenen Gleichungen im Sumpf der Kolonne bei der Abtrennung der leichter flüchtigen Komponente ($x_1 \to 0$, $\gamma_1 = \gamma_1^\infty < 1$).

Die Konzentrationsabhängigkeit des Trennfaktors ist im nächsten Beispiel für das System Aceton(1)–Wasser(2) (System mit positiver Abweichung vom Raoultschen Gesetz) gezeigt.

Beispiel 3.3
Berechnen Sie mit Hilfe der Wilson-Gleichung den Verlauf des Trennfaktors für das System Aceton(1)–Wasser(2) als Funktion der Konzentration bei einer Temperatur von 50 °C.

Wilson-Parameter[2]:

$$\Delta\lambda_{12} = 147{,}3 \text{ K}, \qquad \Delta\lambda_{21} = 727{,}3 \text{ K}$$

Reinstoffdaten:

	P_i^s (50 °C), kPa	v_i (cm^3/mol)
Aceton	81,90	74,04
Wasser	12,31	18,07

Lösung:
Für eine Temperatur von 50 °C ergeben sich für die Hilfsgrößen Λ_{12} und Λ_{21}:

$$\Lambda_{12} = \frac{18{,}07}{74{,}04} \exp\left(-\frac{147{,}3}{323{,}15}\right) = 0{,}1547,$$

$$\Lambda_{21} = \frac{74{,}04}{18{,}07} \exp\left(-\frac{727{,}3}{323{,}15}\right) = 0{,}4316.$$

Mit diesen Werten ergeben sich für eine Konzentration von $x_1 = 0{,}5$ die folgenden Aktivitätskoeffizienten:

$$\ln \gamma_1 = -\ln(0{,}5 + 0{,}1547 \cdot 0{,}5) + 0{,}5\left(\frac{0{,}1547}{0{,}5 + 0{,}1547 \cdot 0{,}5} - \frac{0{,}4316}{0{,}4316 \cdot 0{,}5 + 0{,}5}\right),$$

$$\ln \gamma_1 = 0{,}3818,$$

$$\gamma_1 = 1{,}4649.$$

In der gleichen Weise erhält man für die zweite Komponente:

$$\gamma_2 = 1{,}6518$$

und damit für den Trennfaktor

$$\alpha_{12} = \frac{1,4649 \cdot 81,90}{1,6518 \cdot 12,31} = 5,90.$$

Die Aktivitätskoeffizienten bei unendlicher Verdünnung lassen sich direkt mit Hilfe der in Tab. 3.5 gegebenen Beziehungen ermitteln.

$\ln \gamma_1^\infty = 1 - \ln \Lambda_{12} - \Lambda_{21}$,

$\ln \gamma_1^\infty = 1 - \ln 0,1547 - 0,4316$,

$\ln \gamma_1^\infty = 2,4347$,

$\gamma_1^\infty = 11,41$.

In entsprechender Weise ergibt sich für Komponente 2:

$\gamma_2^\infty = 5,40$.

Damit erhält man für die Trennfaktoren bei unendlicher Verdünnung:

$x_1 \to 0 \quad \alpha_{12} = \dfrac{11,41 \cdot 81,90}{12,31} = 75,9$,

$x_1 \to 1 \quad \alpha_{12} = \dfrac{81,90}{5,40 \cdot 12,31} = 1,23$.

Für den gesamten Konzentrationsbereich ist das Verhalten in Abb. 3.13 dargestellt. Während der Trennfaktor bei 50 °C und geringen Acetonkonzentrationen Werte um 75 annimmt, liegt der Wert bei hohen Acetonkonzentrationen nur wenig oberhalb vom Wert 1. Dies bedeutet, daß für die Abtrennung der letzten Wasserspuren ein erheblicher Trennaufwand erforderlich ist. Dies gilt allgemein bei Systemen mit positiver Abweichung vom Raoultschen Gesetz. Um eine Überdimensionierung der Trennkolonne zu vermeiden, sollten bei der Auslegung zuverlässige Informationen über das reale Verhalten bei unendlicher Verdünnung, d. h., Aktivitätskoeffizienten bei unendlicher Verdünnung zur Verfügung stehen.

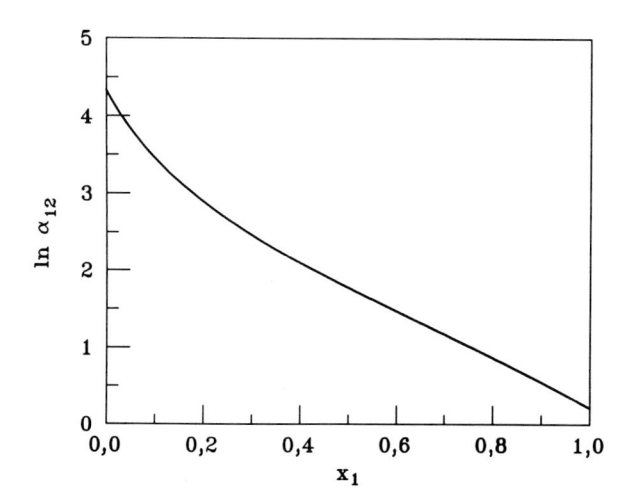

Abb. 3.13 Berechnete Konzentrationsabhängigkeit (Wilson-Gleichung) des Trennfaktors α_{12} am Beispiel des Systems Aceton(1)–Wasser(2) bei 50 °C

Dabei ist zu bemerken, daß die Ermittlung dieser Werte durch Extrapolation der aus VLE-Daten gewonnenen Information auf den unendlich verdünnten Bereich zu erheblichen Fehlern führen kann. Zur zuverlässigen Bestimmung dieser Werte bieten sich spezielle Meßtechniken, wie die Ebulliometrie, Gas-Flüssig-Chromatographie (GLC), statische Methoden und verschiedene andere Meßtechniken an. Eine kurze Darstellung der verschiedenen Meßtechniken sowie eine Vielzahl von γ^∞-Werten findet man in [19].

3.2.2.3 Bedingung für das Auftreten azeotroper Punkte

Bei dem in Beispiel 3.2 betrachteten System Benzol(1)–Cyclohexan(2) handelt es sich um ein azeotropes System, das nicht durch einfache Rektifikation getrennt werden kann, da am azeotropen Punkt ($\alpha_{12} = K_1 = K_2 = 1$) die Flüssigkeitskonzentration x_1 mit der Konzentration in der Dampfphase y_1 identisch ist und somit keine weitere Anreicherung mehr erreicht werden kann. Am azeotropen Punkt gilt nach der vereinfachten Gl. (3.34):

$$\alpha_{12} = \frac{K_1}{K_2} = \frac{y_1/x_1}{y_2/x_2} = \frac{\gamma_1 P_1^s}{\gamma_2 P_2^s} = 1. \tag{3.43}$$

Das heißt, binäre azeotrope Punkte treten immer dann auf, wenn für irgendeine Zusammensetzung das Verhältnis von P_2^s/P_1^s gleich dem Verhältnis von γ_1/γ_2 wird (s. Abb. 3.14):

$$\frac{\gamma_1}{\gamma_2} = \frac{P_2^s}{P_1^s}. \tag{3.43a}$$

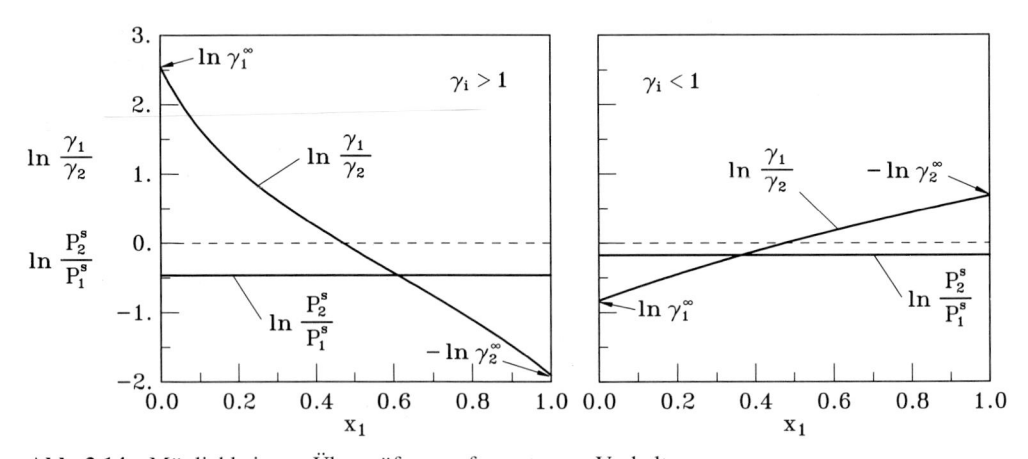

Abb. 3.14 Möglichkeit zur Überprüfung auf azeotropes Verhalten

Azeotropes Verhalten ergibt sich demnach insbesondere, wenn die Sättigungsdampfdrücke der betrachteten Komponenten ähnliche Werte aufweisen, da in diesen Fällen schon bei geringer Abweichung vom idealen Verhalten ein Druckmaximum bzw. -minimum erzeugt wird und der Trennfaktor den Wert 1 annehmen kann. Dies bedeutet, daß selbst bei chemisch sehr ähnlichen Verbindungen Azeotropie aufgrund der sehr ähnlichen Sättigungsdampfdrücke auftreten kann, wie z. B. bei den Systemen 2-Propanol–tert-Butanol, 2,4-Dimethylpentan–2,2,3-Trimethylbutan, Cyclohexan–2,4-Dimethylpentan[47].

Das Auftreten azeotroper Punkte kann bei Kenntnis der Aktivitätskoeffizenten bei unendlicher Verdünnung sofort vorhergesagt werden. So ergibt sich azeotropes Verhalten für eine vorgegebene Temperatur, wenn die folgenden Bedingungen erfüllt werden (s. Abb. 3.14):

a positive Abweichung vom Raoultschen Gesetz:

$$\gamma_1^\infty > P_2^s/P_1^s > 1/\gamma_2^\infty \qquad (3.44\text{a})$$

b negative Abweichung vom Raoultschen Gesetz:

$$\gamma_1^\infty < P_2^s/P_1^s < 1/\gamma_2^\infty . \qquad (3.44\text{b})$$

Diese Beziehungen gelten allerdings nur, wenn sich keine Extremwerte im Verlauf der Aktivitätskoeffizienten mit der Konzentration ergeben. Für den Fall, daß Maximalwerte vorhanden sind, kann Gl. (3.43) sogar mehrfach erfüllt werden, d. h., es können sich zwei azeotrope Punkte ergeben, wie z. B. im Falle des Systems Benzol(1)–Hexafluorbenzol(2)[47].

In welcher Weise sich die azeotrope Zusammensetzung in binären Systemen mit der Temperatur ändert, hängt von der Art des Azeotrops ($\gamma_i > 1$ bzw. $\gamma_i < 1$), der Temperaturabhängigkeit der Sättigungsdampfdrücke sowie der Temperatur- und Konzentrationsabhängigkeit der Aktivitätskoeffizienten, d. h. nach der Clausius-Clapeyron- bzw. Gibbs-Helmholtz-Beziehung von den Verdampfungsenthalpien bzw. den partiellen molaren Mischungsenthalpien, der einzelnen Komponenten ab. Es gilt

$$\left(\frac{\partial y_1}{\partial T}\right)_{az} = \frac{(y_1 y_2)_{az}}{RT^2 [1-(\partial y_1/\partial x_1)_{az}]} \left(\Delta h_{v1} - \Delta h_{v2} + \overline{h}_2^E - \overline{h}_1^E\right), \qquad (3.45)$$

wobei

$$\overline{h}_2^E - \overline{h}_1^E = -\left(\partial h^E/\partial x_1\right)_T \qquad (3.45\text{a})$$

ist. Der Ausdruck $(\partial y_1/\partial x_1)_{az}$ nimmt für Systeme mit positiver Abweichung vom Raoultschen Gesetz ($\gamma_i > 1$) Werte <1 und für Systeme mit negativer Abweichung vom Raoultschen Gesetz ($\gamma_i < 1$) Werte >1 an (s. auch Abb. 3.10).

Die Differenz der Verdampfungsenthalpien ist in der Regel größer als die Differenz der partiellen molaren Exzeßenthalpien und stark von der Temperatur abhängig. Mit der Temperatur

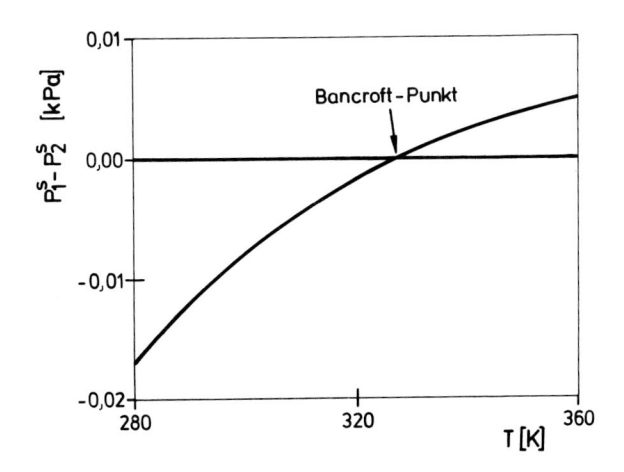

Abb. 3.15 Sättigungsdampfdrücke von 1-Propanol und Wasser als Funktion der Temperatur

ändert sich nach der Clausius-Clapeyron-Gleichung auch die Steigung der Sättigungsdampfdruckkurve. Für Wasser und 1-Propanol ist die Abhängigkeit der Sättigungsdampfdrücke von der Temperatur in Abb. 3.15 gezeigt. Es ist zu erkennen, daß bei einer bestimmten Temperatur Wasser und 1-Propanol den gleichen Wert für den Sättigungsdampfdruck aufweisen. Diese Temperatur wird als Bancroft-Punkt bezeichnet. Unterhalb dieses Punktes weist Wasser einen höheren und oberhalb einen geringeren Sättigungsdampfdruck als 1-Propanol auf. Binäre Systeme, deren Komponenten einen solchen Punkt aufweisen, zeigen mit sehr großer Wahrscheinlichkeit azeotropes Verhalten, zumindest bei Temperaturen in der Nähe dieses Punktes.

Beispiel 3.4
Berechnen Sie mit Hilfe der Wilson-Gleichung unter Vernachlässigung des realen Verhaltens in der Dampfphase die azeotrope Zusammensetzung des Systems Aceton(1)–Methanol(2) bei 50, 100 und 150 °C

Wilson-Parameter :

$\Delta\lambda_{12} = 90{,}79$ K , $\quad \Delta\lambda_{21} = 203{,}2$ K

Molvolumina und Konstanten der Antoine-Gleichung (s. Gl. 3.50)

	v_i	A	B	C
Aceton	74,04	6,24204	1210,595	229,664
Methanol	40,73	7,20587	1582,271	239,726

Lösung:
Die azeotrope Zusammensetzung soll graphisch ermittelt werden. Dazu muß das Verhältnis γ_1/γ_2 und P_2^s/P_1^s in einem Diagramm dargestellt werden. Für das Verhältnis der Sättigungsdampfdrücke erhält man:

Temperatur (°C)	P_1^s (kPa)	P_2^s (kPa)	P_2^s/P_1^s
50	81,90	55,54	0,678
100	371,4	353,5	0,952
150	1131,0	1399,3	1,237

Das Verhältnis der Aktivitätskoeffizienten soll beispielhaft für eine Temperatur von 50 °C und eine Konzentration $x_1 = 0{,}2$ berechnet werden. Für diese Temperatur ergibt sich für Λ_{12} und Λ_{21}:

$$\Lambda_{12} = \frac{40{,}73}{74{,}04}\exp(-90{,}79/323{,}15) = 0{,}4154,$$

$$\Lambda_{21} = \frac{74{,}04}{40{,}73}\exp(-203{,}2/323{,}15) = 0{,}9693.$$

Damit erhält man für die Aktivitätskoeffizienten :

$$\ln\gamma_1 = -\ln(0{,}2 + 0{,}4152\cdot 0{,}8) + 0{,}8\left(\frac{0{,}4154}{0{,}2 + 0{,}4154\cdot 0{,}8} - \frac{0{,}9693}{0{,}9693\cdot 0{,}2 + 0{,}8}\right)$$

$\ln\gamma_1 = 0{,}4751$

$\gamma_1 = 1{,}61.$

In der gleichen Weise ergibt sich für $\gamma_2 = 1{,}05$ und damit für das Verhältnis $\gamma_1/\gamma_2 = 1{,}54$.

Für die verschiedenen Temperaturen und den gesamten Konzentrationsbereich sind die Werte in Abb. 3.16 dargestellt. An der Darstellung ist zu erkennen, daß das System Aceton–Methanol eine sehr starke Temperaturabhängigkeit der azeotropen Zusammensetzung aufweist, da sich insbesondere das Verhältnis der Sättigungsdampfdrücke in dem betrachteten Temperaturbereich stark ändert.

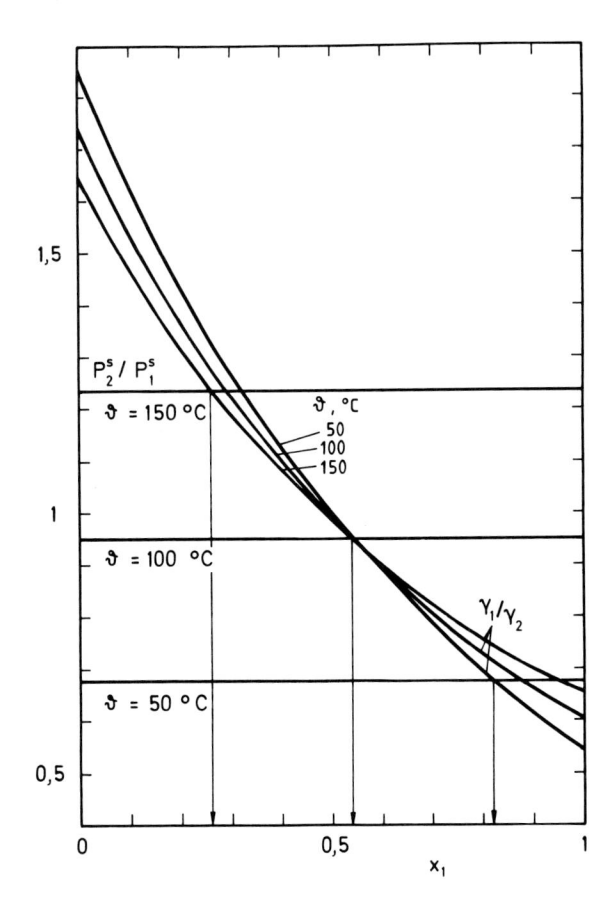

Abb. 3.16 Graphische Bestimmung der Temperaturabhängigkeit der azeotropen Zusammensetzung des binären Systems Aceton(1)–Methanol(2)

Während die azeotrope Zusammensetzung bei 50 °C etwa den Wert $x_1 = 0,82$ aufweist, liegen die Werte bei 100 bzw. 150 °C ungefähr bei $x_1 = 0,54$ bzw. $x_1 = 0,26$. Aus der Abb. 3.16 ist weiterhin zu entnehmen, daß das System unterhalb von ~30 °C und oberhalb von ~200 °C kein azeotropes Verhalten mehr aufweisen sollte. Bei der Berechnung wurde jedoch vereinfachend angenommen, daß die Temperaturabhängigkeit der Aktivitätskoeffizienten, d. h. die Mischungsenthalpie durch die vorgegebenen Parameter der Wilson-Gleichung richtig wiedergegeben wird.

Für die Trennung azeotroper Systeme ist ein vollständiges Verschwinden des azeo-tropen Punktes keine unbedingte Voraussetzung. So läßt sich z. B. auch eine starke Temperaturabhängigkeit (Druckabhängigkeit) der azeotropen Zusammensetzung zur Trennung azeotroper Systeme nach dem Zweidruckverfahren ausnutzen (s. Kap. 4.5).

Jedoch werden zur destillativen Trennung azeotroper Systeme in der Regel andere Wege beschritten. So läßt sich der Trennfaktor (am azeotropen Punkt $\alpha_{12} = 1$) durch Zugabe einer weiteren Komponente (Zusatzstoff) beeinflussen. Aufgabe des Zusatzstoffes bei der extraktiven Rektifikation ist es, die Aktivitätskoeffizienten der zu trennenden Komponenten in der Weise zu beeinflussen (s. Gl. 3.43), daß der Trennfaktor möglichst von 1 verschieden wird. Je nach Dampfdruck des Zusatzstoffes hat man zwischen azeotroper und extraktiver Rektifikation zu unterscheiden. Für die Trennung des Systems Benzol–Cyclohexan mit Hilfe der extraktiven Rektifikation eignen sich z. B. die Zusatzstoffe Anilin, Phenol, N-Methylpyrrolidon (NMP) und N-Formylmorpholin (NFM). Bei der azeotropen Rektifikation soll die Zugabe des Zusatzstoffes die Bildung eines leicht trennbaren Azeotrops mit niedrigerem Siedepunkt bewirken. So läßt sich das System Benzol–Cyclohexan durch Zugabe von Aceton trennen [Bildung des leichter flüchtigen Azeotrops Aceton–Cyclohexan (s. Kap. 4.5)].

Mit den für Mehrkomponentensystemen verwendbaren g^E-Modellen (Wilson, NRTL, UNIQUAC) läßt sich natürlich auch das Auftreten azeotroper Punkte in ternären bzw. Multikomponentensystemen bei Kenntnis der binären Parameter berechnen. An diesem Punkt müssen bei homogenen Systemen alle Trennfaktoren den Wert 1 aufweisen. Dies bedeutet, daß für ternäre Systeme am azeotropen Punkt die folgende Zielfunktion erfüllt wird.

$$F = \sum |\alpha_{12} - 1| + |\alpha_{13} - 1| + |\alpha_{23} - 1| \stackrel{!}{=} 0 . \tag{3.46a}$$

Die Ermittlung der Zusammensetzung, für die Gl. (3.46a) erfüllt wird, kann mit Hilfe nichtlinearer Regressionsmethoden erfolgen.

Die gleiche Vorgehensweise eignet sich auch für höhere Systeme,

$$F = \sum_i \sum_{j>i} |\alpha_{ij} - 1| \stackrel{!}{=} 0 , \tag{3.46b}$$

so daß unter Verwendung der verschiedenen Modelle (Zustandsgleichungen, g^E-Modelle, Gruppenbeitragsmethoden) bereits im Rahmen der Vorprojektierung die auftretenden Trennprobleme erkannt und gelöst werden können.

Die Kenntnis der azeotropen Punkte und die Auswahl von Zusatzstoffen ist insbesondere im Rahmen der Synthese thermischer Trennprozesse von Bedeutung. So wurden verschiedene Programmpakete zur Lösung dieser Problemstellung entwickelt, bei denen mit Hilfe von Modellen zur Darstellung des Phasengleichgewichts das reale Verhalten der Phasen berücksichtigt wird.

Beispiel 3.5

Überprüfen Sie mit Hilfe des Wilson-Ansatzes, welche Änderung des Trennfaktors α_{12} zwischen Benzol(1) und Cyclohexan(2) eine Zugabe von 50 (70) Mol% Anilin(3) bei 60 °C bewirkt.

Wilson-Parameter[13]:

$\Lambda_{13} = 1{,}0367 \quad \Lambda_{31} = 0{,}3919$
$\Lambda_{23} = 0{,}2992 \quad \Lambda_{32} = 0{,}1408$

Sättigungsdampfdruck von Anilin bei 60 °C[10]:

$P_3^s = 0{,}88$ kPa .

3.2 Dampf-Flüssig-Gleichgewicht

Die weiteren dafür benötigten Parameter und Reinstoffgrößen wurden schon in Beispiel 3.2 gegeben.

Lösung:
Die Berechnung soll für die folgende Zusammensetzung durchgeführt werden:

$$x_1 = 0{,}25, \quad x_2 = 0{,}25, \quad x_3 = 0{,}5.$$

Zunächst müssen wiederum die Aktivitätskoeffizienten berechnet werden. Für den Aktivitätskoeffizienten von Benzol(1) erhält man unter Benutzung der Wilson-Gleichung (Tab. 3.4):

$$\ln \gamma_1 = -\ln\left(x_1 \Lambda_{11} + x_2 \Lambda_{12} + x_3 \Lambda_{13}\right) + 1$$
$$- \frac{x_1 \Lambda_{11}}{x_1 \Lambda_{11} + x_2 \Lambda_{12} + x_3 \Lambda_{13}}$$
$$- \frac{x_2 \Lambda_{21}}{x_1 \Lambda_{21} + x_2 \Lambda_{22} + x_3 \Lambda_{23}}$$
$$- \frac{x_3 \Lambda_{31}}{x_1 \Lambda_{31} + x_2 \Lambda_{32} + x_3 \Lambda_{33}},$$

d. h.:

$$\ln \gamma_1 = -\ln\left(0{,}25 + 0{,}25 \cdot 0{,}9123 + 0{,}5 \cdot 1{,}0367\right) + 1$$
$$- \frac{0{,}25}{0{,}25 + 0{,}25 \cdot 0{,}9123 + 0{,}5 \cdot 1{,}0367}$$
$$- \frac{0{,}25 \cdot 0{,}718}{0{,}25 \cdot 0{,}718 + 0{,}25 + 0{,}5 \cdot 0{,}2992}$$
$$- \frac{0{,}5 \cdot 0{,}3919}{0{,}25 \cdot 0{,}3919 + 0{,}25 \cdot 0{,}1408 + 0{,}5},$$

$$\ln \gamma_1 = 0{,}1332,$$
$$\gamma_1 = 1{,}1425.$$

In gleicher Weise ergibt sich für die Komponenten Cyclohexan(2) und Anilin(3):

$$\gamma_2 = 2{,}1694,$$
$$\gamma_3 = 1{,}3206.$$

Damit erhält man als Gesamtdruck

$$P = 0{,}25 \cdot 1{,}1425 \cdot 52{,}18 + 0{,}25 \cdot 2{,}1694 \cdot 51{,}84 + 0{,}5 \cdot 1{,}3206 \cdot 0{,}88,$$
$$P = 43{,}60 \text{ kPa}.$$

Aus dem Verhältnis von Partialdruck zu Gesamtdruck lassen sich die Molanteile in der Dampfphase berechnen:

$$y_1 = \frac{0{,}25 \cdot 1{,}1425 \cdot 52{,}18}{43{,}60} = 0{,}3418.$$

In gleicher Weise erhält man für die anderen Komponenten:

$$y_2 = 0{,}6448$$

und

$$y_3 = 0{,}0134 \,.$$

Dies ergibt einen Trennfaktor

$$\alpha_{12} = \frac{y_1 x_2}{x_1 y_2} = \frac{0{,}3418 \cdot 0{,}25}{0{,}25 \cdot 0{,}6448} = 0{,}53 \,.$$

Für die Darstellung in Diagrammen ist als Konzentrationsmaß der Molanteil auf lösungsmittelfreier Basis x_1^S (y_1^S) geeignet (in diesem Fall: $x_1^S + x_2^S = 1$, $y_1^S + y_2^S = 1$). Für den betrachteten Punkt ergibt sich somit

$$x_1^S = \frac{x_1}{x_1 + x_2} = \frac{0{,}25}{0{,}25 + 0{,}25} = 0{,}5$$

und

$$y_1^S = \frac{y_1}{y_1 + y_2} = \frac{0{,}3418}{0{,}3418 + 0{,}6448} = 0{,}3464 \,.$$

Für den gesamten Konzentrationsbereich sind die Molanteile in der Dampfphase (lösungsmittelfreie Basis) und die Trennfaktoren als Funktion von x_1^S in den Abb. 3.17 und 3.18 gezeigt. Aus den Abbildungen ist deutlich zu erkennen, daß das binäre System Benzol(1)–Cyclohexan(2) durch Zugabe des Zusatzstoffes Anilin durch Rektifikation getrennt werden kann. So weist Cyclohexan im Vergleich zu Benzol in Anilin deutlich höhere Aktivitätskoeffizienten auf, d. h., Cyclohexan wird durch die Gegenwart von Anilin flüchtiger und kann am Kopf der Kolonne als reines Produkt abgetrennt werden. Durch den unterschiedlichen Einfluß des Zusatzstoffes auf die Aktivitätskoeffizienten verschwindet der azeotrope Punkt ($y_1 = x_1$, $\alpha_{12} = 1$) bei Anwesenheit einer Mindestmenge des Zusatzstoffes. Je höher die Konzentration des selektiven Zusatzstoffes ist, umso geringer wird der erforderliche Trennaufwand, d. h., umso größer wird die Abweichung des Trennfaktors α_{12} vom Wert 1.

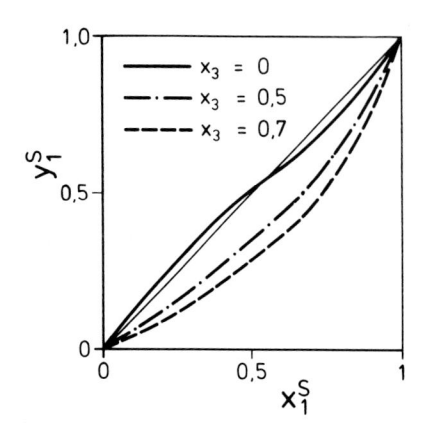

Abb. 3.17 y-x-Diagramm des Systems Benzol(1)–Cyclohexan(2) (lösungsmittelfreie Basis) für verschiedene Anilinkonzentrationen bei 60 °C

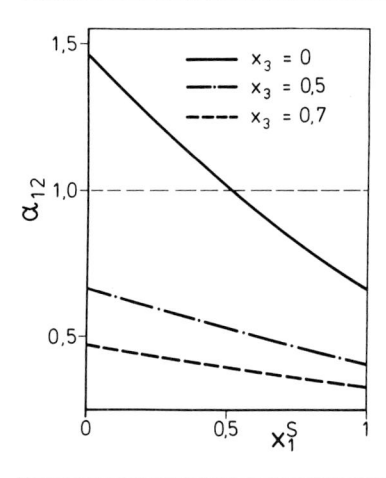

Abb. 3.18 Trennfaktor α_{12} des Systems Benzol(1)–Cyclohexan(2) für verschiedene Anilinkonzentrationen bei 60 °C

3.2.2.4 Destillationslinien und Destillationsfelder

Für ein besseres Verständnis der Trennung von Mehrkomponentensystemen ist die Verwendung der bei unendlichem Rücklaufverhältnis ermittelten „Destillationslinien" sehr hilfreich. Bei der Konstruktion dieser Destillationslinien kann man von willkürlichen Konzentrationen in der flüssigen Phase ausgehen, für die man mit den bereits beschriebenen Methoden die Dampfphasenzusammensetzung berechnet. Für den Fall des unendlichen Rücklaufverhältnisses (s. Kap. 4.3) kann die sich in der Dampfphase einstellende Dampfphasenkonzentration als neue Zusammensetzung der Flüssigkeit vorgegeben werden, für die wiederum die Zusammensetzung der Dampfphase berechnet werden kann. Durch eine Vielzahl von Berechnungen ergeben sich eine große Zahl von Punkten, die sich durch eine Linie (Destillationslinie) verbinden lassen.

In der Realität ergibt sich aber insbesondere bei Komponenten mit stark unterschiedlichen Dampfdrücken bei dieser Vorgehensweise keine kontinuierliche Linie. Eine kontinuierliche Linie kann durch sog. Spline-Interpolation erhalten werden. Dabei wird durch zwei benachbarte Punkte ein Polynom 3. Grades gelegt, wobei die stetigen Übergänge zwischen diesen Polynomen durch Berücksichtigung der Randbedingungen erreicht werden. Startet man bei verschiedenen Anfangskonzentrationen, so erhält man eine Schar von Destillationslinien. Für einige ternäre Systeme sind diese Destillationslinien in Abb. 3.19 und Abb. 3.20 gezeigt. Die Destillationslinien verlaufen von der schwer siedenden Verbindung (evtl. auch Maximumazeotrop) zur leicht siedenden (evtl. auch Minimumazeotrop).

Treten in dem ternären System binäre oder ternäre azeotrope Punkte auf, so ergeben sich sog. Grenzdestillationslinien für den Fall des unendlichen Rücklaufs. Diese unterteilen das Mehrkomponentensystem in verschiedene Bereiche. Diese Bereiche lassen sich kaum durch Rektifikation*, sondern nur durch Mischen mit einem weiteren Strom oder durch den Zerfall in zwei flüssige Phasen überschreiten. Dies bedeutet, daß abhängig von der Feed-Zusammensetzung unterschiedliche Produkte im Sumpf und Kopf einer Kolonne erhalten werden können. Ausführlich wird das Konzept der Destillationslinien in [32] diskutiert.

---

* Auch wenn sich im realen Fall ($v < \infty$) abhängig vom Rücklaufverhältnis leicht veränderte Verläufe ergeben, ist das Konzept der Destillationslinien sehr hilfreich bei der Behandlung ternärer Systeme.

Beispiel 3.6
Ermitteln Sie mit Hilfe der Wilson-Gleichung die Destillationslinien und die Grenzdestillationslinien für das ternäre System Benzol(1)–Cyclohexan(2)–Aceton(3) bei 60 °C.
Benötigte Reinstoffdaten[2]:

	v_i^L (cm^3/mol)	P_i^s bei 60 °C (kPa)
Benzol	89,41	52,21
Cyclohexan	108,75	51,91
Aceton	74,04	115,54

Wilson-Wechselwirkungsparameter[2,13]:

$\Delta\lambda_{12} = 63,14$ K	$\Delta\lambda_{21} = 70,56$ K
$\Delta\lambda_{13} = 10,36$ K	$\Delta\lambda_{31} = 128,5$ K
$\Delta\lambda_{23} = 189,0$ K	$\Delta\lambda_{32} = 548,5$ K

Lösung:
Unter Verwendung der gegebenen Reinstoffdaten und Wechselwirkungsparameter läßt sich für eine vorgegebene Flüssigphasenkonzentration sofort die Dampfphasenzusammensetzung berechnen. Diese kann dann wieder als Flüssigphasenkonzentration vorgegeben werden, um schließlich die gesamte Destillationslinie zu erhalten. Beispielhaft sind die ersten Resultate dieser Vorgehensweise (Startkonzentration: $x_1 = 0,5$, $x_2 = 0,491$, $x_3 = 0,009$) in der folgenden Tabelle gegeben.

x_1	x_2
0,5	0,491
0,4838	0,4714
0,4051	0,4118
0,2440	0,3076

Bei der Durchführung weiterer Berechnungen ergibt sich schließlich eine Destillationslinie. Durch weitere Berechnungen erhält man ein Dreiecksdiagramm wie es in Abb. 3.19 für das ternäre System Benzol–Cyclohexan–Aceton für den isobaren Fall ($P = 101,325$ kPa) dargestellt ist. An dem Diagramm ist deutlich zu erkennen, daß sich eine Grenzdestillationslinie zwischen den beiden homogenen azeotropen Punkten mit Druckmaximum ausbildet, von denen das Azeotrop zwischen den Komponenten Cyclohexan und Aceton den niedrigeren Siedepunkt aufweist, was zur Trennung von Benzol und Cyclohexan bei der azeotropen Rektifikation ausgenutzt (s. Kap. 4.5) werden kann. In Abb. 3.20 ist das wesentlich komplexere Diagramm für das ternäre heterogene System Ethanol–Wasser–Benzol für einen Druck von 101,325 kPa dargestellt, welches für die Absolutierung von Ethanol durch azeotrope Rektifikation von großer Bedeutung ist. Neben dem Flüssig-Flüssig-Gleichgewicht sind in dem Dreiecksdiagramm die Destillations- und Grenzdestillationslinien dargestellt. Durch das Auftreten zweier binärer homogener Azeotrope für die Systeme Ethanol–Wasser und Ethanol–Benzol und des binären (Wasser–Benzol) bzw. ternären Heteroazeotrops treten weitere Grenzdestillationslinien auf, die das ternäre System in drei Destillationsfelder aufteilen.

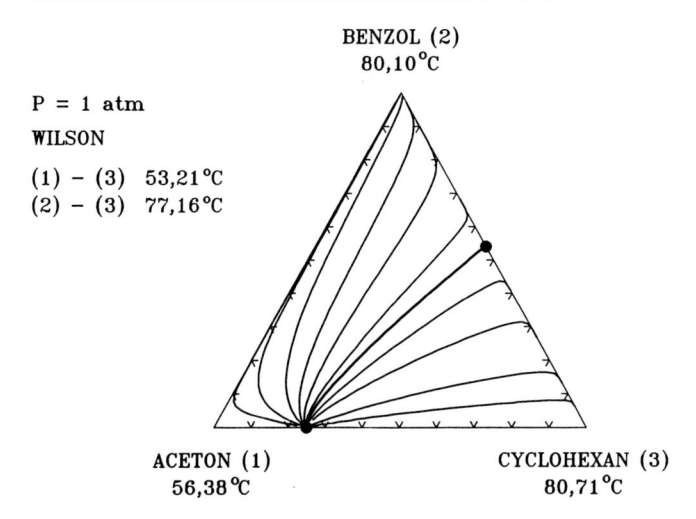

Abb. 3.19 Mit dem Wilson-Modell berechnete Destillations- und Grenzdestillationslinien für das System Aceton(1)–Benzol(2)–Cyclohexan(3) bei Atmosphärendruck ($P = 101{,}325$ kPa)

Oft werden anstelle der Destillationslinien auch Rückstandskurven verwendet. Diese beschreiben die Änderung der Flüssigkeitszusammensetzung in der Blase bei der offenen Verdampfung. Man erhält die Rückstandskurven durch numerische Integration der Differentialgleichungen der einfachen Destillation.

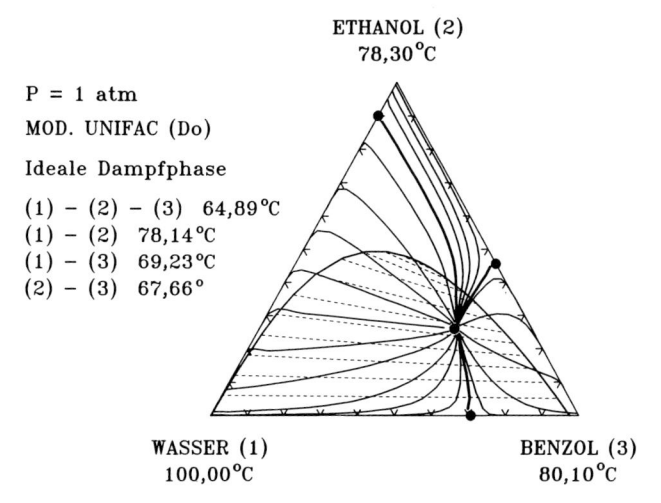

Abb. 3.20 Mit dem mod. UNIFAC-Modell berechnete Destillations- und Grenzdestillationslinien für das System Wasser(1)–Ethanol(2)–Benzol(3) bei Atmosphärendruck ($P = 101{,}325$ kPa)

3.2.2.5 Flash-Berechnung

Die Durchführung einer Flash-Berechnung ergibt gleichzeitig Informationen über Tau- und Siedepunkt, den Anteil an Dampf und Flüssigkeit und die jeweiligen Konzentrationen in den beiden Phasen. Nach der Durchführung (isotherm, adiabat) und der Anzahl der beteiligten Phasen lassen sich verschiedene Arten von Flashberechnungen unterscheiden. Für einen sog. Zweiphasenflash ist die Problemstellung in Abb. 3.21a dargestellt.

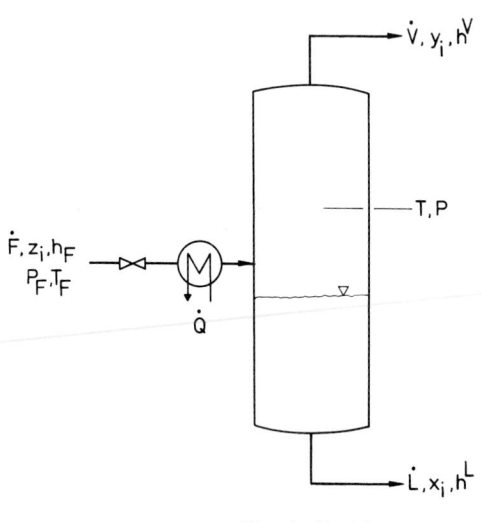

Flash-Problem

Abb. 3.21a Typischer „Flash-Apparat"

An dieser Stelle soll nur der isotherme Flash genauer behandelt werden. Beim isothermen Flash werden lediglich Phasengleichgewichtsinformationen (K-Faktoren) für die betrachtete Temperatur und Konzentration benötigt. Beim adiabaten Flash werden zusätzlich noch Informationen über den Enthalpieinhalt des Zulaufstroms (h_F) und des Flüssigkeits- und Dampfstroms (h^L, h^V) herangezogen.

Die für die Durchführung eines Flashs benötigten Beziehungen können durch eine Mengenbilanz (Annahme: $\dot{F} = 1$)

$$\dot{F} = \dot{L} + \dot{V} = 1 \tag{3.461}$$

und

$$z_i = \dot{L} x_i + \dot{V} y_i \tag{3.462}$$

unter Berücksichtigung der Phasengleichgewichtsbeziehung erhalten werden:

$$y_i = K_i x_i \tag{3.463}$$

Durch Substitution von x_i bzw. y_i lassen sich aus den oben angegebenen Gleichungen je nach Wahl der beteiligten Ströme $\dot{L}$ oder $\dot{V}$ verschiedene gleichwertige Beziehungen ableiten, die alle zur Durchführung der Flash-Berechnung bei vorgegebener Temperatur und vorgegebenem Druck herangezogen werden können. In den folgenden Beziehungen wurde jeweils der Dampfstrom $\dot{V}$ (identisch mit dem Dampfanteil für $\dot{F} = 1$) gewählt:

$$x_i = \frac{z_i}{1 + \dot{V}(K_i - 1)}, \tag{3.464a}$$

$$y_i = \frac{K_i z_i}{1 + \dot{V}(K_i - 1)}. \tag{3.464b}$$

Ziel der Flash-Berechnung ist es, den Wert für $\dot{L}$ bzw. $\dot{V}$ zu finden, für den $\sum x_i = 1$ bzw. $\sum y_i = 1$ ist. Durch Summation und Subtraktion ($\sum y_i - \sum x_i$) ergibt sich aus den Gl. (3.464a) und (3.464b) eine Beziehung, die im Gleichgewicht erfüllt werden muß. Mathematisch reduziert sich damit das Flash-Problem auf eine Nullstellensuche. Für diese Nullstellensuche können die verschiedensten numerischen Methoden, wie Newton-Raphson, regula falsi, ... eingesetzt werden:

$$f_1(\dot{V}) = \sum_i^n \frac{z_i(K_i - 1)}{1 + \dot{V}(K_i - 1)} = 0 \tag{3.465a}$$

Gl. (3.465a) stellt eine monotone Funktion von $\dot{V}$ dar, d. h., die erste Ableitung ist jeweils negativ:

$$\frac{df_1(\dot{V})}{d\dot{V}} = -\sum_i^n \frac{z_i(K_i - 1)^2}{[1 + \dot{V}(K_i - 1)]^2}. \tag{3.465b}$$

Vor dem Start der Flash-Berechnung läßt sich mit Gl. (3.465a) überprüfen, ob man sich überhaupt bei den vorgegebenen Bedingungen (P, T) im Zweiphasengebiet befindet. Dies kann sehr einfach durch Überprüfung der Randwerte von $f_1(\dot{V})$ bei $\dot{V} = 0$ und 1 geschehen. Dafür ergeben sich die folgenden Beziehungen:

$$f_1(\dot{V} = 0) = -1 + \sum_i^n z_i K_i, \tag{3.466a}$$

$$f_1(\dot{V} = 1) = 1 - \sum_i^n \frac{z_i}{K_i}. \tag{3.466b}$$

Die Bedeutung dieser Randwerte ist in der folgenden Tabelle und Abb. 3.21b dargestellt.

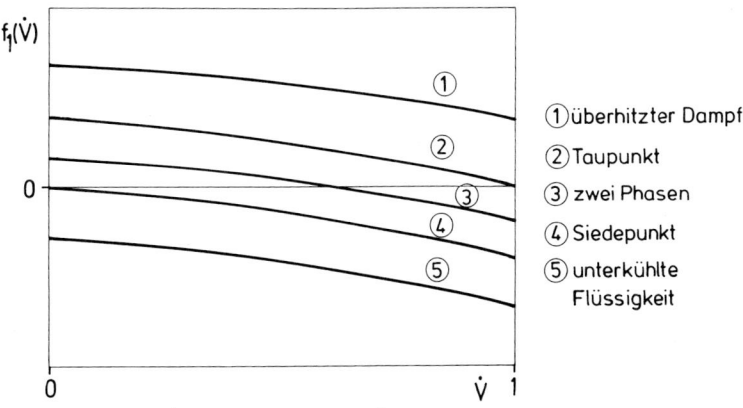

Abb. 3.21b $f_1(\dot{V})$ als Funktion von $\dot{V}$

① überhitzter Dampf
② Taupunkt
③ zwei Phasen
④ Siedepunkt
⑤ unterkühlte Flüssigkeit

Tab. 3.6 Thermischer Zustand in Abhängigkeit von den Funktionswerten $f_1(\dot{V})$

Thermischer Zustand	$f_1(\dot{V}=0)$	$f_1(\dot{V}=1)$
überhitzter Dampf	>0	>0
Taupunkt	>0	$=0$
2 Phasen	>0	<0
Siedepunkt	$=0$	<0
unterkühlte Flüssigkeit	<0	<0

Mit Hilfe der Werte von $f_1(\dot{V} = 0)$ und $f_1(\dot{V} = 1)$ läßt sich somit entscheiden, in welchem Zustand sich der Strom befindet. Befindet er sich im Zweiphasengebiet, läßt sich für vorgegebene Bedingungen mit Hilfe von Gl. (3.465a) der Dampfanteil $\dot{V}$ ermitteln. Unter Verwendung dieses Wertes können dann mit Gl. (3.464a) bzw. (3.464b) die Zusammensetzungen der flüssigen und Dampfphase berechnet werden. Bei Annahme konstanter K-Faktoren führt diese Vorgehensweise direkt zum Ziel. Bei realen Systemen müssen die K-Faktoren bei jedem Schritt neu berechnet werden.

Im Falle des adiabaten Flashs ($\dot{Q} = 0$) muß neben der Mengenbilanz noch die Enthalpiebilanz berücksichtigt werden ($\dot{F} = 1$):

$$h_F = \dot{V}h^V + \dot{L}h^L , \tag{3.467}$$

d. h., daß eine weitere Funktion simultan neben Gl. (3.465a) erfüllt werden muß. Da man in diesem Fall die Berechnung mit einer Schätztemperatur startet, kann das Auffinden der Nullstellen von Gl. (3.465a) und (3.468) nur auf iterativem Wege erfolgen

$$f_2(\dot{V}, T) = h_F - \dot{V}(h^V - h^L) - h^L = 0 . \tag{3.468}$$

Dabei soll noch erwähnt werden, daß die angegebenen Gleichungen nicht auf binäre Systeme beschränkt sind, sondern allgemein, d. h. für die Behandlung von Multikomponentensystemen, eingesetzt werden können.

Beispiel 3.7
Prüfen Sie unter der Annahme der Gültigkeit des Raoultschen Gesetzes in welchem Zustand sich ein Zulaufstrom mit 50 Mol% Benzol(1) und 50 Mol% Toluol(2) bei einer Temperatur von 60 °C und einem Druck von 10 bzw. 33 oder 100 kPa befindet. Bestimmen Sie für den Fall des zweiphasigen Zustandes weiterhin den Dampfanteil und die Zusammensetzung der flüssigen und dampfförmigen Phase.

Dampfdruckdaten bei 60 °C:

Benzol	52,18 kPa
Toluol	18,53 kPa

Lösung:
Die Überprüfung des Zustandes durch Überprüfung der Randwerte soll beispielhaft für einen Druck von 33 kPa durchgeführt werden. Für diesen Druck ergeben sich nach Gl. (3.35a) die folgenden K-Faktoren:

$$K_1 = 52{,}18/33 = 1{,}581$$

und

$$K_2 = 18{,}53/33 = 0{,}562 .$$

Damit erhält man für die Randwerte der Funktion $f_1(\dot{V})$:

$$f_1(\dot{V} = 0) = -1 + 0{,}5 \cdot 1{,}581 + 0{,}5 \cdot 0{,}562 = 0{,}0715 \,,$$

$$f_1(\dot{V} = 1) = 1 - 0{,}5/1{,}581 - 0{,}5/0{,}562 = -0{,}206$$

und somit nach Tab. 3.6 zwei Phasen. Im Gegensatz dazu ergibt sich für einen Druck von 10 kPa der Zustand „überhitzter Dampf" und für den Druck 100 kPa der Zustand „unterkühlte Flüssigkeit".

Für den zweiphasigen Zustand (P = 33 kPa) soll im nächsten Schritt der Dampfanteil $\dot{V}$ bestimmt werden, für den Gl. (3.465a) erfüllt wird. Dies kann mit Hilfe der genannten Techniken oder durch „trial and error"-Methode erfolgen. So ergibt sich bei Annahme von $\dot{V} = 0{,}1$ für die Funktion $f_1(\dot{V})$:

$$f_1(\dot{V}) = \frac{0{,}5(1{,}581-1)}{1+0{,}1(1{,}581-1)} + \frac{0{,}5(0{,}562-1)}{1+0{,}1(0{,}562-1)} = 0{,}04552 \,.$$

Unter Verwendung des schon vorher berechneten Randwertes bei $\dot{V} = 0$ läßt sich aus der Steigung ein zuverlässiger Wert für den Dampfanteil ($\dot{V} = 0{,}275$) abschätzen. Mit diesem Wert ergibt sich für $f_1(\dot{V})$ ein Wert von 0,00149. Unter Benutzung dieser Information kann für den Dampfanteil ein verbesserter Wert von 0,281 für $\dot{V}$ abgeschätzt werden, mit dem Gl. (3.465a) erfüllt wird, so daß im nächsten Schritt die Konzentrationen in den Phasen bestimmt werden können. Auf diese Weise ergibt sich für die Benzolkonzentration in der flüssigen Phase

$$x_1 = \frac{0{,}5}{1+0{,}281(1{,}581-1)} = 0{,}4298$$

sowie für die Benzolkonzentration in der Dampfphase

$$y_1 = \frac{1{,}581 \cdot 0{,}5}{1+0{,}281(1{,}581-1)} = 0{,}6796$$

und damit für $x_2 = 0{,}5702$ und $y_2 = 0{,}3204$.

3.2.3 Gruppenbeitragsmethode UNIFAC

Bei allen in Tab. 3.4 beschriebenen Modellen für den Aktivitätskoeffizienten müssen die binären Modellparameter an experimentelle Phasengleichgewichtsdaten angepaßt werden. Bei realen Problemen tritt jedoch oft der Fall auf, daß keine Daten zur Verfügung stehen und somit keine Berechnung möglich ist. In den letzten Jahren wurden aber zuverlässige, breit anwendbare Gruppenbeitragsmethoden[23-26] entwickelt, die es gestatten, das reale Verhalten in der flüssigen Phase allein bei Kenntnis der Struktur mit gutem Erfolg vorauszuberechnen. Aufgrund verschiedener Vorteile wird von diesen Methoden die UNIFAC-Methode weltweit in der chemischen Industrie eingesetzt. Die benötigten Parameter und Reinstoffgrößen wurden für ausgewählte Strukturgruppen in [2] tabelliert. Das Resultat der UNIFAC-Methode für 16 verschiedene Alkan–Alkohol-Systeme ist in Abb. 3.22 dargestellt. Es zeigt, daß die vorausberechneten Werte sehr gut mit den experimentellen Daten übereinstimmen. So werden auch die azeotropen Punkte richtig vorhergesagt. Dabei ist zu betonen, daß alle 16 Diagramme mit nur 2 Parametern berechnet wurden, die die Wechselwirkung zwischen der Alkan- und der Alkoholgruppe beschreiben. Neben diesen Werten werden bei Annahme des idealen Verhaltens der Dampfphase lediglich noch die Sättigungsdampfdrücke der beteiligten Komponenten benötigt.

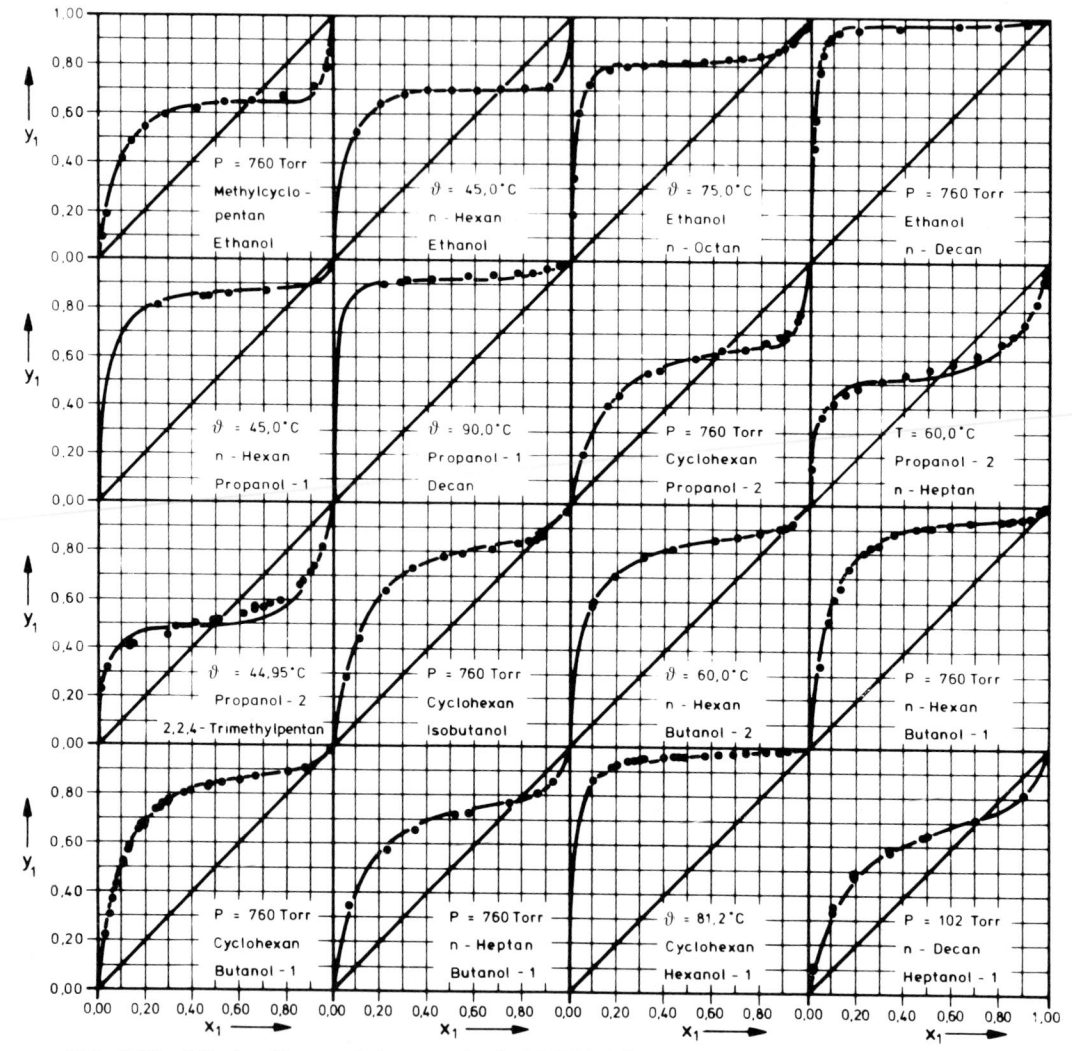

Abb. 3.22 Mit der Gruppenbeitragsmethode UNIFAC berechnete Dampf-Flüssig-Gleichgewichte für Alkohol-Alkan-Systeme (1 kPa = 7,50062 Torr)

Diese Methode ist wie die Wilson-, NRTL- und UNIQUAC-Gleichung nicht auf binäre Systeme beschränkt. Sie kann jederzeit auch für die Berechnung des Phasengleichgewichtverhaltens von Mehrkomponentensystemen eingesetzt werden. Mit der Möglichkeit, das reale Verhalten vorhersagen zu können, ergeben sich viele weitere Anwendungsgebiete. Auf einige wird in [27] eingegangen. Die Vorgehensweise bei der Vorausberechnung der Aktivitätskoeffizienten mit Hilfe der Gruppenbeitragsmethode UNIFAC wird in [2] ausführlich in einem Beispiel dargestellt.

Durch Modifikation des UNIFAC-Modells, Einführung temperaturabhängiger Parameter und Verwendung einer umfangreicheren Datenbasis (VLE, LLE, h^E, γ^∞, ...) wurde eine

Gruppenbeitragsmethode (mod. UNIFAC) entwickelt[41, 42], die eine noch zuverlässigere Vorausberechnung von Dampf-Flüssig-Gleichgewichten gestattet.

Das Gruppenbeitragskonzept wurde auch auf Zustandsgleichungen übertragen[39, 40]. Beispielhaft sind die Resultate der PSRK-Methode[39] für das System Ethanol(1)–Wasser(2) für überkritische Bedingungen in Abb. 3.23 gezeigt. Dabei ist zu erwähnen, daß für die Durchführung dieser Vorausberechnungen die gleichen UNIFAC-Parameter eingesetzt wurden, die auch bei Atmosphärendruck benutzt werden.

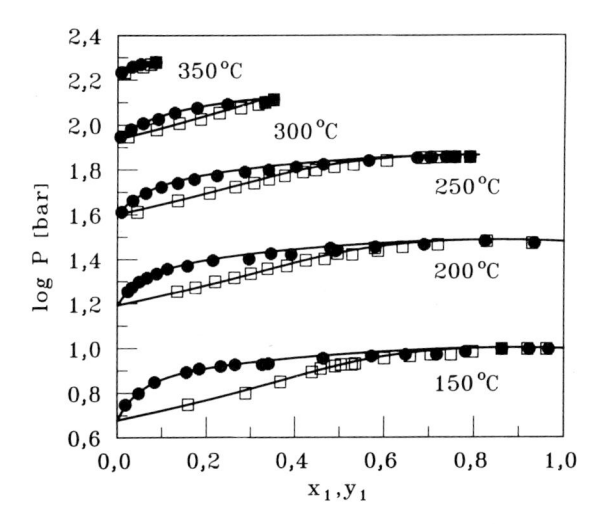

Abb. 3.23 Resultate der PSRK-Gleichung für das System Ethanol(1)–Wasser(2)

3.2.4 Sättigungsdampfdruck

Eine wichtige Größe bei der Berechnung von Dampf-Flüssig-Gleichgewichten nach Methode A ist der Sättigungsdampfdruck (s. Gl. 3.32). Er wird für die verschiedenen Berechnungen als Funktion der Temperatur benötigt. Ausgangsgleichung bei der Entwicklung eines analytischen Ausdrucks zur Beschreibung der Temperaturabhängigkeit des Sättigungsdampfdruckes P_i^s ist die Clausius-Clapeyron-Gleichung[2], die für alle Phasenumwandlungen herangezogen werden kann. Für den Fall der Phasenumwandlung Dampf-Flüssigkeit gilt exakt

$$\frac{dP^s}{dT} = \frac{\Delta h_v}{T(v^V - v^L)}. \tag{3.47}$$

Werden die molaren Volumina der Dampf- (v^V) und der flüssigen Phase (v^L) mit Hilfe des Kompressibilitätsfaktors (s. Gl. 3.16) ausgedrückt, d. h.,

$$\Delta z_v = z^V - z^L = \frac{P^s}{RT}(v^V - v^L), \tag{3.48}$$

erhält man die folgende Form der Clausius-Clapeyron-Gleichung:

$$\frac{d \ln P^s}{d(1/T)} = -\frac{\Delta h_v}{R \Delta z_v} \tag{3.49}$$

Von dieser Form der Clausius-Clapeyron-Gleichung lassen sich durch Integration je nach Vorgabe des Ausdrucks auf der rechten Seite die verschiedensten Dampfdruckgleichungen ableiten. So ergeben sich bei Annahme eines konstanten Wertes bzw. linearer Temperaturabhängigkeit die in der folgenden Tabelle gezeigten Ausdrücke für den Sättigungsdampfdruck:

$-\dfrac{\Delta h_v}{R \Delta z_v}$	$\ln P^s$
B	$A + B/T$
$B + CT$	$A + B/T + C \ln T$

Diese Beziehungen werden auch als Augustsche bzw. Kirchhoffsche Dampfdruck-Gleichung bezeichnet. In der Industrie hat sich eine leicht modifizierte Form der Dampfdruck-Gleichung für einen begrenzten Temperaturbereich bewährt. Sie hat die Form

$$\log P^s = A - \frac{B}{\vartheta + C} \qquad (3.50)$$

und wird als Antoine-Gleichung bezeichnet.

Die Konstanten in den verschiedenen Beziehungen werden durch Anpassung an experimentelle Dampfdruckdaten ermittelt. Im Falle der Antoine-Gleichung werden oft die unterschiedlichsten Einheiten für Druck und Temperatur benutzt. In diesem Lehrbuch wird für die Temperatur ϑ die Einheit °C und für den Sättigungsdampfdruck die Einheit kPa verwendet. Für sehr viele Substanzen wurden die Antoine-Konstanten tabelliert (s. Kap. 3.6). Im Gegensatz zu vielen anderen komplexeren Dampfdruckgleichungen hat die Antoine-Gleichung den Vorteil, daß sie sich druck- und temperaturexplizit darstellen läßt. Jedoch läßt sich die Antoine-Gleichung nur für einen begrenzten Temperaturbereich zuverlässig verwenden. Sollen die Sättigungsdampfdrücke über einen großen Temperaturbereich (wünschenswert: $T_m \to T_{kr}$) zuverlässig dargestellt werden, können andere Dampfdruckgleichungen wie die Wagner-[45] oder Frost-Kalkwarf-Gleichung[46] mit einer größeren Zahl anpaßbarer Parameter herangezogen werden.

3.2.5 Verdampfungsenthalpie

Eine weitere wichtige Größe für die optimale Auslegung von Rektifikationsanlagen ist die Kenntnis der Verdampfungsenthalpie. Diese Größe spielt sowohl für die Berechnung der Dampf- und Flüssigkeitsströme in den verschiedensten Abschnitten einer Kolonne als auch bei der Berechnung der Betriebskosten (Dampfverbrauch, Kühlkosten) eine entscheidende Rolle.

Die Verdampfungsenthalpie läßt sich direkt mit Hilfe der Clausius-Clapeyron-Gleichung berechnen (Gl. 3.47). Für die Berechnung werden neben der Temperaturabhängigkeit des Sättigungsdampfdrucks lediglich noch die molaren Volumina der Dampf- und der flüssigen Phase benötigt:

$$\Delta h_v = T\left(v^V - v^L\right)\frac{dP^s}{dT} = RT^2\left(z^V - z^L\right)\frac{d\ln P^s}{dT}. \qquad (3.51)$$

In vielen Fällen (weit entfernt vom kritischen Punkt) kann das Volumen der flüssigen Phase gegenüber dem Dampfvolumen vernachlässigt werden. Wird weiterhin das Volumen der Dampfphase mit Hilfe des idealen Gasgesetzes beschrieben, so erhält man eine einfache Beziehung zur Abschätzung von Verdampfungsenthalpien ($\Delta z_v = 1$):

$$\Delta h_v = \frac{-R \, d \ln P^s}{d(1/T)}. \tag{3.52}$$

Bei dieser Vorgehensweise ist mit Fehlern von etwa 3 % im Falle nicht stark assoziierender Verbindungen zu rechnen. Werden genauere Werte benötigt, sollte die Differenz der Kompressibilitätsfaktoren Δz_v genauer berücksichtigt werden. Dies kann z. B. mit Hilfe der Beziehung von Haggenmacher[31] geschehen.

Die Verdampfungsenthalpie hängt stark von der Temperatur ab. Bis auf wenige Ausnahmen (z. B. bei einigen Carbonsäuren aufgrund der mit der Dimerisation verbundenen Reaktionsenthalpie) sinkt die Verdampfungsenthalpie mit steigender Temperatur. Am kritischen Punkt werden die Eigenschaften der flüssigen und dampfförmigen Phase identisch, und die Verdampfungsenthalpie erreicht den Wert 0. Zur Beschreibung der Temperaturabhängigkeit kann die Watson-Gleichung[28] herangezogen werden:

$$\Delta h_v(T_2) = \Delta h_v(T_1) \left(\frac{1 - T_{r2}}{1 - T_{r1}} \right)^{0,38}. \tag{3.53}$$

Mit dieser Gleichung läßt sich die Verdampfungsenthalpie bei der Temperatur T_2 bei Kenntnis der Verdampfungsenthalpie bei der Temperatur T_1 berechnen. Der Exponent kann unterschiedliche Werte annehmen. Ein Wert von 0,38 hat sich in vielen Fällen als sinnvoll erwiesen.

Für die Berechnung der Verdampfungsenthalpie bei einer anderen Temperatur bietet sich auch das Kirchhoffsche Gesetz an. So erhält man über einen Kreisprozeß die folgende Beziehung:

$$\Delta h_v(T_2) = \Delta h_v(T_1) + \int_{T_1}^{T_2} \left(c_P^{sV} - c_P^{sL} \right) dT. \tag{3.54}$$

Dabei stellt c_P^{sV} die molare Wärmekapazität des Dampfes und c_P^{sL} die molare Wärmekapazität der Flüssigkeit im Sättigungszustand dar. Diese Größen, bei denen sich der Druck mit der Temperatur ändert, sind aber nur für wenige Komponenten in Tabellenwerken zu finden. Deshalb kann Gl. (3.54) nur dann angewandt werden, wenn der Einfluß des Druckes auf die molaren Wärmekapazitäten vernachlässigbar klein ist, wie z. B. weit entfernt vom kritischen Punkt. Dies bedeutet, daß man diese Gleichung nur zuverlässig bei Temperaturen in der Nähe des Normalsiedepunktes heranziehen kann. Dieser Bereich ist aber speziell für die Praxis interessant. Anstelle der molaren Wärmekapazitäten im Sättigungszustand können in diesem Bereich die tabellierten molaren Wärmekapazitäten des idealen Gases bei $P = 1$ atm unter Inkaufnahme geringer Fehler zur Berechnung eingesetzt werden.

Beispiel 3.8
Mit Hilfe der in [38] gegebenen molaren Wärmekapazitäten soll die Verdampfungsenthalpie von Toluol bei 390 K mit Gl. (3.54) abgeschätzt werden:

$$\Delta h_v(300 \text{ K})^{38} = 37780 \text{ J/mol}, \qquad T_{kr} = 591{,}72 \text{ K}.$$

Molare Wärmekapazitäten:

$c_P^L = 157{,}21 - 347{,}65 \cdot 10^{-3} \, T + 1{,}363 \cdot 10^{-3} \, T^2 - 674{,}42 \cdot 10^{-9} \, T^3$ (J/mol · K),

$c_P^{id} = -10{,}399 + 380{,}75 \cdot 10^{-3} \, T + 82{,}629 \cdot 10^{-6} \, T^2 - 246{,}98 \cdot 10^{-9} \, T^3$ (J/mol · K).

Lösung:
Unter Verwendung des Kirchhoffschen Gesetzes ergibt sich nach der Integration

$\Delta h_v = 37780 - 15085 + 22617 - 13794 + 1607 = 33125$ J/mol.

Unter Verwendung der Watson-Gleichung erhält man

$T_{r1} = 300/591{,}72 = 0{,}5070$,

$T_{r2} = 390/591{,}72 = 0{,}6591$

und

$$\Delta h_v (390 \, \text{K}) = 37780 \left(\frac{1 - 0{,}6591}{1 - 0{,}5070} \right)^{0{,}38} = 32838 \, \text{J/mol}.$$

Der in [38] für eine Temperatur von 390 K tabellierte Wert beträgt 33332 J/mol. Daß die Übereinstimmung zwischen experimentellen und den mit dem Kirchhoffschen Gesetz berechneten Werten nicht besser ist, ist wahrscheinlich darauf zurückzuführen, daß anstelle der molaren Wärmekapazitäten der Dampfphase im Sättigungszustand c_P^{sV} die molaren Wärmekapazitäten des idealen Gases für die Berechnung herangezogen wurden.

3.2.5.1 Berechnung der Verdampfungsenthalpie mit Hilfe von Zustandsgleichungen

Neben der Berechnung des Phasengleichgewichts gestatten Zustandsgleichungen die Berechnung von weiteren wichtigen Größen, wie Dichten, Enthalpien, Entropien, ... für die verschiedenen Phasen, die für die Auslegung von Prozessen große Bedeutung besitzen. Mit Hilfe der Zustandsgleichung lassen sich die Realanteile thermodynamischer Größen berechnen. Realanteile beschreiben die Unterschiede thermodynamischer Größen im realen (z. B. reales Gas oder Flüssigkeit) im Vergleich zum idealen Gaszustand [2] bei gleichem Druck und gleicher Temperatur. Für den Fall der Enthalpie ergeben sich die folgenden gleichwertigen Beziehungen zur Berechnung des Realanteils der Enthalpie:

$$\left(h - h^{id} \right)_{T,P} = \int_0^P \left[v - T \left(\frac{\partial v}{\partial T} \right)_P \right] dP, \tag{3.55}$$

$$\left(h - h^{id} \right)_{T,P} = -\int_\infty^v \left[P - T \left(\frac{\partial P}{\partial T} \right)_v \right] dv + Pv - RT. \tag{3.56}$$

An den Gleichungen ist zu erkennen, daß der Realanteil direkt berechnet werden kann, wenn das PVT-Verhalten bekannt ist. Soll die Enthalpiedifferenz auch für eine andere Temperatur berechnet werden, muß lediglich noch die Temperaturabhängigkeit der Enthalpie des idealen Gases (h^{id}) bekannt sein. Zur Berechnung dieser Abhängigkeit werden die molaren Wärmekapazitäten des idealen Gases (c_P^{id}) benötigt. Diese Werte wurden für eine Vielzahl von Verbindungen tabelliert[7]. Sie lassen sich auch zuverlässig mit Hilfe von Gruppenbeitragsmethoden oder aus spektroskopischen Daten abschätzen.

Sollen Absolutwerte der Enthalpie für irgendeinen Zustand berechnet werden, muß ein Bezugszustand für die Enthalpie des idealen Gases h_{id} festgelegt werden. Auf diese Weise läßt sich die Enthalpie in den verschiedenen Aggregatzuständen für jede Bedingung $[P, T, x_i(y_i)]$,

$$h^L = \sum x_i h_i^{id} + \left(h^L - h^{id}\right) \tag{3.57}$$

sowie

$$h^V = \sum y_i h_i^{id} + \left(h^V - h^{id}\right), \tag{3.58}$$

und jede Enthalpieänderung, wie z. B. die Verdampfungsenthalpien von reinen Stoffen oder Gemischen, mit Hilfe von Zustandsgleichungen berechnen. So gilt für die Verdampfungsenthalpie des reinen Stoffes:

$$\Delta h_v(T) = \left(h - h^{id}\right)^V_{T, P^s} - \left(h - h^{id}\right)^L_{T, P^s} \tag{3.59}$$

3.3 Flüssig-Flüssig-Gleichgewicht

Wie in Kap. 3.2.2.1 gezeigt wurde, können zwei flüssige Phasen immer dann auftreten, wenn sich Systeme stark real verhalten. Die genaue Kenntnis der Flüssig-Flüssig-Gleichgewichte (LLE) besitzt sowohl bei der Auslegung von Anlagen zur Extraktion als auch bei der Heterazeotroprektifikation eine große Bedeutung.

Ausgehend von der Gleichgewichtsbeziehung (Gl. 3.2), herrscht Phasengleichgewicht zwischen zwei flüssigen Phasen ′ und ″, wenn die Fugazitäten in beiden Phasen die gleichen Werte aufweisen:

$$(f_i^L)' = (f_i^L)''. \tag{3.60}$$

Unter Verwendung der Hilfsgrößen Fugazitätskoeffizient bzw. Aktivitätskoeffizient ergeben sich wiederum zwei Möglichkeiten zur Darstellung des Phasengleichgewichts:

A* $(x_i \gamma_i)' = (x_i \gamma_i)''$ (Isoaktivitätskriterium) (3.61a)

B $(x_i \varphi_i^L)' = (x_i \varphi_i^L)''$, (3.61b)

Das Produkt $x_i \gamma_i$ wird auch als Aktivität a_i bezeichnet. Mit Hilfe dieser Beziehungen lassen sich bei Kenntnis der Hilfsgrößen φ_i bzw. γ_i als Funktion von Konzentration, Temperatur und Druck die Verteilungskoeffizienten K_i für jeden Zustand berechnen:

$$K_i = \frac{x_i'}{x_i''} = \frac{\gamma_i''}{\gamma_i'}. \tag{3.62a}$$

$$K_i = \frac{x_i'}{x_i''} = \frac{\varphi_i^{L''}}{\varphi_i^{L'}}, \tag{3.62b}$$

---

* (Annahme: f_i^0 weisen in beiden Phasen den gleichen Wert auf)

Für die Beurteilung der verschiedenen Extraktionsmittel ist neben den Verteilungskoeffizienten weiterhin die Selektivität S_{ij} eine wichtige Größe. Diese Größe hat die gleiche Bedeutung wie die relative Flüchtigkeit (Trennfaktor) bei der Rektifikation und kann direkt über die obige Gleichgewichtsbeziehung berechnet werden:

$$S_{ij} = \frac{K_i}{K_j} = \frac{x_i' x_j''}{x_i'' x_j'} = \frac{\gamma_i'' \gamma_j'}{\gamma_i' \gamma_j''} \quad \text{bzw.} \quad S_{ij} = \frac{\varphi_i^{L''} \varphi_j^{L'}}{\varphi_i^{L'} \varphi_j^{L''}}. \tag{3.63}$$

Mischungslücken treten immer dann auf, wenn ein System durch den Zerfall in zwei flüssige Phasen einen geringeren Wert für die Gibbssche Enthalpie erreichen kann[2].

$$\Delta g = RT \sum x_i \ln a_i, \tag{3.64a}$$

$$\Delta g = RT \sum (x_i \ln x_i + x_i \ln \gamma_i), \tag{3.64b}$$

$$\Delta g = \Delta g_{\text{ideal}} + \Delta g_{\text{real}}, \tag{3.64c}$$

$$\Delta g = \Delta g_{\text{ideal}} + g^E. \tag{3.64d}$$

Dies ist qualitativ in Abb. 3.24 für ein heterogenes binäres System in Form der dimensionslosen Gibbsschen Mischungsenthalpie $\Delta g/RT$, dem Logarithmus der Aktivität a_1 und der 2. Ableitung der Gibbsschen Mischungsenthalpie nach dem Molanteil $G11$ ($G11 = \partial^2(\Delta g/RT)/\partial x_1^2$) als Funktion von x_1 gezeigt. Das binäre System zerfällt im Bereich zwischen A und D in zwei flüssige Phasen mit den Konzentrationen $x_1(A)$ und $x_1(D)$. An diesen Punkten weisen die Aktivitäten der Komponenten in den beiden Phasen die gleichen Werte auf.

Die Punkte B und C sind Werte auf der Spinodalkurve. Diese Werte geben die Wendepunkte im ersten Diagramm und die Extrema im zweiten Diagramm an sowie die Konzentrationen für die $G11$, die den Wert 0 besitzen.

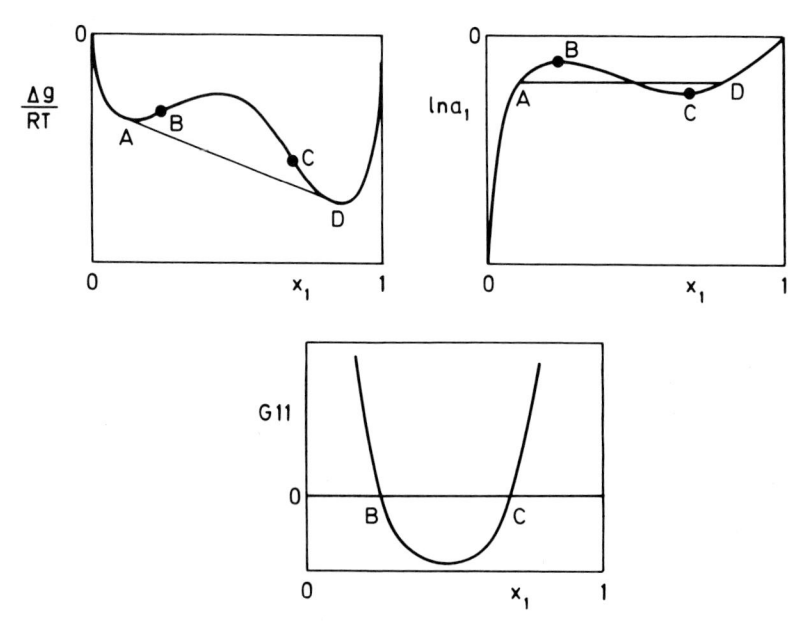

Abb. 3.24 Konzentrationsabhängigkeit von $\Delta g/RT$, $\ln a_1$ und $G11$ für ein heterogenes binäres System

3.3 Flüssig-Flüssig-Gleichgewicht   145

In Abb. 3.25 sind die Werte für g^E/RT, $\ln a_1$ und $G11$ für verschiedene Alkohol–Wasser-Systeme gezeigt. Während das System Methanol–Wasser sich nur schwach real verhält, steigt die Realität (g^E) über Ethanol–Wasser, 1-Propanol–Wasser zum System 1-Butanol–Wasser an. Dies führt dazu, daß 1-Butanol–Wasser im Gegensatz zu den erstgenannten Systemen $G11$-Werte < 0 und damit eine Mischungslücke aufweist.

Zur Beschreibung der Hilfsgrößen können wieder Zustandsgleichungen oder g^E- Modelle, die schon in Kap. 3.1 vorgestellt wurden, verwendet werden. Im Falle polarer Systeme und Bedingungen, weit entfernt vom kritischen Punkt der reinen Komponenten, ist die Be-

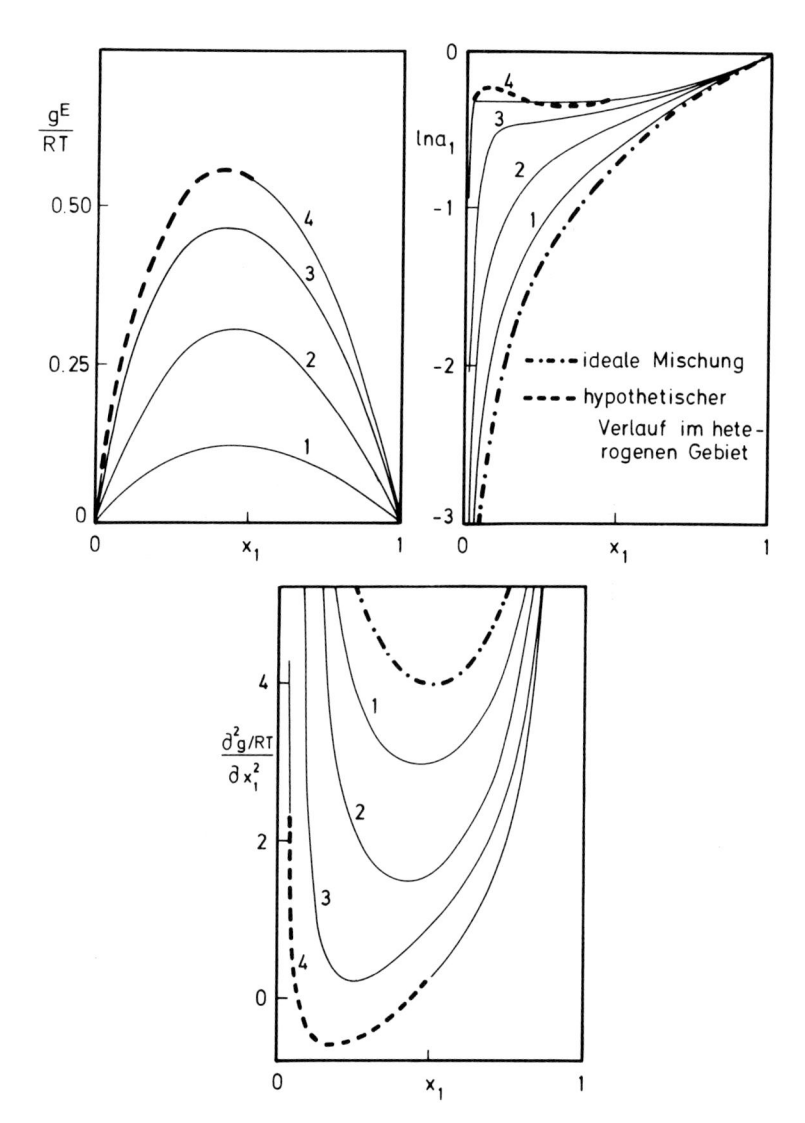

Abb. 3.25 g^E/RT, $\ln a_1$ und $G11$ für Alkohol–Wasser-Systeme bei 25 °C.
1 Methanol(1)–Wasser(2),
2 Ethanol(1)–Wasser(2),
3 1-Propanol(1)–Wasser(2),
4 1-Butanol(1)–Wasser(2)

schreibung mit Hilfe von Aktivitätskoeffizienten einfacher und damit der Berechnung mit Zustandsgleichungen vorzuziehen. Von den in Tab. 3.4 gelisteten Gleichungen können jedoch nur die NRTL- und UNIQUAC-Gleichung zur Berechnung von Flüssig-Flüssig-Gleichgewichten benutzt werden, da mit der Wilson-Gleichung prinzipiell keine Flüssig-Flüssig-Gleichgewichte (LLE) beschrieben werden können.

Die Temperaturabhängigkeit von Flüssig-Flüssig-Gleichgewichten kann sehr unterschiedlich sein. Die verschiedenen Möglichkeiten sind für den binären Fall in Abb. 3.26 gezeigt. Die gegenseitige Löslichkeit kann mit steigender Temperatur sinken oder ansteigen. So können sowohl untere als auch obere kritische Entmischungstemperaturen auftreten. Die Fälle a, b, d in Abb. 3.26 können jeweils auch als Spezialfälle von c angesehen werden. In den meisten Fällen nimmt die gegenseitige Löslichkeit mit steigender Temperatur zu, so daß oberhalb der oberen kritischen Entmischungstemperatur T_{kr}^0 das System homogen wird. Weit unterhalb des kritischen Punktes der reinen Komponenten ist auch der Druckeinfluß, der über das Exzeßvolumen berücksichtigt werden kann (s. [2]), bei nicht zu hohen Drücken zu vernachlässigen.

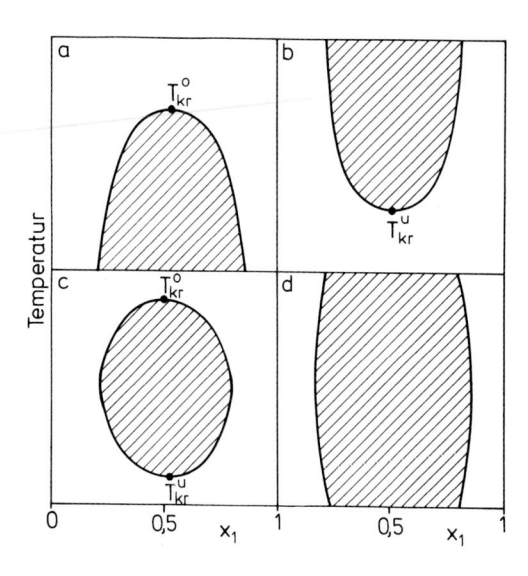

Abb. 3.26 a–d Temperaturabhängigkeit binärer Flüssig-Flüssig-Gleichgewichte
///// Zweiphasengebiet

Um mit den verwendeten Modellen diese Temperaturabhängigkeit zuverlässig darzustellen, muß neben der Konzentrationsabhängigkeit auch die Temperaturabhängigkeit der Aktivitätskoeffizienten, d. h. nach Gl. (3.40) die partiellen molaren Mischungsenthalpien, richtig beschrieben werden. Dies kann durch Einführung temperaturabhängiger Parameter und der simultanen Anpassung an Phasengleichgewichts- und Mischungsenthalpiedaten geschehen. Abb. 3.27 zeigt das Resultat für das System Tetrahydrofuran(1)–Wasser(2), wobei zur Anpassung quadratisch temperaturabhängige Parameter verwendet wurden.

Technisch viel interessanter als die binären Systeme sind jedoch ternäre bzw. Multikomponentensysteme. So hat man es bei der Anwendung der Flüssig-Flüssig-Extraktion zumindest mit einem ternären System zu tun. Die Darstellung der ternären Gleichgewichte erfolgt dabei in den meisten Fällen mit Hilfe von Dreiecksdiagrammen.

Von den vielen möglichen Arten ternärer Flüssig-Flüssig-Gleichgewichte [34, 35, 29] sind die beiden wichtigsten und am häufigsten auftretenden Fälle in Abb. 3.28 dargestellt.

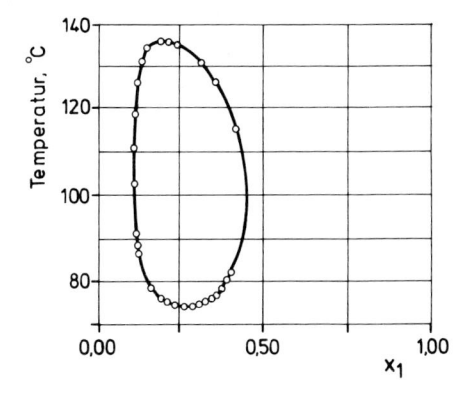

Abb. 3.27 Berechnetes und experimentelles Flüssig-Flüssig-Gleichgewicht des Systems Tetrahydrofuran(1)–Wasser(2)[48]

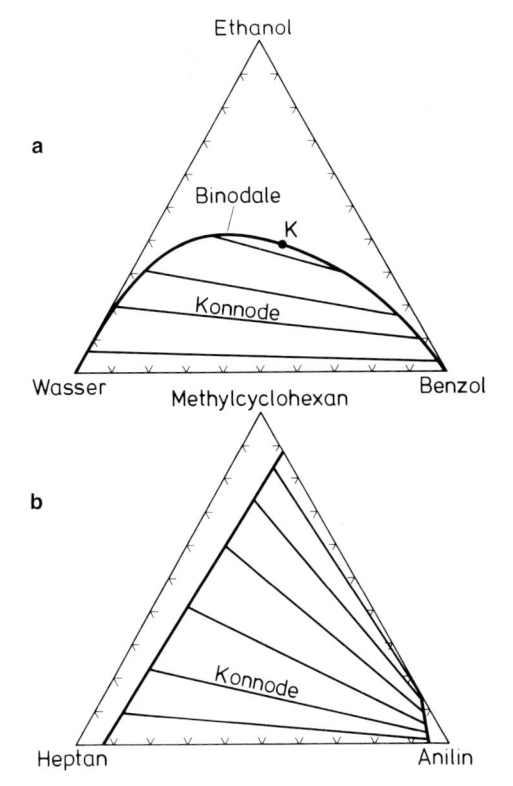

Abb. 3.28 Wichtigste Arten ternärer Flüssig-Flüssig-Gleichgewichte.
a Geschlossenes und **b** offenes System

Abb. 3.28a zeigt den Fall eines geschlossenen Systems, bei dem nur ein binäres Paar eine Mischungslücke aufweist. Abb 3.28b stellt ein offenes System dar, bei dem zwei binäre Komponentenpaare begrenzt mischbar sind. Der homogene Bereich wird durch die Binodalkurve vom Zweiphasengebiet getrennt. Die im Gleichgewicht befindlichen flüssigen Phasen sind durch sog. Konnoden (engl. tie line) verbunden. Im Falle des geschlossenen Systems tritt ein kritischer Punkt K auf, bei dem die beiden flüssigen Phasen die gleiche Konzentration besitzen. Wichtig für die Auslegung von Extraktoren ist die Kenntnis des Verteilungskoeffizienten der zu extrahierenden Komponente i. Für $x_i = 0$ bezeichnet man diesen Koeffizienten als Nernstschen Verteilungskoeffizienten. Mit steigender Konzentration der Komponente i kann sich dieser Wert aber beträchtlich ändern. Für Pyridin im System Benzol(1)–Pyridin(2)–Wasser(3) ist diese Konzentrationsabhängigkeit in Abb. 3.29a gezeigt. Weiterhin ist das Flüssig-Flüssig-Gleichgewicht noch stark temperaturabhängig. Wie komplex diese Temperaturabhängigkeit sein kann, verdeutlicht Abb. 3.29b am Beispiel des Systems Tetrahydrofuran-Wasser-Phenol[48].

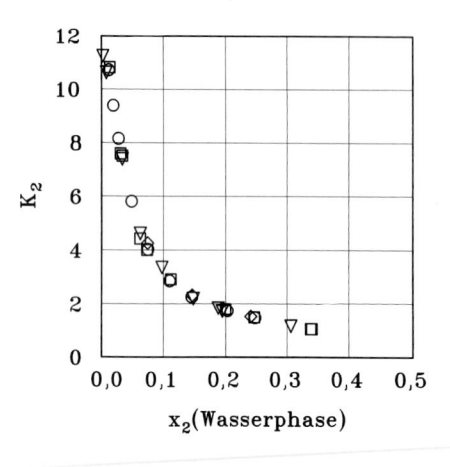

Abb. 3.29a Konzentrationsabhängigkeit des Verteilungskoeffizienten K_2 des Systems Benzol(1)–Pyridin(2)–Wasser(3)

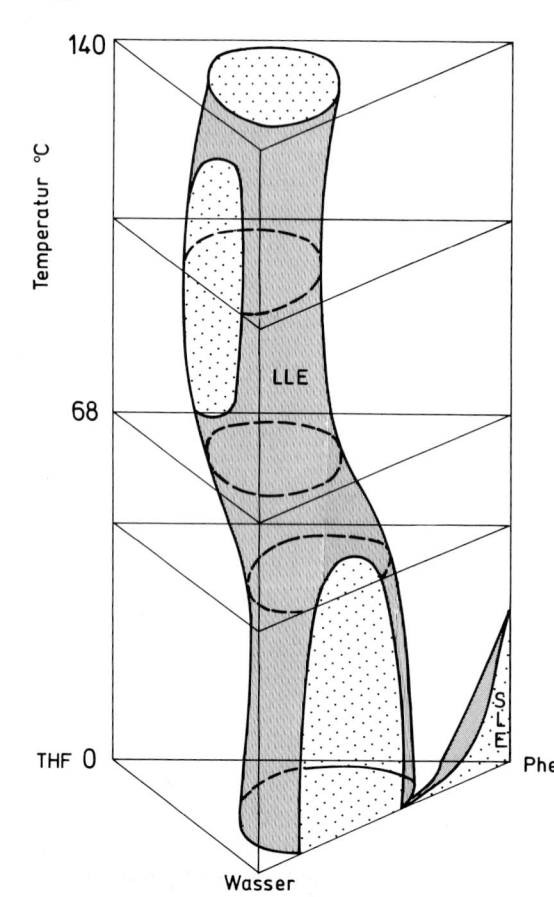

Abb. 3.29b Temperaturabhängigkeit des Flüssig-Flüssig-Gleichgewichts des Systems Tetrahydrofuran–Wasser–Phenol[48]

Kennt man die Konzentrationen der im Gleichgewicht befindlichen flüssigen Phasen, so läßt sich nach den in Kap. 3.2 beschriebenen Wegen die Konzentration in der Dampfphase bestimmen. Man spricht dann von Dampf-Flüssig-Flüssig-Gleichgewichten [engl. vapor-liquid-liquid equilibrium (VLLE)],

$$(f_i^L)' = (f_i^L)'' = f_i^V , \qquad (3.65)$$

die insbesondere bei der Heteroazeotroprektifikation von Bedeutung sind. Bei diesen Trennverfahren treten sog. Heteroazeotrope auf. Bei dieser Art von Azeotropen ist die Konzentration der Dampfphase unabhängig von den Mengen der beiden im Gleichgewicht befindlichen flüssigen Phasen.

Die Darstellung und Berechnung von Flüssig-Flüssig-Gleichgewichten ist wesentlich komplexer als die von Dampf-Flüssig-Gleichgewichten. Während die Berechnung bei binären Systemen noch grafisch möglich ist, muß bei höheren Systemen der Computer herangezogen werden. Die einfachen Verfahren für binäre und höhere Systeme werden in [2] dargestellt. Die Beschreibung eines mathematisch aufwendigeren Verfahrens findet man in [34]. Dabei ist zu erwähnen, daß die Vorausberechnung von Flüssig-Flüssig-Gleichgewichten aus binären Informationen oft nur zu unbefriedigenden Ergebnissen führt.

Dies ist nicht verwunderlich, da der Aktivitätskoeffizient im Falle von Flüssig-Flüssig-Gleichgewichten (LLE) sowohl die Temperatur- als auch Konzentrationsabhängigkeit richtig beschreiben muß. Bei Flüssig-Flüssig-Gleichgewichten gibt es im Gegensatz zu den anderen Phasengleichgewichten (VLE, GLE, SLE) kein ideales Verhalten, von dem man bei der Berechnung ausgehen kann. Bei den letztgenannten Phasengleichgewichten, z. B. Dampf-Flüssig-Gleichgewichten (VLE), stellt der Aktivitätskoeffizient nur einen Korrekturfaktor im Vergleich zum idealen VLE-Verhalten (Raoultsches Gesetz) dar. Eine ähnliche Rolle spielt der Aktivitätskoeffizient auch bei Gaslöslichkeiten und der Löslichkeit von Feststoffen, bei denen man in der ersten Näherung von der idealen Löslichkeit ($\gamma_i = 1$) ausgehen kann.

Eine ausgezeichnete Übersicht über die Berechnung und das Verhalten von Flüssig-Flüssig-Gleichgewichten findet man in [35].

3.4 Gaslöslichkeit

Ausgehend von der Gleichgewichtsbedingung

$$f_i^L = f_i^G , \qquad (3.66)$$

G Gasphase

lassen sich wiederum die schon bei den Dampf-Flüssig-Gleichgewichten verwandten Gleichgewichtsbeziehungen

$$\textbf{A} \quad x_i \gamma_i f_i^0 = y_i \varphi_i P \qquad (3.9)$$

und

$$\textbf{B} \quad x_i \varphi_i^L = y_i \varphi_i^V \qquad (3.10)$$

heranziehen. Während die Berechnung mit Hilfe von Zustandsgleichungen in der gleichen Weise erfolgen kann wie bei Dampf-Flüssig-Gleichgewichten, ergeben sich beim Weg A Probleme mit der Standardfugazität, da der bei Dampf-Flüssig-Gleichgewichten verwandte

Standardzustand für die überkritische Komponente nicht existent ist. Aus diesem Grunde wird zur Berechnung von Gaslöslichkeiten als Standardfugazität oftmals die Henry-Konstante $H_{i,j}$ benutzt, d. h.

$$x_i \gamma_i^* H_{i,j} = y_i \varphi_i P \ . \tag{3.67}$$

Die Standardfugazität (Henry-Konstante) wird so gewählt, daß der Aktivitätskoeffizient γ_i^* bei der in der Regel geringen Löslichkeit des Gases vernachlässigt werden kann. Die Henry-Konstante ist deshalb folgendermaßen definiert:

$$H_{1,2} = \lim_{\substack{x_1 \to 0 \\ x_2 \to 1}} \frac{f_1}{x_1} \tag{3.68}$$

1 Gas,
2 Lösungsmittel

Der Aktivitätskoeffizient γ_i^* besitzt den Wert 1, wenn die Konzentration des Gases x_1 gegen 0 geht. Für diesen Grenzfall gilt auch

$$x_1 H_{1,2} = y_1 \varphi_1 P \ . \tag{3.69}$$

Bei nicht zu hohem Druck führt die Vernachlässigung des Fugazitätskoeffizienten zu keinen allzu großen Fehlern, so daß auch die folgende Form des Henryschen Gesetzes zur Berechnung der Gaslöslichkeit herangezogen werden kann:

$$x_1 H_{1,2} = y_1 P = p_1 \ . \tag{3.70}$$

Im Gegensatz zu der bei der Beschreibung von Dampf-Flüssig-Gleichgewichten benutzten Standardfugazität stellt die Henry-Konstante keine Reinstoffgröße dar. Zur Ermittlung der Henry-Konstante ist bereits die Kenntnis von Gemischdaten erforderlich [2].

Zur Beschreibung der Gaslöslichkeit wurden insbesondere in der älteren Literatur neben dem Henry-Koeffizienten die verschiedensten anderen Absorptionskoeffizienten, wie technischer, Kuenen-, Ostwald- und Bunsen-Absorptionskoeffizient, herangezogen, von denen an dieser Stelle noch der Ostwaldsche β und der Bunsensche Absorptionskoeffizient α erwähnt werden sollen. Diese Absorptionskoeffizienten stellen das Verhältnis des absorbierten Gasvolumens zum Flüssigkeitsvolumen dar. Die Koeffizienten sind folgendermaßen definiert:

$$\beta = \frac{V_1^G (T, p_1)}{V_2^L} \tag{3.71}$$

und

$$\alpha = \frac{V_1^G (273{,}15 \ \text{K}, 1 \ \text{atm})}{V_2^L p_1} \ , \tag{3.72}$$

wobei V_2^L das Gesamtvolumen des Lösungsmittels darstellt, in dem das Gas mit dem Partialdruck p_1 gelöst wurde. $V_1^G(273{,}15 \ \text{K}, 1 \ \text{atm})$ stellt dabei das absorbierte Gasvolumen unter Normalbedingungen und $V_1^G(T, p_1)$ das Volumen des absorbierten Gases bei der Temperatur T und dem Partialdruck p_1 dar. Bei geringen Drücken lassen sich aus diesen Absorptionskoeffizienten unter Annahme der Gültigkeit des idealen Gasgesetzes direkt die Henry-Konstanten berechnen:

$$H_{1,2} = \varrho_2(T) \ R \ 273{,}15/(\alpha M_2) = \varrho_2(T) \ RT/(\beta M_2) \tag{3.73}$$

---

* γ_i^* weist aufgrund der unterschiedlichen Standardfugazität ($H_{1,2}$ anstatt $\varphi_i^s P_i^s Poy_i$) andere Werte als γ_i auf.

Beispiel 3.9
Für die Löslichkeit von Sauerstoff in Wasser bei 25 °C und dem Partialdruck $p_1 = 101{,}325$ kPa wurde ein Ostwald-Koeffizient β von 0,03104 angegeben. Ermitteln Sie aus dieser Angabe den Henry-Koeffizienten ($\varrho_{H_2O} = 0{,}9982$ g/cm^3, $M_{H_2O} = 18{,}016$ g/mol) und den Bunsen-Koeffizienten.

Lösung:
Bei diesen Bedingungen lösen sich bei den vorgegebenen Bedingungen 31,04 cm^3 Sauerstoff in 1 dm^3 Wasser. Für den Henry-Koeffizienten erhält man nach Gl. (3.73)

$$H_{1,2} = 0{,}9982 \cdot 8{,}31433 \cdot 298{,}15/(0{,}03104 \cdot 18{,}016) = 4425 \text{ MPa}$$

und für den Bunsen-Koeffizienten

$$\alpha = \beta \frac{273{,}15}{298{,}15} = 0{,}03104 \cdot 273{,}15/298{,}15 = 0{,}02844.$$

Entsprechend Gl. (3.70) erhöht sich die Löslichkeit mit dem Partialdruck. Dies ist ein Effekt der in der Praxis ausgenutzt wird (s. Kap. 4.6). So wird die Absorptionskolonne in der Regel bei höherem Druck als die Desorptionskolonne betrieben.*

Die verschiedenen Absorptionskoeffizienten sind stark von der Temperatur und dem betrachteten System abhängig. Bei Kenntnis der Temperaturabhängigkeit der Henry-Konstanten läßt sich mit Hilfe der folgenden Beziehung die Absorptionsenthalpie Δh_{Abs} ermitteln:

$$\frac{\partial \ln H_{1,2}}{\partial (1/T)} = \frac{\Delta h_{Abs}}{R}, \qquad (3.74)$$

wobei die Absorptionsenthalpie Δh_{Abs} die Wärmemenge darstellt, die bei der Absorption von 1 mol des Gases freigesetzt wird. In Abb. 3.30 ist die Temperaturabhängigkeit der Sauerstofflöslichkeit in Wasser dargestellt. An dieser Darstellung ist zu erkennen, daß sich die Löslichkeit eines Gases mit der Temperatur sowohl erhöhen als auch erniedrigen kann. Dies bedeutet für die Absorptionsenthalpie, daß diese je nach Temperatur sehr unterschiedliche Werte und sogar verschiedene Vorzeichen aufweisen kann. So ergibt sich für das betrachtete System bei 25 °C ein Wert von –6070 J/mol und bei 130 °C ein Wert von 5950 J/mol für die Absorptionsenthalpie Δh_{Abs}, d. h., in einem Fall wird bei der Absorption Wärme freigesetzt und im anderen Fall Wärme benötigt. Bei der Betrachtung der Löslichkeit eines Gases in einem Lösungsmittelgemisch ergibt sich bei Verwendung des Henry-Koeffizienten als Standardfugazität weiterhin das Problem, daß sich für das Gas in den unterschiedlichen Lösungsmitteln verschiedene Henry-Koeffizienten ergeben. Diese Schwierigkeit läßt sich umgehen, wenn die überkritische Komponente als hypothetische Flüssigkeit betrachtet wird. Mit dieser Standardfugazität läßt sich die Berechnung mit Aktivitätskoeffizienten in der gleichen Weise durchführen wie im Falle von Dampf-Flüssig-Gleichgewichten.

---

* Der Effekt der mit dem Druck steigenden Gaslöslichkeit muß auch von Tauchern berücksichtigt werden. So führt ein zu rasches Auftauchen aus größeren Tiefen nach längerem Tauchgang zu einer raschen Desorption (Blasenbildung) der gelösten Gase Stickstoff und Sauerstoff (Caissonsche Krankheit).

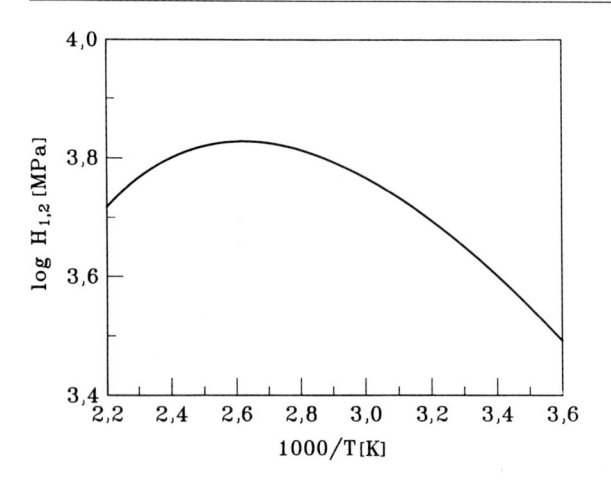

Abb. 3.30 Henry-Koeffizient für das System Sauerstoff/Wasser als Funktion der Temperatur

Die für die Berechnung benötigte Henry-Konstante kann aus experimentellen Gaslöslichkeitsdaten durch Auftragung des Verhältnisses f_1/x_1 gegen den Molanteil in der flüssigen Phase als Schnittpunkt bei $x_1 = 0$ ermittelt werden. Eine andere Möglichkeit besteht darin, die Fugazität des Gases als Funktion des Molanteils in der flüssigen Phase aufzutragen und die Steigung bei $x_1 = 0$ zu bestimmen. Für nicht zu hohe Drücke kann anstelle der Fugazität auch der Partialdruck herangezogen werden. In Abb 3.31 wurden die Verhältnisse f_1/x_1 bzw. p_1/x_1 als Funktion von x_1 aufgetragen.

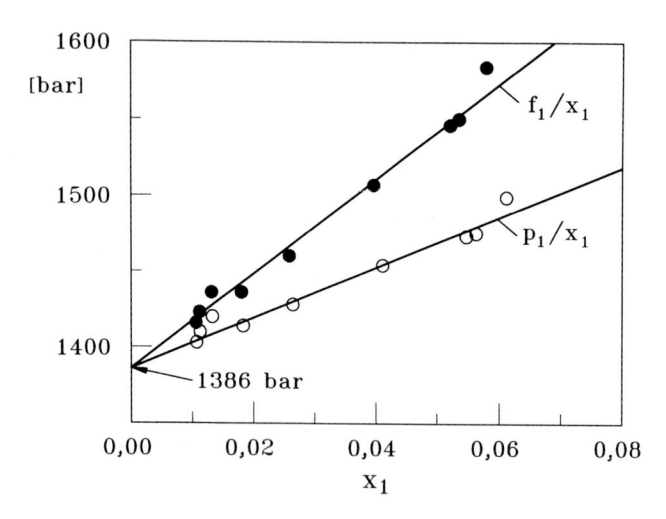

Abb. 3.31 Vorgehensweise bei der Bestimmung des Henry-Koeffizienten aus experimentellen Daten

Mit Hilfe der Henryschen Konstante lassen sich geringe Gaslöslichkeiten beim Sättigungsdampfdruck des Lösungsmittels berechnen. Ist die Gaslöslichkeit bzw. der Gesamtdruck wesentlich größer, so müssen diese Effekte (Druck- und Konzentrationsabhängigkeit) berücksichtigt werden. Dies kann durch ein einfaches Modell für den Aktivitätskoeffizienten γ_i^* (z. B. $\ln \gamma_1^* = A(x_2^2 - 1)$) und eine Berücksichtigung des Druckeinflusses geschehen, wie es in den folgenden Gleichungen gezeigt ist (s. auch [2]):

Krichevsky-Kasarnovski-Gleichung:

$$\ln H_{1,2}(P) = \ln H_{1,2}(P_2^s) + \frac{\bar{v}_1^\infty (P - P_2^s)}{RT} \qquad (3.75)$$

$\bar{v}_1^\infty$ partielles molares Volumen des Gases im Lösungsmittel

Krichevski-Illinskaya-Gleichung:

$$\ln H_{1,2}(P) = \ln H_{1,2}(P_2^s) + A(x_2^2 - 1) + \frac{\bar{v}_1^\infty (P - P_2^s)}{RT} \qquad (3.76)$$

Beispiel 3.10
Ermitteln Sie die Henry-Konstante von Wasserstoff(1) in Hexan(2) aus den folgenden Gleichgewichtsdaten[33] bei 25 °C

x_1	P (bar)
0,0	0,2
0,01076	15,3
0,01135	16,2
0,01338	19,2
0,01832	26,1
0,02641	37,9
0,04113	60,0
0,05467	80,7
0,05620	83,1
0,06117	91,9

$B_{11} = 15$ cm³/mol

Lösung:
Für die Berechnung der Fugazitätskoeffizienten muß zunächst der Partialdruck abgeschätzt werden. Da der Partialdruck des Hexans in erster Näherung dem Sättigungsdampfdruck entspricht, ergibt sich z. B. für $x_1 = 0{,}01076$ als H$_2$-Partialdruck p_1

$$p_1 = 15{,}3 - 0{,}2 = 15{,}1 \text{ bar}$$

und damit für die Zusammensetzung der Dampfphase

$$y_1 = \frac{15{,}1}{15{,}3} = 0{,}987.$$

Bei einem Druck von 91,9 bar erhöht sich der Molanteil an Wasserstoff in der Gasphase auf 99,8 %, d. h., daß Hexan bei der Berechnung des realen Verhaltens der Gasphase in erster Näherung vernachlässigt werden kann. So erhält man unter Verwendung von Gl. (3.28) für den Fugazitätskoeffizienten des Wasserstoffs bei 91,9 bar

$$\ln \varphi_1 = \frac{0{,}015 \cdot 91{,}9}{0{,}0831433 \cdot 298{,}15} = 0{,}0556$$

$$\varphi_1 = 1{,}0572$$

und damit für die Fugazität

$$f_1 = y_1 \varphi_1 P = \varphi_1 p_1$$

$$f_1 = 1{,}0572 \cdot 91{,}7 = 96{,}94 \text{ bar}.$$

Die Henry-Konstante läßt sich durch Auftragung des Verhältnisses f_1/x_1 gegen den Molanteil x_1 als Achsenabschnitt bei $x_1 = 0$ aus einem Diagramm ablesen. Für den gewählten Druck erhält man für das Verhältnis

$$f_1/x_1 = 96{,}94/0{,}06117 = 1584 \text{ bar}.$$

Für die anderen Drücke sind die Werte zusammen mit den Fugazitätskoeffizienten und dem Verhältnis p_1/x_1 in der folgenden Tabelle gelistet.

p_1 (bar)	p_1/x_1 (bar)	φ_1	f_1/x_1 (bar)
15,1	1403	1,0092	1416
16,0	1410	1,0097	1423
19,0	1420	1,0116	1436
25,9	1414	1,0158	1436
37,7	1428	1,0231	1460
59,8	1454	1,0368	1507
80,5	1473	1,0499	1546
82,9	1475	1,0514	1550
91,7	1499	1,0572	1584

Die Verhältnisse f_1/x_1 sind in Abb. 3.31 als Funktion von x_1 dargestellt. Als Achsenabschnitt bei $x_1 = 0$ kann als Henry-Konstante ein Wert von 1386 bar abgelesen werden. Neben dem Verhältnis f_1/x_1 wurde in Abb. 3.31 auch das Verhältnis von Partialdruck zu Molanteil eingezeichnet. Es ist deutlich zu erkennen, daß sich sehr unterschiedliche Werte ergeben. Für geringen Druck ($P \rightarrow P_2^s$, $x_1 \rightarrow 0$) erhält man aber nahezu den gleichen Wert, da bei diesem geringen Druck ($P = 0{,}2$ bar) die Realität der Dampfphase zu vernachlässigen ist.

3.4.1 Gaslöslichkeit bei gleichzeitiger chemischer Reaktion

Neben der rein physikalischen Absorption wird in vielen Trennprozessen auch die chemische Absorption angewandt. Bei dieser Art der Absorption muß neben dem Phasengleichgewicht auch das chemische Gleichgewicht berücksichtigt werden, wie es in Abb. 3.32 für den Fall der CO_2- und H_2S-Absorption durch wäßrige Aminlösungen dargestellt ist. Je größer die chemische Gleichgewichtskonstante ist, d. h., je weiter das Gleichgewicht auf der rechten Seite liegt, umso geringer wird der sich einstellende Partialdruck von CO_2 bzw. H_2S in der Gasphase sein. Dies bedeutet, daß durch chemische Absorption sehr geringe Restkonzentrationen erreicht werden können.[*] Eine fast irreversible Reaktion wird aber in der Regel nicht angestrebt, da dies bedeutet, daß das beladene Absorptionsmittel nicht oder nur sehr schwer regeneriert werden kann. Bei den üblichen Absorptionsverfahren ist der Absorption ein Regenerationsschritt nachgeschaltet, in denen das Absorptionsmittel durch Änderung der Bedingungen (Temperatur, Druck) wieder in der gewünschten Reinheit gewonnen werden kann.

---

[*] Gleichzeitig erhöht sich die Geschwindigkeit des Stofftransports.

In Abb. 3.33 sind qualitativ die Partialdrücke für den Fall der physikalischen und der chemischen Absorption für den reversiblen und irreversiblen Fall als Funktion der Beladung X_i^* gezeigt.

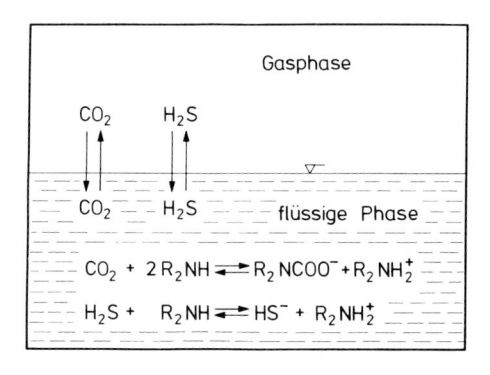

Abb. 3.32 Zu berücksichtigende Gleichgewichte bei der Absorption von CO_2 und H_2S in Aminlösungen

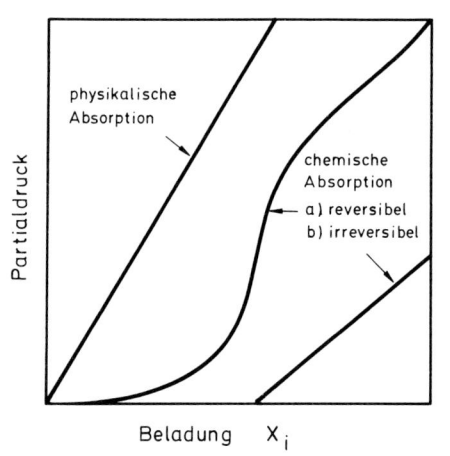

Abb. 3.33 Qualitative Darstellung der Abhängigkeit der Beladung vom Partialdruck für den Fall der physikalischen und chemischen Absorption

3.5 Fest-Flüssig-Gleichgewicht

Fest-Flüssig-Gleichgewichte sind bei Kristallisationsprozessen von Bedeutung. Weiterhin ist die Kenntnis dieser Gleichgewichte auch aus Sicherheitsgründen notwendig, da auskristallisierende Komponenten zu Verstopfungen von Ventilen, Rohrleitungen usw. führen können, was wiederum ein Sicherheitsrisiko für eine Anlage darstellen kann.

Abb. 3.34 zeigt zwei typische Fest-Flüssig-Gleichgewichte. In den meisten Fällen treten eutektische Systeme auf, bei denen in der festen Phase keine Mischkristallbildung auftritt. Speziell eutektische Systeme sind für die Trenntechnik sehr interessant, da mit nur einer theoretischen Trennstufe reine Produkte erhalten werden. Die Kristallisation bietet sich somit zur Herstellung hochreiner Produkte an. Weiterhin ist auf der linken Seite von Abb. 3.34 das Fest-Flüssig-Gleichgewicht bei unbegrenzter Mischkristallbildung dargestellt, wie es bei Komponenten gleicher Kristallstruktur (Beispiel Anthracen-Phenanthren)

---

* Unter der Beladung X_i versteht man die auf eine Bezugskomponente (z. B. Absorptionsmittel) bezogene Menge (kmol, kg, …) der Komponente i.

auftritt. Bei der Trennung solcher Systeme durch Kristallisation müssen wie bei der Rektifikation eine Vielzahl von Trennstufen realisiert werden, was aufgrund der festen Phase nur mit viel Aufwand zu realisieren ist.

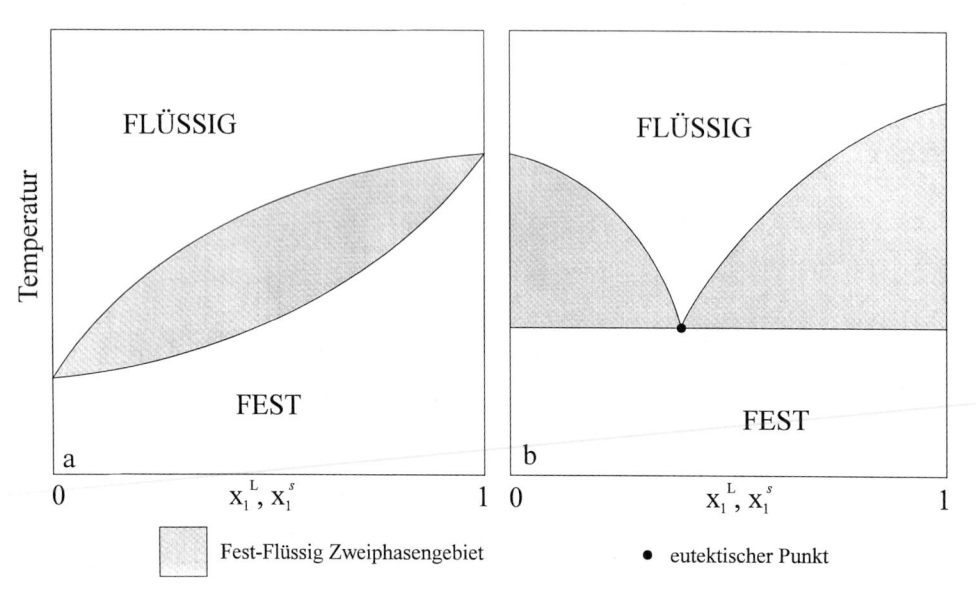

Abb. 3.34 Verschiedene Arten von Fest-Flüssig-Gleichgewichten

Wie bei allen anderen bisher behandelten Phasengleichgewichten kann man auch bei der Berechnung von Fest-Flüssig-Gleichgewichten wieder von der Isofugazitätsbedingung (Gl. 3.2) für die beiden Phasen ausgehen,

$$f_i^L = f_i^s, \qquad (3.77)$$

s feste Phase

wobei die Fugazität wiederum mit Hilfe von Aktivitätskoeffizienten und Standardfugazitäten dargestellt werden kann.

$$x_i^L \gamma_i^L f_i^{0L} = x_i^s \gamma_i^s f_i^{0s} \qquad (3.78)$$

Zur Berechnung des Phasengleichgewichts müssen die Aktivitätskoeffizienten und Standardfugazitäten in den verschiedenen Phasen bekannt sein. In den meisten Fällen kristallisiert der Feststoff jedoch rein aus, d. h. $f_i^s = f_i^{0s}$. Um die Löslichkeit x_i^L in der Flüssigkeit berechnen zu können, wird neben dem Aktivitätskoeffizienten γ_i dann lediglich noch das Verhältnis der Standardfugazitäten f_i^{0L}/f_i^{0s} benötigt. Dieses läßt sich über einen Kreisprozeß ermitteln. Es werden lediglich Informationen über die Schmelzenthalpie Δh_m, die Schmelztemperatur T_m und die molaren Wärmekapazitäten benötigt[2]*. Da die Beiträge, in denen die Differenz der molaren Wärmekapazitäten eingeht, die Tendenz

---

* Treten Phasenumwandlungen des Feststoffs zwischen Schmelztemperatur und dem betrachteten Temperaturbereich auf, so müssen die Enthalpieeffekte Δh_U ab der Umwandlungstemperatur T_U bei der Berechnung nach Gl. (3.79) berücksichtigt werden.

haben, sich gegenseitig aufzuheben, kann in den meisten Fällen die folgende einfache Beziehung zur Berechnung der Löslichkeit von Feststoffen herangezogen werden.

$$\ln x_i^L \gamma_i^L = -\frac{\Delta h_{m,i}}{RT}\left(1 - \frac{T}{T_{m,i}}\right) \qquad (3.79)$$

Dies bedeutet, daß die Löslichkeit des Feststoffes in der flüssigen Phase für eine vorgegebene Temperatur bei Kenntnis der Schmelzenthalpie und der Schmelztemperatur berechenbar ist, wenn gleichzeitig die Konzentrationsabhängigkeit der Aktivitätskoeffizienten mit Hilfe eines g^E-Modells beschrieben werden kann. An den Gleichungen ist zu erkennen, daß die Feststofflöslichkeit umso geringer ist, je

a niedriger die Temperatur ist,
b höher der Schmelzpunkt T_m liegt,
c größer der Wert der Schmelzenthalpie Δh_m ist und
d größer der Wert der Aktivitätskoeffizienten ist.

Dies steht im Einklang mit der schon von ca. 2000 Jahren gemachten Erkenntnis „Gleiches löst sich in Gleichem", obwohl sich natürlich für die selten auftretenden Systeme mit negativer Abweichung vom Raoultschen Gesetz ($\gamma_i < 1$) noch höhere Löslichkeiten ergeben.

Gleichzeitig besagt diese Gleichung, daß die Löslichkeit von Feststoffen neben der Abhängigkeit von der Temperatur und dem realen Verhalten, d. h. den Werten der Aktivitätskoeffizienten in erster Linie vom Verhältnis der Standardfugazitäten, das durch die Schmelzenthalpie und Schmelztemperatur, bestimmt wird. Daraus folgt, daß auch chemisch ähnliche Verbindungen im selben Lösungsmittel sehr unterschiedliche Löslichkeiten aufweisen können. So ergeben sich aufgrund der unterschiedlichen Werte der Schmelztemperatur und -enthalpie für die chemisch ähnlichen Verbindungen Anthracen ($\Delta h_m = 28860$ J/mol, $T_m = 489{,}65$ K) und Phenanthren ($\Delta h_m = 18644$ J/mol, $T_m = 369{,}45$ K) bei 20 °C ungefähr um den Faktor 24 geringere Löslichkeiten für Anthracen im Vergleich zu Phenanthren in den verschiedenen Lösungsmitteln.

Im Falle idealer Systeme ($\gamma_i = 1$), wie z. B. bei Isomerengemischen, läßt sich die Löslichkeit x_i^L bei eutektischen Systemen allein bei Kenntnis der Schmelztemperaturen und -enthalpien berechnen. Dies soll im nächsten Beispiel für das technisch interessante System p-Xylol–m-Xylol gezeigt werden.

Bei realen Systemen werden nach Gl. (3.79) Aktivitätskoeffizienten γ_i zur Berechnung der Feststofflöslichkeit benötigt. Diese lassen sich wiederum mit Hilfe von g^E-Modellen darstellen. Die benötigten g^E-Modellparameter zur Beschreibung des realen Verhaltens können dabei aus Dampf-Flüssig-Gleichgewichten bestimmt werden. Liegen keine experimentellen Daten vor, so können Gruppenbeitragsmethoden zur Vorausberechnung der Aktivitätskoeffizienten und damit der Feststofflöslichkeit herangezogen werden.

Beispiel 3.11
Berechnen Sie das Fest-Flüssig-Gleichgewicht für das ideale System p-Xylol(1)–m-Xylol(2).

	Δh_m (J/mol)	T_m (K)
p-Xylol	16790	286,45
m-Xylol	11544	225,35

Lösung:
Die Berechnung soll beispielhaft für eine Temperatur von 225 K durchgeführt werden. Im Falle des p-Xylols ergibt sich als Feststofflöslichkeit:

$$\ln x_1 = -\frac{16790}{8{,}31433 \cdot 225}\left(1 - \frac{225}{286{,}45}\right)$$

$$x_1 = 0{,}1458.$$

Für m-Xylol erhält man die folgende Löslichkeit:

$$\ln x_2 = -\frac{11544}{8{,}31433 \cdot 225}\left(1 - \frac{225}{225{,}35}\right)$$

$$x_2 = 0{,}9905.$$

Das gesamte Fest-Flüssig-Gleichgewicht ist in Abb. 3.35 zusammen mit den experimentellen Daten [36, 36a] und dem eutektischen Punkt dargestellt. An der Darstellung ist zu erkennen, daß die experimentellen Daten unter Benutzung von Gl. (3.79) und Annahme idealen Verhaltens richtig vorhergesagt werden.

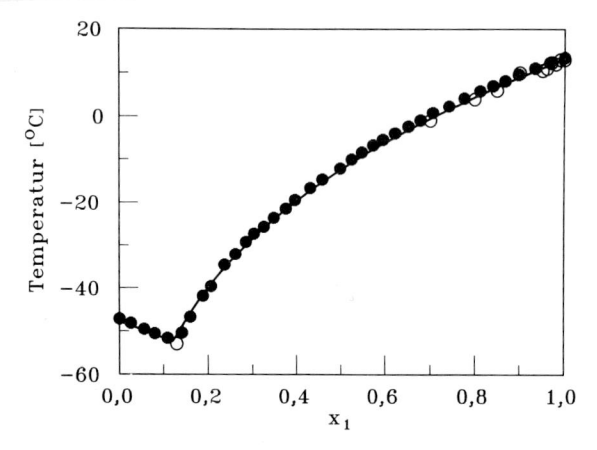

Abb. 3.35 Fest-Flüssig-Gleichgewicht des Systems p-Xylol(1)–m-Xylol(2)
● ○ experimentell
— berechnet ($\gamma_i = 1$)

Bei der Darstellung der Löslichkeit von Salzen kann die folgende Beziehung herangezogen werden:

$$\frac{\partial \ln m_2}{\partial 1/T} = \frac{-\Delta h_{\text{Lös}}}{\nu R} \qquad (3.80)$$

m_2* Molalität des Salzes (mol/kg),
$\Delta h_{\text{Lös}} = \overline{h}_s(\text{Lösung}) - \overline{h}_s(\text{Feststoff})$,
ν Zahl der Ionen, die bei der Dissoziation entstehen

Da beim Lösen eines Salzes mehrere Effekte eine Rolle spielen (Verlust der Kristallstruktur „Schmelzvorgang" = endothermer Effekt) und Solvatation der Ionen (exothermer Effekt), hängt die Art der Wärmetönung sehr stark vom betrachteten Salz ab. Dies bedeu-

---

* Unter Molalität m_i versteht man die auf 1 kg des Gemisches bezogene molare Menge der Komponente i.

tet, daß die Löslichkeit eines Salzes je nach Vorzeichen der Lösungsenthalpie mit der Temperatur steigen oder sinken kann, wobei ein Ansteigen der Löslichkeit mit der Temperatur wesentlich häufiger beobachtet wird. Für einige Salze ist die Temperaturabhängigkeit der Wasserlöslichkeit in Abb. 3.36 dargestellt.

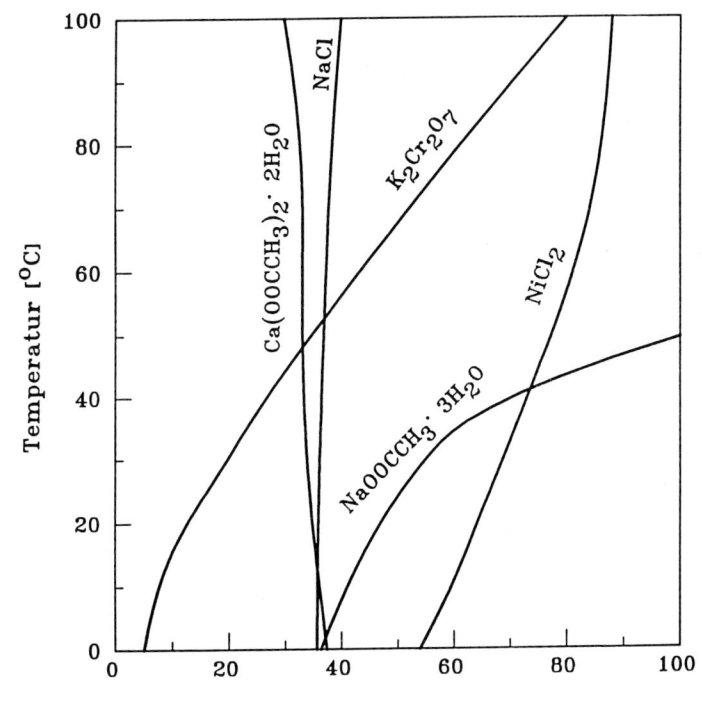

Abb. 3.36 Abhängigkeit der Wasserlöslichkeit einiger Salze von der Temperatur

3.6 Datensammlungen für Reinstoff- und Gemischdaten

Dampf-Flüssig-Gleichgewichte
Gmehling, J., Onken, U., Arlt, W., Grenzheuser, P., Weidlich, U., Kolbe, B., Rarey, J. R. (ab 1977), Vapor-Liquid Equilibrium Data Collection. DECHEMA Chemistry Data Series, Vol.I, 19 Bände, Frankfurt.
Hiza, M. J., Kidnay, A. J., Miller, R. C. (1975, 1982), Equilibrium Properties of Fluid Mixtures, 2 Bände, IFI-Plenum, New York.
Knapp, H., Döring, R., Oellrich, L., Plöcker, U., Prausnitz, J. M. (1982), Vapor-Liquid Equilibria for Mixtures of Low Boiling Substances, DECHEMA Chemistry Data Series, Vol.VI, Frankfurt.
Kogan, V. B., Friedmann, V. M., Kafarov, V. V. (1966), Dampf-Flüssig-Gleichgewichte, 2 Bände, Nauka, Moskau.
Ludmirskaya, G. S., Barsukova, T. A., Bogomolny, A. M. (1987), Dampf-Flüssig-Gleichgewichte, Khimia, Leningrad.
Wichterle, I., Linek, J., Hála, E. (ab 1973), Vapor-Liquid Equilibrium Data Bibliography, 4 Bände, Elsevier, Amsterdam.
Wichterle, I., Linek, J., Wagner, Z., Kehiaian, H. V. (1993), Vapor-Liquid Equilibrium Bibliographic Database, ELDATA, Montreuil.

Azeotrope Daten
Gmehling, J., Menke, J., Krafczyk, J., Fischer, K. (1994), Azeotropic Data, 2 Bände, VCH Verlagsgesellschaft mbH, Weinheim.
Horsley, L. H. (1973), Azeotropic Data III, American Chemical Society, Washington.
Ogorodnikov, S. K., Lesteva, T. M., Kogan, V. B. (1971), Azeotrope Gemische, Verlag Khimia Leningrad.

Flüssig-Flüssig-Gleichgewichte
Sørensen, J. M., Arlt, W., Macedo, E. A., Rasmussen, P. (ab 1979), Liquid-Liquid Equilibrium Data Collection, DECHEMA Chemistry Data Series, Vol. V, 4 Bände, Frankfurt.

Gaslöslichkeiten
Landolt-Börnstein (1950), Zahlenwerte und Funktionen aus Physik, Chemie, Astronomie, Geophysik und Technik, Bd. II, Teil 2b, Springer-Verlag, Berlin.
Landolt-Börnstein (1976), Zahlenwerte und Funktionen aus Physik, Chemie, Astronomie, Geophysik und Technik, Bd. IV, Teil 4c1, Springer-Verlag, Berlin.
IUPAC (ab 1980), Solubility Data Series, Editor Kertes, A. S., Pergamon Press, Oxford.

Fest-Flüssig-Gleichgewichte
Landolt-Börnstein (ab 1950), Zahlenwerte und Funktionen aus Physik, Chemie, Astronomie, Geophysik und Technik, 6. Auflage, Bd. II, Teil 2b, 2c und 3, Springer-Verlag, Berlin.
Knapp, H., Teller, M., Langhorst, R. (1988), Solid-Liquid Equilibrium Data Collection, DECHEMA Chemistry Data Series, Vol. VIII, Frankfurt.

Exzeßenthalpien
Gmehling, J., Christensen, C., Rasmussen, P., Weidlich, U., Holderbaum, T. (ab 1984), Heats of Mixing Data Collection, DECHEMA Chemistry Data Series, Vol. III, 4 Bände, Frankfurt.
Christensen, J. J., Hanks, R. W., Izatt, R. M. (ab 1982), Handbook of Heats of Mixing, 2 Bände, Wiley, New York.

Aktivitätskoeffizienten bei unendlicher Verdünnung
Gmehling, J., Tiegs, D., Menke, J., Schiller, M., Medina, A., Soares, M., Bastos, J., Alessi, P., Kikic, I. (ab 1986), Activity Coefficients at Infinite Dilution, DECHEMA Chemistry Data Series, Vol. IX, 4 Bände, Frankfurt.

Sättigungsdampfdruck
Boublik, T., Fried, V., Hála, E. (1984), The Vapour Pressure of Pure Substances, Elsevier, Amsterdam.
Dykyj, J., Repás, M., Svoboda, J. (1979, 1984), Tlak Nasýtenej Pary Organických Zlúcenin, 2 Bände, Vydavatelstvo Slovenskej Akademie Vied, Bratislava.
Gmehling. J., Onken, U., Arlt, W., Grenzheuser, P., Weidlich, U., Kolbe, B., Rarey, J. R. (ab 1977), Vapor-Liquid Equilibrium Data Collection, DECHEMA Chemistry Data Series, Vol.I, 19 Bände, Frankfurt.
Reid, R. C., Prausnitz, J. M., Poling, B. E. (1987), The Properties of Gases and Liquids, 4. Aufl., McGraw Hill, New York.
Zwolinski, B. J., Wilhoit, R. C (1971), Handbook of Vapor Pressures and Heats of Vaporization of Hydrocarbon and Related Compounds, Thermodynamic Research Center, College Station.

Verdampfungsenthalpie
Majer, V., Svoboda, V. (1985), Enthalpies of Vaporization of Organic Compounds, Blackwell Scientific Publications, Oxford.

Verschiedene thermodynamische Größen
Reid, R. C., Prausnitz, J. M., Poling, B. E. (1987), The Properties of Gases and Liquids, 4. Aufl., McGraw Hill, New York.
Stephenson, R. M., Malanowski, S. (1987), Handbook of the Thermodynamics of Organic Compounds, Elsevier, New York.
Daubert, T. E., Danner, R. P. (1985), Tables of Properties of Pure Compounds, American Institute of Chemical Engineers, New York.

Literatur

1. Prausnitz, J. M. (1969), Molecular Thermodynamics of Fluid Phase Equilibria, Prentice-Hall, New Jersey.
1a. Dwyer, J. L. (1984), Bio/Technology **2**, 957.
2. Gmehling, J., Kolbe, B. (1992), Thermodynamik, VCH Verlagsgesellschaft mbH, Weinheim.
2a. Humphrey, J. L. (Dez. 1992), Chem. Eng. **86**.
3. van der Waals, J. D. (1873), Dissertation Leiden.
4. Redlich, O., Kwong, J. N. S. (1949), Chem. Rev. **44**, 233.
5. Soave, G. (1972), Chem. Eng. Sci. **27**, 1197.
6. Peng, D. Y., Robinson, D. B. (1976), Ind. Eng. Chem. Fundam. **15**, 59.
7. Reid, R. C., Prausnitz, J. M., Poling, B. E. (1987), The Properties of Gases and Liquids, 4. Aufl., McGraw Hill, New York.
8. Knapp, H., Döring, R., Oellrich, L., Plöcker, U., Prausnitz, J. M. (1982), Vapor-Liquid Equilibria for Mixtures of Low Boiling Substances, DECHEMA Chemistry Data Series, Vol. VI, Frankfurt.
9. Gmehling, J., Grenzheuser, P., Kolbe, B., Weidlich, U. (1983), vt-Hochschulkurs V, Verfahrenstechnik.
10. Dymond, J. H., Smith, E. B. (1980), The Virial Coefficients of Pure Gases and Mixtures, A Critical Compilation, Clarendon Press, Oxford.
11. Cholinski, J., Szafranski, A., Wyrzykowska-Stankiewicz, D. (1986), Computer-Aided Second Virial Coefficient Data for Organic, Individual Compounds and Binary Systems, PWN-Polish Scientific Publishers, Warschau.
12. Boublik, T. (1963), Collect. Czech. Chem. Commun. **28**, 1771.
13. Gmehling, J., Onken, U., Arlt, W., Grenzheuser, P., Kolbe, B., Weidlich, U., Rarey, J. R. (ab 1977), Vapor-Liquid Equilibrium Data Collection, Vol. I, 19 Bände, DECHEMA Chemistry Data Series, Frankfurt.
14. Margules, M. (1895), S.-B. Akad. Wiss. Wien, Math.-Naturwiss Kl. II **104**, 1234.
15. van Laar, J. J. (1910), Z. Phys. Chem. **72**, 723.
16. Wilson, G. M. (1964), J. Am. Chem. Soc. **86**, 127.
17. Renon, H., Prausnitz, J. M. (1968), AIChE J. **14**, 135.
18. Abrams, D. S., Prausnitz, J. M. (1975), AIChE J. **21**, 116.
19. Gmehling, J., Menke, J., Schiller, M., Tiegs, D., Medina, A., Soares, M., Bastos, J., Alessi, P., Kikic, I. (ab 1986), Activity Coefficients at Infinite Dilution, DECHEMA Chemistry Data Series, Vol. IX, 4 Bände, Frankfurt.
20. Kolbe, B., Grenzheuser, P., Weidlich, U., Gmehling, J. (1983), Hochschulkurs V, Verfahrenstechnik **17** (3), XV.
21. Gmehling, J., Christensen, C., Rasmussen, P., Weidlich, U., Holderbaum, T. (ab 1984), Heats of Mixing Data Collection, Vol. III, 4 Bände, DECHEMA Chemistry Data Series, Frankfurt.
22. Christensen, J. J., Hanks, R. W., Izatt, R. M. (1982), Handbook of Heats of Mixing, Wiley-Interscience, New York.
23. Derr, E. L., Deal, C. H. (1969), Proceedings Int. Dist. Symp., Brighton.
24. Kojima, K., Tochigi, K. (1979), Prediction of Vapor-Liquid Equilibria by the ASOG Method, Kodansha-Elsevier, Tokio.
25. Fredenslund, Aa., Jones, R. L., Prausnitz, J. M. (1975), AIChE J. **21**, 1086.
26. Fredenslund, Aa., Gmehling, J., Rasmussen, P. (1977), Vapor-Liquid Equilibria Using UNIFAC, Elsevier, Amsterdam.

27 Gmehling, J., Tiegs, D., Weidlich, U. (1988), Chem.-Ing.-Tech. **60**, 759.
28 Watson, K. M. (1943), Ind. Eng. Chem. **35**, 398.
29 Meyer, T., Gmehling, J. (1991), Chem.-Ing.-Tech. **63**, 486.
30 Rarey-Nies, J. R., Tiltmann, D., Gmehling, J. (1989), Chem.-Ing.-Tech. **61**, 407.
31 Haggenmacher, J. E. (1946), J. Am. Chem. Soc. **68**, 1633.
32 Stichlmair, J. (1988), Chem.-Ing.-Tech. **60**, 747.
33 Brunner, E. (1985), J. Chem. Eng. Data **30**, 269.
34 Sørensen, J. M., Arlt, W., Macedo, E. A., Rasmussen, P. (ab 1979), Liquid-Liquid Equilibrium Data Collection, DECHEMA Chemistry Data Series, Vol. V, 4 Bände, Frankfurt.
35 Novak, J., Matous, J., Pick, J. (1987), Studies in Modern Thermodynamics 7 – Liquid-Liquid Equilibria, Elsevier, Amsterdam.
36 De Goede, R., van Rosmalen, G. M., Hakvoort, G. (1989), Thermochim. Acta **156**, 299.
36a Jakob, A., Joh, R., Rose, C., Gmehling, J., Fluid Phase Equilibria 1995, 113, 117.
37 Haase, R., Naas, H., Thumm, H. (1963), Z. Phys. Chem. NF **37**, 210.
38 Stephan, K., Hildwein, H. (1987), Recommended Data of Selected Compounds and Binary Mixtures, DECHEMA Chemistry Data Series Vol. IV, Frankfurt.
39 Holderbaum, T., Gmehling, J. (1991), Chem.-Ing.-Tech. **63**, 57.
40 Dahl, S., Fredenslund, Aa., Rasmussen, P. (1991), Ind. Eng. Chem. Res. **30**, 1936.
41 Weidlich, U., Gmehling, J. (1987), Ind. Eng. Chem. Res. **26**, 1372.
42 Gmehling, J., Jiding Li, Schiller, M. (1993), Ind. Eng. Chem. Res. **32**, 178.
43 Prigogine, I., Defay, R. (1954), Chemical Thermodynamics, Longmans, London.
44 Fischer, K., Gmehling, J. (1994), J. Chem. Eng. Data **39**, 309.
45 Wagner, W. (1973), Cryogenics **13**, 470.
46 Frost, I., Kalkwarf, D. R. (1953), J. Chem. Phys. **21**, 264.
47 Gmehling, J., Menke, J., Krafczyk, J., Fischer, K. (1994), Azeotropic Data, 2 Bände, VCH Verlagsgesellschaft mbH, Weinheim.
48 Rehák, K., Matous, J., Novák, J. (1995), Fluid Phase Equilibria 109, 113.

Kapitel 4
Berechnung thermischer Trennverfahren

Trennprozesse werden in der Regel mit Hilfe einer Vielzahl von Gleichgewichtsstufen realisiert. Dies hat den Vorteil, daß eine höhere Produktreinheit erreicht werden kann und weiterhin weniger Energie bzw. Absorptions- oder Extraktionsmittel benötigt wird. Zur Ermittlung der Zahl der benötigten Trennstufen können verschiedene Methoden herangezogen werden. In den meisten Fällen geht man vom Konzept der idealen Trennstufe aus. Eine andere Möglichkeit ergibt sich durch Anwendung der kinetischen Ansätze für den Stoff- und Wärmeaustausch (Konzept der Übertragungseinheit s. Kap. 4.3.3).

4.1 Konzept der idealen Trennstufe

Bei den in Kap. B genannten Trennverfahren wird der Stoffaustausch zwischen den beteiligten Phasen größtenteils in diskreten mehrstufigen Prozessen durchgeführt.

Für den Fall, daß die Kontaktzeit auf den einzelnen Stufen genügend lang ist, wird sich das Phasengleichgewicht einstellen. Lassen sich die Phasen auf jeder Stufe weiterhin noch sauber trennen, so spricht man von einer idealen Trennstufe (Gleichgewichtsstufe).

Das Konzept der idealen Trennstufe ist auch in realen Fällen sehr nützlich. Es wird fast immer angewendet, wenn die Anzahl der benötigten Stufen für ein Trennproblem berechnet werden soll. Die Abweichung vom idealisierten Verhalten kann nachträglich über den Bodenwirkungsgrad berücksichtigt werden (s. Kap. 4.11.1.2).

4.2 Realisierung mehrerer Trennstufen

Bei einer einfachen Verdampfung eines binären Systems wird in der Regel nicht die gewünschte Reinheit erzielt. So ergibt sich bei einem Trennfaktor α_{12} von 2,5 für eine Zulaufkonzentration von $z_F = 0{,}5$ als Dampfkonzentration zunächst $y_1 = 0{,}714$. Mit Steigerung der verdampften Menge $\dot{V}$ sinkt die Konzentration der leichter flüchtigen Komponente in der Flüssigkeit und damit auch in dem im Gleichgewicht stehenden Dampf. So erhält man bei der Verdampfung von 50% des Zulaufstroms ($\dot{V} = 0{,}5$ bei $\dot{F} = 1$) eine mittlere Dampfkonzentration von $y_f = 0{,}6126$ und als Flüssigkeitskonzentration $x_f = 0{,}3874$. Eine höhere Anreicherung läßt sich dadurch erzielen, daß man einen Teil des Dampfes wieder kondensiert (s. Abb. 4.1). So ergibt sich für zwei Stufen, wobei 50% des Dampfstroms auf der Stufe $f+1$ kondensiert werden, eine Dampfkonzentration oberhalb der zweiten Stufe von $y_{f+1} = 0{,}7191$ und eine Flüssigkeitskonzentration $x_{f+1} = 0{,}5060$ (s. Abb. 4.1b). Durch weitere Stufen läßt sich die Anreicherung noch steigern. In gleicher Weise läßt sich auch durch Teilverdampfung des Flüssigkeitsstroms $\dot{L}_f$ eine höhere Anreicherung der schwerer flüchtigen Komponente in der Flüssigkeit erzielen.

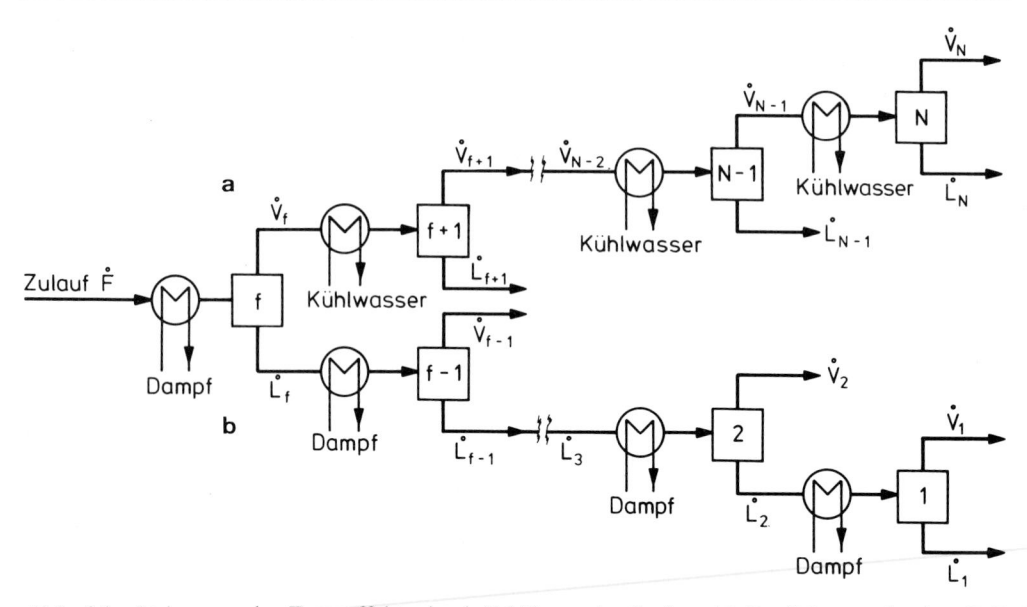

Abb. 4.1 Steigerung des Trenneffekts durch Erhöhung der Stufenzahl. Realisierung durch **a** Teilkondensation und **b** Teilverdampfung

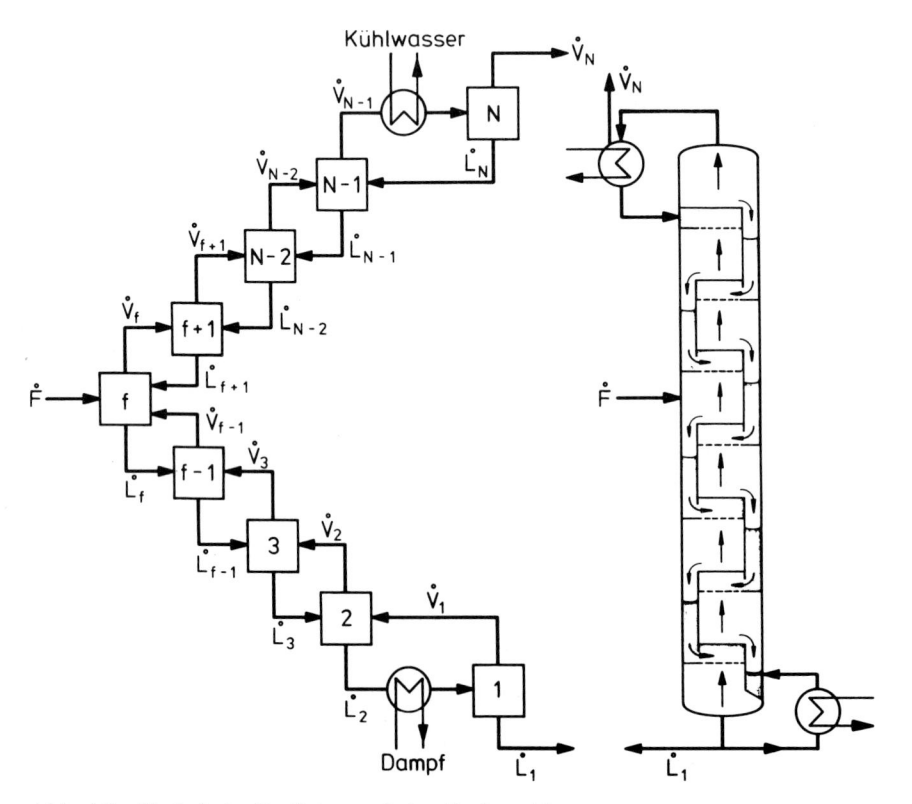

Abb. 4.2 Technische Realisierung hoher Stufenzahlen

Dies ist ebenfalls in Abb. 4.1 dargestellt. Durch diese Vorgehensweise läßt sich aber nur wenig reines Produkt erhalten. Gleichzeitig fallen aber viele Produktströme mit mittlerer Zusammensetzung an. Um diese Situation zu verbessern, werden die auf den jeweiligen Böden anfallenden Dampf- bzw. Flüssigkeitsströme auf die jeweils nächsthöhere bzw. -tiefere Stufe geführt, die eine ähnliche Konzentration wie die zugeführten Ströme besitzen. Durch diese Fahrweise ergibt sich gleichzeitig der große Vorteil, daß Kühler und Verdampfer für die einzelnen Stufen eingespart werden können, da die zweite Phase (Dampf bzw. Flüssigkeit) durch den Energieinhalt der zurückgeführten Phase erzeugt wird. Lediglich am oberen und unteren Ende der Trennsequenz wird noch ein Kühler bzw. Verdampfer benötigt, da in diesen Stufen keine zurückgeführten Ströme für die Erzeugung der zweiten Phase durch Verdampfung bzw. Kondensation sorgen.

In der Praxis werden die benötigten Trennstufen in der Regel nicht durch eine Kaskade, sondern in Form einer Kolonne realisiert, wie sie in Abb. 4.2 dargestellt ist.

4.2.1 Gegenstromprinzip

Bei den bisher durchgeführten Überlegungen wurde angenommen, daß die beiden Phasen im Gegenstrom geführt werden. Theoretisch wäre auch eine Stoffführung im Gleich- oder Kreuzstrom denkbar. Welche Vorteile die Stoffführung im Gegenstrom bringt, soll in dem folgenden Beispiel gezeigt werden.

Beispiel 4.1
Überprüfen Sie den Einfluß der Stoffführung auf die zu erzielende Produktreinheit für die Trennung eines binären Systems mit einem Trennfaktor von 2,5 in einem zweistufigen Prozeß. Die unterschiedlichen Möglichkeiten sind in Abb. 4.3 dargestellt. Der flüssige Zulauf soll 50 Mol% der leichter siedenden Komponente enthalten. In allen Fällen sollen 50% des Zulaufs (Zulauf $\dot{F}$ = 1 kmol/h) dampfförmig abgezogen werden.

Lösung:
Gleichstrom. Es ist nach Abb. 4.3 offensichtlich, daß durch Erhöhung der Stufenzahl im Falle des Gleichstroms keine weitere Anreicherung der leichter siedenden Komponente erzielt werden kann, da der in Stufe 1 mit der Flüssigkeit im Gleichgewicht stehende Dampf in der zweiten Stufe nicht weiter angereichert werden kann.

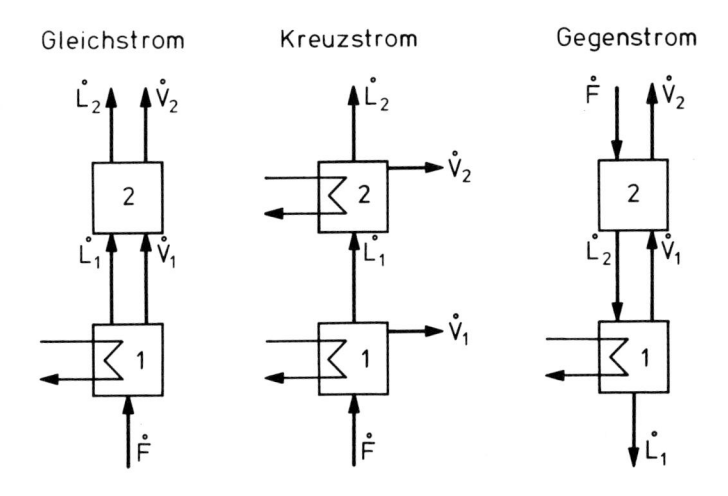

Abb. 4.3 Mögliche Stoffführung bei thermischen Trennprozessen

Es ergibt sich für die Mengenbilanz*

$$\dot{F} \cdot z_1 = \dot{L}_1 \cdot x_1 + \dot{V}_1 \cdot y_1 ,$$

$$0{,}5 = 0{,}5 \cdot x_1 + 0{,}5 \cdot y_1$$

bzw. das Phasengleichgewicht (Gl. 3.13 für ein binäres System)

$$y_1 = \frac{\alpha_{12} x_1}{1 + (\alpha_{12} - 1) x_1} \quad \text{und}$$

$$y_1 = \frac{2{,}5 \cdot x_1}{1 + 1{,}5 \cdot x_1} .$$
(4.1)

Durch Substitution und Lösung der quadratischen Gleichung erhält man

$$x_1 = x_2 = 0{,}3874 \quad \text{und}$$

$$y_1 = y_2 = 0{,}6126 .$$

Kreuzstrom. Der vorgegebene Dampfstrom soll auf beide Stufen gleichmäßig verteilt werden. Dies bedeutet, daß in der ersten Stufe die folgenden Molenströme herrschen: $\dot{V}_1 = 0{,}25$ kmol/h und $\dot{L}_1 = 0{,}75$ kmol/h. Mit diesen Werten ergibt sich unter Benutzung der oben angegebenen Beziehungen für die erste Stufe

$$x_1 = 0{,}4444 \quad \text{und}$$

$$y_1 = 0{,}6666 ;$$

für die zweite Stufe ($\dot{L}_2 = 0{,}5$ kmol/h, $\dot{V}_2 = 0{,}25$ kmol/h)

$$x_2 = 0{,}3695 \quad \text{und}$$

$$y_2 = 0{,}5943 ,$$

d. h. eine mittlere Dampfkonzentration von $y_1 = 0{,}6305$ und damit eine deutlich andere Konzentrationsänderung als beim Gleichstrom.

Gegenstrom. Im Falle des Gegenstromprinzips ergeben sich durch Mengenbilanz unter Berücksichtigung der Gleichgewichtsbeziehungen insgesamt vier Gleichungen.
Mengenbilanzen:

$$\dot{F} \cdot 0{,}5 + \dot{V}_1 \cdot y_1 = \dot{L}_2 \cdot x_2 + \dot{V}_2 \cdot y_2$$

$$\dot{L}_2 \cdot x_2 = \dot{L}_1 \cdot x_1 + \dot{V}_1 \cdot y_1$$

Gleichgewichtsbeziehungen:

$$y_1 = \frac{\alpha_{12} x_1}{1 + (\alpha_{12} - 1) x_1} \quad \text{und}$$

$$y_2 = \frac{\alpha_{12} x_2}{1 + (\alpha_{12} - 1) x_2} .$$

---

* Die tiefgestellten Indices kennzeichnen in diesem Fall den Molanteil der leichter flüchtigen Komponente auf dem jeweiligen Boden.

Nebenbedingungen:

$\dot{F} = \dot{L}_2 = 1$ und

$\dot{L}_1 = \dot{V}_1 = \dot{V}_2 = 0{,}5$.

Durch Lösen der Bilanzgleichungen unter Berücksichtigung der Phasengleichgewichtsbeziehung erhält man für die Konzentrationen auf den einzelnen Stufen

$x_1 = 0{,}3333$,

$x_2 = 0{,}4444$,

$y_1 = 0{,}5555$ und

$y_2 = 0{,}6666$.

Vergleicht man die Ergebnisse, so ist zu erkennen, daß bereits bei zwei Stufen eine deutlich größere Konzentrationsänderung beim Gegenstromprinzip im Vergleich zum Gleich- bzw. Kreuzstrom erreicht wird. Dieser Effekt kann durch Erhöhung der Stufenzahl noch wesentlich verstärkt werden. Aus diesem Grunde arbeiten nahezu alle thermischen Trennprozesse nach dem mehrstufigen Gegenstromprinzip.

4.3 Kontinuierliche Rektifikation

Bei der Rektifikation kann man zwischen kontinuierlicher und diskontinuierlicher Fahrweise unterscheiden. Bei Großanlagen ist fast nur die kontinuierliche Fahrweise realisiert worden. Lediglich bei der Herstellung von Spezialprodukten im kleinen Maßstab besitzt die diskontinuierliche Fahrweise einige Vorteile, da die gleiche Anlage für die Trennung der verschiedensten Produkte herangezogen werden kann.

4.3.1 Rektifikationskolonne

In technischen Apparaten werden die benötigten Trennstufen in einer sogenannten Kolonne realisiert, wie sie in Abb. 4.4 für den Fall einer Bodenkolonne gezeigt ist. In der Kolonne fließt die Flüssigkeit aufgrund der Schwerkraft nach unten, während der Dampf wegen des herrschenden Druckabfalls nach oben strömt und durch die Einbauten auf den jeweiligen Stufen (Böden) mit der Flüssigkeit in innigen Kontakt tritt, was zu einem intensiven Stoffaustausch führt. Für den Fall, daß die Kontaktzeit und die Phasengrenzfläche zwischen dem Dampf und der Flüssigkeit ausreichend groß ist, kann auf dem jeweiligen Boden Phasengleichgewicht erreicht werden.

Bei kontinuierlichen Anlagen wird der Kolonne ständig mindestens ein Zulaufstrom zugeführt und die Produkte im Kopf und Sumpf der Kolonne und evtl. auch in Form von Seitenströmen entnommen. Der Teil der Kolonne oberhalb des Zulaufbodens wird als Verstärkungsteil und der unterhalb des Zulaufbodens als Abtriebsteil bezeichnet. Im Verstärkungsteil werden die leichtflüchtigen Komponenten bis zur gewünschten Reinheit angereichert. Im Abtriebsteil werden die leichtflüchtigen Komponenten von den schwersiedenden abgetrennt. Der Kondensator oberhalb des obersten Bodens (Kolonnenkopf) bewirkt eine Kondensation des Dampfes am Kopf der Kolonne und sorgt durch Rückführung des Teilstroms $\dot{L}_R$ für einen für den Stoffaustausch benötigten Flüssigkeitsstrom im Verstär-

Abb. 4.4 Aufbau einer Rektifikationskolonne

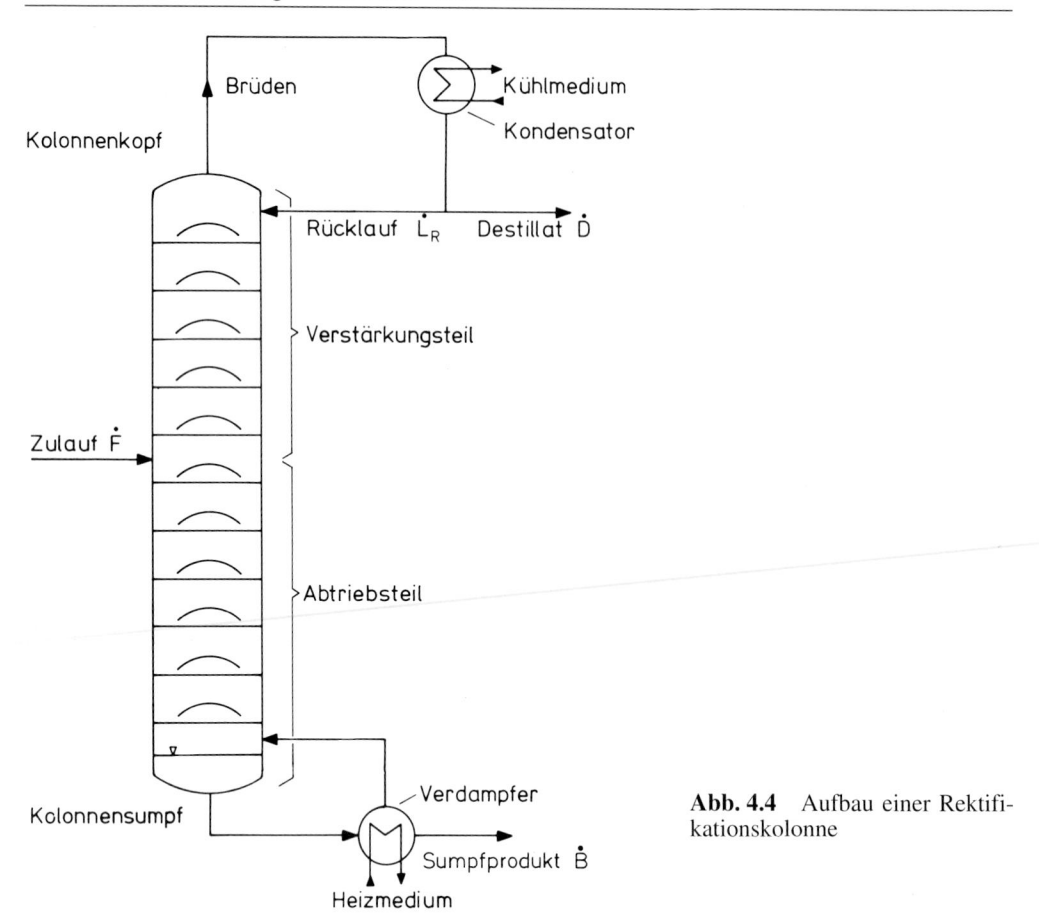

kungsteil der Kolonne. Je nach der Art der Kondensation (Total- bzw. Partialkondensation) wird der Produktstrom am Kopf der Kolonne flüssig oder dampfförmig abgezogen. In der untersten Stufe (Kolonnensumpf) sorgt ein Verdampfer für den benötigten Dampfstrom innerhalb der Kolonne. Gleichzeitig wird aus dem Sumpf ein Teil als Produktstrom abgezogen.

In einigen Fällen werden auch mehrere Zulaufströme realisiert und flüssige oder dampfförmige Seitenströme (Fraktionen wie bei der Erdöldestillation) abgezogen. Als Verdampfer und Kondensatoren werden zur Erzielung der benötigten Austauschflächen hauptsächlich Rohrbündelwärmeaustauscher eingesetzt, die im Falle des Verdampfers in den meisten Fällen mit Wasserdampf beim entsprechenden Druck beheizt werden. Zur Kühlung wird in der Regel Kühlwasser verwendet.

Neben den Bodenkolonnen werden in der chemischen Industrie auch noch andere Kontaktapparate (z. B. Füllkörper- und Packungskolonnen) eingesetzt. Auf die verschiedenen Kolonnenbauarten und Einbauten wird noch in Kap. 4.11 eingegangen.

4.3.1.1 Geschichtliche Entwicklung der Destillationstechnik

Die Rektifikation (Destillation) ist aufgrund ihrer Vorteile (Trennhilfsmittel = Energie, d. h. kein Zusatzstoff, keine feste Phase) das wichtigste thermische Trennverfahren in der chemischen Industrie.

Die Entwicklung der Destillationstechnik erstreckte sich etwa über einen Zeitraum von 2000 Jahren [25]. Der Begriff Destillation leitet sich vom lateinischen Wort destillare = herabträufeln ab und wurde im Altertum auch für andere Trennverfahren wie Filtration, Kristallisation, Extraktion und Sublimation benutzt.

Es war ein langer Weg von den ersten Destillationskolben der alexandrinischen Alchemisten, die mit Öfen beheizt wurden, bis zu den heutigen Rektifikationskolonnen. Zunächst mußten die heute bekannten Zusammenhänge, wie Realisierung mehrerer Trennstufen, Realisierung des Gegenstroms durch Rücklauf eines flüssigen Teilstroms, der intensive Wärmeaustausch zur Kondensation evtl. leichtsiedender Komponenten, die Art der Beheizung, noch entwickelt werden.

So wurde die Kondensation zunächst mit Umgebungsluft in kugelförmigen Aufsätzen (Alembik, Helm) durchgeführt, wobei die Kühlung teilweise durch Auflegen nasser Schwämme verbessert wurde. Aufgrund der geringen Austauschflächen und der schlechten Wärmeübertragung konnten diese Apparaturen nur für Substanzen, die oberhalb von 80 °C siedeten, wie z. B. ätherische Öle, benutzt werden.

Ab ca. 1100 benutzten die Europäer die Destillationstechnik und entdeckten die Mineralsäuren (Schwefel- und Salpetersäure) und den Alkohol (Ethanol) im Wein. Die Entdeckung des Ethanols bestimmte fortan die Entwicklung der Destillationstechnik. So wurden dem Wein schon sehr früh Kochsalz bzw. Pottasche (K_2CO_3) zugesetzt, um die Konzentration des Alkohols im Dampf (Aussalzeffekt) zu erhöhen. Die späte Entdeckung des Ethanols ist in erster Linie auf den niedrigen Siedepunkt (78,3 °C) und die schlechte Art der Kühlung (Luft, geringe Austauschfläche), insbesondere in den wärmeren Ländern, in denen die Destillationstechnik ihren Ursprung hatte, zurückzuführen.

Die größten Fortschritte wurden im Mittelalter bei der Kondensation der Destillatdämpfe mit Hilfe verschiedener Kondensationsverfahren [Rosenhut (größere Fläche), Mohrenkopf (Wasserkühlung am Kopf), Kondensation zwischen Kopf und Vorlage (Wasserkühlung)] erreicht.

Im Spätmittelalter wurden die Möglichkeiten zur Erwärmung (Wasserbad, Gärungsprozesse, Sandbäder) und speziell zur Kondensation durch Vergrößerung der Austauschfläche (Kühlschlangen, die durch ein Wasserfaß geführt wurden) erweitert, wobei im ansteigenden Teil der Rohrschlange ein Teil des Dampfes kondensierte und durch den resultierenden Gegenstrom die Trennwirkung erhöht wurde. Weiterhin begann man verschiedene Fraktionen gleichzeitig abzunehmen und mehrere Stufen (Verdampfung, Kondensation) zu realisieren.

Im 17. Jh. wurde die Versorgung von Seeschiffen mit Süßwasser zu einer neuen Aufgabe der Destillationstechnik. Weitere Destillationsprodukte waren Pech und Teer, die man zur Abdichtung von Schiffen und zum Schmieren von Wagenachsen benötigte, sowie das Erdöl, das nach dem Abdestillieren als Universalheilmittel verwendet wurde.

Erst gegen Ende des 18. Jh. führte Weigel das Gegenstromprinzip bei der Kühlung ein. Der Kühler ist heute als Liebigkühler bekannt.

Bis zum Ende des 18. Jh. hatte sich aber am Prinzip der Destillationsapparatur, bestehend aus Verdampfungs- und Kondensationseinheit, nicht viel verändert. Die Trennung eng siedender Komponenten war immer noch nicht möglich.

Erst im 19. Jh. wurden in Frankreich durch Verwendung einer Destillationskolonne, bestehend aus Verstärker- und Abtriebsteil und Einbauten (Glocken) bei Realisierung des Gegenstromprinzips durch einen Rücklaufstrom und Vorheizung des Zulaufstroms die entscheidenden Verbesserungen für einen kontinuierlichen Betrieb von Rektifikationskolonnen erzielt. Bis zur Mitte des 19. Jhs. kamen die entscheidenden Impulse für den Fortschritt der Destillationstechnik von den Alkoholbrennereien. Dann wurde diese Aufgabe von der chemischen und erdölverarbeitenden Industrie übernommen.

4.3.2 Ermittlung der Zahl theoretischer Trennstufen

Die Ermittlung der benötigten Zahl theoretischer Trennstufen und die Festlegung der weiteren Größen, wie Rücklaufverhältnis, Nummer des Zulaufbodens, Anzahl, Art und Mengen der erforderlichen Seitenströme, kann, ausgehend vom Konzept der Gleichgewichtsstufe, durch Lösung der Gleichungen für die Mengen- und Enthalpiebilanz unter Berücksichtigung des Phasengleichgewichts erfolgen. In speziellen Fällen, wie bei der reaktiven Rektifikation (Veresterungskolonnen, MTBE-Herstellung) (s. Kap. 4.6), müssen bei der Aufstellung der Bilanzen gleichzeitig die Beiträge der chemischen Reaktion berücksichtigt werden. Weiterhin müssen instationäre Bedingungen oder, wie bei der Trennung von Butanol (s. Kap. 4.5.1) und Wasser bzw. der Absolutierung von Ethanol, das Auftreten von zwei flüssigen Phasen berücksichtigt werden (s. Kap. 4.5.4).

An dieser Stelle sollen diese Spezialfälle nicht behandelt und damit lediglich die Bilanzgleichungen für den stationären Fall mit nur zwei Phasen (L, V) ohne chemische Reaktion betrachtet werden. Für den Fall der Rektifikation ist eine solche Stufe (Boden) schematisch in Abb. 4.5 gezeigt. Jedem Boden j wird ein Dampfstrom vom Boden $j-1$ und ein Flüssigkeitsstrom vom Boden $j+1$ zugeführt. Weiterhin kann jedem Boden ein Feed-Strom zugeführt werden, wobei der Feed zweiphasig (L, V) sein kann und die Gesamtkonzentration der Komponente i $z_{i,j}$ betragen soll.

$$M_{i,j} = \dot{L}_{j+1} x_{i,j+1} + \dot{V}_{j-1} y_{i,j-1} + \dot{F}_j z_{i,j} - (\dot{L}_j + \dot{S}_j^L) x_{i,j}$$
$$- (\dot{V}_j + \dot{S}_j^V) y_{i,j} = 0$$

$$E_{i,j} = y_{i,j} - K_{i,j} x_{i,j} = 0$$

$$S_{y,j} = \sum y_{i,j} - 1.0 = 0$$
$$S_{x,j} = \sum x_{i,j} - 1.0 = 0$$

$$H_j = \dot{L}_{j+1} h_{j+1}^L + \dot{V}_{j-1} h_{j-1}^V + \dot{F}_j h_{F,j} - (\dot{L}_j + \dot{S}_j^L) h_j^L$$
$$- (\dot{V}_j + \dot{S}_j^V) h_j^V + \dot{Q}_j = 0$$

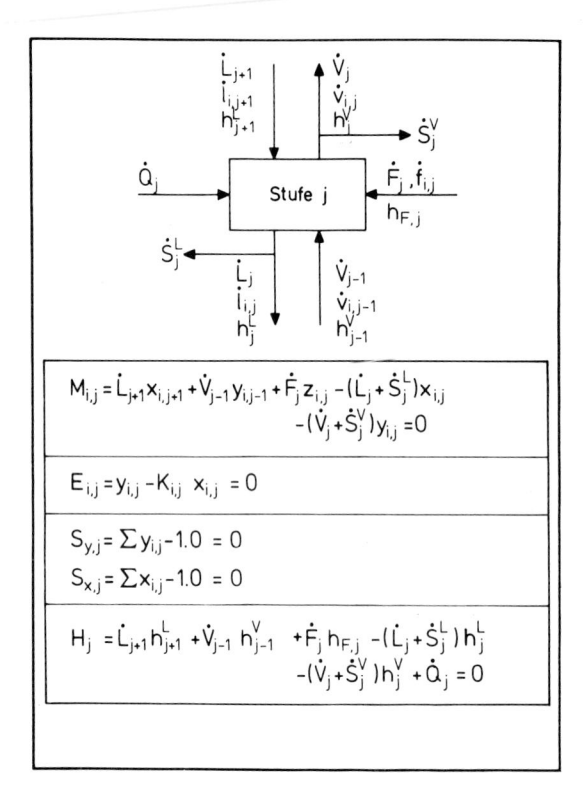

Abb. 4.5 Gleichgewichtsstufe zur Ableitung der MESH-Gleichungen

Den Boden j verlassen der Flüssigkeitsstrom $\dot{L}_j$ und der Dampfstrom $\dot{V}_j$, wobei auch noch flüssige und dampfförmige Produktströme ($\dot{S}_j^L$, $\dot{S}_j^V$) in Form von Seitenabzügen entnommen werden können. Weiterhin kann jedem Boden eine Wärmemenge $\dot{Q}_j$ zugeführt bzw. entzogen werden. Wenn noch berücksichtigt wird, daß für jede Komponente auf jedem

Boden die Gleichgewichtsbeziehung erfüllt werden muß, so ergeben sich im stationären Zustand die folgenden Beziehungen (N = Anzahl der theoretischen Böden, n = Anzahl der Komponenten) für den Boden j.

Mengenbilanz (**M**aterial balance) für die Komponente i ($N \times n$ Gleichungen):

$$M_{i,j} = \dot{L}_{j+1} x_{i,j+1} + \dot{V}_{j-1} y_{i,j-1} + \dot{F}_j z_{i,j} - (\dot{L}_j + \dot{S}_j^L) x_{i,j} - (\dot{V}_j + \dot{S}_j^V) y_{i,j} = 0 . \tag{4.2}$$

Gleichgewichtsbeziehung (**E**quilibrium condition) für die Komponente i ($N \times n$ Gleichungen):

$$E_{i,j} = y_{i,j} - K_{i,j} x_{i,j} = 0 , \tag{4.3}$$

wobei natürlich auch die folgenden Beziehungen für jeden einzelnen Dampf- bzw. Flüssigkeitsstrom erfüllt werden müssen.

Summationsbedingung (**S**ummation condition) für die Komponente i ($2N$-Gleichungen):

$$S_{y,j} = \sum y_{i,j} - 1{,}0 = 0 \tag{4.4a}$$

und

$$S_{x,j} = \sum x_{i,j} - 1{,}0 = 0 \tag{4.4b}$$

Enthalpiebilanz (**H**eat balance) für den Boden j (N Gleichungen):

$$H_j = \dot{L}_{j+1} h_{j+1}^L + \dot{V}_{j-1} h_{j-1}^V + \dot{F}_j h_{F,j} - (\dot{L}_j + \dot{S}_j^L) h_j^L - (\dot{V}_j + \dot{S}_j^V) h_j^V + \dot{Q}_j = 0 . \tag{4.5}$$

Diese Gleichungen sind von der englischen Bezeichnung her auch als MESH-Gleichungen bekannt.

Die Größen $M_{i,j}$, $E_{i,j}$, $S_{x,j}$, $S_{y,j}$ und H_j müssen im stationären Fall nach der Lösung des Gleichungssystems für alle Komponenten i und alle Böden j den Wert 0 annehmen. Im Falle der diskontinuierlichen Rektifikation muß noch die Akkumulation berücksichtigt werden. Das gleiche gilt auch für den Fall der dynamischen Simulation von Rektifikationskolonnen. Bei gleichzeitiger chemischer Reaktion müssen weiterhin die durch chemische Reaktion verursachten Molzahländerungen ($r_{i,j} H_j^L$) und Reaktionsenthalpien ($r_{i,j} H_j^L \Delta h_{R,i}$) in der Mengen- und Enthalpiebilanz berücksichtigt werden*.

Die benötigten K-Faktoren sind dabei Funktionen der Temperatur T und des Drucks P sowie der Zusammensetzung der flüssigen Phase. Die Enthalpie der einzelnen Ströme (h_j^L, h_j^V) wird durch Temperatur, Druck und die Konzentration der verschiedenen Komponenten in der betrachteten Phase bestimmt.

Wenn diese Beziehungen nicht als Gleichungen mitgezählt werden, ergeben sich ($2n + 3$) Gleichungen für jeden Boden, d. h. $N(2n + 3)$ Gleichungen für die Kolonne. Im Fall, daß die Anzahl der Böden N, das Rücklaufverhältnis v, die Feed-Menge F_j und -Zusammensetzungen $z_{i,j}$, die Drücke und die Seitenstrommengen $\dot{S}_j^L$, $\dot{S}_j^V$, sowie die zu- bzw. abgeführten Wärmemengen vorgegeben werden, ergeben sich für eine Kolonne auch $N(2n + 3)$ Unbekannte (dies sind $x_{i,j}$, $y_{i,j}$, $\dot{L}_j$, $\dot{V}_j$, T_j für jeden Boden), d. h. im Falle von 10 Komponenten und 80 Böden 1840 Gleichungen bzw. Unbekannte. Sollen Multikomponentensysteme ohne vereinfachende Annahmen behandelt werden, so lassen sich diese Gleichungssysteme nur noch mit Hilfe eines Computers lösen.

Da zunächst die benötigten Rechnerkapazitäten und Algorithmen zur Lösung des Gleichungssystems nicht zur Verfügung standen, war man bis vor etwa 25 Jahren noch auf vereinfachte Methoden zur Auslegung der Rektifikationskolonnen angewiesen. So wurden

---

* $r_{i,j}$ Reaktionsgeschwindigkeit für die Komponente i auf dem Boden j (kmol/h m³)
  H_j^L Flüssigkeitsholdup auf dem Boden j (m³)

verschiedene Methoden zur Trennung binärer Systeme (McCabe-Thiele-[2], Ponchon-Savarit-Verfahren[3, 4]) entwickelt. Bei der Erweiterung auf Mehrkomponentensysteme wurden zunächst ebenfalls vereinfachende Annahmen (z. B. konstante Trennfaktoren) zugrundegelegt. Heutzutage werden in erster Linie Matrixverfahren zur Bestimmung der theoretischen Bodenzahl verwandt. Bei diesen Verfahren lassen sich alle Effekte und Realitäten berücksichtigen, so daß beim heutigen Stand der Phasengleichgewichtsthermodynamik zuverlässige Simulationen möglich sind und eine Vielzahl zeit- und kostenintensiver Technikumsversuche eingespart werden können.

In diesem Lehrbuch soll neben den recht anschaulichen vereinfachten Methoden auch kurz auf die modernen Methoden eingegangen werden, wobei dem Leser die Anwendung eines modernen Verfahrens (Naphtali-Sandholm-Verfahren) durch ein im Anhang gelistetes FORTRAN-Programm erleichtert wird.

4.3.2.1 Binäre Systeme

Im Falle der Trennung binärer Systeme läßt sich mit einigen vereinfachenden Annahmen die Anzahl der benötigten theoretischen Trennstufen graphisch ermitteln. Dies soll hier zunächst anhand des McCabe-Thiele-Verfahrens[2] für den Fall der Rektifikation gezeigt werden. Mit dem McCabe-Thiele-Verfahren läßt sich aber auch die erforderliche Zahl theoretischer Trennstufen für Absorptions-, Extraktions- oder andere Trennprozesse bestimmen. Darauf wird in den Kap. 4.9 und 4.10 noch eingegangen werden.

4.3.2.1.1 McCabe-Thiele-Verfahren

Beim McCabe-Thiele-Verfahren, welches lediglich für binäre Systeme anwendbar ist, wird die Enthalpiebilanz vernachlässigt. Das Berechnungsverfahren beruht auf der Lösung der Mengenbilanzgleichung unter Anwendung des Gleichgewichtsdiagramms (y-x-Diagramm).

Betrachten wir zunächst die Konzentrationen der flüssigen und der dampfförmigen Phase auf den verschiedenen Böden. Während die Dampfphasenkonzentration im Falle einer idealen Trennstufe bei Kenntnis der Zusammensetzung der flüssigen Phase durch das Phasengleichgewicht beschrieben werden kann, ist die Ermittlung der Flüssigkeitskonzentration auf dem nächsthöheren Boden nur über eine Mengenbilanz möglich. Für den Verstärkungsteil einer Trennkolonne (Abb. 4.6) ergibt sich über die Mengenbilanz für die Gesamtströme zwischen den willkürlich gewählten Böden j und $j + 1$:

$$\dot{V}_j = \dot{L}_{j+1} + \dot{D} \tag{4.6}$$

$\dot{V}_j$ Dampfstrom auf dem Boden j im Verstärkungsteil (kmol/h),
$\dot{L}_{j+1}$ Flüssigkeitsstrom auf dem Boden $j + 1$ im Verstärkungsteil (kmol/h),
$\dot{D}$ Destillatstrom (kmol/h)

In ähnlicher Weise kann für eine willkürlich zu wählende Komponente eine Mengenbilanz für diesen Bilanzraum durchgeführt werden:

$$\dot{V}_j y_j = \dot{L}_{j+1} x_{j+1} + \dot{D} x_D \tag{4.7}$$

y_j Molanteil der Komponente in der Dampfphase auf dem Boden j,
x_{j+1} Molanteil der Komponente in der Flüssigkeit auf dem Boden $j + 1$,
x_D Molanteil der Komponente im Destillat

Durch Umstellung von Gl. (4.7) ergibt sich:

$$y_j = \frac{\dot{L}_{j+1}}{\dot{V}_j} x_{j+1} + \frac{\dot{D} x_D}{\dot{V}_j}. \tag{4.8}$$

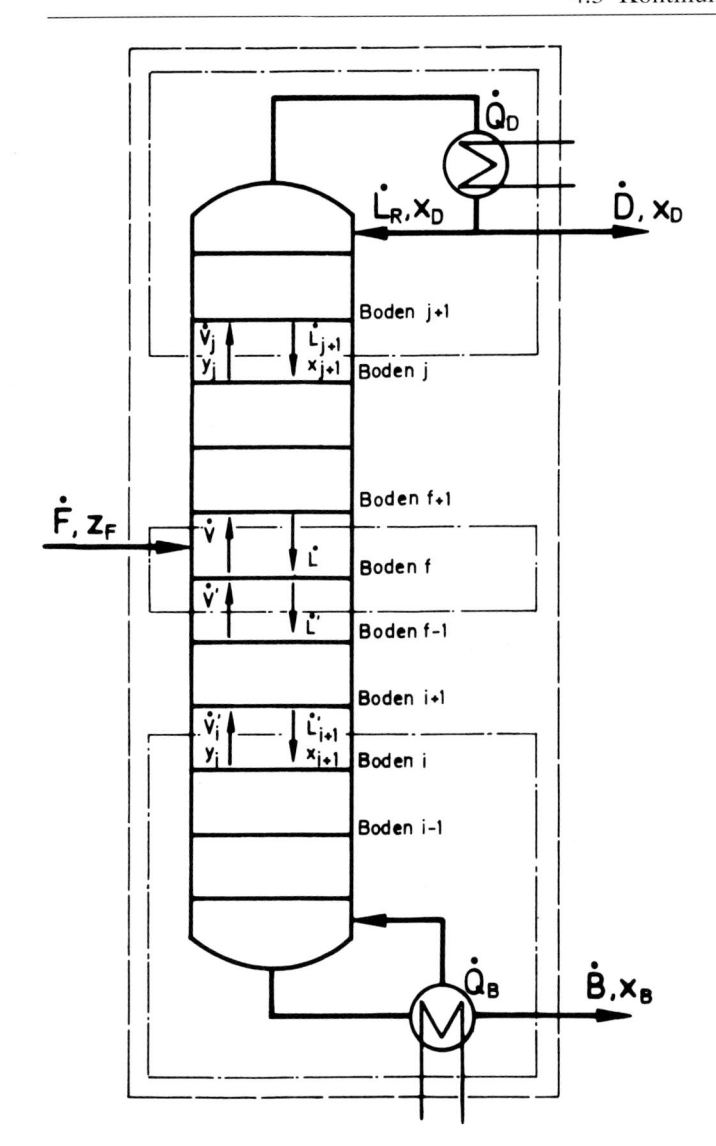

Abb. 4.6 Typische Bodenkolonne

Diese Gleichung kann benutzt werden, um bei Kenntnis der Konzentration der Dampfphase auf dem Boden j die Zusammensetzung der Flüssigkeit auf dem Boden $j+1$ zu ermitteln. Die Linie durch die Punkte (y_j, x_{j+1}), (y_{j+1}, x_{j+2}) wird als Arbeitslinie bezeichnet, wobei die Steigung der Arbeitslinie durch das Verhältnis von Flüssigkeits- und Dampfstrom $(\dot{L}_{j+1}/\dot{V}_j)$ bestimmt wird. Für den Fall, daß das Verhältnis dieser Ströme im gesamten Verstärkungsteil konstant ist, d. h.

$$\dot{L}/\dot{V} = \dot{L}_{j+1}/\dot{V}_j = \dot{L}_{j+2}/\dot{V}_{j+1} = \ldots, \tag{4.9}$$

ergibt sich als Arbeitslinie eine Gerade. Diese Vereinfachung ist aber nur dann gültig, wenn innerhalb des betrachteten Temperatur- bzw. Druckbereiches die molaren Verdampfungsenthalpien der verschiedenen Komponenten gleiche Werte aufweisen und weiterhin die Mischungsenthalpie und eventuelle Wärmeverluste zu vernachlässigen sind. Diese vereinfachenden Annahmen bedeuten, daß die Kondensation von 1 mol Dampf die entsprechende Energie zur Verdampfung von 1 mol Flüssigkeit liefert*.

Die Arbeitsgerade für den Verstärkungsteil der Kolonne wird auch Verstärkungsgerade genannt. Sie ist nur vom Zulaufboden bis zum Kopf der Kolonne gültig. Die Steigung dieser Geraden, d. h. das Verhältnis von Flüssigkeitsmenge zu Dampfmenge, kann am Kopf der Kolonne eingestellt werden. Je nach eingestelltem Rücklaufverhältnis

$$v = \frac{\dot{L}_R}{\dot{D}}, \qquad (4.10)$$

d. h. dem Verhältnis der Rückflußmenge $\dot{L}_R$ zur Destillatmenge $\dot{D}$, ändert sich das $\dot{L}/\dot{V}$-Verhältnis und damit die Steigung der Verstärkungsgeraden. Bei konstanten Molenströmen im Verstärkungsteil der Kolonne, wie es beim McCabe-Thiele-Verfahren angenommen wird, lassen sich die Ströme $\dot{L}_{j+1}$, $\dot{V}_j$, $\dot{D}$ unter Verwendung des Rücklaufverhältnisses eliminieren und man erhält unter Vernachlässigung der Indizes für den jeweiligen Boden die folgende einfache Beziehung zur Darstellung der Arbeitsgeraden ($\dot{V} = \dot{L} + \dot{D}$, $\dot{L} = \dot{L}_R$):

$$y = \frac{v}{v+1} x + \frac{x_D}{v+1} \qquad (4.11)$$

Tab. 4.1 Molare und spezifische Verdampfungsenthalpien ausgewählter Substanzen am Normalsiedepunkt[26]

	molare Verdampfungsenthalpie (kJ/kmol)	spezifische Verdampfungsenthalpie (kJ/kg)
Wasser	40,66	2,257
Methanol	35,23	1,099
Aceton	29,12	0,501
n-Hexan	28,85	0,335

Für die Konzentration $x = 0$ bzw. $x = x_D$ geht die Verstärkungsgerade durch die Punkte

$$y = \frac{x_D}{v+1} \quad \text{für} \quad x = 0 \quad \text{und}$$

$$y = x_D \quad \text{für} \quad x = x_D.$$

Dies ist in Abb. 4.7 gezeigt. Bei unendlichem Rücklaufverhältnis $v = \infty$, d. h., wenn kein Destillat abgezogen und damit der Dampfstrom $\dot{V}$ gleich dem Flüssigkeitsstrom $\dot{L}$ wird ($\dot{D} = 0$, $\dot{L}/\dot{V} = 1$), fällt die Verstärkungsgerade mit der Diagonalen im y-x-Diagramm zusammen ($v/(v+1) \to 1$). Das ist die maximal mögliche Steigung für die Verstärkungsgerade. In jedem anderen Fall ist die Steigung <1.

---

* Da nur die molaren Verdampfungsenthalpien (kJ/mol) und nicht die spezifischen Verdampfungsenthalpien (kJ/kg) einigermaßen konstant sind (s. Tab. 4.1), führt die Durchführung des McCabe-Thiele-Verfahrens unter Verwendung von Gewichtsanteilen für die Dampf- und die flüssige Phase zu Fehlern.

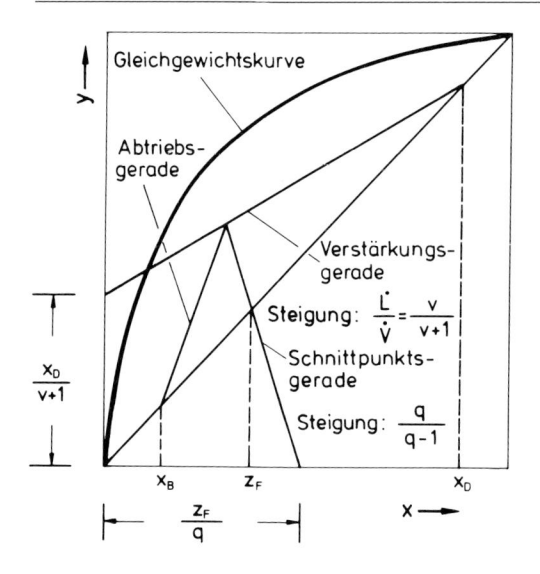

Abb. 4.7 Arbeitsgeraden und Gleichgewichtskurve im McCabe-Thiele-Diagramm

Wie für den Verstärkungsteil läßt sich auch die Arbeitslinie für den Abtriebsteil der Kolonne ermitteln. So ergibt sich für den Bilanzraum zwischen Boden i und dem Sumpf für die Gesamtmolmengen (s. Abb. 4.6):

$$\dot{L}'_{i+1} = \dot{V}'_i + \dot{B} \tag{4.12}$$

und für eine willkürlich zu wählende Komponente

$$\dot{L}'_{i+1} x_{i+1} = \dot{V}'_i y_i + \dot{B} x_B \tag{4.13}$$

wobei $\dot{B}$ den Sumpfproduktstrom (kmol/h) und $\dot{L}'_{i+1}$ und $\dot{V}'_i$ die molaren Flüssigkeits- bzw. Dampfströme auf den jeweiligen Böden im Abtriebsteil darstellen. Unter der erneuten Annahme konstanter Ströme $\dot{L}'$ und $\dot{V}'$ ergibt sich daraus die Beziehung für die Arbeitsgerade im Abtriebsteil (Abtriebsgerade),

$$y = \frac{\dot{L}' x}{\dot{V}'} - \frac{\dot{B} x_B}{\dot{V}'} \tag{4.14}$$

bzw. allgemein nach Substitution von Gl. (4.12),

$$y = \frac{v'}{v'-1} x - \frac{x_B}{v'-1}, \tag{4.15}$$

wobei v' das Abtriebsverhältnis*

$$v' = \frac{\dot{L}'}{\dot{B}} \tag{4.16}$$

im Abtriebsteil der Kolonne angibt. Für $x = x_B$ beträgt der Wert von $y = x_B$. Zum Einzeichnen der Abtriebsgeraden wird neben diesem Punkt aber noch ein zweiter Punkt benötigt. Dieser ergibt sich durch eine Bilanz am Zulaufboden. Ab dem Zulaufboden

---

* Das Abtriebsverhältnis ist nicht frei wählbar. Es resultiert aus dem Rücklaufverhältnis und dem thermischen Zustand des Zulaufs

ändern sich die Flüssigkeits- und Dampfströme in der Kolonne. Wie stark sie sich ändern, hängt vom thermischen Zustand des Zulaufs ab. Wenn der Zulauf flüssig im Sättigungszustand eingespeist wird, wird die Dampfmenge nicht beeinflußt, d. h. $\dot{V} = \dot{V}'$. Der Zulauf führt dann lediglich zur Erhöhung des Flüssigkeitsstroms im unteren Teil der Kolonne. Wird der Zulauf dampfförmig im Sättigungszustand eingespeist, so wird nur die Dampfmenge im oberen Teil der Kolonne im Vergleich zum Abtriebsteil erhöht.

Neben diesen Möglichkeiten sind jedoch auch andere thermische Zustände denkbar, wie die Einspeisung als

- unterkühlte Flüssigkeit,
- Dampf-Flüssigkeits-Gemisch und
- überhitzter Dampf.

Unabhängig vom thermischen Zustand erhöht sich das Verhältnis von Flüssigkeits- zu Dampfstrom und damit die Steigung der Arbeitsgeraden im Abtriebsteil im Vergleich zum Verstärkungsteil. Es ergibt sich in allen Fällen für die Steigung $\dot{L}'/\dot{V}'$ ein Wert der >1 ist. Lediglich im Falle eines unendlichen Rücklaufverhältnisses fällt die Abtriebsgerade mit der Diagonalen zusammen ($\dot{L}'/\dot{V}' = 1$) und weist damit die gleiche Steigung wie die Verstärkungsgerade bei $v = \infty$ auf.

In welcher Weise die Flüssigkeits- und Dampfströme im Verstärkungs- und Abtriebsteil durch den thermischen Zustand des Zulaufs beeinflußt werden, ist qualitativ in Abb. 4.8 gezeigt. Bei Kenntnis des thermischen Zustands läßt sich die Steigung der Arbeitsgeraden im Abtriebsteil berechnen und somit in das y-x-Diagramm einzeichnen. Für einen einfachen Fall ist die Berechnung in Beispiel 4.2 dargestellt.

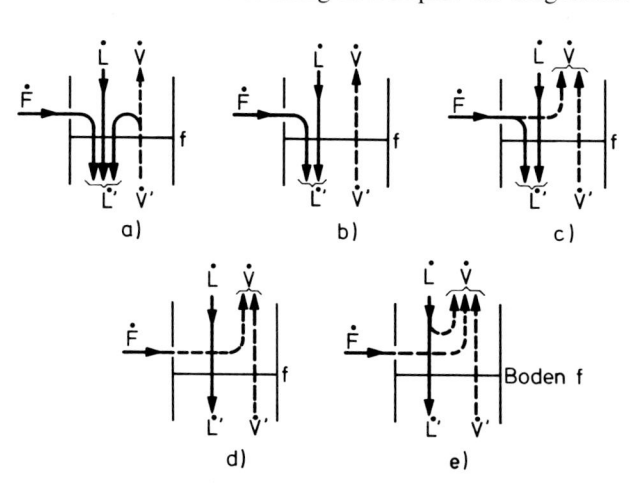

Abb. 4.8 Durch den thermischen Zustand verursachte Änderung der Dampf- und Flüssigkeitsströme am Zulaufboden.
a unterkühlt,
b flüssig im Sättigungszustand,
c teilweise verdampft,
d dampfförmig im Sättigungszustand,
e überhitzt

Beispiel 4.2
Berechnen Sie die Ströme $\dot{L}, \dot{L}', \dot{V}, \dot{V}'$ für die verschiedenen Böden und weiterhin die Steigung der Arbeitsgeraden für eine Rektifikationskolonne mit 10 theoretischen Stufen und einem gesättigt flüssigen Zulaufstrom $\dot{F} = 10$ kmol/h auf den 4. Boden für die folgenden Rücklaufverhältnisse $v = 1{,}2$ ($v = 3{,}0$) und einer Destillatmenge $\dot{D} = 6$ kmol/h.

Lösung:
Die Ströme in der Verstärkungskolonne ergeben sich direkt durch das Rücklaufverhältnis und die vorgegebene Destillatmenge. Aus Gl. (4.10) ergibt sich durch Umstellung

$$\dot{L} = v\dot{D}$$

4.3 Kontinuierliche Rektifikation

für die verschiedenen Rücklaufverhältnisse $v = 1{,}2$ ($v = 3{,}0$) ein Flüssigkeitsstrom von 7,2 kmol/h (18,0 kmol/h) für den 5. bis 10. Boden. Danach läßt sich der Dampfstrom auf diesen Böden sofort nach Gl. (4.6) berechnen. Für die Böden 5 bis 10 ergibt sich als Dampfstrom $\dot{V} = 13{,}2$ kmol/h (24,0 kmol/h). Am Zulaufboden ändern sich die Verhältnisse. Da der Zulauf flüssig gesättigt eingespeist wird, ändern sich lediglich die Flüssigkeitsströme. Die Flüssigkeitsströme erhöhen sich genau um die Zulaufmenge. Bei der vorgegebenen Zulaufmenge von 10 kmol/h ergibt sich für die Flüssigkeitsströme auf den 1. bis 4. Boden $\dot{L}' = 17{,}2$ kmol/h (28 kmol/h). Die Dampfströme werden nicht beeinflußt, d. h., diese Ströme sind in der Abtriebskolonne identisch mit denen in der Verstärkungskolonne. Bei Kenntnis aller Ströme in der Kolonne läßt sich direkt die Steigung der verschiedenen Arbeitsgeraden ermitteln. Für die Verstärkungsgerade ergibt sich eine Steigung bei

$v = 1{,}2 \Rightarrow \dot{L}/\dot{V} = 7{,}2/13{,}2$ bzw. $v/(v+1) = 1{,}2/2{,}2 = 0{,}545$

und

$v = 3{,}0 \Rightarrow \dot{L}/\dot{V} = 18{,}0/24{,}0$ bzw. $v/(v+1) = 3/4 = 0{,}75$.

Für die Abtriebsgerade erhält man für

$v = 1{,}2 \Rightarrow \dot{L}'/\dot{V}' = 17{,}2/13{,}2 = 1{,}30$

und

$v = 3{,}0 \Rightarrow \dot{L}'/\dot{V}' = 28{,}0/24{,}0 = 1{,}167$.

Als Sumpfproduktmenge ergeben sich in beiden Fällen $\dot{B} = 4$ kmol/h und damit für das Abtriebsverhältnis nach Gl. (4.16) bei

$v = 1{,}2 \Rightarrow \dot{L}'/\dot{B} = 17{,}2/4{,}0 = 4{,}3$ und

$v = 3{,}0 \Rightarrow \dot{L}'/\dot{B} = 28{,}0/4{,}0 = 7{,}0$.

Die einzelnen Ströme sind mit den Gesamtströmen auf den einzelnen Böden noch in Tab. 4.2 zu finden.

Tab. 4.2 Dampf-, Flüssigkeits- und Gesamtströme auf den verschiedenen Böden

Boden	Flüssigkeitsstrom		Dampfstrom		Gesamtstrom	
	$v = 1{,}2$	$v = 3{,}0$	$v = 1{,}2$	$v = 3{,}0$	$v = 1{,}2$	$v = 3{,}0$
10	7,2	18,0	13,2	24,0	20,4	42,0
9	7,2	18,0	13,2	24,0	20,4	42,0
8	7,2	18,0	13,2	24,0	20,4	42,0
7	7,2	18,0	13,2	24,0	20,4	42,0
6	7,2	18,0	13,2	24,0	20,4	42,0
5	7,2	18,0	13,2	24,0	20,4	42,0
4 Zulauf	17,2	28,0	13,2	24,0	30,4	52,0
3	17,2	28,0	13,2	24,0	30,4	52,0
2	17,2	28,0	13,2	24,0	30,4	52,0
1	17,2	28,0	13,2	24,0	30,4	52,0

An den Zahlen ist zu erkennen, daß die Belastung der Kolonne mit stärker werdendem Rücklaufverhältnis ansteigt. Weiterhin ist zu erkennen, daß die Flüssigkeitsbelastung im Abtriebsteil höher als im Verstärkungsteil ist. Dies kann sich auf den benötigten Durchmesser der Kolonne bzw. die Abmessungen der weiteren Einbauten, wie Höhe des Ablaufwehrs (s. Kap. 4.11) auswirken.

Der Schnittpunkt der beiden Arbeitsgeraden kann auch durch gleichzeitige Lösung von Gl. (4.8) und Gl. (4.14) erhalten werden:

$$y = \frac{\dot{L}}{\dot{V}} x + \frac{\dot{D} x_D}{\dot{V}} \tag{4.8}$$

und

$$y = \frac{\dot{L}'}{\dot{V}'} x - \frac{\dot{B} x_B}{\dot{V}'} . \tag{4.14}$$

Durch Subtraktion erhält man aus diesen beiden Beziehungen:

$$y(\dot{V} - \dot{V}') = x(\dot{L} - \dot{L}') + (\dot{D} x_D + \dot{B} x_B) . \tag{4.17}$$

Durch eine Bilanz über die gesamte Kolonne lassen sich die Molmengen in den Produktströmen durch die Molmenge im Feed-Strom $\dot{F} z_F$ substituieren:

$$\dot{F} z_F = \dot{D} x_D + \dot{B} x_B . \tag{4.18}$$

Weiterhin ergibt sich aus einer Gesamtmengenbilanz auf dem Feed-Boden (s. Abb. 4.6):

$$\dot{F} - (\dot{L}' - \dot{L}) = (\dot{V} - \dot{V}') . \tag{4.19}$$

Die Differenz $(\dot{L}' - \dot{L})$ stellt dabei den Anteil des Zulaufs dar, der flüssig gesättigt eingespeist wird. Entsprechend ist $(\dot{V} - \dot{V}')$ der Anteil des Zulaufs, der dampfförmig gesättigt zugeführt wird. Lediglich bei Einspeisung von unterkühlter Flüssigkeit bzw. überhitztem Dampf führt die Einspeisung zur teilweisen Kondensation des Dampf- bzw. zur teilweisen Verdampfung des Flüssigkeitsstroms in der Kolonne, so daß die Differenzen nicht direkt dem flüssigen bzw. dampfförmigen Molenstrom des Zulaufs $\dot{F}$ entsprechen.

Durch Substitution und Einführung der Größe q,

$$q \dot{F} = \dot{L}' - \dot{L} , \tag{4.20}$$

die den Anteil der Flüssigkeit im Zulaufstrom und damit den thermischen Zustand des Zulaufs beschreibt, ergibt sich aus den Gl. (4.17) bis (4.20) die folgende recht einfache Beziehung für die Schnittpunktsgerade:

$$y = \frac{q}{q-1} x - \frac{z_F}{q-1} . \tag{4.21}$$

Sie weist eine Steigung von $q/(q-1)$ auf. Für eine Konzentration von $x = z_F$ schneidet diese Gerade für alle Werte von q die Diagonale bei der Konzentration z_F, d. h. $y = z_F$. Für $y = 0$ ergibt sich als Schnittpunkt der x-Achse bei $x = z_F/q$ (s. Abb. 4.7). Bei Kenntnis des Wertes von q liegt somit die Steigung der Schnittpunktsgeraden fest und aus dem Schnittpunkt mit der Verstärkungsgeraden läßt sich der zweite Punkt zur Konstruktion der Abtriebsgeraden erhalten. Für $q = 1$ (flüssig gesättigter Feed, $\dot{L}' - \dot{L} = \dot{F}$) weist die Schnittpunktsgerade eine unendliche Steigung auf. Bei gesättigt dampfförmigem Feed ($q = 0$, d. h. $\dot{L}' - \dot{L} = 0$ bzw. $\dot{V} - \dot{V}' = \dot{F}$) ist die Steigung der Geraden gleich 0. Für andere Fälle läßt sich die Steigung bzw. der Wert von q durch eine Mengen- und Enthalpiebilanz für den Feed-Boden ermitteln.

Mengenbilanz:

$$\dot{F} + \dot{V}' + \dot{L} = \dot{L}' + \dot{V} \tag{4.22}$$

4.3 Kontinuierliche Rektifikation

Enthalpiebilanz:

$$\dot{F}h_F + \dot{V}'h_{f-1}^V + \dot{L}h_{f+1}^L = \dot{L}'h_f^L + \dot{V}h_f^V \qquad (4.23)$$

f Zulaufboden,
h^L molare Enthalpie des Flüssigkeitsstroms,
h^V molare Enthalpie des Dampfstroms,
h_F molare Enthalpie des Zulaufstroms

Unter der vereinfachenden Annahme, daß die molaren Enthalpien der Dampf- bzw. der Flüssigkeitsströme auf den verschiedenen Böden gleiche Werte aufweisen, d. h. $h_{f-1}^V = h_f^V$ bzw. $h_{f+1}^L = h_f^L$, ergibt sich für die Größe

$$q = \frac{h_f^V - h_F}{h_f^V - h_f^L}. \qquad (4.24)$$

Die Größe q stellt somit das Verhältnis von erforderlicher Wärmemenge ($h_f^V - h_F$) zur Verdampfung von 1 mol des Zulaufs zur molaren Verdampfungsenthalpie dar. Dies bedeutet, daß q den Wert 0 aufweist, wenn die Enthalpie des Feed-Stroms h_F gleich der Enthalpie des Dampfes h_f^V auf dem Feed-Boden ist, d. h. keine Energie zur Verdampfung des Feed-Stroms erforderlich ist. Dies wäre der Fall, wenn der Zulauf gesättigt dampfförmig eingespeist würde. Im Falle, daß die Enthalpie des Feed-Stroms h_F gleich der Enthalpie des Flüssigkeitsgemisches h_f^L ist, wie im Falle der Zuspeisung des Zulaufs als Flüssigkeit im Sättigungszustand, ergibt sich für q ein Wert von 1, da genau die Verdampfungsenthalpie zur Verdampfung von 1 mol des Zulaufs benötigt wird.

In Abb. 4.9 ist die Schnittpunktsgerade für verschiedene thermische Zustände des Zulaufs gezeigt. Die verschiedenen Arbeitsgeraden sind für den Fall eines zweiphasigen Zulaufs in Abb. 4.7 eingezeichnet. Mit Hilfe der Schnittpunktsgeraden und den Beziehungen für die Verstärkungsgerade und die Abtriebsgerade läßt sich graphisch die Anzahl der benötigten theoretischen Stufen zur Lösung eines Trennproblems durch Stufenkonstruktion ermitteln. Dies ist in Abb. 4.10 gezeigt. Für eine gegebene Zusammensetzung $x_1(x_B)$ im Sumpf der Kolonne (1. Stufe der Trennkolonne) ergibt sich zunächst die Gleichgewichtskonzentration y_1 in der Dampfphase als Schnittpunkt mit der Gleichgewichtslinie senkrecht oberhalb von $x_1(x_B)$.

Die Konzentration x_2* der Flüssigkeit des nächsthöheren Bodens ergibt sich über die Beziehung für die Arbeitsgerade im Abtriebsteil als Schnittpunkt waagerecht zu y_1. In ähnlicher Weise lassen sich die Konzentrationen auf allen weiteren Böden ermitteln, wobei zu beachten ist, daß für den Verstärkungsbereich der Kolonne die Verstärkungsgerade zur Ermittlung der Flüssigkeitskonzentration auf dem nächsthöheren Boden herangezogen werden muß. Die Stufenkonstruktion wird abgebrochen, wenn die gewünschte Konzentration im Destillat erreicht ist. Durch Auszählen der Stufen erhält man dann die Anzahl der benötigten theoretischen Trennstufen. Die Anzahl wird dabei stark von der Steigung der Arbeitslinien beeinflußt. Im Falle einer steileren Verstärkungsgeraden und einer weniger steilen Abtriebsgeraden, d. h. $\dot{L}/\dot{V}$ größer ($\dot{L}'/\dot{V}'$ kleiner) als in Abb. 4.10, wird die Anzahl der benötigten Trennstufen für die Trennung geringer. Jedoch bedeutet dies gleichzeitig eine Erhöhung des Rücklaufverhältnisses und damit eine Erhöhung der Kühlkosten für den Kondensator und gleichzeitig eine Erhöhung der Energiekosten des Verdampfers für eine vorgegebene Destillatmenge.

---

* Index bezeichnet die Stufe

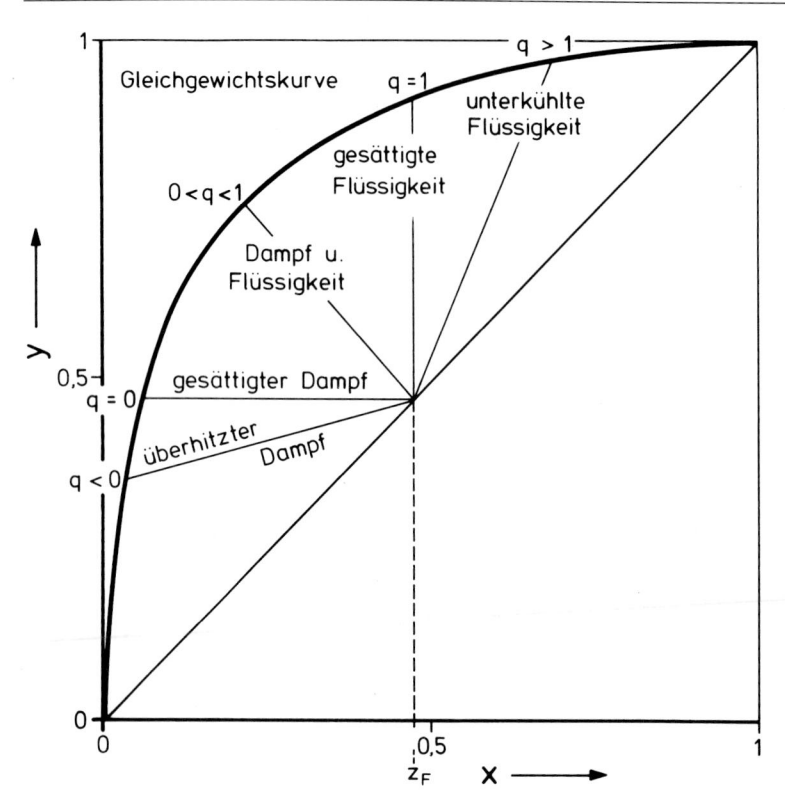

Abb. 4.9 Einfluß des thermischen Zustands des Zulaufstroms auf die Steigung der Schnittpunktsgeraden

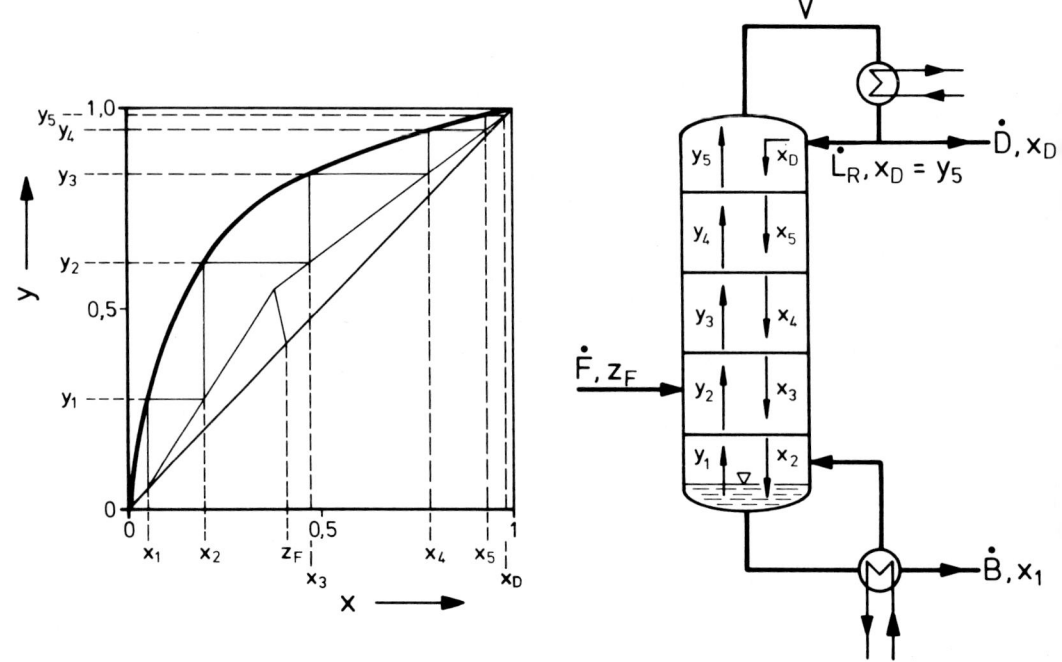

Abb. 4.10 Stufenkonstruktion beim McCabe-Thiele-Verfahren

Für die Durchführung der Trennung kommen zwei Grenzfälle der Fahrweise in Betracht:

1. minimale Bodenzahl und
2. minimales Rücklaufverhältnis.

In der Praxis wird man immer zwischen diesen Grenzfällen arbeiten, da im ersten Fall kein Produkt erhalten wird und im zweiten Fall eine unendliche große Zahl von Trennstufen benötigt wird.

4.3.2.1.1.1 Minimale Bodenzahl

Die geringste Anzahl von Böden (theoretischen Trennstufen) N_{min} ist erforderlich, wenn kein Zulauf zugeführt und kein Destillat und Sumpfprodukt abgezogen wird ($v = \infty$). In diesem Fall ist die Diagonale identisch mit der Verstärkungs- bzw. Abtriebsgerade, da sich für die Steigung beider Arbeitsgeraden der Wert 1 ergibt.

Die Ermittlung der minimalen Bodenzahl für den Fall $v = \infty$ ist in Abb. 4.11 gezeigt. Obgleich diese Fahrweise, die das Verhalten bei unendlichem Rücklauf kennzeichnet ($v = \infty$, $\dot{L}/\dot{V} = 1$, $\dot{L}'/\dot{V}' = 1$), nicht von praktischer Bedeutung ist, da kein Destillat abgezogen wird, gibt die minimale Bodenzahl N_{min} einen Eindruck von der benötigten Zahl theoretischer Trennstufen und damit erste Anhaltspunkte für den erforderlichen Trennaufwand (Investitionskosten).

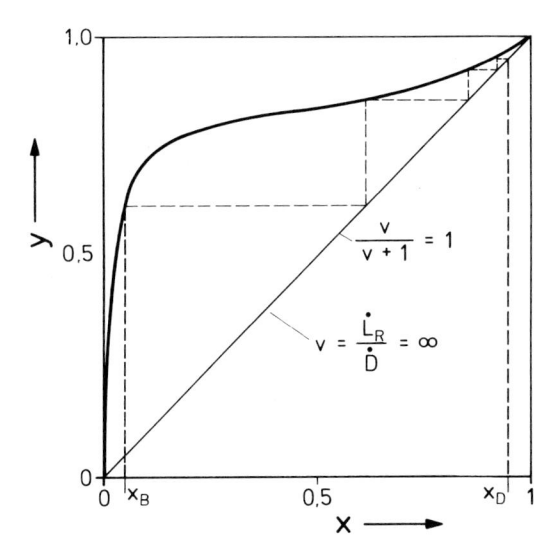

Abb. 4.11 Graphische Ermittlung der minimalen Bodenzahl

4.3.2.1.1.2 Minimales Rücklaufverhältnis

Das minimale Rücklaufverhältnis $v_{min} = \dot{L}_R/\dot{D}$ wird dann erreicht, wenn die Steigung der Verstärkungsgeraden ein Minimum besitzt. Damit eine Trennung möglich ist, sollte das Rücklaufverhältnis mindestens so groß sein, daß auf jedem Boden j eine Anreicherung, d. h. $y_j > x_j$ der leichter flüchtigen Komponente erreicht wird. Dies ist nur der Fall, solange die Arbeitsgeraden unterhalb der Gleichgewichtskurve liegen. Als Grenzfall ergibt sich das minimale Rücklaufverhältnis dann, wenn die Arbeitsgeraden (Verstärkungsgerade,

Abtriebsgerade) sich auf der Gleichgewichtskurve schneiden, wobei die Lage des Schnittpunkts auf der Gleichgewichtskurve durch den thermischen Zustand des Zulaufs über die Schnittpunktsgerade bestimmt wird.

Im Falle stark nichtidealer Systeme kann das minimale Rücklaufverhältnis auch durch die Form der Gleichgewichtskurve bestimmt werden. Dies ist insbesondere dann der Fall, wenn eine hohe Reinheit des Produktes erreicht werden soll und der Feed-Strom bereits einen höheren Anteil der leichter siedenden Komponente enthält. Die verschiedenen Fälle sind in Abb. 4.12a, b für das System Aceton(1)–Wasser(2) dargestellt.

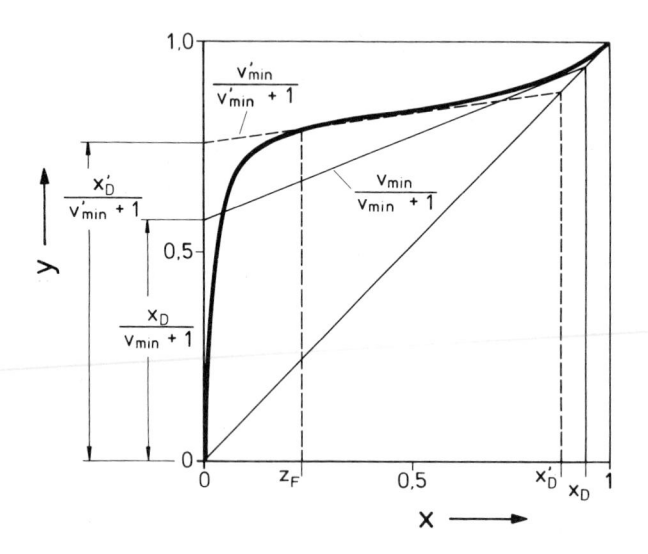

Abb. 4.12 Graphische Ermittlung des minimalen Rücklaufverhältnisses v_{min} bedingt durch **a** die Zulaufkonzentration und **b** den Verlauf der Gleichgewichtskurve

Bei minimalem Rücklaufverhältnis wird eine unendliche Zahl von Stufen für die Trennung benötigt. Da die Betriebskosten für den Kondensator und den Verdampfer direkt proportional dem Rücklaufverhältnis sind, vermittelt das minimale Rücklaufverhältnis einen Eindruck von den benötigten Energiekosten (Betriebskosten) für die Durchführung der Trennung.

4.3.2.1.1.3 Optimales Rücklaufverhältnis

Das in der Praxis eingestellte Rücklaufverhältnis stellt einen Kompromiß dar. Es muß größer als das minimale und kleiner als das unendliche Rücklaufverhältnis sein. Ziel jeder Auslegung ist es, die Trennanlage so zu betreiben, daß die Kosten minimal sind. Diese Kosten setzen sich hauptsächlich aus den Investitionskosten und den Betriebskosten zusammen. Aufgrund der gestiegenen Energiepreise liegen die gewählten Rücklaufverhältnisse heute nur ca. 10 bis 20% oberhalb des minimalen Rücklaufverhältnisses. Bei größeren Werten des Rücklaufverhältnisses verringert sich die Anzahl der benötigten Stufen und damit sinken die Investitionskosten. Gleichzeitig steigen aber die Betriebskosten (Kühlkosten, Heizkosten) für das Betreiben des Kondensators und des Verdampfers. Qualitativ ist die benötigte Anzahl der Trennstufen als Funktion des Rücklaufverhältnisses in Abb. 4.13a gezeigt. Bei Kenntnis dieser Beziehung lassen sich die Betriebs- und Investitionskosten für die verschiedenen Trennvarianten ermitteln. Diese Kosten sind qualitativ in Abb. 4.13b als Funktion des Rücklaufverhältnisses dargestellt. Bei minimalem Rücklaufverhältnis v_{min} sind zwar die Betriebskosten gering, die Investitionskosten weisen aber aufgrund der benötigten Anzahl (N = ∞) von Trennstufen den Wert unendlich auf. Mit steigendem Rücklaufverhältnis sinken die Investitionskosten sehr stark bei gleichzeitigem

Ansteigen der Betriebskosten. Es ist zu erkennen, daß sich für eine vorgegebene Trennaufgabe ein deutliches Minimum der Kosten bei einem bestimmten Rücklaufverhältnis ergibt.

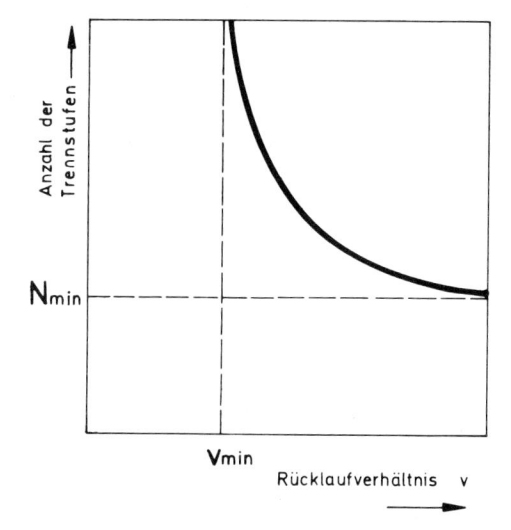

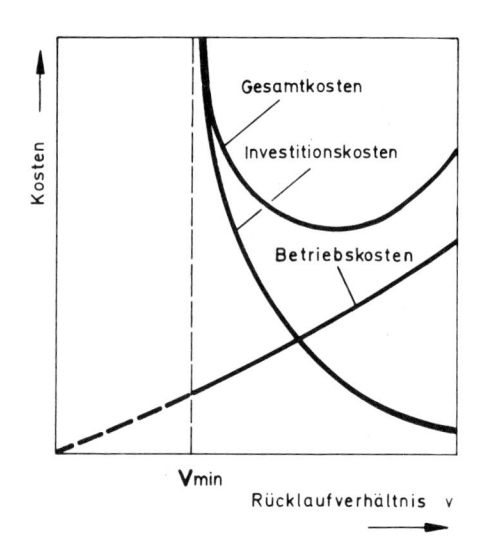

Abb. 4.13a, b Ermittlung des optimalen Rücklaufverhältnisses aus der Betrachtung der Gesamtkosten einer Rektifikationskolonne

4.3.2.1.1.4 Wahl des optimalen Feed-Bodens

Die Steigung der Arbeitsgeraden wird durch das Verhältnis der Molenströme $\dot{L}/\dot{V}$ bzw. $\dot{L}'/\dot{V}'$ bestimmt. Während der Schnittpunkt der beiden Arbeitsgeraden durch die Feed-Konzentration und den thermischen Zustand des Zulaufs festgelegt ist, wird der Übergang von der Abtriebsgeraden zur Verstärkungsgerade bei der Stufenkonstruktion durch die Festlegung des Feed-Bodens bestimmt. Betrachtet man Abb. 4.14, so kann der Übergang von einer Arbeitsgeraden zur anderen zwischen den Punkten 1 und 2 geschehen. Ziel ist es den Feed-Boden so zu wählen, daß auf jedem Boden eine möglichst hohe Anreicherung erzielt wird (Abb. 4.14a). Um dies zu erreichen, sollte der Feed-Boden so gewählt werden, daß er möglichst nahe am Schnittpunkt der Arbeitsgeraden liegt. Im Falle einer bestehenden Kolonne kann dies durch entsprechende Wahl der Steigung der Arbeitsgeraden, d. h. Wahl des Rücklaufverhältnisses und thermischen Zustand des Zulaufs realisiert werden. Durch eine falsche Wahl des Zulaufbodens kann sonst die Trennleistung einer Rektifikationskolonne stark reduziert werden, da einige der Böden nur einen sehr geringen Beitrag zur Anreicherung des Leichtersieders leisten (Abb. 4.14b, c).

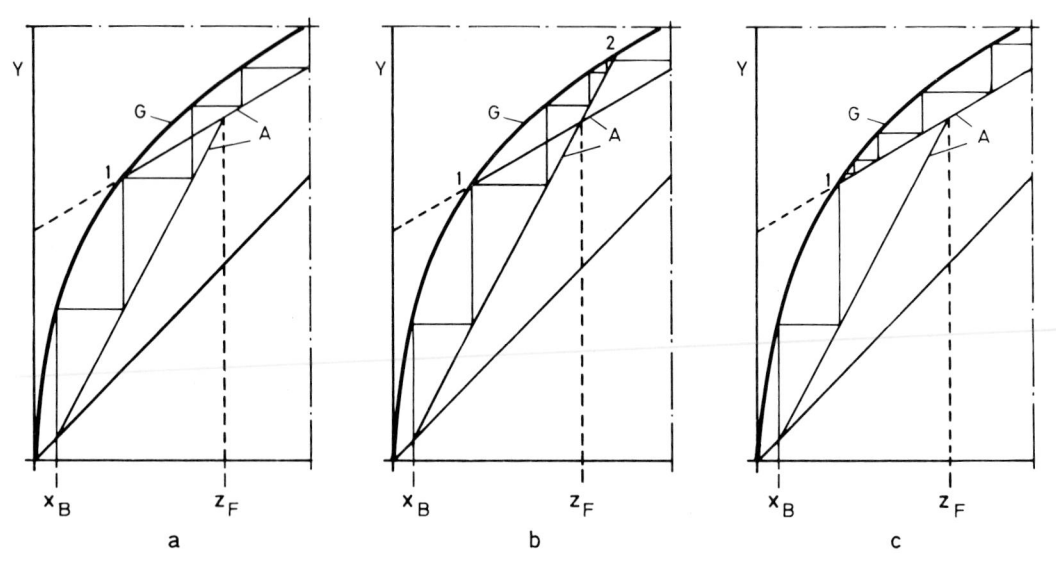

Abb. 4.14a–c Ermittlung des optimalen Feed-Bodens.
A Arbeitsgerade, **G** Gleichgewichtskurve

Beispiel 4.3

In einer Rektifikationsanlage soll ein Zulauf mit 30 Mol% Methanol und 70 Mol% Wasser bei einem Druck von 1 bar (100 kPa) getrennt werden. Im Destillat werden 2,0 Mol% Wasser und im Sumpfprodukt 2,0 Mol% Methanol zugelassen.

Berechnen Sie die minimale Stufenzahl, das minimale Rücklaufverhältnis und die erforderliche theoretische Stufenzahl, wenn als Rücklaufverhältnis das 1,4fache des Mindestrücklaufverhältnisses eingestellt wird und der Zulauf flüssig siedend eingespeist wird.

Bestimmen Sie weiterhin den optimalen Feed-Boden.

Reinstoffdaten[1]:

Antoine-Konstanten (P_i^s in kPa, ϑ in °C)

	A	B	C
Methanol	7,20587	1582,271	239,726
Wasser	7,19621	1730,63	233,426

Wilson–Konstanten[1]:

$\Delta\lambda_{12} = 54{,}04$ K

$\Delta\lambda_{21} = 236{,}30$ K

Molvolumina[1]:

Methanol: 40,73 cm³/mol

und

Wasser : 18,07 cm³/mol

Lösung:
Zunächst muß für den vorgegebenen Druck das Phasengleichgewicht mit Hilfe der angegebenen Wilson- und Antoine-Konstanten berechnet werden. Im isobaren Fall kann diese Berechnung nur iterativ erfolgen (s. Abb. 3.9), da die Temperatur so lange variiert werden muß, bis sich nach Gl. (3.32), d. h.,

$$P = x_1 \gamma_1 P_1^s + x_2 \gamma_2 P_2^s,$$

der vorgegebene Gesamtdruck von 100 kPa ergibt. Dies soll beispielhaft für eine Konzentration von $x_1 = 0{,}10$ gezeigt werden.

Der Schätzwert für die Temperatur sei z. B. 90 °C. Dies ergibt für die Sättigungsdampfdrücke der beiden Komponenten:

$$\log P_1^s = 7{,}20587 - \frac{1582{,}271}{90 + 239{,}726},$$

$$P_1^s = 255{,}34 \text{ kPa}.$$

Entsprechend ergibt sich für die zweite Komponente

$$P_2^s = 70{,}03 \text{ kPa}.$$

Für die vorgegebene Temperatur müssen dann die Parameter Λ_{12} und Λ_{21} der Wilson-Gleichung berechnet werden:

$$\Lambda_{12} = \frac{18{,}07}{40{,}73} \exp\left(-\frac{54{,}04}{363{,}15}\right) = 0{,}3823$$

und

$$\Lambda_{21} = \frac{40{,}73}{18{,}07} \exp\left(-\frac{236{,}3}{363{,}15}\right) = 1{,}1759$$

Damit ergibt sich für den Aktivitätskoeffizienten der Komponente 1 (Wilson-Gleichung s. Tab. 3.4):

$$\ln \gamma_1 = -\ln(0{,}1 + 0{,}3823 \cdot 0{,}9) + 0{,}9 \left(\frac{0{,}3823}{0{,}1 + 0{,}3823 \cdot 0{,}9} - \frac{1{,}1759}{1{,}1759 \cdot 0{,}1 + 0{,}9} \right),$$

$$\ln \gamma_1 = 0{,}5466,$$

$$\gamma_1 = 1{,}7273.$$

In gleicher Weise erhält man für die Komponente 2

$\gamma_2 = 1{,}0121$.

Dies ergibt für den Gesamtdruck

$P = 0{,}1 \cdot 1{,}7273 \cdot 255{,}34 + 0{,}9 \cdot 1{,}0121 \cdot 70{,}03$,

$P = 107{,}89 \text{ kPa}$

und für die Molanteile der Komponenten in der Dampfphase

$y_1 = 0{,}4088$ sowie

$y_2 = 0{,}5912$.

In den nächsten Schritten muß die Temperatur in der Weise geändert werden, daß sich der vorgegebene Gesamtdruck ergibt. Für eine Konzentration von $x_1 = 0{,}1$ ergibt sich auf diese Weise eine Temperatur von 87,87 °C und für $y_1 = 0{,}4121$.

Für den gesamten Konzentrationsbereich sind die Ergebnisse in Tab. 4.3 zusammengestellt.

Tab. 4.3 Dampf-Flüssig-Gleichgewicht des Systems Methanol(1)–Wasser(2) bei einem Druck von 100 kPa

x_1	y_1	ϑ (°C)
0,02	0,1288	96,37
0,05	0,2659	92,52
0,10	0,4121	87,87
0,20	0,5724	82,00
0,30	0,6652	78,22
0,40	0,7317	75,38
0,50	0,7859	73,04
0,60	0,8335	70,98
0,70	0,8773	69,13
0,80	0,9191	67,40
0,90	0,9597	65,77
0,98	0,9920	64,52

Mit Hilfe dieser Resultate lassen sich dann in einem y-x-Diagramm die gesuchten Größen nach dem McCabe-Thiele-Verfahren bestimmen. Dies ist in Abb. 4.15 und 4.16 dargestellt.

Mit Hilfe des y-x-Diagramms läßt sich dann das minimale Rücklaufverhältnis für den vorliegenden Fall des flüssig siedenden Zulaufs ($q = 1$) ermitteln (Abb. 4.15). Für das betrachtete Trennproblem wird v_{min} nicht durch die Form der Gleichgewichtskurve, sondern durch den thermischen Zustand des Zulaufs bestimmt, d. h., die Verstärkungsgerade wird durch den Schnittpunkt der Schnittpunktsgeraden mit der Gleichgewichtskurve (senkrecht zu z_F) und $y = x_D$ gelegt. Das minimale Rücklaufverhältnis kann dann aus dem Schnittpunkt der Verstärkungsgeraden mit der y-Achse bzw. aus der Steigung der Arbeitsgeraden berechnet werden. So ergibt sich aus dem Schnittpunkt

$$\frac{x_D}{v_{min} + 1} = 0{,}53$$

und damit für das Mindestrücklaufverhältnis

$$v_{min} = \frac{0{,}98}{0{,}53} - 1 = 0{,}85 \ .$$

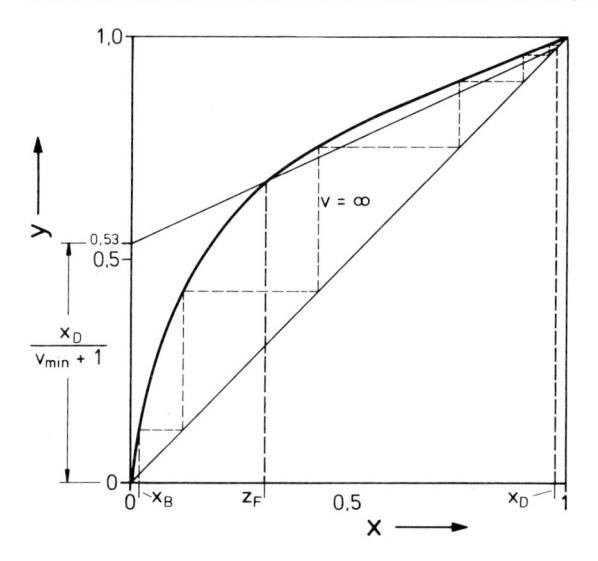

Abb. 4.15 Graphische Ermittlung des minimalen Rücklaufverhältnisses und der minimalen Bodenzahl für das Beispiel der Methanol-Wasser-Trennung

Die minimale Bodenzahl N_{min} erhält man durch Stufenkonstruktion (Polygonzug) für $v = \infty$, wobei als Arbeitsgerade die Diagonale herangezogen wird. Die Konstruktion ist ebenfalls in Abb. 4.15 gezeigt. Es ergeben sich als minimale Bodenzahl 5 bis 6 Stufen.

Mit dem Wert für das minimale Rücklaufverhältnis erhält man für das reale Rücklaufverhältnis

$$v = 1{,}4 \cdot v_{min} = 1{,}4 \cdot 0{,}85 = 1{,}19 \, .$$

Bei Kenntnis des Rücklaufverhältnisses v lassen sich unter Berücksichtigung des thermischen Zustandes des Zulaufs (in diesem Fall gesättigt flüssig, d. h. $q = 1$) beide Arbeitsgeraden in das Gleichgewichtsdiagramm einzeichnen und die Anzahl der theoretischen Trennstufen durch Stufenkonstruktion ermitteln. Dies ist in Abb. 4.16 dargestellt. Für das vorgegebene Trennproblem ergeben sich 11 theoretische Böden (Schnittpunkte des Polygonzugs mit den Arbeitsgeraden).

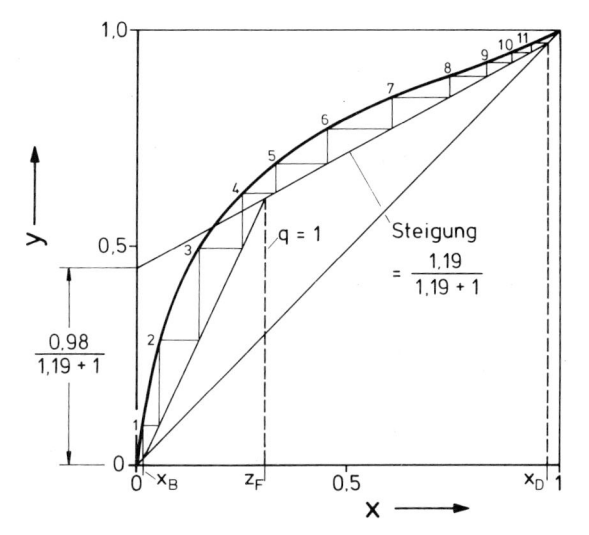

Abb. 4.16 Stufenkonstruktion für das McCabe-Thiele-Verfahren für das Beispiel der Methanol-Wasser-Trennung

Weiterhin läßt sich nach dem McCabe-Thiele-Verfahren der optimale Zulaufboden festlegen. Dieser Boden sollte so gewählt werden, daß er am Schnittpunkt der beiden Arbeitsgeraden liegt. In diesem Beispiel ergibt sich als optimaler Zulaufboden der Boden 4.

4.3.2.1.1.5 Berücksichtigung von Seitenströmen und Wärmeverlusten

Bisher wurde das McCabe-Thiele-Verfahren für sehr einfache Fälle herangezogen. Oftmals ergeben sich aber komplexere Fragestellungen, z. B. bei weiteren Zulaufströmen, der Entnahme von Seitenströmen, der direkten Heizung mit Hilfe von Wasserdampf, der Energiezufuhr oder -entnahme innerhalb der Kolonne (auch Wärmeverluste), der Unterkühlung des Rücklaufstroms vom Kondensator.

Alle diese aufgeführten Möglichkeiten führen zu einer Veränderung der Arbeitsgeraden und damit zu einer anderen Zahl theoretischer Trennstufen. An dieser Stelle soll nur qualitativ auf diese Effekte eingegangen werden.

Abb. 4.17 zeigt eine typische Trennkolonne mit mehreren Zulaufströmen. An der Abbildung ist zu erkennen, daß im Gegensatz zu der bisher behandelten Kolonne mit zwei Bereichen (Abtriebs- und Verstärkungsteil) nun weitere Bereiche existieren, für die eine Mengenbilanz erstellt werden muß.

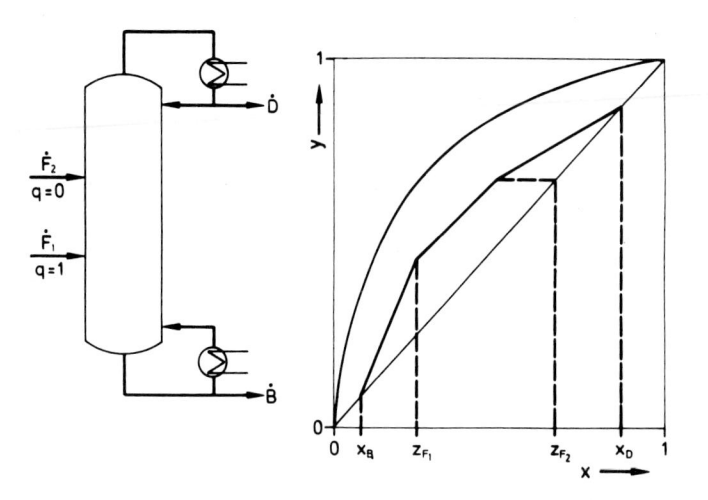

Abb. 4.17 McCabe-Thiele-Verfahren mit zwei Zulaufströmen

2 Zulaufströme. Wie bereits im vorherigen Kapitel gezeigt, ändert sich das Verhältnis von Flüssigkeits- zu Dampfstrom und damit die Steigungen der Arbeitsgeraden bei jedem Zulaufboden, wobei die Schnittpunkte der Arbeitsgeraden durch die Zulaufkonzentration und den thermischen Zustand bedingt werden. In allen Fällen wird die Steigung der Arbeitsgeraden unterhalb des Zulaufbodens größere Werte als oberhalb des Zulaufbodens annehmen. Qualitativ ist dieses Verhalten in Abb. 4.17 gezeigt.

Berücksichtigung von Seitenströmen. In manchen Fällen ist es auch sinnvoll, flüssige oder dampfförmige Seitenströme abzuziehen (s. Beispiel 4.14). Aber auch wenn nur Fraktionen benötigt werden, wie bei der Erdölaufarbeitung, wird diese Vorgehensweise realisiert. Die Entnahme eines Stromes führt natürlich zur Änderung des Flüssigkeits-/Dampfverhältnisses und muß entsprechend [Menge, Art (flüssig, dampfförmig), Boden für Seitenstromabnahme] bei der Auslegung berücksichtigt werden. Wird ein Seitenstrom entnommen, so hat er den gleichen Effekt wie ein negativer Zulaufstrom ($\dot{V}' = \dot{V} + \dot{S}^V$, $\dot{L} = \dot{L}' + \dot{S}^L$) und führt in allen Fällen zu einer Verringerung der Steigung der Arbeitsgeraden unterhalb des Bodens für den Seitenabzug. Qualitativ ist der Einfluß des Seitenstroms in Abb. 4.18 gezeigt.

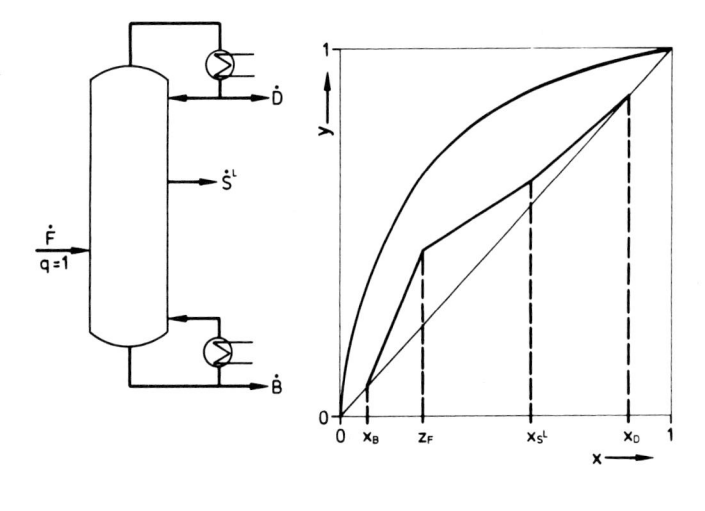

Abb. 4.18 McCabe-Thiele-Verfahren mit flüssigem Seitenstrom

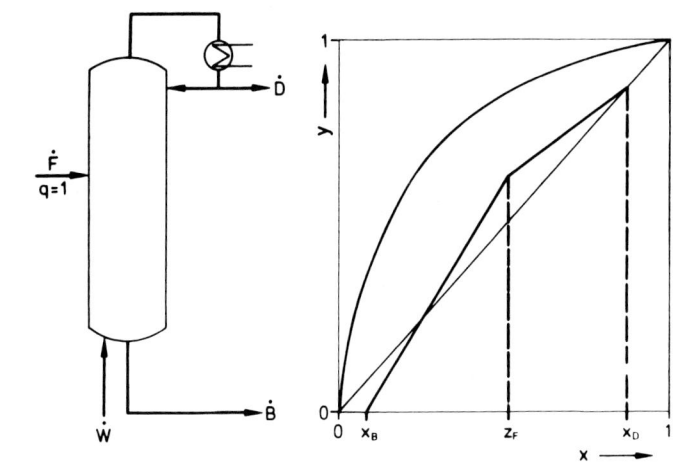

Abb. 4.19 McCabe-Thiele-Verfahren mit direkter Heizung durch Wasserdampf

Berücksichtigung weiterer Verdampfer oder Kondensatoren. In manchen Fällen ist es wünschenswert, einen weiteren Verdampfer vorzusehen, der einen Teil des Flüssigkeitsstroms von einem Boden abzieht und dampfförmig wieder zuführt. Der Vorteil dieser Vorgehensweise ist es, daß die Temperatur bei der diese Verdampfung erfolgt, oftmals wesentlich niedriger liegt als im Sumpf der Kolonne und dadurch eine billigere Energie herangezogen werden kann. Bei der Kondensation besteht der Vorteil, daß das Kühlmittel eine höhere Temperatur aufweisen darf. Auch dies führt natürlich zu einer Veränderung des $\dot{L}/\dot{V}$-Verhältnisses und damit zu einer veränderten Steigung der Arbeitsgeraden.

Direkte Heizung mit Wasserdampf. Bei der Trennung von binären Systemen, bei denen Wasser die schwerer flüchtige Komponente darstellt und somit im Sumpf anfällt, kann anstelle einer indirekten Heizung auch die direkte Heizung mit Wasserdampf vorgesehen werden. Diese Vorgehensweise wird besonders häufig bei Abwasserstrippern gewählt, wo der durch die Kondensation des Heizdampfes erhöhte Sumpfablaufstrom zu keinen weiteren verfahrenstechnischen Problemen führt. Am Kopf fällt dabei meistens ein Heteroazeotrop an (s. auch Kap. 4.5.5). Die Heizung mit Wasserdampf ändert natürlich die Massenbilanz im Abtriebsteil, da die Wasserdampfmenge $\dot{W}$ berücksichtigt werden muß.

Gesamtbilanz:

$$\dot{V} + \dot{B} = \dot{L} + \dot{W} \,. \tag{4.25}$$

Bilanz für Komponente i ($i \neq$ Wasser):

$$y = \frac{\dot{L}'x}{\dot{V}'} - \frac{\dot{B}x_B}{\dot{V}'} \,. \tag{4.26}$$

Wenn der Wasserdampf rein und gesättigt eingespeist wird, gilt für die Ströme $\dot{W} = \dot{V}'$ sowie $\dot{B} = \dot{L}'$, und man erhält die folgende Beziehung

$$y = \frac{\dot{L}'x}{\dot{V}'} - \frac{\dot{L}x_B}{\dot{V}'} \,. \tag{4.27}$$

Damit ergibt sich für den Schnittpunkt der Arbeitsgeraden im Abtriebsteil

$$y = 0 \quad \text{für} \quad x = x_B \,,$$

und damit eine unterschiedliche Steigung im Vergleich zur indirekten Heizung, bei der der Schnittpunkt der Abtriebsgeraden bei $y = x_B$ für $x = x_B$ lag (s. Abb. 4.19).

4.3.2.2 Mehrkomponentensysteme

Die Trennung von Mehrkomponentensystemen in die reinen Stoffe erfordert mehrere Trennkolonnen, wobei je nach Problemstellung die Schaltung in verschiedener Weise ausgeführt werden kann. Darauf wird noch ausführlicher in Kap. 4.7 eingegangen.

In den Fällen, bei denen Siedefraktionen durch Entnahme von Seitenströmen gewonnen werden, wie z. B. in der Erdölindustrie, läßt sich die Anzahl der Kolonnen deutlich reduzieren. In manchen Fällen wird die Technik des Seitenabzugs auch dann benutzt, wenn Nebenprodukte auf bestimmten Böden ein Maximum in der Konzentration erreichen. In diesem Fall weisen die K-Faktoren der betrachteten Komponenten innerhalb der Kolonne Werte größer und kleiner als 1 auf, d. h. die abzutrennenden Komponenten stellen in einem Teil der Kolonne die schwersiedende und in einem anderen Teil die leichtflüchtige Komponente dar.

Der Schritt vom binären zum Mehrkomponentensystem macht die Auslegung des Trennprozesses aufgrund der höheren Zahl von Kolonnen wesentlich komplexer. Die schwierigere Aufgabenstellung resultiert in erster Linie durch die große Zahl nichtlinearer Gleichungen für Mengenbilanz, Wärmebilanz und Phasengleichgewicht der einzelnen Komponenten auf den verschiedenen Böden.

Zur Lösung des resultierenden Gleichungssystems wurden die verschiedensten Methoden entwickelt. Man kann zwischen vereinfachten und „exakten" Methoden unterscheiden. Obgleich eine Vielzahl von Programmpaketen für die „exakte" Auslegung von Trennprozessen entwickelt wurden und in den verschiedenen Prozeßsimulatoren angeboten werden, werden während der Vorprojektierung oftmals noch die vereinfachten Methoden (Short-cut-Methoden) herangezogen. Die Resultate der vereinfachten Methoden können als Startwerte für die mathematisch aufwendigeren genauen Methoden benutzt werden.

4.3.2.2.1 Short-cut-Methoden

Wie bei der Trennung binärer Systeme spielen auch bei der Trennung von Mehrkomponentensystemen das minimale Rücklaufverhältnis, die minimale Bodenzahl und die zur

Lösung des Trennproblems festzulegenden Größen, wie Rücklaufverhältnis und theoretische Stufenzahl, eine bedeutende Rolle. Im folgenden sollen die Methoden von Fenske[5], Underwood[6] und Gilliland[7] zur Abschätzung dieser Größen vorgestellt werden. Bei diesen auf vereinfachten Annahmen (konstante Trennfaktoren) basierenden Methoden wird versucht, die Berechnung auf ein binäres Trennproblem zu reduzieren. Dabei ist es zweckmäßig, das Konzept der Schlüsselkomponenten einzuführen. Als Schlüsselkomponenten werden die Komponenten ausgewählt, zwischen denen die Trennung in der Kolonne erfolgen soll. Die Trennfaktoren werden dann auf die schwerer flüchtige Schlüsselkomponente bezogen.

4.3.2.2.2 Fenske-Gleichung

Eine sehr nützliche Beziehung für die Abschätzung der minimalen Bodenzahl läßt sich unter Annahme konstanter Trennfaktoren α_{12} ableiten. So lassen sich bei Kenntnis des Trennfaktors α_{12} und der Konzentrationen in der flüssigen Phase die Konzentrationen in der Dampfphase berechnen. Nach Gl. (3.13) gilt für Boden 1 (Sumpf B):

$$\left(\frac{y_1}{y_2}\right)_1 = \alpha_{12} \left(\frac{x_1}{x_2}\right)_1. \tag{4.28}$$

Entsprechend gilt für den zweiten Boden oder den Boden j:

$$\left(\frac{y_1}{y_2}\right)_2 = \alpha_{12} \left(\frac{x_1}{x_2}\right)_2, \tag{4.29}$$

$$\left(\frac{y_1}{y_2}\right)_j = \alpha_{12} \left(\frac{x_1}{x_2}\right)_j. \tag{4.30}$$

Für den Grenzfall des unendlichen Rücklaufverhältnisses (minimale Bodenzahl $N_{\min}$) sind aber die Konzentrationen in der Dampfphase identisch mit den Flüssigkeitskonzentrationen auf dem nächsthöheren Boden:

$$\left(\frac{x_1}{x_2}\right)_2 = \left(\frac{y_1}{y_2}\right)_1 = \alpha_{12} \left(\frac{x_1}{x_2}\right)_1. \tag{4.31a}$$

Auf diese Weise ergibt sich als Flüssigkeitskonzentration auf dem Boden $j+1$:

$$\left(\frac{x_1}{x_2}\right)_{j+1} = \left(\frac{y_1}{y_2}\right)_j = \alpha_{12}^j \left(\frac{x_1}{x_2}\right)_1. \tag{4.31b}$$

Dies bedeutet, daß eine Beziehung zur Berechnung der minimalen Anzahl theoretischer Trennstufen bei unendlichem Rücklaufverhältnis direkt abgeleitet werden kann. So erhält man durch Kombination der Gleichungen für die Gesamtkolonne und $v = \infty$, d. h. minimaler Bodenzahl $N_{\min}$:

$$\left(\frac{x_1}{x_2}\right)_D = \alpha_{12}^{N_{\min}} \left(\frac{x_1}{x_2}\right)_B \tag{4.32}$$

Index B Sumpfprodukt
Index D Destillat

Daraus folgt für die minimale Bodenzahl

$$N_{min} = \frac{\log \frac{(x_1/x_2)_D}{(x_1/x_2)_B}}{\log \alpha_{12}}.$$ (4.33)

Durch Multiplikation mit der Destillatmenge $\dot{D}$ bzw. Sumpfproduktmenge $\dot{B}$ lassen sich die Konzentrationen der Komponenten 1 und 2 im Sumpf und Kopf der Kolonne auch durch die Molenströme der einzelnen Komponenten im Destillat $\dot{d}_i$, bzw. im Sumpf $\dot{b}_i$ ausdrücken,

$$N_{min} = \frac{\log \frac{\dot{d}_1 \cdot \dot{b}_2}{\dot{b}_1 \cdot \dot{d}_2}}{\log \alpha_{12}},$$ (4.34)

$\dot{d}_i$ Destillatmenge der Komponente i (kmol/h)
$\dot{b}_i$ Sumpfmenge der Komponente i (kmol/h)

wobei der Verdampfer natürlich als Stufe mitgerechnet wird. Gl. (4.33) bzw. (4.34) wird als Fenske-Gleichung[5] bezeichnet. Die benötigte minimale Zahl theoretischer Trennstufen kann bei Vorgabe der Konzentrationen im Kopf und Sumpf der Kolonne bei Kenntnis des Trennfaktors aus Abb. 4.20 entnommen werden. Es ist deutlich zu erkennen, wie stark die erforderliche minimale Stufenzahl ansteigt, wenn sich der Trennfaktor dem Wert 1 nähert. Die geforderten Reinheiten haben dagegen einen wesentlich geringeren Einfluß.

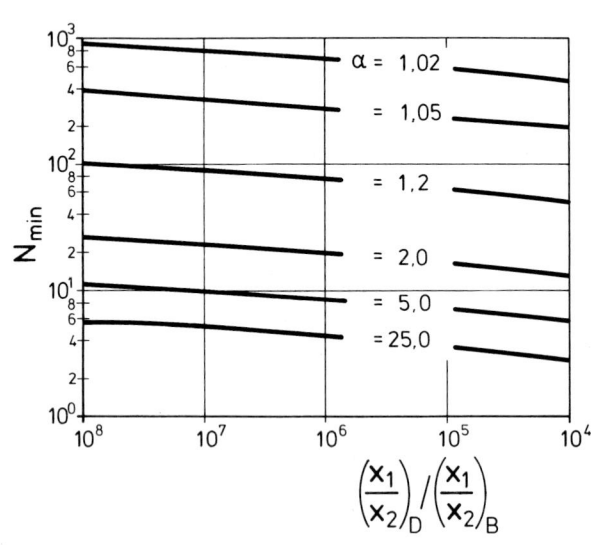

Abb. 4.20 Abhängigkeit der minimalen Bodenzahl vom Trennfaktor und den gewünschten Reinheiten des Kopf- und Sumpfprodukts

In der Regel ist der Trennfaktor jedoch nicht konstant. So ergeben sich für alle Systeme, die nicht dem Raoultschen Gesetz gehorchen bzw. Komponenten die unterschiedliche Steigungen der Dampfdruckkurve aufweisen, unterschiedliche Trennfaktoren in der Rektifikationskolonne. Für nicht zu stark unterschiedliche Trennfaktoren kann aber in vielen Fällen ein mittlerer Trennfaktor im Sumpf und Kopf der Kolonne zur Berechnung herangezogen werden, der mit Hilfe der folgenden Beziehung aus den Trennfaktoren im Sumpf und Kopf der Kolonne berechnet wird:

$$\bar{\alpha}_{12} = \sqrt{(\alpha_{12})_B (\alpha_{12})_D}.$$ (4.35)

Beispiel 4.4
Bestimmen Sie für die im Beispiel 4.3 beschriebene Trennung des Systems Methanol(1)–Wasser(2) die minimale Bodenzahl mit Hilfe der Fenske-Gleichung.

Lösung:
Für die Bestimmung der minimalen Bodenzahl mit Hilfe der Fenske-Gleichung muß zunächst der mittlere Trennfaktor für die Kolonne berechnet werden. So ergibt sich nach Tab. 4.3 für eine Konzentration $x_1 = 0{,}02$ im Sumpf der Kolonne als Trennfaktor

$$\alpha_{12} = \frac{y_1 x_2}{x_1 y_2} = \frac{0{,}1288 \cdot 0{,}98}{0{,}02 \cdot 0{,}8712} = 7{,}24.$$

Entsprechend erhält man für den Kopf der Kolonne ($x_1 = 0{,}98$)

$$\alpha_{12} = \frac{0{,}992 \cdot 0{,}02}{0{,}98 \cdot 0{,}008} = 2{,}53.$$

Mit Hilfe des geometrischen Mittelwertes

$$\bar{\alpha}_{12} = \sqrt{7{,}24 \cdot 2{,}53}$$

$$\bar{\alpha}_{12} = 4{,}28$$

läßt sich unter Verwendung von Gl. (4.33) direkt die minimale Bodenzahl berechnen:

$$N_{min} = \frac{\log \dfrac{0{,}98 \cdot 0{,}98}{0{,}02 \cdot 0{,}02}}{\log 4{,}28}$$

$$N_{min} = 5{,}35.$$

Dieses Ergebnis stimmt trotz der doch sehr unterschiedlichen Trennfaktoren im Sumpf und Kopf der Kolonne recht gut mit dem durch Stufenkonstruktion ermittelten Wert überein (s. Beispiel 4.3).

4.3.2.2.3 Konzept der Schlüsselkomponenten

Die Fenske-Gleichung[5] läßt sich nicht nur für die Ermittlung der minimalen Bodenzahl binärer Systeme, sondern auch für Mehrkomponentensysteme heranziehen. Dabei bedient man sich des Konzepts der Schlüsselkomponenten, wobei der Index 1 die leichtflüchtige und der Index 2 die schwerflüchtige Schlüsselkomponente kennzeichnen soll. Als Schlüsselkomponenten werden die Komponenten gewählt, zwischen denen die Trennung durchgeführt werden soll. Die Berechnung verläuft analog wie zuvor beschrieben. Die zusätzlichen Komponenten beeinflussen lediglich den Wert des Trennfaktors zwischen den Schlüsselkomponenten. Nach der Ermittlung der minimalen Bodenzahl lassen sich die Konzentrationen aller weiteren Komponenten im Sumpf und im Kopf der Kolonne für den Fall des unendlichen Rücklaufverhältnisses $v = \infty$ berechnen.

So ergibt sich durch Anwendung von Gl. (4.34) für das Verhältnis $\dot{d}_i/\dot{b}_i$ einer beliebigen Komponente die folgende Beziehung:

$$\left(\frac{\dot{d}_i}{\dot{b}_i}\right) = \left(\frac{\dot{d}_2}{\dot{b}_2}\right) \bar{\alpha}_{i2}^{N_{min}}. \tag{4.36}$$

Durch Substitution

$$\dot{f}_i = \dot{d}_i + \dot{b}_i \qquad (4.37)$$

$\dot{f}_i$ Feed-Menge der Komponente i

erhält man für $\dot{b}_i$

$$\dot{b}_i = \frac{\dot{f}_i}{1 + \left(\dfrac{\dot{d}_2}{\dot{b}_2}\right) \overline{\alpha}_{i2}^{N_{min}}} \qquad (4.38)$$

und für die Molmenge der Komponente i im Destillat

$$\dot{d}_i = \frac{\dot{f}_i \left(\dfrac{\dot{d}_2}{\dot{b}_2}\right) \overline{\alpha}_{i2}^{N_{min}}}{1 + \left(\dfrac{\dot{d}_2}{\dot{b}_2}\right) \overline{\alpha}_{i2}^{N_{min}}} \cdot \qquad (4.39)$$

Beispiel 4.5
Berechnen Sie für die Trennung von 100 kmol/h eines Kohlenwasserstoffgemisches, bei einem Druck von 100 kPa und die folgende Zulaufzusammensetzung z_F,

	z_F
n-Pentan	0,16
n-Hexan	0,44
n-Heptan	0,30
n-Octan	0,10

die minimale Bodenzahl sowie die Produktverteilung im Sumpf und im Destillat mit Hilfe der Fenske-Gleichung. Das Destillat soll 98% des im Zulauf enthaltenen Hexans und 3% des Heptans enthalten. Vereinfachend soll angenommen werden, daß sich das zu trennende System ideal verhält.

Antoine-Konstanten [P_i^s (kPa), ϑ (°C)]

	A	B	C
n-Hexan(1)*	6,03548	1189,64	226,280
n-Heptan(2)**	6,01876	1264,37	216,640
n-Pentan(3)	6,00122	1075,78	233,205
n-Octan(4)	6,05632	1358,80	209,855

* leichtflüchtige Schlüsselkomponente
** schwerflüchtige Schlüsselkomponente

Als Temperatur sollen dabei im Kopf 57 und im Sumpf 105 °C angenommen werden.

Lösung:
Für die Berechnung müssen zunächst die Trennfaktoren α_{i2} der einzelnen Komponenten im Sumpf und Kopf der Kolonne bestimmt werden. Im Falle idealen Verhaltens, d. h. $\gamma_i = 1$, ergeben sich diese Werte nach Gl. (3.35b) direkt aus den Sättigungsdampfdrücken bei der betrachteten Temperatur:

$$\alpha_{i2} = \frac{K_i}{K_2} = \frac{y_i \cdot x_2}{x_i \cdot y_2} = \frac{P_i^s}{P_2^s}. \tag{4.40}$$

Da die Trennung zwischen n-Hexan und n-Heptan durchgeführt wird, wird Hexan als leichtflüchtige Schlüsselkomponente und n-Heptan als Bezugskomponente 2 gewählt. Als Dampfdruck ergibt sich für n-Heptan(2) bei 57 °C

$$\log P_2^s = 6{,}01876 - \frac{1264{,}37}{57 + 216{,}64},$$

$$P_2^s = 25{,}01 \text{ kPa}.$$

In entsprechender Weise erhält man für n-Hexan(1)

$$P_1^s = 68{,}54 \text{ kPa}$$

und damit für den Trennfaktor

$$\alpha_{12} = \frac{68{,}54}{25{,}01} = 2{,}74.$$

Die weiteren Trennfaktoren lassen sich in der gleichen Weise ermitteln und sind für den Sumpf und den Kopf der Kolonne in Tab. 4.4 zusammengestellt. Weiterhin sind in Tab. 4.4 noch die mittleren Trennfaktoren $\bar{\alpha}_{i2}$ aller Komponenten angegeben.

Tab. 4.4 Trennfaktoren in bezug auf die Schlüsselkomponente n-Heptan(2)

Komponente i	57 °C	105 °C	$\bar{\alpha}_{i2}$
n-Hexan(1)	$\alpha_{12} = 2{,}74$	$\alpha_{12} = 2{,}27$	2,49
n-Pentan(3)	$\alpha_{32} = 7{,}87$	$\alpha_{32} = 5{,}40$	6,52
n-Octan(4)	$\alpha_{42} = 0{,}368$	$\alpha_{42} = 0{,}450$	0,407

Mit dieser Information läßt sich dann sowohl die minimale Bodenzahl als auch die Verteilung der Komponenten berechnen. Für die Anwendung der Fenske-Gleichung benötigt man zunächst die Destillat- und Sumpfmengen der Schlüsselkomponenten (1) und (2). Diese Werte lassen sich aus den Angaben berechnen. So erhält man für n-Hexan(1)

$$\dot{d}_1 = 0{,}98 \cdot \dot{f}_1 = 0{,}98 \cdot 44 = 43{,}12 \text{ kmol/h}$$

und damit für $\dot{b}_1$ (Gl. 4.37):

$$\dot{b}_1 = \dot{f}_1 - \dot{d}_1 = 44 - 43{,}12 = 0{,}88 \text{ kmol/h}.$$

Für die Schlüsselkomponente Heptan(2) erhält man in gleicher Weise

$$\dot{d}_2 = 0{,}03 \cdot 30 = 0{,}9 \text{ kmol/h},$$
$$\dot{b}_2 = 29{,}1 \text{ kmol/h}.$$

196   4 Berechnung thermischer Trennverfahren

Damit ergibt sich für die minimale Bodenzahl nach der Fenske-Gleichung

$$N_{min} = \frac{\log \frac{\dot{d}_1 \cdot \dot{b}_2}{\dot{b}_1 \cdot \dot{d}_2}}{\log \alpha_{12}},\qquad(4.34)$$

$$N_{min} = \frac{\log \frac{43{,}12 \cdot 29{,}1}{0{,}88 \cdot 0{,}9}}{\log 2{,}49},$$

$$N_{min} = 8{,}08.$$

Mit dieser Information lassen sich dann auch die Produktmengen der anderen Komponenten mit Hilfe von Gl. (4.38) berechnen. So ergibt sich für die leicht flüchtige Komponente n-Pentan(3)

$$\dot{b}_3 = \frac{16}{1 + \left(\frac{0{,}90}{29{,}1}\right) 6{,}52^{8{,}08}},$$

$$\dot{b}_3 = 1{,}36 \cdot 10^{-4} \text{ kmol/h},$$

d. h.

$$\dot{d}_3 = 15{,}9999 \text{ kmol/h}.$$

In gleicher Weise ergibt sich für die schwerflüchtige Komponente n-Octan(4)

$$\dot{b}_4 = 9{,}9998 \text{ kmol/h} \quad \text{und}$$

$$\dot{d}_4 = 2{,}17 \cdot 10^{-4} \text{ kmol/h}$$

Die auf diese Weise erhaltenen Produktmengen und -konzentrationen sind noch einmal für alle Komponenten in Tab. 4.5 zusammengefaßt:

Tab. 4.5 Berechnete Konzentrationen im Destillat und im Sumpfprodukt

	$\dot{d}_i$ (kmol/h)	x_{iD}	$\dot{b}_i$ (kmol/h)	x_{iB}
n-Hexan(1)	43,12	0,7184	0,88	0,0220
n-Heptan(2)	0,90	0,0150	29,1	0,7279
n-Pentan(3)	16,00	0,2666	$1{,}36 \cdot 10^{-4}$	$3{,}4 \cdot 10^{-6}$
n-Octan(4)	$2{,}17 \cdot 10^{-4}$	$3{,}6 \cdot 10^{-6}$	10,00	0,2501
	60,02		39,98	

4.3.2.2.4 Bestimmung des minimalen Rücklaufverhältnisses mit der Underwood-Gleichung

Eine wichtige Größe neben der minimalen Bodenzahl ist das Mindestrücklaufverhältnis. Die Ermittlung des Mindestrücklaufverhältnisses stellt bei der Trennung von Mehrkomponentensystemen ein wesentlich komplexeres Problem als bei den binären Systemen dar.

Wie bei den binären Systemen kann das minimale Rücklaufverhältnis sowohl von den Feed-Bedingungen als auch vom Phasengleichgewicht abhängen. Weiterhin können im Gegensatz zu binären Systemen mehrere Pinch-Punkte auftreten. Am Pinch-Punkt besitzen Flüssigkeit und Dampf die gleiche Zusammensetzung.

Es wurden verschiedene Methoden zur Abschätzung von v_{min} vorgeschlagen. Diese Methoden sind meist sehr kompliziert und führen dennoch in vielen Fällen zu unbefriedigenden Resultaten.

Die Näherungsmethode von Underwood[6] liefert in den meisten Fällen annehmbare Ergebnisse ohne große zeitaufwendige Berechnungen. Die Ableitung dieser Beziehung ist sehr aufwendig. Bei der Underwood-Methode werden wie bei der Fenske-Gleichung mittlere Trennfaktoren benutzt. Weiterhin wird vereinfachend ein konstantes L/V-Verhältnis angenommen.

Zur Bestimmung des minimalen Rücklaufverhältnisses müssen zwei Gleichungen gelöst werden (schwerflüchtige Schlüsselkomponente = Komp. 2):

$$1 - q = \sum \frac{\overline{\alpha}_{i2} z_{iF}}{\overline{\alpha}_{i2} - \theta} \quad \text{und} \tag{4.41}$$

$$v_{min} + 1 = \sum \frac{\overline{\alpha}_{i2} x_{iD}}{\overline{\alpha}_{i2} - \theta}, \tag{4.42}$$

θ Underwood-Faktor,
q thermischer Zustand des Zulaufs,
x_{iD} Molanteil der Komponente i im Kopf der Kolonne bei totalem Rücklauf

wobei die Summation über alle Komponenten erfolgt.

Zur Ermittlung des minimalen Rücklaufverhältnisses muß zunächst der Underwood-Faktor θ mit Hilfe von Gl. (4.41) ermittelt werden. Wie bei allen Gleichungen höherer Ordnung lassen sich für den Underwood-Faktor mehrere Lösungen finden. Es muß der Wert gewählt werden, der zwischen 1 und dem Wert des Trennfaktors der leichtflüchtigen Schlüsselkomponente liegt ($1 < \theta < \alpha_{12}$).

Nach Bestimmung des Underwood-Faktors kann unter Verwendung von Gl. (4.42) das minimale Rücklaufverhältnis ermittelt werden. Für die Berechnung werden dabei auch die Destillatkonzentrationen bei totalem Rücklauf benötigt. Diese Werte sind in der Regel nicht bekannt. Aus diesem Grunde benutzt man oft die Destillatkonzentrationen, die mit Hilfe der Fenske-Gleichung bestimmt wurden.

4.3.2.2.5 Festsetzung des Rücklaufverhältnisses und der theoretischen Stufenzahl nach Gilliland

Um die gewünschte Trennung zwischen den Schlüsselkomponenten zu erreichen, müssen sowohl die theoretische Bodenzahl als auch das Rücklaufverhältnis größer als die minimalen Werte N_{min} bzw. v_{min} sein. Die in der Praxis benutzten Werte werden durch wirtschaftliche Gesichtspunkte bestimmt. In vielen Fällen wird das Rücklaufverhältnis etwa 10 bis 20% höher als das minimale Rücklaufverhältnis eingestellt. Für die Bestimmung der theoretischen Stufenzahl wurden von vielen Autoren empirische Ansätze vorgeschlagen. Eine der erfolgreichsten und einfachsten Methoden ist die von Gilliland[7]. Die Korrelation ist in Abb. 4.21 dargestellt. Die durchgezogene Linie kann auch durch die folgende Gleichung von Molokanov et al.[8] beschrieben werden,

$$\frac{N - N_{min}}{N + 1} = 1 - \exp\left(\frac{(1 + 54{,}4 X)}{(11 + 117{,}2 X)} \frac{(X - 1)}{X^{0{,}5}}\right), \tag{4.43}$$

wobei

$$X = \frac{v - v_{min}}{v + 1}.\qquad(4.44)$$

Mit dieser Korrelationsgleichung bzw. Abb. 4.21 läßt sich bei Kenntnis von N_{min} und v_{min} nach Vorgabe realer Werte für das Rücklaufverhältnis v bzw. die theoretische Stufenzahl N sofort die zu realisierende theoretische Stufenzahl bzw. das Rücklaufverhältnis bestimmen.

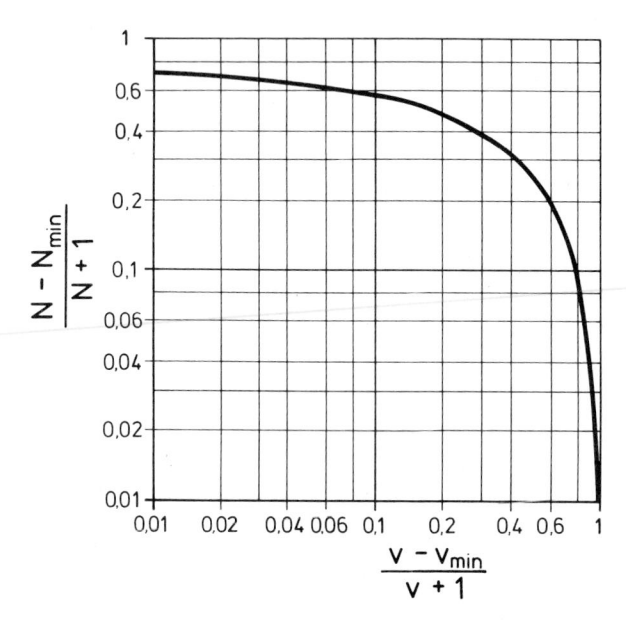

Abb. 4.21 Gilliland-Diagramm

Obgleich die Gilliland-Korrelation nicht für die endgültige Auslegung von Trennanlagen gedacht ist, wurde diese Methode für die Auslegung einer Vielzahl von Trennanlagen erfolgreich herangezogen.

Beispiel 4.6

a Bestimmen Sie das minimale Rücklaufverhältnis mit Hilfe der Underwood-Gleichung für die im Beispiel 4.5 erzielten Ergebnisse.

b Welche Anzahl von theoretischen Böden ergibt sich nach Gilliland bei einem Rücklaufverhältnis von 1,0?

Lösung:
Unter Benutzung der Underwood-Gleichung (4.41) ergibt sich für einen flüssigen Feed im Sättigungszustand ($q = 1$)

$$1 - 1 = \frac{6{,}52 \cdot 0{,}16}{6{,}52 - \theta} + \frac{2{,}49 \cdot 0{,}44}{2{,}49 - \theta} + \frac{1 \cdot 0{,}30}{1 - \theta} + \frac{0{,}407 \cdot 0{,}10}{0{,}407 - \theta}$$

und damit für den Underwood-Faktor θ ein Wert von 1,2829.

Mit diesem Wert erhält man unter Verwendung von Gl. (4.42) für das minimale Rücklaufverhältnis (x_{iD}-Werte s. Tab. 4.5):

$$v_{min} + 1 = \frac{6{,}52 \cdot 0{,}2666}{6{,}52 - 1{,}2829} + \frac{2{,}49 \cdot 0{,}7184}{2{,}49 - 1{,}2829} + \frac{1 \cdot 0{,}0150}{1 - 1{,}2829} + \frac{0{,}407 \cdot 3{,}6 \cdot 10^{-6}}{0{,}407 - 1{,}2829},$$

$$v_{min} + 1 = 1{,}7608,$$

$$v_{min} = 0{,}7608$$

mit dem für die Ermittlung der Bodenzahl nach Gilliland der Faktor

$$\frac{v - v_{min}}{v + 1} = \frac{1 - 0{,}7608}{1{,}00 + 1} = 0{,}1196$$

berechnet werden kann. Mit diesem Wert erhält man nach Gl. (4.43) bzw. aus dem Gilliland-Diagramm (Abb. 4.21) für

$$\frac{N - N_{min}}{N + 1} = 0{,}534.$$

Unter Benutzung des Resultats für $N_{min} = 8{,}08$ aus Beispiel 4.5 ergibt sich damit als theoretische Stufenzahl für das Trennproblem ein Wert von 18,48, d. h. ca. 19 theoretische Stufen.

4.3.2.2.6 Endgültige Auslegung von Rektifikationskolonnen

Die endgültige Auslegung von Trennanlagen erfordert die exakte Bestimmung der Temperatur, des Druckes, der Dampf- und Flüssigkeitsströme, der Zusammensetzung und der Enthalpie der einzelnen Ströme für jeden Boden. Sie kann durch Lösung der resultierenden Gleichungen für die Mengen-, Enthalpiebilanz und der Phasengleichgewichtsbeziehungen erfolgen, wobei sich ein stark nichtlineares Gleichungssystem ergibt, welches mit Hilfe moderner mathematischer Methoden gelöst werden kann. Zur Lösung geht man im allgemeinen bei kontinuierlichen Gegenstromtrennprozessen vom Konzept der idealen Trennstufe aus.

4.3.2.2.7 Boden-zu-Boden-Berechnung

Bei der Boden-zu-Boden-Berechnung werden jeweils die Bedingungen auf einem Boden berechnet. In der Regel beginnt die Berechnung an einem Ende (Kopf, Sumpf) der Kolonne, für das man die Stoffströme zunächst mit den vereinfachten Methoden abschätzt. Von diesem Ende ausgehend werden dann mit Hilfe der einzelnen Bilanzen und Gleichgewichtsbeziehungen die Bedingungen auf den folgenden Böden berechnet. Diese Vorgehensweise wird nach den Autoren auch als Lewis-Matheson-Methode[9] bezeichnet.

4.3.2.2.8 Matrixverfahren

Bei der Struktur des zu lösenden Gleichungssystems bietet es sich an, Matrixverfahren zur Lösung heranzuziehen. Die resultierenden Matrizen besitzen eine einfache Struktur, da die Bilanz auf einem Boden j lediglich durch die Größen auf dem Boden $j - 1$ bzw. $j + 1$ beeinflußt wird. An dieser Stelle soll auf zwei Verfahren etwas genauer eingegangen werden. Dies sind das Wang-Henke-[10] und das Naphtali-Sandholm-Verfahren[11, 12].

4.3.2.2.8.1 Wang-Henke-Verfahren

Bei dem Wang-Henke-Verfahren[10] wird das Gleichungssystem durch Vorgabe der Dampfströme $\dot{V}_j$ und K-Faktoren $K_{i,j}$ linearisiert und zunächst nur die Materialbilanz betrachtet. Die Berücksichtigung der Enthalpiebilanz erfolgt dann erst im zweiten Schritt.

Durch Substitution der Dampfphasenkonzentration y_i auf dem Boden j durch die Gleichgewichtsbeziehung

$$y_{i,j} = K_{i,j} x_{i,j} \tag{3.11}$$

ergibt sich für die Materialbilanz (Gl. 4.2):

$$\dot{V}_{j-1} K_{i,j-1} x_{i,j-1} - [\dot{L}_j + \dot{S}_j^L + (\dot{V}_j + \dot{S}_j^V) K_{i,j}] x_{i,j} + \dot{L}_{j+1} x_{i,j+1} = -\dot{F}_j z_{i,j} \tag{4.45}$$

Das resultierende lineare Gleichungssystem weist somit die folgende einfache Struktur auf:

$$A_{i,j} x_{i,j-1} + B_{i,j} x_{i,j} + C_{i,j} x_{i,j+1} = D_{i,j} \tag{4.46}$$

Die Flüssigkeitsströme $\dot{L}_j$ lassen sich dabei noch durch eine Gesamtbilanz über die Kolonne (Abb. 4.22) substituieren:

$$\dot{L}_j = \dot{V}_{j-1} + \sum_{m=j}^{N} \left(\dot{F}_m - \dot{S}_m^L - \dot{S}_m^V \right) - \dot{V}_N \tag{4.47}$$

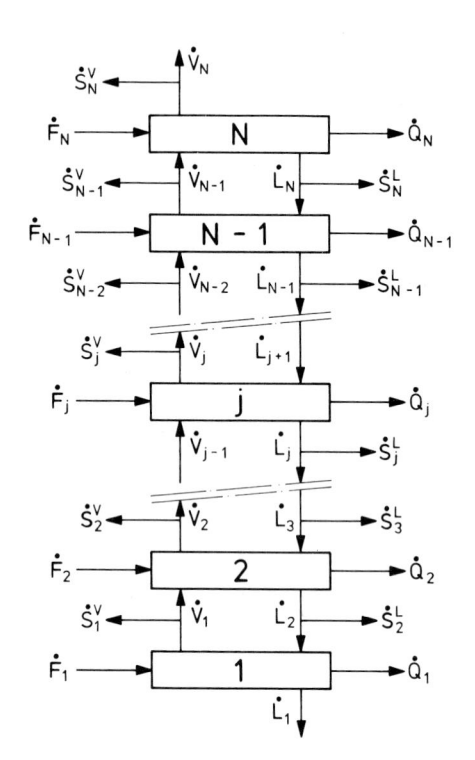

Abb. 4.22 Mengenströme in einer Rektifikationskolonne

Der Strom $\dot{V}_N$ stellt dabei im Falle eines Dephlegmators (Teilkondensators) den dampfförmigen Produktstrom und im Falle eines Totalkondensators den flüssigen Produktstrom $\dot{V}_N$ (Destillat) dar.

Für die Ermittlung der Parameter $A_{i,j}$, $B_{i,j}$, $C_{i,j}$ und $D_{i,j}$ ergeben sich nach Gl. (4.45) bis (4.47) die folgenden Beziehungen, so daß die Werte bei Vorgabe der Dampfströme, K-Faktoren, Feed- und Seitenstrommengen direkt berechnet werden können:

$$A_{i,j} = \dot{V}_{j-1} K_{i,j-1} \tag{4.48}$$

$$B_{i,j} = -\left[\dot{V}_{j-1} + \sum_{m=j}^{N}\left(\dot{F}_m - \dot{S}_m^L - \dot{S}_m^V\right) - \dot{V}_N + \dot{S}_j^L + \left(\dot{V}_j + \dot{S}_j^V\right) K_{i,j}\right] \tag{4.49}$$

$$C_{i,j} = \dot{V}_j + \sum_{m=j+1}^{N}\left(\dot{F}_m - \dot{S}_m^L - \dot{S}_m^V\right) - \dot{V}_N \tag{4.50}$$

$$D_{i,j} = -\dot{F}_j z_{i,j} \,. \tag{4.51}$$

Bei der Vorgabe der Dampfströme kann man zunächst wie beim McCabe-Thiele-Verfahren von konstanten Molenströmen ausgehen. Auch die K-Faktoren lassen sich bei Kenntnis des Phasengleichgewichts sinnvoll abschätzen. Aber auch bei schlecht geschätzten Volumenströmen und K-Faktoren sollte der Algorithmus zur Lösung der MESH-Gleichungen schnell und sicher konvergieren.

Für jede Komponente i des zu trennenden Mehrkomponentensystems läßt sich das Gleichungssystem (N Böden) in Form einer tridiagonalen Matrix darstellen (Index der Komponente i vernachlässigt):

$$\begin{bmatrix} B_1 & C_1 & 0 & 0 & 0 & & & 0 \\ A_2 & B_2 & C_2 & 0 & 0 & & & 0 \\ 0 & A_3 & B_3 & C_3 & 0 & & & \\ & & & & \cdot & & & \\ & & & & & \cdot & & \\ & & & & & & \cdot & \\ & & & 0 & A_{N-1} & B_{N-1} & C_{N-1} \\ & & & 0 & 0 & A_N & B_N \end{bmatrix} \begin{bmatrix} x_1 \\ x_2 \\ \cdot \\ \cdot \\ \cdot \\ x_{N-1} \\ x_N \end{bmatrix} = \begin{bmatrix} D_1 \\ D_2 \\ \cdot \\ \cdot \\ \cdot \\ D_{N-1} \\ D_N \end{bmatrix}$$

Gesucht werden die Flüssigkeitskonzentrationen $x_{i,j}$, für die das lineare Gleichungssystem erfüllt wird. Das Gleichungssystem läßt sich auf verschiedene Weise lösen. Eine Möglichkeit liefert das Thomas-Verfahren, bei dem durch Umstellung und Substitution die Matrix zur Einheitsmatrix wird und sich damit sofort die Werte für $x_{i,j}$ ergeben.

Die Rechenvorschrift für das Thomas-Verfahren läßt sich leicht ableiten. So ergibt sich als Gleichung für den 1. Boden

$$B_1 x_1 + C_1 x_2 = D_1$$

oder durch Umstellung

$$x_1 + \frac{C_1}{B_1} x_2 = \frac{D_1}{B_1}\,.$$

Ersetzt man C_1/B_1 durch p_1 und D_1/B_1 durch q_1, so ergibt sich

$$x_1 + p_1 x_2 = q_1$$

In entsprechender Weise erhält man für den 2. Boden

$$A_2 x_1 + B_2 x_2 + C_2 x_3 = D_2 \, .$$

Durch Substitution ($x_1 = q_1 - p_1 x_2$) ergibt sich

$$A_2 (q_1 - p_1 x_2) + B_2 x_2 + C_2 x_3 = D_2$$

bzw.

$$x_2 + \frac{C_2}{B_2 - A_2 p_1} x_3 = \frac{D_2 - A_2 q_1}{B_2 - A_2 p_1}$$

oder

$$x_2 + p_2 x_3 = q_2 \, ,$$

wobei

$$p_2 = \frac{C_2}{B_2 - A_2 p_1}$$

und

$$q_2 = \frac{D_2 - A_2 q_1}{B_2 - A_2 p_1} \, .$$

Allgemein gilt für den Boden j

$$x_j + p_j x_{j+1} = q_j \, ,$$

wobei die Hilfsgrößen p_j und q_j folgendermaßen berechnet werden können:

$$p_j = \frac{C_j}{B_j - A_j p_{j-1}}$$

und

$$q_j = \frac{D_j - A_j q_{j-1}}{B_j - A_j p_{j-1}}$$

Dies bedeutet, daß das Gleichungssystem nach erfolgter Substitution folgende Form annimmt.

$$\begin{bmatrix} 1 & p_1 & 0 & 0 & 0 & . & & 0 \\ 0 & 1 & p_2 & 0 & 0 & . & & 0 \\ 0 & 0 & 1 & p_3 & 0 & . & & 0 \\ . & . & . & . & . & . & & \\ & & & & . & . & . & \\ & & & & 0 & 1 & p_{N-1} & \\ & & & & 0 & 0 & 1 \end{bmatrix} \begin{bmatrix} x_1 \\ x_2 \\ x_3 \\ . \\ . \\ x_{N-1} \\ x_N \end{bmatrix} = \begin{bmatrix} q_1 \\ q_2 \\ q_3 \\ . \\ . \\ q_{N-1} \\ q_N \end{bmatrix}$$

Die Parameter p_i lassen sich ebenfalls eliminieren, so daß sich schließlich die Einheitsmatrix ergibt und der resultierende Vektor $\bar{r}$ den Lösungsvektor darstellt. Dabei startet man mit der Eliminierung auf dem Boden N. Für diesen Boden ergibt sich die Gleichung

$$x_N = q_N.$$

Unter Einführung der Größe r_j gilt

$$r_N = x_N = q_N$$

und allgemein für den Boden $j-1$

$$x_{j-1} + p_{j-1} x_j = q_{j-1}.$$

Diese Gleichung läßt sich auch folgendermaßen schreiben:

$$r_{j-1} = x_{j-1} = q_{j-1} - p_{j-1} r_j,$$

wobei r_j bereits aus der vorhergehenden Berechnung bekannt ist. Auf diese Weise erhält man:

$$\begin{bmatrix} 1 & 0 & 0 & . & . & & 0 \\ 0 & 1 & 0 & . & . & & 0 \\ 0 & 0 & 1 & . & . & & 0 \\ . & . & . & . & & & . \\ & & & . & . & . & . \\ & & & 0 & 1 & 0 & \\ & & & 0 & 0 & 1 \end{bmatrix} \begin{bmatrix} x_1 \\ x_2 \\ x_3 \\ . \\ . \\ x_{N-1} \\ x_N \end{bmatrix} = \begin{bmatrix} r_1 \\ r_2 \\ r_3 \\ . \\ . \\ r_{N-1} \\ r_N \end{bmatrix}$$

d. h. der Vektor $\bar{r}$ ergibt für die vorgegebenen Ströme und K-Faktoren den Lösungsvektor des Gleichungssystems für die betrachtete Komponente i. Die Vorschrift zur Lösung des linearen Gleichungssystems mit Hilfe des Thomas-Algorithmus ist für die Trennung eines ternären Systems in einer Kolonne mit fünf theoretischen Böden in Abb. 4.23 gezeigt.

Da zu Beginn der Iteration weder die Temperaturen noch die Konzentrationen auf den Böden bekannt sind, d. h. daß es sich bei den vorgegebenen K-Faktoren lediglich um Schätzwerte handelt, werden die Bilanzgleichungen nicht erfüllt. Dies äußert sich darin, daß die Summe der berechneten Molanteile der verschiedenen Komponenten auf den einzelnen Böden nicht den Wert 1 ergibt. Deshalb müssen im nächsten Schritt die geschätzten Werte (Dampfströme, K-Faktoren) in geeigneter Weise geändert werden. Die Dampfströme $\dot{V}_j$ müssen in der Weise korrigiert werden, daß auch die Enthalpiebilanz erfüllt wird. Dies bedeutet, daß das Wang-Henke-Verfahren so lange fortgeführt werden muß, bis für jeden Boden die Summationsbedingung $|\sum x_i - 1| < \varepsilon$, d. h. die Summe der Molanteile nur um einen kleinen Wert ε (z. B. 10^{-5}) vom Wert 1 abweicht und weiterhin die Enthalpiebilanz erfüllt wird. Dabei können die berechneten Konzentrationen auf den verschiedenen Böden nach der Normierung zur Berechnung verbesserter K-Faktoren herangezogen werden. Weiterhin können Enthalpieeffekte, d. h. die Änderung der Molenströme aufgrund der unterschiedlichen Enthalpien der Ströme, berücksichtigt werden. Ausführlich wurde dieses Verfahren von Wang und Henke[10] beschrieben. Die Vorgehensweise ist auch in Abb. 4.24 in Form eines Flußdiagramms dargestellt.

$$\begin{bmatrix} B_1 & C_1 & 0 & 0 & 0 \\ A_2 & B_2 & C_2 & 0 & 0 \\ 0 & A_3 & B_3 & C_3 & 0 \\ 0 & 0 & A_4 & B_4 & C_4 \\ 0 & 0 & 0 & A_5 & B_5 \end{bmatrix} \cdot \begin{bmatrix} x_1 \\ x_2 \\ x_3 \\ x_4 \\ x_5 \end{bmatrix} = \begin{bmatrix} D_1 \\ D_2 \\ D_3 \\ D_4 \\ D_5 \end{bmatrix}$$

$$p_j = \frac{C_j}{B_j - A_j p_{j-1}} \qquad\qquad q_j = \frac{D_j - A_j q_{j-1}}{B_j - A_j p_{j-1}}$$

$$\begin{bmatrix} 1 & p_1 & 0 & 0 & 0 \\ 0 & 1 & p_2 & 0 & 0 \\ 0 & 0 & 1 & p_3 & 0 \\ 0 & 0 & 0 & 1 & p_4 \\ 0 & 0 & 0 & 0 & 1 \end{bmatrix} \cdot \begin{bmatrix} x_1 \\ x_2 \\ x_3 \\ x_4 \\ x_5 \end{bmatrix} = \begin{bmatrix} q_1 \\ q_2 \\ q_3 \\ q_4 \\ q_5 \end{bmatrix}$$

$$r_{j-1} = q_{j-1} - p_{j-1} x_j$$

$$\begin{bmatrix} 1 & 0 & 0 & 0 & 0 \\ 0 & 1 & 0 & 0 & 0 \\ 0 & 0 & 1 & 0 & 0 \\ 0 & 0 & 0 & 1 & 0 \\ 0 & 0 & 0 & 0 & 1 \end{bmatrix} \cdot \begin{bmatrix} x_1 \\ x_2 \\ x_3 \\ x_4 \\ x_5 \end{bmatrix} = \begin{bmatrix} r_1 \\ r_2 \\ r_3 \\ r_4 \\ r_5 \end{bmatrix}$$

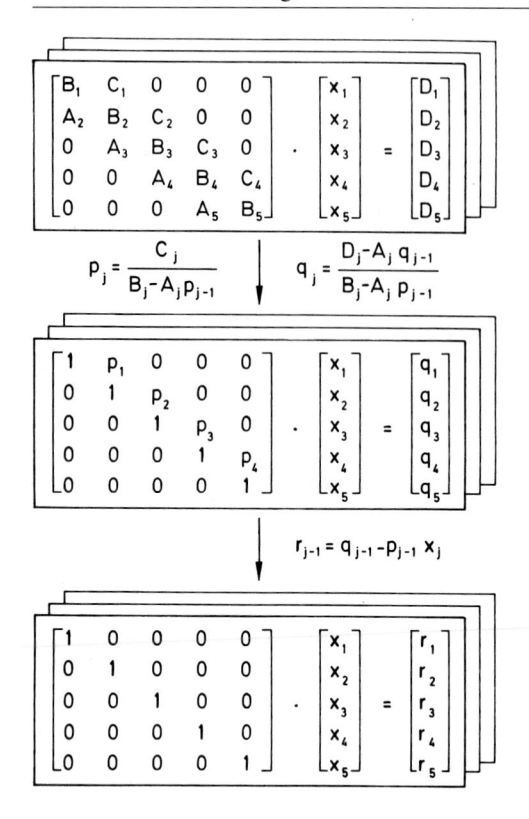

Abb. 4.23 Thomas-Algorithmus zur Lösung der Bilanzgleichungen

So werden nach der Lösung der N linearen Gleichungssysteme zunächst die berechneten Molanteile x_i auf den verschiedenen Böden normiert, d. h. $x_{i,\text{norm}} = x_i / \sum x_j$.

Diese Konzentrationen können dann zur Berechnung des Phasengleichgewichts (T, y_i) und damit neuer $K_{i,j}$-Werte für den auf dem jeweiligen Boden herrschenden Druck (s. Abb. 3.9) herangezogen werden. Weiterhin läßt sich bei Kenntnis der Zusammensetzung (x_i, y_i) und der Temperatur auf dem Boden j die Enthalpie der einzelnen Ströme h_j^L, h_j^V berechnen. So gilt bei Vernachlässigung der Mischungsenthalpie

$$h_j^L(T_j) = \sum x_{i,j} h_i^L(T_j) \tag{4.52a}$$

und

$$h_j^V(T_j) = \sum y_{i,j} h_i^V(T_j) . \tag{4.52b}$$

Unter Verwendung dieser Werte ergeben sich mit Hilfe von Gl. (4.5) [Substitution von $\dot{L}_j$ und $\dot{L}_{j+1}$ entsprechend Gl. (4.47)] verbesserte Dampfströme $\dot{V}_j$.

$$\left(h_{j-1}^V - h_j^L \right) \dot{V}_{j-1} + \left(h_{j+1}^L - h_j^V \right) \dot{V}_j$$
$$= \sum_{m=j+1}^{N} \left[\left(\dot{F}_m - \dot{S}_m^L - \dot{S}_m^V \right) - \dot{V}_N \right] \left(h_j^L - h_{j+1}^L \right) + \dot{F}_j \left(h_j^L - h_{F,j} \right) + \dot{S}_j^V \left(h_j^V - h_j^L \right) - \dot{Q}_j$$

$$\tag{4.53}$$

Unter Einführung der Hilfsgrößen α_j, β_j und γ_j erhält man

$$\alpha_j \dot{V}_{j-1} + \beta_j \dot{V}_j = \gamma_j , \tag{4.54}$$

4.3 Kontinuierliche Rektifikation

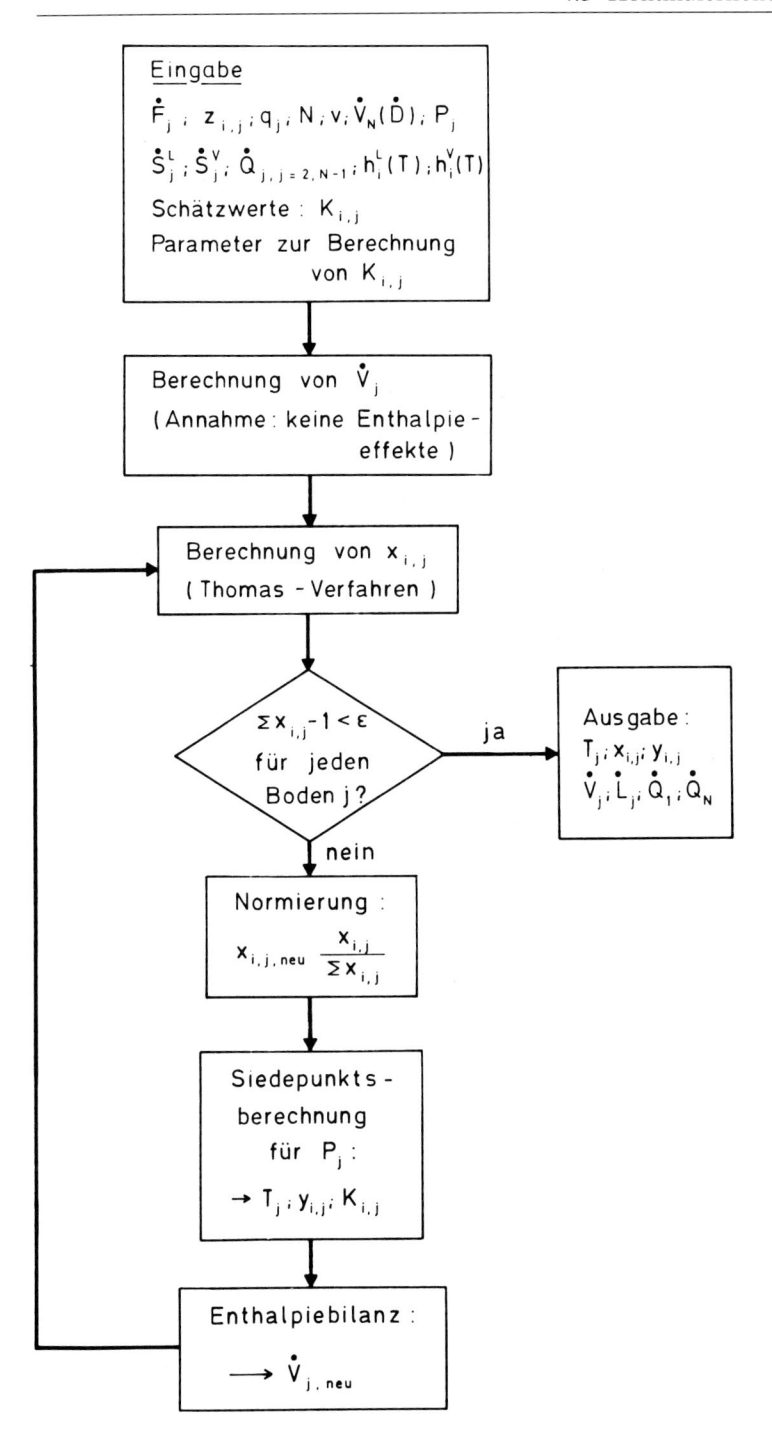

```
┌─────────────────────────────┐
│ Eingabe                     │
│ $\dot{F}_j$; $z_{i,j}$; $q_j$; $N$; $v$; $\dot{V}_N(\dot{D})$; $P_j$ │
│ $\dot{S}_j^L$; $\dot{S}_j^V$; $\dot{Q}_{j,\,j=2,N-1}$; $h_i^L(T)$; $h_i^V(T)$ │
│ Schätzwerte: $K_{i,j}$      │
│ Parameter zur Berechnung    │
│         von $K_{i,j}$       │
└──────────────┬──────────────┘
               ▼
┌─────────────────────────────┐
│ Berechnung von $\dot{V}_j$  │
│ (Annahme: keine Enthalpie-  │
│          effekte)           │
└──────────────┬──────────────┘
               ▼
   ┌─────────────────────────┐
──▶│ Berechnung von $x_{i,j}$│
│  │   (Thomas-Verfahren)    │
│  └────────────┬────────────┘
│               ▼
│          ╱ $\Sigma x_{i,j}-1 < \varepsilon$ ╲   ja    ┌──────────────────┐
│          ╲   für jeden     ╱ ─────────────▶│ Ausgabe:         │
│           ╲  Boden $j$?    ╱                │ $T_j$; $x_{i,j}$; $y_{i,j}$ │
│            ╲             ╱                  │ $\dot{V}_j$; $\dot{L}_j$; $\dot{Q}_1$; $\dot{Q}_N$ │
│                │ nein                       └──────────────────┘
│                ▼
│  ┌─────────────────────────┐
│  │ Normierung:             │
│  │ $x_{i,j,\text{neu}}\;\dfrac{x_{i,j}}{\Sigma x_{i,j}}$ │
│  └────────────┬────────────┘
│               ▼
│  ┌─────────────────────────┐
│  │ Siedepunkts-            │
│  │ berechnung              │
│  │     für $P_j$:          │
│  │ → $T_j$; $y_{i,j}$; $K_{i,j}$ │
│  └────────────┬────────────┘
│               ▼
│  ┌─────────────────────────┐
│  │ Enthalpiebilanz:        │
└──│ → $\dot{V}_{j,\text{neu}}$ │
   └─────────────────────────┘
```

Abb. 4.24 Flußdiagramm für das Wang-Henke-Verfahren

wobei

$$\alpha_j = h_{j-1}^V - h_j^L,\tag{4.55}$$

$$\beta_j = h_{j+1}^L - h_j^V \quad \text{und} \tag{4.56}$$

$$\gamma_j = \sum_{m=j+1}^{N} \left[\left(\dot{F}_m - \dot{S}_m^L - \dot{S}_m^V \right) - \dot{V}_N \right] \left(h_j^L - h_{j+1}^L \right) + \dot{F}_j \left(h_j^L - h_{F,j} \right) + \dot{S}_j^V \left(h_j^V - h_j^L \right) - \dot{Q}_j.\tag{4.57}$$

Dieses Gleichungssystem läßt sich wiederum in Matrixschreibweise darstellen. Man erhält eine bidiagonale Matrix:

$$\begin{bmatrix} \beta_1 & & & & \\ \alpha_2 & \beta_2 & & & \\ & \alpha_3 & \beta_3 & & \\ & & \ddots & & \\ & & & \alpha_{N-2} & \beta_{N-2} \end{bmatrix} \begin{bmatrix} \dot{V}_1 \\ \dot{V}_2 \\ \dot{V}_3 \\ \vdots \\ \dot{V}_{N-2} \end{bmatrix} = \begin{bmatrix} \gamma_1 \\ \gamma_2 \\ \gamma_3 \\ \vdots \\ \gamma_{N-2} \end{bmatrix}.$$

$\dot{V}_{N-1}$ kann sich nicht ändern, da mit Vorgabe der Destillatmenge und dem Rücklaufverhältnis automatisch auch der Dampfstrom $\dot{V}_{N-1}$ festgelegt ist. Damit ist nach Gl. (4.5) auch die benötigte Wärmemenge $\dot{Q}_N$ am Kopf der Kolonne festgelegt. Die dem Verdampfer zugeführte Wärmemenge $\dot{Q}_1$ läßt sich über eine Enthalpiebilanz über die gesamte Kolonne berechnen:

$$\dot{Q}_1 = \sum_{j=1}^{N} \left(\dot{F}_j h_{F,j} - \dot{S}_j^L h_j^L - \dot{S}_j^V h_j^V \right) - \sum_{2}^{N} \dot{Q}_j - \dot{V}_N h_N^V - \dot{L}_1 h_1^L \tag{4.58}$$

Im Falle unterschiedlicher Verdampfungsenthalpien für die Komponenten ergeben sich je nach Temperatur und Zusammensetzung auf den einzelnen Böden veränderte Dampfströme $\dot{V}_j$. Die Berechnung der Dampfströme $\dot{V}_j$ kann durch Lösung des linearen Gleichungssystems (4.54) erfolgen.

Unter Verwendung der neuen $\dot{V}_j$- und $K_{i,j}$-Werte lassen sich verbesserte Werte $A_{i,j}$, $B_{i,j}$ und $C_{i,j}$ ermitteln und das Gleichungssystem neu aufstellen. Wie beim ersten Schritt können dann neue Flüssigkeitskonzentrationen berechnet, die Werte normiert, das Phasengleichgewicht berechnet und die geschätzten Dampfströme korrigiert werden. Dies geschieht so lange, bis sich die Summe der Flüssigkeitsmolanteile auf allen Böden nur noch um einen kleinen Betrag ε vom Wert 1 unterscheiden und gleichzeitig die Dampfströme konstante Werte aufweisen. Die Vorgehensweise ist in Form eines Flußdiagramms in Abb. 4.24 gezeigt.

Beispiel 4.7
Führen Sie für eine Kolonne mit fünf theoretischen Stufen mit einem Zulauf auf dem dritten Boden den ersten Schritt des Wang-Henke-Verfahrens für die Trennung eines Methanol(1)–Wasser(2)-Gemisches bei einem Druck von 1 bar für die Komponente Methanol durch:

- Feed (gesättigt flüssig) = 10 kmol/h,
- Feed-Zusammensetzung $z_{1,F} = 0{,}5$,

4.3 Kontinuierliche Rektifikation

- Rücklaufverhältnis $v = 1$,
- Destillatmenge $\dot{D} = 5$ kmol/h,
- Feed-Boden = Boden 3. und
- keine Seitenströme.

Bei der Berechnung soll vereinfachend mit konstanten Molenströmen gerechnet werden, d. h. Enthalpieeffekte werden vernachlässigt.

Lösung:

Das Phasengleichgewicht für dieses System wurde schon im Beispiel 4.3 berechnet, so daß die für die Berechnung benötigten K_i-Werte aus der Tab. 4.3 abgeschätzt werden können.

Für die erste Iteration sollen die folgenden K-Faktoren angenommen werden:

Boden	K_1	K_2
1	2,22	0,48
2	1,83	0,45
3	1,57	0,43
4	1,39	0,42
5	1,25	0,41

Zur Berechnung der Parameter der Matrix werden neben den K-Faktoren weiterhin die Volumenströme benötigt. Da Enthalpieeffekte vernachlässigt werden, ergeben sich in dem betrachteten Fall für die Dampfmolenströme $\dot{V}_1 = \dot{V}_2 = \dot{V}_3 = \dot{V}_4 = 10$ und $\dot{V}_5 = 5$ kmol/h.

Mit diesen vorgegebenen Werten lassen sich alle Parameter $A_{i,j}$, $B_{i,j}$, $C_{i,j}$ und $D_{i,j}$ unter Benutzung der Gl. (4.48) bis (4.51) ermitteln, so daß die nach dem Thomas-Algorithmus zu lösende Matrix aufgestellt werden kann. So ergibt sich für die betrachtete Kolonne

$$A_{i,j} = \dot{V}_{j-1} K_{i,j-1},$$

$$B_{i,j} = -(\dot{V}_{j-1} + \dot{F}_3 - \dot{V}_5 + \dot{V}_j K_{i,j}),$$
$$\downarrow$$
$$\text{für} \quad j = 1,3$$

$$C_{i,j} = \dot{V}_j + \dot{F}_3 - \dot{V}_5 \quad \text{und}$$
$$\downarrow$$
$$\text{für} \quad j = 1,2$$

$$D_{i,j} = -\dot{F}_j z_{i,j}.$$

Da keine Seitenströme entnommen werden, d. h. $\dot{S}_j^L$ und $\dot{S}_j^V$ den Wert 0 besitzen und außerdem nur ein Feed vorhanden ist, ergibt sich für den dritten Boden und Komponente 1 (Methanol)

$$A_{1,3} = 10 \cdot 1,83 = 18,3,$$

$$B_{1,3} = -(10 + 10 - 5 + 10 \cdot 1,57) = -30,7,$$

$$C_{1,3} = 10 - 5 = 5 \quad \text{und}$$

$$D_{1,3} = -10 \cdot 0.5 = -5.$$

In der gleichen Weise lassen sich auch die weiteren Werte für $A_{1,j}$, $B_{1,j}$, $C_{1,j}$ und $D_{1,j}$ bestimmen, so daß sich folgende Ausgangsmatrix für Methanol (Komponente 1) ergibt:

$$\begin{bmatrix} -27{,}2 & 15 & 0 & 0 & 0 \\ 22{,}2 & -33{,}3 & 15 & 0 & 0 \\ 0 & 18{,}3 & -30{,}7 & 5 & 0 \\ 0 & 0 & 15{,}7 & -18{,}9 & 5 \\ 0 & 0 & 0 & 13{,}9 & -11{,}3 \end{bmatrix} \begin{bmatrix} x_1 \\ x_2 \\ x_3 \\ x_4 \\ x_5 \end{bmatrix} = \begin{bmatrix} 0 \\ 0 \\ -5 \\ 0 \\ 0 \end{bmatrix}.$$

Nach der Rechenvorschrift lassen sich nun alle $A_{1,j}$-Werte eliminieren, z. B.

$$p_1 = \frac{C_1}{B_1} = \frac{15}{-27{,}2} = -0{,}5515,$$

$$q_1 = \frac{D_1}{B_1} = \frac{0}{-27{,}2} = 0,$$

$$p_2 = \frac{C_2}{B_2 - A_2 p_1} = \frac{15}{-33{,}3 - 22{,}2(-0{,}5515)} = -0{,}7123 \quad \text{und}$$

$$q_2 = \frac{D_2 - A_2 q_1}{B_2 - A_2 p_1} = \frac{0 - 22{,}2 \cdot 0}{-33{,}3 - 22{,}2(-0{,}5515)} = 0.$$

Nach Berechnung aller p_i- und q_i-Werte ergibt sich als neues Gleichungssystem:

$$\begin{bmatrix} 1 & -0{,}5515 & 0 & 0 & 0 \\ 0 & 1 & -0{,}7123 & 0 & 0 \\ 0 & 0 & 1 & -0{,}2831 & 0 \\ 0 & 0 & 0 & 1 & -0{,}3459 \\ 0 & 0 & 0 & 0 & 1 \end{bmatrix} \begin{bmatrix} x_1 \\ x_2 \\ x_3 \\ x_4 \\ x_5 \end{bmatrix} = \begin{bmatrix} 0 \\ 0 \\ 0{,}2831 \\ 0{,}3074 \\ 0{,}6582 \end{bmatrix}.$$

Im nächsten Schritt lassen sich dann die q_i-Werte eliminieren, so daß eine Einheitsmatrix entsteht und sich die x_i-Werte berechnen lassen. Dabei startet man auf dem obersten Boden N (5). So ergibt sich für

$$r_5 = q_5 = 0{,}6582\,,$$

$$r_4 = q_4 - p_4 \cdot r_5$$

$$r_4 = 0{,}3074 - (-0{,}3459 \cdot 0{,}6582) = 0{,}5351$$

und somit für die Konzentrationen der Komponente 1 auf den Böden 1–5:

$$\begin{bmatrix} 1 & 0 & 0 & 0 & 0 \\ 0 & 1 & 0 & 0 & 0 \\ 0 & 0 & 1 & 0 & 0 \\ 0 & 0 & 0 & 1 & 0 \\ 0 & 0 & 0 & 0 & 1 \end{bmatrix} \begin{bmatrix} x_1 \\ x_2 \\ x_3 \\ x_4 \\ x_5 \end{bmatrix} = \begin{bmatrix} 0{,}1707 \\ 0{,}3095 \\ 0{,}4345 \\ 0{,}5351 \\ 0{,}6582 \end{bmatrix}.$$

In gleicher Weise läßt sich das Gleichungssystem für Komponente 2 lösen. So ergeben sich nach der ersten Iteration die folgenden Werte für die Konzentration von Methanol und Wasser auf den verschiedenen Böden:

Boden	1	2	3	4	5
x_1	0,1707	0,3095	0,4345	0,5351	0,6582
x_2	0,9191	0,5995	0,4851	0,3346	0,1978
$\sum x_{j,alt}$	1,0898	0,9090	0,9196	0,8697	0,8560

An den Werten in der Tabelle ist zu erkennen, daß die Summe der berechneten Molanteile nicht den Wert 1 ergeben. Aus diesem Grunde müssen verbesserte K-Faktoren gewählt werden. Diese lassen sich mit den normierten x_i-Werten ($x_{i,\text{neu}} = x_{i,\text{alt}}/\sum x_{j,\text{alt}}$)

Boden	1	2	3	4	5
x_1	0,1566	0,3405	0,4724	0,6153	0,7689
x_2	0,8434	0,6595	0,5276	0,3847	0,2311

durch Siedepunktsberechnung erhalten. Da die Dampfströme als konstant angenommen werden, lassen sich sofort neue Werte für $A_{i,j}$, $B_{i,j}$ und $C_{i,j}$ für die verschiedenen Komponenten berechnen und die zu lösenden Matrizen neu aufstellen. So ergibt sich nach wenigen Iterationen

Boden	x_1	K_1	K_2	ϑ (°C)
1	0,0891	4,33	0,67	88,74
2	0,2872	2,28	0,48	78,63
3	0,4666	1,65	0,43	73,78
4	0,6266	1,35	0,41	70,48
5	0,7799	1,17	0,40	67,73

und damit die folgende Konzentration im Destillat:

$$x_{1D} = x_{1,5} K_{1,5} = 0,7799 \cdot 1,17 = 0,9109 \ .$$

In gleicher Weise lassen sich diese Berechnungen auch für eine größere Zahl von Böden und Komponenten durchführen. Weiterhin können jederzeit zusätzliche Feed-Ströme, Seitenströme ($\dot{S}_j^L, \dot{S}_j^V$) und auch Enthalpieeffekte (s. Abb. 4.24) berücksichtigt werden.

4.3.2.2.8.2 Newton-Raphson-Verfahren

Anstelle der im vorhergehenden Kapitel gezeigten Vorgehensweise zur Lösung der Materialbilanz (Gl. 4.2) kann auch ein anderer Weg beschritten werden, um die Konzentrationen der einzelnen Komponenten auf den verschiedenen Böden zu berechnen. So kann durch Umstellung von Gl. (4.46) eine Funktion $f_{i,j}$ definiert werden, die für jede Komponente auf jedem Boden erfüllt werden muß,

$$f_{i,j} = A_{i,j} x_{i,j-1} + B_{i,j} x_{i,j} + C_{i,j} x_{i,j+1} - D_{i,j} = 0 \tag{4.59}$$

d. h., die Berechnung erfolgt durch Nullstellensuche. Bei vorgegebenen Konzentrationen und *K*-Faktoren können die Funktionen $f_{i,j}$ berechnet werden.

Zu Beginn, d. h. mit geschätzten Konzentrationswerten und *K*-Faktoren, werden die $f_{i,j}$-Werte jedoch stark vom geforderten Wert 0 abweichen. Verbesserte Werte für die Konzentrationen der verschiedenen Komponenten auf den verschiedenen Böden *j* lassen sich mit Hilfe der Newton-Raphson-Methode erhalten. Diese Methode geht von der Taylor-Entwicklung aus, die nach der 1. Ableitung abgebrochen wird. Mit Hilfe der Taylor-Entwicklung erhält man neue Funktionswerte bei Kenntnis der Funktionen und der 1. Ableitungen am Ausgangspunkt

$$\bar{f}(\bar{x})_{neu} = \bar{f}(\bar{x})_{alt} + \overline{\Delta x} \left(\frac{\partial \bar{f}}{\partial \bar{x}} \right)_{alt}. \tag{4.60}$$

Gesucht wird der Konzentrationsvektor, für den alle $f_{i,j}$-Werte den Wert 0 aufweisen, d. h.

$$-\bar{f}(\bar{x})_{alt} = \overline{\Delta x} \left(\frac{\partial \bar{f}}{\partial \bar{x}} \right)_{alt} \tag{4.61}$$

$$\overline{\Delta x} = -\left(\frac{\partial \bar{f}}{\partial \bar{x}} \right)_{alt}^{-1} \bar{f}(\bar{x})_{alt} \tag{4.62}$$

bzw. in Matrixschreibweise für jede Komponente *i*:

$$\begin{bmatrix} \frac{\partial f_1}{\partial x_1} & \frac{\partial f_1}{\partial x_2} & \cdots & \frac{\partial f_1}{\partial x_N} \\ \vdots & \vdots & \vdots & \vdots \\ \frac{\partial f_N}{\partial x_1} & \frac{\partial f_N}{\partial x_2} & \cdots & \frac{\partial f_N}{\partial x_N} \end{bmatrix} \begin{bmatrix} \Delta x_1 \\ \vdots \\ \Delta x_N \end{bmatrix} = -\begin{bmatrix} f_1 \\ \vdots \\ f_N \end{bmatrix}.$$

Zur Berechnung der Konzentrationsänderungen $\overline{\Delta x}$ werden lediglich alle in der Jacobi-Matrix benötigten partiellen Ableitungen benötigt. Diese partiellen Ableitungen können aus den Gl. (4.48) bis (4.51) erhalten werden.

So ergibt sich aus Gl. (4.59) und Verwendung der Gl. (4.48–4.51) für die partiellen Ableitungen für die Komponente *i*:

$$\left(\frac{\partial f_j}{\partial x_{j-2}} \right) = 0 \tag{4.63}$$

$$\left(\frac{\partial f_j}{\partial x_{j-1}} \right) = \left(\frac{\partial A_j}{\partial x_{j-1}} \right) x_{j-1} + A_j = \dot{V}_{j-1} \left(\frac{\partial K_{j-1}}{\partial x_{j-1}} \right) x_{j-1} + A_j \tag{4.64}$$

$$\left(\frac{\partial f_j}{\partial x_j} \right) = \left(\frac{\partial B_j}{\partial x_j} \right) x_j + B_j = -(\dot{V}_j + \dot{S}_j^V) \left(\frac{\partial K_j}{\partial x_j} \right) x_j + B_j \tag{4.65}$$

$$\left(\frac{\partial f_j}{\partial x_{j+1}} \right) = \left(\frac{\partial C_j}{\partial x_{j+1}} \right) x_{j+1} + C_j = C \tag{4.66}$$

$$\left(\frac{\partial f_j}{\partial x_{j+2}} \right) = 0. \tag{4.67}$$

Da die Funktionen f_j nur von den Konzentrationen auf den Böden $j-1$ und $j+1$ beeinflußt werden, d. h. alle sonstigen Ableitungen den Wert 0 aufweisen, ergibt sich wieder eine tridiagonale Matrix:

$$\begin{bmatrix} \frac{\partial f_1}{\partial x_1} & \frac{\partial f_1}{\partial x_2} & 0 & 0 & 0 & . & . \\ \frac{\partial f_2}{\partial x_1} & \frac{\partial f_2}{\partial x_2} & \frac{\partial f_2}{\partial x_3} & 0 & 0 & . & . \\ 0 & \frac{\partial f_3}{\partial x_2} & \frac{\partial f_3}{\partial x_3} & \frac{\partial f_3}{\partial x_4} & 0 & . & . \\ . & . & . & . & . & . & . \\ & & & & \frac{\partial f_{N-1}}{\partial x_{N-2}} & \frac{\partial f_{N-1}}{\partial x_{N-1}} & \frac{\partial f_{N-1}}{\partial x_N} \\ 0 & 0 & . & . & . & \frac{\partial f_N}{\partial x_{N-1}} & \frac{\partial f_N}{\partial x_N} \end{bmatrix} \begin{bmatrix} \Delta x_1 \\ \Delta x_2 \\ \Delta x_3 \\ . \\ \Delta x_{N-1} \\ \Delta x_N \end{bmatrix} = - \begin{bmatrix} f_1 \\ f_2 \\ f_3 \\ . \\ f_{N-1} \\ f_N \end{bmatrix}.$$

Dieses Gleichungssystem kann wieder auf verschiedene Weise, z. B. mit Hilfe des Thomas-Algorithmus oder Gaußsche Elimierung gelöst werden.

Zur Berechnung der Differentialquotienten können die verschiedenen Methoden zur Berechnung der K-Faktoren, wie z. B. Zustandsgleichungen oder g^E-Modelle, herangezogen werden.

Im Falle der Verwendung von Aktivitätskoeffizienten zur Berechnung der K-Faktoren lassen sich die benötigten Ableitungen $\partial K_j/\partial x_j$ recht leicht bei Verwendung der vereinfachten Gleichgewichtsbeziehung (3.33) erhalten:

$$K_j = \frac{y_j}{x_j} = \frac{\gamma_j P_j^s}{P} \tag{3.33}$$

$$\frac{\partial K_j}{\partial x_j} = \frac{P_j^s}{P} \frac{\partial \gamma_j}{\partial x_j} = \frac{P_j^s}{P} \gamma_j \frac{\partial \ln \gamma_j}{\partial x_j} \tag{4.68}$$

Für den Quotienten $\partial \ln \gamma_i/\partial x_i$ ergibt sich z. B. für die Wilson-Gleichung (Tab. 3.4):

$$\frac{\partial \ln \gamma_i}{\partial x_i} = -\frac{2}{\sum_j x_j \Lambda_{ij}} + \sum_k \frac{x_k \Lambda_{ki}^2}{\left(\sum_j x_j \Lambda_{kj}\right)^2}. \tag{4.69}$$

4.3.2.2.8.3 Naphtali-Sandholm-Verfahren

Beim Naphtali-Sandholm-Verfahren [11, 12] geht man wie bei den vorher beschriebenen Verfahren von den MESH-Gleichungen aus. Im Gegensatz zum Wang-Henke-Verfahren werden die MESH-Gleichungen, d. h. Mengen-, Enthalpiebilanz und Gleichgewichtsbeziehungen, jedoch simultan gelöst. Diese Vorgehensweise verbessert das Konvergenzverhalten bei stark realen Systemen und Systemen mit sehr unterschiedlichen K-Faktoren.

Dabei werden die verschiedenen Ströme und Konzentrationen in den Bilanzgleichungen durch die molaren Ströme $\dot{v}_{i,j}$, $\dot{l}_{i,j}$, $\dot{f}_{i,j}$ der einzelnen Komponenten substituiert (s. Abb. 4.5). Durch diesen Schritt werden die Summationsbedingungen automatisch erfüllt.

$$\dot{V}_j = \sum_{i=1}^{n} \dot{v}_{i,j}, \tag{4.72}$$

$$\dot{L}_j = \sum_{i=1}^{n} \dot{l}_{i,j}, \tag{4.73}$$

$$\dot{F}_j = \sum_{i=1}^{n} \dot{f}_{i,j}. \tag{4.74}$$

Daraus folgt für die Molanteile

$$x_{i,j} = \frac{\dot{l}_{i,j}}{\dot{L}_j} = \frac{\dot{l}_{i,j}}{\sum_{k=1}^{n} \dot{l}_{k,j}} \quad \text{und} \tag{4.75}$$

$$y_{i,j} = \frac{\dot{v}_{i,j}}{\dot{V}_j} = \frac{\dot{v}_{i,j}}{\sum_{k=1}^{n} \dot{v}_{k,j}}. \tag{4.76}$$

Nach Einführung dimensionsloser Größen zur Berücksichtigung der Seitenstrommengen

$$\dot{s}_j^V = \dot{S}_j^V / \dot{V}_j \tag{4.77a}$$

und

$$\dot{s}_j^L = \dot{S}_j^L / \dot{L}_j \tag{4.77b}$$

ergeben sich die folgenden Bilanzgleichungen:

- Mengenbilanz für die Komponente i ($N \cdot n$ Gleichungen):

$$M_{i,j} = \dot{l}_{i,j+1} + \dot{v}_{i,j-1} + \dot{f}_{i,j} - (1 + s_j^L)\,\dot{l}_{i,j} - (1 + s_j^V)\,\dot{v}_{i,j} = 0 \tag{4.78}$$

- Gleichgewichtsbeziehung für die Komponente i ($N \cdot n$ Gleichungen):

$$E_{i,j} = K_{i,j}\dot{l}_{i,j}\frac{\sum_{k=1}^{n}\dot{v}_{k,j}}{\sum_{k=1}^{n}\dot{l}_{k,j}} - \dot{v}_{i,j} = 0 \tag{4.79}$$

- Enthalpiebilanz für den Boden j (N Gleichungen):

$$H_j = h_{j+1}^L \sum_{i=1}^{n} \dot{l}_{i,j+1} + h_{j-1}^V \sum_{i=1}^{n} \dot{v}_{i,j-1} + h_{F,j}\sum_{i=1}^{n} \dot{f}_{i,j} - h_j^L\left(1 + s_j^L\right)\sum_{i=1}^{n} \dot{l}_{i,j}$$

$$- h_j^V \left(1 + s_j^V\right) \sum_{i=1}^{n} \dot{v}_{i,j} + \dot{Q}_j = 0. \tag{4.80}$$

Das resultierende stark nichtlineare Gleichungssystem [da die Summationsbedingungen entfallen nur $N(2n + 1)$ Gleichungen] läßt sich mit Hilfe des Newton-Raphson-Verfahrens lösen. Gesucht werden dabei die $N(2n + 1)$ Variablen $\dot{v}_{i,j}$, T_j, $\dot{l}_{i,j}$, für die alle Funktionen $M_{i,j}$, $E_{i,j}$, H_j nur noch innerhalb eines tolerierbaren Wertes vom Wert 0 abweichen. Die Variablen und Funktionen lassen sich dabei in Vektorschreibweise darstellen,

Variablenvektor $\overline{X}$ Funktionsvektor $\overline{F}$

$$\begin{bmatrix} X_1 \\ X_2 \\ \vdots \\ X_N \end{bmatrix} \quad \begin{bmatrix} F_1 \\ F_2 \\ \vdots \\ F_N \end{bmatrix}$$

wobei die Vektoren wiederum aus Einzelvektoren bestehen. So gilt für den Variablenvektor $\overline{X}_j$ bzw. den Funktionsvektor $\overline{F}_j$ auf dem Boden j:

$$\overline{X}_j = \begin{bmatrix} \dot{v}_{1,j} \\ \vdots \\ \dot{v}_{n,j} \\ T_j \\ \dot{l}_{1,j} \\ \vdots \\ \dot{l}_{n,j} \end{bmatrix} \quad \overline{F}_j = \begin{bmatrix} M_{1,j} \\ \vdots \\ M_{n,j} \\ H_j \\ E_{1,j} \\ \vdots \\ E_{n,j} \end{bmatrix}$$

Beim Newton-Raphson-Verfahren erhält man in der folgenden Weise verbesserte Werte für die Variablen

$$\overline{X}^{(k+1)} = \overline{X}^{(k)} - \left[\left(\frac{d\overline{F}^{(k)}}{d\overline{X}^{(k)}} \right)^{-1} \right] \overline{F}^{(k)} \quad \text{bzw.} \quad (4.81)$$

$$\overline{X}^{(k+1)} = \overline{X}^{(k)} + \Delta \overline{X}^{(k)}, \quad (4.82)$$

wobei $\partial \overline{F}^{(k)}/\partial \overline{X}^{(k)}$ die Jacobi-Matrix darstellt. In [12, 13] wurde das Naphtali-Sandholm-Verfahren ausführlich beschrieben. Weiterhin findet man in [12] effiziente Computerprogramme zur Lösung der MESH-Gleichungen nach dem Naphtali-Sandholm-Verfahren.

Eine vereinfachte Version DESW (Vernachlässigung der Enthalpiebilanz, ideales Verhalten der Dampfphase) ist im Anhang zu finden. Es basiert auf dem Programm UNIDIST[14]. Anstelle des UNIFAC-Ansatzes wird jedoch die Wilson-Gleichung zur Berechnung der K-Faktoren herangezogen.

4.3.3 Konzept der Übertragungseinheit

Während das Konzept der idealen Trennstufe in erster Linie für Bodenkolonnen herangezogen wird, bietet sich für die Ermittlung der Packungshöhe bei kontinuierlichem Stoffaustausch, wie im Falle von Füllkörperkolonnen, das Konzept der Übertragungseinheit an. Bei der Ableitung der Beziehung zur Berechnung der benötigten Schütthöhe geht man von der Stofftransportgleichung aus.

Abb. 4.25 zeigt ein differentielles Element einer Gegenstromkolonne. In dem dargestellten Volumenelement dV (A dh) wird der Molenstrom d$\dot{n}_A = \dot{V}$ d$y_A = \dot{L}$ dx_A von der Gasphase in die flüssige Phase übertragen (vereinfachende Annahme: keine Änderung der Ströme $\dot{V}$ und $\dot{L}$). Dieser molare Strom sollte identisch mit dem nach der Filmtheorie berechneten Strom sein (s. Abb. 4.26 Mitte):

$$d\dot{n}_A = \beta_L a (x_{Ai} - x_A) A\, dh = \beta_G a (y_A - y_{Ai}) A\, dh = \dot{V}\, dy_A = \dot{L}\, dx_A \qquad (4.83)$$

a spezifische Phasengrenzfläche (m^2/m^3),
β_L, β_G Stoffübergangskoeffizient (kmol/m^2 s),
A Querschnittsfläche (m^2)

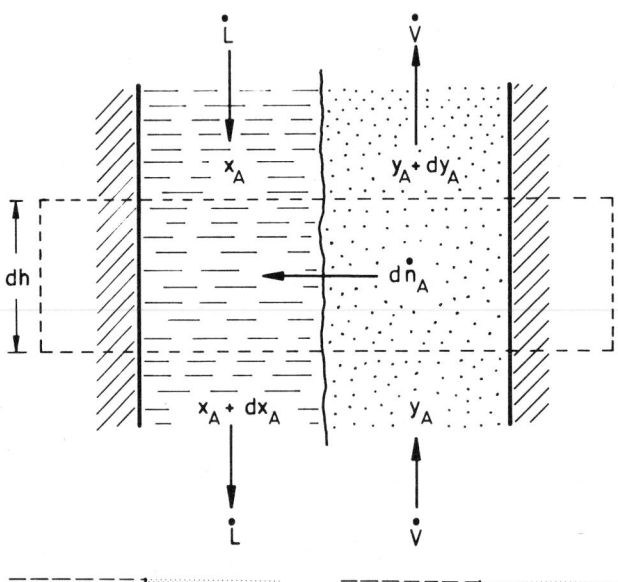

Abb. 4.25 Ableitung der Mengenbilanz für das Konzept der Übertragungseinheit

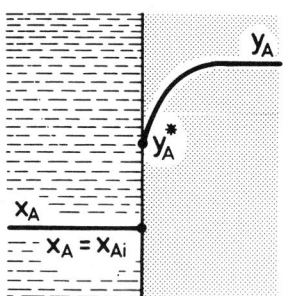

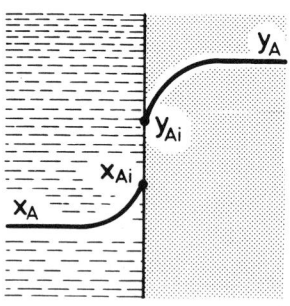

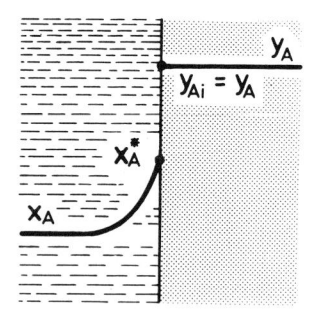

Abb. 4.26 Konzentrationsprofil bei der Filmtheorie und der Zweifilmtheorie (Mitte)

Durch Umstellung und Integration erhält man aus Gl. (4.83) Beziehungen, mit denen direkt die Höhe der Füllkörperkolonne berechnet werden kann.

$$H = \int_0^H dh = \underbrace{\frac{\dot{V}}{\beta_G a A}}_{HTU_G} \underbrace{\int_{y_{AB}}^{y_{AT}} \frac{dy_A}{y_{Ai} - y_A}}_{NTU_G} \qquad (4.84)$$

B (bottom), T (top).

In gleicher Weise kann die Höhe aus den Größen für die flüssige Phase ermittelt werden ($d\dot{n}_A = \dot{L}\, dx_A$):

$$H = \int_0^H dh = \underbrace{\frac{\dot{L}}{\beta_L\, a A}}_{HTU_L} \underbrace{\int_{x_{AT}}^{x_{AB}} \frac{dx_A}{x_{Ai} - x_A}}_{NTU_L}. \tag{4.85}$$

Das Integral ist dabei ein Maß für das Verhältnis von gewünschter Konzentrationsänderung zur mittleren Potential-(Konzentrations-)differenz. Die Größe NTU besitzt in den meisten Fällen ähnliche Werte, wie die beim Konzept der idealen Trennstufe berechneten Anzahl von Trennstufen. Man bezeichnet diese Zahl als Anzahl der Übertragungseinheiten NTU (number of transfer units), wobei man je nach betrachteter Phase zwischen NTU_G und NTU_L unterscheidet. Die vor dem Integral stehenden Ausdrücke besitzen die Einheit einer Länge und werden als Höhe einer Übertragungseinheit HTU (height of a transfer unit) bezeichnet. Dabei hat man ebenfalls zwischen der Übertragungseinheit der Gas- (HTU_G) und der flüssigen Phase (HTU_L) zu unterscheiden. An den resultierenden Gleichungen ist zu erkennen, daß die benötigte Höhe um so geringer ist, je kleiner der Volumenstrom $\dot{V}$ bzw. Flüssigkeitsstrom $\dot{L}$ und je größer der Stoffübergangskoeffizient und die erreichbare spezifische Phasengrenzfläche ist.

Um die Integration durchführen zu können, werden in den Gl. (4.84) bzw. Gl. (4.85) die Werte für y_{Ai} und x_{Ai} benötigt. Es sind die Molanteile, die sich beim Stofftransport an der Phasengrenzfläche (interface) einstellen. Diese Werte sind nicht direkt verfügbar. Sie lassen sich aber bei Annahme des stationären Betriebs und Kenntnis der Stofftransportkoeffizienten direkt ermitteln. Abb. 4.27 (Mitte) zeigt ein Gleichgewichtsdiagramm für die Absorption. Der Punkt M kennzeichnet den Gleichgewichtszustand an der Phasengrenzfläche. Der Punkt P stellt die Konzentrationen im Kern (bulk) der Flüssigkeit und des Gases dar. Im stationären Zustand muß der diffusive Stoffstrom durch die Gasphase identisch mit dem Stoffstrom durch die flüssige Phase sein, d.h. nach Gl. (4.83).

$$d\dot{n}_A = \beta_L a (x_{Ai} - x_A) A\, dh = \beta_G a (y_A - y_{Ai}) A\, dh.$$

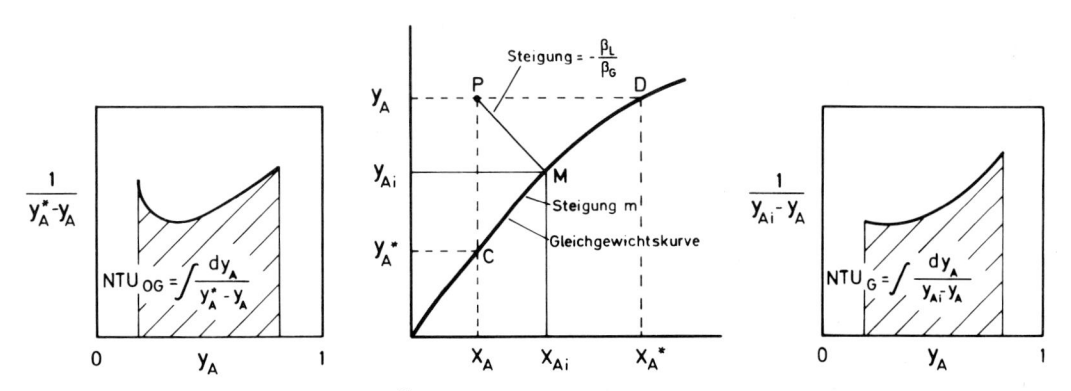

Abb. 4.27 Ermittlung der Zahl von Übertragungseinheiten NTU durch graphische Integration

Dies ergibt

$$\frac{y_{Ai} - y_A}{x_{Ai} - x_A} = -\frac{\beta_L}{\beta_G} = -\frac{\dot{L}\, HTU_G}{\dot{V}\, HTU_L} \tag{4.86}$$

und entspricht der Steigung der Gerade PM in Abb. 4.27. Die Beziehung auf der rechten Seite ergibt sich dabei durch die Definition von HTU_G bzw. HTU_L. Das heißt, die benötigten Werte an der Phasengrenzfläche ergeben sich aus dem Verhältnis der Stoffübergangskoeffizienten und den Konzentrationen y_A und x_A in den Phasen. Diese Konzentrationen lassen sich bei Kenntnis des Verhältnisses β_L/β_G aus dem McCabe-Thiele-Diagramm ablesen und dann zur Ermittlung von NTU_G bzw. NTU_L durch numerische bzw. graphische Integration heranziehen. Diese Vorgehensweise ist qualitativ für NTU_G in Abb. 4.27 gezeigt.

Die Ermittlung der Konzentrationen an der Phasengrenze erschwert aber die Berechnung der Packungshöhe einer Füllkörperkolonne. Um dieses Problem zu umgehen, wird oftmals ein anderer Weg beschritten, bei dem der Gesamtwiderstand vereinfachend in eine Phase gelegt wird. Dies hat den großen Vorteil, daß man die zur Berechnung benötigten Größen kennt bzw. berechnen kann. Dies sind die aktuelle Konzentration in einer Phase und die hypothetischen Gleichgewichtskonzentrationen y_A^* bzw. x_A^* (s. Abb. 4.26) an der Phasengrenzfläche, die sich ergeben würden, wenn kein Stofftransportwiderstand in der anderen Phase vorhanden wäre:

$$\dot{n}_A = \beta_{OL}\, a\,(x_A^* - x_A)\, A\, dh = \beta_{OG}\, a\,(y_A - y_A^*)\, A\, dh = \dot{V}\, dy_A = \dot{L}\, dx_A. \tag{4.87}$$

Der Index O kennzeichnet dabei, daß der gesamte (overall) Stofftransportwiderstand in einer Phase berücksichtigt wird. Diese Vorgehensweise hat den Vorteil, daß in diesem Falle das Konzentrationsgefälle genau bekannt ist. Der Zusammenhang zwischen den wirklichen Werten β_L (β_G) mit dem unter Berücksichtigung des Gesamtwiderstands erhaltenen Wert β_{OL} (β_{OG}) läßt sich wieder mit Hilfe von Abb. 4.27 finden. So gilt

$$y_A - y_A^* = (y_A - y_{Ai}) + (y_{Ai} - y_A^*) = (y_A - y_{Ai}) + m(x_{Ai} - x_A), \tag{4.87a}$$

wobei m die Steigung der Geraden CM ist. Durch Substitution der Konzentrationsdifferenzen durch die Stofftransportgrößen aus Gl. (4.87a) erhält man die folgende Gleichung zur Berechnung des Overall-Stoffübergangskoeffizienten β_{OG}*:

$$\frac{1}{\beta_{OG}} = \frac{1}{\beta_G} + \frac{m}{\beta_L}. \tag{4.88}$$

In gleicher Weise ergibt sich für β_{OL}:

$$\frac{1}{\beta_{OL}} = \frac{1}{\beta_L} + \frac{1}{m\beta_G}. \tag{4.89}$$

An den Gleichungen ist der Einfluß des Phasengleichgewichts auf den Stofftransportwiderstand zu erkennen. Weist m sehr kleine Werte auf, so kann der Widerstand in der flüssigen Phase vernachlässigt werden ($m/\beta_L \to 0$) und β_{OG} wird identisch mit β_G. Ist der Wert

---

* Annahme: Steigung der Geraden MD ist identisch mit der Steigung der Geraden CM, wie z. B. bei Gültigkeit der idealisierten Gesetze (Henrysches, Nernstsches und Raoultsches Gesetz)

von m groß, so kann $1/(m\beta_G)$ unberücksichtigt bleiben, und der Stofftransport wird durch den Widerstand in der flüssigen Phase kontrolliert, d. h. $\beta_{OL} \sim \beta_L$. An den Gleichungen ist weiterhin zu erkennen, daß der Overall-Stoffübergangskoeffizient nur dann konstante Werte annehmen kann, wenn neben konstanten Stoffübergangskoeffizienten auch m [Steigung der Gleichgewichtsgeraden (-kurve)] in dem betrachteten Konzentrationsbereich konstant ist.

Mit Gl. (4.87) läßt sich wie mit Gl. (4.83) eine Beziehung zur Berechnung der erforderlichen Höhe der Füllkörperschüttung ableiten ($d\dot{n}_A = \dot{V}\, dy_A$):

$$H = \int_0^H dh = \underbrace{\frac{\dot{V}}{\beta_{OG}\, a A}}_{HTU_{OG}} \underbrace{\int_{y_{AB}}^{y_{AT}} \frac{dy_A}{y_A^* - y_A}}_{NTU_{OG}}. \tag{4.90}$$

In gleicher Weise kann die Höhe aus den Größen für die flüssige Phase ermittelt werden ($d\dot{n}_A = \dot{L}\, dx_A$):

$$H = \int_0^H dh = \underbrace{\frac{\dot{L}}{\beta_{OL}\, a A}}_{HTU_{OL}} \underbrace{\int_{x_{AT}}^{x_{AB}} \frac{dx_A}{x_A^* - x_A}}_{NTU_{OL}} \tag{4.91}$$

$$NTU_{OG} = \int_{y_{AB}}^{y_{AT}} \frac{dy_A}{y_A^* - y_A} \tag{4.92}$$

$$NTU_{OL} = \int_{x_{AT}}^{x_{AB}} \frac{dx_A}{x_A^* - x_A}. \tag{4.93}$$

Dies Integral läßt sich berechnen, wenn das Phasengleichgewicht, d. h. $y_A^* = f(x_A)$ beschrieben werden kann und weiterhin y_A, z. B. über eine Mengenbilanz an jeder Stelle bekannt ist. Die Anzahl der benötigten Übertragungseinheiten läßt sich dann durch numerische oder graphische Integration ermitteln, wobei die Differenzen $y_A^* - y_A$ bzw. $x_A^* - x_A$ direkt bei Kenntnis des Phasengleichgewichts und Festlegung der Arbeitslinien, wie im binären Fall aus Abb. 4.27 ermittelt werden können.

Handelt es sich bei den Bilanzlinien und Gleichgewichtslinien um Geraden, so kann für das Integral ein analytischer Ausdruck abgeleitet werden:

$$NTU_{OG} = \int_{y_{AB}}^{y_{AT}} \frac{dy_A}{y_A^* - y_A} = \frac{y_{AT} - y_{AB}}{\Delta y_{AT} - \Delta y_{AB}} \ln \frac{\Delta y_{AT}}{\Delta y_{AB}}, \tag{4.94}$$

$$\Delta y_A = y_A^* - y_A$$

$$NTU_{OL} = \int_{x_{AT}}^{x_{AB}} \frac{dx_A}{x_A^* - x_A} = \frac{x_{AT} - x_{AB}}{\Delta x_{AT} - \Delta x_{AB}} \ln \frac{\Delta x_{AT}}{\Delta x_{AB}}, \tag{4.95}$$

$$\Delta x_A = x_A^* - x_A.$$

Die Höhe der benötigten Schüttung ist

$$H = NTU_{OG} \cdot HTU_{OG} \quad \text{bzw.} \tag{4.96}$$

$$H = NTU_{OL} \cdot HTU_{OL}. \tag{4.97}$$

Der Nachteil bei der Verwendung von Overall-Stofftransportkoeffizienten ist, daß die berechneten Höhen für eine Übertragungseinheit weniger konstant als die HTU_L- bzw. HTU_G-Werte sind. Ausgehend von Gl. (4.88) bzw. (4.89) läßt sich durch Verwendung der Beziehungen für HTU_G, HTU_L, HTU_{OG} und HTU_{OL} eine Beziehung zwischen den verschiedenen Höhen von Übertragungseinheiten herstellen:

$$HTU_{OG} = \frac{m\dot{V}}{\dot{L}} HTU_L + HTU_G \quad \text{und} \tag{4.98}$$

$$HTU_{OL} = HTU_L + \frac{\dot{L}}{m\dot{V}} HTU_G \tag{4.99}$$

Beispiel 4.8

In einem Luftstrom (28000 m³/h) mit 125 mg NH$_3$/m³ soll in einer Absorptionskolonne (Füllkörper VSP-50 aus Polypropylen) mit Hilfe von 20 m³/h Wasser (NH$_3$-Konzentration: 1 mg/dm³) die Ammoniakkonzentration auf 5 mg/m³ bei 21 °C gesenkt werden. Berechnen Sie mit Hilfe des Konzepts der Übertragungseinheit die erforderliche Höhe einer Füllkörperkolonne mit 2,2 m Durchmesser (Sicherheitszuschlag 25%). Der Druck in der Kolonne soll als konstant ($P = 1$ atm) angenommen werden.

Stoffdaten:

	molare Masse (g/mol)	Dichte bei 21 °C kg/m³
NH$_3$	17,03	
H$_2$O	18,016	1000
Luft	28,76	1,2

Henry-Konstante für NH$_3$ bei 21 °C: 0,82 atm.

Über Korrelationen ergeben sich bei den betrachteten Bedingungen die folgenden Werte für $\beta_L a = 871{,}1$ kmol/m² h und für $\beta_G a = 557{,}4$ kmol/m² h.

Lösung:
Zunächst müssen die molaren Ströme und NH$_3$-Konzentrationen berechnet werden:

$$\dot{V} = (28000 \cdot 1{,}2)/28{,}76 = 1168 \text{ kmol/h},$$

$$\dot{L} = (20 \cdot 1000)/18{,}016 = 1110 \text{ kmol/h},$$

$$y_{NH_3, B} = \frac{125 \cdot 10^{-6} \cdot 28{,}76}{17{,}03 \cdot 1{,}2} = 1{,}76 \cdot 10^{-4},$$

$$y_{NH_3, T} = \frac{5 \cdot 10^{-6} \cdot 28{,}76}{17{,}03 \cdot 1{,}2} = 7{,}04 \cdot 10^{-6},$$

$$x_{NH_3, T} = \frac{1 \cdot 10^{-6} \cdot 18{,}016}{17{,}03} = 1{,}06 \cdot 10^{-6}.$$

Über eine Bilanz läßt sich mit diesen Zahlen die NH$_3$-Konzentration des Absorptionsmittels nach Verlassen der Trennkolonne berechnen:

$$x_{NH_3,B} = 1{,}79 \cdot 10^{-4} \ .$$

Über die Henry-Konstante erhält man für die verschiedenen Zusammensetzungen die Gleichgewichtszusammensetzung, z. B.

$$x_1 H_{1,2} = y_1 P$$

x_{NH_3}	y_{NH_3}
$1{,}79 \cdot 10^{-4}$	$1{,}47 \cdot 10^{-4}$
$1{,}06 \cdot 10^{-6}$	$0{,}87 \cdot 10^{-6}$
$2{,}15 \cdot 10^{-4}$	$1{,}76 \cdot 10^{-4}$
$8{,}59 \cdot 10^{-6}$	$7{,}04 \cdot 10^{-6}$

Mit Hilfe dieser Werte und den Gl. (4.94) und (4.95) läßt sich dann die Anzahl der benötigten Übertragungseinheiten berechnen:

$$NTU_{OG} = \frac{1{,}76 \cdot 10^{-4} - 7{,}04 \cdot 10^{-6}}{0{,}29 \cdot 10^{-4} - 6{,}17 \cdot 10^{-6}} \ln \frac{0{,}29 \cdot 10^{-4}}{6{,}17 \cdot 10^{-6}}$$

$$NTU_{OG} = 11{,}45 \ ,$$

$$NTU_{OL} = \frac{1{,}79 \cdot 10^{-4} - 1{,}06 \cdot 10^{-6}}{0{,}36 \cdot 10^{-4} - 7{,}53 \cdot 10^{-6}} \ln \frac{0{,}36 \cdot 10^{-4}}{7{,}53 \cdot 10^{-6}}$$

$$NTU_{OL} = 9{,}78 \ .$$

Im nächsten Schritt muß dann die Höhe der Übertragungseinheit nach Gl. (4.98) bzw. (4.99) ermittelt werden:

$$HTU_{OG} = HTU_G + \frac{m\dot{V}}{\dot{L}} HTU_L \ ,$$

$$HTU_G = \frac{\dot{V}}{\beta_G a A} = \frac{1168 \cdot 4}{557{,}4 \cdot 2{,}2^2 \cdot 3{,}14} = 0{,}551 \text{ m} \ ,$$

$$HTU_L = \frac{\dot{L}}{\beta_L a A} = \frac{1110 \cdot 4}{871{,}1 \cdot 2{,}2^2 \cdot 3{,}14} = 0{,}335 \text{ m} \ ,$$

$$HTU_{OG} = 0{,}551 + \frac{0{,}82 \cdot 1168}{1110} 0{,}335 = 0{,}84 \text{ m} \ ,$$

$$H = NTU_{OG} \cdot HTU_{OG} \cdot \text{Sicherheitszuschlag} = 11{,}45 \cdot 0{,}84 \cdot 1{,}25 = 12{,}02 \text{ m} \ ,$$

$$HTU_{OL} = HTU_L + \frac{\dot{L}}{\dot{V}m} HTU_G$$

$$HTU_{OL} = 0{,}335 + \frac{1110}{1168 \cdot 0{,}82} \, 0{,}551 = 0{,}973 \text{ m} \, ,$$

$H = NTU_{OL} \cdot HTU_{OL} \cdot \text{Sicherheitszuschlag} = 9{,}78 \cdot 0{,}973 \cdot 1{,}25 = 11{,}89 \text{ m} \, .$

Problematisch bei der Berechnung der Höhe mit Hilfe des Konzepts der Übertragungseinheit ist insbesondere die Abschätzung der benötigten Stoffübergangskoeffizienten und die Ermittlung der spezifischen Phasengrenzfläche, zumal diese Werte auch noch stark von den Betriebsbedingungen beeinflußt werden. Die besten Werte lassen sich natürlich über Versuche erhalten. Angenäherte Werte ergeben die von Billet [20] bzw. Mersmann [21] publizierten Korrelationsgleichungen.

Aufgrund der genannten Probleme wird die Höhe einer Füllkörperschüttung bei Kenntnis der benötigten Zahl theoretischer Trennstufen (s. Kap. 4.3.2) in der Praxis oftmals nach der folgenden Gleichung berechnet:

$$H = N_{th} \cdot HETP \, . \tag{4.100}$$

N_{th} Anzahl der benötigten theoretischen Stufen

In dieser Beziehung bezeichnet *HETP* (height equivalent to one theoretical plate) die Höhe der Schüttung, die äquivalent einer Gleichgewichtsstufe wäre. Der Wert für *HETP* hängt dabei natürlich stark von der Art und Größe des Füllkörpers bzw. der Packung ab. Weiterhin werden die Werte von den Betriebsbedingungen und der Konzentration beeinflußt. Von erfahrenen Packungsherstellern lassen sich diese Werte aber als Funktion der verschiedenen Einflußgrößen erhalten, so daß bei Kenntnis der Anzahl theoretischer Trennstufen (z. B. ermittelt mit Hilfe des Konzepts der Gleichgewichtsstufe) die Höhe der Packung direkt berechnet werden kann.

4.4 Rektifikation bei Drücken ≠ Atmosphärendruck

In der Regel ist man bestrebt Rektifikationsprozesse bei Atmosphärendruck durchzuführen. Verschiedene Gründe können aber dazu führen, daß die rektifikative Trennung bei verringertem oder erhöhtem Druck realisiert wird. So kann die Trennung im Vakuum oder bei erhöhtem Druck wirtschaftlicher sein, wenn der Trennfaktor bei Atmosphärendruck ungünstige Werte aufweist. Daneben wird die Trennung bei unterschiedlichen Drücken interessant, wenn dadurch eine Wärmekopplung der Rektifikationskolonnen erreicht werden kann. Eine Trennung bei erhöhtem Druck kann auch interessant werden, wenn dadurch Kühlwasser anstelle teurer Kältemittel im Kondensator als Kühlmedium eingesetzt werden kann. Eine Trennung im Vakuum, d. h. bei niedrigeren Temperaturen, bietet sich insbesondere auch bei thermisch labilen Komponenten an.

Die Realisierung der Trennung bei Drücken ungleich Atmosphärendruck ist immer mit erhöhten Kosten (Investitions- und Betriebskosten) zur Vakuumerzeugung oder Druckerzeugung verbunden. Weiterhin wirkt sich der Druck in der Kolonne direkt auf den Durchmesser der Kolonne aus. Während eine Trennung im Vakuum zu größeren Durchmessern führt, führt die Trennung bei erhöhtem Druck bei einer Verringerung des Durchmessers zu dickeren Wandstärken.

4.4.1 Vakuumrektifikation

Wie bereits erwähnt, muß die Rektifikation in einigen Fällen aufgrund der hohen Normalsiedepunkte und der begrenzten thermischen Stabilität organischer Verbindungen (z. B. Fettsäuren) oder des zur Verfügung stehenden Heizdampfes und der damit vorgegebenen maximalen Sumpftemperatur bei reduzierten Drücken durchgeführt werden. Die Realisierung der Trennung im Vakuum kann natürlich auch durch ungünstige Trennfaktoren (z. B. azeotroper Punkt oder Trennfaktor nahezu 1) bei Atmosphärendruck bedingt werden. So ist der Trennfaktor (s. Gl. 3.34) durch die Werte der Aktivitätskoeffizienten und Sättigungsdampfdrücke festgelegt. Sowohl das Verhältnis der Aktivitätskoeffizienten als auch der Sättigungsdampfdrücke ändert sich mit der Temperatur. Betrachtet man nur das Verhältnis der Sättigungsdampfdrücke, so wird der Trennfaktor mit steigender Temperatur ungünstigere Werte annehmen, wenn die schwerer siedende Komponente eine höhere Verdampfungsenthalpie aufweist als die leichter flüchtige Komponente (s. Kap. 3.15). In diesen Fällen können die Werte für den Trennfaktor bei Normaldruck wesentlich ungünstiger als bei reduzierten Drücken liegen. Da der Wert des Trennfaktors (bzw. der Differenz $\alpha_{12} - 1$) sich direkt auf die Anzahl der benötigten Trennstufen auswirkt, wird man in diesen Fällen die Trennung aus wirtschaftlichen Gründen bei reduzierten Drücken durchführen. Dies bedeutet natürlich gleichzeitig, daß der Druckabfall in der Kolonne möglichst gering sein sollte. Ein geringer Druckabfall kann besonders leicht in Kolonnen mit geordneten Packungen (s. Kap. 4.8.2) realisiert werden.

Die Vorteile der Vakuumrektifikation sollen am Beispiel der Trennung des Systems Cyclohexanon–Cyclohexanol (wichtiges System bei der Nylon-Herstellung) demonstriert werden.

Beispiel 4.9

Berechnen Sie die Temperaturabhängigkeit des Trennfaktors für das System Cyclohexanon(1)–Cyclohexanol(2) mit Hilfe der folgenden Reinstoff- und Gemischdaten. Schätzen Sie weiterhin die minimale Anzahl theoretischer Trennstufen bei 40 und 120 °C mit Hilfe der Fenske-Gleichung [$(x_1/x_2)_D = 1000$, $(x_1/x_2)_B = 0{,}001$] ab.

Reinstoffdaten:

	v_i^L (cm³/mol)	Antoine-Konstanten (kPa, °C)		
		A	B	C
Cyclohexanon	104,18	6,59540	1832,20	244,20
Cyclohexanol	103,43	5,92859	1199,10	145,00

Wilson-Parameter:

$\Delta\lambda_{12} = 5{,}68$ K

$\Delta\lambda_{21} = 102{,}4$ K

Lösung:

Zunächst sollen die Sättigungsdampfdrücke als Funktion der Temperatur mit Hilfe der Antoine-Konstanten berechnet und in logarithmischer Form über die reziproke Temperatur aufgetragen werden. Für einige Temperaturen sind die resultierenden Dampfdrücke in der folgenden Tabelle aufgeführt:

ϑ (°C)	P_1^s (kPa)	P_2^s (kPa)	P_1^s/P_2^s
40	1,408	0,280	5,03
60	3,736	1,200	3,11
80	8,789	3,974	2,21
100	18,72	10,82	1,73
120	36,70	25,33	1,45
140	67,07	52,63	1,27
160	115,5	99,33	1,16
180	188,9	173,4	1,09

Aus der Tabelle ist zu erkennen, daß das Verhältnis der Sättigungsdampfdrücke und damit der ideale Trennfaktor mit steigender Temperatur immer geringer wird. Diese Temperaturabhängigkeit ist auch deutlich Abb. 4.28 zu entnehmen.

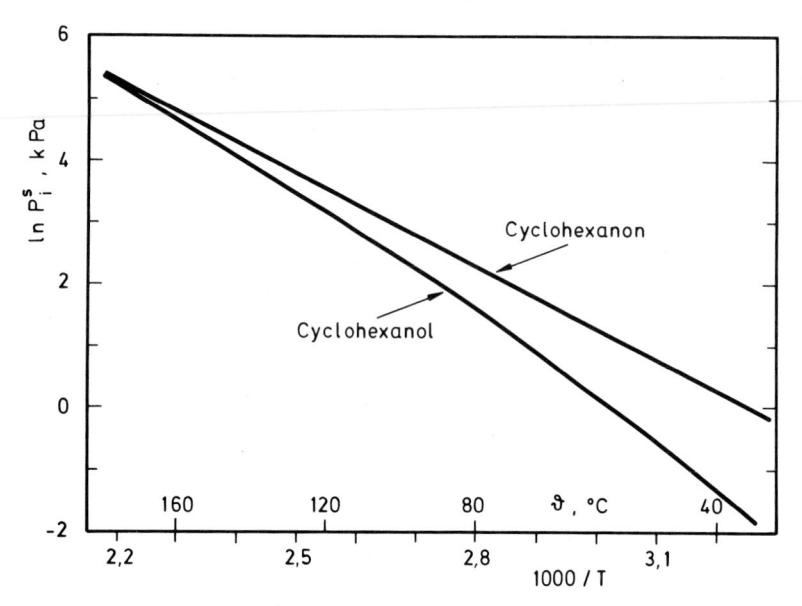

Abb. 4.28 Temperaturabhängigkeit der Sättigungsdampfdrücke für Cyclohexanon und Cyclohexanol

Zur Berechnung des realen Trennfaktors werden neben den Sättigungsdampfdrücken noch die Aktivitätskoeffizenten benötigt. Für die Werte bei unendlicher Verdünnung läßt sich diese Berechnung leicht durchführen. So ergeben sich (s. Tab. 3.4) bei 40 °C für die Wilson-Parameter

$$\Lambda_{12} = \frac{103,43}{104,18} \exp \frac{-5,68}{313,15} = 0,9749 \quad \text{und}$$

$$\Lambda_{21} = \frac{104,18}{103,43} \exp \frac{-102,4}{313,15} = 0,7263$$

und damit für die Aktivitätskoeffizienten bei unendlicher Verdünnung (s. Tab. 3.5):

$\ln \gamma_1^\infty = 1 - \ln \Lambda_{12} - \Lambda_{21} = 1 - \ln 0{,}9749 - 0{,}7263 = 0{,}299$

$\gamma_1^\infty = 1{,}349$,

$\ln \gamma_2^\infty = 1 - \ln \Lambda_{21} - \Lambda_{12} = 1 - \ln 0{,}7263 - 0{,}9749 = 0{,}344$

$\gamma_2^\infty = 1{,}412$.

Damit erhält man die folgenden Trennfaktoren α_{12}^∞ (Gl. 3.42) bei 40 °C:

$$x_1 = 0 \qquad \alpha_{12}^\infty = \frac{\gamma_1^\infty P_1^s}{P_2^s} = \frac{1{,}349 \cdot 1{,}408}{0{,}280} = 6{,}78,$$

$$x_1 = 1 \qquad \alpha_{12}^\infty = \frac{P_1^s}{\gamma_2^\infty P_2^s} = \frac{1{,}408}{1{,}412 \cdot 0{,}280} = 3{,}56.$$

Die Werte für α_{12} liegen zwischen 3,56 und 6,78. Führt man die gleichen Berechnungen auch für höhere Temperaturen durch, so ergibt sich die in Abb. 4.29 gezeigte Abhängigkeit von der Temperatur. Unter Benutzung eines mittleren Trennfaktors (Gl. 4.35) für die vorgegebenen Temperaturen, ergeben sich dafür die folgenden minimalen Bodenzahlen unter Verwendung der Fenske-Gleichung (Gl. 4.33):

$\vartheta = 40$ °C:

$\bar{\alpha}_{12} = \sqrt{3{,}56 \cdot 6{,}78} = 4{,}91$,

$N_{\min} = 8{,}68$,

$\vartheta = 120$ °C:

$\bar{\alpha}_{12} = \sqrt{1{,}101 \cdot 1{,}852} = 1{,}428$,

$N_{\min} = 38{,}78$.

Anhand dieser Zahlen und der in Abb. 4.29 dargestellten Temperaturabhängigkeit ist deutlich zu erkennen, welche Vorteile beim System Cyclohexanon–Cyclohexanol die Rektifikation bei niedriger Temperatur (reduzierten Drücken), aufgrund der günstigeren Trennfaktoren und der damit verbundenen geringeren Zahl theoretischer Trennstufen, gegenüber der Rektifikation bei Normaldruck aufweist. Oberhalb von 120 °C ist eine normale destillative Trennung aufgrund auftretender Azeotropie nicht mehr möglich.

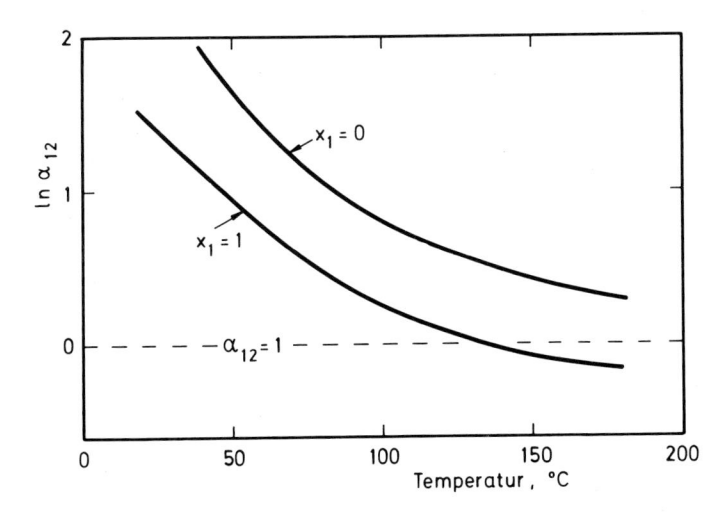

Abb. 4.29 Temperaturabhängigkeit der Trennfaktoren für das System Cyclohexanon–Cyclohexanol

4.4.2 Rektifikation bei erhöhtem Druck

Als Beispiele für die Rektifikation bei erhöhtem Druck, können die bei der Gewinnung der Olefine aus dem C_2- bis C_4-Schnitt des Steamcrackers nachgeschalteten Trennungen durch Tieftemperaturrektifikation genannt werden. Die Kolonnen zur Trennung von Propan und Propen bei ca. 16 bar sind oft weit sichtbar, da eine Vielzahl von Stufen (ca. 200 Stufen) aufgrund des geringen Trennfaktors zur Durchführung der Trennung erforderlich sind. Der Vorteil der Rektifikation bei erhöhtem Druck liegt in der Möglichkeit Kühlwasser anstelle teurer Kühlmedien im Kondensator einsetzen zu können.

Daneben ist die Trennung bei erhöhtem Druck anzustreben, wenn der azeotrope Punkt bei erhöhtem Druck verschwindet. Dies ist z. B. bei dem System Ethanol–1,4-Dioxan der Fall.

Beim System Wasser–Ameisensäure ist die Rektifikation bei erhöhtem Druck sinnvoll, da bei ca. 3 bar ein Azeotrop mit einer Konzentration von 85 Gew.% Ameisensäure (azeotrope Zusammensetzung bei 1 bar: ca. 77 Gew.%) anfällt, welches ab dieser Konzentration direkt verkauft werden kann.

Bei der energieintensiven Ethanolabsolutierung durch azeotrope Rektifikation bietet es sich aus Energiegründen an, die Heteroazeotropkolonne bei erhöhtem Druck zu fahren, um die im Kondensator freiwerdende Energie direkt zur Beheizung der zweiten Kolonne zu nutzen. Als positiver Nebeneffekt zeigt sich dabei, daß das Heteroazeotrop bei erhöhtem Druck einen höheren Wassergehalt aufweist, was die Ethanol-Absolutierung deutlich erleichtert.

4.5 Sonderverfahren der kontinuierlichen Rektifikation

An Abb. 4.20 ist zu erkennen, daß bei Trennfaktoren, die nur wenig vom Wert 1 abweichen, eine Trennung durch Rektifikation aufgrund der benötigten hohen Stufenzahl und der damit verbundenen hohen Investitionskosten nicht mehr wirtschaftlich durchgeführt werden kann.

Für den Fall, daß das zu trennende System einen azeotropen Punkt aufweist ($\alpha_{12} = 1$), kann selbst bei einer unendlich großen Anzahl von Trennstufen keine Trennung in die reinen Komponenten durch normale Rektifikation erreicht werden.

Welche Möglichkeiten dennoch bestehen, eine rektifikative Trennung solcher Systeme durchzuführen, läßt sich am besten an der vereinfachten Gleichung für den Trennfaktor erkennen:

$$\alpha_{12} = \frac{K_1}{K_2} = \frac{\gamma_1 P_1^s}{\gamma_2 P_2^s}. \tag{3.34}$$

An der Gleichung ist zu erkennen, daß der Trennfaktor durch eine Druckänderung (Temperaturänderung) beeinflußt werden kann, da sich sowohl die Sättigungsdampfdrücke als auch die Aktivitätskoeffizienten mit der Temperatur ändern. So kann durch Druck- und der damit verbundenen Temperaturänderung die azeotrope Zusammensetzung stark verändert werden oder das azeotrope Verhalten sogar ganz verschwinden. Beide Effekte lassen sich zur Durchführung einer Trennung durch Rektifikation ausnutzen.

In Abb. 4.30 ist beispielhaft die azeotrope Zusammensetzung des Systems Ethanol(1)–Wasser(2) als Funktion der Temperatur dargestellt. An der Darstellung ist zu erkennen, daß sich das System Ethanol–Wasser bei Temperaturen $\leq 30°C$ (Druck $\leq 93{,}5$ mbar) theoretisch durch Rektifikation trennen läßt. Die Durchführung der Trennung mittels Rektifikation ist jedoch aufgrund des bei diesem System nur wenig vom Wert 1 abweichenden Trennfaktors und des damit verbundenen apparativen Aufwandes (hohe Trennstufenzahl, Vakuum) nicht wirtschaftlich.

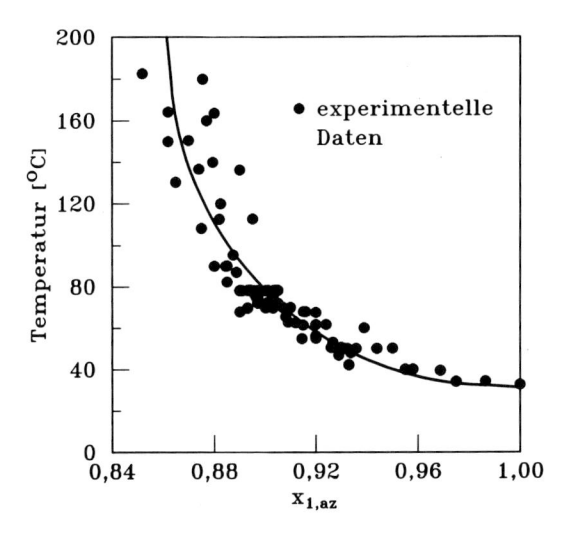

Abb. 4.30 Azeotrope Zusammensetzung des Systems Ethanol(1)–Wasser(2) als Funktion der Temperatur[33]

Wie bereits erwähnt, kann auch eine starke Änderung der azeotropen Zusammensetzung zur Trennung ausgenutzt werden. Ein Beispiel dafür ist das System Tetrahydrofuran–Wasser, bei dem reines Tetrahydrofuran und Wasser durch Rektifikation in zwei Kolonnen, die bei unterschiedlichen Drücken betrieben werden, gewonnen werden kann (s. Kap. 4.5.2). Auch das Auftreten eines heteroazeotropen Punktes und dem mit der Kondensation verbundenen Zerfall in zwei flüssige Phasen unterschiedlicher Zusammensetzung kann zur Trennung ausgenutzt werden.

Die eleganteste Möglichkeit zur Trennung homogener azeotroper Systeme ergibt sich durch Zugabe einer weiteren Komponente. So läßt sich durch Zugabe eines Zusatzstoffes das Verhältnis der Aktivitätskoeffizienten und damit der Trennfaktor beeinflussen. Es lassen sich dabei zwei Verfahren unterscheiden:

1. extraktive Rektifikation und
2. azeotrope Rektifikation.

Während man bei der extraktiven Rektifikation versucht, mit einem hochsiedenden Zusatzstoff die Flüchtigkeit der am Kopf abzuziehenden Komponente(n) relativ zu der (den) im Sumpf anfallenden Komponente(n) zu erhöhen, wird für die azeotrope Rektifikation ein Zusatzstoff gesucht, der zur Bildung eines leichter siedenden und gleichzeitig leicht zu trennenden Azeotrops führt.

Technische Beispiele für die Anwendung der extraktiven und azeotropen Rektifikation sind in dem jeweiligen Kapitel (Kap. 4.5.3 bzw. 4.5.4) gegeben.

4.5.1 Trennung binärer heteroazeotroper Systeme

Das System Wasser–1-Butanol weist einen heteroazeotropen Punkt auf. Der Zerfall in zwei flüssige Phasen kann direkt zur Trennung in die reinen Komponenten ausgenutzt werden. Für die Trennung des binären heteroazeotropen Systems in die reinen Komponenten benötigt man jedoch zwei Kolonnen. Befindet man sich mit der Zulaufkonzentration auf der butanolreichen Seite, so läßt sich aus dem Sumpf der Kolonne reines Butanol abziehen, während im Kopf der Kolonne ein Gemisch mit heteroazeotroper Zusammensetzung anfällt. Nach der Kondensation des Dampfes bilden sich im Abscheider zwei flüssige Phasen. Von diesen Phasen wird die butanolreiche Phase als Rücklauf auf die erste Kolonne gegeben, während die wasserreiche Phase in einer zweiten Kolonne getrennt wird, so daß am Kopf der Kolonne das Heteroazeotrop (Rücklauf: wasserreiche Phase) und im Sumpf der Kolonne reines Wasser anfällt. Abb. 4.31 zeigt das y-x-Diagramm sowie die Kolonnenkonfiguration für diesen Trennprozeß.

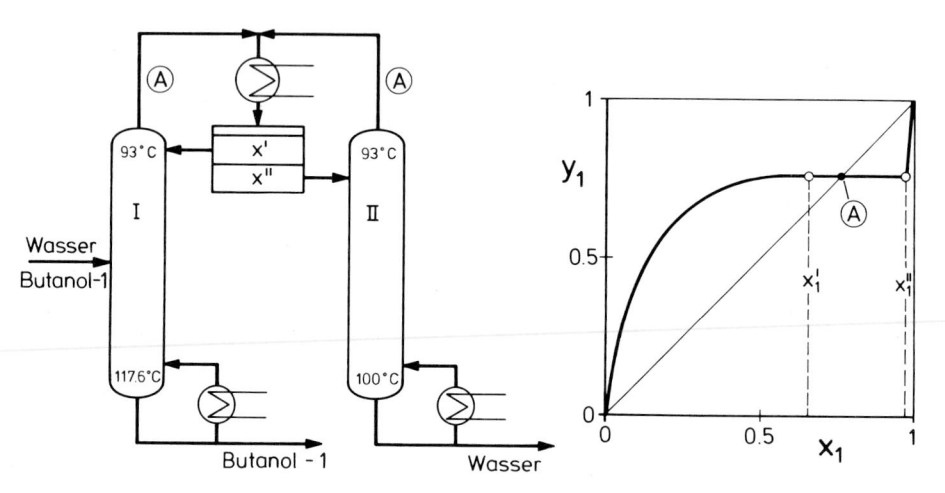

Abb. 4.31 Kolonnenkonfiguration und y-x-Diagramm für die Trennung des Systems Wasser(1)–1-Butanol(2) bei 101,3 kPa

4.5.2 Zweidruckverfahren

Bei Komponenten mit sehr ähnlichen Dampfdrücken aber unterschiedlichen Verdampfungsenthalpien kann eine Temperaturänderung (bzw. Druckänderung) zu einer starken Änderung der azeotropen Zusammensetzung führen. Diese starke Änderung wird durch

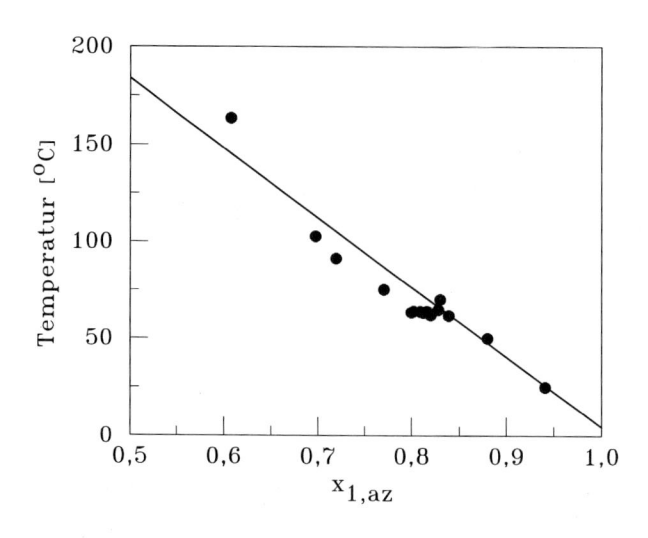

Abb. 4.32 Temperaturabhängigkeit der azeotropen Zusammensetzung des Systems Tetrahydrofuran(1)–Wasser(2)[33]

4.5 Sonderverfahren der kontinuierlichen Rektifikation   227

eine unterschiedliche Steigung der Dampfdruckkurven oder aber eine unterschiedliche Temperaturabhängigkeit der Aktivitätskoeffizienten (s. Gl. 3.34) hervorgerufen. Eine starke Druckabhängigkeit der azeotropen Zusammensetzung läßt sich direkt zur Trennung durch Rektifikation ausnutzen. Jedoch wird diese Art der Trennung sehr selten in der chemischen Technik angewandt. Eine Ausnahme ist das System Tetrahydrofuran–Wasser, welches im technischen Maßstab nach dem Zweidruckverfahren bei ca. 1 atm und ca. 10 atm getrennt wird. Die Art der Durchführung und die zugehörigen y-x-Diagramme sind in Abb. 4.33 dargestellt.

Beispiel 4.10

In [27] werden die folgenden empfohlenen Werte zur Beschreibung des Dampf-Flüssig-Gleichgewichts des Systems Tetrahydrofuran(1)–Wasser(2) gegeben.

Reinstoffdaten:

	Antoine-Konstanten					
	A	B	C	v_i^l	r_i	q_i
	P_i^s (kPa)			(cm^3/mol)		
Tetrahydrofuran	6,12005	1202,29	226,254	81,55	2,9415	2,72
Wasser	7,19621	1730,63	233,426	18,07	0,92	1,4

Modellparameter (K):

Wilson	NRTL	UNIQUAC
$\Delta\lambda_{12} = 574{,}0$	$\Delta g_{12} = 460{,}8$	$\Delta u_{12} = 420{,}3$
$\Delta\lambda_{21} = 915{,}6$	$\Delta g_{21} = 868{,}1$	$\Delta u_{21} = 5{,}294$
	$\alpha_{12} = 0{,}4522$	

Berechnen Sie unter Benutzung dieser Parameter die azeotropen Punkte als Funktion der Temperatur für die verschiedenen Modelle.

Lösung:

Die Berechnung kann in der üblichen Weise für eine vorgegebene Zusammensetzung und Temperatur erfolgen. Die Konzentration wird dann solange geändert, bis sich die Konzentration in der Dampfphase nur noch um einen kleinen Betrag ε von der Konzentration in der flüssigen Phase unterscheidet.

Für die verschiedenen Modelle sind die sich ergebenden azeotropen Zusammensetzungen mit dem sich einstellenden Druck in der folgenden Tabelle gegeben.

	Wilson		NRTL		UNIQUAC	
ϑ (°C)	$x_{1,\text{az}}$	P (kPa)	$x_{1,\text{az}}$	P (kPa)	$x_{1,\text{az}}$	P (kPa)
40	0,887	41,71	0,897	41,36	0,884	41,32
70	0,821	123,5	0,819	123,9	0,804	123,4
100	0,747	304,0	0,740	310,1	0,724	307,5
130	0,670	653,3	0,666	677,0	0,649	669,3
160	0,593	1264,0	0,601	1328,	0,581	1311,

An den Ergebnissen ist eine deutliche Abhängigkeit der azeotropen Zusammensetzung von der Temperatur zu erkennen (s. Abb. 4.32). Diese Temperatur- bzw. Druckabhängigkeit kann direkt zur Trennung dieses Systems durch Rektifikation ausgenutzt werden.

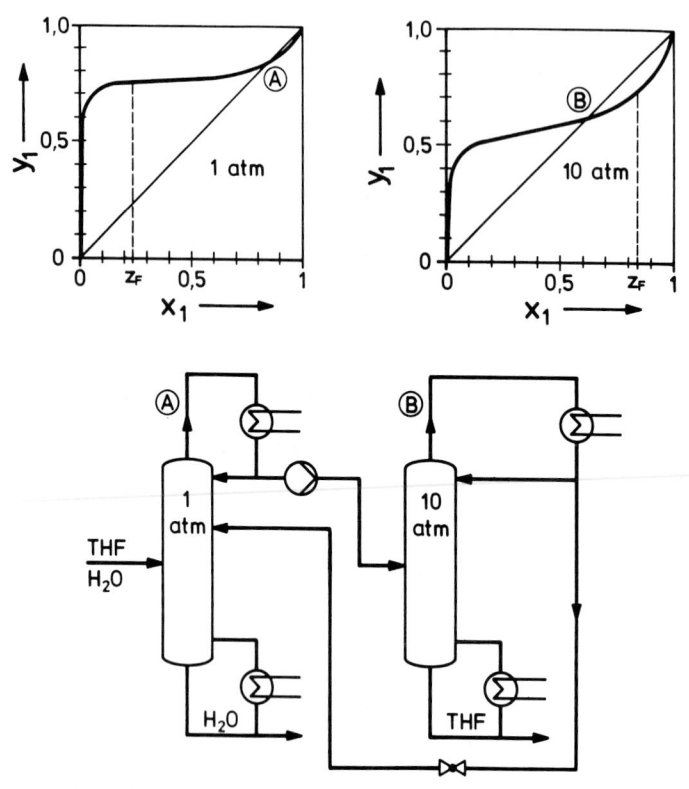

Abb. 4.33 Kolonnenkonfiguration für die Trennung des Systems Tetrahydrofuran(1)–Wasser(2) durch Zweidruckdestillation

Beispiel 4.11

Das System Tetrahydrofuran(1)–Wasser(2) zeigt eine starke Temperaturabhängigkeit der azeotropen Zusammensetzung (s. Beispiel 4.10) und kann daher mit Hilfe des Zweidruckverfahrens getrennt werden.

Legen Sie mit Hilfe des Programms DESW (siehe Anhang) für eine Feed-Zusammensetzung von $x_1 = 0,8$ die folgenden Größen für die beiden Kolonnen fest, die bei 1 und 10 atm betrieben werden:

a Feed-Boden,
b Rücklaufverhältnis,
c Anzahl der theoretischen Stufen und
d Destillatmenge.

Benutzen Sie für die Darstellung des Dampf-Flüssig-Gleichgewichts die Wilson-Gleichung. Die benötigten Reinstoff- und Gemischparameter können dem Beispiel 4.10 entnommen werden.

Lösung:

Mit dem Programm DESW lassen sich verschiedene Varianten durchspielen. In diesem Fall wurden mit den im Anhang gelisteten Eingabedateien die folgenden Resultate erzielt:

1. Kolonne
Druck: 101,32 kPa

1. Zulaufboden: 4
   $\dot{F}_1$ = 80 kmol/h Tetrahydrofuran
   $\dot{F}_2$ = 20 kmol/h Wasser

2. Zulaufboden: 5
   $\dot{F}_1$ = 40,3 kmol/h Tetrahydrofuran
   $\dot{F}_2$ = 24,7 kmol/h Wasser

Rücklaufverhältnis: $v = 1$
Anzahl theoretischer Stufen: $N_{th} = 20$
Destillatmenge: $\dot{D} = 144{,}5$ kmol/h

2. Kolonne
Druck 1013,2 kPa
Zulaufboden: 22
   $\dot{F}_1$ = 120,0 kmol/h Tetrahydrofuran
   $\dot{F}_2$ = 25,0 kmol/h Wasser

Rücklaufverhältnis: $v = 1{,}4$
Anzahl theoretischer Stufen: $N_{th} = 28$
Destillatmenge: $\dot{D} = 72{,}0$ kmol/h

Die Kolonnenkonfiguration wurde bereits in Abb. 4.33 dargestellt.

Für den Fall, daß die azeotrope Zusammensetzung des zu trennenden binären Systems keine starke Druckabhängigkeit zeigt, können durch Zugabe eines Zusatzstoffs, welcher mit einer der zu trennenden Komponenten ein stark druckabhängiges Azeotrop bildet, die Grenzdestillationslinien entsprechend beeinflußt werden. Dieser Effekt kann ebenfalls zur Trennung des binären azeotropen Systems mittels Zweidruckrektifikation genutzt werden.

4.5.3 Extraktive Rektifikation

Die extraktive Rektifikation ist ein weiteres Verfahren zur Trennung von Systemen mit Trennfaktoren, die nahe beim Wert 1 liegen. Der bei diesem Verfahren zugefügte Zusatzstoff hat die Aufgabe, die Aktivitätskoeffizienten der zu trennenden Komponenten in der Weise zu beeinflussen, daß der Trennfaktor Werte annimmt, die möglichst stark vom Wert 1 abweichen.

Neben der positiven Veränderung des Trennfaktors, muß ein Zusatzstoff für die extraktive Rektifikation jedoch noch weitere Bedingungen erfüllen. So soll der Siedepunkt mindestens 40 °C oberhalb der Siedepunkte der zu trennenden Komponenten liegen, um eine möglichst leichte Abtrennbarkeit des Zusatzstoffes in einer weiteren Kolonne zu gewährleisten. Weiterhin muß der Zusatzstoff thermisch stabil, zu einem günstigen Preis erhältlich und möglichst ungiftig sein.

Um eine selektive Wirkung durch den Zusatzstoff zu erzielen, muß nahezu in der gesamten Kolonne für eine hohe Zusatzstoffkonzentration (50–80%) gesorgt werden. Dies bedeutet, daß der schwersiedende Zusatzstoff nahezu am Kopf der Kolonne aufgegeben werden muß. Wie sich der Trennfaktor mit der Konzentration des selektiven Lösungsmittels ändert, ist im nächsten Beispiel dargestellt und wurde bereits in Abb. 3.18 für die Trennung des Systems Benzol–Cyclohexan mit Anilin als Zusatzstoff gezeigt.

230   4 Berechnung thermischer Trennverfahren

Zur Auswahl der Zusatzstoffe lassen sich die in Kap. 3 beschriebenen Modelle oder Gruppenbeitragsmethoden heranziehen. Weiterhin lassen sich die Trennfaktoren der verschiedenen Komponenten für selektive Zusatzstoffe recht leicht mit Hilfe der Gas-Flüssig-Chromatographie bestimmen. Daneben können empirische Regeln zur Auswahl geeigneter Zusatzstoffe herangezogen werden. So geben Polaritätstabellen (s. Tab. 4.6) Hinweise auf geeignete selektive Zusatzstoffe.

Tab. 4.6 Zunehmende Polarität der Substanzklassen

Kohlenwasserstoffe
Ether
Aldehyde
Ketone   ↓ Polarität
Ester
Alkohole
Glykol
Wasser

In dieser Tabelle steigt die Realität, d. h. die Aktivitätskoeffizienten der betrachteten Komponenten, je weiter die Klassen in der Tabelle voneinander entfernt sind. Die extremsten Aktivitätskoeffizienten ergeben sich für Wasser-Kohlenwasserstoff-Systeme.

Betrachtet man die Trennung des Systems Methanol–Aceton, so läßt sich aus der Tabelle entnehmen, daß als selektive Zusatzstoffe Wasser oder Kohlenwasserstoffe eingesetzt werden können. Während Wasser dafür sorgt, daß die Flüchtigkeit bzw. der Aktivitätskoeffizienten des Acetons relativ zum Methanol erhöht wird, bewirken Kohlenwasserstoffe den umgekehrten Effekt. Daneben könnten auch höhersiedende Ketone bzw. Alkohole als selektive Zusatzstoffe eingesetzt werden.

Beispiel 4.12
Ermitteln Sie unter Verwendung der Wilson-Gleichung und der in Beispiel 3.2 und 3.5 gegebenen Reinstoffdaten und Gemischparameter den Trennfaktor α_{12} für äquimolare Mengen an Benzol(1) und Cyclohexan(2) bei einer Temperatur von 60 °C als Funktion der Anilinkonzentration x_3.

Lösung:
Die Vorgehensweise bei der Berechnung des Trennfaktors α_{12} ist identisch mit der in Beispiel 3.5. Dabei ergab sich für eine Anilinkonzentration $x_3 = 0,5$ ein Trennfaktor α_{12} von 0,53. Für weitere Anilinkonzentrationen sind die Trennfaktoren nachfolgend aufgeführt.

x_3	α_{12}
0,0	1,01
0,2	0,767
0,4	0,601
0,6	0,463
0,8	0,340
1,0	0,225

Es ist deutlich zu erkennen, daß der Trennfaktor umso günstiger wird, je höher die Anilinkonzentration ist. Höhere Anilinkonzentrationen bedingen aber bei vorgegebener

4.5 Sonderverfahren der kontinuierlichen Rektifikation

Destillatmenge höhere Stoffströme, so daß aus wirtschaftlichen Gründen in der Praxis Konzentrationen an selektivem Lösungsmittel von 50 bis 80% angestrebt werden.

Ein typischer Prozeß der extraktiven Rektifikation ist in Abb. 4.34 dargestellt. Es zeigt die Trennung des Systems Benzol–Cyclohexan mit Hilfe von Anilin. Die Zugabe des Anilins bewirkt, wie in Beispiel 4.12 gezeigt, daß sich die Flüchtigkeit von Cyclohexan im Vergleich zum Benzol erhöht.

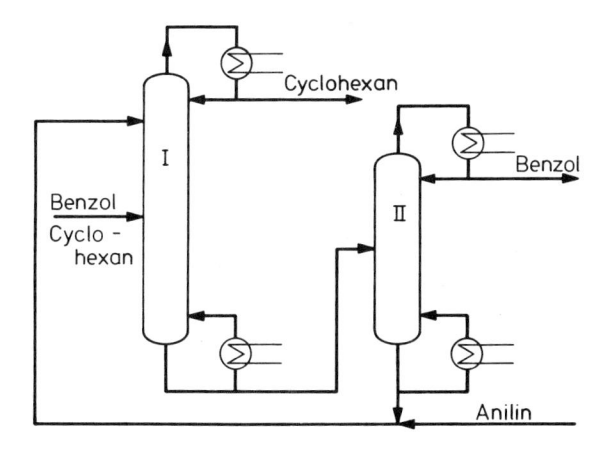

Abb. 4.34 Kolonnenkonfiguration der extraktiven Rektifikation am Beispiel der Trennung des Systems Benzol–Cyclohexan mit Anilin als Zusatzstoff

Bei der extraktiven Rektifikation wird der schwer siedende Zusatzstoff in der Nähe des Kopfes eingespeist und mit der (den) in dem zu trennenden System schwerer flüchtigen Komponente(n) am Sumpf abgezogen. In einer weiteren Kolonne kann dann der Zusatzstoff aufgrund des Siedepunktsunterschiedes relativ leicht im Sumpf abgetrennt und dem Kreislauf zugeführt werden, so daß lediglich geringe Verluste an Zusatzstoff zu ersetzen sind.

Beispiele für technisch wichtige Trennungen, die mit Hilfe der extraktiven Rektifikation durchgeführt werden, sind in Tab. 4.7 zu finden.

Tab. 4.7 Beispiele für die technische Realisierung der extraktiven Rektifikation

Trennproblem	selektive Lösungsmittel
Aliphaten-Aromaten (enger Siedebereich) z. B. Benzol–Cyclohexan, Methylcyclohexan–Toluol, ...	N-Methylpyrrolidon (NMP), Dimethylformamid (DMF), N-Formylmorpholin (NFM), Anilin, Phenol, ...
Ethanol–Wasser, Isopropanol–Wasser, ...	Ethandiol–1,2
Butane–Butene	NMP, DMF, NFM, Furfural, ...
Butene–Butadien	NMP, DMF, ...
Aceton–Methanol	Wasser
Chlorwasserstoff–Wasser, Salpetersäure–Wasser	Schwefelsäure

Beispiel 4.13

Die Aliphaten–Aromaten-Trennung ist von großer technischer Bedeutung. Aliphaten und Aromaten mit ähnlichem Siedepunkt [z. B. Benzol–Cyclohexan, Methylcyclohexan (bzw. Heptan)–Toluol] stellen in der Regel schwer trennbare Systeme dar ($\alpha_{ij} \sim 1$).

Durch Zugabe selektiv wirkender Zusatzstoffe lassen sich jedoch die Trennfaktoren (bzw. die Aktivitätskoeffizienten) so beeinflussen, daß eine Trennung durch extraktive Rektifikation möglich ist.

Die Trennung eines Benzol(1)–Cyclohexan(2)-Gemisches mit Anilin(3) soll mit Hilfe des Programms DESW ausgelegt werden. Wählen Sie die Feed-Böden und das Rücklaufverhältnis so, daß mit 28 theoretischen Trennstufen und 480 kmol Anilin/h 200 kmol/h eines Feeds mit je 50 Mol% Benzol und 50 Mol% Cyclohexan in der Weise getrennt werden können, daß am Kopf der Kolonne 100 kmol/h eines Produkts mit einer Konzentration von >98 Mol% Cyclohexan und <0,003 Mol% Anilin gewonnen werden kann.

Lösung:
Die benötigten Eingabeparameter für das Programm können dem Beispiel 3.5 entnommen werden. Durch Variation der verschiedenen Parameter können die in der Aufgabenstellung genannten Anforderungen erreicht werden. Ein Inputfile für die gewünschte Trennung sowie die Resultate in Form der Konzentrations- und Temperaturprofile sind im Anhang gegeben.

4.5.4 Azeotrope Rektifikation

Bei der azeotropen Rektifikation wählt man als Zusatzstoff eine Komponente mit ähnlichem Siedepunkt. Diese Komponente soll mit einer der Komponenten oder mit den zu trennenden Komponenten ein leichtsiedendes Azeotrop bilden. Der Zusatzstoff (Azeotropbildner, Azeotropwandler) sollte dabei so ausgewählt werden, daß er wieder leicht vom gewünschten Produkt abgetrennt werden kann. Dies ist der Fall, wenn das gebildete Azeotrop bei der Kondensation in zwei flüssige Phasen zerfällt, d. h. sich ein sog. Heteroazeotrop bildet. Im Falle eines homogenen Azeotrops bietet sich eine Trennung durch Extraktion (z. B. Wasserwäsche) an.

Ein klassisches Beispiel für die azeotrope Rektifikation ist die Absolutierung von Ethanol mit Hilfe von Kohlenwasserstoffen wie z. B. Benzol, Cyclohexan, Pentan oder Toluol als Zusatzstoff. All diese Stoffe bilden mit Ethanol und Wasser ein leichtsiedendes Heteroazeotrop[33], das einen größeren Wasseranteil aufweist, als das Azeotrop des binären Systems Ethanol–Wasser.

Die Kolonnenkonfiguration der azeotropen Rektifikation ist am Beispiel der Trennung des Systems Ethanol–Wasser mit Benzol als Zusatzstoff in Abb. 4.35 dargestellt. Die Grenzdestillationslinien wurden bereits in Abb. 3.20 dargestellt.

Bei der Trennung wird Ethanol zunächst in einer Vorkolonne soweit aufkonzentriert, daß im Sumpf Wasser und am Kopf das Gemisch Ethanol(1)–Wasser(2) mit azeotroper Zusammensetzung (Ⓐ azeotrope Zusammensetzung bei 1 atm ca. $x_1 = 0,90$) anfällt und in die zweite Kolonne eingespeist werden kann. Durch die Zugabe von Benzol (Rückführung der benzolreichen Phase Ⓒ aus dem Abscheider) bildet sich in Kolonne II ein leichtsiedendes Heteroazeotrop Ⓑ. Gleichzeitig fällt im Sumpf der Kolonne reines Ethanol an. Das Heteroazeotrop zerfällt nach der Kondensation in eine benzol- Ⓒ und eine wasserreiche Phase Ⓓ. Während die benzolreiche Phase als Rücklauf auf die zweite Kolonne gegeben wird, wird die wäßrige Phase in der dritten Kolonne aufgearbeitet. Dabei werden die geringen Benzolmengen mit nahezu heteroazeotroper Zusammensetzung Ⓑ am Kopf und ein Ethanol–Wasser-Gemisch Ⓔ im Sumpf abgezogen. Dieses Sumpfprodukt kann dann dem Feed-Strom der ersten Kolonne zugeführt werden.

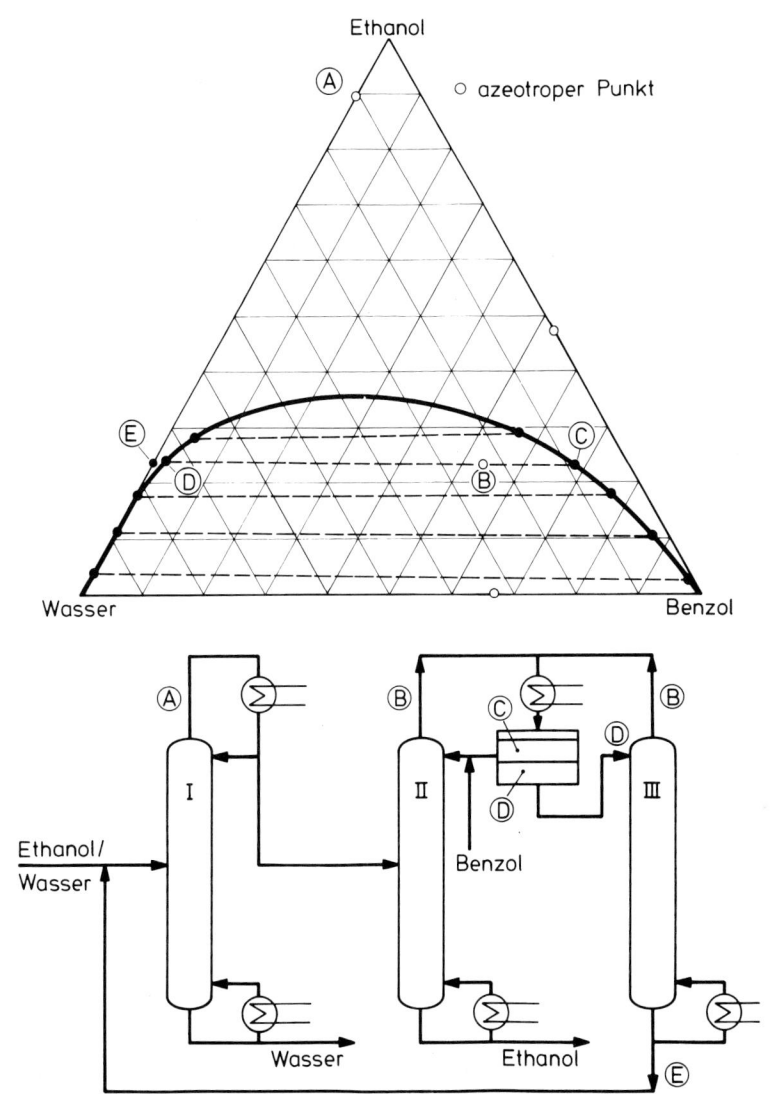

Abb. 4.35 Kolonnenkonfiguration der azeotropen Rektifikation am Beispiel der Absolutierung von Ethanol mit Benzol als selektivem Lösungsmittel

Abb. 4.36 zeigt die Anordnungen der einzelnen Trennprozesse für die Trennung von Benzol und Cyclohexan mit Hilfe von Aceton als Zusatzstoff. Die Grenzdestillationslinien des ternären Systems und der Siedepunkte der reinen Komponenten und azeotropen Punkte bei Atmosphärendruck wurden bereits in Abb. 3.19 dargestellt. Wie aus dem ternären Diagramm (Abb. 3.19) zu entnehmen ist, bildet Aceton mit Cyclohexan ein binäres homogenes Azeotrop, welches am Kopf der Kolonne anfällt. Die Trennung des anfallenden binären Systems geschieht dann durch eine Wasserwäsche, bei der sich Aceton in Wasser löst, während sich gleichzeitig eine Cyclohexanphase ausbildet. Aus der wäßrigen Lösung kann dann der Zusatzstoff (Aceton) durch Rektifikation zurückgewonnen und in den Kreislauf zurückgeführt werden. Die Aufarbeitung der Cyclohexanphase führt zu reinem Cyclohexan.

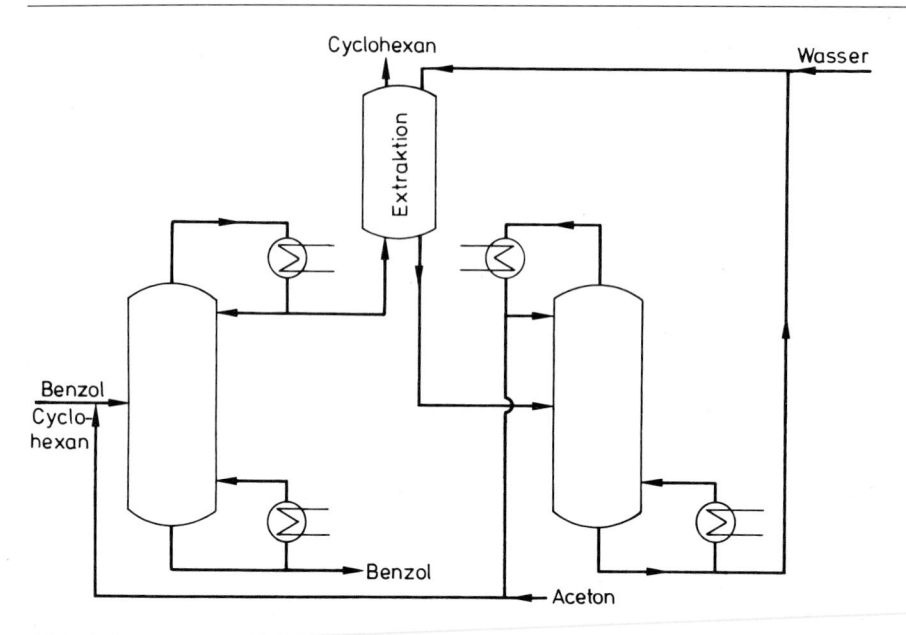

Abb. 4.36 Kolonnenkonfiguration für die Trennung des Systems Benzol–Cyclohexan durch azeotrope Rektifikation mit Aceton als Zusatzstoff

Weitere technisch bedeutsame Trennungen, die mit Hilfe der azeotropen Rektifikation realisiert werden, sind in Tab. 4.8 zu finden.

Vergleicht man die azeotrope und die extraktive Rektifikation, so hat die azeotrope gegenüber der extraktiven Rektifikation den Nachteil, daß der Zusatzstoff verdampft werden muß und damit ein höherer Energiebedarf erforderlich ist.

Tab. 4.8 Beispiele für die technische Realisierung der azeotropen Rektifikation

Trennproblem	selektive Lösungsmittel
Ethanol–Wasser	Benzol, Cyclohexan, Pentan, Toluol, …
Propanol–Wasser	Benzol
Allylalkohol–Wasser	Trichlorethen
Aliphaten-Aromaten (enger Siedebereich) z. B. Benzol–Cyclohexan, Heptan–Toluol	Aceton, Butanon-2
Essigsäure–Wasser	Butylacetat
Pyridin–Wasser	Benzol, Toluol

4.5.5 Wasserdampfdestillation

Als eine spezielle Art der heteroazeotropen Rektifikation kann die Wasserdampfdestillation angesehen werden. Bei diesem Verfahren wird Wasser in Form von Dampf als Zusatzstoff eingesetzt, um eine Abtrennung von Komponenten zu erreichen, die mit Wasser eine sehr breite Mischungslücke aufweisen. Dies bedeutet, daß sich der Gesamtdruck im Falle binärer Systeme nach Gl. (3.32) und (3.61) aus der Summe der Sättigungsdampfdrücke ergibt:

$$P = P^s_{H_2O} + P^s_i$$

Dadurch bedingt liegt der Siedepunkt des zu trennenden Gemisches bei Atmosphärendruck unterhalb von 100 °C, was zu einer thermisch schonenden Durchführung der Trennung führt. Die sich bei einem Druck von 40 kPa bzw. 101 kPa einstellenden Siedetemperaturen sind für einige organische Komponenten (binärer Fall) direkt aus dem Hausbrand-Diagramm (Abb. 4.37) abzulesen (Schnittpunkt der Dampfdruckkurve mit den Kurven $P - P_i^s$).

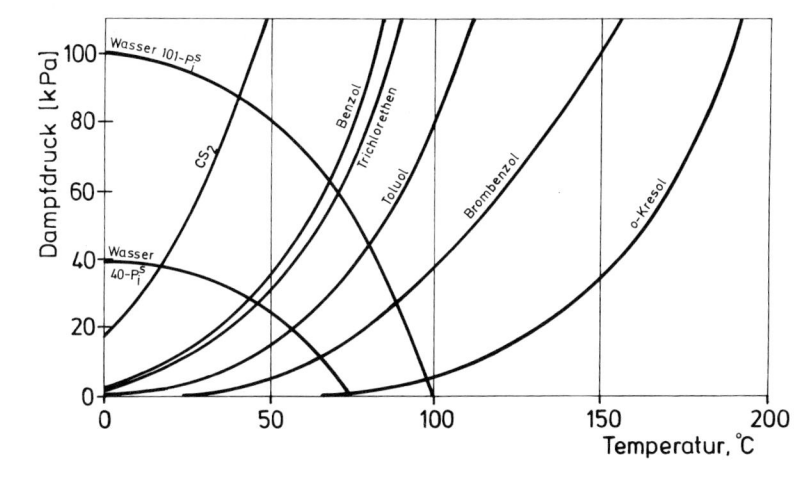

Abb. 4.37 Hausbrand-Diagramm (Wasserdampfdestillation)

Mit Hilfe der Wasserdampfdestillation werden ätherische Öle in der Parfümindustrie gewonnen. Aber auch die Entfernung schwerlöslicher Schadstoffe aus dem Abwasser durch „Strippen" mit Wasserdampf kann mit Wasserdampfdestillation verglichen werden. Dieses Verfahren der Schadstoffentfernung aus dem Abwasser wird oft in der chemischen Industrie eingesetzt. In Abb. 4.38 ist ein typischer Abwasserstripper dargestellt. In den meisten Fällen bildet der abzutrennende organische Schadstoff ein Heteroazeotrop, so daß er leicht von der wäßrigen Phase abgetrennt werden kann.

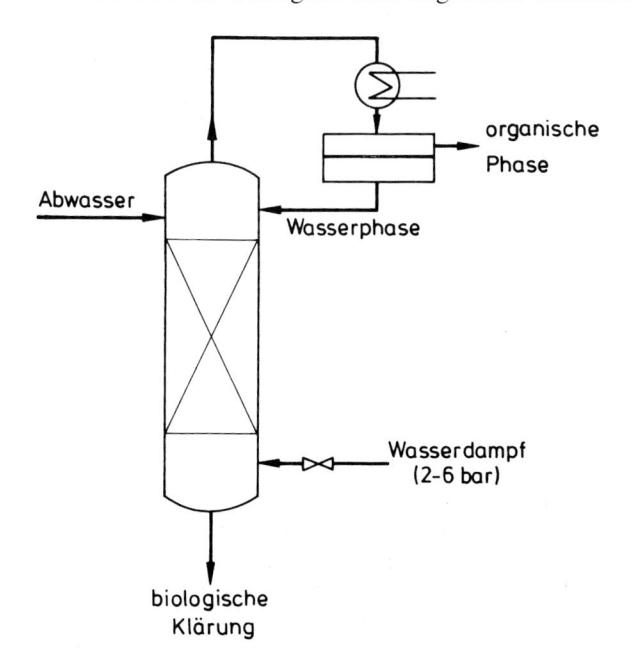

Abb. 4.38 Abwasserstripper

4.6 Reaktive Rektifikation

In einigen Fällen bieten sich Rektifikationskolonnen auch zur Durchführung chemischer Reaktionen an. Die Realisierung der Reaktion und der Trennung in nur einer Kolonne kann insbesondere bei reversiblen Reaktionen und Folgereaktionen vorteilhaft sein. So lassen sich bei reversiblen Reaktionen durch direkte Abtrennung der Produkte Umsätze erzielen, die deutlich höher liegen, als die sonst bei den Bedingungen maximal erreichbaren Gleichgewichtsumsätze. Im Idealfall können durch die reaktive Rektifikation auch bei Gleichgewichtsreaktionen Umsätze von 100% erreicht werden. Dies führt zur Verringerung des Trennaufwands und der Kreislaufströme, d. h. zur Reduktion von Investitions- und Betriebskosten. Abb. 4.39 zeigt neben der klassischen Chemieanlage den Idealfall der reaktiven Rektifikation. In diesem Fall wird das Gleichgewicht durch die gleichzeitig ablaufende Trennung zu 100% nach rechts verschoben, d. h. Kreislaufströme entfallen, und die Trennung reduziert sich auf die Produkte. Dadurch führen evtl. auftretende Azeotrope, an denen Edukte beteiligt sind, zu keinem Trennproblem, da diese bei entsprechender Führung der Ströme in der Reaktionszone wegreagieren. Die Abtrennung der Produkte führt zu einer Erhöhung der Eduktkonzentration und damit zu höheren Reaktionsgeschwindigkeiten bei gleichzeitiger Unterdrückung unerwünschter Nebenreaktionen (Folgereaktionen) durch die Produkte. Die Temperatur kann aufgrund der auftretenden Verdampfung und Kondensation in der Reaktionszone nahezu konstant gehalten werden. Der absolute Wert der Temperatur ergibt sich über das Phasengleichgewicht, d. h., er kann über den Kolonnendruck eingestellt werden.

Die reaktive Rektifikation bietet sich auch bei Folgereaktionen an,

$$A \xrightarrow{F} B \xrightarrow{F} C \xrightarrow{F} D \xrightarrow{F} \ldots$$

da die Menge der unerwünschten Folgeprodukte (C, D, ...) aufgrund der direkten Abtrennung von B vom Reaktanden F stark reduziert werden kann, was zu deutlichen Selektivitätserhöhungen führt und eine Durchführung der Reaktion bei geringeren A/F-Verhältnissen erlaubt, was wiederum zu einer Senkung der Kreislaufströme führt.

Dies bedeutet, daß speziell bei reversiblen Reaktionen (Veresterungen, Umesterungen, Verseifungen, Verätherungen, Hydratisierungen, ...) und Folgereaktionen (z. B. Alkylierungen, ...) die reaktive Rektifikation große wirtschaftliche Vorteile gegenüber der klassischen Chemieanlage (Vorbereitungs-, Reaktions- und Aufarbeitungsstufe) aufweist. Die optimale Kolonnenkonfiguration wird dabei stark von den Dampfdrücken (bzw. Siedepunkten) und dem Phasengleichgewichtsverhalten der Reaktanden und Produkte beeinflußt.

Eine sehr geschickte Kolonnenkonfiguration für die Herstellung von Methylacetat ist in Abb. 4.40 gezeigt, bei der es trotz des Auftretens azeotroper Punkte[33] (z. B. Methylacetat–Methanol, Methylacetat–Wasser) in einer Kolonne gelingt, die reinen Produkte Methylacetat und Wasser zu gewinnen, da Methanol in der Reaktionszone reagiert und Essigsäure nicht nur als Reaktand, sondern gleichzeitig als selektives Lösungsmittel für die Trennung des azeotropen Systems Methylacetat–Wasser durch extraktive Rektifikation dient[17,35].

Von großer Bedeutung bei der Realisierung der reaktiven Rektifikation ist, daß neben der gewünschten Reaktionsgeschwindigkeit und Standzeit des Katalysators weiterhin noch eine hervorragende Trennleistung; z. B. durch Fixierung des Katalysators in geordneten Packungen in der Reaktionszone erreicht wird.

Die Auslegung von Kolonnen zur reaktiven Rektifikation kann in der gleichen Weise wie bei der üblichen Rektifikation durch Lösung der Mengen- und Enthalpiebilanz unter Berücksichtigung des Phasengleichgewichts (MESH-Gleichungen) erfolgen. Jedoch müssen die durch die chemische Reaktion hervorgerufenen Effekte (Molzahländerung, Reaktionsenthalpie) beim Aufstellen der Bilanzgleichungen berücksichtigt werden.

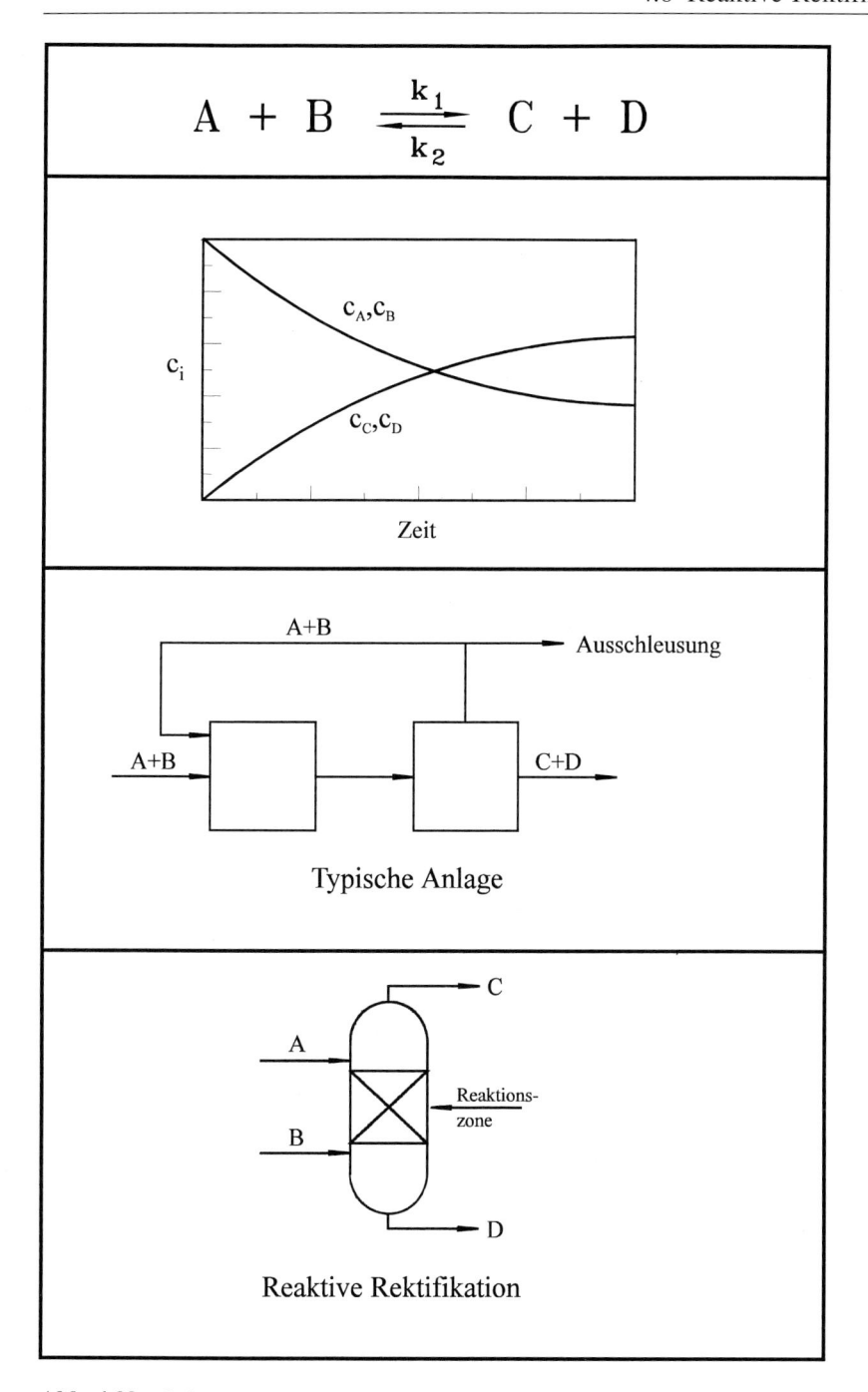

Abb. 4.39 Schema der reaktiven Rektifikation im Vergleich zu einer üblichen Chemieanlage

Abb. 4.40 Reaktive Rektifikation am Beispiel einer Veresterungskolonne

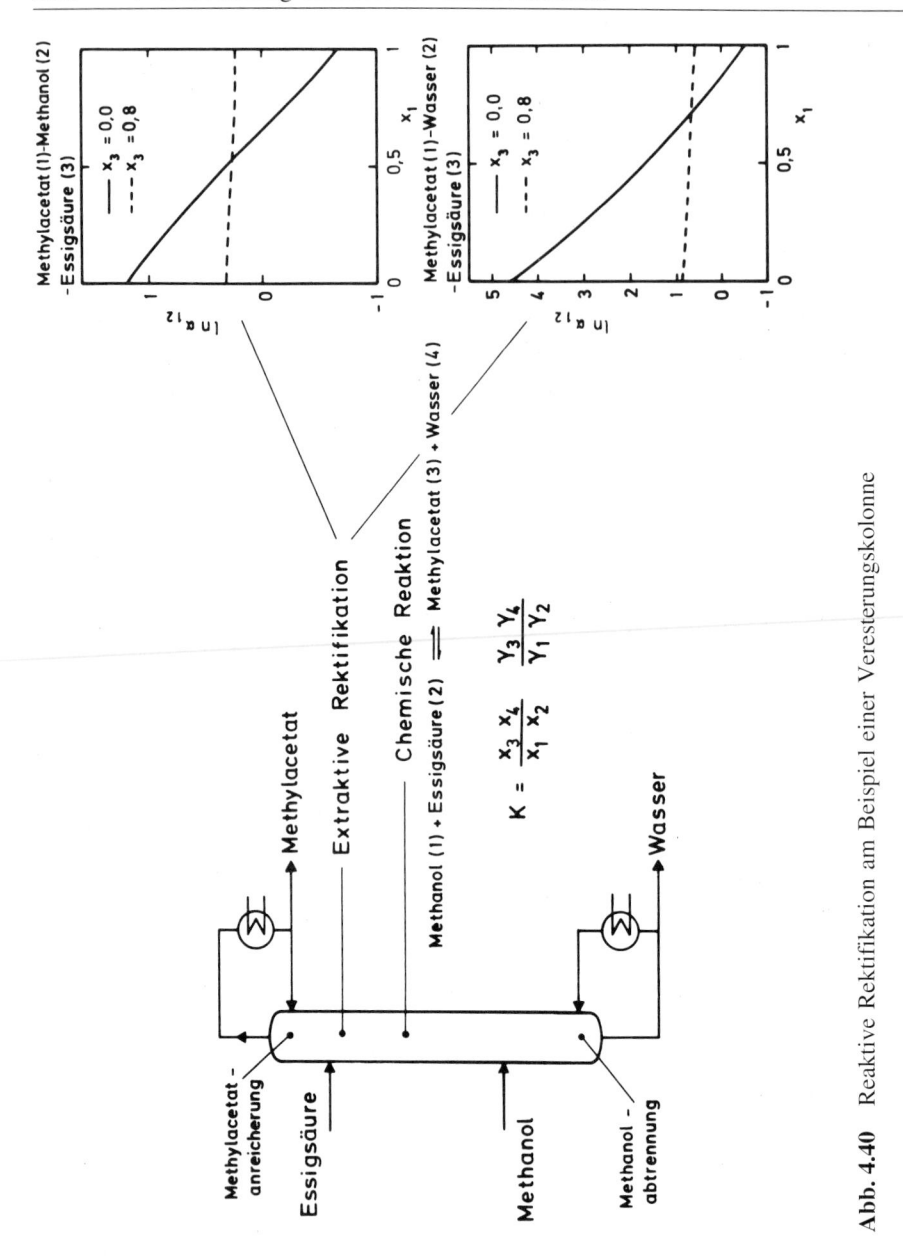

So muß der Reaktionsterm $r_{i,j} H_j^L$ in der Mengenbilanz und die Reaktionsenthalpie in der Wärmebilanz $-r_{i,j} H_j^L \Delta h_{R,j}^L$ berücksichtigt werden. Der Term H_j^L beschreibt dabei die Flüssigkeitsmenge (Holdup) auf dem Boden j.

Die reaktive Rektifikation wird bereits großtechnisch bei der Produktion von Methyltertiärbutylether (MTBE) aus Isobuten und Methanol, t-Amylmethylether (TAME) oder Methylacetat durch Reaktion in der flüssigen Phase mit Hilfe homogener (Schwefelsäure, ...) bzw. fixierter heterogener Katalysatoren (makroporöse sulfonsaure Ionenaustauscherharze) eingesetzt.

4.7 Zahl der Kolonnen und Schaltungsmöglichkeiten

Bisher wurden lediglich die Verfahren aufgezeigt, mit denen binäre Systeme, evtl. unter Verwendung einer Zusatzkomponente, durch Rektifikation getrennt werden können. Bei technischen Verfahren fallen aber in der Regel mehr als zwei Komponenten an. Die Trennung erfordert selbst bei Systemen, in denen keine azeotropen Punkte auftreten, je nach gewünschter Produktreinheit (Möglichkeit der Abnahme von Fraktionen wie bei der Erdöldestillation) in der Regel eine größere Anzahl von Rektifikationskolonnen. Betrachtet man ein Gemisch mit n Komponenten, die alle durch Rektifikation rein gewonnen werden sollen (kein azeotroper Punkt, keine Mischungslücke), so werden, wenn man von ungewöhnlichen Kolonnenbauarten wie Trennwandkolonnen absieht[36], $n-1$ Kolonnen benötigt. Die Anordnung der Kolonnen kann dabei sehr unterschiedlich gewählt werden.

In Abb. 4.41 sind die möglichen „normalen" Schaltungen für die destillative Trennung eines Drei- und eines Vierstoffgemischs gezeigt (Flüchtigkeit der Komponenten sinkt von A nach D). Daneben sind aber noch eine Vielzahl anderer Schaltungen denkbar, bei denen Kondensatoren oder Verdampfer dadurch eingespart werden können, daß z. B. der Produktstrom am Kopf der Kolonne direkt in die nächste Kolonne eingespeist wird, während ein flüssiger Strom von dieser Kolonne für das benötigte Rücklaufverhältnis sorgt.

Es ist leicht einzusehen, daß sich die Anzahl der möglichen Rektifikationssequenzen S_n sehr schnell mit der Anzahl der Komponenten erhöht. Die Berechnung der möglichen Schaltungen S_n zur Trennung eines Gemischs mit n Komponenten in die reinen Produkte mit Hilfe von T unterschiedlichen Trennprozessen ist mit der folgenden Beziehung möglich[29]:

$$S_n = T^{n-1} \frac{[2(n-1)]!}{n!(n-1)!} \qquad (4.101)$$

T Anzahl der betrachteten Trennprozesse

Wenn nur die Rektifikation[1] als Trennprozeß (d. h. $T = 1$) betrachtet wird, ergeben sich die folgenden Möglichkeiten:

	Anzahl						
Komponenten	2	3	4	5	6	7	8
Kolonnen	1	2	3	4	5	6	7
mögliche Schaltungen	1	2	5	14	42	132	429

Werden neben der Rektifikation noch weitere Trennprozesse betrachtet ($T > 1$), so erhöht sich die Anzahl der möglichen Schaltungen dramatisch. Wird neben der Rektifikation nur ein zweites Trennverfahren ($T = 2$) zugelassen, ergibt sich nach Gl. (4.101) die folgende Anzahl möglicher Schaltungen:

---

[1] Wie in Kap. B, S. 87f. dargestellt, ist die Rektifikation das wichtigste Trennverfahren in der chemischen und petrochemischen Industrie.

240   4 Berechnung thermischer Trennverfahren

	Anzahl						
Komponenten	2	3	4	5	6	7	8
mögliche Schaltungen	2	8	40	224	1344	8448	54912

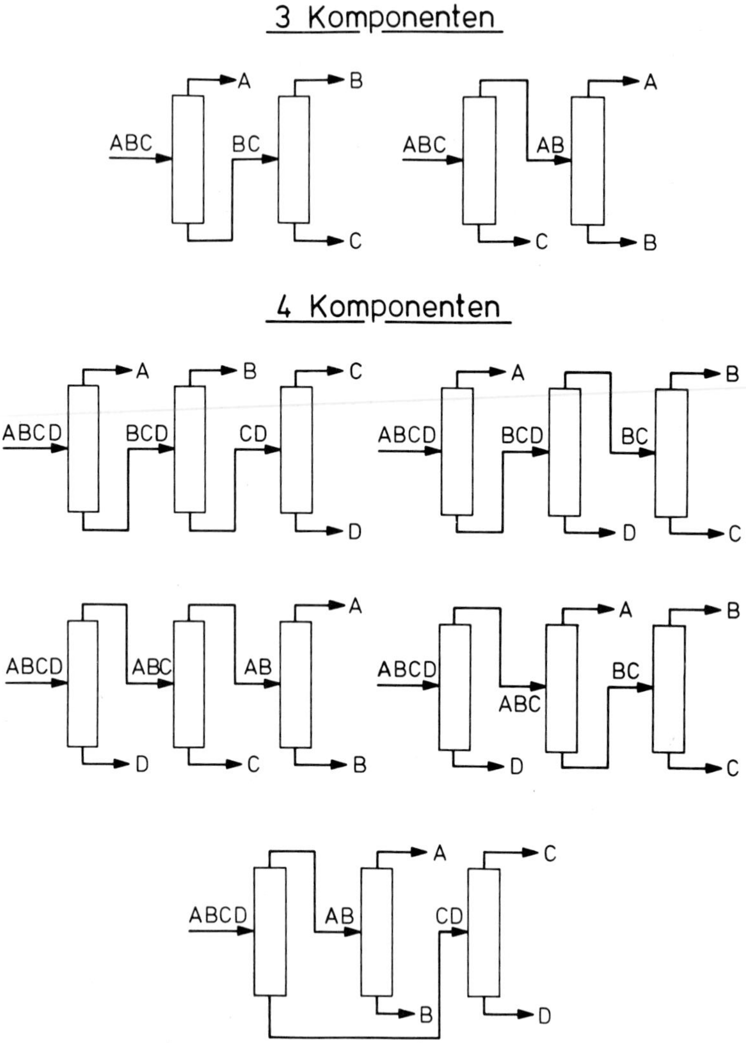

Abb. 4.41 Mögliche Rektifikationskolonnenkonfiguration am Beispiel der Trennung ternärer bzw. quaternärer Systeme

Mit steigender Zahl der Komponenten wird die Zahl der Varianten schnell unüberschaubar. Die Art der Trennsequenz hat natürlich einen großen Einfluß auf die Investitions- und Betriebskosten und damit auf die anfallenden Trennkosten. Ziel bei der Auswahl der optimalen Schaltung ist natürlich wie immer die Wirtschaftlichkeit der Gesamtanlage. Aus diesem Grunde wird man versuchen, die verschiedensten Varianten möglichst genau durchzurechnen. Der Einsatz von Short-cut-Methoden anstelle der Matrixverfahren kann dabei aber leicht zu großen Fehlern führen. Weiterhin kann eine „optimale" Rektifikationssequenz bis zum endgültigen Bau der Anlage, z. B. aufgrund veränderter Energiekosten, bereits nicht mehr die „beste" sein.

Durch Anwendung heuristischer Regeln bei der Synthese von Trennanlagen wird versucht, die Anzahl interessanter Trennsequenzen einzugrenzen [30-32]. So sollten z. B. die schwierigsten Trennaufgaben wie die Trennung von Komponenten, bei denen die Trennfaktoren in der Nähe von 1 liegen oder aber die Herstellung sehr reiner Produkte erst nach der Abtrennung der anderen Komponenten durchgeführt werden. Weiterhin ist es sinnvoll, möglichst ähnliche Destillat- und Sumpfproduktmengen anzustreben, um zu hohe Rücklauf- bzw. Abtriebsverhältnisse zu vermeiden. Bei nicht zu unterschiedlichen Trennfaktoren sollten zunächst die Komponenten mit hohen Feed-Konzentrationen abgetrennt werden. Daneben müssen natürlich auch noch andere Faktoren berücksichtigt werden (thermische Stabilität, Korrosivität). Auf diese Weise läßt sich die Anzahl der möglichen Sequenzen stark reduzieren. Die optimale Trennsequenz versucht man mit Hilfe wissensbasierter Systeme durch Befolgen heuristischer Regeln zu ermitteln. Für diese Vorgehensweise ist wiederum eine genaue Kenntnis des Phasengleichgewichtverhaltens [Kenntnis der Trennfaktoren, Trennprobleme (azeotrope Punkte, Mischungslücke, Auswahl eines selektiven Lösungsmittels, ...)] als $f(T, P, x_i)$ erforderlich.

Aufgrund der Komplexität bei der Entwicklung wissensbasierter Systeme wird in den meisten Fällen nur die Rektifikation als Trennprozeß betrachtet.

Wie sich z. B. die Angabe, daß nur die Hauptkomponenten in hoher Reinheit gewonnen werden sollen, auf die Kolonnenschaltung auswirken kann, ist in Beispiel 4.14 und 4.15 für ein Vierkomponentensystem dargestellt.

Beispiel 4.14

Für die Trennung eines mit Ethanol und Isobutanol verunreinigten wäßrigen Methanolgemischs ist die Kenntnis der K-Faktoren von Ethanol und Isobutanol zur Überprüfung der Möglichkeit der Abtrennung dieser Komponenten im Seitenstrom von Interesse.

Berechnen Sie die Trennfaktoren der genannten Komponenten für eine Konzentration von 100 ppm (Molbasis) und eine Temperatur von 80 °C für die Systeme

a Methanol(1)–Wasser(2)–Ethanol(3) und
b Methanol(1)–Wasser(2)–Isobutanol(4)

als Funktion der Methanolkonzentration. Stellen Sie die Resultate in Form eines K_i-x_1-Diagrammes dar.

Reinstoffdaten	A	B kPa	C	v_i cm³/mol
Methanol	7,20587	1582,271	239,726	40,73
Wasser	7,19621	1730,63	233,426	18,07
Ethanol	7,23710	1592,864	226,184	58,69
Isobutanol	7,66006	1950,94	237,147	92,91

Wilson-Parameter $\Delta\lambda_{ij}(K)$[27]:

	1	2	3	4
1	–	54,04	–26,14	298,0
2	236,3	–	506,7	987,2
3	62,42	95,68	–	159,8
4	–215,5	652,6	–91,12	–

Lösung:
Die Berechnung des Phasengleichgewichts kann in der gleichen Weise wie in Beispiel 3.5 erfolgen. Für wenige Konzentrationen sind die Resultate in der folgenden Tabelle und in Abb. 4.42 zusammengestellt.

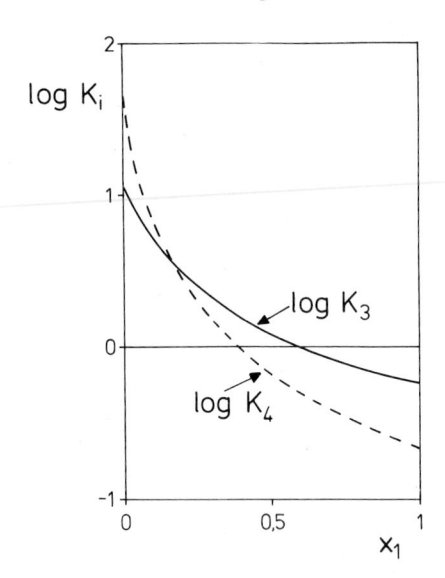

Abb. 4.42 K-Faktoren der Verunreinigungen Ethanol(3) und Isobutanol(4) im System Methanol(1)–Wasser(2) als Funktion der Methanolkonzentration

Resultate für die ternären Systeme:

Methanol(1)–Wasser(2)–Ethanol(3), $x_3 = 0{,}0001$
Methanol(1)–Wasser(2)–Isobutanol(4), $x_4 = 0{,}0001$

x_1	x_2	$K_3 = y_3/x_3$	$K_4 = y_4/x_4$
0,0	0,9999	12,22	43,7
0,1	0,8999	5,17	6,54
0,2	0,7999	3,09	2,69
0,4	0,5999	1,60	0,971
0,6	0,3999	1,04	0,515
0,8	0,1999	0,759	0,3243
0,9	0,0999	0,667	0,2677
0,9999	0,0	0,594	0,2254

An den Ergebnissen ist deutlich zu erkennen, daß sich die K-Faktoren der Komponenten Ethanol und Isobutanol je nach Methanolkonzentration stark ändern. Während die K-Faktoren für hohe Methanolkonzentrationen <1 sind, erreichen die *K*-Faktoren für geringe Methanolkonzentrationen Werte >1. Dies bedeutet für die Trennung, daß Ethanol und Isobutanol am Kopf der Kolonne schwerflüchtige Komponenten darstellen, während sie im Sumpf der Kolonne zu leichtflüchtigen Komponenten werden, so daß die Nebenkomponenten Ethanol und Isobutanol innerhalb der Kolonne ein Konzentrationsmaximum aufweisen und damit im Seitenstrom entnommen werden können. Durch eine solche Seitenstromabnahme gelingt es, Methanol und Wasser in der gewünschten Reinheit zu gewinnen.

Beispiel 4.15
Mit Hilfe des im Anhang gelisteten FORTRAN-Programms DESW soll eine Rektifikationskolonne mit 45 Stufen zur Trennung eines Methanol-Wasser-Gemischs mit geringen Mengen an Ethanol und Isobutanol ausgelegt werden.

Feed-Mengen	kmol/h
(1) Methanol	127,1
(2) Wasser	65,8
(3) Ethanol	0,07
(4) Isobutanol	0,12

Der Druck am Kopf der Kolonne soll 1,01 bar und im Sumpf der Kolonne 1,1 bar betragen.

Wählen Sie das Rücklaufverhältnis, den Boden und die Menge des Seitenabzugs so, daß sowohl Kopf- als auch Sumpfprodukt weniger als 0,0001 Mol% an Ethanol bzw. Isobutanol enthalten.

Versuchen Sie die Größen so zu wählen, daß die Seitenstrommenge und das Rücklaufverhältnis möglichst kleine Werte aufweisen. Die benötigten Größen zur Berechnung der *K*-Faktoren wurden bereits im Beispiel 4.14 angegeben.

Lösung:
Unter Berücksichtigung der Resultate des Beispiels 4.14 läßt sich folgern, daß bei der Feed-Konzentration die *K*-Faktoren von Ethanol und Isobutanol Werte <1 aufweisen. Dies bedeutet, daß der Seitenabzug unterhalb des Feed-Bodens angeordnet werden sollte. Weiterhin muß die Verstärkungskolonne genügend Böden haben, um die geforderte Reinheit des Methanols zu erreichen.

Die verschiedensten Varianten (Wahl des Feed-Bodens, Rücklaufverhältnis, Boden und Menge des Seitenstroms) können mit dem Programm DESW berechnet werden.

Eine Kolonnenfiguration, die alle geforderten Vorgaben erfüllt, ist in Abb. 4.43 gezeigt. Danach wird der Feed auf dem 21. Boden zugeführt, und bei einem Rücklaufverhältnis $v = 3,0$ werden 5,2 kmol/h als flüssiger Seitenstrom auf dem 10. Boden abgezogen. An dem ebenfalls gezeigten Konzentrationsprofil ist ein deutliches Konzentrationsmaximum für Ethanol und Isobutanol um den 10. Boden zu erkennen. Der Input für diese Berechnung ist im Anhang gegeben.

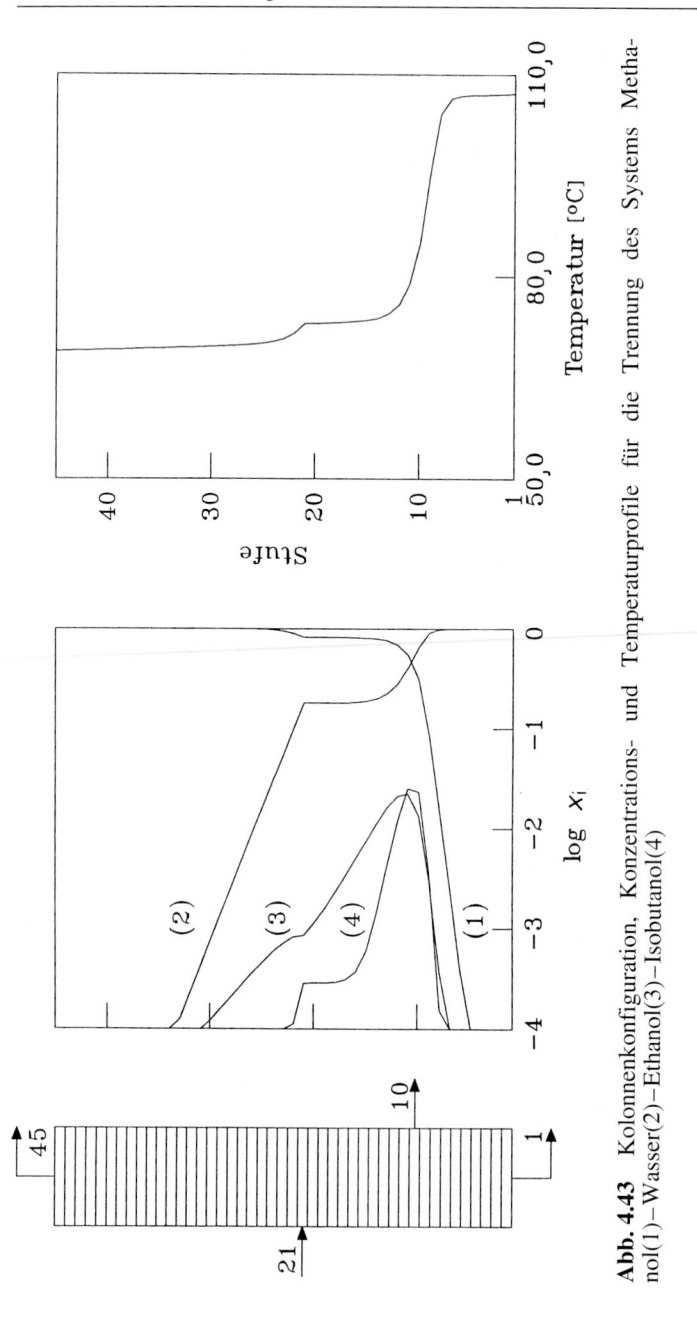

Abb. 4.43 Kolonnenkonfiguration, Konzentrations- und Temperaturprofile für die Trennung des Systems Methanol(1)–Wasser(2)–Ethanol(3)–Isobutanol(4)

4.7.1 Energieeinsparung

Mit ca. 43 % des gesamten Energieverbrauchs der chemischen bzw. petrochemischen Industrie stellen Trennprozesse (etwa zu 90 % Rektifikationsanlagen) neben Crackanlagen (Steamcracker, ...) und der Chloralkalielektrolyse die größten Energieverbraucher dar. Aus diesem Grund ist der Gesichtspunkt der Energieeinsparung bei der Planung von Rektifikationskolonnen extrem wichtig.

4.7 Zahl der Kolonnen und Schaltungsmöglichkeiten

Bei der Auslegung von Rektifikationsanlagen steht dabei die richtige Wahl des Rücklaufverhältnisses, welches sich gemäß der folgenden Gleichung direkt auf den benötigten Wärmebedarf $\dot{Q}$ des Verdampfers auswirkt*:

$$\dot{Q} = (v+1)\,\dot{D}\,\Delta h_v .$$

Die Festlegung der Betriebsbedingungen steht bei der Verfahrensentwicklung im Vordergrund. Aber auch bei bereits bestehenden Anlagen ergeben sich die verschiedensten Möglichkeiten, den Energieverbrauch zu reduzieren. An erster Stelle steht dabei der Versuch der Optimierung bestehender Anlagen, zumal dieser Schritt noch nicht mit Investitionskosten verbunden ist.

An zweiter Stelle kommen die Varianten zur Energieeinsparung, die nur mit einem Investitionsaufwand ermöglicht werden können. Dazu gehören die Verbesserung des Wirkungsgrades einer Kolonne durch die Änderung der Bauart (Bodenkolonne, Packungskolonne) oder der Einbauten (Verwendung verbesserter Packungen bzw. Füllkörper), eine Reduktion der Wärmeverluste durch eine bessere Isolierung oder die Wärmeintegration. Die Grundidee bei der Wärmeintegration ist dabei die Energie heißer Ströme (Energiequelle), die abgekühlt werden müssen, für die Aufheizung kalter Ströme (Energiesenke) zu nutzen.

Insbesondere kommt in Chemieanlagen bei der Durchführung exothermer Reaktionen der Reaktor als Energiequelle (Erzeugung von Dampf) in Frage. Wenn lediglich die Aufarbeitung betrachtet wird, so kann man daran denken, die im Kondensator und zur Abkühlung des flüssigen Sumpfprodukts abzuführende Wärme zur Aufheizung des Zulaufstroms auszunutzen, so daß zur gewünschten Abkühlung im Kondensator bzw. zur Aufheizung des Zulaufstroms lediglich noch kleine Zusatzwärmetauscher erforderlich sind.

Durch Wärmeintegration läßt sich in erheblichem Maße Energie einsparen. Eine Möglichkeit ist in Abb. 4.44 gezeigt. So läßt sich der Kondensator einer Kolonne als Verdampfer einer anderen Kolonne nutzen. Dabei muß die Kondensationstemperatur höher als die Sie-

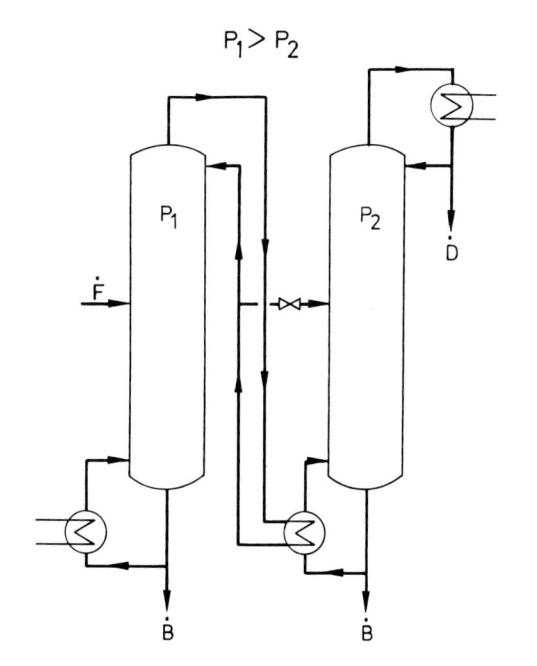

Abb. 4.44 Möglichkeit der Wärmeintegration bei Rektifikationsprozessen.
Wärmeverbund (Kondensator der 1. Kolonne = Verdampfer der 2. Kolonne)

---

* Annahme: flüssig gesättigter Zulauf, Vernachlässigung von Wärmeverlusten

detemperatur des verdampfenden Stroms sein. Oftmals wird der Destillatstrom der Zulaufstrom der zweiten Kolonne sein*. Dann kann das vorgestellte Prinzip nur funktionieren, wenn die erste Kolonne bei höherem Druck betrieben wird. Neben der in Abb. 4.44 gezeigten Kolonnenschaltung zur Energieeinsparung wurden viele weitere Varianten realisiert.

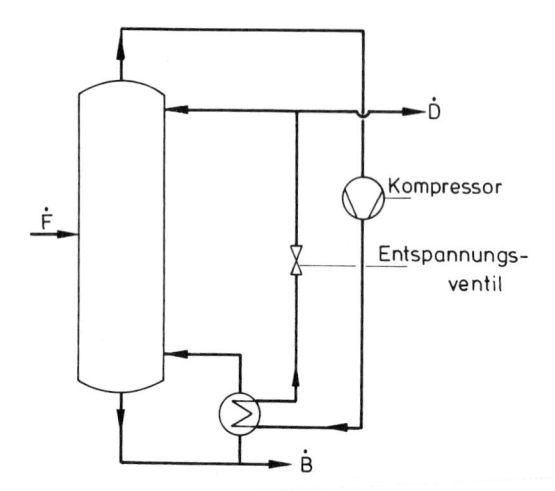

Abb. 4.45 Möglichkeit der Wärmeintegration bei Rektifikationsprozessen (Brüdenkompression)

So besteht die Möglichkeit die im Kondensator abgezogenen Dämpfe nach einer Kompression (Brüdenkompression) oder mit Hilfe einer Wärmepumpe für die Beheizung des Verdampfers zu benutzen. Die zu erreichende Temperaturerhöhung des jeweiligen Arbeitsmediums läßt sich bei polytroper Kompression leicht mit der folgenden Beziehung berechnen [27]:

$$\frac{T_2}{T_1} = \left(\frac{P_2}{P_1}\right)^{(\varkappa-1)/\varkappa}$$

$$\varkappa = c_P^{id}/c_V^{id}$$

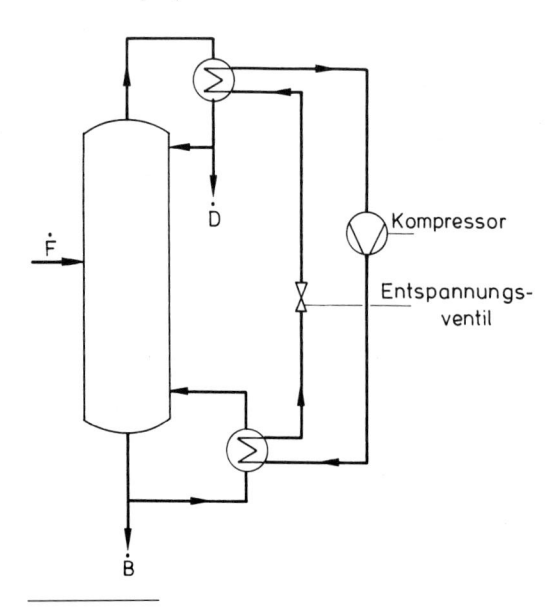

Abb. 4.46 Möglichkeit der Wärmeintegration bei Rektifikationsprozessen (Wärmepumpe)

---

* Diese Art der Wärmeintegration wird z.B. bei der Luftzerlegung realisiert.

und liegt bei der Wärmepumpe, aufgrund der für den Wärmeaustausch benötigten Temperaturdifferenz, um etwa 10 K niedriger als bei der Brüdenkompression, bei der bis zu 50 K erreicht werden können. Abb. 4.45 und Abb. 4.46 zeigen die Schaltungen bei Verwendung des Destillats (Brüdenkompression) bzw. eines Hilfsstoffes (Wärmepumpe).

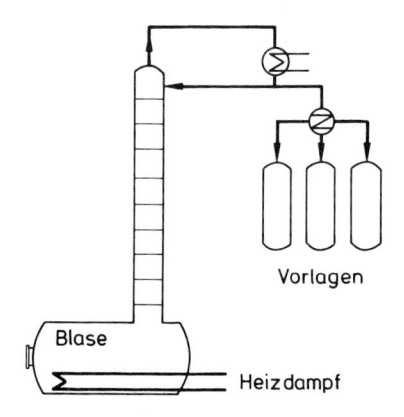

4.8 Diskontinuierliche Rektifikation

Eine diskontinuierliche Fahrweise rektifikativer Trennverfahren ist dann vorteilhaft, wenn entweder die zu trennenden Mengen gering sind, das Produkt in unregelmäßigen Zeitabständen anfällt, verschiedene Gemische in der gleichen Trennanlage aufgearbeitet werden sollen oder die Zusammensetzung des zu trennenden Gemischs sich beträchtlich verändern kann. Weiterhin ist es mit dieser Fahrweise möglich, die Trennung eines Mehrkomponentensystems in nur einer Kolonne durchzuführen. Die diskontinuierliche Fahrweise zeichnet sich insbesondere durch große Flexibilität aus. So kann das Rücklaufverhältnis sehr leicht den unterschiedlichen Trennaufgaben angepaßt werden. Diese Gründe haben in den letzten Jahren dazu geführt, daß die diskontinuierliche Fahrweise große Bedeutung bei der Herstellung von Spezialprodukten erlangt hat.

Als Hauptnachteile der diskontinuierlichen Fahrweise sind die relativ langen Verweilzeiten, der Kontakt aller Komponenten mit den Heizflächen des Verdampfers und der Zwangsanfall des Blasenrückstands zu nennen, da die Heizschlangen des Verdampfers immer mit Flüssigkeit bedeckt sein müssen. Bedingt dadurch (hydrostatischer Druck) ergeben sich auch höhere Siedetemperaturen, was insbesondere bei der Trennung temperaturempfindlicher Stoffe oder der Realisierung der Vakuumrektifikation Probleme bereiten kann.

Bei der diskontinuierlichen Rektifikation handelt es sich im Gegensatz zur kontinuierlichen Rektifikation um einen instationären Prozeß, da sich während der Trennung die Zusammensetzung auf den einzelnen Stufen, im Destillat und in der Blase mit der Zeit ändert.

Eine typische diskontinuierliche Rektifikationskolonne ist in Abb. 4.47 gezeigt. Im Gegensatz zur kontinuierlichen Fahrweise ist bei der diskontinuierlichen Rektifikation nur der Verstärkungsteil vorhanden.

Abb. 4.47 Diskontinuierliche Rektifikationsanlage

Bei der diskontinuierlichen Fahrweise wird das gesamte zu trennende Gemisch in der sog. Blase vorgelegt. Anschließend wird der Blaseninhalt aufgeheizt. Dabei verarmt der Blaseninhalt an den leichter siedenden Komponenten. Der Trenneffekt kann auf den weiteren

248   4 Berechnung thermischer Trennverfahren

Böden verstärkt werden, wobei der Trennerfolg wie bei der kontinuierlichen Rektifikation durch das Rücklaufverhältnis beeinflußt werden kann. Das Destillat (reine Komponenten, Zwischenfraktionen) kann dann in verschiedenen Vorlagen aufgefangen werden.

4.8.1 Einfache diskontinuierliche Destillation

Die einfachste Form der diskontinuierlichen Trennung ergibt sich dann, wenn der in der Blase gebildete Dampf ohne Anreicherung auf weiteren Böden im Kondensator total kondensiert und der Vorlage zugeführt wird. Dabei wird vorausgesetzt, daß der jeweils gebildete Dampf mit der Flüssigkeit im Gleichgewicht steht.

Durch Mengenbilanz ergibt sich für diesen Fall

$$dV = -dL \tag{4.102}$$

bzw. für die leichter siedende Komponente

$$y\, dV = -d(Lx) \tag{4.103}$$

$$y\, dV = -x\, dL - L\, dx \,. \tag{4.104}$$

Durch Substitution ($dV = -dL$) erhält man aus der letzten Gleichung die Rayleigh-Beziehung:

$$\int_{L_o}^{L} \frac{dL}{L} = \ln \frac{L}{L_o} = \int_{x_o}^{x} \frac{dx}{y - x} \,. \tag{4.105}$$

o Werte zur Zeit $t = 0$

Mit dieser Beziehung läßt sich die Zusammensetzung x mit der Molmenge L in der Blase in Verbindung bringen. Dazu muß lediglich das Phasengleichgewichtsverhalten, d. h. die Dampfzusammensetzung y als Funktion der Zusammensetzung x in der flüssigen Phase bekannt sein. Ist dieser Zusammenhang, d. h. das Dampf-Flüssig-Gleichgewicht, bekannt, so läßt sich das Integral durch graphische oder numerische Integration lösen.

Beispiel 4.16
Durch einfache Destillation soll ein Methanol(1)–Wasser(2)-Gemisch bei 100 kPa diskontinuierlich getrennt werden. Zu Beginn befinden sich 200 kmol des Gemischs mit einer Konzentration $x_1 = 0{,}4$ in der Vorlage.

Bestimmen Sie mit Hilfe der graphischen Integration die Menge an Destillat und den Sumpfrückstand L sowie die mittlere Zusamensetzung des Destillats für eine gewünschte Endkonzentration $x_1 = 0{,}05$ in der Vorlage. Die benötigten Phasengleichgewichtsdaten können dem Beispiel 4.3 entnommen werden.

Lösung:
Das für die graphische Integration benötigte Diagramm (y-x-Gleichgewichtswerte wurden dem Beispiel 4.3 entnommen) ist in Abb. 4.48 dargestellt. Für das Integral ergibt sich der Wert $-1{,}025$. Damit erhält man nach Gl. (4.105) für die Molmenge L in der Vorlage

$$\ln \frac{L}{L_o} = \int_{x_o}^{x} \frac{dx}{y - x} = -1{,}025$$

$$L = 0{,}3588 \cdot L_o = 0{,}3588 \cdot 200 = 71{,}76 \text{ kmol}$$

und damit für die Destillatmenge

$$D = 200 - 71{,}76 = 128{,}24 \text{ kmol}.$$

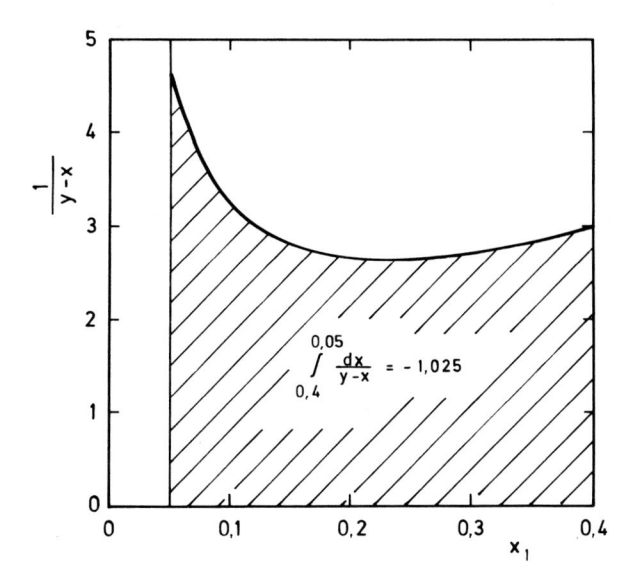

Abb. 4.48 Numerische Integration

Durch eine Mengenbilanz für die leichter flüchtige Komponente Methanol läßt sich dann auch die mittlere Destillatzusammensetzung

$$200 \cdot 0{,}4 = 71{,}76 \cdot 0{,}05 + 128{,}24 \cdot \bar{y}$$

$$\bar{y} = 0{,}5959$$

zu 59,59 Mol% ermitteln.

Sehr einfache Beziehungen ergeben sich, wenn konstante K-Faktoren oder konstante Trennfaktoren angenommen werden. Für den Fall konstanter K-Faktoren erhält man

$$\ln \frac{L}{L_o} = \int_{x_o}^{x} \frac{dx}{y-x} = \int_{x_o}^{x} \frac{dx}{x(K-1)}. \tag{4.106}$$

Durch Integration ergibt sich

$$\ln \frac{L}{L_o} = \frac{1}{K-1} \ln \frac{x}{x_o}. \tag{4.107}$$

In ähnlicher Weise läßt sich für binäre Systeme bei Annahme eines konstanten Trennfaktors unter Benutzung von Gl. (4.105) und einigen Vereinfachungen die folgende Beziehung ableiten:

$$\ln \frac{L_o}{L} = \frac{1}{\alpha_{12}-1} \left(\ln \frac{x_o}{x} + \alpha_{12} \ln \frac{1-x}{1-x_o} \right). \tag{4.108}$$

Beispiel 4.17
Durch eine einfache diskontinuierliche Destillation sollen $L_o = 180$ kmol eines Benzol(1)–Toluol(2)–Gemisches mit einer Konzentration von $x_1 = 0{,}55$ bei einem Druck von 101,325 kPa (1 atm) getrennt werden. Berechnen Sie die

a momentane Dampf- und Blasenzusammensetzung sowie
b mittlere Destillatzusammensetzung

als Funktion der Zeit für eine konstante Destillatmenge von 20 kmol/h. Die Destillation soll abgebrochen werden, wenn eine Benzolkonzentration von $x_1 = 0{,}2$ in der Blase erreicht wird. Der Trennfaktor $\alpha_{12} = 2{,}41$ soll im gesamten Konzentrationsbereich als konstant angenommen werden.

Lösung:

Zunächst muß die verbleibende Molmenge in der Blase für die Endkonzentration $x_1 = 0{,}2$ mit Hilfe von Gl. (4.108) berechnet werden:

$$\ln \frac{180}{L} = \frac{1}{2{,}41-1}\left(\ln \frac{0{,}55}{0{,}2} + 2{,}41 \ln \frac{1-0{,}2}{1-0{,}55}\right)$$

$$\ln \frac{180}{L} = 1{,}701$$

$$L = 32{,}85 \text{ kmol}.$$

Dies bedeutet, daß für die vorgegebene Konzentration von $x_1 = 0{,}2$ in der Blase eine Destillationszeit von

$$t = \frac{180 - 32{,}85}{20} = 7{,}36 \text{ h}$$

erforderlich ist. Die momentane Dampfzusammensetzung kann direkt mit Hilfe der Gleichgewichtsbeziehung für jede Sumpfkonzentration x_1 berechnet werden. So ergibt sich mit Gl. (4.1) für $x_1 = 0{,}2$:

$$y_1 = \frac{\alpha_{12} x_1}{1 + x_1(\alpha_{12}-1)},$$

$$y_1 = \frac{2{,}41 \cdot 0{,}2}{1 + 0{,}2(2{,}41-1)} = 0{,}376.$$

Weitere Werte sind in Tab. 4.9 gegeben. Die mittlere Destillationszusammensetzung $\bar{y}_1$ als $f(t)$ erhält man über eine Mengenbilanz

$$V\bar{y}_1 = L_o x_{1,o} - L x_1,$$

wobei

$$V = L_o - L,$$

daraus folgt

$$\bar{y}_1 = \frac{L_o x_{1,o} - L x_1}{L_o - L}.$$

So ergibt sich als mittlere Destillatkonzentration nach Abbruch der Destillation

$$\bar{y}_1 = \frac{180 \cdot 0{,}55 - 32{,}85 \cdot 0{,}2}{180 - 32{,}85}$$

$$\bar{y}_1 = 0{,}628.$$

In gleicher Weise läßt sich bei Vorgabe der Benzolkonzentration der Blaseninhalt, die momentane und die mittlere Dampfzusammensetzung für jede andere Konzentration berechnen. Für einige x_1-Werte sind diese in Tab. 4.9 dargestellt.

Tab. 4.9 Resultate des Beispiels 4.17

t (h)	0	1,975	3,46	4,61	5,52	6,25	6,85	7,36
x_1	0,55	0,5	0,45	0,4	0,35	0,3	0,25	0,2
L (kmol)	180	140,5	110,8	87,8	69,7	55,0	43,0	32,85
y_1	0,747	0,707	0,664	0,616	0,565	0,508	0,445	0,376
$\bar{y}_1$	0,747	0,728	0,710	0,693	0,676	0,660	0,644	0,628

Die aktuelle Blasenzusammensetzung und Destillatkonzentration, sowie die mittlere Destillatzusammenstellung sind ebenfalls in Abb. 4.49 als Funktion der Zeit dargestellt.

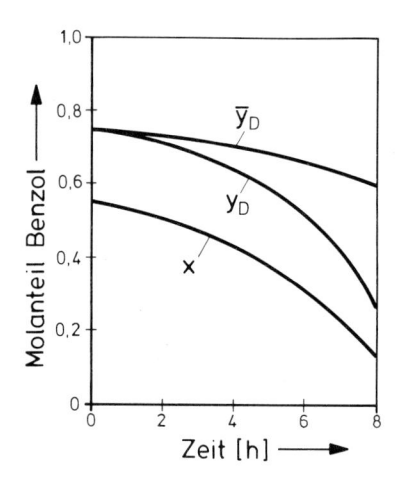

Abb. 4.49 Flüssigkeits-, aktuelle und mittlere Destillatzusammensetzung für die diskontinuierliche Trennung des Systems Benzol(1)–Toluol(2)

4.8.2 Mehrstufige diskontinuierliche Rektifikation

Die einfache Destillation führt im Falle der Trennung von Komponenten mit nicht zu großen Siedepunktsunterschieden nur zu einer geringen Anreicherung. Diese Anreicherung kann jedoch durch Erhöhung der Zahl theoretischer Trennstufen auf jeden gewünschten Wert gesteigert werden. Die Reinheit des Destillats wird aber nicht nur von der Anzahl der realisierten theoretischen Stufen in der Verstärkungssäule, sondern natürlich auch von den Trennfaktoren und dem gewählten Rücklaufverhältnis beeinflußt. Bei einem konstanten Rücklaufverhältnis wird sich die Destillatkonzentration aufgrund der veränderten Blasenzusammensetzung mit der Zeit ändern. Für zwei unterschiedliche Zeitpunkte ist dies für eine diskontinuierliche Rektifikationsanlage mit sechs theoretischen Böden in Abb. 4.50 gezeigt. Dabei wurde vereinfachend angenommen, daß die Flüssigkeitsmenge auf den Böden, der sog. Flüssigkeits-Holdup, vernachlässigt werden kann.

Durch Erhöhung des Rücklaufverhältnisses läßt sich die Kolonne aber so fahren, daß die gewünschte Destillatkonzentration, auch bei abnehmender Konzentration des Leichtersie-

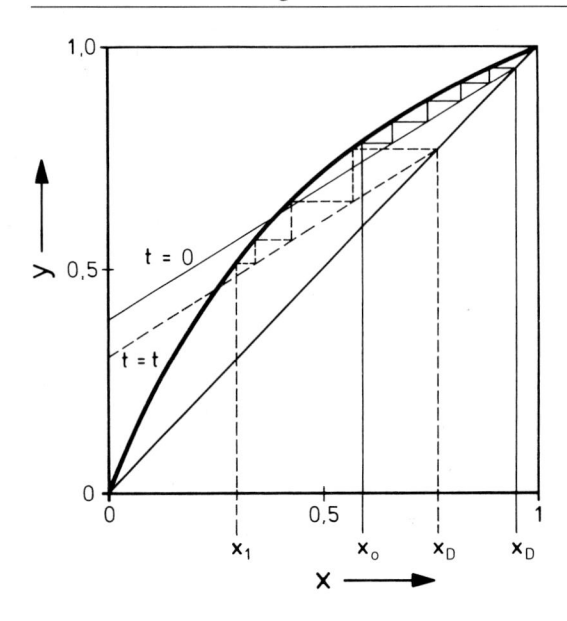

Abb. 4.50 Destillatkonzentration zu verschiedenen Zeitpunkten bei konstantem Rücklaufverhältnis bei der diskontinuierlichen Rektifikation

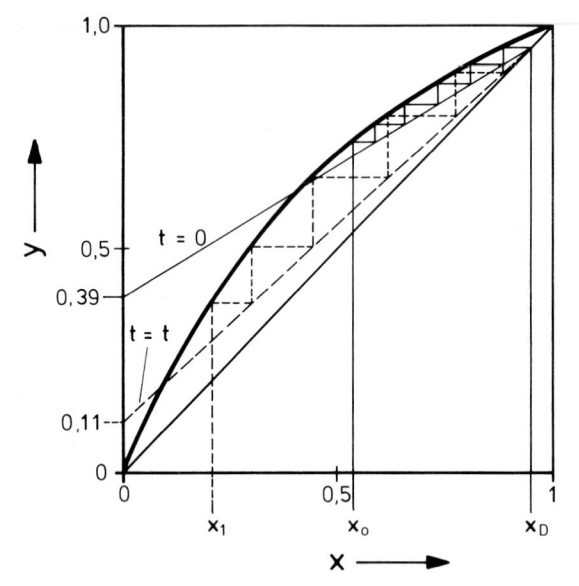

Abb. 4.51 Änderung des benötigten Rücklaufverhältnisses zur Beibehaltung der erforderlichen Destillatreinheit bei der diskontinuierlichen Rektifikation

ders in der Blase, erreicht werden kann. Dies ist für zwei unterschiedliche Blasenkonzentrationen in Abb. 4.51 gezeigt.

Vergleicht man die diskontinuierliche mit der kontinuierlichen Rektifikation, so läßt sich feststellen, daß bei beiden Fahrweisen reines Destillat gewonnen werden kann. Jedoch führt das Fehlen der Abtriebskolonne bei der diskontinuierlichen Fahrweise dazu, daß sich die Abtrennung des Restes der leichtersiedenden Komponente aus dem Sumpf schwieriger gestaltet. Man kann bei der diskontinuierlichen Rektifikation zunächst reines Produkt gewinnen und dann in einer weiteren Vorlage den restlichen Teil des Leichtsieders als Zwischenfraktion abtrennen. Diese zweite Fraktion kann dann dem nächsten Ansatz wieder zugemischt werden.

Beispiel 4.18

In einer diskontinuierlichen Rektifikationsanlage mit sechs theoretischen Stufen soll ein Benzol(1)–Toluol(2)-Gemisch mit einer Konzentration von 55 Mol% Benzol bei 101,325 kPa (1 atm) getrennt werden. Die Destillatkonzentration soll dabei auf einen konstanten Wert von $x_{1,D} = 0{,}95$ eingestellt werden. Ermitteln Sie graphisch das erforderliche Rücklaufverhältnis für

a eine Blasenanfangskonzentration $x_{1,o} = 0{,}55$ und
b die Blasenendkonzentration $x_1 = 0{,}22$.

Für die Berechnung des y-x-Diagramms soll ein konstanter Trennfaktor von $\alpha = 2{,}41$ angenommen werden.

Lösung:
Zunächst muß das y-x-Verhalten für verschiedene Flüssigkeitskonzentrationen berechnet werden. So ergibt sich mit Hilfe des Trennfaktors (Gl. 4.1) für $x_1 = 0{,}1$:

$$y_1 = \frac{2{,}41 \cdot 0{,}1}{1 + 0{,}1(2{,}41 - 1)} = 0{,}2112.$$

Für den gesamten Konzentrationsbereich ist das Phasengleichgewichtsverhalten in Abb. 4.51 dargestellt.

Im nächsten Schritt muß die Steigung der Arbeitsgeraden so lange variiert werden, bis sich durch Stufenkonstruktion bei sechs Stufen für die vorgegebene Blasenkonzentration $x_1 = 0{,}55$ bzw. 0,22 eine Destillatkonzentration von $x_{1,D} = 0{,}95$ ergibt. Aus dem Schnittpunkt der Arbeitsgeraden mit der y-Achse läßt sich dann das Rücklaufverhältnis (entsprechend Abb. 4.7) bestimmen:

a $t = 0$ $\dfrac{x_{1,D}}{v+1} = \dfrac{0{,}95}{v+1} = 0{,}39$

$v = 1{,}44$

und

b $t = t$ $\dfrac{x_{1,D}}{v+1} = \dfrac{0{,}95}{v+1} = 0{,}11$.

$v = 7{,}64$

Eine genaue Auslegung diskontinuierlicher Rektifikationsanlagen kann wiederum unter Benutzung moderner thermodynamischer Ansätze und effizienter Algorithmen zur Lösung der MESH-Gleichungen erfolgen. Im Gegensatz zu kontinuierlichen Verfahren muß jedoch das instationäre Verhalten durch einen Akkumulationsterm bei der Mengen- ($dn_{i,j}/dt$) und der Enthalpiebilanz (dQ_j/dt) berücksichtigt werden. Das instationäre Verhalten kann dann durch eine Vielzahl stationärer Prozesse[15] oder durch Berücksichtigung der resultierenden Differentialgleichungen mit Hilfe numerischer Integrationsverfahren simuliert werden.

Für den Fall der diskontinuierlichen Trennung von 3 kmol des ternären Systems Cyclohexan(1)–Heptan(2)–Toluol(3) ($x_1 = 0{,}4$, $x_2 = 0{,}4$) bei 96,6 kPa und konstanter Heizrate sind die Resultate einer solchen Simulation für eine Kolonne mit 20 theoretischen Trennstufen in Abb. 4.52 und 4.53 dargestellt. Abb. 4.52 zeigt neben den aktuellen Konzentrationen auch noch die Temperatur und den Inhalt der Blase als Funktion der Zeit. An der Darstellung ist deutlich zu erkennen, daß zunächst die Blase an der leichtestsiedenden Komponente Cyclohexan verarmt. Bedingt dadurch steigen die Konzentrationen an Heptan und Toluol in der Blase an. Nachdem nahezu alles Cyclohexan abgetrennt wurde, wird die nächstflüchtige Komponente Heptan als Produkt am Kopf der Kolonne gewonnen. Dies bedeutet für die Blase ein Absinken der Heptankonzentration und ein Ansteigen der Toluolkonzentration. Verbunden mit diesen Konzentrationsänderungen bei vorgegebenem Druck ist ein Ansteigen der Temperatur in der Blase festzustellen. Bedingt durch die unterschiedlichen Rücklaufverhältnisse (s. Abb. 4.53) sinkt der Blaseninhalt unterschiedlich schnell. So bewirkt der Übergang zu höheren Rücklaufverhältnissen bei gleicher Heizleistung einen geringeren Anfall an Kopfprodukt und damit verbunden eine geringere Abnahme des Blaseninhalts.

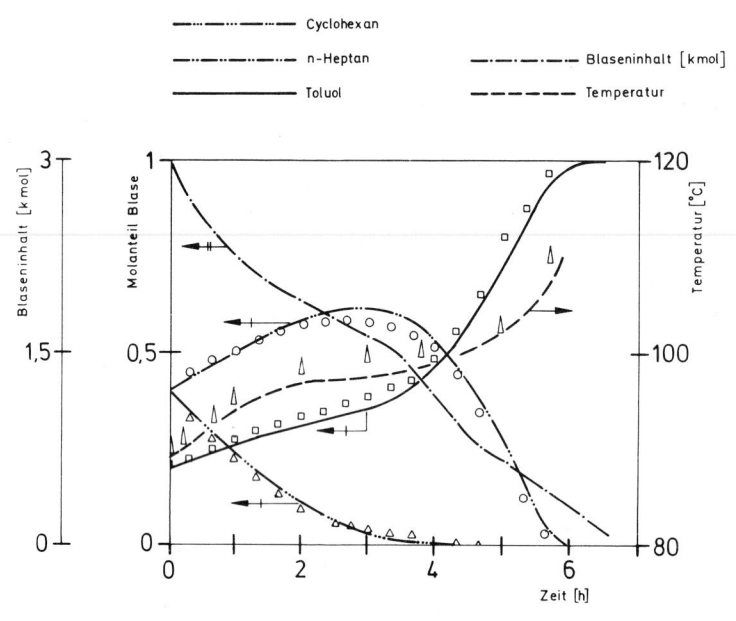

Abb. 4.52 Resultate der Simulation einer diskontinuierlichen Rektifikationsanlage am Beispiel der Trennung des ternären Systems Cyclohexan(1)– n-Heptan(2)–Toluol(3)

In Abb. 4.53 sind die Konzentrationen der einzelnen Komponenten in den unterschiedlichen Vorlagen und das Rücklaufverhältnis in Abhängigkeit von der Zeit dargestellt. Es ist zu erkennen, daß zu Beginn die Cyclohexankonzentration auch bei geringem Rücklaufverhältnis ($v = 3$) fast 100 % beträgt. Mit der Abnahme der Cyclohexankonzentration in der Blase fällt jedoch die Konzentration an Cyclohexan im Kopfprodukt. Um die gewünschte Reinheit zu erzielen, wird das Rücklaufverhältnis auf $v = 7$ erhöht und gleichzeitig auf eine andere Vorlage umgeschaltet. Es ist zu erkennen, daß die Cyclohexankonzentration nach Erhöhung des Rücklaufverhältnisses wieder ansteigt, auch wenn die zu Beginn erzielte Konzentration nicht mehr erreicht wird. Durch weitere Erhöhung des Rücklaufverhältnisses kann diese Kopfkonzentration über längere Zeit gehalten werden. Dann wird das Cyclohexan zusammen mit dem Heptan als Zwischenfraktion abgezogen. Anschließend kann Heptan in der gewünschten Reinheit als Produkt gewonnen werden. Nach dem Auffangen einer weiteren Zwischenfraktion läßt sich schließlich reines Toluol als Produkt erhalten.

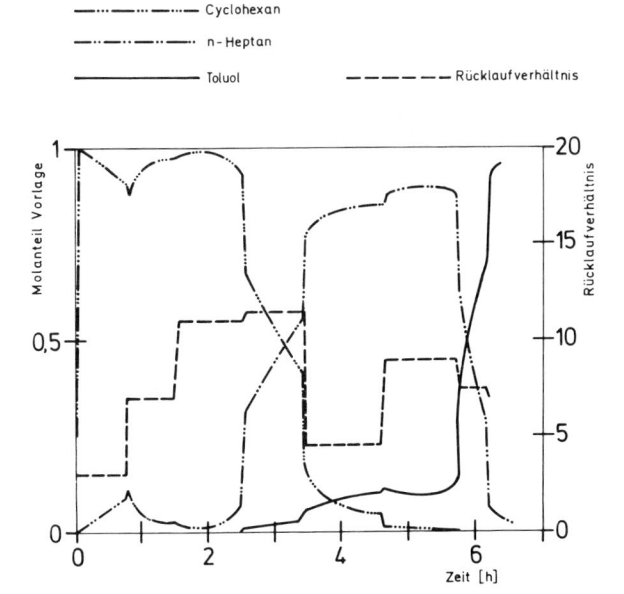

Abb. 4.53 Resultate der Simulation einer diskontinuierlichen Rektifikationsanlage am Beispiel der Trennung des ternären Systems Cyclohexan(1)–n-Heptan(2)–Toluol(3)

In Abb. 4.52 und 4.53 sind gleichzeitig die experimentell ermittelten Konzentrationen und Temperaturen dargestellt. Es ist zu erkennen, daß die durch Simulation erhaltenen Werte recht gut mit den experimentellen Daten übereinstimmen. Wir danken Herrn K. Schraner, Lonza AG, für die Durchführung der Berechnungen.

4.9 Absorption

Ziel der Absorption ist die selektive Entfernung von Komponenten aus einem Gasstrom mit Hilfe eines geeigneten Absorptionsmittels. Die Absorption kann damit zur Trennung oder Reinigung von Gasgemischen herangezogen werden. Bei diesem Trennverfahren wird die zweite Phase im Gegensatz zur Rektifikation mit Hilfe eines Zusatzstoffes (Absorptionsmittel) erzeugt. Da das Absorptionsmittel in der Regel erneut eingesetzt werden soll, muß bei Absorptionsprozessen neben der Absorption eine möglichst einfache Regenerierung (Desorption) des Absorptionsmittels vorgesehen werden. Dadurch ergibt sich der in Abb. 4.54 dargestellte typische Aufbau einer solchen Absorptionsanlage.

Bei einer Absorptionsanlage wird das zu reinigende Rohgas zunächst in den unteren Teil der Absorptionskolonne fein dispergiert eingespeist, von wo es entsprechend dem Druckgefälle nach oben strömt und im Gegenstrom mit dem Absorptionsmittel in Kontakt gebracht wird. Dabei werden die gewünschten Komponenten selektiv ausgewaschen, so daß der Gasstrom an diesen Komponenten verarmt. So fällt am Kopf der Kolonne das gereinigte Gas und im Sumpf der Kolonne das beladene Absorptionsmittel an. Um bei der Absorption eine hohe Anreicherung des abzutrennenden Gases im Absorptionsmittel zu erreichen, arbeitet man im Absorber meistens bei höheren Drücken und tieferen Temperaturen, da durch diese Maßnahmen die Löslichkeit der abzutrennenden Komponenten im Absorptionsmittel erhöht wird (vgl. auch Kap. 3.3).*

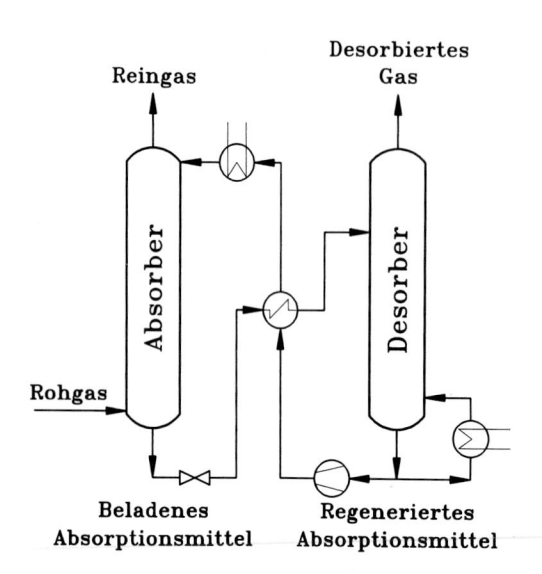

Abb. 4.54 Typische Absorptionsanlage

Das beladene Absorptionsmittel kann in der Desorptionskolonne durch Änderung der Bedingungen (höhere Temperatur, geringerer Druck) wie in Abb. 4.54, durch einen inerten Gasstrom oder mit Hilfe von Wasserdampf regeneriert werden, so daß das Absorptionsmittel nach Senkung der Temperatur wieder in die Absorptionskolonne zurückgeführt werden kann und gleichzeitig das im Absorber abgetrennte Gas am Kopf des Desorbers anfällt.

Bei der Absorption kann man zwischen physikalischer und chemischer Absorption unterscheiden. Während bei der physikalischen Absorption lediglich die Gaslöslichkeit ausgenutzt wird, müssen bei der chemischen Absorption neben der Gaslöslichkeit auch chemische Reaktionen (Kinetik, Gleichgewichtslage) berücksichtigt werden (s. auch Kap. 3.4).

Ein typischer Anwendungsfall der Absorption ist die Abtrennung von Kohlendioxid aus Prozeßströmen. Dazu wird in vielen Fällen die sog. „Pottaschewäsche" oder die Absorption mit wäßrigen Alkanolaminlösungen herangezogen. Bei der „Pottaschewäsche" entsteht in einer reversiblen Reaktion aus Kaliumcarbonat und Kohlendioxid in wäßriger Lösung Kaliumhydrogencarbonat:

$$K_2CO_3 + CO_2 + H_2O \rightleftarrows 2\ KHCO_3 \ .$$

Bei der Absorption von CO_2 mit wäßriger Monoethanolaminlösung ist die folgende chemische Reaktion zu berücksichtigen:

$$2\ HO-CH_2-CH_2-NH_2 + CO_2 + H_2O \rightleftarrows (HO-CH_2-CH_2-NH_3)_2CO_3 \ .$$

Durch Änderung der Bedingungen (Temperatur, Druck) kann dann das Gleichgewicht in der Desorptionsstufe auf die linke Seite verschoben und damit das Kohlendioxid abgetrennt und die „Pottaschelösung" bzw. Monoethanolaminlösung wieder in der gewünschten Reinheit erhalten werden.

---

* Eine Temperaturerniedrigung führt nicht in allen Fällen zur Erhöhung der Gaslöslichkeit, siehe Abb. 3.30.

Die Absorption wurde als Trennverfahren vor mehr als 100 Jahren entwickelt, nachdem der bei der Glaubersalz-Herstellung enstehende Chlorwasserstoff (Leblanc-Verfahren) zu großen Umweltbelastungen führte und die Betreiber dieser Anlagen durch eine der ersten Umweltgesetze (Alkaliakte 1863) zur Reduktion der HCl-Emission gezwungen wurden. Die Absorption des Chlorwasserstoffs in Wasser war naheliegend. Die gewonnene Salzsäure konnte dann zur Herstellung der benötigten Bleichmittel für die Textilindustrie und zur Erzeugung von Chlor nach dem Weldon- bzw. Deacon-Prozeß benutzt werden.

In Tab. 4.10 sind eine Vielzahl technisch wichtiger Absorptionsprozesse zusammengestellt. Bei der Erdgasaufarbeitung wird die Absorption insbesondere zur Abtrennung der sauren Gase (CO_2 und H_2S) durch verschiedene Absorptionsmittel, wie z. B. Alkanolaminen und Pottasche, eingesetzt.

Tab. 4.10 Ausgewählte Beispiele zum Einsatz der Absorption

abzutrennende Komponente(n)	Absorptionsmittel
HCl	Wasser
SO_3	Schwefelsäure
H_2S, CO_2 (Erdgas)	Methanol (Rectisol)
	NMP (Purisol)
	Glykolether (Selexol)
	Sulfolan (Sulfinol)
H_2O	Triethylenglykol (Trocknung von Gasen)
CO_2	heiße K_2CO_3-(Pottasche-)Wäsche
	wäßrige Monoethanolaminmischung (10–20 Gew.%)
H_2S	wäßrige Diethanolaminmischung (10–25 Gew.%)
H_2S (Kokereien)	kalte K_2CO_3-(Pottasche)Wäsche
CO_2, H_2S	NaOH (8 Gew.%) nur bei kleinen Anlagen
SO_2	wäßrige $Ca(OH)_2$-, $CaCO_3$-Lösung
	wäßrige Na_2SO_3-Lösung
Ethylenoxid, Acrylnitril	Wasser
Lösungsmittel	Glykolether

Von großer Bedeutung zur Verringerung der Umweltbelastung sind die verschiedenen Rauchgaswäschen. Bei diesen Verfahren wird die chemische Absorption zur Trennung herangezogen. Beispiele für die physikalische Absorption sind die Abtrennung von Lösungsmitteldämpfen aus der Luft mit Hilfe von Glykolethern, die verschiedenen Waschprozesse mit Methanol (Rectisolverfahren), *N*-Methylpyrrolidon (Purisolverfahren) oder die Trennung verschiedener Kohlenwasserstoffe (Butan-Buten, Buten-Butadien) mit selektiven Zusatzstoffen, wobei der Übergang von der Absorption zur Rektifikation fließend ist.

In vielen Fällen ist auch eine Kombination aus physikalischer und chemischer Absorption sinnvoll.

4.9.1 Lösungsmittelauswahl

An das Absorptionsmittel werden eine Vielzahl von Forderungen gestellt. Neben einer hohen Selektivität sollte das Absorptionsmittel auch eine hohe Kapazität, d. h. eine hohe Löslichkeit für die zu absorbierende(n) Komponente(n) aufweisen. Weiterhin sollte es sich leicht regenerieren lassen und einen möglichst geringen Dampfdruck besitzen, um Verluste möglichst gering zu halten. Wünschenswert wären ferner eine niedrige Viskosität, ein niedriger Schmelzpunkt, Ungiftigkeit, geringe Korrosivität, ein geringer Preis sowie eine hohe chemische und thermische Stabilität. In Tab. 4.11 sind die gewünschten Eigenschaften noch einmal zusammengefaßt.

Tab. 4.11 Anforderungen an das Absorptionsmittel

- hohe Selektivität
- hohe Löslichkeit (Kapazität)
- geringer Dampfdruck
- niedrige Viskosität
- niedriger Schmelzpunkt
- hohe chemische und thermische Stabilität
- sehr hoher Flammpunkt
- Ungiftigkeit
- geringe Korrosivität
- geringer Preis

4.9.2 McCabe-Thiele-Verfahren

Die Ermittlung der Höhe einer Absorptionskolonne kann wieder mit Hilfe des Konzepts der Übertragungseinheit geschehen. Dabei ergeben sich die gleichen Beziehungen, die auch schon bei der Rektifikation angewandt wurden und damit auch die gleichen Probleme. Diese Probleme sind insbesondere die richtige Wahl der Stoffübergangskoeffizienten und der spezifischen Phasengrenzfläche in Abhängigkeit von den Betriebsbedingungen.

Wie bei der Rektifikation läßt sich auch bei der Absorption das McCabe-Thiele-Verfahren[2]) zur Ermittlung der Anzahl theoretischer Trennstufen bei Annahme isothermer Fahrweise anwenden (Stufenkonzept).

Bei der Absorption werden die gasförmigen Komponenten von dem Absorptionsmittel aufgenommen. Wenn die Flüchtigkeit des Absorptionsmittels zu vernachlässigen ist, verringert (erhöht) sich die Menge des Gasstroms (Flüssigkeitsstroms) während der Absorption lediglich durch die absorbierten Komponenten. Um von konstanten Strömen ausgehen zu können, bezieht man sich bei der Mengenbilanz nicht auf den gesamten Gas- bzw. Flüssigkeitsstrom, sondern auf den inerten Trägergasstrom $\dot{G}_o$ bzw. Absorptionsmittelstrom $\dot{L}_o$. Diese Ströme können innerhalb der Kolonne als konstant angesehen werden. Bei der Aufstellung der Materialbilanz ist es aber dann sinnvoll, anstelle der Molanteile Beladungen $X_i(Y_i)$ (X_i: Mole der Komponente i/Mol inertes Absorptionsmittel, Y_i: Mole der Komponente i/Mol inertes Trägergas) als Konzentrationsmaß zu benutzen. Wie schon bei der Rektifikation lassen sich bei Kenntnis der Beladungen in der flüssigen Phase mit Hilfe der Modelle der Phasengleichgewichtsthermodynamik (z. B. unter Verwendung der Henry-Koeffizienten) die Beladungen in der Dampfphase für jeden Boden berechnen. Zur Ermittlung der Anzahl theoretischer Trennstufen fehlt jedoch dann noch eine Beziehung zwischen den Beladungen auf den benachbarten Böden Y_j und X_{j+1}. Diese Beziehung läßt sich über eine Mengenbilanz erhalten. Unter Verwendung der Beladungen als Konzentrationsmaß ergibt sich aus der Mengenbilanz für die transportierte gasförmige Komponente über die gesamte Absorptionskolonne (s. Abb. 4.55)

$$\dot{G}_o(Y_{ein} - Y_{aus}) = \dot{L}_o(X_{aus} - X_{ein}) \,, \tag{4.109}$$

   o   Index für inerten Gas- bzw. Flüssigkeitsstrom

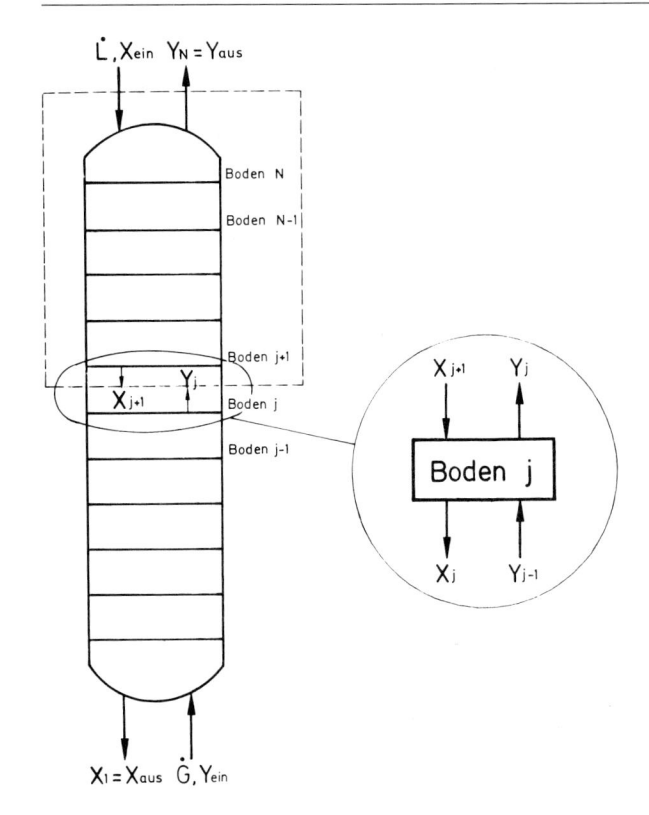

Abb. 4.55 Bilanzraum für die Mengenbilanz bei der Absorption

d. h., bei Kenntnis der Beladungen der Eingangsströme (X_{ein}, Y_{ein}) und Festlegung der gewünschten Endkonzentration des Gasstroms Y_{aus} wird auch die Endkonzentration X_{aus} bei vorgegebenem $\dot{L}_o/\dot{G}_o$-Verhältnis festgelegt. In gleicher Weise erhält man aus der Mengenbilanz bis zu einem beliebigen Boden j:

$$\dot{G}_o(Y_j - Y_{aus}) = \dot{L}_o(X_{j+1} - X_{ein}) \tag{4.110}$$

eine Beziehung für die Arbeitsgerade und damit die gesuchte Abhängigkeit zwischen Y_j und X_{j+1}:

$$Y_j = Y_{aus} + \frac{\dot{L}_o}{\dot{G}_o}\left(X_{j+1} - X_{ein}\right). \tag{4.111}$$

Mit Hilfe von Gl. (4.111) kann die Beladung der Flüssigkeit auf dem Boden $j+1$ (X_{j+1}) bei Kenntnis des Verhältnisses $\dot{L}_o/\dot{G}_o$ und der Beladung des Gasstroms (Y_j) auf dem Boden j ermittelt werden. Die Beladung der Gasphase Y_{j+1} läßt sich dann für X_{j+1} über die Gleichgewichtskurve ermitteln.

Bei der Absorption liegt die Arbeitsgerade oberhalb der Gleichgewichtskurve und geht durch die Punkte (Y_{aus}, X_{ein}) und (Y_{ein}, X_{aus}). Während die Beladungen der eintretenden Ströme in der Regel bekannt sind, wird die Beladung des austretenden Gases Y_{aus} meist vorgegeben. Bei Vorgabe all dieser Beladungen ergeben sich für die Beladung des austretenden Flüssigkeitsstroms X_{aus} abhängig von dem $\dot{L}_o/\dot{G}_o$-Verhältnis unterschiedliche Werte. Das Verhältnis $\dot{L}_o/\dot{G}_o$ hat damit eine ähnliche Bedeutung wie das $\dot{L}/\dot{V}$-Verhältnis bei der Rektifikation. Je größer das $\dot{L}_o/\dot{G}_o$-Verhältnis, umso geringer ist die Anzahl der benötigten

Trennstufen. Für ein vorgegebenes Absorptionsproblem darf das Verhältnis aber einen Minimalwert nicht unterschreiten. Dieser Minimalwert ist die Absorptionsmittelmenge $\dot{L}_{o,\,min}$, die zur Durchführung der Trennung bei unendlicher Stufenzahl erforderlich wäre. Der Wert wird dann erreicht, wenn zwischen dem eintretenden Gasstrom und dem austretenden Flüssigkeitsstrom Phasengleichgewicht herrscht, d. h. die Arbeitslinie die Gleichgewichtskurve bei Y_{ein} schneidet. Dies ist in Abb. 4.56a durch den Punkt Ⓜ dargestellt. Wie bei der Rektifikation kann die minimale Absorptionsmittelmenge $\dot{L}_{o,\,min}$ aber auch durch die Form der Gleichgewichtskurve bestimmt werden.

In der Praxis arbeitet man erfahrungsgemäß mit einer Absorptionsmittelmenge von 1,3 bis 1,6 $\dot{L}_{o,\,min}$. Ist die Arbeitsgerade festgelegt, läßt sich wie in Abb. 4.56a gezeigt, beginnend beim Wert X_{ein} und Y_{aus} auf der Arbeitsgeraden durch Stufenkonstruktion die Anzahl der theoretischen Stufen für die Absorption ermitteln.

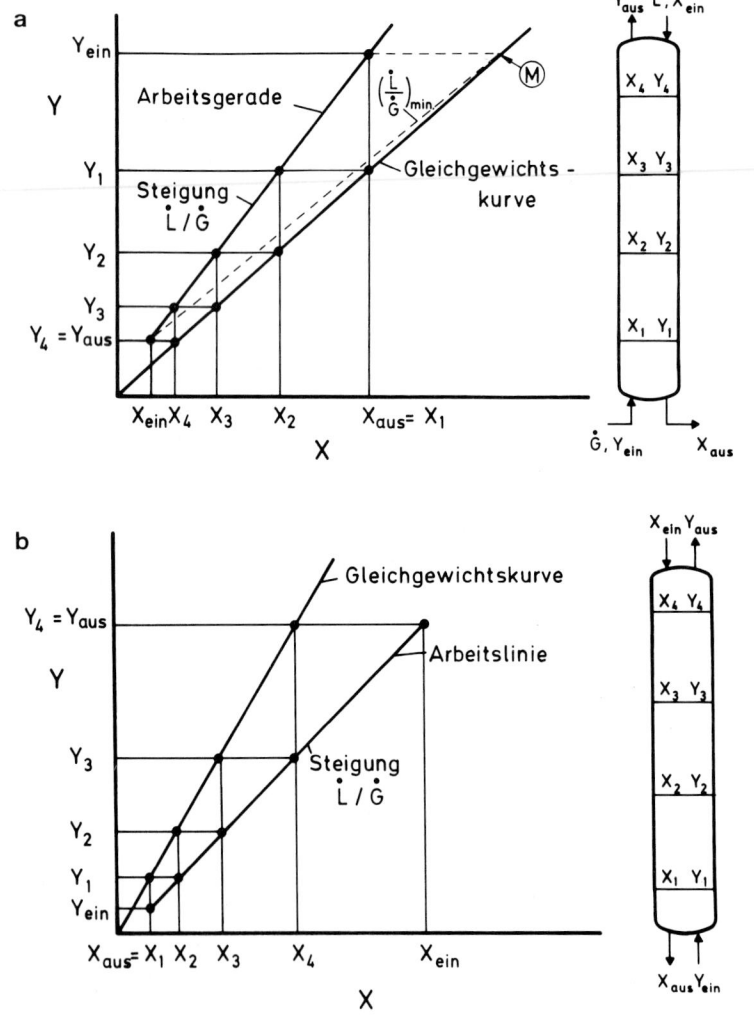

Abb. 4.56 Anwendung des McCabe-Thiele-Verfahrens zur Auslegung der **a** Absorptions- und **b** Desorptionsanlage

Die Regeneration des Absorptionsmittels kann auf unterschiedliche Weise geschehen. In den meisten Fällen erfolgt die Desorption durch Druckminderung, Temperaturerhöhung oder durch Austreiben mit Hilfe eines inerten Gasstroms (Strippen)*.

Die Festlegung der theoretischen Stufenzahl für den Desorber kann in analoger Weise wie beim Absorber durch Stufenkonstruktion geschehen. So ergibt sich für die Mengenbilanz der desorbierten Komponente die gleiche Beziehung für die Arbeitsgerade (s. Abb. 4.56b) wie bei der Absorption:

$$Y_j = Y_{aus} + \frac{\dot{L}_o}{\dot{G}_o}(X_{j+1} - X_{ein}). \tag{4.111}$$

Im Gegensatz zur Absorption liegt die Arbeitsgerade bei der Desorption aber unterhalb der Gleichgewichtskurve. Weiterhin weist die Gleichgewichtskurve bei den im Desorber eingestellten Bedingungen (meistens höhere Temperatur und geringerer Druck) eine andere Form auf. Die Steigung der Arbeitsgeraden läßt sich durch Wahl des Wertes für $\dot{G}_o$ verändern. Wurde der Wert für $\dot{G}_o$ festgelegt, läßt sich die Anzahl der theoretischen Gleichgewichtsstufen wieder durch Stufenkonstruktion beginnend beim Wert X_{aus} und Y_{ein} auf der Arbeitsgeraden ermitteln. Sowohl für den Fall der Absorption als auch den der Desorption ist diese Stufenkonstruktion in Abb. 4.56a, b dargestellt.

Beispiel 4.19
Mit Hilfe von Wasser sollen bei 20 °C und 5 bar aus einem Gasstrom (1500 kmol/h) mit der folgenden Zusammensetzung $y_{CO_2} = 0,03$, $y_{CH_4} = 0,34$, $y_{C_2H_4} = 0,60$ und $y_{EO} = 0,03$ 95% des Ethylenoxids (EO) entfernt werden. Berechnen Sie die

a minimale Absorptionsmittelmenge,
b benötigte Absorptionsmittelmenge für fünf theoretische Trennstufen und
c Beladung X auf jedem theoretischen Boden

mit Hilfe des McCabe-Thiele-Verfahrens. Vereinfachend soll angenommen werden, daß die Löslichkeit von CO_2, CH_4 und C_2H_4 in Wasser zu vernachlässigen ist. Benutzen Sie für die Beschreibung des Beladungsdiagramms die folgenden Daten:

X_{EO}	Y_{EO}
0,00	0,00
0,01	0,0168
0,02	0,0336

Lösung:
Für die graphische Ermittlung der benötigten Absorptionsmittelmengen müssen zunächst die Ethylenoxidbeladungen im eintretenden Rohgas und austretenden Reingas berechnet werden.

Rohgas:

$$Y_{ein} = \frac{0,03}{0,97} = 0,0309$$

---

* Bei einigen chemischen Wäschen, z. B. Entschwefelungsverfahren, wird auch oft auf eine Regeneration verzichtet. Dabei fällt die absorbierte Komponente (SO_2) als Salz, wie z. B. $CaSO_4$, an.

Reingas:

$$Y_{aus} = \frac{0,03 \cdot 0,05}{0,97} = 0,001546$$

Mit diesen Werten läßt sich dann die Arbeitsgerade konstruieren. Ein Punkt dieser Arbeitsgeraden besitzt den Wert Y_{aus} bei X_{ein}. Der zweite Wert liegt im Falle des minimalen Lösungsmittelbedarfs auf der Phasengleichgewichtslinie beim Wert Y_{ein}.

Für diese Arbeitslinie ergibt sich als Steigung bzw. Verhältnis von inertem Absorptionsmittelstrom $\dot{L}_o$ zu Inertgasstrom $\dot{G}_o$ (s. Abb. 4.57):

$$\left(\frac{\dot{L}_o}{\dot{G}_o}\right)_{min} = 1,595$$

und damit

$$\dot{L}_{o,min} = 1,595 \cdot 0,97 \cdot 1500 = 2320,7 \text{ kmol/h}.$$

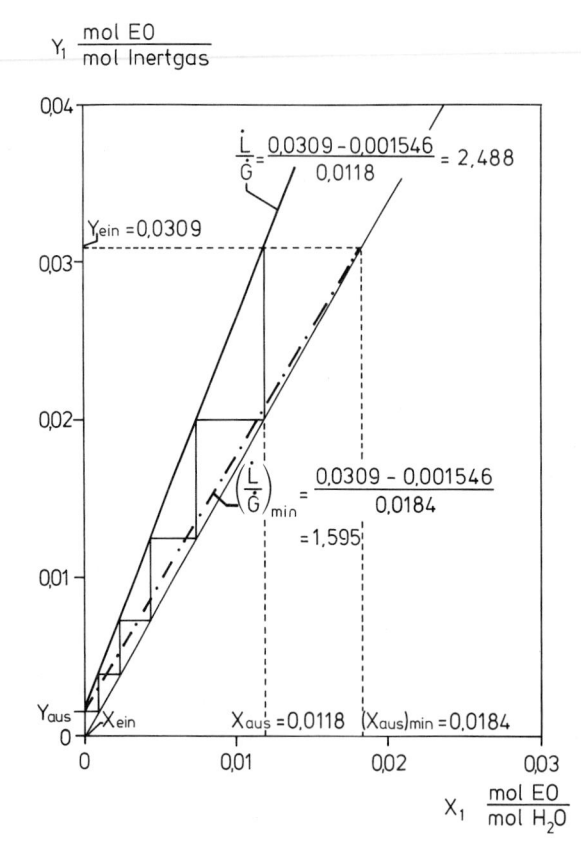

Abb. 4.57 Anwendung des McCabe-Thiele-Verfahrens am Beispiel der Absorption von Ethylenoxid mit Wasser bei 20 °C und 5 bar

Die Arbeitsgerade für fünf theoretische Stufen erhält man durch Einzeichnen der Stufen ausgehend vom Punkt (Y_{aus}, X_{ein}). Die Steigung der Arbeitsgeraden muß so lange variiert werden, bis der Schnittpunkt mit der Arbeitsgeraden oberhalb der Beladung auf dem fünften Boden die Arbeitsgerade bei Y_{ein} schneidet. Für das vorgegebene Beispiel ergibt sich eine Steigung von 2,488 und damit für

$$\dot{L}_o = 2{,}488 \cdot 0{,}97 \cdot 1500 = 3620 \text{ kmol/h}.$$

Die Beladungen auf den verschiedenen Böden lassen sich nach der Stufenkonstruktion direkt aus dem Diagramm (Abb. 4.57) ablesen. Für die einzelnen Böden ergeben sich die folgenden Beladungen:

Boden	X_{EO}
1	0,0010
2	0,0023
3	0,0044
4	0,0074
5	0,0118

4.9.3 Kremser-Gleichung

Für den Fall, daß sowohl die Gleichgewichts- als auch die Arbeitslinie durch eine Gerade dargestellt werden kann, bietet sich die Kremser-Gleichung zur Berechnung der benötigten Stufenzahl an. Bei sehr verdünnten Lösungen ($x_i < 0{,}01$, $y_i < 0{,}01$) ändert sich der gesamte Flüssigkeitsstrom $\dot{L}$ bzw. Gasstrom $\dot{G}$ durch die Absorption nur geringfügig, so daß in diesen Fällen die Bilanzen mit nur minimalen Fehlern, basierend auf Molanteilen und Gesamtströmen, durchgeführt werden dürfen. Mit diesen Annahmen ergibt sich über die Mengenbilanz für den Boden j (s. Abb. 4.55) die folgende Beziehung:

$$\dot{G}(y_j - y_{j-1}) = \dot{L}(x_{j+1} - x_j). \tag{4.112}$$

Für die Gleichgewichtslinie erhält man bei Annahme der Gültigkeit des Henryschen Gesetzes (Boden j):

$$y_j = m x_j, \tag{4.113}$$

wobei nach Gl. 3.70

$$m = \frac{H_{12}}{P}.$$

Durch Substitution der Molanteile in der Flüssigkeit durch die Gleichgewichtsbeziehung (Gl. 4.113), läßt sich die Konzentrationsänderung in der Gasphase Δy_j (siehe Abb. 4.58) mit den Mengenströmen und dem K-Faktor (d. h. m) in Verbindung bringen.

$$(y_j - y_{j-1}) = \frac{\dot{L}}{m\dot{G}}(y_{j+1} - y_j) \tag{4.114}$$

$$\Delta y_j = \frac{\dot{L}}{m\dot{G}} \Delta y_{j+1} = A \Delta y_{j+1} \tag{4.115}$$

A Absorptionsfaktor, d. h. Quotient $\dot{L}/(m\dot{G})$

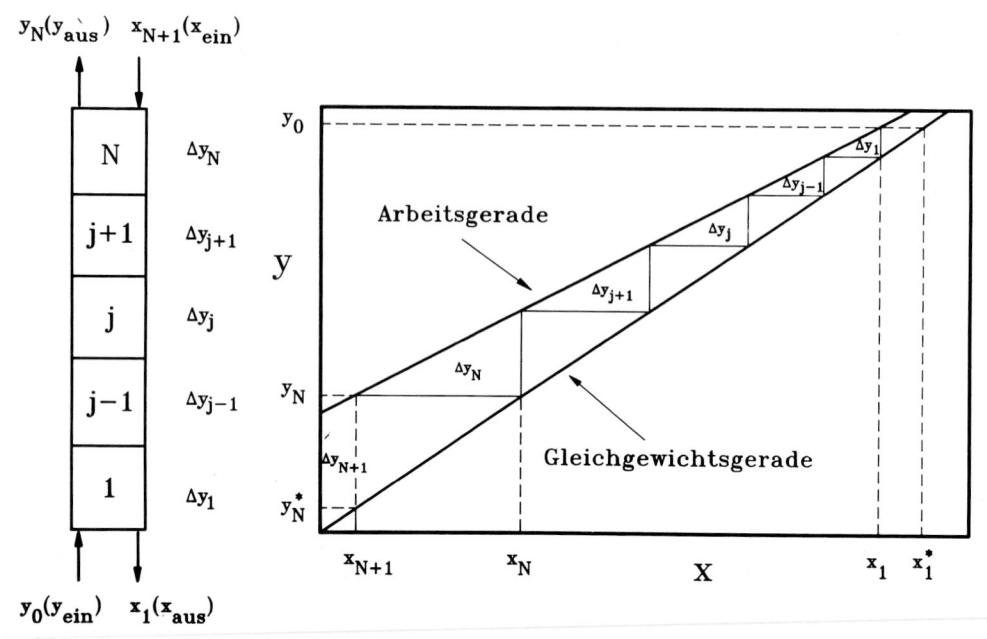

Abb. 4.58 Diagramm zur Ableitung der Kremser-Gleichung

Die gesamte Konzentrationsänderung in der Gasphase ergibt sich aus den Konzentrationsänderungen auf den einzelnen Böden, d. h.

$$y_N - y_0 = \sum (\Delta y)_i = (\Delta y)_1 + (\Delta y)_2 + \ldots + (\Delta y)_j + \ldots + (\Delta y)_{N-1} + (\Delta y)_N \quad (4.116)$$

Durch wiederholte Verwendung von Gl. (4.115) läßt sich die Konzentrationsänderung auch durch folgende Gleichung beschreiben:

$$y_N - y_0 = (\Delta y)_1 \left[1 + \frac{1}{A} + \left(\frac{1}{A}\right)^2 + \ldots + \left(\frac{1}{A}\right)^{N-1} \right] \quad (4.117)$$

Die Summe in der eckigen Klammer kann für den Fall, daß der Absorptionsfaktor $A \neq 1$ ist, durch den folgenden Ausdruck ersetzt werden:

$$\sum_{i=0}^{N-1} B^i = \frac{1 - B^N}{1 - B}. \quad (4.118)$$

$B = 1/A$,

Damit läßt sich Gl. (4.117) nach anschließender Multiplikation von Zähler und Nenner mit $-A^N$ auch folgendermaßen schreiben:

$$y_N - y_0 = (\Delta y)_1 \frac{1 - A^N}{A^{N-1}(1 - A)}. \quad (4.119)$$

Eine Beziehung für $(\Delta y)_1 = y_0 - y_1$ läßt sich aus der Gesamtbilanz über die Kolonne und Berücksichtigung des Phasengleichgewichts ($y_1 = m x_1$) erhalten:

$$x_1 = \frac{\dot{G}}{\dot{L}}(y_0 - y_N) + x_{N+1} \quad (4.120)$$

und damit

$$(\Delta y)_1 = y_1 - y_0 = -y_0 + mx_{N+1} + \frac{y_0 - y_N}{A} \tag{4.121}$$

bzw.

$$(\Delta y)_1 = (y_N - y_0)\left(\frac{y_0 - mx_{N+1}}{y_0 - y_N} - \frac{1}{A}\right) \tag{4.122}$$

Durch Substitution von $(\Delta y)_1$ in Gl. (4.119) und Umstellung ergibt sich die Kremser-Gleichung

$$\frac{y_0 - mx_{N+1}}{y_0 - y_N} = \frac{A^{N+1} - 1}{A^{N+1} - A}. \tag{4.123}$$

Durch weitere mathematische Operationen läßt sich aus Gl. (4.123) eine Beziehung zur Berechnung der benötigten Zahl theoretischer Trennstufen erhalten:

$$N_{th} = \frac{\ln\left[\dfrac{y_0 - mx_{N+1}}{y_N - mx_{N+1}}\left(1 - \dfrac{1}{A}\right) + \dfrac{1}{A}\right]}{\ln A} \tag{4.124}$$

Wenn alle Annahmen, wie

- Gesamtströme ($\dot{L}$, $\dot{G}$) konstant,
- isotherme Fahrweise, d. h. Absorptionswärme vernachlässigbar,
- Henrysches Gesetz gültig und
- Druck konstant,

erfüllt sind, weist die Kremser-Gleichung eine Vielzahl von Vorteilen gegenüber dem McCabe-Thiele-Verfahren auf, da die resultierenden Gleichungen jederzeit leicht programmierbar und somit selbst Berechnungen mit einer Vielzahl von Stufen leicht durchführbar sind.

Beispiel 4.20

Aus einem Inertgasstrom (1000 Nm³/h) mit 1 Mol% Butan soll in einer Absorptionskolonne bei einer Temperatur von 20 °C und einem Druck von 10 bar mit Hilfe eines schwersiedenden Kohlenwasserstoffs (molare Masse: 226,45 g/mol) ein Großteil des Butans abgetrennt werden. Berechnen Sie mit Hilfe der Kremser-Gleichung den Molanteil an Butan im austretenden Gasstrom y_N für

a 2 theoretische Trennstufen und
b 3 theoretische Trennstufen

bei einer Absorptionsmittelmenge von 5000 kg/h ($x_{Butan} = x_{N+1} = 0$).

Welche Endkonzentration wird erreicht, wenn nur 2000 kg des Absorptionsmittels pro Stunde eingesetzt werden?

Wieviel theoretische Trennstufen sind erforderlich, wenn bei 5000 kg (2000 kg) Absorptionsmittel pro Stunde 99% des Butans absorbiert werden sollen?

Henry-Konstante $H_{1,2} = 1{,}7$ bar

Vereinfachend sollen die Änderungen der Molenströme durch Absorption, Verdampfung vernachlässigt werden.

Lösung:
Für die Berechnung des Molanteils y_N im austretenden Gasstrom nach Gl. 4.123 wird zunächst der Absorptionsfaktor A benötigt. Der Wert läßt sich über die Molenströme $\dot{L}$, $\dot{G}$ und den Verteilungskoeffizienten m ermitteln:

$$A = \frac{\dot{L}}{m\dot{G}} = \frac{5000 \cdot 10{,}0 \cdot 0{,}08205 \cdot 273{,}15}{226{,}45 \cdot 1{,}7 \cdot 1000 \cdot 1{,}0} = 2{,}91$$

Mit Hilfe dieses Wertes lassen sich nach Umstellung der Gl. (4.123) die Molanteile y_N in der Gasphase für die vorgegebene theoretische Stufenzahl berechnen ($x_{N+1} = 0$):

$$y_N = y_0 \left[1 - \frac{1}{(A^{N+1} - 1)/(A^{N+1} - A)} \right]$$

Für 2 theoretische Trennstufen:

$$y_N = 0{,}01 \left[1 - \frac{1}{(2{,}91^3 - 1)/(2{,}91^3 - 2{,}91)} \right] = 0{,}000808$$

Für 3 theoretische Trennstufen:

$$y_N = 0{,}01 \left[1 - \frac{1}{(2{,}91^4 - 1)/(2{,}91^4 - 2{,}91)} \right] = 0{,}000270$$

Beim Einsatz von 2000 kg Absorptionsmittel pro Stunde ergibt sich als Absorptionsfaktor A ein Wert von 1,164. Damit erhält man die folgenden Endkonzentrationen:

– im Falle von zwei theoretischen Stufen: $y_N = 0{,}00284$ und
– bei drei theoretischen Stufen: $y_N = 0{,}00196$.

Die Anzahl der theoretischen Trennstufen läßt sich mit Hilfe von Gl. (4.124) berechnen. Mit dem Absorptionsfaktor $A = 2{,}91$ ($A = 1{,}164$) und $y_N = 0{,}0001$ ergibt sich als Anzahl benötigter theoretischer Trennstufen:

$\dot{L} = 5000$ kg/h

$$N_{th} = \frac{\ln\left[(0{,}01/0{,}0001)(1 - 1/2{,}91) + 1/2{,}91\right]}{\ln 2{,}91} = 3{,}92$$

$\dot{L} = 2000$ kg/h

$$N_{th} = \frac{\ln\left[(0{,}01/0{,}0001)(1 - 1/1{,}164) + 1/1{,}164\right]}{\ln 1{,}164} = 17{,}8$$

An den Ergebnissen ist deutlich der Einfluß des $\dot{L}/\dot{G}$-Verhältnisses (Steigung der Arbeitslinie beim McCabe-Thiele-Verfahren) auf die Anzahl der benötigten theoretischen Trennstufen zu erkennen.

4.9.4 Chemische Absorption

Im Falle der chemischen Absorption kann eine theoretische Trennstufe oft ausreichend sein, um das Gas in der gewünschten Reinheit zu erhalten. Weiterhin lassen sich mit Hilfe der chemischen Absorption hohe Selektivitäten erzielen.

Wichtig ist wie bei der physikalischen Absorption ein intensiver Stoffaustausch zwischen den beiden Phasen. Durch die ablaufende chemische Reaktion wird gleichzeitig der Stofftransport beschleunigt, da aufgrund der chemischen Reaktion das transportierte Gas je nach Geschwindigkeit der chemischen Reaktion an der Phasengrenzfläche, innerhalb des Films oder innerhalb der konvektiv durchmischten flüssigen Phase reagiert und somit das Konzentrationsgefälle, d.h. die Potentialdifferenz vergrößert wird. Im Extremfall wird der gesamte Widerstand für den Stofftransport auf die Gasseite verlagert. Die zu erzielende Beschleunigung kann mit Hilfe des Beschleunigungsfaktors E (enhancement-factor) beschrieben werden.

4.9.5 Nichtisotherme Absorption

Eine isotherme Fahrweise ist in manchen Fällen nicht zu realisieren. Die Absorption ist mit einer Wärmetönung verbunden, deren Vorzeichen und Stärke nach Gl. (3.74) von der Absorptionsenthalpie abhängt. In den meisten Fällen handelt es sich bei der Absorption um einen exothermen Vorgang, da die absorbierte gasförmige Komponente ihre Energie an die Flüssigkeit abgibt, was zunächst zu einer Temperaturerhöhung der Flüssigkeit führt. Die Flüssigkeit gibt die Wärme zum Teil an das Gas ab, so daß auch das Gas erwärmt wird.

Die abgegebene Wärmemenge entspricht im Falle der physikalischen Absorption etwa der Kondensationswärme. Im Falle der chemischen Absorption ist außerdem die Reaktionswärme zu berücksichtigen. Dadurch ist die bei der chemischen Absorption freiwerdende Wärme in der Regel größer als bei der physikalischen Absorption. Die durch Absorption resultierende Temperaturänderung kann über eine Wärmebilanz abgeschätzt werden. Ist die

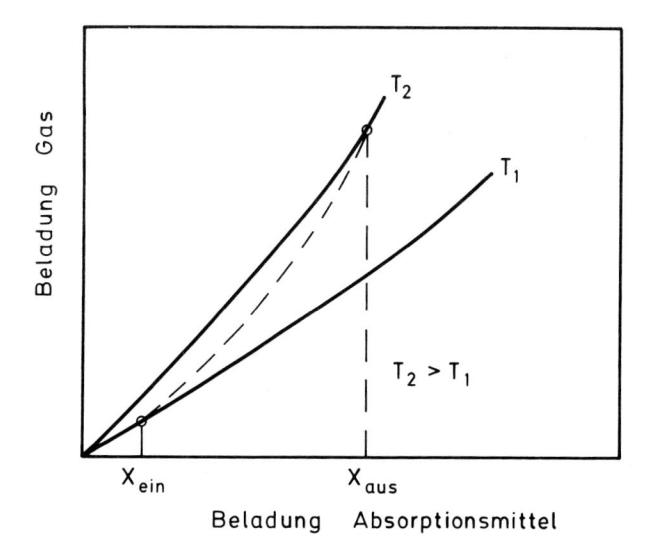

Abb. 4.59 Resultierende Gleichgewichtskurve für den Fall der nichtisothermen Absorption

absorbierte Gasmenge gering gegenüber der Absorptionsmittelmenge, so kann bei der physikalischen Absorption oftmals auf die Berücksichtigung von Temperatureffekten verzichtet werden. Bei der chemischen Absorption ist die Berücksichtigung der Wärmemenge oft von großer Bedeutung.

Durch die resultierende Temperaturänderung bei der chemischen Absorption wird in erster Linie die Lage des Gleichgewichts beeinflußt. Qualitativ ist das Resultat in Abb. 4.59 gezeigt. Durch Interpolation zwischen den beiden Gleichgewichtskurven kann eine für die Auslegung geeignete Gleichgewichtskurve erhalten werden.

4.9.6 Absorberbauarten

Die Wahl des Absorbers wird in erster Linie durch das Verhältnis von Gas- und Flüssigkeitsstrom, der Zahl von theoretischen Trennstufen und der benötigten Verweilzeit bestimmt.

Im Falle der physikalischen Absorption werden mehrere Trennstufen benötigt. Für diese Art der Absorption benutzt man in erster Linie die auch bei der Rektifikation gebräuchlichen Gegenstromkolonnen (Bodenkolonnen, Packungskolonnen). Von diesen zeichnen sich insbesondere Packungskolonnen mit geordneten Packungen durch einen geringen Druckabfall aus. Daneben werden, abhängig vom Verhältnis Gas- zu Flüssigkeitsstrom, noch Sprühtürme, Blasensäulen, Filmkolonnen usw. herangezogen. Auch Venturi- und Strahlwäscher können bei geringer Zahl erforderlicher Trennstufen und kurzen Verweilzeiten (z. B. bei chemischer Absorption) eingesetzt werden.

4.10 Flüssig-Flüssig-Extraktion

Wie bei der Absorption wird bei der Extraktion zur Erzeugung der zweiten Phase ein Lösungsmittel (Extraktionsmittel) benutzt.

Das Lösungsmittel $\dot{S}$ wird benutzt, um den aus einem Feed-Strom $\dot{F}$ abzutrennenden Stoff aufzunehmen. Voraussetzung für die Trennung ist, daß die beiden Lösungsmittel nicht oder nur sehr schwer ineinander löslich sind und weiterhin die zu trennende(n) Komponente(n) unterschiedliche Gleichgewichtskonzentrationen in den beiden flüssigen Phasen aufweisen. Wie bei anderen Trennverfahren wird auch bei der Extraktion das Gegenstromprinzip benutzt. Schematisch ist eine Extraktionskolonne für den Fall, daß das Extraktionsmittel $\dot{S}$ die geringere Dichte besitzt, in Abb. 4.60 gezeigt.
Der vom Extraktstoff weitgehend befreite Strom wird als Raffinat $\dot{R}$ und das mit dem zu extrahierenden Stoff angereicherte Lösungsmittel als Extrakt $\dot{E}$ bezeichnet.

Im Gegensatz zur Rektifikation müssen bei der Flüssig-Flüssig-Extraktion weitere Trennprozesse (in der Regel Rektifikationsprozesse) herangezogen werden, um den Extraktstoff zu gewinnen und das Lösungsmittel regeneriert in den Prozeß zurückführen zu können (Abb. 4.61). In den meisten Fällen muß auch noch der Raffinatstrom einem Trennprozeß unterworfen werden. Diese Trennprozesse sind oftmals teurer als der Extraktionsschritt. Der typische Aufbau einer Extraktionsanlage ist aus Abb. 4.61 zu erkennen.

Die Extraktion wird als Trennprozeß immer dann herangezogen, wenn die Rektifikation aufgrund eines ungünstigen Trennfaktors, des „fehlenden" Dampfdrucks (z. B. Metallsalze) oder aber thermischer Instabilität der zu trennenden Komponenten nicht zu realisieren ist. Weiterhin ist die Flüssig-Flüssig-Extraktion oft wirtschaftlicher als die Rektifikation,

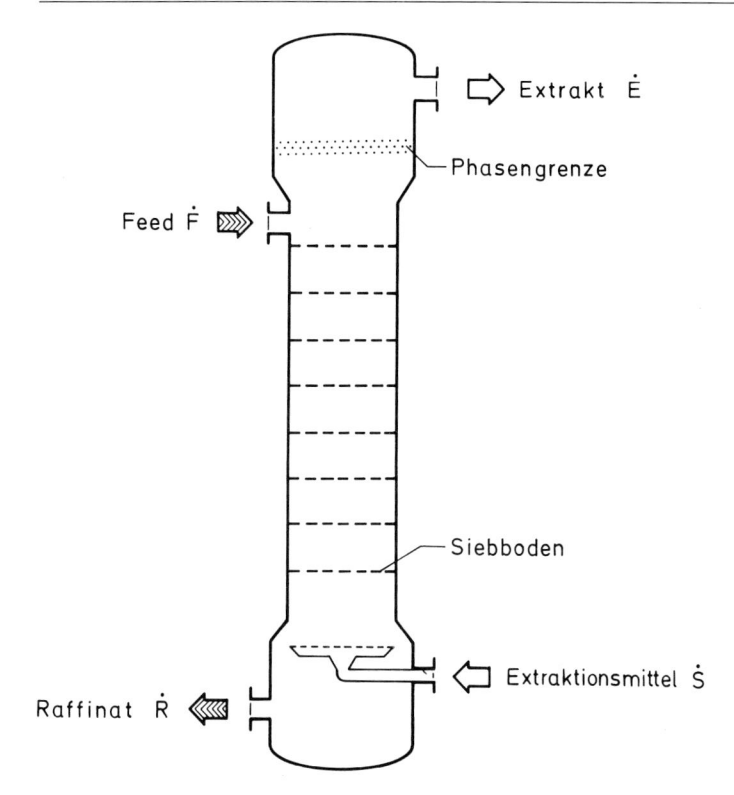

Abb. 4.60 Typische Extraktionskolonne

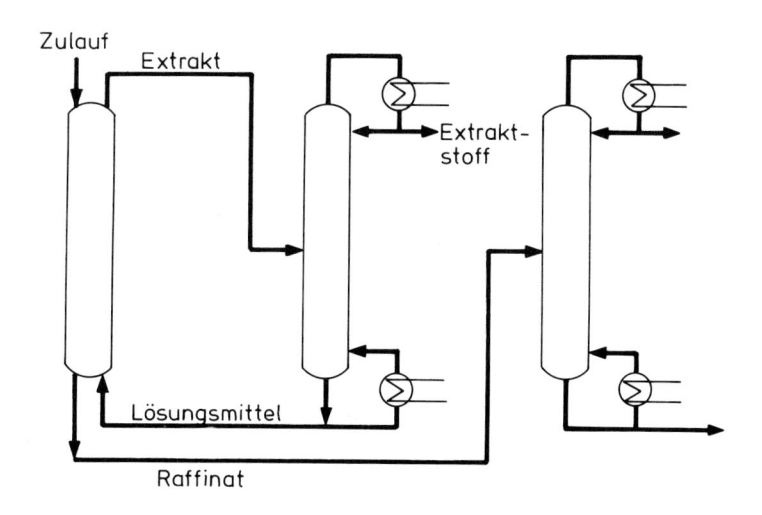

Extraktions-   Gewinnung des   Abtrennung des
kolonne   Extraktstoffes   Lösungsmittels

Abb. 4.61 Extraktionsanlage

wenn nur kleine Mengen einer schwerflüchtigen Komponente abgetrennt werden müssen. Daneben besitzt die Extraktion große Bedeutung bei der Abtrennung von Metallsalzen aus wäßrigen Lösungen und der Gewinnung von Antibiotika aus Fermentationslösungen. Die Extraktion kann auch dann vorteilhaft sein, wenn Stoffklassen (z. B. Aliphaten von Aromaten) getrennt werden sollen. Die Aliphaten-Aromaten-Trennung war auch die erste großtechnische Anwendung der Extraktion.

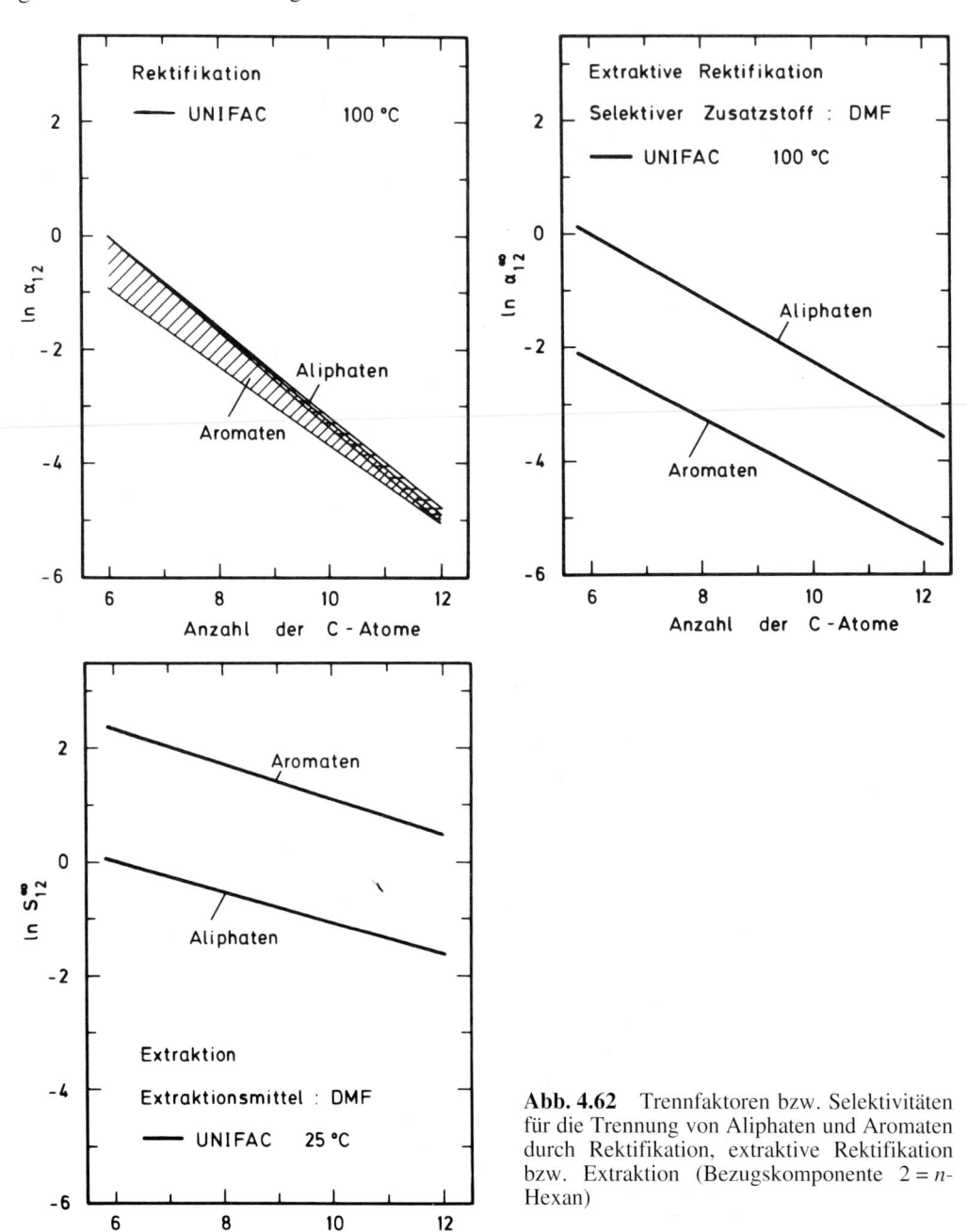

Abb. 4.62 Trennfaktoren bzw. Selektivitäten für die Trennung von Aliphaten und Aromaten durch Rektifikation, extraktive Rektifikation bzw. Extraktion (Bezugskomponente $2 = n$-Hexan)

Die Extraktion besitzt gewisse Ähnlichkeiten mit der Rektifikation. Während bei der Rektifikation Unterschiede in den Flüchtigkeiten, d. h. dem Produkt $\gamma_i P_i^s$ (siehe Gl. 3.34) zur Trennung ausgenutzt werden, sind es bei der Extraktion Unterschiede in der chemischen Struktur, die den Wert des Aktivitätskoeffizienten γ_i beeinflussen (s. Gl. 3.63).

Diese Möglichkeiten und die damit verbundenen Vorteile der Extraktion sind direkt aus Abb. 4.62 zu erkennen. In dieser Abbildung wurden die Trennfaktoren (Bezugssubstanz 2: *n*-Hexan) der Aliphaten und Aromaten als Funktion der Kohlenstoffzahl für die Rektifikation, extraktive Rektifikation (selektives Lösungsmittel: Dimethylformamid [DMF]) und Extraktion (Extraktionsmittel: Dimethylformamid) dargestellt. Aus Abb. 4.62 ist deutlich zu erkennen, daß bei der Rektifikation bereits bei Aliphaten und Aromaten gleicher Kohlenstoffzahl Trennprobleme auftreten. Diese Situation wird bei der extraktiven Rektifikation deutlich verbessert. Jedoch lassen sich auch nur Aliphaten-Aromaten-Gemische mit ähnlicher Kohlenstoffzahl und damit ähnlichen Siedepunkten mit Hilfe der extraktiven Rektifikation trennen. Erst beim Übergang zur Extraktion ist zu erkennen, daß die Aliphaten von den Aromaten für die betrachteten Komponenten (C_6–C_{12}) zumindest bei hohen Verdünnungen getrennt werden können. Das ist der Grund, daß bei der Aufarbeitung der im Steamcracker anfallenden Kohlenwasserstoffe des Pyrolysebenzins (Kohlenstoffzahl der Komponenten ca. C_5–C_{12}) die Extraktion zur Trennung der Aliphaten von den Aromaten herangezogen werden kann*, bevor die weitere Trennung der Aromaten durch Rektifikation, Kristallisation und Isomerisierung (chemischer Schritt) geschieht. Während 1906 flüssiges SO_2 als Extraktionsmittel zur Aliphaten-Aromaten-Trennung (Edeleanu-Prozeß) herangezogen wurde, werden heute die verschiedensten Extraktionsmittel, wie z. B. *N*-Methylpyrrolidon, *N*-Formylmorpholin, Dimethylformamid, Dimethylsulfoxid, Sulfolan, Furfural und Glykol zur Aromatenextraktion eingesetzt.

4.10.1 Auswahl des Extraktionsmittels

Für eine effektive Trennung sollte das Lösungsmittel 2 eine hohe Selektivität S_{12} für die zu extrahierende Komponente 1 aufweisen. Um die erforderlichen Ströme gering zu halten, wäre außerdem eine hohe Kapazität, d. h. gute Löslichkeit des Extraktstoffes (geringe Werte des Aktivitätskoeffizienten γ_i) im Lösungsmittel wünschenswert. Die gegenseitige Löslichkeit (Raffinat, Extrakt) sollte dagegen möglichst gering sein, um Lösungsmittelverluste und Aufarbeitungskosten gering zu halten.

Um eine möglichst einfache Regenerierung des Lösungsmittels durch Rektifikation zu erreichen, sollte das Lösungsmittel so ausgewählt werden, daß keine weiteren Trennprobleme (z. B. azeotropes Verhalten) bei der Abtrennung des Extraktstoffes oder der Trennung des Raffinatstroms durch Rektifikation auftreten.

Neben diesen Eigenschaften, die durch Anwendung moderner Modelle der Phasengleichgewichtsthermodynamik berechnet bzw. abgeschätzt werden können, sind bei der Extraktion weiterhin die Eigenschaften, die den Stofftransport und das Ausbilden und Trennen der beiden flüssigen Phasen bestimmen, zu berücksichtigen. So ist insbesondere bei der Trennung der beiden Phasen eine gewisse Dichtedifferenz (zumindest von 2–5%) wünschenswert. Interessant ist weiterhin die Grenzflächenspannung zwischen den beiden Phasen, die das Koaleszenzverhalten beeinflußt. Kleine Werte bedeuten, daß nur wenig Energie benötigt wird, um eine Tropfendispersion zu erzeugen. Jedoch führen sehr geringe

---

* Daneben kann nach rektifikativer Auftrennung in Fraktionen (C_6, C_7, C_8) die Aliphaten-Aromaten-Trennung auch durch extraktive Rektifikation erfolgen.

Werte (z. B. 10^{-3} N/m) zu Emulsionen. Große Werte (z. B. 0,05 N/m) verursachen einen hohen Energiebedarf und die Tendenz zur Koaleszenz (Bildung großer Tropfen). Am kritischen Punkt (plait point) weisen beide flüssige Phasen identische Werte auf, so daß die Zurückbildung zweier flüssiger Phasen aus der Emulsion in der Nähe dieses Bereiches sehr stark erschwert wird. Dies bedeutet, daß bei Extraktionsprozessen weit genug entfernt vom kritischen Punkt gearbeitet werden muß. Wünschenswert wäre es, den Extraktionsprozeß bei nicht zu hohen Viskositäten (<10 mPa s) durchzuführen, um den Stofftransportwiderstand gering zu halten und die Kapazität des Extraktors zu erhöhen. Da die Viskosität des Zulaufstroms festliegt, läßt sich die Viskosität nur über die Auswahl des Lösungsmittels und die Temperatur beeinflussen.

Schließlich ist darauf zu achten, daß das Lösungsmittel nicht chemisch reagiert, schwer entflammbar, wenig korrosiv, ungiftig und bei einem geringen Dampfdruck für einen möglichst niedrigen Preis erhältlich ist. Die verschiedenen Anforderungen an das Extraktionsmittel wurden noch einmal in Tab. 4.12 zusammengefaßt.

Tab. 4.12 Anforderungen an das Extraktionsmittel

- hohe Selektivität S_{ij} (d. h. hohe K_i/K_j-Werte)
- hohe Löslichkeit für den Extraktstoff (Kapazität)
- geringe Löslichkeit im Raffinat
- leichte Abtrennbarkeit des Extraktstoffes
- nicht zu geringe Dichtedifferenzen der beiden Phasen
- geeignete Werte für die Grenzflächenspannung
- hohe chemische und thermische Stabilität
- geringer Dampfdruck
- kein zu niedriger Flammpunkt
- geringe Viskosität
- Ungiftigkeit
- geringe Korrosivität
- geringer Preis

4.10.2 McCabe-Thiele-Verfahren

Schematisch ist der Extraktionsprozeß in Abb. 4.63 dargestellt. Dabei wird ein Zulaufstrom $\dot{F}$ mit Hilfe des selektiven Extraktionsmittels in einen Extrakt- und einen Raffinatstrom aufgetrennt. Für den Fall, daß Zulauf- und Lösungsmittelstrom ($\dot{R}_o$, $\dot{S}_o$) nicht mischbar sind, d. h. die inerten Trägerströme konstant sind, läßt sich ausgehend vom Konzept der theoretischen Trennstufe das McCabe-Thiele-Verfahren in ähnlicher Weise wie bei der Rektifikation (Kap. 4.3) und der Absorption (Kap. 4.9) anwenden.

Wie bei der Absorption benutzt man bei der Extraktion oftmals als Konzentrationsmaß Beladungen anstatt der bei der Rektifikation benutzten Molanteile. Dabei können die Beladungen und die Ströme auf die Masse (z. B. $\dot{R}_o$ in kg/h, X_A = kg A/kg $\dot{R}_o$) oder wie in diesem Lehrbuch auf die Molmengen ($\dot{R}_o$ in kmol/h, X_A = kmol A/kmol $\dot{R}_o$) bezogen werden. Die Arbeitslinie ergibt sich wieder über eine Mengenbilanz. So erhält man für einen willkürlichen Boden j (s. Abb. 4.63):

$$\dot{R}_o(X_F - X_{j+1}) = \dot{S}_o(Y_N - Y_j) \ . \tag{4.125}$$

Durch Umformung ergibt sich:

$$Y_j = Y_N + \frac{\dot{R}_o}{\dot{S}_o}\left(X_{j+1} - X_F\right) . \tag{4.126}$$

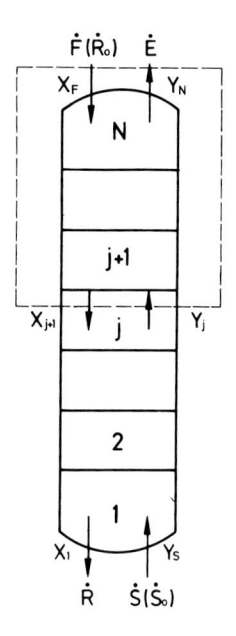

Abb. 4.63 Bilanzraum für die Mengenbilanz bei der Extraktion

Bei vollständiger Unmischbarkeit ändern sich die Ströme $\dot{R}_o$ und $\dot{S}_o$ innerhalb der Kolonne nicht. Das heißt, es ergibt sich als Arbeitslinie eine Gerade mit der Steigung $\dot{R}_o/\dot{S}_o$ im Beladungsdiagramm. Mit Hilfe dieser Arbeitsgeraden läßt sich die Beladung X_{j+1} bei Kenntnis der Beladung Y_j auf einem willkürlich zu wählenden Boden j graphisch ermitteln. Für diese Konzentration kann dann die Konzentration in der anderen Phase über die Gleichgewichtskurve bestimmt werden. Die Anzahl der benötigten theoretischen Trennstufen erhält man wie bei der Rektifikation durch Stufenkonstruktion (s. Abb. 4.64). Die minimale Extraktionsmittelmenge (unendliche Stufenzahl) ergibt sich für den Fall, daß die Arbeitsgerade die Gleichgewichtskurve bei X_F schneidet (Punkt Ⓜ in Abb. 4.64). Die Vorgehensweise zur Ermittlung der theoretischen Stufenzahl und der benötigten Extraktionsmittelmenge ist in Beispiel 4.21 dargestellt.

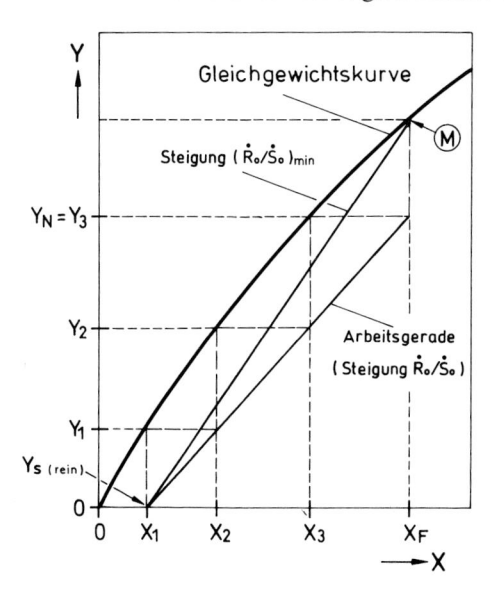

Abb. 4.64 Anwendung des McCabe-Thiele-Verfahrens zur Ermittlung der Stufenzahl und der benötigten Extraktionsmittelmenge bei Extraktionsprozessen

Beispiel 4.21

Mit Hilfe von reinem Butylacetat sollen aus einem phenolhaltigen Abwasser mit einer Beladung $X_F = 0{,}002$ mol Phenol/mol Wasser 90% des Phenols abgetrennt werden. Berechnen Sie unter der Annahme, daß Butylacetat und Wasser nicht mischbar sind[*], die Menge an Butylacetat für einen Extraktionsprozeß mit

a zwei theoretischen Trennstufen,
b drei theoretischen Trennstufen,
c die minimale Lösungsmittelmenge

und eine Abwassermenge $\dot{F}$ von 100,2 kmol/h. Welche Beladung ergibt sich für die beiden Fälle im Extrakt? Dabei sollen die folgenden Beladungen zur Konstruktion der benötigten Gleichgewichtskurve benutzt werden:

Beladung X (Raffinat)	Beladung Y (Extrakt)
0,0004	0,16
0,0008	0,28
0,0012	0,38
0,0016	0,46
0,0020	0,53

Lösung:

Ein Punkt der Arbeitsgeraden ergibt sich durch die Vorgaben

$X_1 = 0{,}0002$ und $Y_S = 0{,}0$ (reines Butylacetat).

Die Endkonzentration erhält man durch Stufenkonstruktion bei willkürlich gewählten Steigungen der Arbeitsgerade.

Zur Lösung der Aufgabenstellung wird die Steigung gesucht, bei der die Beladung auf der letzten Stufe Y_N die Arbeitsgerade bei $X_F = 0{,}002$ schneidet. Dies ist für beide Fälle in der Abb. 4.65 dargestellt. So ergibt sich für zwei theoretische Trennstufen

$Y_N = 0{,}285$

und für drei theoretische Trennstufen

$Y_N = 0{,}39$.

Aus der Steigung läßt sich dann die Menge des Lösungsmittels Butylacetat berechnen. Für zwei Stufen erhält man

$$\frac{\dot{R}_o}{\dot{S}_o} = \frac{0{,}285}{0{,}0018} = 158{,}3.$$

Aus der Zulaufmenge und der Beladung ergibt sich für $\dot{R}_o = 100$ kmol/h bei zwei Gleichgewichtsstufen

$\dot{S}_o = 0{,}632$ kmol/h.

---

[*] In Wirklichkeit lösen sich bei 20 °C ca. 0,136 Mol% Butylacetat in Wasser und 7,56 Mol% Wasser in Butylacetat[28].

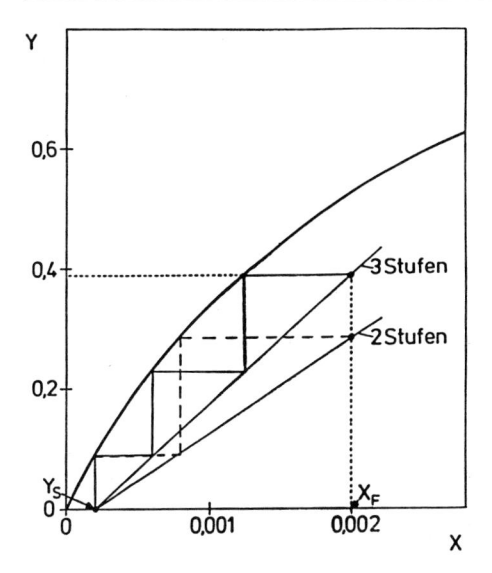

Abb. 4.65 Ermittlung der Extraktionsmittelmengen für unterschiedliche Zahl theoretischer Trennstufen mit Hilfe des McCabe-Thiele-Verfahrens

Bei drei Stufen ist eine Lösungsmittelmenge von

$$\frac{\dot{R}_o}{\dot{S}_o} = \frac{0{,}39}{0{,}0018} = 216{,}7,$$

d. h.

$$\dot{S}_o = \frac{\dot{R}_o}{216{,}7} = \frac{100}{216{,}7} = 0{,}462 \text{ kmol/h}$$

erforderlich. Die minimale erforderliche Lösungsmittelmenge ergibt sich aus der Arbeitsgeraden, die die Gleichgewichtskurve bei $X_F = 0{,}002$ schneidet, d. h.

$$\frac{\dot{R}_o}{\dot{S}_{o,\,min}} = \frac{0{,}53}{0{,}0018} = 294{,}4$$

und somit für

$$\dot{S}_{o,\,min} = 0{,}34 \text{ kmol/h}.$$

Anmerkung:
Wie an den Resultaten zu erkennen ist, ist die gegenseitige Löslichkeit nicht zu vernachlässigen. So werden bereits 0,136 kmol/h, d. h. ca. 40% der mit Hilfe des McCabe-Thiele-Verfahrens berechneten minimalen Lösungsmittelmenge in der Raffinatphase gelöst. Gleichzeitig wird ein Teil des Wassers vom Butylacetat aufgenommen.

4.10.2.1 Kremser-Gleichung

Für den Fall, daß sowohl die Gleichgewichtslinie als auch die Arbeitslinie durch Geraden beschrieben werden können, kann die Kremser-Gleichung (Ableitung s. Kap. 4.9) zur

Berechnung herangezogen werden (s. Abb. 4.63):

$$\frac{x_F - y_S/m}{x_F - x_1} = \frac{E^{N+1} - 1}{E^{N+1} - E} \qquad (4.127)$$

E Extraktionsfaktor $\dot{R}/(m\dot{E})$

Durch Umstellung läßt sich aus Gl. (4.127) eine Beziehung zur Berechnung der benötigten Zahl theoretischer Trennstufen erhalten:

$$N_{th} = \frac{\ln\left[\dfrac{x_F - y_S/m}{x_1 - y_S/m}\left(1 - \dfrac{1}{E}\right) + \dfrac{1}{E}\right]}{\ln E} \qquad (4.128)$$

m stellt den Verteilungskoeffizienten K_i der betrachteten Komponente i zwischen den beiden flüssigen Phasen dar:

$$m = K_i = \frac{x_i^E}{x_i^R}. \qquad (4.129)$$

Die Beziehungen von Gl. (4.127) und (4.128) können auch zur graphischen Ermittlung der benötigten Größen, wie Anzahl der benötigten theoretischen Stufen oder zur Ermittlung der Konzentrationen der zu extrahierenden Komponente für ein gegebenes Extraktionsproblem herangezogen werden.

4.10.3 Anwendung von Dreiecksdiagrammen

Für den Fall, daß die beiden Phasen zu einem gewissen Anteil ineinander löslich sind, ist es sinnvoll, Dreiecksdiagramme für die Berechnung von Extraktionsprozessen heranzuziehen.

Aus diesen Diagrammen lassen sich für alle im Zweiphasengebiet liegenden Zulaufströme die Konzentrationen der im Gleichgewicht stehenden flüssigen Phasen ermitteln. Dies ist für den Fall einer einstufigen Extraktion in Abb. 4.66 dargestellt.

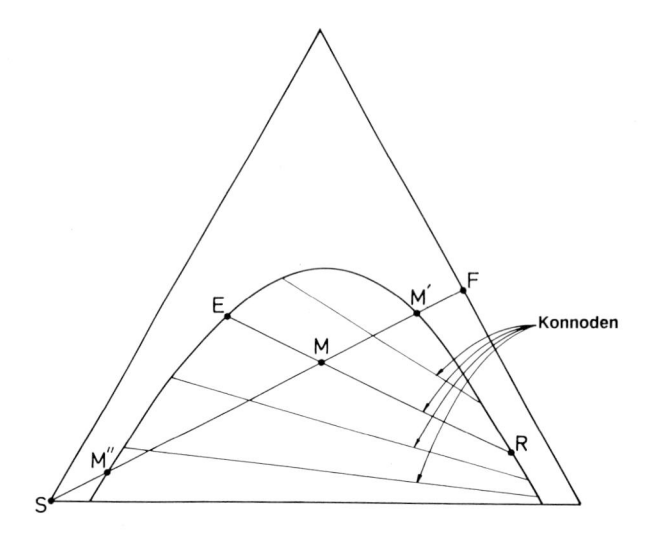

Abb. 4.66 Bestimmung der minimalen und maximalen Extraktionsmittelmenge mit Hilfe von Dreiecksdiagrammen

So läßt sich mit Hilfe des Hebelgesetzes für vorgegebenen Zulaufstrom $\dot{F}$ (F) und Lösungsmittelstrom $\dot{S}$ (S) zunächst der Mischungspunkt M ermitteln. Für diesen Mischungspunkt erhält man dann die Konzentration der im Gleichgewicht befindlichen Phasen [Raffinat $\dot{R}$ (R), Extrakt $\dot{E}$ (E)] über die Steigung der Konnoden, wobei die relativen Mengen an Raffinatphase $\dot{R}$ und Extraktphase $\dot{E}$ aus den Hebelarmen bestimmt werden können; z. B.

$$\frac{\dot{R}}{\dot{E}} = \frac{\overline{ME}}{\overline{RM}}. \tag{4.130}$$

Voraussetzung für die Extraktion ist natürlich, daß der Punkt M im heterogenen Gebiet liegt. Dazu ist eine minimale Lösungsmittelmenge erforderlich. Der Übergang vom homogenen zum heterogenen Gebiet ist in Abb. 4.66 durch M' charakterisiert. Die Mindestlösungsmittelmenge entspricht damit nach dem Hebelgesetz

$$\dot{S}_{min} = \frac{\overline{FM'}}{\overline{M'S}} \dot{F}. \tag{4.131}$$

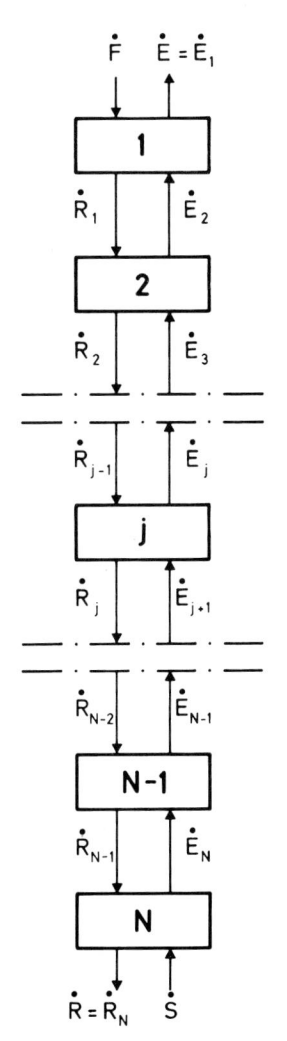

Abb. 4.67 Extraktionsanlage mit mehreren Gleichgewichtsstufen

Auch eine zu hohe Menge an Lösungsmittel $\dot{S}$ kann dazu führen, daß sich der Mischungspunkt M außerhalb des heterogenen Gebietes befindet. Die maximale Lösungsmittelmenge wird in Abb. 4.66 durch Punkt M″ charakterisiert, d. h.

$$\dot{S}_{max} = \frac{\overline{FM''}}{\overline{M''S}} \dot{F}.\tag{4.132}$$

Die einstufige Extraktion führt in der Regel nur zu einer geringen Anreicherung. In der Praxis werden aus diesem Grunde, wie bei der Rektifikation, mehrstufige Gegenstromtrennprozesse realisiert, d. h. der Feed und der Zulauf werden an entgegengesetzten Enden der Extraktionskolonne eingeführt, so daß der Feed zunächst mit der schon angereicherten Extraktphase und das Raffinat mit dem reinen Lösungsmittel in Kontakt gebracht werden. Durch diese mehrstufige Gegenstromextraktion kann eine hohe Anreicherung des Extraktstoffes erreicht werden.

Schematisch ist eine solche Extraktionsanlage mit den verschiedenen Gleichgewichtsstufen in Abb. 4.67 dargestellt. Die Auslegung von Extraktionsprozessen erfolgt wiederum durch Lösung der Mengenbilanz*. So ergibt sich für die Gesamtanlage

$$\dot{F} + \dot{S} = \dot{E}_1 + \dot{R}_N \tag{4.133}$$

bzw.

$$\dot{F} - \dot{E}_1 = \dot{R}_N - \dot{S} = \dot{P}.\tag{4.134}$$

Den gleichen Differenzstrom $\dot{P}$ erhält man aus der Mengenbilanz für jede der Stufen. $\dot{P}$ kann als fiktiver Strom angesehen werden, wie es in Abb. 4.68 dargestellt ist:

$$\dot{F} - \dot{E}_1 = \dot{R}_1 - \dot{E}_2 = \dot{R}_2 - \dot{E}_3 = \dot{R}_{j-1} - \dot{E}_j = \dot{R}_j - \dot{E}_{j+1} = \dot{R}_N - \dot{S} = \ldots = \dot{P} \tag{4.135}$$

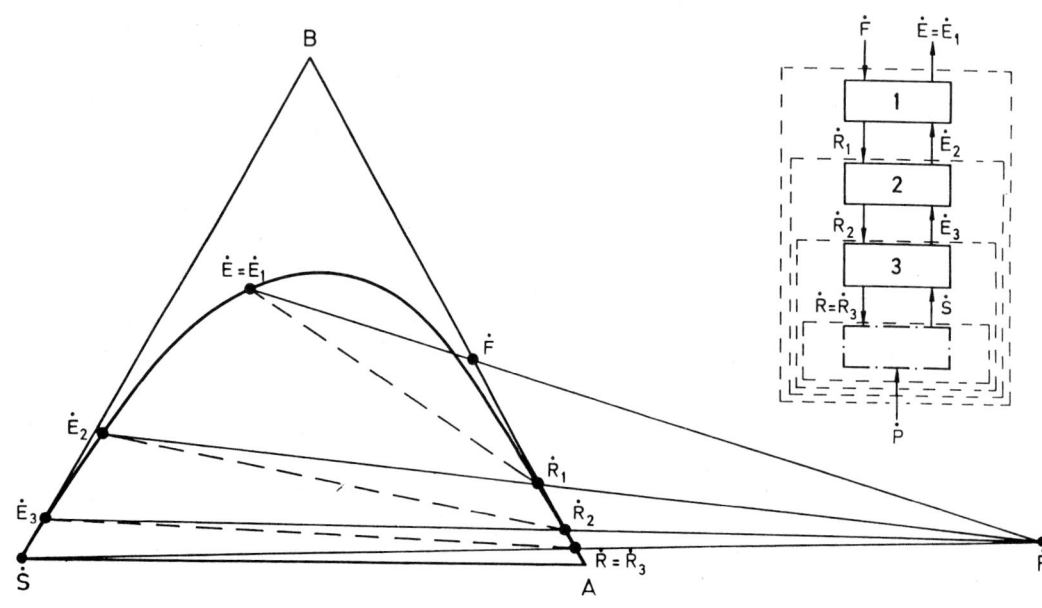

Abb. 4.68 Anwendung von Dreiecksdiagrammen zur Auslegung von Extraktoren

---

* Die Enthalpiebilanz wird aufgrund der geringen Wärmeeffekte (Mischungsenthalpie) in der Regel vernachlässigt.

4.10 Flüssig-Flüssig-Extraktion   279

Die Gleichung liefert eine Beziehung zwischen der Raffinatphase auf dem Boden j und der Extraktphase auf dem Boden $j+1$. Für jede Stufe müssen die Zustände von Raffinat-, Extrakt- und fiktivem Strom auf einer Geraden liegen. Dies bedeutet, daß sich alle Bilanzgeraden in einem Punkt P schneiden. Diesen Punkt bezeichnet man als Polpunkt. Er läßt sich als Schnittpunkt durch Verlängerung der Geraden $\dot{E}_1 F$ und $\dot{S} R_N$ erhalten. Mit Hilfe der Konnoden und der Bilanzgeraden läßt sich dann die Extraktionskolonne berechnen. Die Vorgehensweise ist in Beispiel 4.22 dargestellt.

Beispiel 4.22

1,4-Dioxan(2) soll mit Hilfe von Benzol(3) aus einem Zulauf mit 60 Mol% Wasser und 40 Mol% 1,4-Dioxan bei 25 °C extrahiert werden. Das Gleichgewichtsdiagramm ist in Abb. 4.69 dargestellt. Ermitteln Sie für eine geforderte Raffinatkonzentration von 2 Mol% Dioxan und dem Mengenstromverhältnis $\dot{F}/\dot{S} = 4$

a die Konzentration an Dioxan in der Extraktphase $\dot{E}_1$,
b das Verhältnis der Molenströme von Extrakt- zu Raffinatphase und
c die Anzahl der benötigten theoretischen Trennstufen.

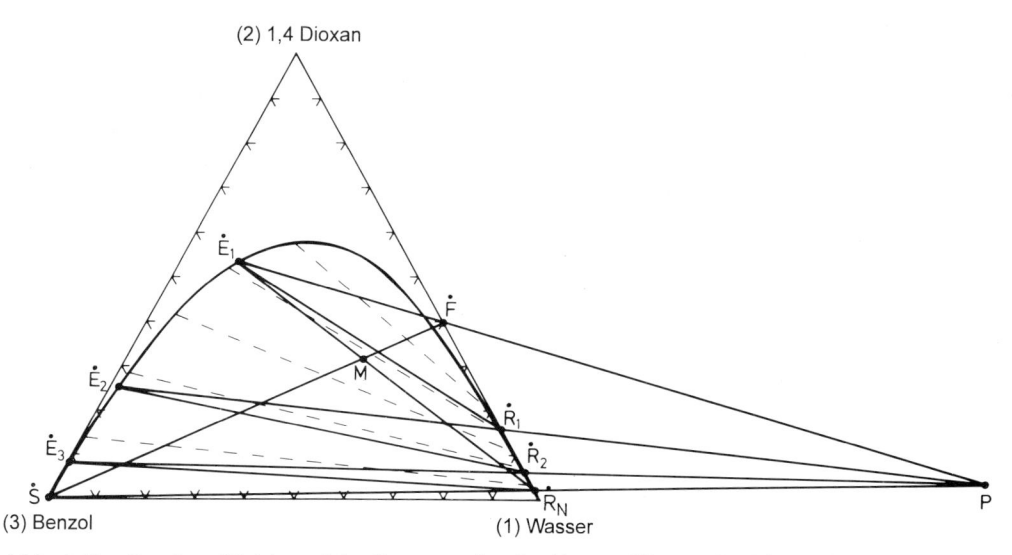

Abb. 4.69 Ternäres Gleichgewichtsdiagramm für das System Wasser(1)–Dioxan(2)–Benzol(3)

Lösung:

Die Zusammensetzung der Extraktphase läßt sich direkt aus dem Dreiecksdiagramm ablesen. Dazu muß zunächst der Mischungspunkt ermittelt werden. Diesen Punkt erhält man durch Einzeichnen einer Geraden zwischen der Feed- und Lösungsmittelzusammensetzung und Anwendung des Hebelgesetzes.

Weiterhin läßt sich durch die in der Aufgabenstellung vorgegebene Raffinatkonzentration und die Binodalkurve die Konzentration der Raffinatphase einzeichnen ($\dot{R}_N$). Durch Verlängerung der Geraden über die Punkte $\dot{R}_N$ und M bis zur Binodalkurve ergibt sich die Dioxankonzentration für die Extraktphase $\dot{E}_1$:

$x_{2,1} \sim 0{,}56$.

Der Extrakt der Stufe 1 steht im Gleichgewicht mit der Raffinatphase $\dot{R}_1$. Die Zusammensetzung dieser Phase ergibt sich über die Konnode. Die Zusammensetzung der Extraktphase $\dot{E}_2$ der zweiten Stufe ergibt sich über die Polgerade durch den Punkt $\dot{R}_1$. Die Konzentration $\dot{R}_2$ erhält man dann wieder über die Konnode. Die Vorgehensweise und die benötigten Geraden sind in Abb. 4.69 dargestellt. Aus dieser Abbildung ist zu erkennen, daß drei Gleichgewichtstrennstufen zur Lösung des Trennproblems ausreichen. Die Mengen an Extrakt- zu Raffinatphase erhält man mit Hilfe des Hebelgesetzes

$$\frac{\dot{E}_1}{\dot{R}_N} = \frac{\overline{MR_N}}{\overline{E_1 M}} \sim 1{,}38\,.$$

4.10.4 Numerische Berechnung im Falle von Mehrkomponentensystemen

Bei mehr als drei Komponenten ist eine graphische Ermittlung der Trennstufen nicht mehr möglich. In diesem Falle bedient man sich numerischer Verfahren, bei denen die Bilanzgleichungen unter Berücksichtigung des Phasengleichgewichts gelöst werden, wobei die Enthalpiebilanz in den meisten Fällen vernachlässigt wird, da die Extraktion als isothermer Prozeß angesehen werden kann.

Unter Verwendung der Phasengleichgewichtsbeziehung für die Komponente i

$$x_i^E \gamma_i^E = x_i^R \gamma_i^R \tag{4.136}$$

bzw.

$$x_i^E = K_i x_i^R\,, \tag{4.137}$$

$$\gamma_i^R = f(T, P, x_i^R)$$

$$\gamma_i^E = f(T, P, x_i^E)$$

und der Materialbilanz der Komponente i für die Stufe j (s. Abb. 4.67)*

$$\dot{R}_{j-1} x_{j-1}^R + \dot{E}_{j+1} x_{j+1}^E + \dot{F}_j z_j - \dot{R}_j x_j^R - \dot{E}_j x_j^E = 0 \tag{4.138}$$

$$\dot{R}_{j-1} x_{j-1}^R - (\dot{R}_j + \dot{E}_j K_j) x_j^R + \dot{E}_{j+1} K_{j+1} x_{j+1}^R = -\dot{F}_j z_j \tag{4.139}$$

$$\downarrow \qquad \downarrow \qquad \downarrow \qquad \downarrow$$

$$A_j \qquad B_j \qquad C_j \qquad D_j$$

läßt sich die Mengenbilanz der Komponente i für die gesamte Kolonne in Matrixschreibweise folgendermaßen darstellen:

$$\begin{bmatrix} B_1 & C_1 & 0 & 0 & 0 & & & 0 \\ A_2 & B_2 & C_2 & 0 & 0 & & & 0 \\ 0 & A_3 & B_3 & C_3 & 0 & & & \\ & & & & & \cdot & & \\ & & & & & & \cdot & \\ & & & & & & & \cdot \\ & & & & 0 & A_{N-1} & B_{N-1} & C_{N-1} \\ & & & & 0 & 0 & A_N & B_N \end{bmatrix} \begin{bmatrix} x_1 \\ x_2 \\ \cdot \\ \cdot \\ \cdot \\ x_{N-1} \\ x_N \end{bmatrix} = \begin{bmatrix} D_1 \\ D_2 \\ \cdot \\ \cdot \\ \cdot \\ D_{N-1} \\ D_N \end{bmatrix}$$

---

* Üblicherweise ist $\dot{F}_j = 0$

Eine solche tridiagonale Matrix ergibt sich für jede Komponente. Ähnlich wie beim Wang-Henke-Verfahren (s. Kap. 4.3.2.2.8.1) läßt sich dieses Gleichungssystem relativ leicht z. B. mit dem Thomas-Algorithmus lösen.

4.10.5 Extraktoren

Ein Extraktor hat mehrere Aufgaben zu erfüllen. Er muß die flüssigen Phasen in innigen Kontakt bringen, d. h. den Stoffaustausch durch eine große Phasengrenzfläche (Bildung kleiner Tropfen der dispersen Phase) und hohe Stoffübergangskoeffizienten (hohe Relativgeschwindigkeiten) begünstigen und nach dem erfolgten Stoffaustausch weiterhin eine saubere Trennung der Phasen ermöglichen.

Man kann bei den unterschiedlichen Bauarten zwischen stufenweisen und kontinuierlichen Extraktoren unterscheiden. Bei den stufenweisen Extraktoren werden die oben genannten Aufgaben eines Extraktors in Stufen realisiert. Dabei wird in jeder Stufe nahezu Phasengleichgewicht erreicht, bevor der Raffinat- und Extraktstrom zur nächsten Stufe gelangt.

Bei den kontinuierlichen Extraktoren wird über die gesamte Länge der Anlage Stoffaustausch angestrebt, d. h., das Phasengleichgewicht wird an keiner Stelle erreicht, und eine Trennung der Phasen ist nur an den beiden Enden der Anlagen erforderlich.

Für die Durchführung des Extraktionsschrittes wurden mehr Apparate als für die Rektifikation oder Absorption entwickelt. Dies wird in erster Linie dadurch bedingt, daß ein effektiver Stoffaustausch und speziell die Trennung der Phasen bei der Extraktion schwerer zu realisieren ist als bei der Rektifikation bzw. Absorption.

Die Auswahl des Extraktors wird in erster Linie durch die Anzahl der benötigten Trennstufen und die Schwierigkeit der Trennung der beiden Phasen bestimmt. Werden viele Trennstufen angestrebt, ist eine axiale Rückvermischung möglichst gering zu halten. Der Stoffaustausch kann durch Pulsation bzw. rotierende Einbauten verbessert werden. Beim stufenweisen Kontakt muß auch gleichzeitig für eine gute Trennung der beiden Phasen in jeder Stufe gesorgt werden. Die Trennung der Phasen wird dabei über die Dichtedifferenz der flüssigen Phasen erreicht. Ist diese Dichtedifferenz gering, so kann durch Anwendung von Zentrifugalkräften die Trennung der Phasen erleichtert werden. Eine weitere wichtige Rolle bei der Auswahl des Extraktors spielt das Verhältnis von Raffinat- zu Extraktstrom.

Bei den industriellen Extraktoren kann man in erster Linie die folgenden vier Bauarten unterscheiden:

1. Mischer-Scheider,
2. Zentrifugalextraktoren,
3. Kolonnen ohne Energiezufuhr,
4. Kolonnen mit Energiezufuhr:
   – rotierende Einbauten und
   – Pulsation.

Auf die verschiedenen Bauarten soll nachfolgend noch etwas genauer eingegangen werden. Die unterschiedlichen Bauarten wurden weiterhin in Abb. 4.70 bis 4.74 zusammengestellt.

4.10.5.1 Mischer-Scheider

In Mischer-Scheider-Systemen (s. Abb. 4.70 u. 4.71) können die verschiedensten Mischaggregate wie z. B. Rührkessel in Verbindung mit liegenden Behältern zum Trennen der beiden flüssigen Phasen zur Extraktion verwandt werden, wobei die Phasentrennung durch Einbauten wie z. B. Füllkörper- oder Blechpackungen verbessert werden kann. In einem Mischer-Scheider-System läßt sich nahezu eine theoretische Trennstufe erreichen. Werden

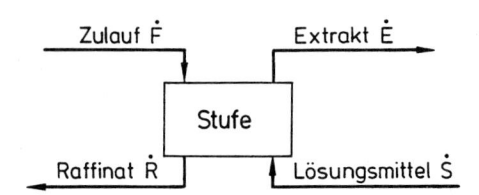

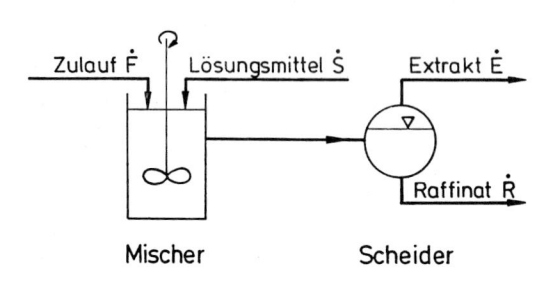

Abb. 4.70 Mischer-Scheider-System (Schematische Darstellung)

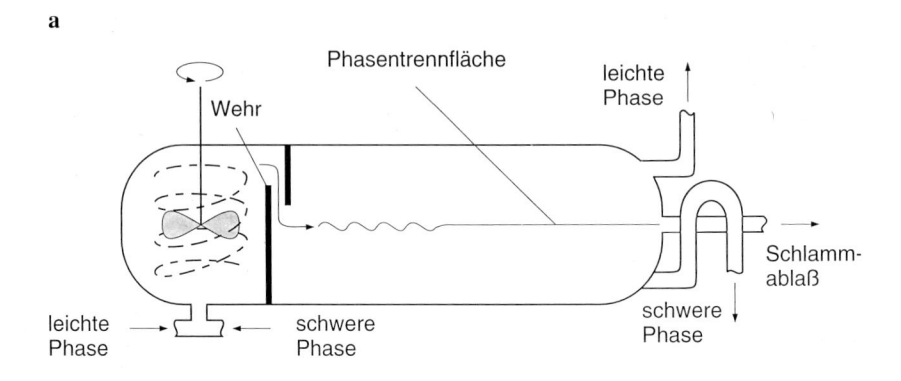

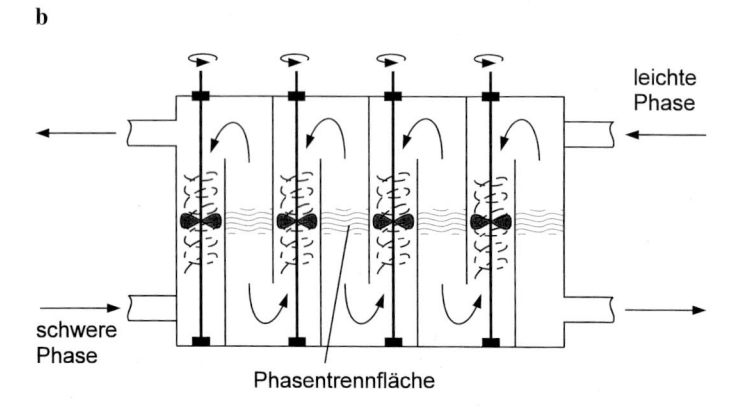

Abb. 4.71 Mischer-Scheider-Systeme
a Mischer-Abscheider-Einheit, **b** mehrstufiger Mischer-Abscheider in Kastenbauweise,

weitere Trennstufen benötigt, so können mehrere solcher Einheiten in Form einer Gegenstromkaskade in Kastenbauweise realisiert werden.

Der Einsatz von Mischer-Scheider-Systemen ist besonders vorteilhaft, wenn hohe Durchflußraten oder längere Verweilzeiten erforderlich sind. Dies sind Eigenschaften, die z. B. bei der Hydrometallurgie benötigt werden. Deshalb ist es nicht verwunderlich, daß diese Art Extraktor insbesondere in der Hydrometallurgie eingesetzt wird. Der Nachteil von Mischer-Scheider-Systemen ist, daß nur wenige Trennstufen realisiert werden können.

4.10.5.2 Zentrifugalextraktoren

Bei geringen Dichtedifferenzen kann es aufgrund von Emulsionsbildung zu Schwierigkeiten bei der Phasentrennung kommen. In diesen Fällen bieten sich Zentrifugalextraktoren für die Extraktion an. Bei diesen wird durch Zentrifugalkräfte die schwere Phase nach außen und die leichte Phase nach innen gedrängt. Durch geschickte Flüssigkeitsführung wird bei kleinen Extraktorvolumina ein inniger Kontakt und damit eine schnelle Gleichgewichtseinstellung erreicht. In Abb. 4.72 ist der Podbielniak-Extraktor dargestellt. Zentrifugalextraktoren bieten sich an, wenn man an kurzen Verweilzeiten interessiert ist, wie z. B. in der pharmazeutischen Industrie*.

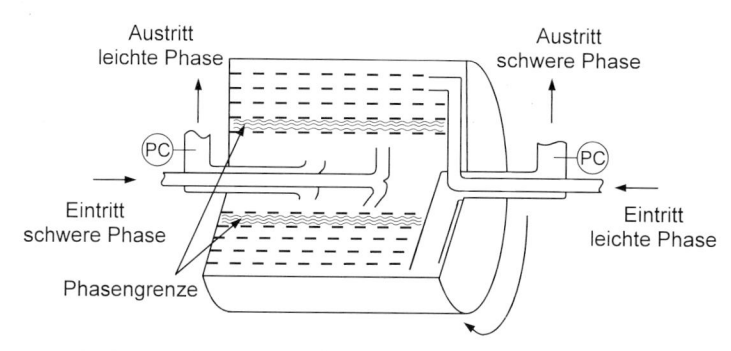

Abb. 4.72 Podbielniak-Extraktor

4.10.5.3 Kolonnen ohne Energiezufuhr

Bei Kolonnen strömt die dispergierte Phase von oben nach unten bzw. von unten nach oben durch die kontinuierliche Phase. Der Gegenstrom der Phasen unterschiedlicher Dichte wird dabei durch die Schwerkraft bzw. den Auftrieb bewirkt.

Verschiedene Extraktoren wurden zu diesem Zweck entwickelt. Dies ist zum einen die Sprühkolonne, die heute aber keine große Bedeutung besitzt. Kolonnen weisen aber eine starke axiale Rückvermischung auf. Durch Einbauten kann die axiale Rückvermischung aber verringert und damit die Anzahl der theoretischen Trennstufen erhöht werden. Dabei kann man zwischen Packungs- und Siebbodenkolonnen unterscheiden. Wichtig bei Packungskolonnen ist dabei, daß die kontinuierliche Phase die Packung besser benetzt als die dispergierte Phase. Bei der Siebbodenkolonne werden die Tropfen der dispergierten Phase an jedem Boden neu gebildet.

4.10.5.4 Kolonnen mit Energiezufuhr

Durch mechanische Energie kann der Stoffaustausch verbessert werden. Dabei kann die Energie entweder durch rotierende Einbauten oder Pulsation eingetragen werden. Die Pulsation

---

* Die Lage der Phasengrenzfläche wird durch das Mengenverhältnis von Extrakt- zu Raffinatphase beeinflußt und kann durch Druckregelung in der gewünschten Weise eingestellt werden.

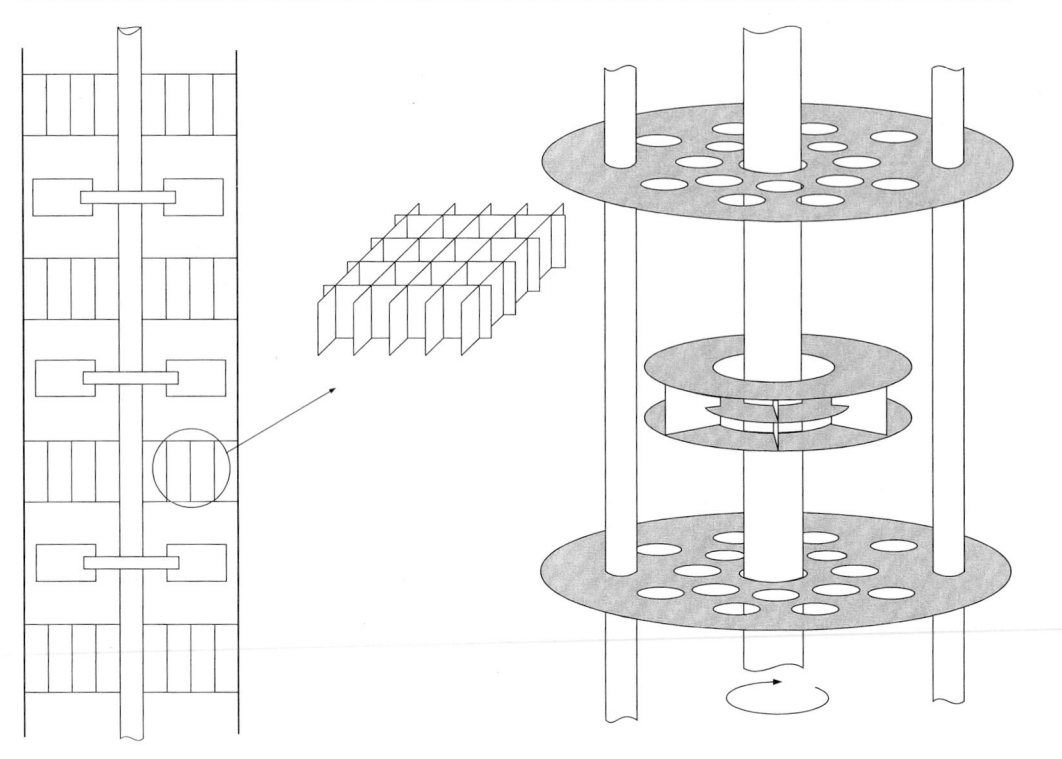

Abb. 4.73 Kolonnen mit Energiezufuhr (rotierende Einbauten).
a) Extraktor mit Misch- und Ruhezone, **b)** Kühni-Extraktor

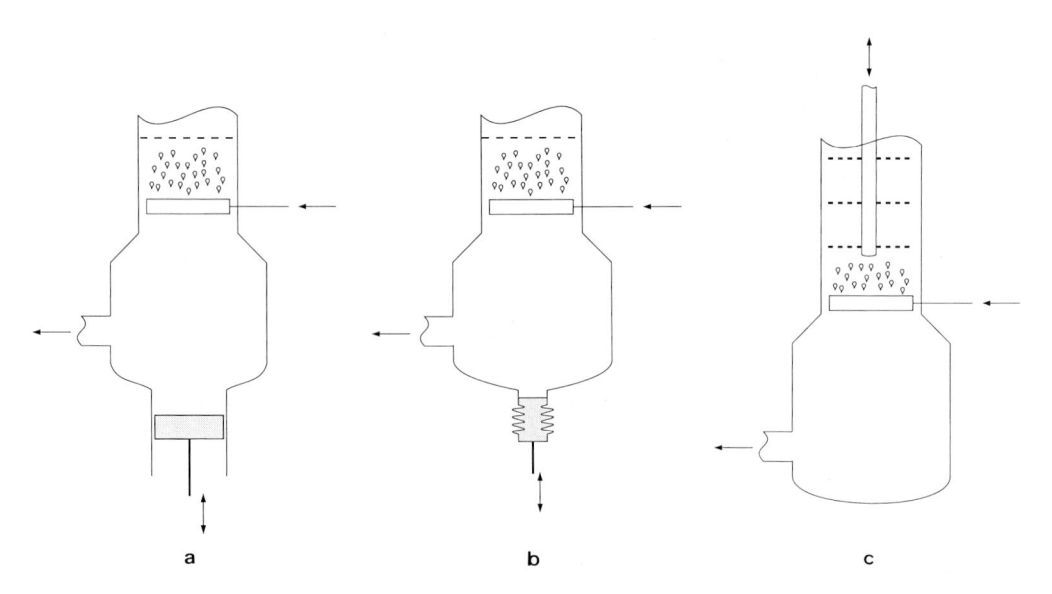

Abb. 4.74 Kolonnen mit Energiezufuhr (Pulsation).
a) Kolbensystem, **b)** Faltenbalg, **c)** pulsierende Siebböden

kann dabei durch ein Kolbensystem erreicht werden. Es wurde auch versucht die Böden mechanisch auf- und abzuheben. In Abb. 4.73 sind zwei Extraktoren mit rotierenden Einbauten dargestellt. Abb. 4.74 zeigt die verschiedenen Möglichkeiten der Energiezufuhr durch Pulsation.

Neuerdings werden auch bei den Kolonnen mit Energiezufuhr die aus der Rektifikationstechnik bekannten geordneten Packungen eingesetzt. Dadurch läßt sich bei deutlich erhöhtem Durchsatz auch noch eine Erhöhung der Trennstufenzahl erreichen.

4.11 Technische Auslegung von Rektifikationskolonnen

Zur Trennung durch Rektifikation werden mehrstufige Gegenstromtrennkolonnen herangezogen. Wichtig bei diesen Kolonnen ist es, durch Einbauten (Böden, Packungen) für einen intensiven Kontakt zwischen den beiden Phasen und damit nach Gl. (B.1) für einen effektiven Stoffaustausch zu sorgen. In der Technik werden die verschiedensten Apparate (Kolonnen) zur Erzielung hoher Stoffaustauschraten herangezogen. Man kann zwischen Boden- und Packungskolonnen (geordneten und regellosen Füllkörperpackungen) unterscheiden. Bei Bodenkolonnen findet der Kontakt zwischen den beiden Phasen und die Trennung der Phasen stufenweise und nicht kontinuierlich, wie bei den Packungskolonnen, statt.

Alle Bauformen besitzen mindestens einen Zulauf für das zu trennende System und weiterhin neben eventuellen Vorrichtungen zur Entnahme von dampfförmigen oder flüssigen Seitenströmen einen Verdampfer (in manchen Fällen wird auch eine direkte Heizung z. B. mit Wasserdampf realisiert) und einen Kondensator (Dephlegmator bzw. Totalkondensator). Während der Verdampfer die Aufgabe hat, die zweite Phase (Dampfphase) zu erzeugen, sorgt der Kondensator für den benötigten Flüssigkeitsrücklauf innerhalb der Kolonne.

Die verschiedenen Kolonnenbauarten besitzen unterschiedliche Vor- und Nachteile. Während man früher in der Regel Bodenkolonnen (tray towers) benutzte und Packungskolonnen (packed towers) fast nur für Sonderaufgaben (Vakuumrektifikation, Kolonnen mit kleinen Durchmessern) einsetzte, werden heute Packungskolonnen mit geordneten Packungen (packings) auch für Trennprobleme eingesetzt, für die früher fast ausschließlich Bodenkolonnen benutzt wurden, z. B. Kolonnen mit großen Durchmessern. Auch Kolonnen mit regelloser Packung (Füllkörpern), die früher meist nur bis zu Durchmessern von 1 m eingesetzt wurden, werden heute in Rauchgaswäschern bis zu einem Durchmesser von 12 m realisiert.

4.11.1 Bodenkolonnen

Eine typische Bodenkolonne ist in Abb. 4.75 dargestellt. Wie auch in anderen Rektifikationskolonnen wandert die Flüssigkeit unter dem Einfluß der Schwerkraft von oben nach unten. Sie wandert dabei über die horizontal angebrachten Böden (trays) und gelangt über ein Ablaufwehr in den Ablaufschacht zum nächsttieferen Boden. Auf jedem Boden wird dabei mit Hilfe eines Ablaufwehrs die Flüssigkeit bis auf Wehrhöhe gestaut.

Der Dampf steigt aufgrund des Druckabfalls vom Sumpf durch die an den Böden angebrachten Öffnungen und durch die auf jedem Boden angestaute Flüssigkeit zum Kopf der Kolonne auf. Der Stoffaustausch und die damit verbundene Konzentrationsänderung findet nach Durchtritt des Dampfes durch die Bodenöffnungen stufenweise auf den jeweiligen Böden statt. Anschließend trennen sich die beiden Phasen. Der Dampf steigt nach oben und die Flüssigkeit über das Überlaufwehr zum tieferen Boden.

Für die Erzielung eines hohen Stoffaustauschs wurden die verschiedensten Einbauten entwickelt. Hauptsächlich werden Sieb-, Glocken-, Ventil- und Tunnelböden eingesetzt. In Abb. 4.76a–c sind die wichtigsten Einbauten dargestellt. Bei fast allen Bauarten fließt die Flüssigkeit durch einen Zulaufschacht auf den Boden in Richtung Ablaufschacht (Querstromboden) (s. Abb. 4.77). Bei großen Kolonnendurchmessern werden auch mehrflutige Böden benutzt. Lediglich beim Siebboden wird in manchen Fällen auf den Zulauf- und Ablaufschacht verzichtet.

Der Stoffaustausch zwischen Dampf und Flüssigkeit findet dabei jeweils auf dem Boden beim Kontakt der gestauten Flüssigkeit mit dem aufsteigenden Dampf statt. Die Einbauten haben dabei für einen intensiven Kontakt zwischen den beiden Phasen zu sorgen.

Siebböden (sieve trays) sind einfach aufgebaut und daher preiswert. Es sind im Prinzip Lochplatten, über welche die Flüssigkeit strömt. Der aufsteigende Dampf verhindert dabei das Abfließen der aufgestauten Flüssigkeit durch die Löcher des Siebbodens. In Abb. 4.77 ist ein solcher Boden dargestellt. Bei zu geringen Dampfbelastungen kann es jedoch zu einem „Durchregnen" der Flüssigkeit durch die Löcher des Siebbodens kommen. Eine zu hohe Dampfbelastung führt zu einem Mitreißen der Flüssigkeit (entrainment). Sowohl „Durchregnen" als auch ein Mitreißen der Flüssigkeit bedingt eine starke Reduzierung der Trennleistung des Bodens.

Beim Glockenboden (bubble-cap tray) wird der Dampf nach Durchtritt durch die Bodenöffnung durch die seitlichen Schlitze der Glocke horizontal in die Flüssigkeit gelenkt, wodurch ein Mitreißen der Flüssigkeit im Vergleich zum Siebboden erschwert wird. Dadurch entsteht eine sog. Sprudelschicht in der ein intensiver Stoffaustausch zwischen dem Dampf und der Flüssigkeit erreicht wird. Bei geringen Dampfbelastungen wird ein Abfließen der Flüssigkeit „Durchregnen" weitgehend durch den Kamin der Glocke verhindert (s. Abb. 4.76a). Insgesamt kann der teurere Glockenboden flexibler bei Änderungen der Flüssigkeits- und Dampfbelastung als der Siebboden eingesetzt werden.

Noch anpassungsfähiger bei Belastungsänderungen als der Glockenboden sind die sog. Ventilböden (valve trays). Bei dieser Bauart werden in den Öffnungen einer Lochplatte bewegliche Ventilteller angebracht, die abhängig von der Dampfbelastung einen Teil der Öffnungen verschließen. So sitzt bei dieser Bodenart ein großer Teil der Ventile bei geringen Dampfbelastungen auf der Bodenplatte. Erst bei Steigerung der Belastung bewegen sich die Ventile nach oben und ermöglichen den Kontakt zwischen den beiden Phasen. Im Vergleich zum Glockenboden ist der erforderliche Abstand zwischen den Böden beim Ventilboden jedoch größer. Vergleicht man den Preis, so sind Ventilböden etwa 20% teurer als Siebböden und weisen mehr Probleme auf, wenn Ablagerungen auftreten können.

Tunnelböden sind ähnlich aufgebaut wie Glocken. Jedoch werden anstelle der Vielzahl von Glocken wenige Tunnel benötigt. Sie erstrecken sich über den gesamten Durchmesser der Kolonne.

Der Abstand der Böden muß mindestens das 1,5fache der Sprudelschichthöhe, d. h. in realen Fällen zwischen 250 bis 500 mm betragen.

Bei langer Kontaktzeit und intensivem Kontakt zwischen Dampf und Flüssigkeit kann bei allen vorgestellten Einbauten nahezu eine ideale Gleichgewichtsstufe realisiert werden.

Dampf zum Kondensator

Rücklauf aus dem Kondensator

flüssiger Zulaufstrom

Dampf vom Verdampfer

Flüssigkeit zum Verdampfer

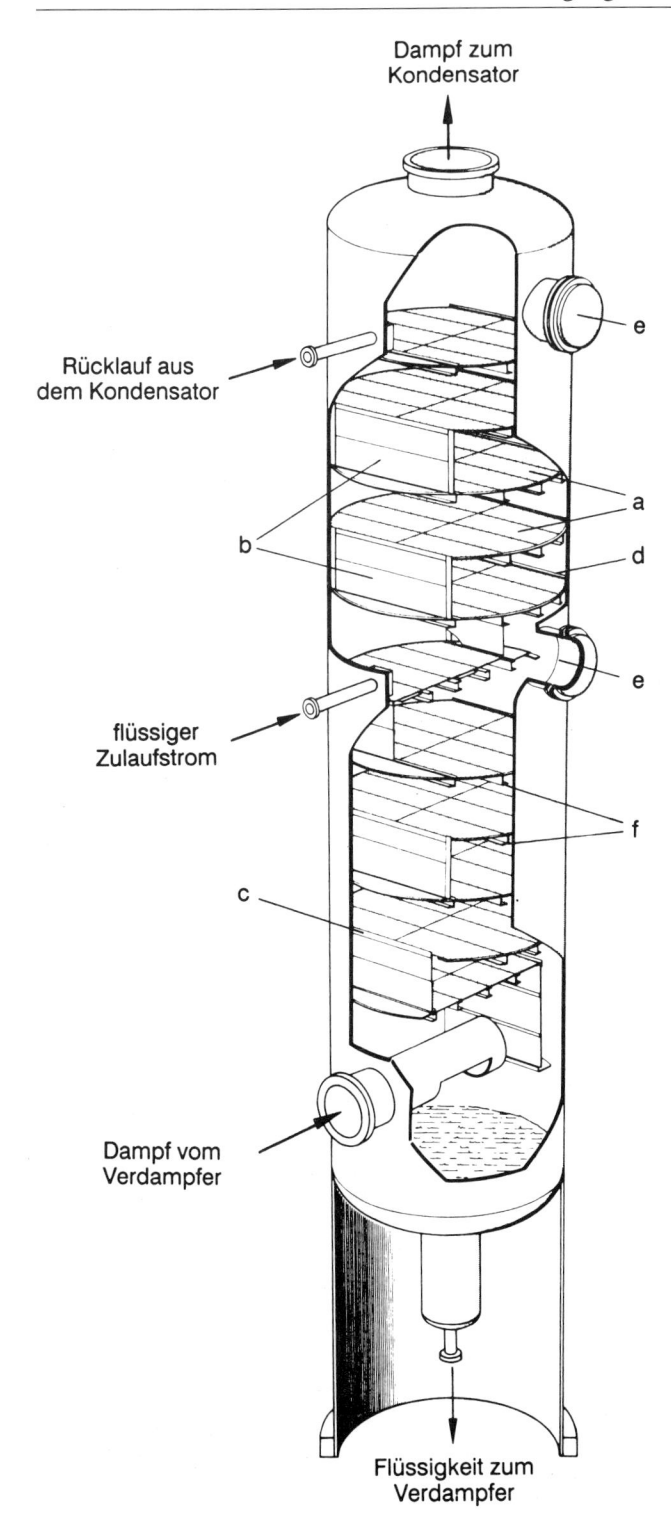

Abb. 4.75 Typische Bodenkolonne.
a Siebboden,
b Ablaufschacht,
c Ablaufwehr,
d Zulaufwehr,
e Mannloch,
f Bodenhalterung

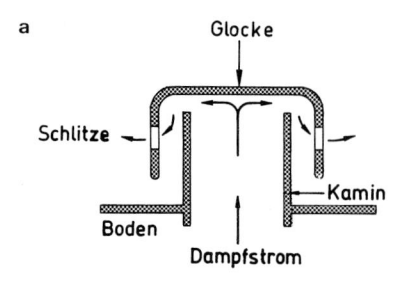

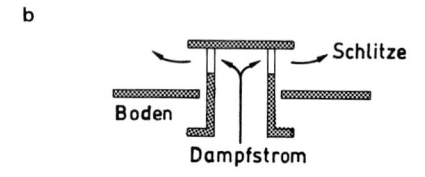

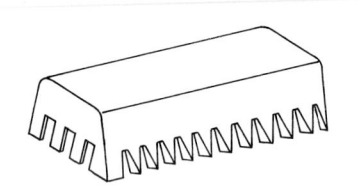

Abb. 4.76 Verschiedene Arten von Einbauten bei Bodenkolonnen
a Glocke, **b** Ventil, **c** Tunnelboden

4.11.1.1 Dimensionierung von Kolonnenböden

Zur Festlegung des Durchmessers einer Kolonne ist die Kenntnis der möglichen Flüssigkeits- und Dampfbelastung wichtig. Sind diese Größen bekannt, kann der Durchmesser der Kolonne bei Vorgabe der zu realisierenden Destillatmenge direkt festgelegt werden.

Der Druckabfall setzt sich dabei in erster Linie aus zwei Beiträgen zusammen. Da ist zum einen der Beitrag, der auch bei der Strömung ohne Flüssigkeitsbelastung auftritt (der sog. trockene Druckverlust). Hinzu kommt der Beitrag, der zur Überwindung des hydrostatischen Drucks der Flüssigkeit auf den Böden erforderlich ist und damit direkt mit der Stauhöhe (Ablaufwehrhöhe) und der Dichte des Dampf-Flüssigkeits-Gemischs auf dem Boden in Zusammenhang steht:

$$\Delta P = \Delta P_{\text{trocken}} + \Delta P_{\text{hydrostatisch}}{}^* \tag{4.140}$$

4.11.1.2 Bodenwirkungsgrad (örtlicher, mittlerer)

Mit Hilfe des McCabe-Thiele-Verfahrens läßt sich graphisch die Anzahl der theoretischen Stufen ermitteln. Bei den theoretischen Stufen wird vorausgesetzt, daß sich der Dampf und die Flüssigkeit auf jedem Boden im thermodynamischen Gleichgewicht befinden.

---

* In grober Näherung ergeben sich in der Praxis folgende Druckverluste: 300 Pa/Boden (Vakuumrektifikation), 700 Pa/Boden (Druckrektifikation).

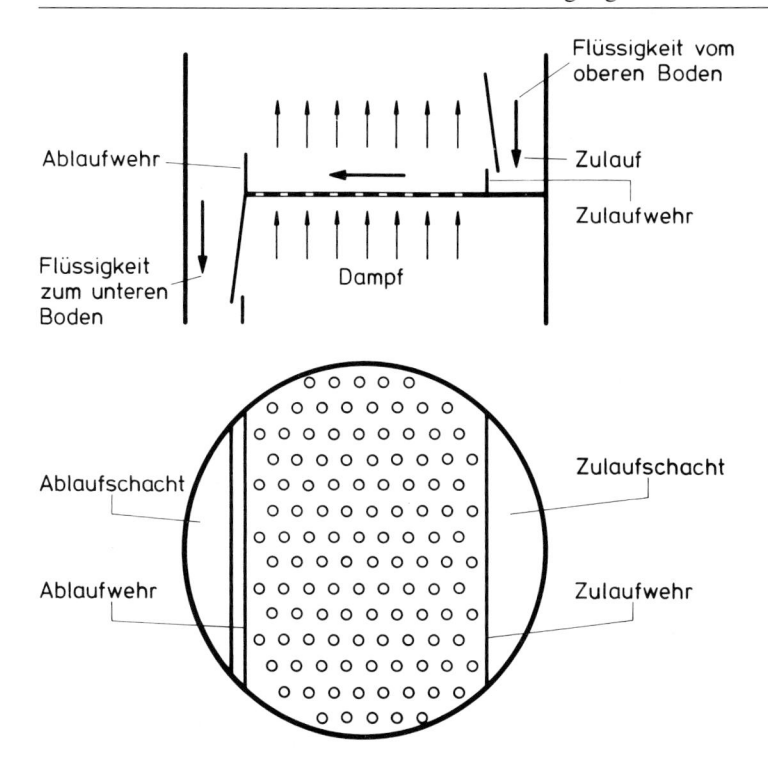

Abb. 4.77 Seiten- und Draufsicht eines Bodens einer Siebbodenkolonne

In der Praxis wird aufgrund der begrenzten Kontaktzeit der verschiedenen Phasen und der nicht gleichmäßigen Flüssigkeitskonzentration auf dem Boden keine theoretische Stufe realisiert. Dies bedeutet, daß die erreichte Konzentration in der Dampfphase fast immer unterhalb der Gleichgewichtskonzentration liegt. Dieser Effekt kann bei der Auslegung von Trennanlagen durch den sog. Wirkungsgrad berücksichtigt werden. Eine sehr einfache Möglichkeit ist die Berücksichtigung eines Gesamtwirkungsgrades für die Trennkolonne. Er ist folgendermaßen definiert:

$$E_{ges} = \frac{\text{Anzahl der theoretisch benötigten Trennstufen für eine Trennaufgabe}}{\text{wirkliche Anzahl von Trennstufen für die Trennaufgabe}}$$

(4.141)

Unter Benutzung dieses Gesamtwirkungsgrades läßt sich dann recht leicht aus der mit Hilfe des McCabe-Thiele-Verfahrens ermittelten Anzahl der theoretischen Trennstufen die wirkliche Anzahl erforderlicher Trennstufen berechnen:

$$N = \frac{N_{th}}{E_{ges}}$$

(4.142)

Jedoch berücksichtigt diese Vorgehensweise nicht, daß der Wirkungsgrad von Stufe zu Stufe aufgrund von Konzentrations- und Temperaturänderungen unterschiedliche Werte aufweisen kann. Eine andere Möglichkeit ergibt sich durch die Beschreibung der Trennleistung von Böden mit Hilfe des Murphree-Bodenwirkungsgrades. Dieser Wirkungsgrad kann für die verschiedenen Phasen und Komponenten definiert werden und stellt das Verhältnis von erreichter Konzentrationsänderung zur möglichen Konzentrationsänderung bei Erreichung des Gleichgewichts dar. Für die Dampfphase ist der Murphree-Wirkungsgrad für eine willkürliche Komponente folgendermaßen definiert:

$$E_{MV} = \frac{y_n - y_{n-1}}{y_n^* - y_{n-1}} \qquad (4.143)$$

y_n^* stellt die erreichbare Gleichgewichtskonzentration für die den Boden n verlassende Flüssigkeitszusammensetzung dar (s. Abb. 4.78). In ähnlicher Weise kann ein Murphree-Wirkungsgrad E_{ML} für die flüssige Phase definiert werden. Bei Kenntnis des Wertes von E_{MV} bzw. E_{ML} kann dieser Wirkungsgrad direkt bei der Stufenkonzentration nach dem McCabe-Thiele-Verfahren berücksichtigt werden. Dies ist in Abb. 4.79 für einen konstanten Murphree-Bodenwirkungsgrad E_{MV} von 0,7 gezeigt.

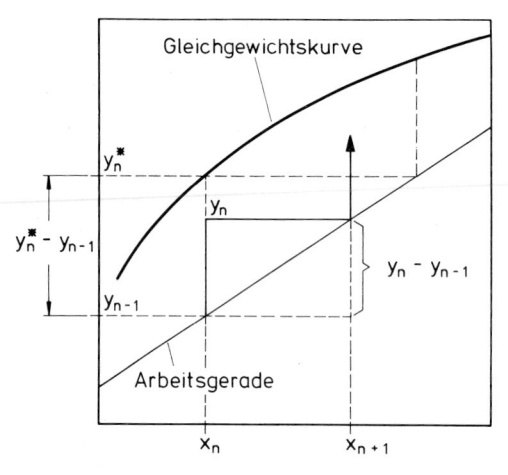

Abb. 4.78 Murphree-Bodenwirkungsgrad

Abb. 4.79 Ermittlung der Zahl theoretischer Trennstufen bei einem Murphree-Bodenwirkungsgrad E_{MV} von 0,7

Punktwirkungsgrad. Im allgemeinen hängt der Bodenwirkungsgrad in hohem Maße von der Dampfbelastung ab. Werden die Bedingungen geändert (z. B. Reduktion oder Erhöhung der Produktionsmenge, verändertes Rücklaufverhältnis aufgrund höherer Reinheitsansprüche), so verschlechtert sich der Bodenwirkungsgrad, wobei der Einfluß von Bodentyp zu Bodentyp unterschiedlich ist. Bei sehr niedrigen und sehr hohen Dampfgeschwindigkeiten fällt die Trennleistung (Durchregnen, Fluten des Bodens) sehr stark ab.

Eine sehr einfache Methode zur Abschätzung des Gesamtwirkungsgrades stammt von O'Connell [18]. Diese Korrelation gestattet eine Abschätzung von E_{ges} bei Kenntnis der relativen Flüchtigkeiten und der Viskosität bei Zulaufzusammensetzung, wobei für die Ermittlung dieser Größen Mittelwerte für den Druck und die Temperatur herangezogen werden. Die Abhängigkeit von E_{ges} als Funktion des Produkts $\alpha\mu$ ist in Abb. 4.80 dargestellt. Für den Computereinsatz kann die folgende Beziehung von Kessler und Wankat [19] herangezogen werden:

$$E_{ges} = 0{,}52782 - 0{,}27511 \log(\alpha\mu) + 0{,}044923[\log(\alpha\mu)]^2 \qquad (4.144)$$

μ Viskosität (in mPa s)

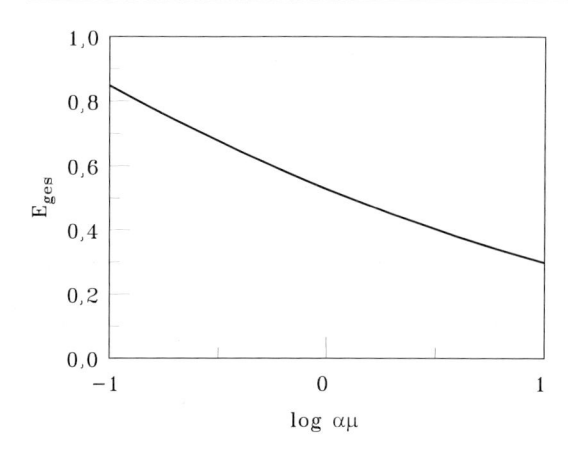

Abb. 4.80 Abhängigkeit des Bodenwirkungsgrades vom Produkt $\alpha\mu$

4.11.2 Packungskolonnen

In Packungskolonnen findet der Stoffaustausch kontinuierlich innerhalb der Packung statt, die entweder geordnet oder regellos auf einem Tragrost angeordnet ist. Mit Hilfe der Packung soll eine große Phasengrenzfläche möglichst wirtschaftlich zur Verfügung gestellt werden.

Der erreichbare Trenneffekt hängt auch in der Packungskolonne stark von der Größe der erreichbaren Phasengrenzfläche ab. Während man in Bodenkolonnen versucht, auf jedem Boden Phasengleichgewicht zu erreichen, muß beim Betrieb von Packungskolonnen darauf geachtet werden, entfernt vom Phasengleichgewicht zu arbeiten, da ansonsten nach Gl. (B.1) kein Stoffaustausch mehr möglich ist.

Der erreichbare Stoffaustausch wird von vielen Effekten, wie z. B. der Art und Größe der Füllkörper (Packung), dem Kolonnendruck, den Eigenschaften der zu trennenden Komponenten und der Belastung durch Dampf- bzw. Flüssigkeitsstrom, beeinflußt.

Zahlreiche Füllkörper und Packungen wurden in den letzten Jahren entwickelt. Ziel all dieser Entwicklungen ist es, eine optimale Trennleistung bei möglichst geringem Druckabfall zu realisieren. Einige der wichtigsten Füllkörper sind in Abb. 4.81 in chronologischer Folge dargestellt[22]. Zu Beginn wurden zylindrische Ringe (Raschig-Ringe) für die Trennung eingesetzt. Diese Art der Füllkörper läßt sich relativ leicht aus den verschiedensten Materialien fertigen, weist aber einen hohen Druckverlust auf. Durch Öffnen der Zylinder (z. B. Pallring) versuchte man den Druckverlust zu verringern und gleichzeitig die Trennleistung zu erhöhen. Neben der zylindrischen Form wurden auch sog. Sattelkörper entwickelt. Sie besitzen bei sonst gleichen Abmessungen weniger Toträume und damit eine größere Oberfläche. Aufgrund der leichteren Fertigung werden von diesen Sattelkörpern heute bevorzugt Intalox-Sättel eingesetzt. Jedoch ist auch der Druckverlust bei Sattelkörpern relativ groß (Sattelkörper zeigen eine mit Pallringen vergleichbare Druckverlustcharakteristik). Erst durch Einführung sog. Hochleistungsfüllkörper (Gitterfüllkörper wie Tellerette, Hackette, Hiflow-Ring) konnte diese Situation verbessert werden. Diese Füllkörper erhält man durch weiteres Aufbrechen der Mantelflächen.

Die Auswahl der Füllkörpergröße richtet sich in erster Linie nach dem Durchmesser der Kolonne. Bei Kolonnen mit Durchmessern kleiner 300 mm werden heutzutage Füllkörper mit Nenngrößen von ca. 15 mm und bei Kolonnendurchmessern zwischen 300 bis 600 mm von etwa 25 mm verwandt. Ist der Durchmesser größer als 600 mm, benutzt man Füllkörper mit einer Nenngröße von ca. 50 mm. Besteht die Gefahr, daß sich Feststoffe (d. h. Verunreinigungen) ablagern können oder Komponenten auskristallisieren, greift man bei diesen Durchmessern auch zu Füllkörpern mit einer Nenngröße von 90 mm.

Als Packungsmaterial (Füllkörpermaterial) werden neben Metall, Keramik (Porzellan, Steinzeug) auch Kunststoff und Sonderwerkstoffe verwendet. Eine wichtige Rolle bei der Materialauswahl spielen neben der Benetzbarkeit die Temperatur und die Gefahr der Korrosion (speziell: Beständigkeit gegen Laugen oder Säuren) durch das zu trennende System. So verwendet man bei niedrigen Temperaturen (<100 °C) oftmals Polypropylen als Material. Bei hohen Temperaturen werden andere Materialien (Metall, Keramik) eingesetzt, wobei man bei der Trennung von Säuren Keramik (Steinzeug oder Porzellan) bevorzugt. Ausführlich werden die verschiedenen Füllkörper und deren Einsatz in [16] diskutiert.

Ziel der ab 1955 bei der Firma Sulzer durchgeführten langjährigen Untersuchungen mit geordneten Packungen war die Entwicklung einer technischen Rektifikationskolonne mit hoher Trennleistung für die Gewinnung von schwerem Wasser und den Vakuumbetrieb[37]. Durch die dafür durchgeführten umfangreichen systematischen Technikumsversuche unter

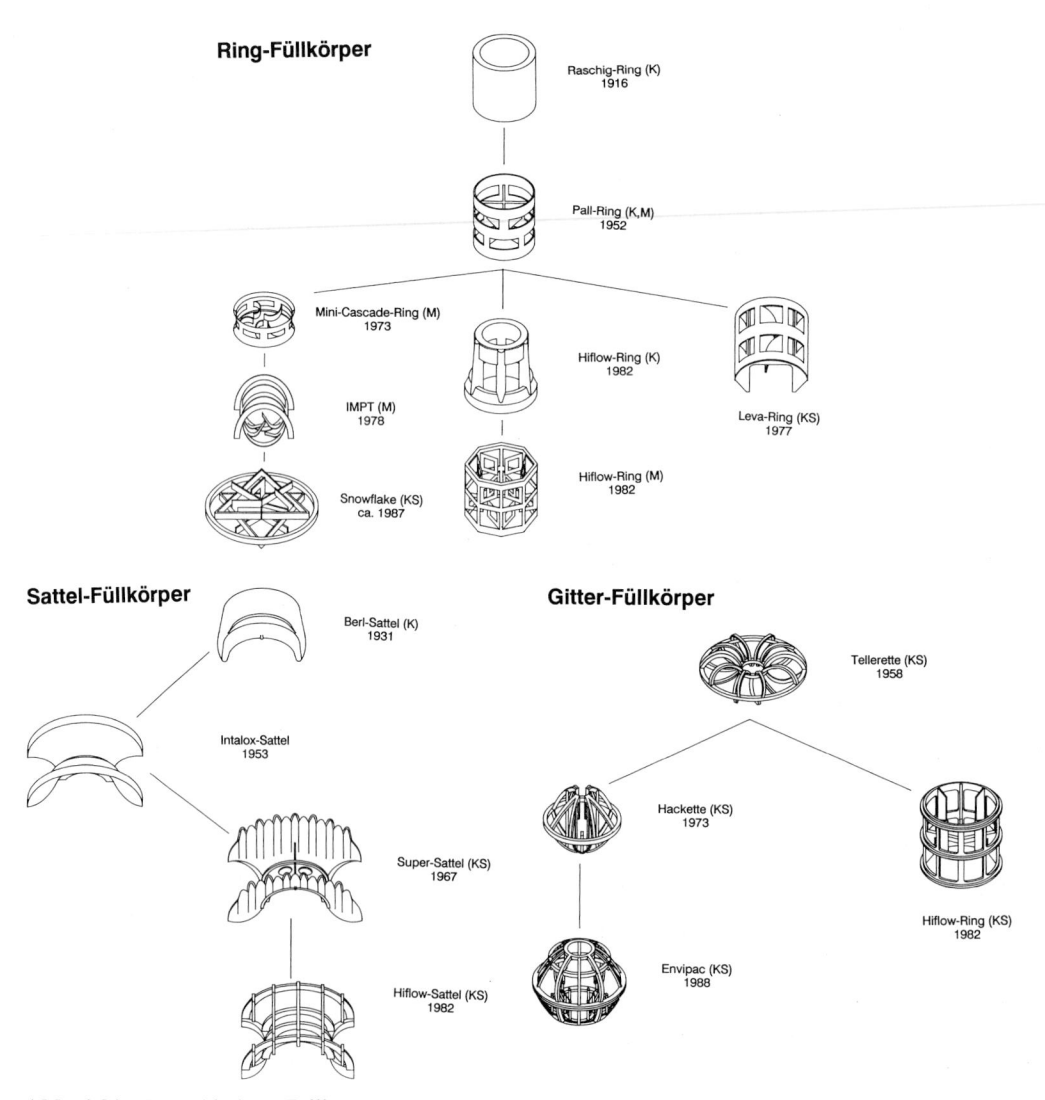

Abb. 4.81 Verschiedene Füllkörperarten

Variation der verschiedenen Einflußgrößen konnte die Basis für das theoretische Verständnis des Verhaltens von Rektifikationskolonnen geschaffen und die Schwächen (z.B. Maldistribution der Phasen) der verschiedenen Varianten erkannt werden.

Unterschiedliche geordnete Packungen (siehe Abb. 4.82), bestehend aus gefaltetem Drahtgewebe bzw. dünnen gefalteten Blechen (Lamellen) (Abb. 4.82a) kamen dabei zum Einsatz. Zunächst wurden Packungen, z.B. bestehend aus einem gefalteten und einem flachen Blech bzw. Drahtgewebe (siehe Abb. 4.82b) gewickelt in der Kolonne eingesetzt. Bei den Versuchen zeigte sich schnell, daß bei der Verwendung schräg gegenüber der Kolonnenachse verlaufender Kanäle (Abb. 4.82c) deutlich bessere Ergebnisse erzielt werden konnten als bei senkrechten Kanälen (Abb. 4.82a). Bei Verwendung einer schrägen Faltung konnten nun auch gefaltete Bleche mit entgegengesetzter Steigung als Grundelement benutzt werden. Auch diese Schichten, bestehend aus gefalteten Blechen, lassen sich wickeln. Durch Verwendung paralleler Schichten der gewünschten Länge (bei technischen Kolonnen Packungssegmente) und Verwendung von Haltebändern kann der kreisförmige Querschnitt auch gefüllt werden, wie es in Abb. 4.82d für eine Kolonne mit geringem Durchmesser (Mellapak®-Segment) gezeigt ist.

Diese geordneten Packungen, die bei einem geringen Druckverlust eine hohe Trennleistung zeigen, sind inzwischen wie Füllkörper in den verschiedensten Materialien, wie Metall, Kunststoff, Keramik, Porzellan, Glas sowie Kohlefaser lieferbar, so daß sie für alle Trennprobleme, d.h. bei unterschiedlichsten Temperaturen, Drücken (Vakuum, hoher Druck), stark korrosive Systeme, ... für Rektifikations- und Absorptionsprozesse eingesetzt werden können.

Bei den Packungen aus Metall kann man zwischen Gewebepackungen, die empfindlich gegenüber Fouling sind und Blechpackungen (Blechstärken ≥ 0.1 mm) unterscheiden. Durch richtige Wahl der Maschenweite und der dadurch resultierenden Kapillareffekte konnte eine Selbstbenetzung der Gewebepackungen und damit eine Verbesserung des Stoffaustauschs erreichen. Auch bei den Blechpackungen konnte von Sulzer durch eine feine Oberflächenstruktur und zusätzlich gezielt angebrachte Löcher die Trennleistung noch deutlich verbessert werden.

Die erreichbare Zahl theoretischer Trennstufen pro m, der auftretende Druckabfall und der sich einstellende Flüssigkeits-Holdup wird insbesondere von der Form, d.h. der spezifischen Oberfläche, dem Winkel der Kanäle gegenüber der Kolonnenachse, dem Material, dem Kolonnendruck, der Dampfbelastung (F-Faktor) und der Berieselungsdichte (Flüssigkeitsbelastung) beeinflußt.

Bei den Sulzer-Packungen werden z.B. beim Packungstyp X 30° und beim Typ Y 45°-Winkel gegenüber der Kolonnenachse realisiert. Wie leicht einzusehen ist, weist die Packung mit geringerem Winkel (Typ X) einen geringeren Druckabfall auf. Jedoch ist mit dem geringeren Druckverlust auch eine etwas geringere Trennleistung (Anzahl theoretischer Stufen pro m Packung) verbunden.

Inzwischen werden geordnete Packungen mit ähnlichen Eigenschaften auch von anderen Firmen angeboten.

Die bei der Firma Sulzer gesammelten Erfahrungen bei der Entwicklung der geordneten Packungen führten folgerichtigerweise zur Entwicklung der in den verschiedensten Bereichen eingesetzten statischen Mischer (siehe Kap. 6.1.1).

Mit der Entwicklung der auf der ACHEMA 1994 vorgestellten Packung OPTIFLOW scheint der Firma Sulzer eine erneute deutliche Verbesserung der Trennleistung gelungen zu sein. Insbesondere wird durch diese neuentwickelte Packung eine höhere Belastbarkeit (F-Faktor) ermöglicht. Die Flüssigkeit wird gleichmäßig verteilt und auch wieder zusammengeführt. Auch bei der Dampfphase wird eine starke Quervermischung durch den symmetrischen Aufbau der Packung erreicht.

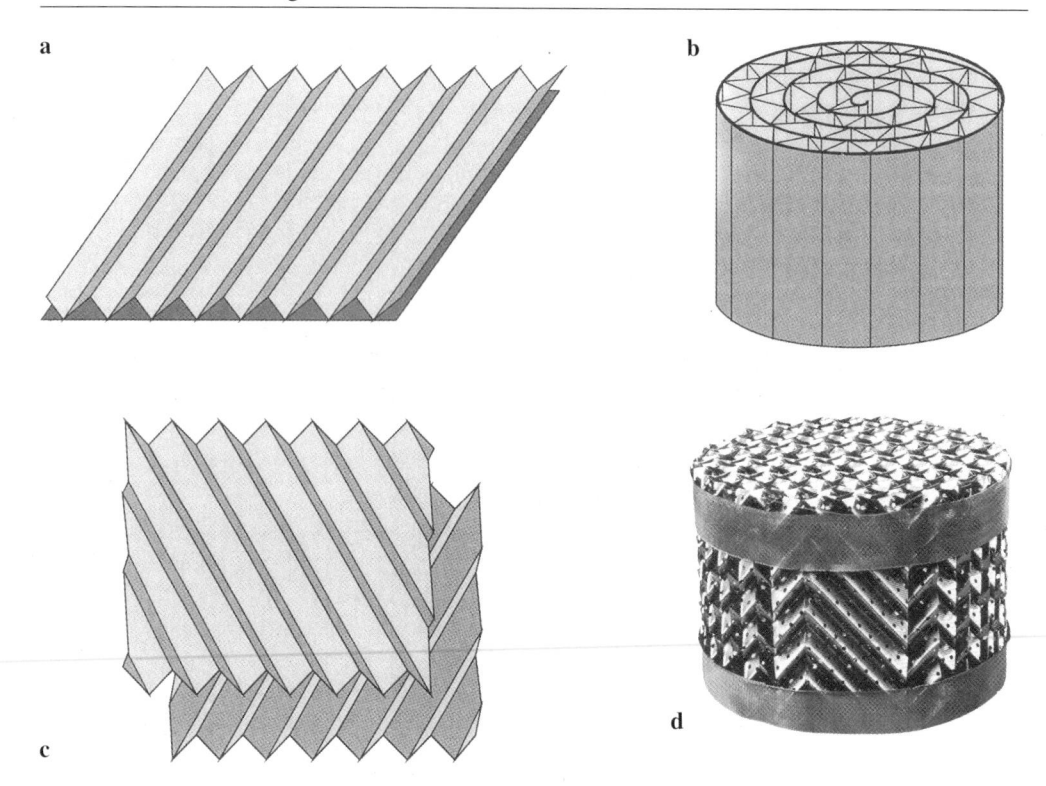

Abb. 4.82 Schritte bei der Entwicklung geordneter Packungen. Grundelement für **a** gewickelte Packung, **b** gewickelte geordnete Packung, **c** moderne geordnete Packung, **d** Mellapak-Segment

4.11.2.1 Aufbau von Packungskolonnen

Der allgemeine Aufbau einer Packungskolonne ist in Abb. 4.83 gezeigt. Sehr wichtig zur Erzielung einer hohen Trennleistung ist zunächst eine gleichmäßige Verteilung der flüssigen Phase über den Kolonnenquerschnitt. Als Flüssigkeitsverteiler werden neben Düsen auch Tüllen- und Kanalverteiler eingesetzt, die dafür sorgen, daß mehr als 100 Tropfstellen/m² realisiert werden. Aber auch bei einer gleichmäßigen Flüssigkeitsverteilung kommt es aufgrund der unterschiedlichen Packungsdichten nach einer gewissen Packungshöhe zu einer Ungleichverteilung (Maldistribution). So wird die Flüssigkeitsströmung aufgrund des größeren Lückenvolumens der Packung in Wandnähe erhöht, wodurch der Dampf verstärkt in der Mitte aufströmt. Weiterhin kann es bei einer unzureichenden Isolierung zur Kondensation von Dämpfen an der Wand kommen. Aus diesem Grunde, und um Konzentrationsdifferenzen auszugleichen, muß die Flüssigkeit zumindest bei höheren Kolonnen nach einer bestimmten Packungshöhe wieder gesammelt und erneut verteilt werden. Deshalb besteht eine Packungskolonne, in der viele Trennstufen realisiert werden müssen, oft aus mehreren Segmenten. Zumindest nach einer Segmenthöhe von etwa dem sechsfachen Durchmesser, spätestens aber nach 6 m Packungshöhe, muß durch Flüssigkeitssammler und -verteiler für eine Neuverteilung der Flüssigkeit gesorgt werden. Bei kleineren Kolonnendurchmessern ist oft der Einsatz von Wandabweisern ausreichend. Für jedes Segment ist natürlich ein Tragrost vorzusehen. Der Tragrost hat die Aufgabe, das gesamte Gewicht der

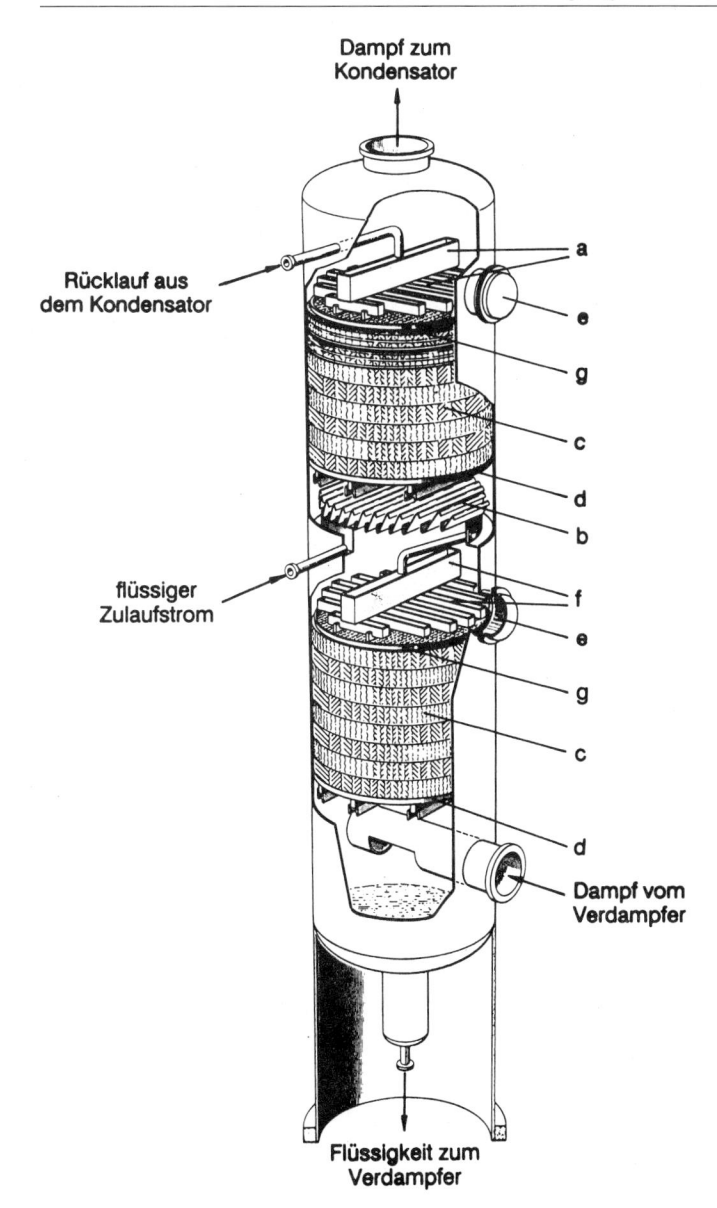

Abb. 4.83 Typische Packungskolonne.
a Flüssigkeitsverteiler,
b Flüssigkeitssammler,
c Packung,
d Tragerost,
e Mannloch,
f Flüssigkeitswiederverteiler,
g Niederhalterost

Packung und des Flüssigkeitsinhalts zu tragen. Der Tragrost sollte aber dem Dampfstrom keinen großen Widerstand entgegensetzen und auch die Flüssigkeit ohne große Probleme passieren lassen. Um ein Abheben (Aufschwimmen) der Packung bei hoher Dampfbelastung zu verhindern, ist weiterhin für jedes Segment ein Niederhalterost erforderlich. Eine typische Packungskolonne mit einem Flüssigkeitszulauf und zwei Segmenten ist in Abb. 4.83 dargestellt. An dieser Abbildung ist gleichzeitig zu erkennen, daß ein nachträgliches Verlegen der Zulaufstufe bei einer Packungskolonne schwieriger als bei Bodenkolonnen zu realisieren ist.

4.11.2.2 Auslegung von Packungskolonnen

Ziel der Auslegung ist nach Auswahl des Füllkörpertyps (Art, Größe, Material) oder Art der Packung, die Festlegung der Packungshöhe (evtl. der einzelnen Segmente) und des Durchmessers der Kolonne. Die gesamte Höhe der Packung wird in erster Linie durch die Anzahl der benötigten Stufen (N_{th}, NTU) und der Höhe einer solchen Stufe ($HETP$, HTU) bestimmt, wobei die $HETP$- bzw. HTU-Werte von der Fluiddynamik, d. h. in erster Linie von der Flüssigkeits- und Dampfbelastung beeinflußt werden.

Der Durchmesser der Kolonne kann bei Vorgabe der zu erzielenden Destillatmenge und des Rücklaufverhältnisses und Kenntnis der einzustellenden Dampfbelastung direkt berechnet werden. Die zu erzielende Dampfbelastung ist aber von Packungstyp zu Packungstyp sehr unterschiedlich. Aus wirtschaftlichen Gesichtspunkten scheint ein Betrieb bei hohen Flüssigkeits- und Dampfbelastungen sinnvoll. Bei der Auslegung muß aber gleichzeitig der sich einstellende Druckverlust und die Abnahme des Stoffaustauschs bei höheren Belastungen berücksichtigt werden. Für jeden Füllkörper- bzw. Packungstyp existieren obere Grenzen. So führen sehr hohe Strömungsgeschwindigkeiten der Dampfphase zu einem Mitreißen der Flüssigkeit (entrainment), während eine zu geringe Dampfbelastung eine sog. „Bachbildung" verursacht. Die Festlegung des Kolonnendurchmessers kann erfolgen, wenn das fluiddynamische Verhalten der jeweiligen Packung bekannt ist. Eine wichtige Größe bei der Wahl der optimalen Bedingungen ist dabei der sich einstellende Druckverlust.

4.11.2.3 Druckverlust in Packungskolonnen

Flüssigkeits- und Dampfbelastung wirken sich direkt auf den Druckverlust innerhalb der Kolonne aus. Für die Abschätzung des Druckverlusts ohne Flüssigkeitsbelastung („trockener Druckverlust") wurden die verschiedensten Näherungsmethoden entwickelt. Für Füllkörper mit Nenngrößen <25 mm kann die Onda-Gleichung[23] herangezogen werden.

Die Abschätzung des Druckverlusts bei gleichzeitiger Flüssigkeitsbelastung stellt eine wesentlich komplexere Aufgabe dar, da sich die beiden Phasen bei der Durchströmung gegenseitig beeinflussen. Zuverlässige Aussagen lassen sich am besten durch Experimente erhalten.

Der Druckverlust in der Packung steigt mit der Dampfbelastung (Dampfgeschwindigkeit). Dieser Effekt wird mit steigender Flüssigkeitsbelastung noch verstärkt, da dadurch der Flüssigkeitsinhalt (Flüssigkeits-Holdup) zunimmt. Damit sinkt die dem Dampfstrom zur Verfügung stehende freie Querschnittsfläche, was zu einer Erhöhung der Dampfgeschwindigkeit führt und damit einen höheren Druckabfall bedingt.

Der charakteristische Verlauf des Druckverlusts und des resultierenden Flüssigkeitsinhalts sind mit und ohne Flüssigkeitsbelastung (Berieselungsdichte) als Funktion des F-Faktors qualitativ in Abb. 4.84 dargestellt. Der für die Darstellung benutzte F-Faktor ($Pa^{1/2}$) hat dabei folgende Bedeutung:

$$F = u_G \sqrt{\varrho_G} \qquad (4.145)$$

u_G Dampfleerrohrgeschwindigkeit (m/s)
ϱ_G Dampfdichte (kg/m^3)

Aus der Abb. 4.84 ist zu erkennen, daß obwohl der Druckverlust etwa proportional F^2 bzw. u_G^2 ansteigt, der Flüssigkeitsinhalt bei geringen F-Faktoren, d. h. geringen Dampfbelastun-

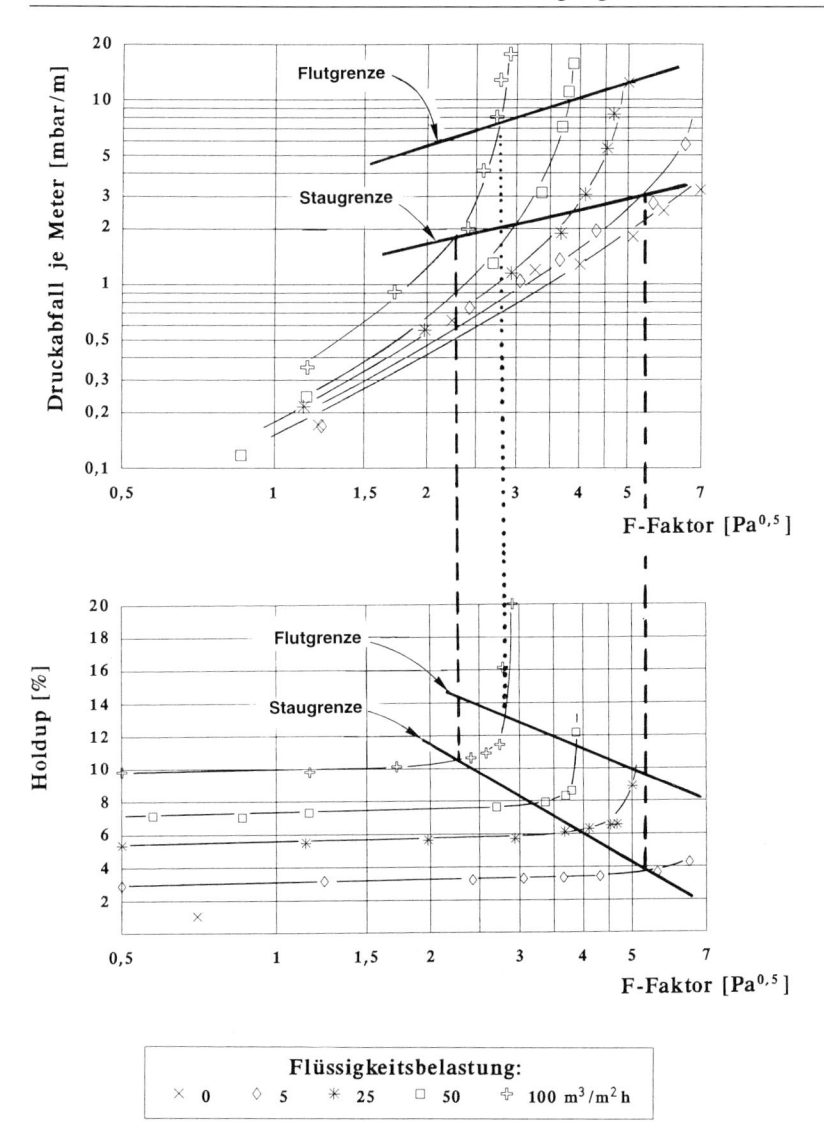

Abb. 4.84 Druckverlust- und Flüssigkeitsinhalt in Abhängigkeit vom F-Faktor
(Mellapak 250.X, 1 m Kolonnendurchmesser, 3 m Betthöhe, Testsystem: Luft/Wasser)

gen kaum beeinflußt wird. Abhängig von der Flüssigkeitsbelastung stellt sich ein nahezu konstanter Wert ein. Wenn der Dampfstrom (F-Faktor) aber weiter gesteigert wird, kommt es ab einem charakteristischen Wert zu einem Flüssigkeitsstau in der Packung bzw. Füllkörperschicht (Staugrenze). Der Wert des F-Faktors und damit der Dampfbelastung bis zum Erreichen der Staugrenze verringert sich dabei mit zunehmender Flüssigkeitsbelastung. Oberhalb der Staugrenze ist aufgrund des erhöhten Flüssigkeitsinhalts eine raschere Steigerung des Druckverlusts mit der Dampfbelastung zu beobachten, bis schließlich ein Fluten der Kolonne, am sog. Flutpunkt, beobachtet wird. Ab diesem Punkt wird die Flüssigkeit durch die Schubkräfte des Dampfstroms am kontinuierlichen Abfließen gehindert. Dies führt zu einer sehr plötzlichen Steigerung des Flüssigkeitsinhalts (holdup) und zu

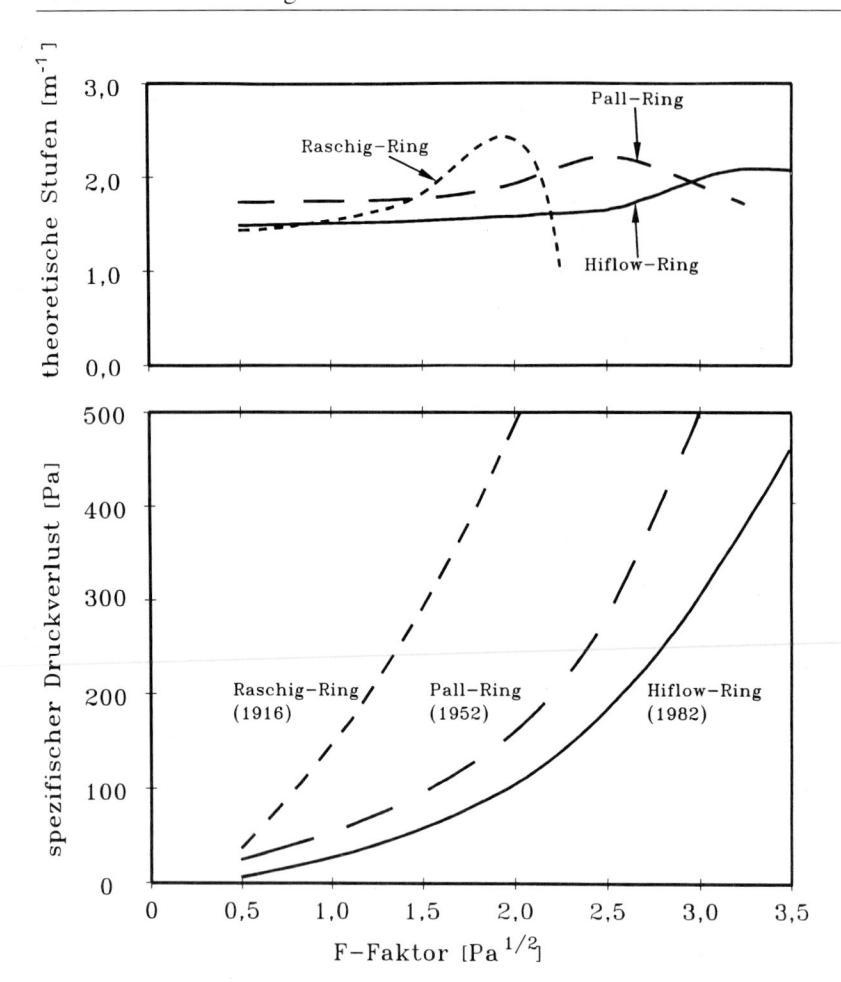

Abb. 4.85 Spezifischer Druckverlust und Anzahl der zu realisierenden Trennstufen pro m Packungshöhe für das System Ethylbenzol/Styrol bei 100 mbar für drei verschiedene Metallfüllkörper (Nenngröße 50 mm) in einer Füllkörperkolonne mit 400 mm Durchmesser (Billet[24])

einem noch schnelleren Anstieg des Druckverlusts. Wie beim Staupunkt verringert sich auch am Flutpunkt die erforderliche Dampfbelastung mit Steigerung der Flüssigkeitsbelastung. Die Erhöhung der Turbulenz zwischen Stau- und Flutpunkt führt aber gleichzeitig zu einer Verbesserung des Stoffübergangs und damit zu einer Erhöhung der Trennleistung einer Packung. Aufgrund der besonders guten Stoffaustauschbedingungen werden Füllkörperkolonnen in der Praxis zwischen der Stau- und der Flutgrenze betrieben.

Für drei verschiedene Metallfüllkörper (Raschig-, Pall-, Hiflow-Ring) mit einer Nenngröße von 50 mm ist in Abb. 4.85 neben dem spezifischen Druckverlust (Druckverlust pro m Packung) die Anzahl der erzielbaren Böden pro m Packungshöhe für eine Kolonne mit 400 mm Durchmesser dargestellt (bei Keramikfüllkörpern gleicher Nenngröße ist auf Grund der geringeren freien Fläche mit einem doppelt so hohen Druckverlust zu rechnen). Aus der Abbildung ist deutlich zu erkennen, daß beim Übergang vom Raschig- zum Hiflow-Ring geringere Druckverluste bei sonst gleichen Bedingungen erzielt werden.

4.11 Technische Auslegung von Rektifikationskolonnen   299

Jedoch bleibt die zu realisierende Anzahl von Trennstufen pro m Packungshöhe nahezu konstant, wobei man bei den modernen Füllkörpern aufgrund des geringeren Druckverlusts

zu höheren Dampfbelastungen gehen kann, was bei vorgegebenen Destillatmengen zu geringeren Durchmessern der Kolonne führt.

Der Übergang zu geordneten Packungen ergibt bei sonst gleichen Bedingungen noch günstigere Werte für den Druckverlust und die Trennleistung, so daß sich geordnete Packungen zunächst insbesondere für die Vakuumrektifikation anboten. In Abb. 4.86 ist der Druckverlust und die erreichbare Zahl theoretischer Trennstufen für eine Packung und eine Füllkörperschicht in Abhängigkeit vom F-Faktor dargestellt. Es ist deutlich, daß bei geord-

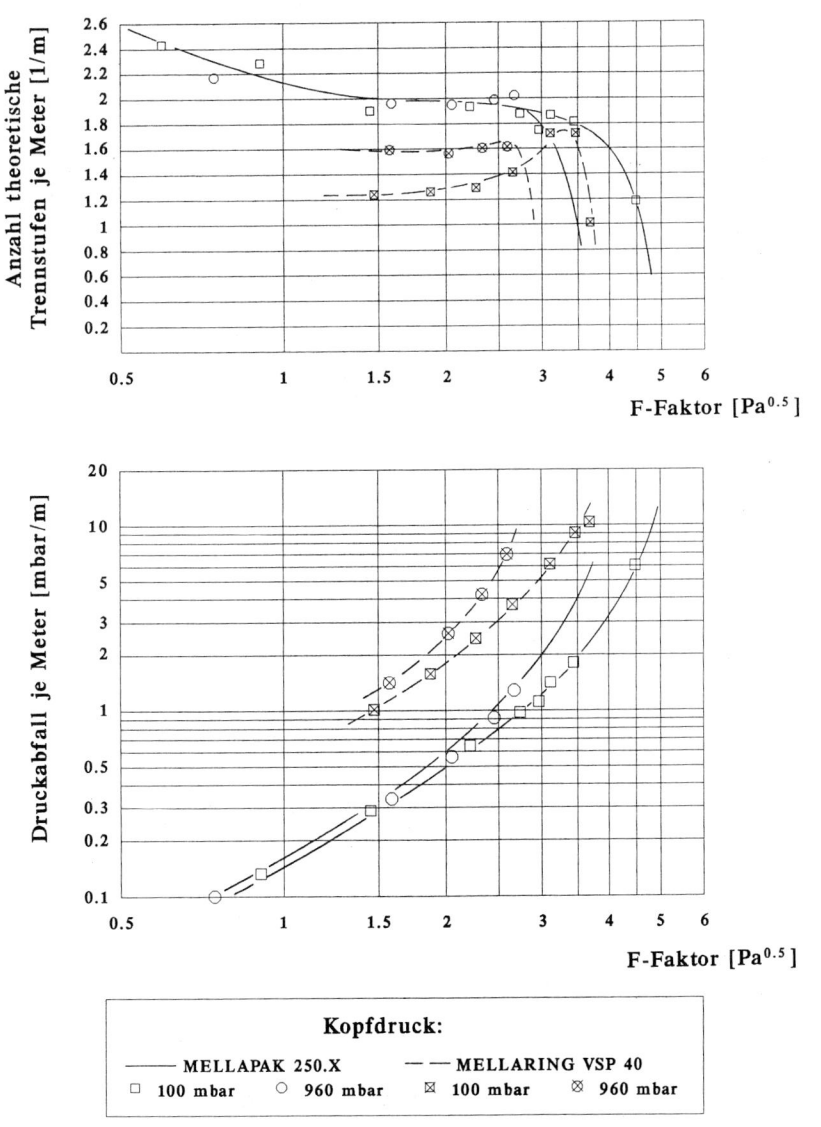

Abb. 4.86 Druckverlust und Anzahl der theoretischen Trennstufen pro m in Abhängigkeit vom F-Faktor (Testsystem: Chlorbenzol/Ethylbenzol, Kolonnendurchmesser: 1 m, Betthöhe: 6 m)

neten Packungen unter sonst gleichen Bedingungen geringere Druckverluste bei gleichzeitig höherer Trennleistung resultieren. So ergeben sich für den Mellaring VSP40 bei gleichem F-Faktor um den Faktor 4 höhere Druckverluste im Vergleich zu Mellapak 250.X. In Abb. 4.87 sind Richtwerte für den Arbeitsbereich (Druckverlust, Trennleistung) für verschiedene Füllkörper und Packungen dargestellt. Es ist zu erkennen, daß sich für hohe Trennleistungen und geringen Druckverlust Gewebepackungen anbieten. Im Vergleich dazu weisen Standardfüllkörper geringere Trennleistungen und höhere Druckverluste auf. Gitterfüllkörper zeigen bei gleicher Trennleistung einen deutlich geringeren Druckverlust als konventionelle Füllkörper.

Für eine Füllkörperkolonne mit Hiflow-Ringen aus Polypropylen (Nenngröße 50 mm) ist ein Belastungsdiagramm in Abb. 4.88 dargestellt. Der Flutbereich liegt für diese Kolonne bei einem Druckverlust zwischen 8 und 10 mbar/m. In diesem Diagramm sind auch die Grenzen der Anwendung zu erkennen. So ist bei zu geringer Flüssigkeitsbelastung (<3 m^3/m^2 h) eine zu geringe Benetzbarkeit zu beobachten. Bei geringen Gasbelastungen (F-Faktor <0,3 Pa$^{1/2}$) ergibt sich eine Ungleichverteilung in der Gasphase. In dem Diagramm ist gleichzeitig der Arbeitsbereich für Absorptions- und Strippkolonnen dargestellt. Es ist zu erkennen, daß Strippkolonnen im Vergleich zu Absorptionskolonnen (5–20 m^3/m^2 h) mit wesentlich höheren Flüssigkeitsbelastungen (50–100 m^3/m^2 h) gefahren werden. Von den für verschiedene Aufgaben eingesetzten Absorptionskolonnen werden Rauchgaswäscher mit den höchsten F-Faktoren (Gasbelastungen) (ca. 3,5 Pa$^{1/2}$) betrieben.

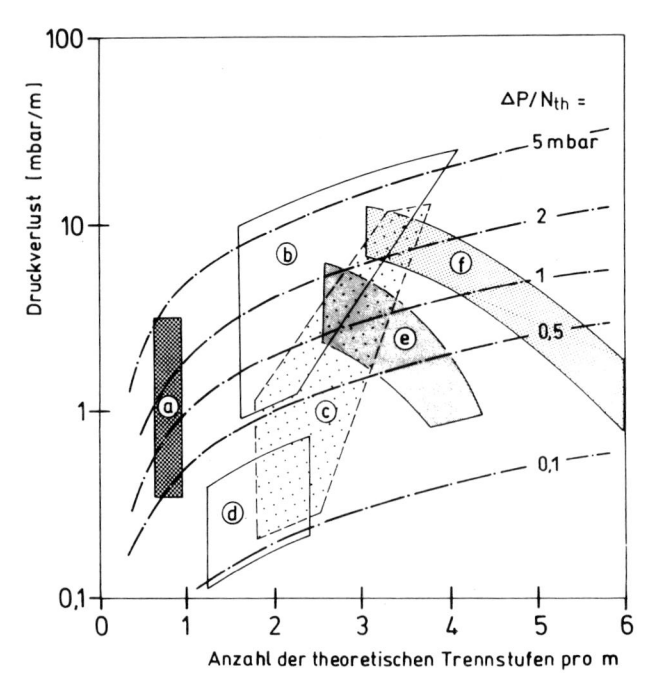

Abb. 4.87 Druckverlust und theoretische Anzahl von Trennstufen für verschiedene Füllkörper bzw. geordneten Packungen[16].
a Grid-Packungen, **b** konventionelle Füllkörper, **c** „Gitter"-Füllkörper, **d** Wabenkörper, **e** Blechpackungen, **f** Metallgewebepackungen

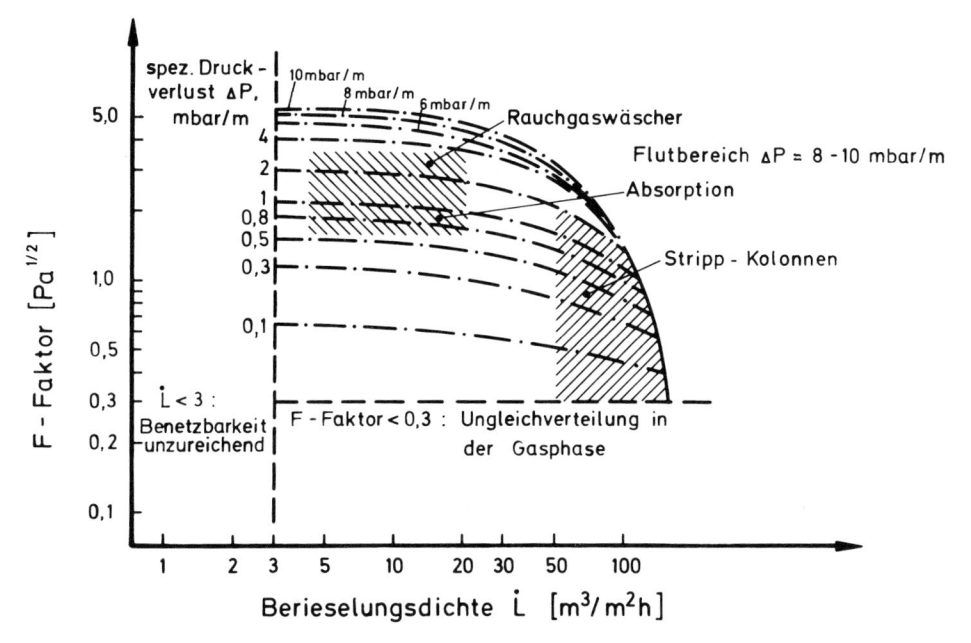

Abb. 4.88 Belastungsdiagramm für eine Füllkörperkolonne mit Hiflow-Füllkörpern aus Polypropylen (Nenngröße 50 mm)[22]

Im Endeffekt wird die Auslegung durch wirtschaftliche Gesichtspunkte bestimmt. So erlauben spezielle Packungen die Durchführung schwieriger Trennungen bei geringem Druckverlust. Dies ist insbesondere bei der Vakuumdestillation von Bedeutung. Jedoch führt der höhere Preis dieser Packungen oft dazu, daß die Trennung billiger Endprodukte unwirtschaftlich wird. Weiterhin können Korrosionsgründe dazu führen, daß weniger effiziente aber preiswerte Füllkörper eingesetzt werden.

Bei Kenntnis des Flutpunkts (F-Faktor) läßt sich über die Dampfleerrohrgeschwindigkeit der erforderliche Kolonnendurchmesser für ein vorgegebenes Trennproblem bei Vorgabe von Destillatmenge, Rücklaufverhältnis und Kenntnis der Dampfdichte festlegen. Der Wert des erreichbaren F-Faktors (Dampfbelastung) hängt sowohl von der Art des Füllkörpers (Packung) als auch von der Berieselungsdichte (Flüssigkeitsbelastung) und dem zu trennenden Gemisch ab. Diese Abhängigkeit ist aber den Herstellern von Packungskolonnen für die meisten zu trennenden Systeme aus einer Vielzahl von Technikumsversuchen und Erfahrungen aus realisierten großtechnischen Rektifikationskolonnen bekannt, so daß sie in der Lage sind, den Durchmesser einer Kolonne zu berechnen. Unter Annahme der Gültigkeit des idealen Gasgesetzes ergibt sich bei Kenntnis des F-Faktors (bzw. u_G) die folgende einfache Beziehung:

$$d = \sqrt{\frac{4\dot{V}RT}{\pi u_G P}} \, . \tag{4.146}$$

$\dot{V}$ Dampfstrom (kmol/h) = $(v+1)\dot{D}$

4.11.3 Wärmetauscher

4.11.3.1 Verdampfer

Für die Beheizung von Rektifikationskolonnen werden die unterschiedlichsten Verdampferbauarten verwendet. In den meisten Fällen handelt es sich um Rohrbündelwärmetauscher, wobei die Rohre entweder vertikal oder horizontal angeordnet werden. Die benötigte Energie wird dabei durch ein Heizmedium, das die eingebauten Rohre umströmt, über die Rohrwand an die in den Rohren zu verdampfende Flüssigkeit übertragen. Als Heizmedium wird dabei in den meisten Fällen Wasserdampf unter entsprechendem Druck verwendet, welcher unter Abgabe der latenten Wärme (Kondensationsenthalpie) kondensiert. Durch die Kondensation des Wasserdampfes werden hohe Wärmedurchgangszahlen erreicht. Damit sich keine Inerten auf der Heizseite anreichern, muß ein Teil des Dampfes ausgeschleust werden.

Häufig eingesetzte Typen sind Umlaufverdampfer und Fallstromverdampfer. In Abb. 4.89a–d sind einige dieser Verdampfer dargestellt. Bei den Umlaufverdampfern hat man zwischen Verdampfern mit natürlichem Umlauf und Zwangsumlauf zu unterscheiden. Ein Verdampfer mit natürlichem Umlauf und senkrecht angeordneten Rohren ist in Abb. 4.89a gezeigt. Bei dieser Art Wärmetauscher wird die Umwälzung durch Dichteunterschiede bewirkt. Verdampfer mit Zwangsumlauf (Abb. 4.89b) werden bevorzugt bei viskosen Medien und bei Produkten, die zur Bildung von Ablagerungen neigen, eingesetzt. Durch den Zwangsumlauf mit Hilfe einer Pumpe werden höhere Strömungsgeschwindigkeiten erzielt, was zu einer Verbesserung des Wärmeübergangs und damit zur Verringerung des Widerstands beim Wärmedurchgang führt. Gleichzeitig verringert sich die Tendenz zur Bildung von Ablagerungen. Für die Erzielung dieser Vorteile muß jedoch ein erhöhter Energie- und Investitionaufwand in Kauf genommen werden. Bei beiden Verdampfertypen gelangt ein Dampf-Flüssigkeits-Gemisch in die Rektifikationskolonne.

In den letzten Jahren setzen sich immer mehr Fallstromverdampfer (Abb. 4.89c) durch. Bei diesen Verdampfern wird die Flüssigkeit mit einer Verteilervorrichtung gleichmäßig auf die Rohre verteilt und läuft aufgrund der Schwerkraft und des treibenden Brüdenstroms als Film an den Innenwänden herunter. Der ebenfalls abströmende Dampf (Brüden) erhöht dabei die Turbulenz und Geschwindigkeit des Films und verbessert dadurch den Wärmeübergang. Die Schwierigkeit besteht darin, in allen Rohren einen gleichmäßigen durchgehenden Flüssigkeitsfilm aufrecht zu erhalten. Auf eine gute Flüssigkeitsverteilung ist deshalb großen Wert zu legen. Abb. 4.89d zeigt einen typischen Flüssigkeitsverteiler. In einem Fallstromverdampfer lassen sich dabei ca. 1,5 theoretische Trennstufen realisieren. Bei den Fallstromverdampfern sind aufgrund des verbesserten Wärmetransports geringere logarithmische Temperaturdifferenzen (ΔT_{ln} ca. 3 K) im Vergleich zu den Umlaufverdampfern (ΔT_{ln} ca. 15 K) erforderlich.

Bei sehr temperaturempfindlichen Produkten werden auch Rotationsdünnschichtverdampfer eingesetzt. Bei diesen Verdampfern wird der gewünschte gleichmäßig dünne Film (ca. 0,5–1 mm) an der Rohrinnenwand durch rotierende Wischer erzeugt. Die Beheizung erfolgt über eine Mantelheizung. Die erforderliche Präzision bei der Fertigung des Verdampfers führt natürlich automatisch auch zu einer Verteuerung des Apparates, so daß dieser Verdampfer aus wirtschaftlichen Gründen bevorzugt bei teureren Produkten eingesetzt werden kann.

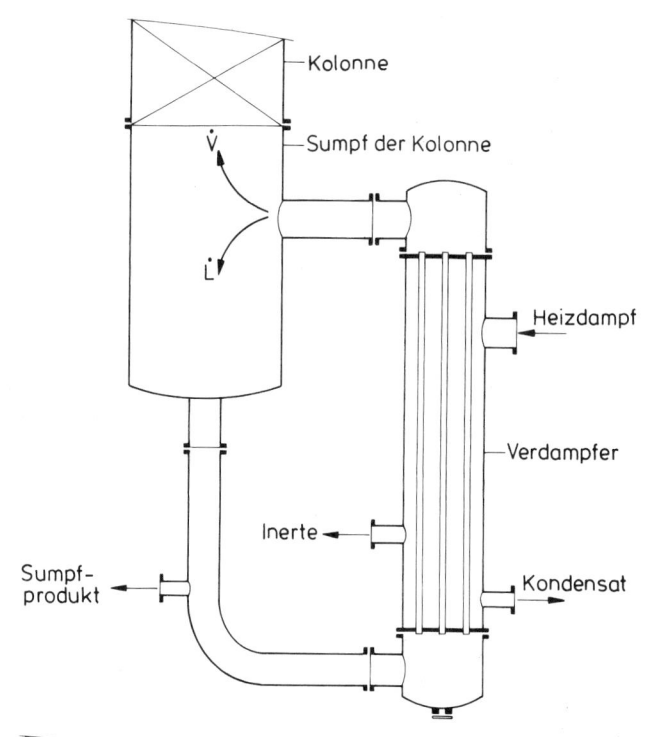

Abb. 4.89a

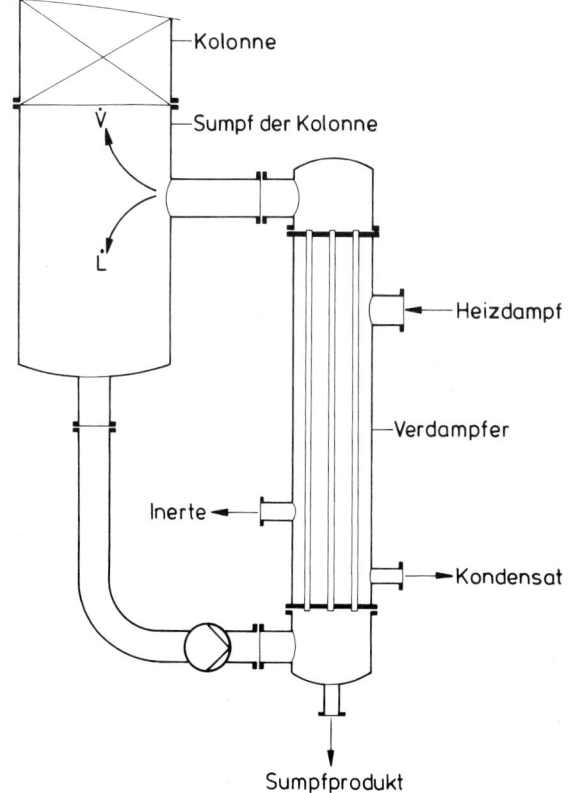

Abb. 4.89b

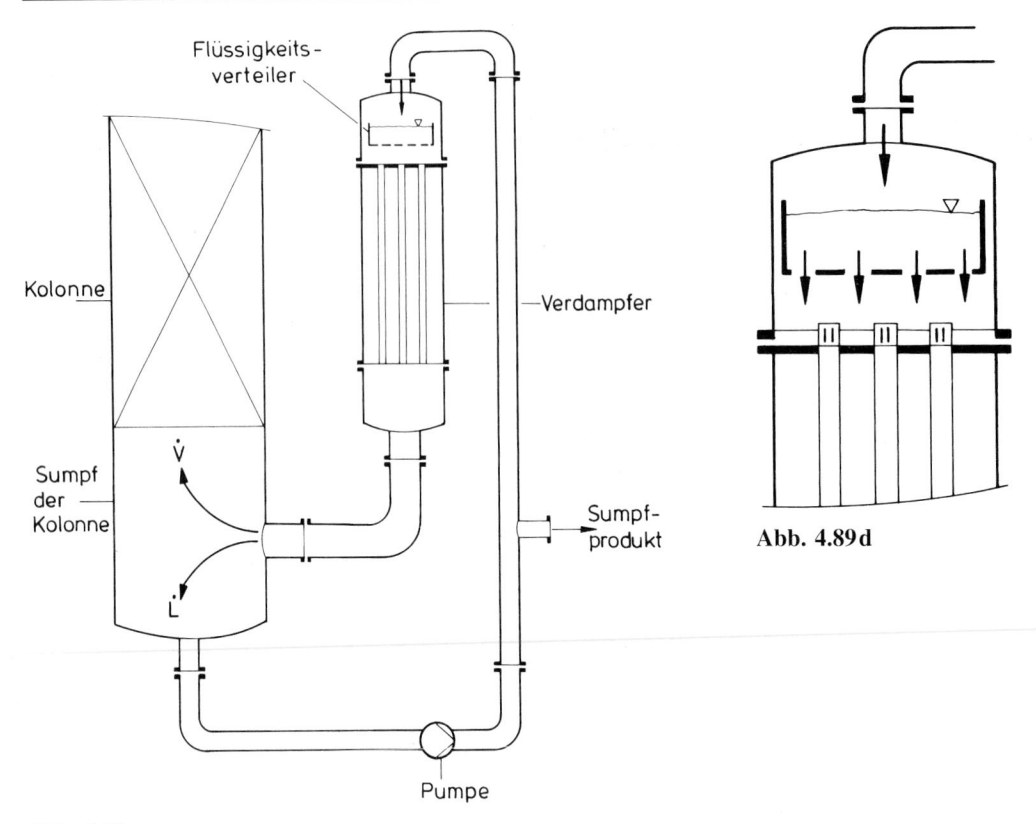

Abb. 4.89c

Abb. 4.89 Verschiedene Verdampferbauarten. **a** Umlaufverdampfer mit natürlichem Umlauf, **b** Umlaufverdampfer mit Zwangsumlauf, **c** Fallstromverdampfer, **d** Flüssigkeitsverteiler

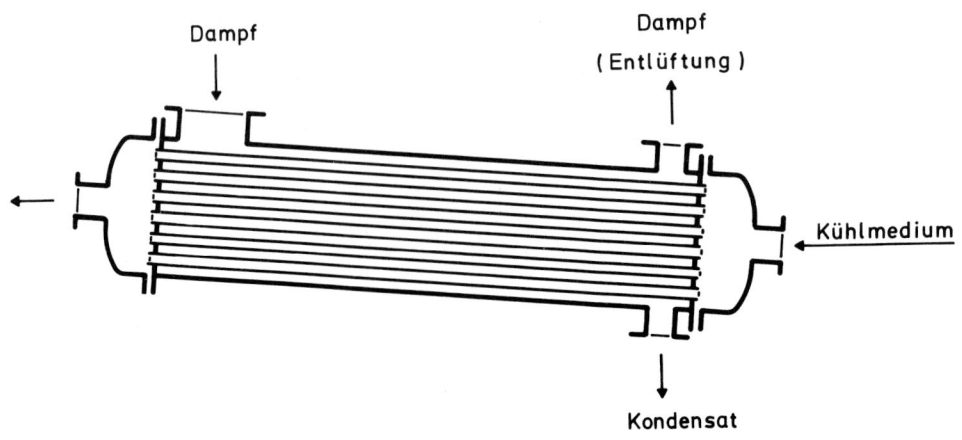

Abb. 4.90 Typischer Kondensator (Dephlegmator)

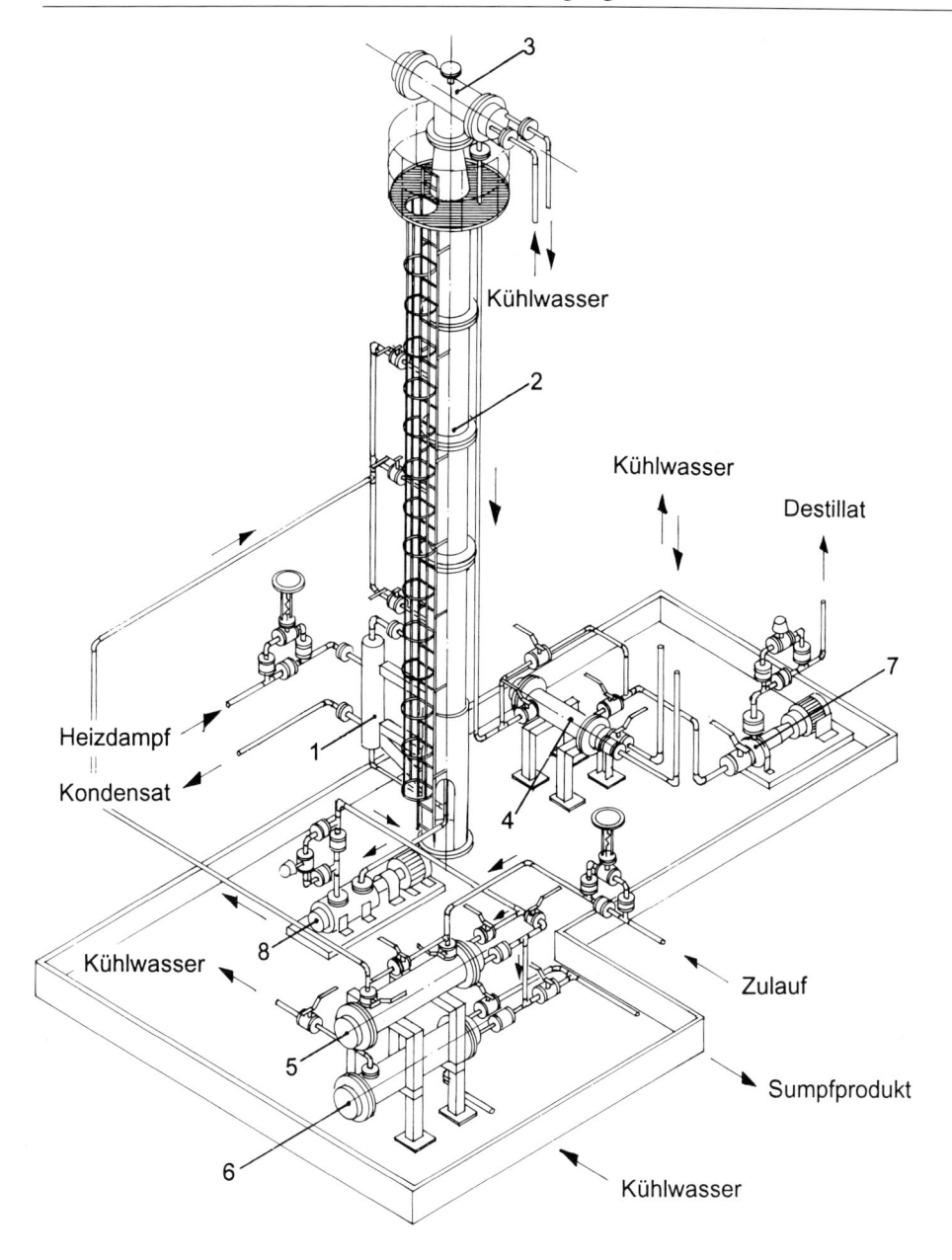

4.11 Technische Auslegung von Rektifikationskolonnen

Abb. 4.91 Rektifikationsanlage (Dr. Nitsche GVWU).

1 Verdampfer,
2 Kolonne,
3 Kondensator,
4 Destillatkühler,
5 Sumpfwärmetauscher,
6 Sumpfkühler,
7 Destillatpumpe,
8 Sumpfpumpe.

4.11.3.2 Kondensatoren

Für die Kondensation bzw. Teilkondensation (Dephlegmation) werden ebenfalls Rohrbündelwärmetauscher herangezogen. In Abb. 4.90 ist ein solcher Verdampfer dargestellt. Um für einen sicheren Kondensatablauf zu sorgen, wird der Wärmetauscher um wenige Grad geneigt aufgebaut. Ob er als Total- oder Teilkondensator arbeitet, wird durch die Menge an Kühlmedium festgelegt. Als Kühlmedium wird in den meisten Fällen Wasser benutzt (in einigen Fällen werden auch Luftkühler eingesetzt). Werden Temperaturen unterhalb von 20 °C zur Kühlung benötigt, können Eiswasser, Kühlsolen oder andere Kältemittel herangezogen werden, wodurch die Betriebskosten und im Falle von Kühlsole die Korrosionsanfälligkeit erhöht wird. Wichtig für den Betrieb des Kondensators ist ebenfalls eine Entlüftung, da sich ansonsten Inertgase im Kondensator anreichern können.

Neben Verdampfer und Kondensator werden zum Betrieb von Rektifikationsanlagen weitere Wärmetauscher benötigt, die es gestatten, die Energie der ablaufenden Ströme zur Aufheizung der Zulaufströme oder als Heizmedium für den Verdampfer einer anderen Kolonne zu nutzen. Abb. 4.91 zeigt eine typische kleine Rektifikationsanlage. In der Abbildung sind die ebenfalls benötigten Pumpen und Wärmetauscher deutlich zu erkennen. Weiterhin ist gezeigt, daß die Kolonne in einer „Wanne" aufgebaut wird, die in der Lage ist, den gesamten Inhalt der Kolonne im Falle eines Unfalls aufzunehmen. Bei großen Anlagen wird man den Kondensator nicht am Kopf der Kolonne anbringen. Stattdessen wird man den anfallenden Dampf (Brüden) mit Hilfe eines Brüdenrohrs nach unten zum Kondensator leiten und mit Hilfe von Pumpen für den Rücklauf bzw. Destillatstrom sorgen.

Literatur

1 Gmehling, J., Onken, U., Arlt, W., Grenzheuser, P., Kolbe, B., Weidlich, U., Rarey, J. R. (ab 1977), Vapor-Liquid Equilibrium Data Collection, Vol. I, 18 Bände, DECHEMA Chemistry Data Series, Frankfurt.
2 McCabe, M. L., Thiele, E. W. (1925), Ind. Eng. Chem. **17**, 605.
3 Ponchon, M. (1921), Tech. Moderne **3**, 20, 55.
4 Savarit, R. (1922), Arts et Metiers 65, 142, 178, 241, 266, 307.
5 Fenske, M. R. (1931), Ind. Eng. Chem. **24**, 482.
6 Underwood, A. J. V. (1946), J. Inst. Petrol. **32**, 614.
7 Gilliland, E. R. (1940), Ind. Eng. Chem. **32**, 1220.
8 Molokanov, Y. K., Korablina, T. P., Marzurina, N. I., Nikiforov, G. A. (1972), Int. Chem. Eng. **12** (2), 209.
9 Lewis, W. K., Matheson, G. L. (1932), Ind. Eng. Chem. **24**, 444.
10 Wang, J. C., Henke, G. E. (1966), Hydrocarbon Process. **45** (8), 155.
11 Naphtali, L. M., Sandholm, D. P. (1971), AIChE J. **17**, 148.
12 Fredenslund, Aa., Gmehling, J., Rasmussen, P. (1977), Vapor-Liquid Equilibria Using UNIFAC, Elsevier, Amsterdam.
13 Henley, E. J., Seader, J. D. (1981), Equilibrium Stage Separation Operations in Chemical Engineering, John Wiley & Sons, New York, London.
14 Fredenslund, Aa. (1990), private Mitteilung.
15 Galindez, H., Fredenslund, Aa. (1988), Comput. Chem. Engng. **12**, 281.
16 Geipel, W., Ullrich, H. (1991), Füllkörper-Taschenbuch, Vulkan Verlag, Essen.
17 Agreda, V. H., Partin, L. R., Heise, W. H. (February 1990), Chem. Eng. Progr. **40**.
18 O'Connell, H. E. (1946), Trans. Amer. Inst. Chem. Eng. **42**, 741.
19 Kessler, D. P., Wankat, P. C. (Sept. 1988), Chem. Eng. **72**.
20 Billet, R., Schultes M. (1993) Chem. Eng. Technol. **16**, 1.
21 Mersmann A. (1978), Thermische Verfahrenstechnik, Springer, Berlin 1978.
22 Geipel, W. (1991), priv. Mitteilung
23 Onda, K. et al. (1968), J. Chem. Eng. Japan 1, **56**.
24 Billet, R. (1985), Chem. Techn. **14**, 91.

25 Deibele, L. (1991), Chem.-Ing.-Tech. **63**, 458. Deibele, L. (1994), Chem.-Ing.-Tech. **66**, 809.
26 Humphrey, J. L., Seibert, A. F. (March 1992), Chem. Eng. Progr. **32**.
27 Gmehling, J., Kolbe, B. (1992), Thermodynamik, VCH Verlagsgesellschaft mbH, Weinheim.
28 Sørensen, J. M., Arlt, W., Macedo, E. A., Rasmussen, P. (ab 1979), Liquid-Liquid Equilibrium Data Collection, Vol. V, 4 Bände. DECHEMA Chemistry Data Series, Frankfurt.
29 Quantrille, T. E., Liu, Y. A. (1991), Artificial Intelligence in Chemical Engineering, Academic Press, San Diego.
30 Simmrock, K. H., Fried, A., Welker, R. (1991), Chem.-Ing.-Tech. **63**, 593.
31 Kaibel, G., Blaß, E., Köhler, J. (1989), Chem.-Ing.-Tech. **61**, 16.
32 Wahnschafft, O. M., Jurain, T. P., Westerberg, A. W. (1991), Comput. Chem. Eng. **15**, 565.
33 Gmehling, J., Menke, J., Krafczyk, J., Fischer, K. (1994), Azeotropic Data, 2 Bände, VCH Verlagsgesellschaft mbH, Weinheim.
34 Treybal, R. E. (1968), Mass-Transfer Operations, 2nd ed., McGraw-Hill, New York.
35 Krafczyk, J., Gmehling, J. (1994), Chem.-Ing.-Tech. **66**, 1372.
36 Kaibel, G. (1987), Chem. Eng. Technol. **10**, 92.
37 Huber, M., The Short Story of Sulzer Packing, Firmenschrift SULZER CHEMTECH

Kapitel 5
Weitere wichtige Trennverfahren

5.1 Fest-Flüssig-Extraktion

Die Fest-Flüssig-Extraktion (engl. leaching), von den meisten Lesern täglich bei der Kaffeeherstellung eingesetzt, wird in der Technik in erster Linie zur Gewinnung von Ölen und Fetten aus den verschiedensten nachwachsenden Rohstoffen, der Abtrennung ätherischer Öle aus Pflanzen und bei der Herstellung von Zucker verwendet.

Bei diesem Trennverfahren werden aus Feststoffen mit Hilfe eines selektiven flüssigen Extraktionsmittels in diskontinuierlicher, halbkontinuierlicher bzw. kontinuierlicher Betriebsweise die gewünschten Produkte extrahiert. Die Gewinnung des reinen Extrakts erfolgt dann in den meisten Fällen durch rektifikative Entfernung des Extraktionsmittels.

Um für einen guten Stoffaustausch zu sorgen, muß das feste Extraktionsgut zunächst vorbehandelt werden. So wird durch Zerkleinerung für eine große Oberfläche und kurze Kapillarwege gesorgt, so daß hohe Stoffaustauschraten erreicht werden können. Weiterhin muß ein Großteil des Wassers entfernt werden, da ansonsten ein Eindringen des Extraktionsmittels erschwert wird und durch Wasseraufnahme die Extraktionseigenschaften des Lösungsmittels verschlechtert werden.

Das Extraktionsmittel sollte so ausgewählt werden, daß neben einer hohen Selektivität auch eine leichte und wirtschaftliche Rückgewinnung möglich ist. So sollte das Extraktionsmittel gute Penetrationseigenschaften und bei einem geringen Siedepunkt auch eine geringe Verdampfungsenthalpie aufweisen. Daneben sollte es nicht leicht entflammbar und nicht korrosiv sein. Für Fette und Öle werden z. B. Benzinfraktionen, Methylenchlorid und Trichlorethylen eingesetzt. Die Temperatur wird dabei so eingestellt, daß keine thermischen Schäden auftreten können.

Wie bei allen anderen Trennverfahren wird zur Auswahl des Extraktors die Anzahl erforderlicher Trennstufen und der spezifische Extraktionsmittelstrom benötigt.

Einige der wichtigsten Extraktionsapparate sind in Abb. 5.1a, b dargestellt. Abb. 5.1a zeigt eine diskontinuierliche Feststoffextraktionsanlage. Bei dieser Bauart wird der Feststoff zunächst vorgelegt. Nach Zugabe des Extraktionsmittels erfolgt unter Rühren die Extraktion des auf Siebböden gelagerten Feststoffs. Ist die gewünschte Extraktkonzentration erreicht, wird die Flüssigkeit abgelassen. Der Extraktionsprozeß wird dann so lange wiederholt, bis die gewünschte Endkonzentration erreicht wird. Um die Extraktionsmittelverluste gering zu halten, wird das noch im Feststoff verbliebene Lösungsmittel durch direkte (Wasserdampf) oder indirekte Aufheizung ausgetrieben. Das im Extrakt enthaltene Lösungsmittel kann anschließend mit Hilfe der Rektifikation zurückgewonnen werden.

Sollen hohe Durchsatzleistungen erreicht werden, können anstelle eines Extraktors mehrere Extraktoren in Reihe geschaltet werden, wodurch eine halbkontinuierliche Fahrweise realisiert werden kann. Auch für die kontinuierliche Extraktion wurden die verschiedensten Konstruktionen vorgeschlagen. Abb. 5.1b zeigt einen Schneckenextraktor, bei dem das Festgut mit Hilfe einer Förderschnecke im Gegenstrom zum Extraktionsmittel gefördert wird. Ähnliche Konstruktionen werden auch in der Zuckerindustrie benutzt. Dabei werden in Schneckenextraktoren mit Längen von 20 m Durchsatzleistungen von mehr als 100 t/h erreicht.

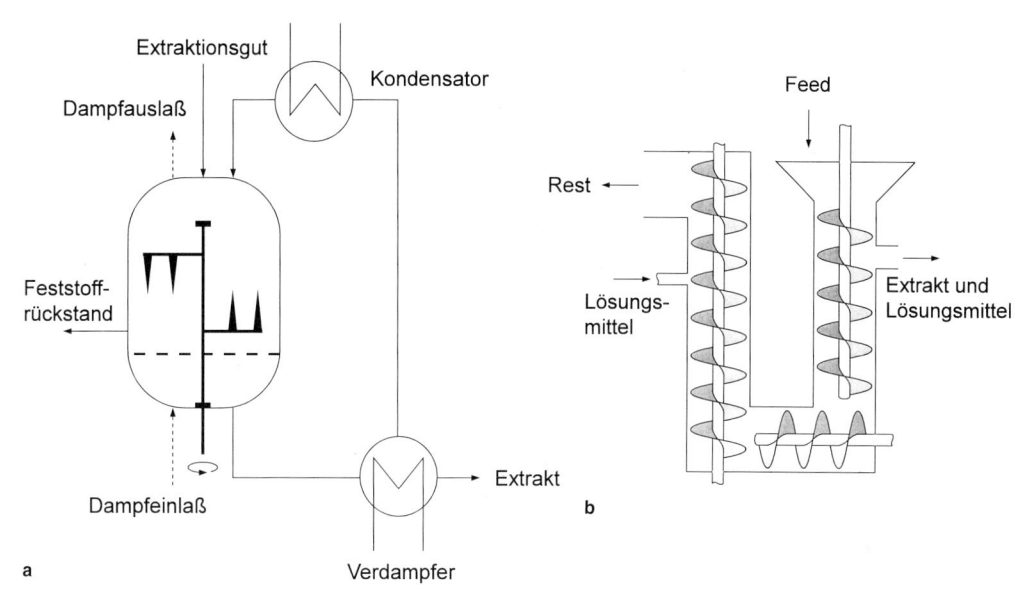

Abb. 5.1 Verschiedene Anlagen für die Fest-Flüssig-Extraktion
a Diskontinuierliche Feststoffextraktion, **b** Schneckenextraktor

5.2 Extraktion mit überkritischen Gasen

Bei der Extraktion mit überkritischen Gasen (Gasextraktion) wird die Tatsache ausgenutzt, daß überkritische Gase bei entsprechendem Druck Lösungseigenschaften aufweisen, die sonst nur von Flüssigkeiten erwartet werden. So sind diese Gase in der Lage, bei steigenden Dichten (erreicht durch Druckerhöhung) größere Mengen hochsiedender Stoffe aufzunehmen. Werden die Bedingungen anschließend verändert, z. B. durch Druckerniedrigung, so kann der Wertstoff relativ leicht vom überkritischen Gas abgetrennt werden, so daß das Gas wieder in den Kreislauf zurückgeführt werden kann. Qualitativ ist die steigende Löslichkeit mit zunehmendem Druck (d. h. steigende Dichte des Gases) in Abb. 5.2 für die binären Systeme Naphthalin-CO_2 und Naphthalin-C_2H_6 dargestellt[7]. Die guten Lösungseigenschaften überkritischer Gase lassen sich ausgehend von der Isofugazitätsbedingung

$$f_i^\zeta = f_i^V$$

ζ Größe für die kondensierte Phase (Feststoff, Flüssigkeit)

mit den Ansätzen der Mischphasenthermodynamik beschreiben. Bei den relativ hohen Drücken besitzen der Poynting-Faktor Poy_i^ζ und der Fugazitätskoeffizient φ_i^V einen wesentlich größeren Einfluß auf den K-Faktor als bei den üblichen Dampf-Flüssig-Gleichgewichten. Unter der Annahme, daß der zu extrahierende Feststoff (Flüssigkeit) rein vorliegt, ergibt sich nach Gl. (3.29) bzw. (3.30) für das Phasengleichgewicht

$$\varphi_i^s P_i^s \exp\frac{v_i^\zeta \left(P - P_i^s\right)}{RT} = y_i \varphi_i^V P \tag{5.1}$$

bzw.

$$\varphi_i^s P_i^s Poy_i^\zeta = y_i \varphi_i^V P. \tag{5.2}$$

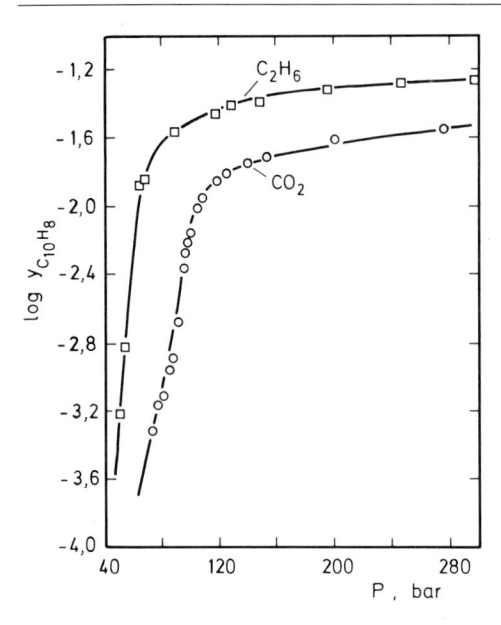

Abb. 5.2 Phasengleichgewicht für die Systeme Naphthalin-CO_2 und Naphthalin-C_2H_6 bei 318 K

Da der Sättigungsdampfdruck der zu extrahierenden Komponente in der Regel gering ist, weist der Fugazitätskoeffizient im Sättigungszustand φ_i^s ungefähr den Wert 1 auf. Die bei hohen Drücken beobachtete Anreicherung wird somit fast ausschließlich durch den Poynting-Faktor Poy_i und den Fugazitätskoeffizienten φ_i^V hervorgerufen. Die erzielbare Anreicherung im Vergleich zum idealen Verhalten (y_{real}/y_{ideal}) bei einem Druck P kann mit Hilfe des Enhancement-Faktors E (engl.: enhancement factor) beschrieben werden,

$$E = \frac{\exp \frac{v_i^\zeta (P - P_i^s)}{RT}}{\varphi_i^V}. \tag{5.3}$$

Mit Hilfe des Enhancement-Faktors E kann dann die Konzentration in der Gasphase folgendermaßen berechnet werden:

$$y_i = E \frac{P_i^s}{P}. \tag{5.4}$$

Die Technik der Extraktion mit überkritischen Gasen wird zur Abtrennung von unerwünschten Komponenten, wie bei der Entcoffeinierung von Kaffee und der Entfernung von Nicotin aus Tabak herangezogen. Weiterhin wird die überkritische Extraktion zur Gewinnung von Extrakten, wie Hopfen- und Gewürzextrakten oder Aromastoffen, benutzt. Die Anwendung dieser Extraktionstechnik in der Nahrungsmittelindustrie hat dabei den großen Vorteil, daß anstelle der oft gesundheitsgefährdenden Lösungsmittel physiologisch unbedenkliche Extraktionsmittel wie z. B. CO_2 eingesetzt werden können. Abhängig von der kritischen Temperatur des eingesetzten Gases ist die thermische Belastung des Extraktionsgutes bei der Extraktion und der anschließenden Abtrennung sehr gering. Für einige Gase sind die kritischen Daten in Tab. 5.1 zu finden. So kann bei Bedingungen von 10 bis 100 °C und Drücken von 50 bis 300 bar gearbeitet werden. Weiterhin liegen die Werte der ebenfalls für den Stoffaustausch wichtigen Größen wie Viskosität und Diffusionskoeffizient bei überkritischen Gasen sehr günstig. So sind die Werte der Viskosität um etwa den

Faktor 10 geringer und die Diffusionskoeffizienten um diesen Faktor größer im Vergleich zu Flüssigkeiten. Beide Eigenschaften sind günstig für die Durchführung des Prozesses. So führen geringe Viskositäten zu einem geringeren Druckabfall und höhere Diffusionskoeffizienten zu einem verbesserten Stoffaustausch und damit zu geringeren *HETP*-Werten in einer Trennkolonne. Bei Feststoffen stellt die Diffusion des überkritischen Gases im Feststoff den geschwindigkeitsbestimmenden Schritt dar.

Die Gasextraktion erfolgt entweder mit den reinen überkritischen Gasen oder aber mit Gemischen, die überwiegend diese Gase enthalten. So kann oftmals durch Zugabe relativ geringer Mengen (1–15 Gew.%) polarer Substanzen, z. B. Ethanol, die Lösungsmittelkapazität und Selektivität deutlich verbessert werden.

Tab. 5.1 Kritische Daten einiger Gase

	T_{kr} (K)	P_{kr} (bar)	ϱ_{kr} (kg/m^3)
Kohlendioxid	304,2	73,76	468
Ethen	282,4	50,35	217
Ethan	305,4	48,84	203
Propan	369,8	42,46	217

Für die Durchführung der Extraktion werden sowohl ein- als auch mehrstufige Extraktoren eingesetzt. Abb. 5.3 zeigt schematisch den Aufbau einer einstufigen Extraktionsanlage. Bei der Aufarbeitung von Feststoffen wird die Realisierung kontinuierlicher Verfahren durch die Probleme der kontinuierlichen Feststoffaufgabe bei hohem Druck erschwert.

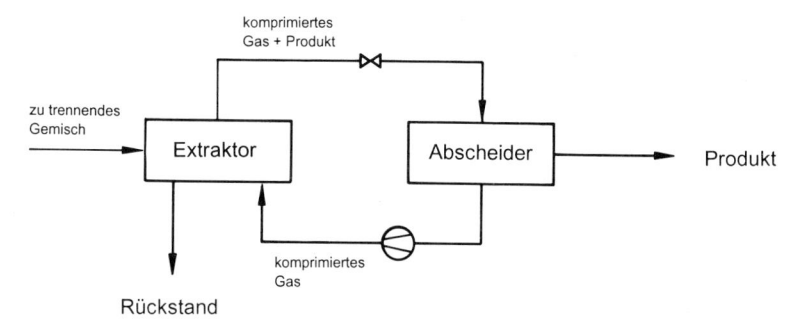

Abb. 5.3 Einstufige Anlage für die Extraktion mit überkritischen Gasen

5.3 Kristallisation

Bei dem als Trennverfahren ausgenutzten Kristallisationsprozeß wird eine Trennung durch Überführung einer oder mehrerer Komponenten vom flüssigen in den festen Zustand erreicht. Dabei kann man zwischen Kristallisation aus der Lösung oder aus der Schmelze unterscheiden.

Kristallisationsprozesse wurden schon sehr früh als Trennprozeß eingesetzt. So wurde die Schmelzkristallisation bereits 1901 zur Gewinnung der reinen Monochloressigsäure[14] bei der Indigosynthese der Hoechst AG verwendet.

Während die Kristallisation aus der Lösung insbesondere für anorganische Salze, die bekannterweise einen hohen Schmelzpunkt aufweisen, herangezogen wird, wird die Kristallisation aus der „Schmelze", d. h. ohne Verwendung von Lösungsmitteln bei organischen Substanzen bevorzugt.

Wie bei der Rektifikation wird für die Erzeugung der zweiten Phase Energie herangezogen. Die Verwendung von Energie als Trennhilfsmittel hat den Vorteil, daß kein Zusatzstoff regeneriert werden muß. Jedoch bereitet die Anwesenheit einer festen Phase Probleme. So gelingt die Trennung der festen von der flüssigen Phase nicht so leicht wie die Trennung der dampfförmigen von der flüssigen Phase bei der Rektifikation. Die Probleme bei der Trennung und beim Transport der beiden Phasen erschweren damit auch die Realisierung mehrerer Trennstufen. Weiterhin ergeben sich speziell bei tiefen Temperaturen und der oft hohen Viskosität größere Probleme beim Stofftransport, so daß die Kristallisationsprozesse in der Regel kinetisch kontrolliert werden.

Die Kristallisation besitzt als Trennverfahren jedoch dann Vorteile gegenüber der Rektifikation, wenn die zu trennenden Komponenten thermisch nicht stabil sind (Zersetzung, Dimerisation, Polymerisation) oder nur einen geringen (keinen) Dampfdruck (wie z.B. Salze) aufweisen. Weiterhin kann dieser Trennprozeß vorteilhaft sein, wenn das zu trennende System aufgrund der ähnlichen Siedepunkte der Komponenten einen sehr ungünstigen Trennfaktor oder sogar einen azeotropen Punkt aufweist und auch durch Zusatzstoffe kein wesentlich günstigerer Trennfaktor erreicht werden kann, wie z. B. bei der Trennung von Isomerengemischen wie m-Xylol-p-Xylol, m-Dichlorbenzol-p-Dichlorbenzol. Insbesondere eignet sich die Kristallisation zur Darstellung sehr reiner Verbindungen. Dies ist möglich, da Feststoffe in vielen Fällen aufgrund der unterschiedlichen Geometrie der Kristallgitter rein auskristallisieren (s. Kap. 3.5) und damit bereits eine theoretische Trennstufe ausreicht, um eine hohe Reinheit der Produkte zu erzielen.

Durch Einschluß von Verunreinigungen bei der Kristallisation bzw. durch unzureichende Trennung der beiden Phasen (Kristalle, Mutterlauge) können sich jedoch in der Praxis insbesondere bei verwachsenen Kristallen Schwierigkeiten ergeben. Beide Probleme hängen unmittelbar mit der Kristallbildung zusammen. So sind bei der Kristallisation gleichmäßig geformte Kristalle erwünscht, um eine Trennung der beiden Phasen zu erleichtern.

Ein großer Nachteil der Kristallisation gegenüber der Rektifikation ist, daß bei eutektischen Systemen nicht der gesamte Zulaufstrom durch Kristallisation getrennt werden kann. So erhält man bei eutektischen Systemen, wie z. B. bei der m-Xylol-p-Xylol-Trennung je nach Konzentration des Zulaufstroms (s. Abb. 3.34) nur ein reines Produkt (p-Xylol bzw. m-Xylol je nach Ausgangskonzentration) und weiterhin das eutektische Gemisch, welches durch Kristallisation nicht weiter getrennt werden kann. Um das eutektische Gemisch weiter zu verwerten, kann ein „Gleichgewichtsreaktor" angeschlossen werden, in dem durch eine Isomerisierungsreaktion die verschiedenen Xylolisomeren erzeugt und dann in der Aufarbeitung getrennt werden. Weiterhin läßt sich durch Kombination der Kristallisation mit der Rektifikation oder anderen Hybridverfahren der gesamte Feed-Strom aufarbeiten.

Für eine Auslegung der Kristallisatoren ist neben kinetischen Daten eine genaue Kenntnis des Fest-Flüssig-Gleichgewichts (z. B. des Systems m-Xylol-p-Xylol) bzw. der Löslichkeit der abzutrennenden Komponente im Lösungsmittel (z. B. eines Salzes wie NaCl in Wasser) in Abhängigkeit von der Temperatur erforderlich. In der Regel erhöht sich die Löslichkeit mit der Temperatur. Die Löslichkeit von NaCl in Wasser ist aber nur schwach von der Temperatur abhängig. Eine Eigenschaft die z. B. bei der Gewinnung von KCl aus Sylvinit (Hauptbestandteile: NaCl, KCl) ausgenutzt wird. Bei manchen anorganischen Salzen (z. B. bei den „Krustenbildnern" wie $MgSO_4$, $CaSO_4$, Na_2SO_4) kann sich die Wasserlöslichkeit mit steigender Temperatur auch verringern (s. Gl. 3.80).

Um keine zufälligen Produkte in den Kristallisatoren zu erhalten, sollte man mit der Kinetik der Kristallbildung vertraut sein. Dazu ist die Kenntnis der Geschwindigkeit der Keimbildung und des Kristallwachstums wichtig.

Damit sich Kristalle bilden und weiterhin wachsen können, ist eine Übersättigung notwendig. Diese Übersättigung kann auf verschiedene Weise erreicht werden. Üblicherweise wird die Sättigung durch Kühlung (Kühlungskristallisation) oder Verdampfung (Verdampfungskristallisation) des Lösungsmittels erzielt. Weiterhin kann die Übersättigung durch Entspannungsverdampfung (Vakuumkristallisation) erreicht werden. Die Übersättigung durch Kühlung ist insbesondere dann vorteilhaft, wenn die Löslichkeit stark mit der Temperatur zunimmt. Ist die Temperaturabhängigkeit wie beim NaCl in Wasser gering, bietet sich eine Übersättigung durch Verdampfung eines Teils des Lösungsmittels (Wasser) an. Daneben läßt sich ein Auskristallisieren auch durch Zugabe einer weiteren Komponente erreichen. So läßt sich eine deutliche Verringerung der Löslichkeit von Ammoniumchlorid (Bariumchlorid) durch Zugabe von Natriumchlorid (Calciumchlorid) erreichen. Eine ähnliche Abnahme der Löslichkeit kann auch durch Zugabe organischer Verbindungen zu wäßrigen Lösungen erzielt werden. So ändert sich die Löslichkeit von Aminosäuren um mehrere Zehnerpotenzen beim Übergang von Wasser zu Alkoholen als Lösungsmittel. Eine interessante Variante ist auch die Konzentrationserhöhung der zu kristallisierenden Komponente durch Wasserentfernung mit Hilfe einer in Wasser kaum löslichen organischen Verbindung (Zusatzstoff). Bei dieser sog. „extraktiven Kristallisation"[6] kann dann die Temperaturabhängigkeit der Wasserlöslichkeit im Zusatzstoff zur Regeneration ausgenutzt werden, so daß der Zusatzstoff im Kreis gefahren werden kann.

Bei der Keimbildung kann man zwischen primärer [homogener bzw. heterogener (an rauhen Oberflächen, Fremdstoffen)] und sekundärer Keimbildung unterscheiden. Für die Kristallisation kommt in der Praxis fast nur die sekundäre Keimbildung, d. h. die Keimbildung durch mechanische Abtrennung kleiner Kristalle von größeren Kristallen in Frage. Die Keimbildung wird natürlich von vielen Größen, wie z. B. Übersättigung und Strömungsgeschwindigkeit beeinflußt. Mit steigender Unterkühlung wird die Keimbildung zunächst begünstigt. Aufgrund der mit der Temperatursenkung verbundenen Viskositätssteigerung sinkt aber die Keimbildungsgeschwindigkeit nach Durchlaufen eines Maximums.

Empirisch wurde die folgende Abhängigkeit von der Übersättigung Δc gefunden,

$$\text{Keimbildung} \sim \Delta c^b, \tag{5.5}$$

wobei Δc die Übersättigung $c - c^*$ beschreibt und der Exponent b Werte zwischen 3 bis 6 annimmt (c^* = Gleichgewichtskonzentration).

Auch das Kristallwachstum läßt sich nicht einfach beschreiben. Es setzt sich aus Beiträgen des Transports und der Reaktion zusammen. Empirisch wurde ebenfalls eine Abhängigkeit vom Grad der Übersättigung gefunden,

$$\text{Kristallwachstum} \sim \Delta c^w \tag{5.6}$$

wobei der Exponent w Werte zwischen 1 bis 2 aufweist. Diese konkurrierenden Vorgänge der Keimbildung und des Kristallwachstums führen dazu, daß die Kristallgröße sehr stark vom Grad der Übersättigung beeinflußt wird. Da hohe Leistungen vom Kristallisator gefordert werden, wird man eine gewisse Übersättigung anstreben. Eine zu starke Übersättigung fördert aber die Keimbildung stärker als das Kristallwachstum. Aus diesem Grunde wird man in der Praxis die Übersättigung begrenzen, da ansonsten nicht die gewünschte Kristallgröße erreicht werden kann.

5.3.1 Kristallisatoren

Für die technische Realisierung von Kristallisationsprozessen wurden verschiedene Apparate entwickelt. Man hat dabei zwischen Suspensions- und Schichtkristallisatoren zu unterscheiden. Während bei der Suspensionskristallisation die Kristalle in der übersättigten Flüssigkeit (Lösungsmittel bzw. Schmelze) schweben und die bei der Kristallisation auftretende Wärme an die Flüssigkeit abgeben, erfolgt die Kristallisation bei der Schichtkristallisation an einer gekühlten Wand, wobei die Kristallisationswärme über die Kristallschicht abgeführt werden muß.

5.3.1.1 Suspensionskristallisatoren

Suspensionskristallisatoren werden kontinuierlich betrieben und lassen sich nach der Art der Übersättigung und der Umwälzung einteilen. Bei der Realisierung versucht man eine räumliche Trennung von Übersättigung und Kristallwachstum zu erreichen. Qualitativ ist der Prozeß der Suspensionskristallisation in Abb. 5.4 für den Fall der Kühlungskristallisation in einem Temperatur-Konzentrations-Diagramm gezeigt. Danach wird der aus dem Kristallisator kommende Strom B mit einer warmen, stark konzentrierten Lösung A vermischt (Punkt M), bevor im Wärmeaustauscher durch Abkühlung eine Übersättigung (dargestellt durch die Überlöslichkeitskurve) erfolgt. Das übersättigte System C gelangt dann in den Kristallisator, in dem die Kristallbildung und das Kristallwachstum erfolgen und die Kristalle mit entsprechender Größe abgezogen werden.

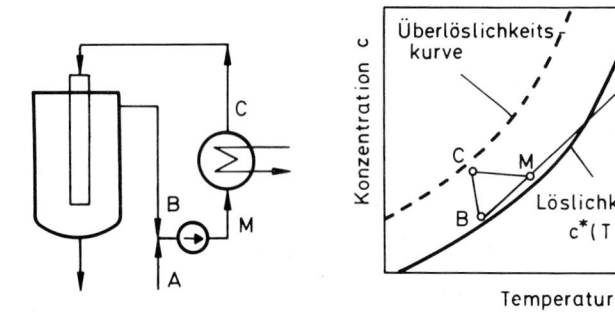

Abb. 5.4 Schema der Kühlungskristallisation

Durch entsprechende Strömungsverhältnisse läßt sich bei der Abtrennung der Kristalle (Kristallsuspension) eine klassierende Wirkung erzielen. Die den Kristallisator verlassende Kristallsuspension kann dann mit mechanischen Trennoperationen (Filtration, Zentrifugation) getrennt werden.

Für die Kühlungs-, Verdampfungs- und Vakuumkristallisation werden die verschiedensten Kristallisatoren eingesetzt. Werden mehrere Gleichgewichtsstufen benötigt, so ist man im Falle der fraktionierten Kristallisation auf andere Bauformen, wie Kristallisationskolonnen angewiesen.

5.3.1.2 Schichtkristallisatoren

Für die Schichtkristallisation, die diskontinuierlich durchgeführt wird, werden insbesondere Fallfilmkristallisatoren und statische Kristallisatoren eingesetzt. In der Regel werden Schichtkristallisatoren bei der Kristallisation aus der Schmelze eingesetzt. Lediglich bei stark viskosen Systemen wird in manchen Fällen ein Lösungsmittel zugesetzt, welches eine Viskositätsverminderung aber gleichzeitig eine Senkung des Schmelzpunktes bewirkt. Am Beispiel der Schmelzkristallisation soll dieses Verfahren vorgestellt werden.

Bei der Fallfilmkristallisation der Firma Sulzer (Abb. 5.5) wird aus einem Sammeltank mit der Schmelze im Fallfilmkristallisator ein dünner Flüssigkeitsfilm in den Innenrohren eines Rohrbündels realisiert. Durch Kühlung der Außenseite der vertikalen Rohre mit Hilfe einer Wärmeträgerflüssigkeit (ebenfalls als Fallfilm realisiert) beginnt die Kristallisation auf der Innenseite, wobei die Schmelze mehrfach umgepumpt wird. Der Kristallisationsprozeß wird abgebrochen, wenn der gewünschte Anteil auskristallisiert wurde, was durch Erreichen eines festgelegten Niveaus im Sammeltank festgestellt werden kann. Nach Ablassen der Schmelze wird die Kristallschicht durch gesteuertes Aufheizen leicht erwärmt, um Verunreinigungen durch partielles Aufschmelzen zu entfernen. In der dritten Phase wird die Kristallschicht abgeschmolzen. Die Produktreinheit wird stark von der verbliebenen Menge beeinflußt. Die Reinheit des auf diese Weise erhaltenen Produkts kann bei Bedarf in weiteren Zyklen noch erhöht werden, wobei die gleiche Anlage zeitlich versetzt benutzt werden kann. Die Produktausbeute läßt sich durch Aufarbeitung der im ersten Zyklus angefallenen Schmelze erhöhen.

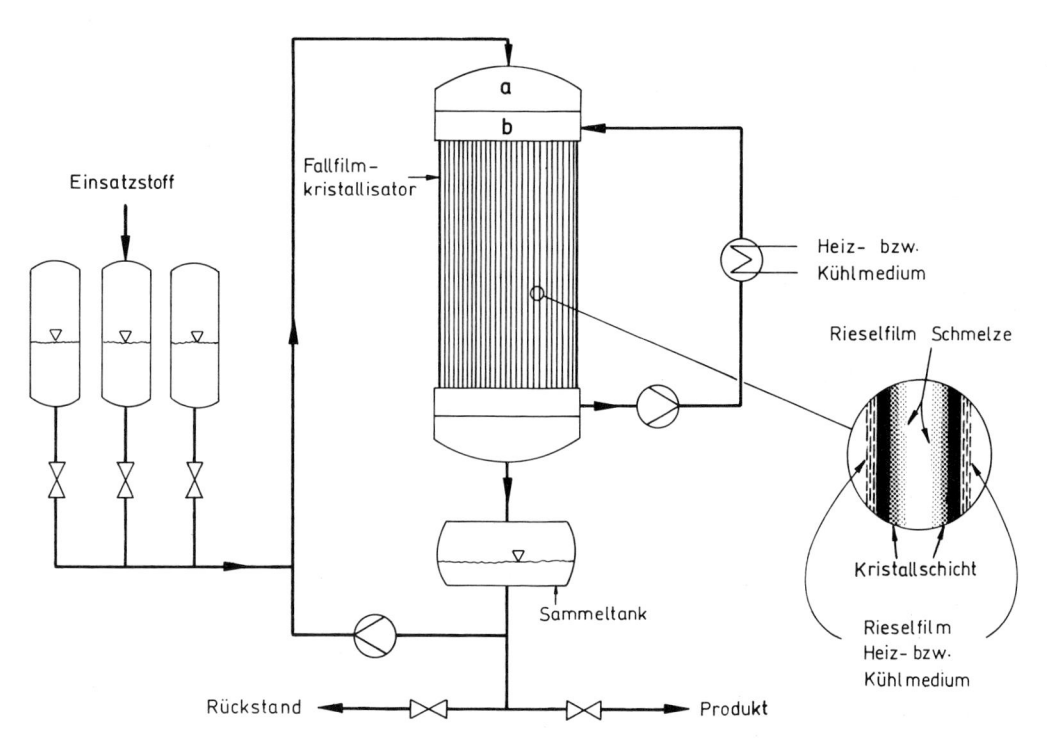

Abb. 5.5 Fallfilmkristallisationsverfahren (Schichtkristallisator der Firma Sulzer AG). **a** Verteiler Schmelze, **b** Verteiler Heiz- bzw. Kühlmedium

Bei der statischen Kristallisation tauchen die Kühlelemente direkt in die Schmelze. Durch Veränderung der Temperatur können die einzelnen Schritte (Kristallisieren, Ablassen, partielles Schmelzen, totales Schmelzen) bei der statischen Kristallisation ähnlich wie bei der Fallfilmkristallisation durchgeführt werden.

Die genannten Kristallisatoren zeichnen sich durch hohe Betriebssicherheit aus, da keine bewegten Teile und auch keine mechanischen Vorrichtungen zur Flüssigkeitsabtrennung erforderlich sind. Aufgrund der relativ langen Verweilzeiten ergeben sich jedoch große Apparatevolumina.

5.3.1.3 Schabkühlkristallisatoren

Die Schabkühlkristallisation bietet sich an, wenn hohe Viskositäten auftreten oder mit Lösungsmitteln gearbeitet werden muß, weil sich das Produkt bei der Schmelztemperatur zersetzt. Die Wand wird dabei durch die Wischer von Kristallablagerungen freigehalten, so daß der Wärmetransport ungehindert über die Wand erfolgen kann. Die entstehende Kristallsuspension wird mit einer Schnecke weitertransportiert. Die Kristallmenge und die Reinheit kann dabei über die Temperatur eingestellt werden.

Ein Kristallisator nach dem Schabkühlprinzip ist im Prinzip ein Doppelrohrwärmetauscher, in dem eine Kühlflüssigkeit im äußeren Rohr zur Realisierung der gewünschten Temperatur im Innenrohr dient. Die Kristallisation findet in erster Linie im Flüssigkeitsinneren (in der Suspension) statt. Die sich an der Rohrwand bildenden Kristallablagerungen, die zu einer Verschlechterung des Wärmetransports führen, werden mit Hilfe von rotierenden Wischerblättern minimiert. Diese Kristallisatoren werden insbesondere zur Kristallisation von Fetten, Wachsen, Schmalz und Margarine, aber auch für die Gefrierkonzentrierung von Fruchtsäften, Kaffee sowie Tee eingesetzt.

Ausführlich werden die Grundlagen, die Anwendung und die verschiedenen Kristallisatorbauarten in[13] beschrieben.

5.4 Adsorption

Auch die unterschiedliche Tendenz der verschiedenen Komponenten, sich an festen Oberflächen anzureichern, kann zur Trennung ausgenutzt werden. Dieser Effekt wird als Adsorption bezeichnet. Er wird durch Wechselwirkungskräfte zwischen der Feststoffoberfläche und dem adsorbierten Molekül verursacht. Man kann dabei zwischen physikalischer und chemischer Adsorption unterscheiden. Während die chemische Adsorption (Chemisorption) für die heterogene Katalyse große Bedeutung besitzt, ist für Stofftrennungen nur die physikalische Adsorption (Physisorption) von Interesse. Je nach Art der Adsorption ist auch die damit verbundene Wärmetönung stark unterschiedlich. Während sich die Wärmetönung bei der Physisorption etwa in der Größenordnung der Kondensationswärme bewegt, ergeben sich bei der Chemisorption Wärmeeffekte, die mit Reaktionswärmen zu vergleichen sind.

Die Adsorption wurde erst mit der Entwicklung neuer Adsorptionsmittel (Molekularsiebe) und Regenerationstechniken als Trennverfahren ausgenutzt. Trennverfahren nach diesem Prinzip besitzen dann Vorteile gegenüber der Rektifikation, wenn der Trennfaktor bei der Rektifikation in der Nähe von 1 liegt und kaum durch selektive Zusatzstoffe beeinflußt werden kann [z. B. bei der Isomerentrennung (m-/p-Xylol)], sehr hohe oder sehr niedrige Temperaturen bei der Rektifikation realisiert werden müßten oder eine nur sehr geringe Menge eines Stoffes aus einem Strom (Abwasser, Abluft) abgetrennt werden soll. In der Technik wird die Adsorption insbesondere zur Abtrennung von Lösungsmitteldämpfen aus der Luft, zur Trocknung von Gasen und Lösungsmitteln, zur Entfernung störender Komponenten (CO$_2$, H$_2$O, verschiedene Kohlenwasserstoffe) vor der rektifikativen Luftzerlegung, zur Erdgasaufarbeitung, zur Gewinnung von Sauerstoff bzw. Stickstoff aus der Luft, zur Trennung von Kohlenwasserstoffgemischen (geradkettige, verzweigte, zyklische) sowie zur Reinigung von Abwasser- und Abgasströmen eingesetzt. Aber auch bei großtechnischen Verfahren zur Herstellung von Primärrohstoffen können Adsorptionsprozesse eine wirtschaftlichere Herstellung der gewünschten Produkte ermöglichen. So kann durch adsorptive Abtrennung (Druckwechseladsorption) der nach dem „Steam reformer" und der CO-Konvertierung enthaltenen Komponenten (CH$_4$, CO, CO$_2$, H$_2$O, H$_2$) sehr reiner Wasserstoff für Hydrierprozesse sowie die Ammoniaksynthese erzeugt werden, wobei nicht nur die Anzahl der Apparate bei der Wasserstofferzeugung, sondern auch die ausgeschleusten Gasmengen bei der Verwendung des Wasserstoffs, z. B. bei der Ammoniaksynthese, deutlich reduziert werden können. Die technisch wichtigsten adsorptiven Trennverfahren sind in Tab. 5.2 zusammengestellt.

Zur adsorptiven Trennung wird in den meisten Fällen das für die verschiedenen Komponenten unterschiedliche Adsorptionsverhalten ausgenutzt. Es kommt aber bei Verwendung von Adsorbentien mit genau definierten Porengrößen (Zeolithen) auch die Ausnutzung sterischer (Molsiebeffekt) oder kinetischer Effekte (unterschiedliche Werte der Diffusionskoeffizienten) in Frage.

Tab. 5.2 Beispiele für technisch realisierte Trennungen durch Adsorption

Trennung von Gemischen	Adsorptionsmittel
n-/i-Paraffine	
n-Paraffine/Cycloalkane	Zeolithe
C$_8$-Aromaten	
Paraffine/Olefine	
Luft	Kohlenstoffmolekularsieb (N$_2$)
	Zeolithe (O$_2$)
Abwasserreinigung	
Phenol, Anilin, ...	Aktivkohle, Adsorberharze
Abluftreinigung	
Lösungsmittel	Aktivkohle, Zeolithe
Reinigung von Luft	
(z. B. vor der Tieftemperaturrektifikation)	
Wasser, H$_2$S, CO$_2$, C$_n$H$_m$	Zeolithe
Reinigung (Süßen) von Erdgas	
H$_2$S, CO$_2$, H$_2$O	Zeolithe
Trocknung	
Gase (Luft), Lösungsmittel	Zeolithe
Wasserstoffherstellung	
Synthesegas	Kohlenstoffmolekularsieb, Zeolithe
(CO, H$_2$, CO$_2$, CH$_4$, H$_2$O)	

5.4.1 Adsorptionsmittel

Das Adsorptionsmittel (Adsorbens) sollte je nach Einsatzgebiet eine unterschiedliche Adsorptionstendenz für die zu trennenden Komponenten aufweisen oder eine möglichst hohe Anreicherung der abzutrennenden Komponenten erlauben. Gleichzeitig ist eine leichte und schnelle Desorbierbarkeit wünschenswert. Wenn man von der Trocknung absieht, sollte das Adsorbens eine geringe Tendenz zur Wasseradsorption und eine geringe Anfälligkeit gegenüber Störkomponenten (d. h. Komponenten mit einer Tendenz zur irreversiblen Adsorption z. B. durch Polymerisation) zeigen.

Man kann zwischen polaren (hydrophilen) und unpolaren (hydrophoben) Adsorptionsmitteln unterscheiden. Zu den hydrophilen Adsorptionsmitteln kann man Silicagel, Aluminiumoxid, Zeolithe und einige Tonarten zählen. Diese eignen sich insbesondere für die Abtrennung polarer Komponenten. Zu den hydrophoben Adsorbentien zählen die aus kohlenstoffhaltigen Komponenten erhaltenen Adsorptionsmittel, wie z. B. Aktivkohle und Kohlenstoffmolekularsiebe.

So eignet sich Aktivkohle aufgrund der hydrophoben Eigenschaften gut zur Entfernung von wenig polaren Schadstoffen aus dem Abwasser. Aktivkohlen, die aus organischen Rohstoffen durch Verkohlung unter Luftabschluß hergestellt werden, weisen jedoch den großen Nachteil auf, daß sie nur eine geringe Abriebfestigkeit besitzen und zur Selbstentzündung neigen. Mit der Entwicklung dealuminierter NaY-Zeolithe (DAY) wurden diese hydrophoben Eigenschaften auch bei Zeolithen realisiert. Dealuminierte Zeolithe besitzen dabei den Vorteil, daß sie neben den hydrophoben Eigenschaften und günstigem Ad- und Desorptionsverhalten, aufgrund des stabilen Kristallgitters, eine Regeneration bei sehr hohen Temperaturen (1000 °C) gestatten, was z. B. das Abbrennen entstandener Polymere ermöglicht.

Um die Adsorption in möglichst kleinen Apparaten durchführen zu können, sollten die benutzten Adsorptionsmittel eine möglichst große Oberfläche aufweisen. Dabei hat man zwischen innerer und äußerer Oberfläche zu unterscheiden, wobei die äußere Oberfläche gegenüber der inneren Oberfläche nahezu zu vernachlässigen ist. Die innere Oberfläche ergibt sich aus den Flächen der Mikro-, Meso- und Makroporen. Als Mikroporen werden dabei Poren mit einem Durchmesser < 2 nm bezeichnet, die Mesoporen weisen Durchmesser zwischen 2 bis 50 nm auf, während als Makroporen alle Poren > 50 nm aufgefaßt werden.

Als Adsorptionsmittel ist im Prinzip jedes mikroporöse Material geeignet. Es sollte jedoch die benötigte mechanische Stabilität aufweisen. Um diese Stabilität und weiterhin die im Hinblick auf den Druckverlust angestrebte Pelletgröße zu erreichen, werden noch Bindemittel zugesetzt. Tab. 5.3 gibt eine Übersicht über die technisch wichtigsten Adsorptionsmittel. Gleichzeitig sind die spezifischen Oberflächen der verschiedenen Adsorptionsmittel aufgeführt.

Von den genannten Adsorptionsmitteln zeichnen sich die Zeolithe (Molekularsiebe) durch definierte Hohlräume und Porendurchmesser aus. Zeolithe sind kristalline Alumosilicate der Alkali- oder Erdalkalielemente. Der Grundbaustein der Alumosilicate ist der $TO_{4/2}$-Tetraeder (T = Si^{4+}, Al^{3+}), aus denen sich die verschiedenartigen dreidimensionalen Gerüste der Zeolithe aufbauen lassen. Bei technisch eingesetzten Zeolithen können die Porendurchmesser (Fenster) Werte zwischen 0,3 und 0,8 nm aufweisen. Die genau definierte Struktur kann zur Trennung von Molekülen unterschiedlicher Größe (d. h. zur Trennung geradkettiger und verzweigter Kohlenwasserstoffe – Molsieb) ausgenutzt werden.

Die Porengrößenverteilung bei den Kohlenstoffmolekularsieben erlaubt die Ausnutzung der unterschiedlichen Diffusionsgeschwindigkeiten der Komponenten (z. B. bei der N_2-Abtrennung aus der Luft) bei der Durchführung der Trennung.

In Abb. 5.6a ist die Porengrößenverteilung für die verschiedenen technisch eingesetzten Adsorptionsmittel dargestellt. Während die verschiedenen Zeolithe definierte Porendurchmesser < 0,8 nm aufweisen, zeigen die übrigen Adsorptionsmittel eine breite Verteilung, wobei bei den Kohlenstoffmolekularsieben ein Großteil der Poren < 3 nm sind.

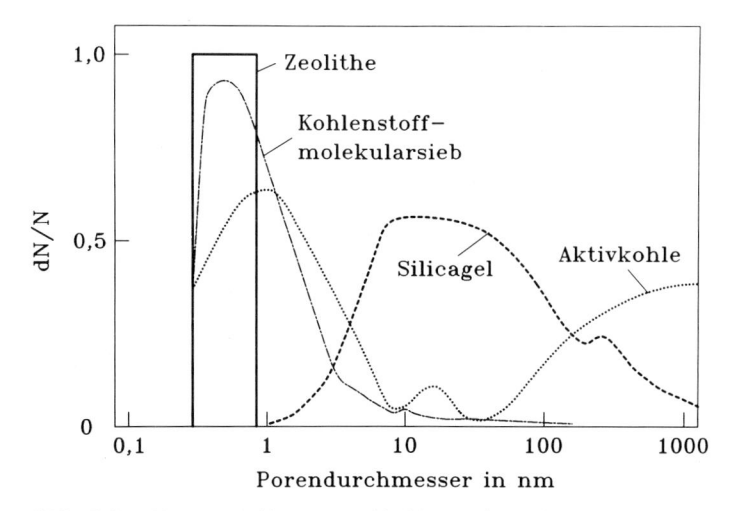

Abb. 5.6a Porenverteilung verschiedener Adsorptionsmittel

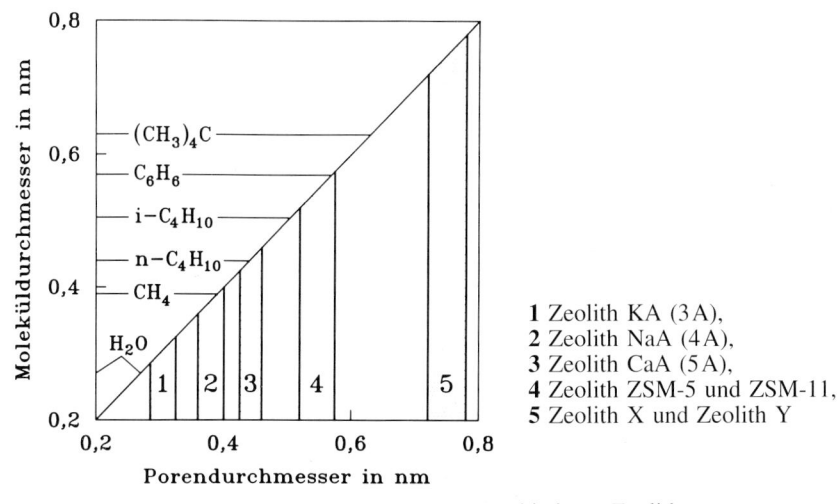

Abb. 5.6b Molekül- und Porendurchmesser verschiedener Zeolithe

1 Zeolith KA (3A),
2 Zeolith NaA (4A),
3 Zeolith CaA (5A),
4 Zeolith ZSM-5 und ZSM-11,
5 Zeolith X und Zeolith Y

In Abb. 5.6b sind die Porendurchmesser verschiedener Zeolithe den Moleküldurchmessern von Wasser und verschiedener Kohlenwasserstoffe gegenübergestellt. Aus der Darstellung läßt sich relativ leicht ablesen, daß sich der Zeolith KA (A-Zeolith, Kation = Kalium ≙ Zeolith 3A) direkt zur adsorptiven Abtrennung des relativ kleinen Wassermoleküls von größeren Komponenten (z. B. Lösungsmitteln) anbietet. In vielen technischen Prozessen aber auch im Laboratorium wird diese Möglichkeit zur Trocknung von Gasen oder Lösungsmitteln ausgenutzt. Aus der Abb. 5.6b ist weiterhin an den Molekülgrößen von i-Butan und n-Butan zu erkennen, daß sich die Werte geradkettiger und verzweigter Aliphaten deutlich unterscheiden. Mit Hilfe von Zeolithen lassen sich somit Verbindungen nach ihrer Größe trennen. Dieser Siebeffekt wird in Raffinerien zur Trennung isomerer Alkane im Hinblick auf die Octanzahlerhöhung von Vergasertreibstoffen ausgenutzt.

Daneben besitzen Zeolithe noch eine große Bedeutung für die heterogene Katalyse und als Ionenaustauscher.

Tab. 5.3 Oberflächen technisch wichtiger Adsorptionsmittel

Adsorptionsmittel	Oberfläche (m²/g)
Aktivkohle, allgemein	300–2500
Aktivkohle, engporig	750– 850
Silicagel, weitporig	300– 350
Aluminumoxid	300– 350
Zeolithe (Molekularsiebe)	500– 800
Kohlenstoffmolekularsiebe	250– 350

5.4.2 Adsorptionsgleichgewicht

Zwischen der Konzentration einer Komponente (Adsorptiv) in der Gas- oder Flüssigphase und der sich auf einem Feststoff (Adsorbens) ausbildenden Oberflächenphase (Adsorbat) stellt sich im stationären Zustand ein temperaturabhängiges Adsorptionsgleichgewicht ein. Die Kenntnis dieses Adsorptionsgleichgewichts ist sowohl für die Auswahl eines geeigneten Adsorptionsmittels als auch für die Auslegung technischer Adsorptionsprozesse von großer Bedeutung. Das Adsorptionsgleichgewicht wird dabei sowohl von der Temperatur, dem Partialdruck, den Komponenten als auch dem Adsorptionsmittel beeinflußt, wobei bei den zu erreichenden Adsorptionsmengen auch die Art der Herstellung (z. B. Größe der inneren Oberfläche) und die Geschichte (Anzahl der geleisteten Adsorptionszyklen, Art der Regeneration) eine Rolle spielen kann.

Für die Darstellung des isothermen Adsorptionsgleichgewichts reiner Stoffe wurden in der Literatur eine Vielzahl von Ansätzen (Adsorptionsisothermen) vorgeschlagen. Die Basis vieler Gleichungen ist der häufig verwendete Ansatz von Langmuir[12]. Mit einigen Vereinfachungen (energetisch homogene Oberfläche, keine Wechselwirkung zwischen den adsorbierten Molekülen, monomolekulare Belegung) leitete Langmuir 1916 unter Annahme eines dynamischen Gleichgewichts von Ad- und Desorption folgende Beziehung ab:

$$\frac{n_i}{n_{i,\mathrm{mon}}} = \frac{K_i p_i}{1 + K_i p_i}, \tag{5.7}$$

wobei $n_{i,\mathrm{mon}}$ die Grenzbeladung bei monomolekularer Bedeckung darstellt, die sich mit der Temperatur ändert.

Brunauer, Emmett und Teller[9] erweiterten die Isothermengleichung von Langmuir für die Mehrschichtenadsorption. Dabei nahmen sie an, daß in jeder einzelnen Adsorbatschicht das Langmuirsche Modell Gültigkeit besitzt. Unter Berücksichtigung, daß nur in der ersten Schicht die Adsorptionswärme frei wird, während bei allen weiteren Schichten nur noch die Verdampfungsenthalpie anfällt, leiteten sie 1938 eine Beziehung für die sog. BET-Isotherme ab. Heutzutage wird diese Beziehung noch recht häufig zur Oberflächenbestimmung technischer Adsorbentien herangezogen.

Bei Temperaturerhöhung sinkt aufgrund der Zunahme der kinetischen Energie der adsorbierten Moleküle unter sonst gleichen Bedingungen die adsorbierte Menge auf der Oberfläche. Die Temperaturabhängigkeit der Beladung läßt sich in vielen Fällen über eine einfache Beziehung, die der van't Hoffschen Gleichung analog ist, beschreiben. Für konstante Beladung n_i gilt:

$$\ln p_i = \ln p_{i,o} + \frac{\Delta h_{i,\mathrm{iso}}}{R}(1/T_o - 1/T). \tag{5.8}$$

Der Term $\Delta h_{i,\mathrm{iso}}$ wird als isosterische Adsorptionsenthalpie der Komponente i bezeichnet.

Je nach der Tendenz zur Ausbildung einer monomolekularen Schicht oder mehrerer Adsorptionsschichten und der Neigung zur Porenkondensation werden die Adsorptionsisothermen in fünf Klassen eingeteilt. Diese sind in Abb. 5.7 dargestellt. Für jede der Reinstoffisothermen ist gleichzeitig ein System genannt, bei dem ein solches Adsorptionsverhalten beobachtet wird. Typ I, bei dem sich eine monomolekulare Schicht ausbildet, läßt sich mit der Langmuir-Isotherme beschreiben. Beim Typ II ist die monomolekulare Schicht nur angedeutet. Es kommt zur Ausbildung weiterer Schichten und zur Porenkondensation. Diese Art der Isotherme läßt sich in vielen Fällen mit Hilfe der BET-Gleichung beschreiben. Beim Typ III bzw. V ist keine Neigung zur Bildung einer monomolekularen Schicht festzustellen. Beim Typ IV besteht nach der Ausbildung einer monomolekularen Schicht die Tendenz zur Bildung weiterer Schichten. Eine Vielzahl publizierter Adsorptionsgleichgewichtsdaten wurden in [1–3] zusammengefaßt.

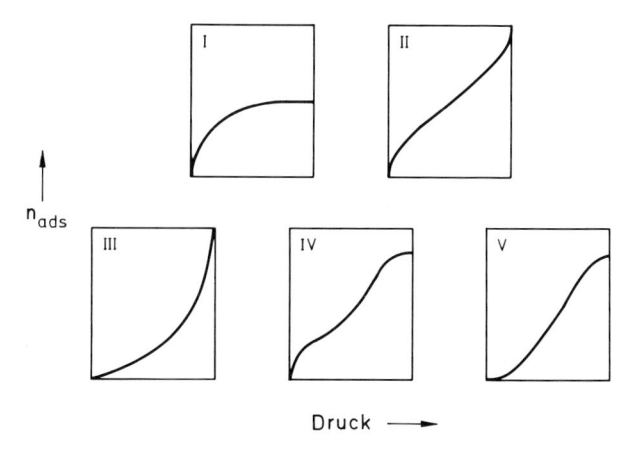

Abb. 5.7 Experimentell beobachtete Adsorptionsisothermen.
I   Benzol/Silicagel bei 303,15 K,
II Wasser/Al$_2$O$_3$ bei 303,15 K,
III Brom/Silicagel bei 352 K,
IV Wasser/Silicagel bei 313 K,
V   Wasser/Aktivkohle

Da in der Praxis selten nur eine Komponente an einem Feststoff adsorbiert wird (Ausnahme z. B. adsorptive Trocknungsprozesse), besitzen Mehrkomponentenadsorptionsgleichgewichte eine weitaus größere Bedeutung. Im Falle von Mehrkomponentensystemen konkurrieren die verschiedenen Komponenten um den begrenzten Platz auf der Feststoff-

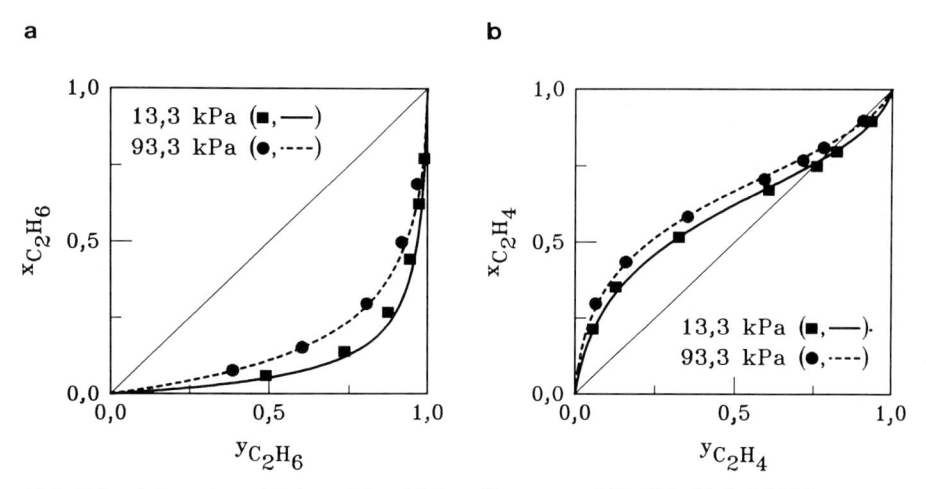

Abb. 5.8 Adsorptionsgleichgewichte binärer Systeme auf Zeolith 5A bei 20 °C.
a Ethan – Propan, **b** Ethen – Propan

oberfläche. Als Resultat ergeben sich ähnliche Phasengleichgewichtsdiagramme wie bei den Dampf-Flüssig-Gleichgewichten. In Abb. 5.8a sind die experimentellen Daten[19] für die Systeme Ethan-Propan und Ethen-Propan auf Zeolith 5A (Zeolith CaA) bei 20 °C und unterschiedlichen Drücken dargestellt. Das System Ethen-Propan weist dabei „adsorptionsazeotropes Verhalten" auf. Am „adsorptionsazeotropen Punkt" ist der Molanteil in der Gasphase y_i identisch mit dem Molanteil in der Adsorbatphase x_i.

Während sich Dampf-Flüssig-Gleichgewichte von Mehrkomponentensystemen inzwischen recht gut vorhersagen lassen, kommt man bei Adsorptionsgleichgewichten bis heute noch nicht ohne Messungen aus. Eine Messung dieser Gleichgewichte, z. B. über die Durchbruchskurven, ist jedoch wesentlich zeitaufwendiger als die Messung von Dampf-Flüssig-Gleichgewichten. Deshalb ist man auch bei den Adsorptionsgleichgewichten seit langem bestrebt, auf Basis von Adsorptionsdaten der reinen Komponenten, das Adsorptionsverhalten von Mehrkomponentensystemen vorherzusagen.

Wendet man die klassische Thermodynamik auf das Adsorptionsgleichgewicht an, so lassen sich hier aufgrund des fehlenden Phasensprungs zwischen Adsorptiv- und Adsorbatphase die bekannten Gleichungen für das chemische Potential nicht mehr anwenden. In der Nähe der Festkörperoberfläche wird durch die Wechselwirkungskräfte vielmehr ein Übergangsbereich erhöhter Konzentration ausgebildet, in welchem eine kontinuierliche Änderung der thermodynamischen Variablen stattfindet. Legt man eine Art Schichtenaufbau der Adsorbatphase zugrunde, so läßt sich die Oberflächenphase bei monomolekularer Belegung anschaulich als zweidimensionaler Molekülfilm beschreiben. Thermodynamische Größen wie Druck und Volumen zur Charakterisierung eines solchen Films verlieren dadurch ihren Sinn. Damit weiterhin die Gleichungen der klassischen Thermodynamik für die Adsorption angewendet werden können, wird in allen bekannten Gleichungen statt des Volumens V die Adsorbensoberfläche A und anstelle des Druckes P ein zweidimensionaler Druck, der sog. Spreizdruck π, eingeführt[11]. Die Gibbs-Duhemsche Gleichung erhält dann im isothermen Fall die folgende Form:

$$-A\, d\pi_i + \Sigma\, n_i\, d\mu_i = 0 \ . \tag{5.9}$$

Im Gleichgewicht sind die chemischen Potentiale in der Fluidphase μ_i^f mit denen in der Adsorbatphase μ_i^a identisch. Damit läßt sich über

$$d\mu_i^a = d\mu_i^f = RT\, d\ln f_i \tag{5.10}$$

die Gl. (5.9) umformen:

$$A\, d\pi_i = RT\, \Sigma\, n_i\, d\ln f_i \tag{5.11}$$

Wird das PVT-Verhalten der Gasphase als ideal angenommen, so kann die Fugazität f_i der Adsorptivkomponente durch den Partialdruck ersetzt werden. Auf diese Weise erhält man die grundlegende Beziehung der Adsorptionsthermodynamik:

$$(A/RT)\, d\pi_i = \Sigma\, n_i\, d\ln p_i \tag{5.12}$$

Im Falle reiner Stoffe läßt sich mit Hilfe dieser Gleichung der im allgemeinen einer Messung nicht zugängliche Adsorbatphasenspreizdruck π bzw. modifizierte Spreizdruck in Abhängigkeit vom Partialdruck durch Integration ermitteln (s. Abb. 5.9 Mitte).

$$\pi_i^* = A\pi_i / RT = \int_0^P n_i\, d\ln p_i = \int_0^P \frac{n_i}{p_i}\, dp_i \tag{5.13}$$

π_i^* modifizierter Spreizdruck

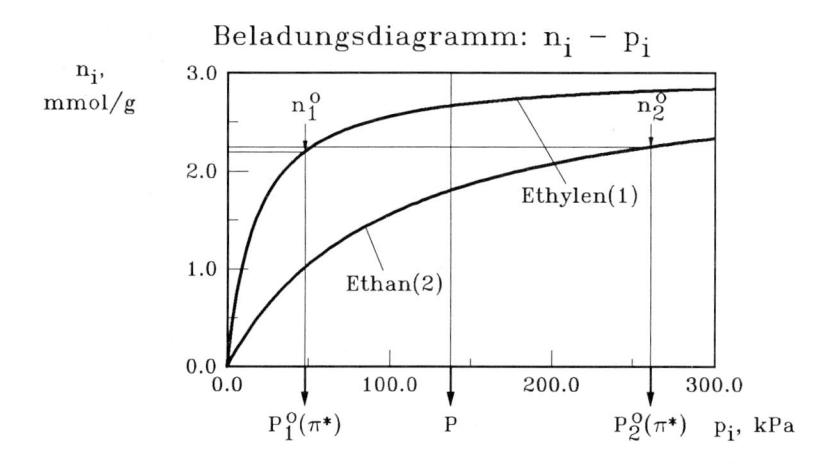

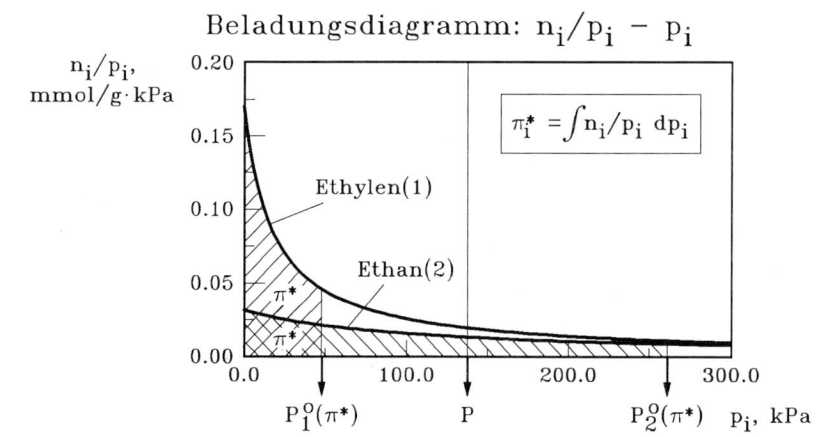

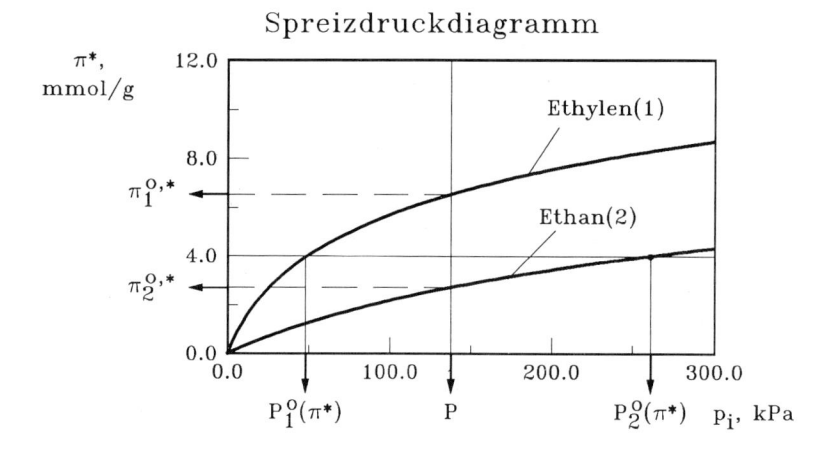

Abb. 5.9 Bestimmung des Spreizdrucks aus experimentellen Adsorptionsdaten (Temperatur 50 °C, Zeolith 13X)[18] (s. auch Beispiel 5.1)

Wird die adsorbierte Molmenge n_i in Abhängigkeit vom Partialdruck mit Hilfe der Adsorptionsisotherme nach Langmuir (Gl. 5.7) beschrieben, so ist das Integral Gl. (5.13) recht einfach analytisch lösbar. Man erhält

$$\pi_i^* = A\pi_i/RT = n_{i,\,mon} \ln(1 + K_i p_i) \,. \tag{5.14}$$

Myers und Prausnitz[10] erweiterten diesen Ansatz auf Mehrkomponentensysteme. Nach ihrer Theorie werden Adsorptionsgleichgewichte analog wie Dampf-Flüssig-Gleichgewichte berechnet:

$$y_i P = x_i \gamma_i f_i^o(\pi) \,. \tag{5.15}$$

Die gewählte Standardfugazität $f_i^o(\pi)$ ist dabei die Adsorptivsättigungsfugazität der Komponente i bei Systemtemperatur und Systemspreizdruck. Die gewählte Standardfugazität ist damit durchaus vergleichbar mit der bei Dampf-Flüssig-Gleichgewichten. Bei Vernachlässigung der Realität in der Dampfphase kann der Adsorptivsättigungsdampfdruck $P_i^o(\pi)$ der Komponente i als Standardfugazität zur Berechnung herangezogen werden, d. h., die Berechnung des Adsorptionsgleichgewichts erfolgt bei der sogenannten IAS (ideal adsorbed solution)-Theorie mit einer dem Raoultschen Gesetz vergleichbaren Beziehung

$$y_i P = x_i P_i^o(\pi) \,. \tag{5.16}$$

Die Berechnung des benötigten Adsorptivsättigungsdampfdrucks in Abhängigkeit von Temperatur und Spreizdruck kann bei Gültigkeit der Langmuirschen Adsorptionsisotherme recht einfach über Gl. (5.14) erfolgen. Bei unpolaren Systemen ergeben sich mittels dieser IAS-Theorie in vielen Fällen zufriedenstellende Ergebnisse für Mehrkomponentenadsorptionsgleichgewichte.

Bei stärker realen Systemen gelingt die Darstellung aber nur noch unter Verwendung von Aktivitätskoeffizienten zur Berücksichtigung der auftretenden Wechselwirkungskräfte. Man spricht dann von der RAS-Theorie (real adsorbed solution theory).

Wie bei den Dampf-Flüssig-Gleichgewichten üblich, wäre auch bei den Adsorptionsgleichgewichten eine Abschätzung der Aktivitätskoeffizienten in der Adsorbatphase mit Hilfe geeigneter Modelle (g^E-Modelle, Gruppenbeitragsmethoden) denkbar. Leider führt diese Vorgehensweise aber bis heute in der Regel noch zu sehr unbefriedigenden Ergebnissen.

Auf die verschiedenen Methoden zur Berechnung der Adsorptionsgleichgewichte von reinen Komponenten und Gemischen wird ausführlich in [5] eingegangen.

Beispiel 5.1
Mit Hilfe der IAS-Theorie soll ein Gleichgewichtspunkt für das System Ethen(1)-Ethan(2) bei 50 °C und einem Gesamtdruck von 137,89 kPa für einen modifizierten Spreizdruck von 4 mmol/g für Zeolith 13X berechnet werden. Beide Reinstoffisothermen können bei dieser Temperatur zuverlässig mit Hilfe des Langmuirschen Modells dargestellt werden. Als Gleichungsparameter für die Langmuir-Beziehung ergaben sich durch Anpassung an experimentelle Daten die folgenden Werte:

	K_i (1/kPa)	$n_{i,\,mon}$ (mmol/g)
Ethen	0,0566	3,0056
Ethan	0,0102	3,0900

5.4 Adsorption

Lösung:

Mit Hilfe von Gl. (5.14) können zunächst die modifizierten Reinstoffspreizdrücke der Komponenten für den vorgegebenen Druck (Partialdruck) (s. auch Abb. 5.9 unten) berechnet werden, um die untere und obere Grenze des modifizierten Gemischspreizdrucks für die Berechnung zu erhalten. Mit Hilfe der oben genannten Werte ergibt sich

$$\pi_1^{o,*} = 3{,}0056 \ln (1 + 0{,}0566 \cdot 137{,}89) = 6{,}538 \text{ mmol/g}$$

und

$$\pi_2^{o,*} = 3{,}0900 \ln (1 + 0{,}0102 \cdot 137{,}89) = 2{,}714 \text{ mmol/g} .$$

Für den in der Aufgabenstellung angegebenen Spreizdruck lassen sich nun die benötigten Adsorptivsättigungsdampfdrücke durch Umstellung der Gleichung (5.14) berechnen (s. auch Abb. 5.9 Mitte).

$$P_i^o(\pi^*) = 1/K_i \left[\exp (\pi^*/n_{i,\text{mon}}) - 1 \right]$$

$$P_1^o(\pi^*) = 1/0{,}0566 \left[\exp (4/3{,}0056) - 1 \right] = 49{,}19 \text{ kPa}$$

$$P_2^o(\pi^*) = 1/0{,}0102 \left[\exp (4/3{,}09) - 1 \right] = 259{,}7 \text{ kPa} .$$

Mit Hilfe der Gleichgewichtsbeziehung (5.16) für die IAS-Theorie erhält man eine Gleichung zur Berechnung des Molanteils in der Adsorbatphase für das binäre System:

$$P = \sum y_i P = x_1 P_1^o(\pi^*) + (1 - x_1) P_2^o(\pi^*)$$

Daraus folgt:

$$x_1 = \frac{P - P_2^0(\pi^*)}{P_1^0(\pi^*) - P_2^0(\pi^*)} ,$$

$$x_1 = \frac{137{,}89 - 259{,}7}{49{,}19 - 259{,}7} = 0{,}579 .$$

Durch Einsetzen in die Gleichgewichtsbeziehung erhält man dann den Molanteil in der Dampfphase:

$$y_1 = x_1 P_1^o(\pi^*)/P$$

$$y_1 = 0{,}579 \cdot 49{,}19 / 137{,}89 = 0{,}207 .$$

Mit Hilfe dieser Größen kann dann die Beladung berechnet werden. Für die vorgegebenen Adsorptivsättigungsdampfdrücke ergeben sich die folgenden Reinstoffbeladungen über Gl. (5.7):

$$n_1^o = 2{,}211 \text{ mmol/g} ,$$

$$n_2^o = 2{,}243 \text{ mmol/g} .$$

Diese Mengen besetzen bei den vorgegebenen Bedingungen die zur Verfügung stehende Oberfläche von 1 g Zeolith 13X. Da die Fläche sich nicht ändert, kann die folgende Beziehung zur Berechnung der Gesamtbeladung herangezogen werden:

$$1/n_t = x_1/n_1^o + x_2/n_2^o$$

$$1/n_t = 0{,}579/2{,}211 + 0{,}421/2{,}243$$

$$n_t = 2{,}224 \text{ mmol/g}$$

In Abb. 5.10a, b sind die Resultate für das System Ethen(1)-Ethan(2) bei 50 °C auf Zeolith 13X in Form des y-x- und des Beladungsdiagramms für den gesamten Konzentrationsbereich dargestellt. Es ist zu erkennen, daß in diesem Fall die mit der IAS-Theorie aus Reinstoffdaten vorausberechneten Werte qualitativ gut mit den experimentellen Ergebnissen[18] des binären Systems übereinstimmen.

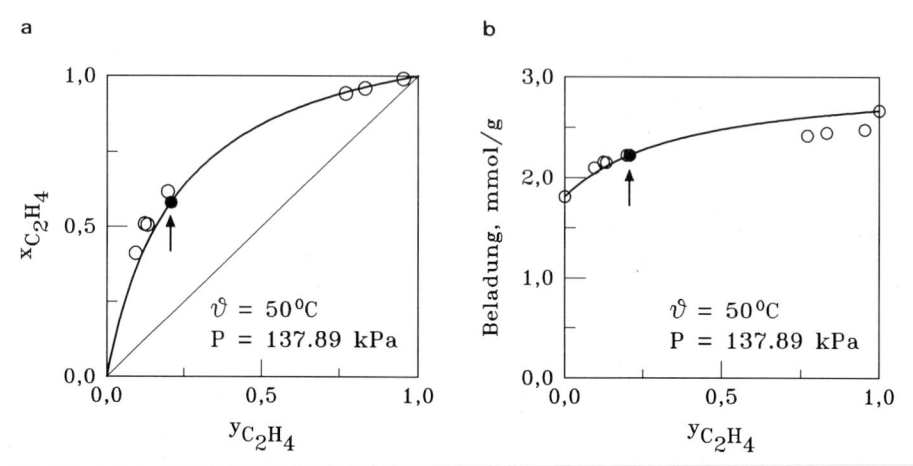

Abb. 5.10 ○ Experimentelles und —— mit IAST berechnetes y-x- und Beladungsdiagramm für Ethen(1)-Ethan(2) auf Zeolith 13X bei einer Temperatur von 50 °C und einem Druck von 137,89 kPa ● im Beispiel 5.1 berechneter Gleichgewichts- bzw. Beladungspunkt

5.4.3 Adsorptions- und Desorptionsschritt

Schematisch ist der Vorgang der Adsorption für ein Festbett in Abb. 5.11 gezeigt. Die Adsorption findet in der sog. Adsorptionszone statt, die abhängig von der Zeit vom Adsorbereintritt in Richtung Adsorberaustritt fortschreitet. Für Mehrkomponentensysteme ergeben sich dabei aufgrund der unterschiedlichen Stärke der Adsorption für die Komponenten unterschiedliche Adsorptionszonen. Für die Erdgasaufarbeitung, d. h. der Abtrennung von H_2O, H_2S und CO_2 (sweetening) von Methan, sind die resultierenden Adsorptionsfronten in Abb. 5.12a, b dargestellt. Während die am stärksten adsorbierte Komponente (H_2O) direkt am Eintritt zurückgehalten wird, werden die weniger stark adsorbierbaren Komponenten (H_2S, CO_2) weiter Richtung Austritt transportiert, so daß die am schwächsten adsorbierbare Komponente Methan rein gewonnen werden kann. In Abb. 5.12b ist weiterhin gezeigt, daß die Komponenten am Austritt aufgrund der Verdrängung bereits adsorbierter Komponenten höhere Konzentrationen c als im Eintritt c_0 aufweisen können.

Wenn die Adsorptionszone das Ende der Schüttung erreicht (Durchbruch), muß auf einen zweiten Adsorber umgeschaltet werden, da ansonsten die Konzentration des zu adsorbierenden Stoffes hinter der Schüttung ansteigt. Anschließend muß der Adsorber regeneriert werden. Dies kann entweder mit Hilfe eines Spülgases, durch Druckerniedrigung bzw. Temperaturerhöhung oder Verdrängung durch eine andere Komponente erfolgen. Dabei muß darauf geachtet werden, daß für die Regenerierung die Strömungsrichtung umgekehrt wird. Bevor der Adsorber wieder eingesetzt werden kann, muß die Schüttung bei thermischer Regeneration wieder auf die entsprechende Temperatur abgekühlt werden, da die Adsorption bei tiefen Temperaturen begünstigt wird.

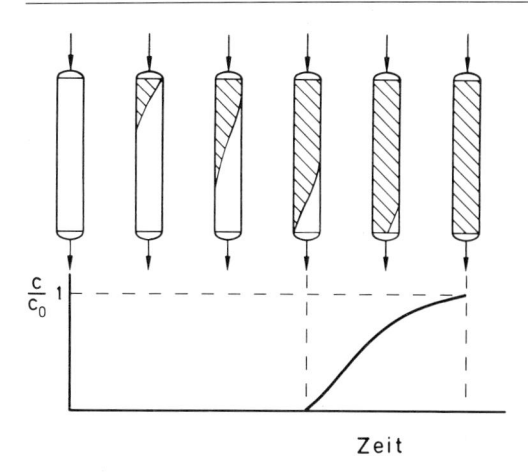

Abb. 5.11 Adsorptionsfront als Funktion der Zeit

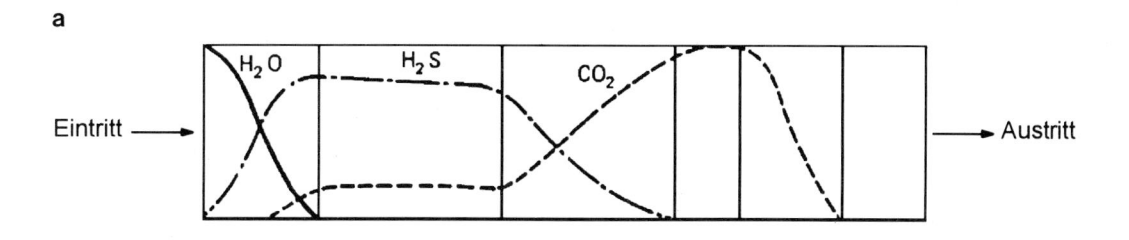

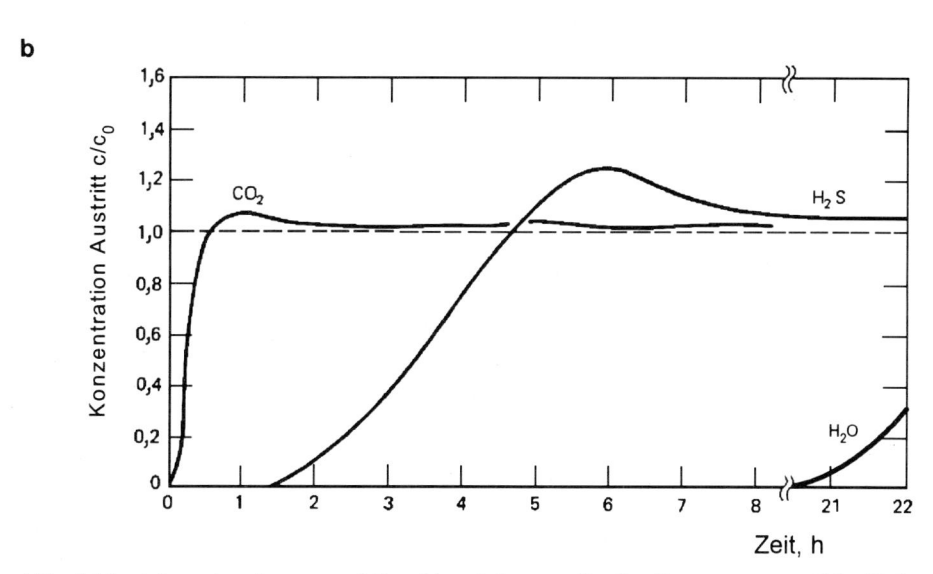

Abb. 5.12 Adsorptionsfronten und Durchbruchskurven für die Abtrennung von CO_2, H_2S und Wasser aus Erdgas [19]

5.4.4 Adsorberbauarten

Als Adsorptionsapparate werden zur Zeit fast ausschließlich Festbettadsorber eingesetzt. Daneben wird aber auch an der Entwicklung neuer Techniken, z. B. Rotoradsorber[15] gearbeitet.

Aufgrund der erforderlichen beiden Schritte (Adsorption, Regeneration) besteht eine Festbettadsorptionsanlage abhängig von der benötigten Zeit für die Regeneration zumindest aus zwei Festbetten, die jeweils umgeschaltet werden können. Schematisch ist eine solche Anlage in Abb. 5.13 dargestellt. Das Adsorptionsmittel wird von einem Tragrost gehalten. Während der Zulauf durch den Adsorber strömt, wird der zweite Adsorber bei kontinuierlichen Verfahren regeneriert. Bei der Adsorption durchströmt der Zulaufstrom das Bett von oben nach unten. Während die abzutrennenden Komponenten zunächst im oberen Teil des Festbettes unter Wärmeabgabe adsorbiert werden, verschiebt sich diese Adsorptionsfront mit der Zeit, bis es schließlich zum Durchbruch der abzutrennenden Komponenten kommt. Kurz zuvor muß die Adsorption abgebrochen und das Festbett regeneriert werden. Die Adsorption kann dann im zweiten bereits regenerierten Festbett fortgesetzt werden. Das Fortschreiten der Adsorptionsfront mit der Zeit ist qualitativ in Abb. 5.11 dargestellt. Die Form der Adsorptionsfront bzw. die Form der Massentransferzone (MTZ), hängt von der Adsorptionsisothermen und vom Stofftransport ab. Bei der konkurrierenden Adsorption mehrerer Komponenten besitzt jede Komponente eine unterschiedliche Durchbruchskurve, die wiederum von den anderen Substanzen beeinflußt wird (s. Abb. 5.12).

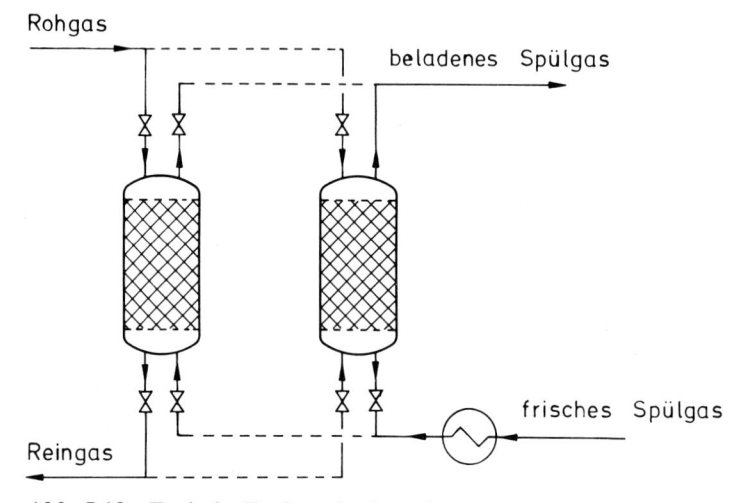

Abb. 5.13 Typische Festbettadsorberanlage

Bei der Regeneration wird die Strömungsrichtung umgekehrt, wobei je nach Art der Desorption noch eine Abkühlung des Adsorptionsmittels für den nächsten Adsorptionszyklus vorzusehen ist. Für die Desorption kommen verschiedene Verfahren in Frage, z. B. kann die Regeneration durch eine Temperatur- [durch Verwendung von Wasserdampf oder mit Hilfe eines inerten Gasstroms (N_2, CO_2)] bzw. Druckänderung oder Verdrängung durch eine andere Komponente erfolgen. In Abb. 5.14 sind die verschiedenen Möglichkeiten der Regeneration durch Temperatur- und/bzw. Druckwechsel im Beladungsdiagramm gezeigt. In der Praxis wird dabei aus wirtschaftlichen Gründen nicht immer eine komplette Desorption angestrebt. Dies bewirkt natürlich beim Adsorptionsschritt eine Verringerung der Kapazität des Adsorptionsbettes.

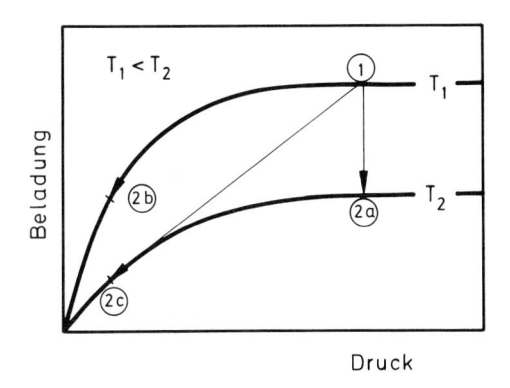

Abb. 5.14 Möglichkeiten der Desorption durch Temperatur- bzw. Druckänderung
1–2a Isobare Temperaturerhöhung,
1–2b Isotherme Drucksenkung,
1–2c Temperaturerhöhung bei gleichzeitiger Drucksenkung

Je nach Wert und Menge der desorbierten Komponenten müssen diese zurückgewonnen werden. Oftmals kommt aber auch eine Verbrennung der abgetrennten Komponenten in Betracht.

5.4.4.1 SORBEX-Verfahren

Bei allen thermischen Trennverfahren wird das Gegenstromprinzip angestrebt. Bei der Arbeit mit Feststoffen ist dieses Prinzip aber nur schwer zu realisieren. Bei den sog. SORBEX-Verfahren, Adsorptionsverfahren, die von der UOP (Universal Oil Products Inc., Des Plaines, Illinois) für den großtechnischen Einsatz entwickelt wurden, wird durch Verwendung eines rotierenden Mehrwegeventils ein Quasigegenstrom realisiert. Es handelt sich dabei um ein kontinuierliches Verfahren, bei dem es mit Hilfe eines Ventils gelingt, einen Quasigegenstrom des Adsorptionsmittels zu simulieren. Mit Hilfe des Ventils wird mit der Zeit die Stufe für den Zulauf-, Extrakt- und Raffinatstrom schrittweise verändert, so daß die Trennung und Desorption kontinuierlich in einer vielstufigen Kolonne erfolgen kann. Der Adsorber verhält sich dadurch wie ein kreisförmiges Adsorptionsbett. Die Unterschiede zwischen Festbett, Gegenstromprozeß und simuliertem Gegenstrom sind in Abb. 5.15 a–c dargestellt [20]. Beim diskontinuierlichen Verfahren (Abb. 5.15a) werden die zu trennenden Komponenten A und B stoßweise auf die Kolonne gegeben. Aufgrund der unterschiedlichen Adsorptionstendenz der zu trennenden Komponenten und der gleichzeitigen Verdrängung durch das Desorptionsmittel D resultieren beim Durchgang durch die Kolonne unterschiedliche Retentionszeiten für die Komponenten A und B, was bei den verschiedensten chromatographischen Verfahren für analytische Zwecke ausgenutzt wird. Werden im Vergleich zu den analytischen größere Durchmesser der Trennkolonne gewählt, so können auf diese Weise die Komponenten A und B im präparativen Maßstab gewonnen werden.

Sollen die Produkte im technischen Maßstab gewonnen werden, so werden kontinuierliche Verfahren angestrebt. Bei Trennverfahren sind dies üblicherweise Gegenstromverfahren. Gegenstromverfahren sind aber bei Feststoffen nur schwer zu realisieren. Abb. 5.15b zeigt schematisch ein solches Adsorptionsverfahren, bei dem das Adsorptions- und das Desorptionsmittel im Gegenstrom geführt werden. Durch Berücksichtigung des Adsorptions- und des Desorptionsverhalten der beteiligten Komponenten A, B, D kann bei richtiger Wahl der zu beeinflussenden Größen (Art des Adsorptionsmittels, Temperatur, Festlegung der Orte für Zulauf, Extrakt- und Raffinatströme) und Festlegung der Stoffströme eine Trennung in die reinen Komponenten (bzw. Extraktstrom A + D, Raffinatstrom B + D), wie sie im Konzentrationsprofil gezeigt ist, erreicht werden.

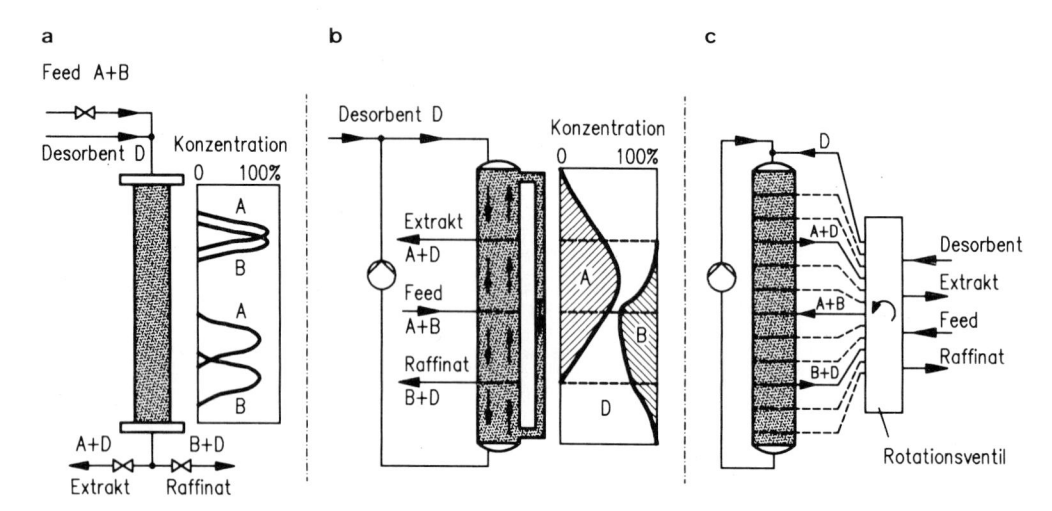

Abb. 5.15 Adsorptionsverfahren.
a Diskontinuierlicher Adsorptionsprozeß,
b kontinuierlicher Adsorptionsprozeß (stationäres Konzentrationsprofil) und
c simulierter kontinuierlicher Gegenstrom (SORBEX-Verfahren) (stationäres Konzentrationsprofil im mitbewegten Koordinatensystem)

Die Realisierung eines kontinuierlichen Verfahrens mit Feststoffen stößt aber auf unüberwindbare Schwierigkeiten. Aus diesem Grunde versucht man bei den SORBEX-Verfahren einen solchen Gegenstrom zu simulieren. In Abb. 5.15c ist dieses Verfahren gezeigt. Bei diesem Verfahren wird in einer vielstufigen Trennanlage mit Hilfe eines Mehrwegeventils die Stufe für den Feed und für den Extrakt- und Raffinatstrom mit der Zeit geändert. Auf diese Weise wird, ohne daß der Feststoff bewegt wird, in etwa der Effekt (das Konzentrationsprofil) erreicht, der sich beim kontinuierlichen Gegenstrom ergibt. Im Gegensatz zum kontinuierlichen Gegenstrom wird das Konzentrationsprofil mit Veränderung der Feed-Aufgabe durch die Kolonne wandern, was durch gleichzeitige Änderung der Stufen für die Produktabnahme (Extrakt und Raffinat) zu keinen wesentlichen Problemen führt. Das Desorptionsmittel sollte in allen Fällen so gewählt werden, daß es auf einfache Weise, z. B. durch Rektifikation von den gewünschten Produkten A und B, abgetrennt werden kann. Bei den verschiedenen SORBEX-Verfahren erfolgt die Regeneration durch Verdrängung mit Hilfe einer leichter oder höher siedenden Komponente, die dann durch Rektifikationsprozesse aus den Produktströmen (Extrakt, Raffinat) zurückgewonnen werden kann.

Bei dem SORBEX-Verfahren werden die Vorteile des Gegenstromprozesses realisiert, ohne dabei die Nachteile eines bewegten Bettes in Kauf nehmen zu müssen. Der Name SORBEX steht dabei für eine Reihe von Verfahren, die von der UOP entwickelt wurden [16, 17]:

- Abtrennung der *n*-Paraffine von verzweigten bzw. zyklischen Paraffinen (MOLEX-Verfahren, leichte Paraffine als Eluierungsmittel).
- Abtrennung der Olefine von Paraffinen in weit siedenden Gemischen (OLEX-Verfahren).
- Abtrennung von *p*-Xylol von den anderen C_8-Aromaten (PAREX-Verfahren, Toluol als leicht flüchtiges bzw. *p*-Diethylbenzol als schwer flüchtiges Eluierungsmittel, Temperatur ca. 150 °C, Ba-ausgetauschte Y-Zeolithe).
- Abtrennung von *p*-Diethylbenzol von den verschiedenen Diethylbenzolisomeren (*p*-DEB-Verfahren).

- Abtrennung von Ethylbenzol aus dem C_8-Schnitt (EBEX-Verfahren, Toluol als Eluierungsmittel).
- Abtrennung der Fructose von den anderen Zuckern aus wäßriger Lösung (SAREX-Verfahren, CaY-Zeolithe).
- Abtrennung von *p*-Cymol von den anderen Cymol-Isomeren (Cymex-Verfahren).
- Abtrennung von *p*-Kresol bzw. *m*-Kresol aus dem isomeren Kresolgemisch (CRESEX-Verfahren).
- Abtrennung von 1-Buten aus dem C_4-Schnitt (Sorbutene-Verfahren).

Bei all diesen Verfahren werden sowohl das Adsorptionsmittel, d. h. der Zeolith (Molekularsieb), als auch das Desorptionsmittel und die Betriebstemperatur auf das spezifische Trennproblem zugeschnitten. Das Adsorptionsmittel sollte neben einer hohen Kapazität und Selektivität einen nicht zu hohen Stofftransportwiderstand aufweisen. Genauer werden die verschiedenen Verfahren in[8] beschrieben.

5.5 Membrantrennverfahren

Die Trennung mit Hilfe halbdurchlässiger Membranen hat in den letzten Jahren zunehmend an Bedeutung gewonnen. Nicht mehr wegzudenken sind Membrantrennverfahren bei der Meerwasserentsalzung (reverse Osmose) und der Blutwäsche nierenkranker Patienten (Dialyse). Daneben bieten sich Membranverfahren dann an, wenn die Trennung bei den klassischen Trennverfahren Schwierigkeiten bereitet oder aber hohe Kosten verursacht, wie z. B.

- beim Auftreten azeotroper Punkte und
- Abtrennung nur in geringen Mengen vorhandener schwer siedender Komponenten (Abwasserbehandlung).

Daneben ergeben sich manchmal Vorteile beim Einsatz von Membranverfahren gegenüber anderen Trennverfahren, wie z. B. bei der Trennung von Gasgemischen (N_2/H_2, He/CH_4, ...), der Rückgewinnung von Salzen aus verdünnten wäßrigen Lösungen oder aber der Konzentrierung von Säuren durch die sog. Elektrodialyse, bei der durch Verwendung bipolarer Membranen und elektrischer Felder eine gezielte Wanderung der Ionen erreicht wird.

Die Trennung basiert auf der Eigenschaft der Membran, Komponenten bevorzugt durchzulassen oder zurückzuhalten. Schematisch ist eine Stufe einer Membrantrennanlage in Abb. 5.16 dargestellt. Bei diesen Verfahren wird ein Zulaufstrom $\dot{F}$ an der Membran in einen Retentatstrom $\dot{R}$ und einen Permeatstrom $\dot{P}$ aufgetrennt. Die selektive Membran stellt das Herz einer solchen Anlage dar. Es handelt sich dabei um dünne Schichten aus organischem (Polymerstoffe) oder anorganischem Material. Die selektiven Eigenschaften beruhen dabei entweder auf der Porenstruktur oder dem selektiven Lösungsvermögen der Membran (Abb. 5.17). Man kann somit zwischen den Grenzfällen Porenmembran und Löslichkeitsmembran unterscheiden. Während bei der Porenmembran, bedingt durch die Porengröße, eine Trennung in erster Linie nach der Molekülgröße (wie z. B. bei der Filtration) geschieht, wird die Trennung mit Hilfe von Löslichkeitsmembranen durch die unterschiedliche Löslichkeit der verschiedenen zu trennenden Komponenten in der Membran verursacht.

Es wird immer wieder diskutiert, wo der Übergang von der Porenmembran zur Löslichkeitsmembran liegt. Sinnvollerweise wird als Kriterium der Partikeldurchmesser gewählt. Da die Filtrationsverfahren bei Partikeldurchmessern von 1 bis 3 nm versagen, spricht man von einer Porenmembran, wenn der Porendurchmesser oberhalb von 1 nm liegt.

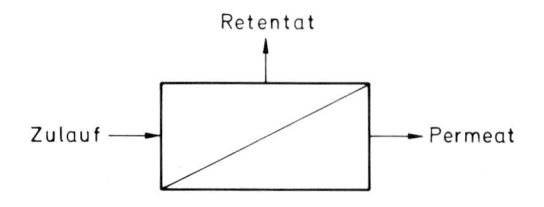

Abb. 5.16 Allgemeines Schema eines Membranprozesses

Trennprinzip bei Membranen

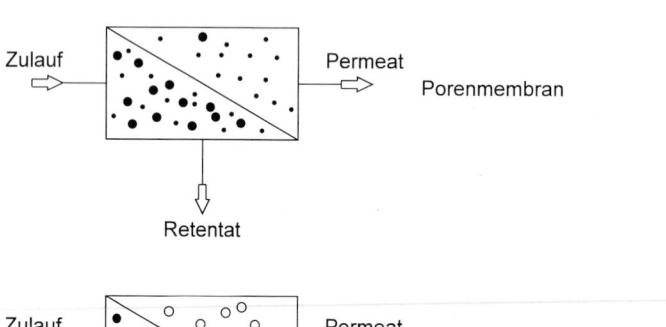

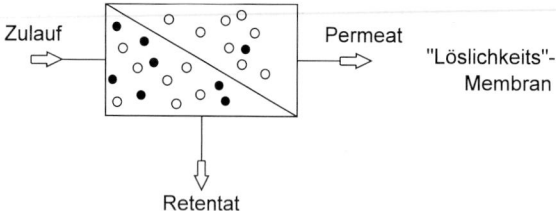

Abb. 5.17 Trennprinzipien bei Membranprozessen

Bei der Trennung mit Hilfe nichtporöser Membranen werden Fugazitätsdifferenzen zwischen der Zulauf- und der Permeatseite zur Trennung ausgenutzt. Der gesamte Trennprozeß setzt sich aus drei Schritten zusammen, der Sorption in der Membran, dem Transport (der Diffusion) der sorbierten Komponenten durch die selektive Membran und der anschließenden Desorption in die Permeatphase. Zur Auslegung eines solchen Trennprozesses werden neben den Löslichkeiten insbesondere auch die Diffusionskoeffizienten der verschiedenen Komponenten in der Membran benötigt. Aufgrund auftretender Quelleffekte sind die Diffusionskoeffizienten stark konzentrationsabhängig.

Im Gegensatz zu den klassischen Trennverfahren ist man bei der Auswahl der am besten geeigneten Löslichkeitsmembran und der Vorhersage von Permeationsraten noch auf eine Vielzahl von Experimenten angewiesen, da man bisher nicht in der Lage ist, den Stofftransport und die unterschiedliche Löslichkeit der Komponenten eines Mehrstoffgemischs in Membranen zuverlässig vorauszusagen. Qualitativ läßt sich sagen, daß hohe Permeationsraten nur bei guter Löslichkeit erreicht werden können. Dies bedeutet, daß polare Membranen wie Polyvinylalkohol(PVA-)Membranen die Wasserabtrennung aus Lösungsmittelgemischen ermöglichen, während hydrophobe Membranen (z. B. Polydimethylsiloxan PDMS) zur Abtrennung organischer Komponenten aus wäßrigen Lösungen (z. B. Abwasser) geeignet sind.

Für den Einsatz in der Industrie werden von der verwendeten Membran verschiedene Eigenschaften verlangt. Neben einer hohen Selektivität sollte die Membran eine hohe Permeatleistung (Permeationsrate pro m^2) zulassen. Weiterhin sollte sie hohe Standzeiten ermöglichen, d. h. bei möglichst geringen Kosten eine hohe mechanische und thermische Stabilität aufweisen. Große Probleme treten in der Praxis durch Fehlstellen in der Membran und Fouling-Prozesse auf. Unter Fouling versteht man dabei die während des Betriebs auftretenden Ablagerungen. Um diese Ablagerungen zu verhindern, ist oftmals ein großer Aufwand bei der Vorbereitung des Zulaufstroms erforderlich.

Zur Erzielung einer hohen Permeatleistung sind sehr dünne Membranschichten (< 1 μm) erforderlich. Dies bedingt bei den oft erforderlichen hohen Drücken große mechanische Probleme. Um eine bessere mechanische Stabilität der Membranen zu erzielen, werden neben den symmetrischen Membranen auch asymmetrische Membranen eingesetzt. Bei den asymmetrischen Membranen wird die dünne aktive Membranschicht (0,1–0,5 μm) auf eine stabile poröse Schicht (0,1–0,2 mm) aufgebracht, die einen sehr geringen Stofftransportwiderstand aufweisen soll. Dabei kann die poröse Stützschicht aus dem gleichen Material (Phaseninversionsmembran) oder einem anderen Material (Composite-Membran) bestehen. In manchen Fällen wird noch zusätzlich ein Vlies eingesetzt.

Die erforderlichen großen Austauschflächen können durch spezielle Bauarten erreicht werden. Die wichtigsten Arten von Membranmodulen sind in Tab. 5.4 zusammen mit den erzielbaren spezifischen Phasengrenzflächen aufgeführt. Abhängig von der spezifischen Fläche kann der volumenbezogene Permeatfluß sehr unterschiedliche Werte annehmen.

Tab. 5.4 Spezifische Flächen verschiedener Membranmodule

	spezifische Fläche (m^2/m^3)
Rohrmodul	25
Plattenmodul	100–600
Wickelmodul	500–1000
Kapillarmodul	>1000
Hohlfasermodul	ca. 10000

In Abb. 5.18 sind die verschiedenen Module schematisch dargestellt. Rohr-, Kapillar- und Hohlfasermodule sind ähnlich wie Rohrbündel aufgebaut. Während bei den Rohrmodulen Außendurchmesser von 6 bis 15 mm realisiert werden, weisen die Hohlfasern nur noch Durchmesser von etwa 50 bis 200 μm auf. Plattenmodule sind ähnlich aufgebaut wie Filterpressen. Durch Realisierung geringer Membranabstände (in der Regel wenige mm) kann das Apparatevolumen klein gehalten werden. Bei den Wickelmodulen wird die Membran einschließlich Distanzhalter spiralförmig auf ein Zentralrohr gewickelt. Der anfallende Permeatstrom kann dann durch das Zentralrohr abgeleitet werden.

Die treibende Kraft für den Stofftransport durch die Membran ist eine Fugazitätsdifferenz. Im Falle geladener Teilchen kann der Transport durch die Membran durch Anlegen einer Spannung verstärkt werden. Auf die verschiedenen Membranverfahren wird nachfolgend kurz eingegangen.

Bei der **Ultrafiltration** wird, wie bei der Umkehrosmose, durch Aufgabe eines Drucks ein Lösungsmittelstrom durch die Membran hervorgerufen. Im Gegensatz zur Umkehrosmose werden jedoch Makromoleküle zurückgehalten. Da der osmotische Druck makromolekularer Lösungen relativ gering ist, reichen oftmals geringe Drücke (ca. 10 bar) bei der Ultrafiltration aus. So wird die Ultrafiltration z. B. bei der Aufkonzentrierung von Molke eingesetzt.

Die **Mikrofiltration** kann zur Entfernung von Kolloiden aus Gas- bzw. Flüssigkeitsströmen eingesetzt werden. Dabei hat man zwischen „Dead-end"- und „Cross-flow"-Filtration

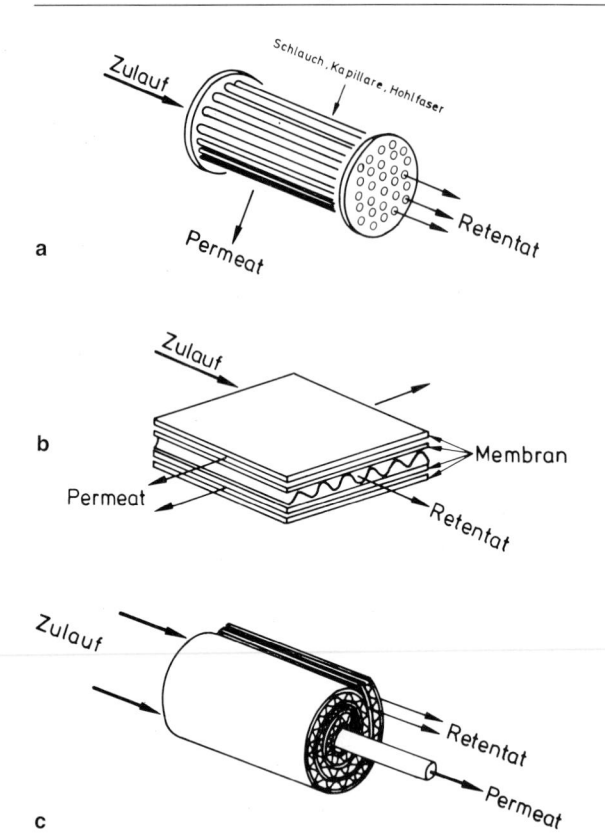

Abb. 5.18 Unterschiedliche Membranmodule. **a** Rohrmodul, **b** Plattenmodul, **c** Wickelmodul

zu unterscheiden. Während erstere nur für Suspensionen mit geringem Feststoffanteil verwendet werden kann, läßt sich die „Cross-flow"-Filtration auch für höhere Feststoffanteile heranziehen, da durch die Strömungsverhältnisse die Feststoffe von der Membran entfernt werden.

Das Phänomen der **Osmose** tritt immer dann auf, wenn Konzentrationsdifferenzen nicht ausgeglichen werden können, weil die semipermeable Membran das Wandern von gelösten Komponenten, z.B. Salzen wie NaCl, verhindert. Abb. 5.19 zeigt diesen Vorgang am Beispiel einer wäßrigen NaCl-Lösung. Es ist an Abb. 5.19 zu erkennen, daß aufgrund der Konzentrationsunterschiede so lange Lösungsmittel (Wasser) durch die Membran fließt, bis das Phasengleichgewicht erreicht ist, d. h. sich ein hydrostatischer Druck aufgebaut hat, der dem osmotischen Druck entspricht.

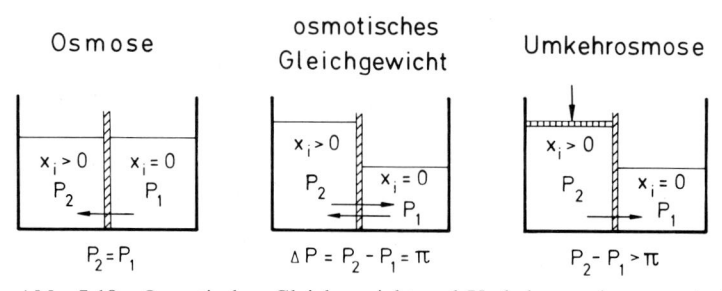

Abb. 5.19 Osmotisches Gleichgewicht und Umkehrung des osmotischen Effekts bei der reversen Osmose (Umkehrosmose)

Der sich einstellende osmotische Druck Π kann wieder ausgehend von der Isofugazitätsbedingung abgeleitet werden. Im Gleichgewicht gilt für die permeierende Komponente j (Wasser) (s. Abb. 5.19):

$$f'_j(P_1) = f''_j(P_2),\tag{3.2}$$

$$\varphi^s_j P^s_j \exp\frac{\upsilon^L_j\left(P_1 - P^s_j\right)}{RT} = x_j \gamma_j \varphi^s_j P^s_j \exp\frac{\upsilon^L_j\left(P_2 - P^s_j\right)}{RT}.\tag{5.7}$$

$$P_2 - P_1 = \Pi = -\frac{RT}{\upsilon^L_j}\ln x_j \gamma_j.\tag{5.8}$$

Für ideale verdünnte Lösungen kann aus dieser Gleichung durch Substitution auch die folgende Beziehung zur Berechnung des osmotischen Drucks abgeleitet werden ($x_j \Rightarrow 1$, $\gamma_j \Rightarrow 1$, $\ln x_j = \ln(1 - \Sigma x_i) \approx -\Sigma x_i$, $\Sigma c_i \approx \Sigma x_i/\upsilon^L_j$):

$$\Pi = RT \Sigma c_i \tag{5.9}$$

- j Lösungsmittel (z. B. H$_2$O),
- i gelöster Stoff (z. B. NaCl),
- υ^L_j Molvolumen des Lösungsmittels (z. B. H$_2$O),
- c_i Konzentration des gelösten Stoffs (z.B. Zucker) mol/dm^3

Beispiel 5.2
Berechnen Sie den osmotischen Druck von folgenden wäßrigen Lösungen bei 22 °C
- Zuckerlösung $c_i = 0{,}1315$ mol/dm^3 und
- Kochsalzlösung (3 Gew.%).

Lösung:
Zuckerlösung:
$\Pi = 0{,}1315 \cdot 8{,}31433 \cdot 295{,}15 = 320{,}5$ kPa
Kochsalzlösung:
Unter Annahme 100%iger Dissoziation ergibt sich als Konzentration für die gelöste Komponente (Annahme: Dichte der Kochsalzlösungen ≈ 1 kg/dm^3, $M_{NaCl} = 58{,}44$ g/mol):

$$c_i = 2 \cdot 30/58{,}44 = 1{,}0267 \text{ mol/dm}^3$$

$$\Pi = 1{,}0267 \cdot 8{,}31433 \cdot 295{,}15 = 2520 \text{ kPa}$$

An den Ergebnissen ist zu erkennen, daß sich bei Salzlösungen recht hohe osmotische Drücke ergeben können.

Reverse Osmose. Will man den Prozeß der Osmose umkehren, so muß ein Gegendruck aufgebaut werden, der oberhalb des osmotischen Drucks liegt. Dies wird z. B. bei der Meer- und Brackwasserentsalzung durch Umkehrosmose (reverse Osmose) realisiert. Da neben der Überwindung des osmotischen Drucks noch eine Druckdifferenz zur Erzielung hoher Permeationsraten erforderlich ist, erfolgt die reverse Osmose je nach Salzgehalt bei Drücken bis zu 70 bar.

Neben der Trinkwassergewinnung wird die reverse Osmose auch zur Konzentrierung von Fruchtsäften und zur Alkoholreduktion von Bier und Wein eingesetzt.

Bei der **Pervaporation** findet im Gegensatz zu allen anderen Membrantrennverfahren eine Phasenumwandlung statt. Es fällt ein flüssiger Retentatstrom und ein dampfförmiger Permeatstrom an. Die benötigte Verdampfungsenthalpie muß dem System laufend zugeführt werden. Die erforderliche Fugazitätsdifferenz Δf_i wird durch Senkung des Partialdrucks auf der Permeatseite bewirkt. In manchen Fällen wird die Partialdruckreduktion auch mit Hilfe eines Trägergases auf der Permeatseite realisiert. In beiden Fällen wird das Permeat anschließend kondensiert. In Abb. 5.20 ist eine mehrstufige Pervaporationsanlage dargestellt. Zur Senkung der Investitions- und Betriebskosten wurde die Energiezufuhr sowie die Vakuumerzeugung in jeweils einer Apparatur realisiert.

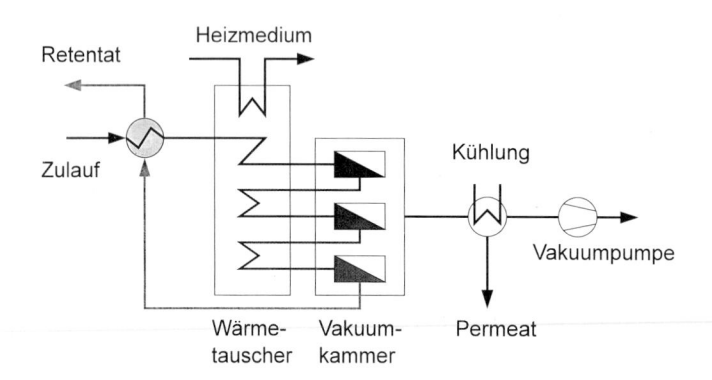

Abb. 5.20 Schematisches Diagramm einer Pervaporationseinheit

Eine selektive Trennung wird durch die unterschiedliche Sorption der zu trennenden Komponenten in der Membran verursacht. Die unterschiedliche Sorption der Komponenten ergibt sich aus den unterschiedlichen Wechselwirkungskräften zwischen den zu trennenden Komponenten mit der Membran. So sorbieren hydrophile Membranen wie Polyvinylalkohol (PVA) verstärkt polare Komponenten wie Wasser, während von hydrophoben Membranen (z. B. PDMS) unpolare Komponenten stärker sorbiert werden.

Die Pervaporation bietet sich zur Trennung azeotroper Systeme an. Vorteilhaft ist insbesondere, wenn sich die zu trennenden Komponenten stark in der Polarität unterscheiden, wie im Falle wäßriger Systeme. Daneben eignet sich die Pervaporation auch zur Entfernung hydrophober organischer Komponenten aus dem Abwasser.

Die Kenntnis der Sorptionsgleichgewichte erleichtert somit die Auswahl einer geeigneten selektiven Membran für ein gegebenes Trennproblem.

Die Pervaporation hat in Hybridprozessen in Verbindung mit der Rektifikation Anwendung in verschiedenen Bereichen, wie z. B. der Ethanolabsolutierung gefunden. Abb. 5.21 zeigt das Dampf-Flüssig-Gleichgewicht bei Atmosphärendruck und Pervaporationsdaten für eine PVA-Membran für das System Ethanol-Wasser. Es ist deutlich zu erkennen, daß das restliche Wasser aus dem azeotropen Gemisch (ca. 10 Mol% Wasser bei Atmosphärendruck) mit Hilfe einer PVA-Membran ohne Probleme durch einen solchen Prozeß, wie er in Abb. 5.21 dargestellt ist (evtl. mehrstufig), abgetrennt werden kann.

Bei der **Gaspermeation** wird durch eine Partialdruckdifferenz ein Stofftransport durch die Membran hervorgerufen. Der Stofftransport ist proportional zur Partialdruckdifferenz auf den beiden Seiten der Membran.

Für die Gaspermeation können sowohl Poren- als auch „dichte" Membranen (Löslichkeitsmembranen) eingesetzt werden. Während bei der Trennung mit Porenmembranen kinetische Effekte die entscheidende Rolle spielen, wird die Trennung mit „dichten" Membranen durch die unterschiedliche Sorption der Komponenten in der Membran verursacht.

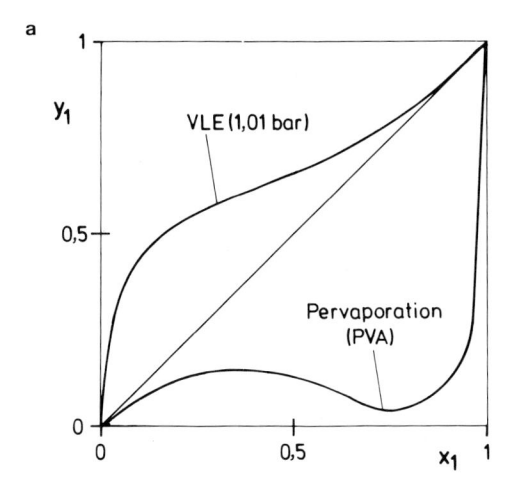

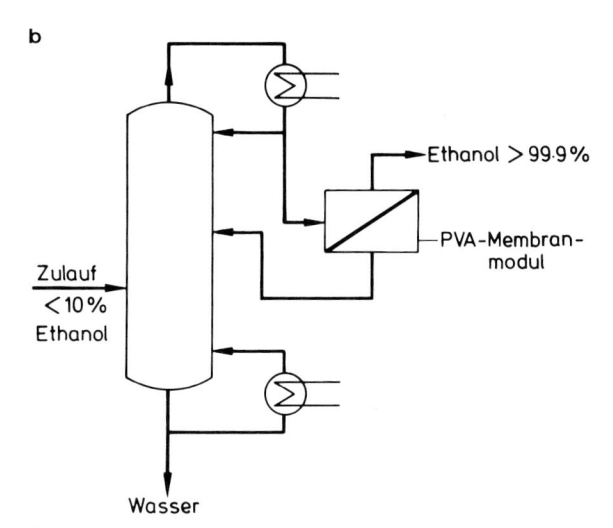

Abb. 5.21 **a** Dampf-Flüssig- und Pervaporationsdaten (PVA-Membran) des Systems Ethanol(1)–Wasser(2), **b** Hybridverfahren zur Absolutierung von Ethanol

Hauptanwendung der Gaspermeation ist die Rückgewinnung von Wasserstoff aus dem Abgasstrom von Ammoniakanlagen. Daneben wird die Gaspermeation auch eingesetzt zur

- Rückgewinnung von H_2 bei sog. „Hydrotreatern",
- Rückgewinnung von CO_2 bei der tertiären Erdölförderung und
- Heliumaufkonzentrierung aus dem Erdgas.

Bei der **Dialyse** wird durch eine Konzentrationsdifferenz ein Stoffstrom von Komponenten mit niedrigerem Molekulargewicht durch die Membran hervorgerufen. Wenn die permeierenden Komponenten auf der Permeatseite laufend entfernt werden, kann auf diese Weise eine hohe Reinheit auf der Retentatseite erreicht werden. Die Dialyse kann zur Rückgewinnung von NaOH bei der Kunstseide- und Viskoseherstellung oder der Entfernung von Alkohol aus Bier eingesetzt werden. Von besonderer Bedeutung ist die Dialyse für nierenkranke Patienten. Dabei werden mit Hilfe von Dialysatoren (Hohlfasermodulen) Giftstoffe aus dem Blut in eine wäßrige Phase (physiologische Salzlösung) auf der Permeatseite transportiert.

Elektrodialyse. Bei der Rückgewinnung von Elektrolyten kann durch ein elektrisches Feld die Triebkraft verstärkt werden. Dies wird bei der Elektrodialyse realisiert. Das Prinzip der Elektrodialyse ist in Abb. 5.22 dargestellt. Durch Anlegung einer Spannung, d. h. Erzeugung eines elektrischen Felds, wandern die Anionen und Kationen zur entsprechenden Elektrode. Die Wanderung wird aber durch ionenselektive Anionen- und Kationenaustauschermembranen begrenzt. So erlaubt die Kationenaustauschermembran nur den Durchtritt von Kationen, während die Anionenaustauschermembran lediglich Anionen passieren läßt. Dies führt zu einer Konzentrationserhöhung bzw. -erniedrigung in benachbarten Kompartments*. Die an den Elektroden entstehenden Gase werden durch Spülung der Elektroden entfernt. Unter der Annahme, daß die Membran „dicht" ist, verbleiben die ungeladenen Moleküle in der Ausgangslösung.

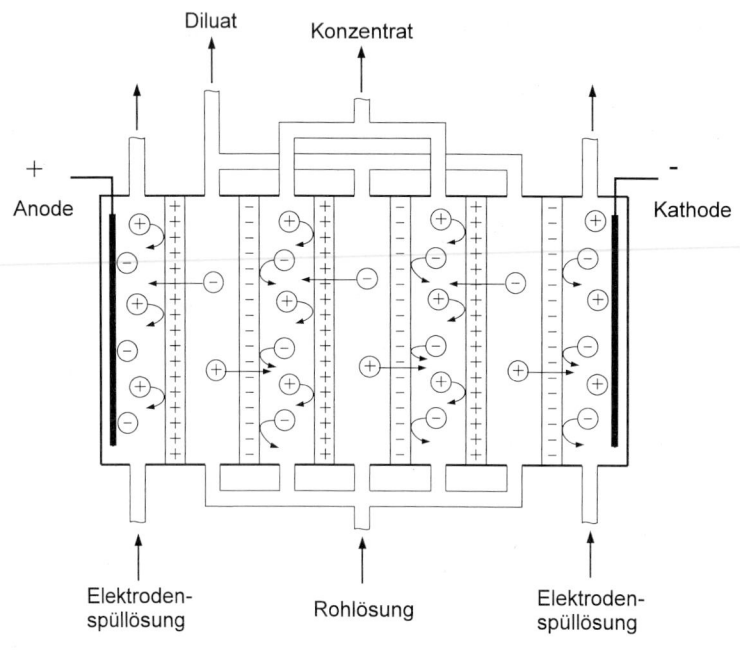

Abb. 5.22 Prinzip der Elektrodialyse

Die Elektrodialyse ist in erster Linie zur Konzentrierung bzw. Entfernung von Salzen aus wäßrigen Lösungen geeignet und kann somit zur Salzrückgewinnung und zur Salzentfernung aus Brackwasser (Trinkwassergewinnung) eingesetzt werden. Im Gegensatz zu den anderen Membrantrennverfahren, werden für die Durchführung der Elektrodialyse nur Plattenmodule verwendet. In der Regel werden mehrere Stapel (Stacks) gleichzeitig eingesetzt.

Bei der **Flüssigmembrantechnik** werden anstelle der festen Membranen flüssige Membranen eingesetzt. Diese Technik soll am Beispiel der Abwasserreinigung (Entfernung von Metallsalzen bzw. organischen Verbindungen) kurz dargestellt werden.

---

* Durch gleichzeitige Osmose, Mitführung von Hydratwasser und sinkender Selektivität der Membran mit steigender Konzentrationsdifferenz wird die zu erreichende Konzentrierung aber abgeschwächt.

Bei dieser Technik muß zunächst unter hohem Energieeintrag die aufnehmende wäßrige Phase (z. B. hoher bzw. niedriger pH-Wert) in der tensidhaltigen organischen Phase emulgiert werden, wobei feinste Tröpfchen (1–10 μm) entstehen. Diese Emulsion wird dann mit dem Abwasser in innigen Kontakt gebracht, wobei die organische Phase feine Tröpfchen mit einer Größe von 0,1 bis 2 mm, d. h. eine sehr große Phasengrenzfläche, bildet.

Die Schadstoffe gelangen aufgrund der Konzentrationsdifferenz und der unterschiedlichen Bedingungen (pH-Wert) durch Diffusion durch die organische Phase in die wäßrige Aufnehmerphase. In speziellen Fällen, wie der Abtrennung von Alkenen aus einem Kohlenwasserstoffgemisch, kann der Transport durch die flüssige Membran (in diesem Fall die wäßrige Phase) durch „spezielle Carrier" (z. B. Silbernitrat) unterstützt werden. Je nach Volumenanteil der beiden wäßrigen Phasen lassen sich hohe Anreicherungen erzielen.

Nach Trennung der Phasen (Abwasser/organische Phase mit Emulsionströpfchen) muß die Emulsion gespalten werden. Dies geschieht in der Regel durch Anlegen einer hohen Spannung (5–7 kV).

Probleme ergeben sich bei dieser Technik insbesondere bei der Aufrechterhaltung der Emulsion, der oft niedrigen Flammpunkte geeigneter organischer Verbindungen, der Löslichkeit der organischen Phase im Abwasser und den Problemen bei der Spaltung der Emulsion. Aus diesen Gründen wurde die Technik in der Praxis noch nicht sehr oft eingesetzt. Diskutiert wurde der technische Einsatz der Flüssigmembrantechnik für die Abtrennung von Schadstoffen wie Phenol (Anilin) aus dem Abwasser. Dabei besitzt die Aufnehmerphase einen hohen (niedrigen z. B. durch HCl) pH-Wert, um eine Salzbildung (Phenolat bzw. Aminhydrochloridbildung) zu unterstützen. Schematisch ist eine solche Flüssigmembrananlage in Abb. 5.23 dargestellt[21].

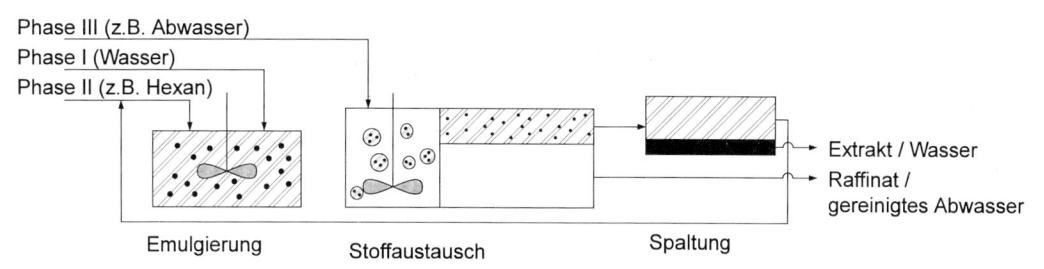

Abb. 5.23 Verfahrensschritte der Flüssigmembranpermeation

Literatur

1. Valenzuela, D. P., Myers, A. L. (1989), Adsorption Equilibrium Data Handbook, Prentice Hall, Englewood Cliffs, New Jersey.
2. Landolt-Börnstein (1956), Numerical Data and Functional Relationships in Science and Technology, II/3, Springer, New York, S. 525–528.
3. Landolt-Börnstein (1972), Numerical Data and Functional Relationships in Science and Technology, IV/4b, Springer, New York, S. 121–187.
4. C. M. Yon, P. H. Turnock (1971), Chem. Eng. Prog. Symposium Series **117**, 67.
5. Yang, R. T. (1987), Gas Separation by Adsorption Processes, Butterworths Series in Chemical Engineering, Boston.
6. Prausnitz, J. M. (1991), private Mitteilung.
7. Hollar W. E., Ehrlich, P. (1990), J. Chem. Eng. Data **35**, 271.
8. Meyers, R. A. (1986), Handbook of Petroleum Refining Processes, McGraw Hill Book Company, New York.

9 Brunauer, S., Emmett, P. H., Teller, E. (1938), J. Am. Chem. Soc. **60**, 309.
10 Myers, A. L., Prausnitz, J. M. (1965), Am. Inst. Chem. Eng. **11**, 121.
11 Van Ness, H. C. (1969), Ind. Eng. Chem. Fundamentals **8**, 464.
12 Langmuir, I. (1918), J. Am. Chem. Soc. **40**, 1361.
13 Mullin, J. W. (1993), Crystallization, 3rd edition, Butterworth-Heinemann, Oxford.
14 Rittner, S., Steiner R. (1985), Chem.-Ing.-Tech. **57**, 91.
15 G. Konrad, G. Eigenberger (1994), Chem.-Ing.-Tech. **66**, 321.
16 Broughton, D. B. (1984/85), Sep. Sci. Technol. **19**, 723.
17 Cen, Y., Meckl, K., Lichtenthaler, R. N. (1993), Chem.-Ing.-Tech. **65**, 901.
18 Kaul, B. K. (1987), Ind. Eng. Chem. Research **26**, 926.
19 Costa, E., Calleja, G., Cabra, L. (1983), Fundamentals of Adsorption, Proceedings of the Engineering Foundation Conference. Elmau, S. 175, AIChE, New York.
20 Deckert, P., Arlt, W. (1994), Chem.-Ing.-Tech. **66**, 1334.
21 Draxler J. (1992), Flüssige Membranen für die Abwasserreinigung, dbv-Verlag, Graz.

C Mechanische Verfahrenstechnik

Kapitel 6
Mischen als verfahrenstechnische Grundoperation

Die Grundoperationen der chemischen Verfahrenstechnik dienen zur Vorbereitung der Rohstoffe und zur Aufarbeitung der Produktströme. Während die Auslegung von Apparaten zur Durchführung von thermischen Grundoperationen auf den Gesetzmäßigkeiten der thermodynamischen Berechnung von Phasengleichgewichten sowie des Stoff- und Wärmetransports beruhen, müssen bei der Konzeption von mechanischen Grundoperationen physikalische und mechanische Gesetzmäßigkeiten berücksichtigt werden. Oftmals wird auf empirische Korrelationen sowie auf Grundlagen der Ähnlichkeitslehre zurückgegriffen; Zusammenhänge werden in Form von dimensionslosen Kriteriengleichungen dargestellt.

Das **Mischen** ist sowohl bei der Vorbereitung der Edukte für die Reaktion als auch während der ablaufenden Reaktion, also im Reaktor, eine wichtige verfahrenstechnische Grundoperation. Es dient bei einphasigem Reaktionsmedium (Gase, Dämpfe, Lösungen, Schmelzen und Flüssigkeitsgemische ohne Mischungslücke) dem Homogenisieren der Reaktionsmasse, gleicht also Konzentrationsgefälle aus, sowie der Verbesserung des Wärmeaustausches. Bei heterogenen Gemischen [disperse Systeme – Auftreten von nicht oder nur teilweise ineinander löslichen Stoffen (Tabelle 6.1)] bewirkt das mechanische Mischen eine gleichmäßigere Verteilung der dispersen (zu verteilenden) Phase innerhalb der kontinuierlichen (zusammenhängenden) Phase. Dabei ist der angestrebte Grad der Vermischung zu berücksichtigen. Es stellen sich insbesondere zwei Fragen:

- Wie fein soll die dispergierte Phase verteilt werden?
- Wie gleichmäßig muß die Verteilung erfolgen?

Tab. 6.1 Auflistung disperser Systeme mit fließfähiger kontinuierlicher Phase

kontinuierliche Phase	dispergierte Phase			
	gasförmig	flüssig	fest (Abstand zwischen den Teilchen ist groß gegenüber der Teilchengröße)	fest (Teilchen berühren einander)
gasförmig	vollständige Vermischung	bis 0,05 mm: Aerosol, Nebel über 0,05 mm: Gas/Flüssigkeits-Mischung	bis 0,05 mm: Rauch über 0,05 mm: Gas/Feststoff-Mischung	Festbettschüttung Haufwerk, Packung
flüssig	Schaum	Emulsion	Suspension	Schlamm oder Filterkuchen

Die Gleichmäßigkeit der Verteilung bezieht sich einerseits auf die Einheitlichkeit bezüglich der Größe und der Form der dispergierten Tropfen und Blasen, andererseits auf die räumlich gleichmäßige Verteilung von Feststoffteilchen, Tropfen oder Blasen innerhalb der kontinuierlichen Phase. In diesem Lehrbuch können lediglich einige grundlegende Aspekte zum mechanischen Mischen dargestellt werden. Diese sollen die apparativen Möglichkeiten zum Mischen von und in Flüssigkeiten oder Gasen vorstellen und Anhaltspunkte zur Auslegung derartiger Apparate geben. Auf das Mischen von Schüttgütern wird in Kap. 8.4 eingegangen.

6.1 Mischen von und in Flüssigkeiten

6.1.1 Möglichkeiten des Mischens

Flüssigkeiten, bzw. disperse Systeme mit einer Flüssigkeit als kontinuierliche Phase, können mit Hilfe von Rührern und Schüttelmaschinen, durch Einleiten eines Gases, durch Umpumpsysteme oder unter Anwendung von Ultraschall gemischt werden. Die reaktions-

Abb. 6.1 Mischen beim Durchströmen statischer Einbauten.
a Strömen durch ein Kreuzgitterbündel [32],
b statischer Mischer mit Mischelementen aus Edelstahl (Typ NPS der Firma Gebrüder Sulzer AG)

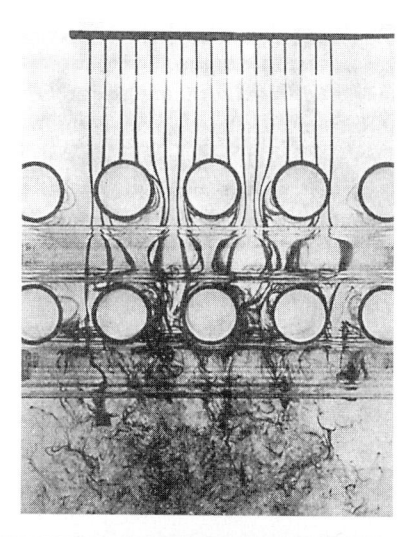

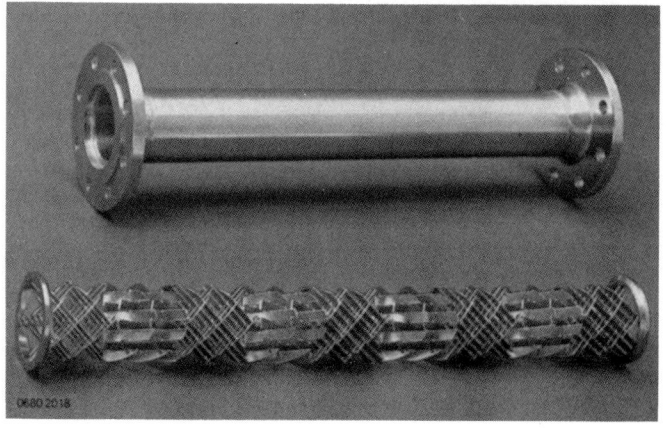

technisch größte Bedeutung haben Rührwerke sowie das Einleiten von Gas. Dashalb sollen in den nächsten Abschnitten diese Mischvorgänge näher erläutert werden. Zuvor sei darauf hingewiesen, daß auch beim Durchströmen von Rohrsystemen, Dosierventilen und anderen mechanischen Einbauten ein Durchmischen des Strömungskörpers (fluide Phase) erfolgt. Abb. 6.1a zeigt ein derartiges Durchmischen beim Durchströmen eines Kreuzgitterbündels. Ein intensiveres Durchmischen wird durch den Einbau statischer Mischer erreicht. Wie Abb. 6.1b zeigt, sind statische Mischer geordnete Packungen aus lamellenförmigen Blechen oder Gerüste, die aus kleinen Platten (in der Regel aus Stahl, aber auch aus PTFE und anderen Materialien) aufgebaut sind [1]. Diese Packungen werden üblicherweise in ein Rohr eingebaut. Der Flüssigkeitsstrom wird innerhalb der Mischstrecke mehrfach aufgeteilt; die Teilströme werden in unterschiedlicher Weise umgelenkt und anschließend wieder vereinigt. Statische Mischer werden bevorzugt zum Mischen disperser Systeme (Gas/Flüssigkeit, Flüssigkeit/Flüssigkeit) mit sehr unterschiedlicher Viskosität und zum Vermengen von hochviskosen Fluiden (z. B. Epoxidharze) eingesetzt. Sie sind kostengünstig und besitzen eine ausgezeichnete Mischwirkung bei relativ geringem Druckverlust. Allerdings reagieren sie sehr empfindlich gegenüber Störungen im Zulauf und erfordern deshalb ein sehr gleichmäßiges Dosieren der Zulaufströme. Statische Mischer wurden erst Anfang der 80er Jahre eingeführt und gewinnen zunehmend an Bedeutung.

6.1.2 Aufbau von Rührbehältern, Rührorgane und ihre Förderwirkung

Das Rühren von Flüssigkeiten (bzw. von Gemischen mit einer flüssigen kontinuierlichen Phase) ist allgegenwärtig. Man braucht nur an die Kunst des Kochens zu denken, oder daran, daß man schon im Kindesalter mit größter Freude Sand und Wasser in einem Eimerchen vermengt hat. Es erscheint als weit hergeholt, daß das Mischen und das Rühren Gegenstand eines Kapitels der mechanischen Grundoperationen sind. Bedenkt man allerdings, daß für die Erzaufbereitung Anlagen zum Suspendieren mit einem Behälterinhalt von bis zu 3500 m^3 verwendet werden, und daß für die biologische Abwasserreinigung Verfahren entwickelt wurden, die ein Reinigen von ca. 160 000 m^3 Abwasser pro Tag erlauben, müssen die dafür notwendigen Mischvorgänge verfahrenstechnisch optimiert werden. Oftmals werden dabei genormte Rührer- und Rührbehältertypen verwendet. Entsprechende Normungen (bzw. Standardisierungen) wurden Anfang der 50er Jahre eingeführt. Sie beziehen sich auf die Rührbehälter, die Rührorgane, auf Flansche sowie Lager, Kupplungen und Dichtungen. Die charakteristischen Größen eines Rührbehälters sowie die bevorzugte Anordnung in Rührbehältern sind in Abb. 6.2 dargestellt [2-5]. Nicht sofort verständlich ist dabei die Notwendigkeit des Einbaus von Strömungsbrechern:

Jeder zentrisch angeordnete Rührer erzeugt durch die Übertragung der Drehbewegung auf die Flüssigkeit eine Rotationsströmung. Durch das Zusammenwirken der Trägheitskraft der rotierenden Flüssigkeit mit der Schwerkraft bildet sich eine Trombe aus, d. h., daß die Phasengrenzfläche zwischen Flüssigkeit und Gas kegelförmig entlang der Rührwelle deformiert und vergrößert wird; die Flüssigkeit bewegt sich strudelartig. Diese Trombe kann bei sehr schnellem Rühren bis an die Rührerblätter reichen, so daß diese nur zum Teil in die Flüssigkeit eintauchen. Der Energieeintrag wird somit verschlechtert. Durch den Einbau von Blechen (Strömungsbrechern), die in der Nähe der Behälterwand senkrecht fest angeordnet sind, wird die Rotationsströmung (und damit die Trombenbildung) unterbunden. Erst der Einbau von Strömungsbrechern ermöglicht bei zentrisch angeordneten Rührern ein Mischen der Flüssigkeit bis in den turbulenten Strömungsbereich hinein.

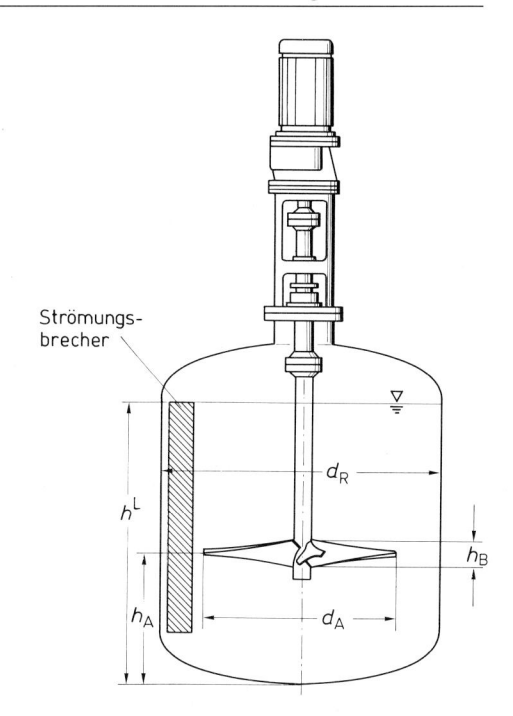

Abb. 6.2 Aufbau eines Rührbehälters mit aufgebautem Antrieb (Robin Industries).
h^L Füllhöhe (Höhe der flüssigen Phase),
d_R Reaktordurchmesser,
h_A Bodenabstand des Rührers,
h_B projizierte Höhe des Rührerblatts,
d_A Durchmesser des Rührers

Die verfahrenstechnische Auslegung von Rührbehältern und Rührern ist von der Rühraufgabe sowie dem zu rührenden System abhängig. Vereinfachend läßt sich wie folgt unterscheiden:

- Rühren einer flüssigen Phase mit dem Ziel des Homogenisierens und/oder der Verbesserung des Wärmeaustausches (z. B. bei Neutralisationen und beim Verdünnen konzentrierter Lösungen),
- Rühren eines Gas/Flüssigkeits-Gemisches mit dem Ziel der Feinverteilung einer Gasphase innerhalb einer Flüssigkeit (Verbesserung des Stoffaustausches Gas/Flüssigkeit, aerobe Fermentation, Sauerstoffeintrag bei der Abwasserreinigung),
- Rühren eines Flüssigkeit/Flüssigkeits-Gemisches (nicht oder nur teilweise mischbar) mit dem Ziel der gleichmäßigen Verteilung von Flüssigkeitstropfen innerhalb der kontinuierlichen Phase – Emulsionsbildung (Flüssig/Flüssig-Extraktion, Emulsionspolymerisation, Schmier- und Kühlmittelherstellung) und
- Rühren eines Flüssigkeit/Feststoff-Gemisches mit dem Ziel des Suspendierens (Verbesserung des Stoff- und Wärmetransports in Suspensionen mit festem Katalysator oder festem Edukt, Lösen von Feststoffen, Herstellen von suspensionsartigen Produkten, z. B. von Farben).

Ferner sind zu berücksichtigen:

- Viskosität der zu rührenden flüssigen Phase,
- Empfindlichkeit der gerührten flüssigen oder der dispergierten Phase gegenüber dem Einwirken hoher Scherkräfte,
- Bedingungen während des Rührens (Rühren bei Normal- oder Überdruck im Unterschied zum Rühren bei Unterdruck) und
- mechanische Belastbarkeit der Rührerblätter.

Als mechanische Belastung gilt insbesondere die im Kap. 1.4.1.2 besprochene Kavitation (Hohlsogbildung). Beim Rühren wird die Kavitation durch die Ausbildung lokaler Unterdruckspitzen in Folge hoher Umfanggeschwindigkeiten oder strömungstechnisch ungünstiger Formgebung des Rührorgans begünstigt. So stellt die Kavitation bei Blattrührern mit senkrecht gestellten Rührblättern schon bei vergleichsweise niedrigen Umdrehungszahlen ein großes Problem dar. Auch bei der Verwendung von günstiger geformten Rührorganen kann die Kavitation zum Verschleiß (Abb. 6.3) und zu heftigen, die Rührwelle oder deren Lager belastenden, Stößen führen. Da beim Rühren eine effiziente Kraft- und Impulsübertragung gewährleistet sein muß, ist die Kavitation oftmals nicht vollständig zu vermeiden. Durch die Wahl geeigneter Werkstoffe oder durch eine Auftragung von elastischen Schichten können Schäden durch Kavitation vermieden werden.

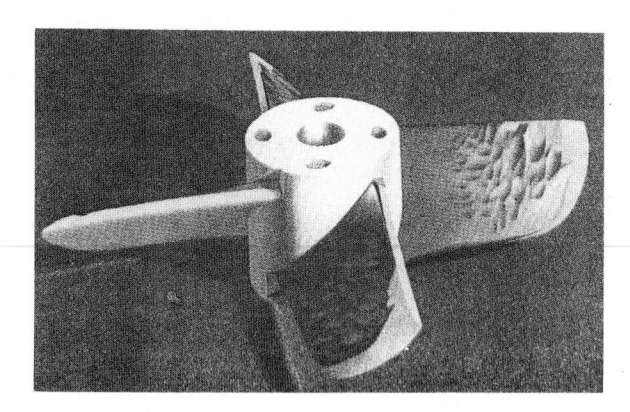

Abb. 6.3 Aufnahme eines verschlissenen Schrägblattrühres aus Acrylglas[3]

Die in der Rührtechnik verwendeten Rührorgane unterscheiden sich im wesentlichen durch die spezifischen Anforderungen der gestellten Rühraufgabe. Dank der bereits erwähnten Normung (DIN 28131) lassen sich die unterschiedlichen Formen der Rührorgane, deren Abmessungen und Bezeichnungen auf vergleichsweise wenige Grundtypen zurückführen. Dies sind

- Propeller-, Schaufel- oder Schrägblattrührer,
- Impeller-, Scheiben-, Kreuzbalken-, Gitter- sowie Ankerrührer,
- Schraubenspindel- und Wendelrührer.

In der Praxis hat sich eine Einteilung entsprechend der vom Rührorgan bevorzugt erzeugten Förderrichtung bewährt[3, 6]. Eine weiterführende Einteilung berücksichtigt die Viskosität der zu rührenden Flüssigkeit. Entsprechend dieser Kriterien werden im folgenden die gebräuchlichen Rührertypen beschrieben.

Axial fördernde Rührer

Propellerrührer werden für das Mischen von niedrig- und mittelviskosen Medien im turbulenten Strömungsbereich verwendet. Sie besitzen in der Regel drei Rührblätter und eignen sich insbesondere für das Homogenisieren und für das Suspendieren. Abb. 6.4 zeigt die bevorzugte Anordnung eines Rührwerks mit Propellerrührer, die Bauweise des Rührers sowie typische Daten für die Auslegung.

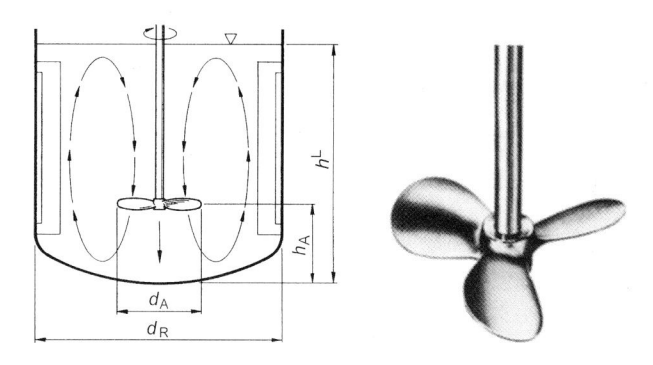

Abb. 6.4 Rührwerk mit Propellerrührer[6]

typische Daten für h^L/d_R	1	
d_A/d_R	0,2–0,4	
h_A/d_A	0,5–1	vorzugsweise
Umfangsgeschwindigkeit (m s^{-1})	3–12	

Schaufel- oder Schrägblattrührer

Schaufel- oder Schrägblattrührer sind meist mit zwei, vier oder sechs Rührblättern versehen, die einen Blattanstellwinkel von (in der Regel) 45° besitzen (Abb. 6.5).

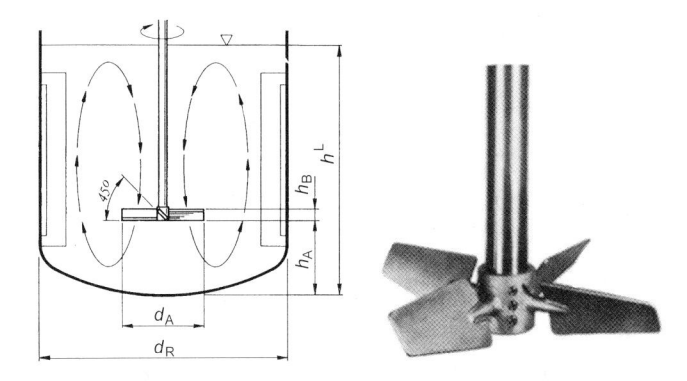

Abb. 6.5 Rührwerk mit Schaufelrührer[6]

typische Daten für h^L/d_R	1	
d_A/d_R	0,2–0,5	
h_A/d_A	0,5–1	vorzugsweise
h_B/d_A	0,25	
Umfangsgeschwindigkeit (m s^{-1})	2–5	

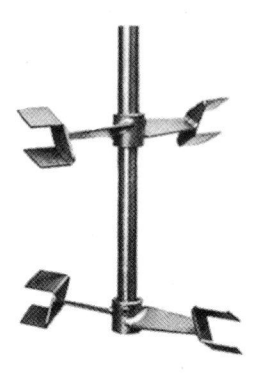

Abb. 6.6 MIG-Rührer[6]

Das erzeugte Strömungsbild entspricht weitgehend dem des Propellerrührers, allerdings wird die axiale Förderrichtung von einer radialen Strömungskomponente überlagert. Dies führt zu einem (nicht sehr ausgeprägten) Dispergiereffekt. Gegenüber dem Propellerrührer ist deshalb das Einsatzgebiet erweitert. Da Schrägblattrührer anfällig gegenüber der Kavitation sind, können im Vergleich zu den Propellerrührern nur niedrigere Umfangsgeschwindigkeiten erreicht werden.

Weitere Rührorgane, die bevorzugt axial fördern, sind der **MIG-Rührer** (Mehrstufen-Impuls-Gegenstromrührer) und der Wendelrührer. Sie werden zum Durchmischen von Stoffsystemen mit mittlerer und hoher Viskosität eingesetzt. Der MIG-Rührer (Abb. 6.6) wird meist zwei- oder mehrstufig ausgeführt und erzeugt eine Strömung im Übergangsbereich zwischen laminar und turbulent. Er ist für das Dispergieren entwickelt worden, wird aber auch zum Homogenisieren, Suspendieren sowie zur Verbesserung des Wärmeaustausches verwendet[6,7]. Der **Wendelrührer** (Abb. 6.7) dient dem Homogenisieren sowie der Verbesserung des Wärmeaustausches bei hochviskosen Medien. Seine Wirkung beruht auf Verdrängung der Flüssigkeit durch die Rotation einer blattförmigen Wendel. Diese Rotation ist derart langsam (laminarer Strömungsbereich; Umfangsgeschwindigkeiten meist <3 m s^{-1}), daß sich kein Hohlsog ausbilden kann. Der Einbau von Strömungsbrechern ist hier nicht notwendig, so daß der Rührer bis in die unmittelbare Nähe der Reaktorwand reichen kann ($d_A/d_R \Rightarrow 0{,}98$)[6].

Abb. 6.7 Wendelrührer[6]

Radial fördernde Rührer

Radial fördernde Rührer erzeugen eine zur Behälterwand gerichtete Strömung. Diese wird dort nach oben und unten abgelenkt. Wie Abb. 6.8 zeigt, kommt es dabei zur Ausbildung zweier entgegengesetzt drehender Ringwirbel. In unmittelbarer Nähe des Rührers tritt ein besonders großes Schergefälle auf. Da dies für die Bildung von kleinen Gasblasen erforderlich ist, werden radial fördernde Rührorgane bevorzugt beim Begasen eingesetzt.

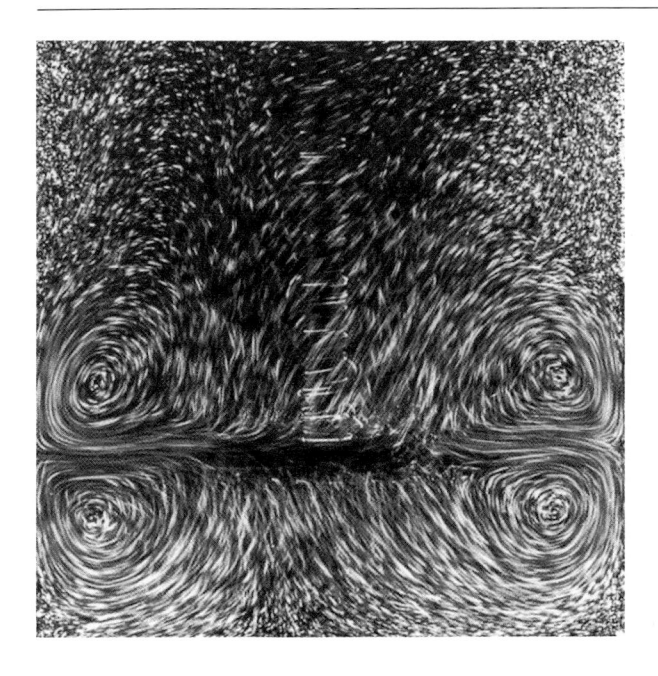

Abb. 6.8 Strömungsbild eines Scheibenrührers im Lichtschnitt[6]

Der **Scheibenrührer** ist das typische Rührorgan zum Begasen von Flüssigkeiten mit niedrigen und mittleren Viskositäten (<0,5 Pa s). Der Rührer besteht aus einer horizontal angeordneten Tragscheibe, an deren Umfang meist sechs oder acht Rührblätter symmetrisch angebracht sind (s. Abb. 6.9).

Bei höheren Viskositäten der flüssigen Phase werden Blattrührer oder Gitterrührer verwendet. Weit verbreitet sind darüber hinaus mehrstufig ausgeführte Rührorgane. Hier seien genannt

- Kreuzbalken- sowie Trapezrührer (zum Homogenisieren und Suspendieren bis in den mittelviskosen Bereich hinein),

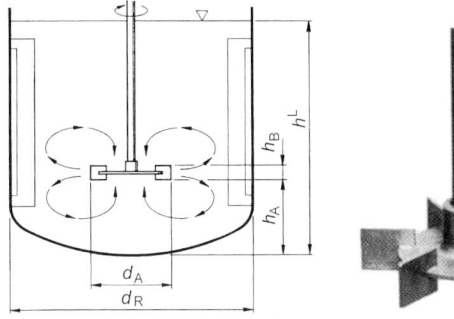

Abb. 6.9 Rührwerk mit Scheibenrührer[6]

typische Daten für h^L/d_R	1	
d_A/d_R	0,2–0,35	
h_A/d_A	0,5–1	vorzugsweise
h_B/d_A	0,2	
Umfangsgeschwindigkeit (m s^{-1})	3–15	

- Sigmarührer, der mit niedrigen Umfangsgeschwindigkeiten arbeitet und eine schonende Behandlung des Rührguts beim Homogenisieren und Suspendieren ermöglicht sowie
- Zetarührer, der insbesondere in der Nahrungsmittelindustrie eingesetzt wird.

Weitere spezielle Rührorgane mit überwiegend radialer Förderwirkung sind die Ankerrührer und die Impeller. Der **Ankerrührer** (Abb. 6.10a) ist das Standardrührorgan für den wandnahen Bereich. Er soll die Dicke der sich an der Behälterwand ausbildenden Grenzschicht begrenzen und den Wärmeaustausch intensivieren. Eine Weiterentwicklung der Ankerrührer sind die Koaxialrührer, bei denen der „Rühranker" mit Schabeisen versehen ist. Sie werden in Kombination mit einem zweiten, schnell laufenden Rührwerk betrieben. Durch diese Kombination wird auch bei hochviskosen Fluiden (mit Viskositäten bis zu 100 Pa s) eine intensive Vermischung erreicht. **Impeller** besitzen zwei bis sechs gebogene Rührblätter (Abb. 6.10b). Sie werden kurz oberhalb des Rührbehälterbodens angeordnet und wirken beim Suspendieren dem Absetzen von Feststoffteilchen nachhaltig entgegen. Sie werden insbesondere bei hohen Feststoffgehalten (z. B. beim Aufschließen von Erzen) benötigt. Zu Beginn des Rührens können, wegen der abgesetzten Feststoffteilchen, sehr große Torsionskräfte auftreten. Deshalb muß durch den Einbau von Kupplungen (siehe Abb. 6.10b) oder von feststoffaufwirbelnden Vorrichtungen (z. B. Luftlanzen) einem Zerstören von Rührer und Rührwelle entgegengewirkt werden. Impeller werden oftmals in Kombination mit Propellerrührern eingesetzt.

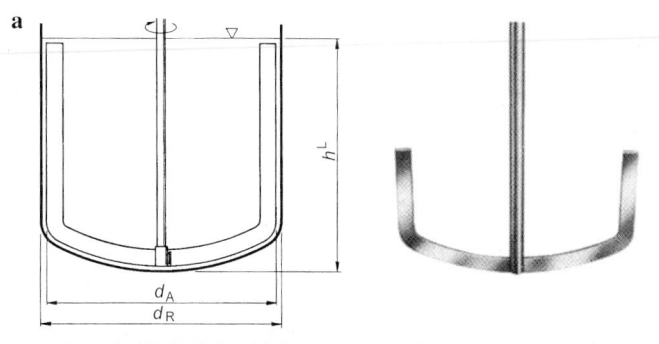

Abb. 6.10 a Ankerrührer[6],
b Impeller mit automatischem Kopplungssystem (Robin-Industries)

Die bisherigen Ausführungen zur Bauweise der Rührorgane sowie die im Kap. 6.1.3 vorgestellten Gleichungen zum Leistungsbedarf beim Rühren beziehen sich auf Rührwerke, bei denen die Füllhöhe gleich dem inneren Durchmesser des Rührbehälters ist. Insbesondere Reaktoren für die Suspensionspolymerisation sowie Fermenter besitzen in der Regel eine schlanke Form, d. h., eine Füllhöhe, die oft doppelt so groß oder noch größer als der Reaktordurchmesser ist. Bei derartigen Rührbehältern ist eine intensive Durchmischung nur noch durch mehrstufig ausgeführte Rühreranordnungen möglich. Bei Gas/Flüssigkeits- bzw. Gas/Flüssigkeit/Feststoff-Systemen (z. B. Fermenter) erfolgt die Durchmischung darüber hinaus oder sogar ausschließlich durch das Einleiten des Gases.

Sondergebiete in der Rührtechnik

Das **Rühren im Labor** zeichnet sich dadurch aus, daß Fragen zum statischen Verhalten sowie zur effektiven Ausnutzung der eingetragenen Energie unerheblich sind. Nur so ist es zu erklären, daß im Labor Rührer mit einem direkt angetriebenen Dauermagneten, Schüttelgeräte, Rotationsverdampfer oder Geräte, die mit Ultraschall arbeiten, eingesetzt werden. Es muß festgehalten werden, daß Untersuchungsergebnisse, die unter Verwendung derartiger Geräte erzielt wurden, nur dann für reaktionstechnische Aussagen verwertbar sind, wenn eine vollständige Durchmischung gewährleistet ist. Ferner sei angemerkt, daß durch die Rotation des Magnetfisches auf dem Boden des Rührgefäßes ein Zermahlen von zu suspendierenden Feststoffteilchen unvermeidbar ist.

Das **Rühren von pastösen und teigartigen Medien** mit Viskositäten bis zu 500 Pa s erfolgt in statischen Mischern, mit Schneckenrührern, mit Rührwerken, deren Rührorgan als Zahnscheibe ausgeführt ist (Dissolver), oder mit Planetenrührwerken. Schneckenrührer rotieren mit vergleichsweise niedriger Umfangsgeschwindigkeit (0,5 bis 3 m s^{-1}) in einem Rührbehälter, dessen Durchmesser maximal dreimal so groß wie der Rührerdurchmesser ist. In Planetenrührwerken rotieren ein oder zwei exzentrisch angeordnete Rührorgane planetenartig um eine zentrische Rotationsachse.

6.1.3 Ermittlung des Leistungsbedarfs für das Rühren

Die Beschreibung des Rührvorgangs ist, auch wenn man lediglich das Homogenisieren von nur einer Phase betrachtet, recht komplex. Eine sehr vereinfachte Beschreibung des Durchmischungsverhaltens gelingt durch Erfassen der „Mischzeit" als Funktion der „Mischgüte" (mit Hilfe statistischer Methoden ermittelt)[8, 9]. Zur Beurteilung der Mischzeitcharakteristik verschiedener Rührorgane wird das Produkt aus Rührerdrehzahl N und Mischzeit t_M (Mischzeitangaben beziehen sich in der Regel auf eine Mischgüte von 95%) gegen eine modifizierte Reynolds-Zahl aufgetragen:

$$Re_A = \frac{d_A^2 N \varrho}{\mu}. \qquad (6.1)$$

Re_A modifizierte Reynolds-Zahl

Abb. 6.11 zeigt die entsprechende Darstellung für Rührbehälter mit Strömungsbrechern. Im turbulenten Strömungsbereich ist das Produkt Nt_M konstant. Wird ein Propellerrührer ($d_A/d_R = 0{,}3$; $h^L/d_R = 1$) eingesetzt, ist $Nt_M \approx 100$. Mit einer Rührerdrehzahl von $N = 3{,}33$ s^{-1} errechnet sich eine Mischzeit von $t_M = 30$ s. Könnte prozeßtechnisch eine Mischzeit von

$t_M = 60$ s zugelassen werden, bräuchte nur noch mit einer Rührerdrehzahl von 1,67 s^{-1} gearbeitet werden. Da der Leistungsbedarf für das Rühren im turbulenten Strömungsbereich in der 3. Potenz von der Rührerdrehzahl abhängt ($\dot{W} \propto N^3$, s. Gl. 6.7), ließen sich durch das Tolerieren der längeren Mischzeit 80 bis 90% der erforderlichen Rührleistung einsparen.

Das Homogenisieren von niedrigviskosen Flüssigkeiten stellt in der Regel kein verfahrenstechnisches Problem dar. Anders ist es oftmals mit dem Mischen von hochviskosen, nichtnewtonschen Flüssigkeiten. Hier wird, wie oben beschrieben, im laminaren Strömungsbereich gearbeitet. Der Mischvorgang läuft dabei in zwei Teilschritten ab. Die Grobvermischung erfolgt durch Konvektion und ist dem Homogenisieren von newtonschen Flüssigkeiten vergleichbar. Sie bewirkt eine Mischgüte von ca. 95%. Die Feinvermischung findet anschließend auf molekularer Ebene statt und ist wesentlich langsamer.

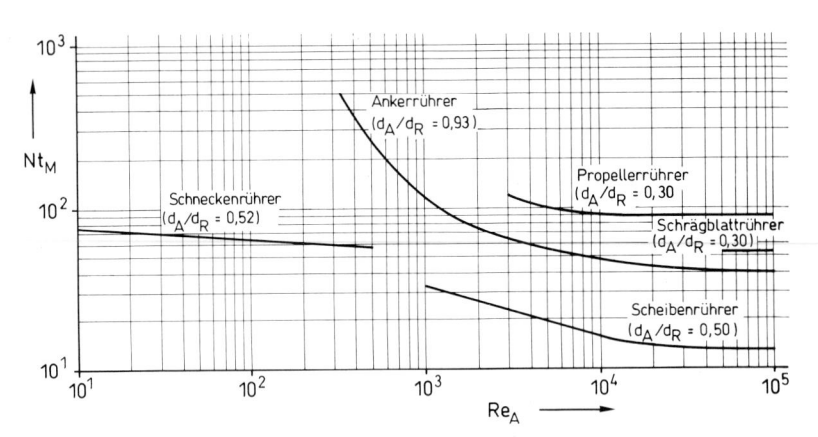

Abb. 6.11 Darstellung der Mischzeitcharakteristik verschiedener Rührertypen

Neben der Mischzeit ist der Leistungsbedarf für das Rühren ein wichtiger verfahrenstechnischer Parameter zur Auslegung von Rührapparaten, da er die Motorleistung, Getriebeauswahl sowie Rührwellen- und Rührerblattstärke bestimmt. Darüber hinaus ergeben sich aus dem Leistungsbedarf Informationen zur Ermittlung der Energiebilanz eines Verfahrens. Die von einem Rührer an eine homogene Flüssigkeit abgegebene Leistung ist abhängig von den geometrischen Verhältnissen innerhalb des Rührkessels, der Rührerform, Rührerdrehzahl sowie Dichte und Viskosität der zu rührenden Flüssigkeit. Eine formelmäßige Erfassung des Leistungsbedarfs erfolgt unter Zuhilfenahme von dimensionslosen Kennzahlen.

Bei der dimensionslosen Darstellung von physikalisch-technischen Zusammenhängen werden die die Zusammenhänge beschreibenden Einflußgrößen mit Hilfe einer Dimensionsanalyse zu „Kennzahlen" zusammengefaßt[11], die dann wiederum in Form einer ebenfalls dimensionslosen „Kriteriengleichung" den gesuchten Zusammenhang beschreiben. Dazu wird der Zusammenhang unter Zuhilfenahme eines Potenzansatzes als Funktion der „relevanten" Einflußgrößen dargestellt[12-14]. Durch Einbeziehung der Basiseinheiten werden anschließend voneinander unabhängige dimensionslose Kennzahlen ermittelt. Die Anzahl an dimensionslosen Kennzahlen ergibt sich aus der Differenz zwischen der Anzahl der Einflußgrößen und der Basiseinheiten. Damit hat die Verwendung von dimensionslosen Kennzahlen (Kriteriengleichungen) in erster Linie den Vorteil, daß für einen physikalisch-technischen Zusammenhang die Anzahl der Kennzahlen geringer ist, als die Anzahl der Einflußgrößen. Weiterhin vereinfacht die dimensionslose Form eine Maßstabsübertragung. Diese ist allerdings nur dann zulässig, wenn die Kriteriengleichungen mit geometrisch ähnlichen Apparaten unterschiedlicher Größe bestimmt wurden. Aufgrund der Möglichkeit einer Maßstabsvergrößerung hat sich die Verwendung von Kriteriengleichungen vor allem im Ingenieurwesen durchgesetzt (s. z. B. Schriftwerke des VDI). Es ist allerdings von Nachteil, daß sich aus Kriteriengleichungen naturwissenschaftliche Zusammenhänge nur schwer erkennen lassen. In der Technischen Chemie werden sie insbesondere bei den mechanischen Grundoperationen und bei der Beschreibung des Zusammenhangs zwischen chemischer Reaktion und Stoff- oder Wärmetransport verwendet.

Wird die Rührerleistung ($\dot{W}$) für geometrisch ähnliche Apparate (Standardrührzellen) und für eine bestimmte Rührerform erfaßt[15], verbleiben für die **Dimensionsanalyse** als Einflußgrößen (neben $\dot{W}$)

– eine charakteristische Längenabmessung des Rührapparates, z. B. der Rührerdurchmesser d_A (die weiteren Abmessungen sind durch die Standardisierung und die Gesetzmäßigkeiten der Ähnlichkeit festgelegt),
– die Rührerdrehzahl N,
– die Dichte der zu rührenden Flüssigkeit ϱ,
– die Viskosität der zu rührenden Flüssigkeit μ, so daß gilt

$$\dot{W}_A = f(d_A, N, \varrho, \mu) . \tag{6.2}$$

Diese fünf Einflußgrößen ($\dot{W}_A, d_A, N, \varrho, \mu$) besitzen drei Basiseinheiten (kg, m und s). Daraus ergibt sich, daß die Rührleistung mit Hilfe von zwei dimensionslosen Kennzahlen (Π_1 und Π_2) zu erfassen ist. Während in der einen Kennzahl die Rührleistung $\dot{W}_A$ mit der Potenz 1 berücksichtigt wird, sollte sie in der zweiten Kennzahl nicht auftreten. Es gilt

$$\Pi_1 \Pi_2 = \dot{W}_A^1 d_A^\alpha N^\beta \varrho^\gamma \mu^\delta . \tag{6.3a}$$

Die Analyse der Basiseinheiten ergibt

$$\underset{\text{(dimensionslos)}}{\Pi_1 \Pi_2} = (\text{kg m}^2 \text{ s}^{-3})^1 \text{ m}^\alpha (\text{s}^{-1})^\beta (\text{kg m}^{-3})^\gamma (\text{kg m}^{-1} \text{ s}^{-1})^\delta \tag{6.3b}$$

bzw. für

- kg: $0 = 1 + \gamma + \delta$,
- m: $0 = 2 + \alpha - 3\gamma - \delta$ und
- s: $0 = -3 - \beta - \delta$.

Aus diesem Gleichungssystem resultiert

- $\alpha = -5 - 2\delta$,
- $\beta = -3 - \delta$ und
- $\gamma = -1 - \delta$.

Diese Größen werden in die Gl. (6.3a) eingesetzt:

$$\begin{aligned}\Pi_1 \Pi_2 &= \dot{W}_A^1 d_A^{-5-2\delta} N^{-3-\delta} \varrho^{-1-\delta} \mu^\delta \\ &= \underset{\text{(dimensionslos)}}{\frac{\dot{W}_A}{d_A^5 N^3 \varrho}} \underset{\text{(dimensionslos)}}{\left(\frac{d_A^2 N \varrho}{\mu}\right)^\delta} .\end{aligned} \tag{6.4a}$$

Dabei sind

$$\Pi_1 = \frac{\dot{W}_A}{d_A^5 N^3 \varrho} = Ne \quad \text{(Newton-Zahl-2), und} \tag{6.5}$$

$$\Pi_2 = \frac{d_A^2 N \varrho}{\mu} = Re_A \quad \text{(modifizierte Reynolds-Zahl)}. \tag{6.1}$$

Entsprechend der Dimensionsanalyse kann der Leistungsbedarf für das Rühren homogener Flüssigkeiten in Form der Newton-Zahl-2 Ne ausgedrückt werden*. Diese sollte lediglich eine Funktion der modifizierten Reynolds-Zahl Re_A sein. In Abb. 6.12 wird diese Abhängigkeit für unterschiedliche Rührerformen dargestellt:

1 Im laminaren Strömungsbereich ist die Newton-Zahl-2 Ne indirekt proportional der Reynolds-Zahl:

$$Ne = C\, Re^{-1} \tag{6.4b}$$

C Proportionalitätskonstante (abhängig von dem Rührertyp und den geometrischen Anordnungen innerhalb der Rührzelle)

bzw.

$$\frac{\dot{W}_A}{d_A^5 N^3 \varrho} = C \left(\frac{d_A^2 N \varrho}{\mu} \right)^{-1}. \tag{6.4c}$$

Daraus ergibt sich für die Rührerleistung

$$\dot{W}_A = C d_A^3 N^2 \mu . \tag{6.6}$$

2 Bei turbulenter Strömung wird der Einfluß der Viskosität der Flüssigkeit vernachlässigbar, so daß der Leistungsbedarf nur noch durch vier Einflußgrößen mit drei Basiseinheiten beschrieben wird. In diesem Bereich ist die Newton-Zahl-2 Ne unabhängig von der modifizierten Reynolds-Zahl. Mit einer konstanten Newton-Zahl-2 Ne gilt

$$\dot{W}_A = C d_A^5 N^3 \varrho . \tag{6.7}$$

Werden keine Strömungsbrecher in das Rührgefäß eingebaut, wird die Schwerkraft als sechste Einflußgröße (bei drei Basiseinheiten) zu berücksichtigen sein. Deshalb muß eine weitere Kenngröße zur Beschreibung des Leistungsbedarfs herangezogen werden. Aus der Dimensionsanalyse resultiert als zusätzliche Kennzahl die Froude-Zahl Fr_A. Sie wird als Verhältnis zwischen Trägheitskraft und Schwerkraft interpretiert:

$$Fr_A = \frac{N^2 d_A}{g}. \tag{6.8}$$

Es gilt

$$Ne = f(Re_A, Fr_A). \tag{6.9}$$

---

* Die Newton-Zahl stellt das Verhältnis zwischen Widerstands- und Trägheitskraft dar und wird zur Beschreibung von Strömungsmechanismen in der Hydrodynamik verwendet. Für die Strömung in Rührwerken wird die Newton-Zahl unter Einbeziehung der Rührerdrehzahl definiert. Daraus resultiert die oben angegebene Definitionsgleichung der Newton-Zahl-2. Oftmals, insbesondere in der englischsprachigen Literatur, wird die Newton-Zahl-2 als „Powernumber" bezeichnet[16].

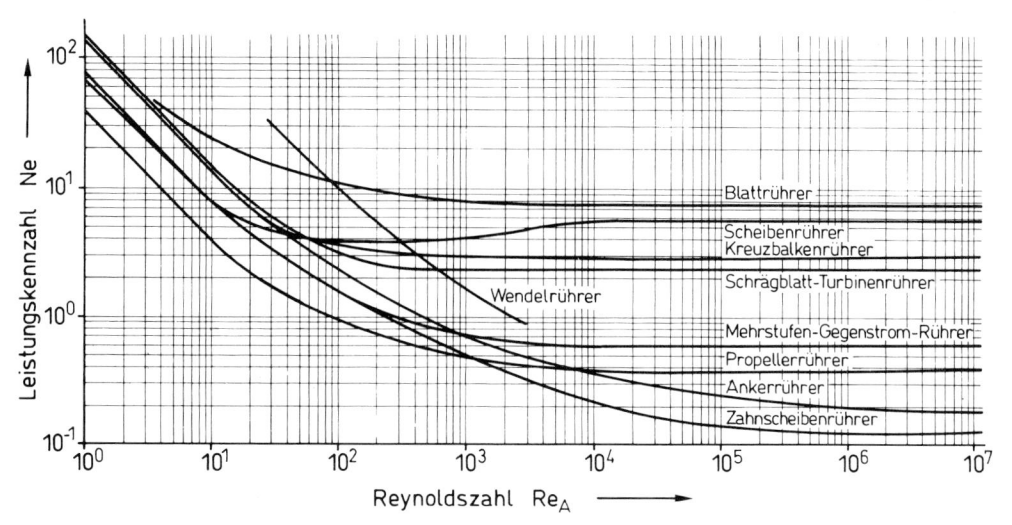

Abb. 6.12 Leistungscharakteristik für verschiedene Rührer (nach 3.6)

6.1.4 Begasen von Flüssigkeiten

Zum Begasen kann das Gas eingerührt oder eingepreßt werden. Für das Einrühren werden entweder die durch Sogbildung des Rührers erzeute Selbstansaugung von der Oberfläche her oder Hohlrührerkonstruktionen benutzt. Es ist klar, daß die eingerührte Gasmenge von der Drehzahl und der Form des Rührers abhängt. Ferner ist ein effektives Einrühren des Gases nur bis zu einer begrenzten Tiefe möglich. Mit zunehmender Begasungstiefe bedarf es eines steigenden Energieaufwands und spezieller Rührorgane. Als Beispiel sei die Oberflächenbelüftung in großflächigen Belebtbecken einer Kläranlage genannt. In der chemischen Industrie wird eine Begasung meist durch Einpressen des Gases in die Flüssigkeit erreicht. Das eingepreßte Gas besitzt oftmals eine so hohe kinetische Energie, daß diese zur Verteilung der Gasphase innerhalb der Flüssigkeit ausreicht. Wichtig dabei ist, daß die Gasphase schon beim Einleiten fein verteilt wird. Dafür wurden sowohl statische als auch dynamische Gasverteiler entwickelt[17]. Bei Verwendung von **statischen Gasverteilern** wird das Gas durch Poren eines Sintermaterials (Sinterplatten, Begasungskerzen) oder durch Bohrungen, die sich in einer Lochplatte bzw. in einem Ring befinden, gepreßt[18]. Die Verwendung von Sintermaterialien hat den Vorteil, daß die entstehenden Gasblasen sehr klein und gleichförmig sind. Sinterplatten neigen allerdings zur Verstopfung durch Verkrusten oder Verschmutzen. Deshalb wird in der Technik die Verwendung von Lochplatten bevorzugt. Dabei besitzen die einzelnen Bohrungen einen Durchmesser von 1 bis 5 mm. Die Summe der Querschnittsöffnungen aller Bohrungen liegt im Bereich von 0,5 bis 5% des Reaktorquerschnitts.

Dynamische Gasverteiler sind Zweistoffdüsen, die die kinetische Energie einer Treibflüssigkeit zur Erzeugung kleiner Blasen ausnutzen. Einen speziellen Typ von dynamischen Gasverteilern stellen die Radialstromdüsen dar. Sie werden in der biologischen Abwasseraufbereitung zum Gaseintrag bei der Hoch- oder Turmtechnologie angewendet. Wie die Abb. 6,13a, b zeigt, werden in einer ersten Zone (Primärzone) die Gasblasen durch die Einwirkung des Treibstrahls gebildet. Danach koaleszieren die Blasen zu größeren Einheiten, bis sich schließlich ein Gleichgewicht zwischen Gasblasenkoaleszenz und Blasenzerfall einstellt.

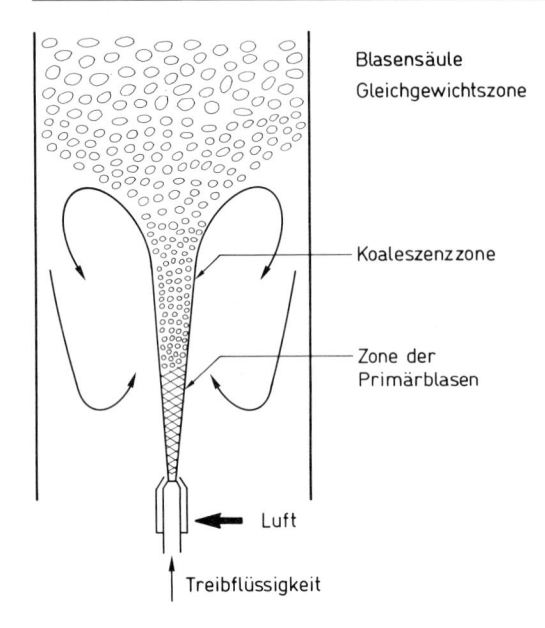

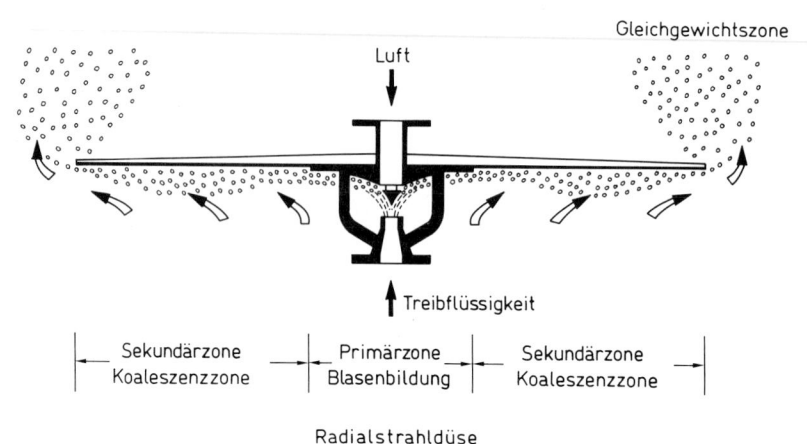

Abb. 6.13 a Funktionsweise eines dynamischen Gasverteilers [17],
b schematische Darstellung einer Radialstromdüse [19]

Insbesondere bei Fermentationsreaktoren, die oftmals Volumina von über 100 m³ besitzen, muß *gleichzeitig* Gas eingepreßt und gerührt werden. In die Berechnung des Energieeintrags gehen additiv die Leistung des Rührens (Berechnung s. Kap. 6.1.3) und die des Begasens ein. Dabei wird mit zunehmendem Gasvolumenstrom der durch das Rühren eingebrachte Anteil am gesamten Energieeintrag kleiner. Für die Berechnung des Energieeintrags durch das Einpressen von Gas muß sowohl die isotherme Expansionsenergie als auch die kinetische Energie des eingeleiteten Gases berücksichtigt werden [20, 21]:

$$\dot{W}_G = \dot{n}_G RT \ln (P_{L+G}/P_G) + 0{,}5 \dot{m}_G u_{G,0}^2 \,. \tag{6.10}$$

Der Quotient P_{L+G}/P_G stellt das Verhältnis von hydrostatischem Druck, der am Gasverteiler auf die dort austretenden Blasen wirkt, zum Druck oberhalb der Suspensionsphase dar. Zur Berechnung des Leistungsbedarfs in dimensionsloser Form müssen für das Rühren einer begasten Flüssigkeit (in Abweichung zur Berechnung bei unbegasten Flüssigkeiten) neben der Reynolds- und der Froude-Zahl die „Begasungszahl" [$\dot{V}_G/(N_１d_１^3)$] und der Volumenanteil des Gases am gesamten Gas/Flüssigkeits-Volumen berücksichtigt werden. Ferner sei angemerkt, daß bei sehr hohen Gasvolumenströmen die vom Rührer erzeugte Zirkulationsströmung zusammenbricht.

6.1.5 Emulgieren und Suspendieren

Beim **Emulgieren** dient die durch Rühren eingetragene Energie
- zur Bildung von vielen kleinen Tröpfchen, also zur Vergrößerung der Phasengrenzfläche zwischen dispergierter und kontinuierlicher Phase sowie
- der gleichmäßigen Verteilung der Tröpfchen innerhalb der kontinuierlichen Phase.

Für die Herstellung einer zeitlich stabilen Emulsion (Ausbildung sehr kleiner Tröpfchen) müssen kurzzeitig sehr hohe Kräfte auf engem Raum konzentriert werden. Die notwendigen spezifischen Leistungen können (im Extremfall) Werte bis zu 1500 kW m^{-3} annehmen. In der Praxis ist dies unter Anwendung eines Rotor-Stator-Systems möglich [3, 22]. Bei derartigen Systemen rotieren ein oder mehrere Zahnkränze sehr schnell neben einem oder zwischen mehreren feststehenden Zahnkränzen. Der sich zwischen den Zahnkränzen ausbildende Spalt muß klein sein, damit die resultierende Scherkraft möglichst groß wird. Die zu dispergierende Phase kann so auf Tröpfchen mit Durchmessern zwischen 0,5 und 80 μm zerteilt werden*. Für die Erzeugung von Emulsionströpfchen größer 80 μm (z. B. bei der Extraktion) ist die Verwendung von Rotor-Stator-Systemen nicht mehr erforderlich. Hier können mit raumgreifenden, speziell geformten Rührorganen die notwendigen spezifischen Leistungen von 3 bis 4 kW m^{-3} erbracht werden. Bei der Formgebung dieser Rührorgane muß insbesondere auf die Erzeugung von gegeneinander gerichteten Strömen, die einen hohen Impulsaustausch gewährleisten, Wert gelegt werden.

Unter **Suspendieren** versteht man das Aufwirbeln von Feststoffteilchen in einer Trägerflüssigkeit. Erinnert sei daran, daß viele Oxidationen, Hydrierungen und Chlorierungen zur Herstellung von organischen Zwischenprodukten in Suspensionsreaktoren (Blasensäulen oder Rührkessel) durchgeführt werden. Aber auch in der Aufbereitungstechnik sowie bei Polymerisationen und bei der Gewinnung von Biomasse werden Supensionsreaktoren verwendet. Wie beim Emulgieren sollten auch beim Suspendieren die Rührorgane gegeneinander gerichtete Ströme mit hohem Impulsaustausch erzeugen [6]. Darüber hinaus ist zu beachten, daß die Erzeugung einer Auftriebswirkung der Sedimentation der Feststoffteilchen entgegenwirkt [24].

Im allgemeinen müssen die Feststoffteilchen innerhalb der Trägerflüssigkeit nicht völlig gleich verteilt sein. Als Maß für diese Verteilung, bzw. als Güte für die Suspension, wird die Varianz herangezogen [3]. Die Varianz ist eine statistische Größe, für deren Ermittlung in 10 bis 20 Proben (gleichmäßig über das Supensionsvolumen entnommen) der Feststoffvolumenanteil ermittelt wird. Die Varianz errechnet sich dann nach folgender

---

* Insbesondere in der kosmetischen Industrie wird zur Herstellung von langzeitstabilen Öl-in-Wasser-Emulsion eine andere Methode, die „Phaseninversionstemperatur-Methode" (PIT-Methode), verwendet. Dabei wird eine mit nichtionischen Emulgatoren stabilisierte Öl-in-Wasser-Emulsion (grobe Verteilung der Öltröpfchen) durch Temperaturerhöhung auf 60 bis 90 °C in eine Wasser-in-Öl-Emulsion überführt. Durch anschließende Abkühlung bildet sich eine Öl-in-Wasser-Emulsion mit derart feinen Öltröpfchen, daß die Brownsche Bewegung die Emulsion stabil hält [23].

Gleichung:

$$\sigma^2 = \frac{\sum_{i=1}^{k}\left(\frac{\varepsilon_i^S}{\varepsilon_h^S} - 1\right)^2}{k} \tag{6.11}$$

ε_i^S Volumen des Feststoffs im Flüssigkeits/Feststoff-Volumen der i-ten Probe
ε_h^S Volumen der Gesamtmenge des Feststoffs am gesamten Flüssigkeits/Feststoff-Volumen
k Anzahl der Proben

$\sigma^2 = 1$ ist gleichbedeutend damit, daß die Abweichung von der homogenen Verteilung maximal ist. In der Praxis heißt dies, daß alle Feststoffteilchen am Boden liegen.

$\sigma^2 = 0{,}95$ bedeutet, daß die meisten Teilchen in Bodennähe schweben. Damit ist bereits der „Suspendierpunkt", also ein vollständiges Suspendieren, erreicht. Für die experimentelle Bestimmung dient in der Regel das „1-Sekunden-Kriterium". Dies ist eine etwas willkürliche Definition, die besagt, daß die einzelnen Feststoffteilchen nicht länger als 1 s den Behälterboden „berühren" dürfen.

$\sigma^2 = 0{,}5$ heißt „100%iges Suspendieren". Oft bedeutet dies, daß die Feststoffteilchen bis zu einer Höhe von 90% der Flüssigkeitshöhe verteilt sind („Schichthöhenkriterium"). Für eine derartige Verteilung muß ungefähr dreimal mehr Energie aufgewendet werden, als zum Erreichen des vollständigen Suspendierens notwendig ist. Ein „100%iges Suspendieren" reicht in der Regel für feststoffkatalysierte Reaktionen aus (verteilte Feststoffteilchen $\cong$ Katalysator). Eine vollständigere Verteilung der Katalysatorteilchen wäre reaktionstechnisch und energetisch nicht sinnvoll.

$\sigma^2 = 0{,}25$ wird als homogenes Suspendieren bezeichnet. Der notwendige Energieaufwand ist ca. 10mal höher als beim vollständigen Suspendieren. Ein derart energieaufwendiges Verteilen des Feststoffs in der Trägerflüssigkeit ist bei einigen hydrometallurgischen Prozessen notwendig.

Ein formelmäßiges Erfassen des Strömungs- bzw. des Suspendierzustands ist zur Zeit lediglich ansatzweise möglich. So ist z.B. der zum Erreichen des 90%-Kriteriums notwendige Energieeintrag von der Leistung des Rührers, der vom Teilchenschwarm ausgeübten Leistung (Sink- oder Schlupfleistung) sowie der Reibungs- und Stoßverluste des Flüssigkeitsstroms im Rührbehälter abhängig. Diese Energiebeiträge sollten bei Verwendung eines Rührkesselreaktors dreidimensional (isotrop) erfaßt werden. Dies ist zur Zeit nicht möglich. Für ein modellmäßiges Erfassen muß daher auf Modelle mit definierten Strömungswegen zurückgegriffen werden. Nach Kraume und Zehner[25] ist so eine formelmäßige Abschätzung, der für das Erreichen des 90%-Kriteriums notwendigen Leistung, möglich.

6.1.6 Rühren zur Verbesserung des Wärmeaustausches

Durch Rühren kann der Wärmeübergang zur Wand des Rührkessels bzw. zu den Kühl- bzw. Heizaggregaten verbessert werden[26]. Wie bereits im Kap. 2.2.1, Wärmetransport durch Konvektion, beschrieben wurde, ist die Wärmestromdichte (übertragene Wärmemenge pro Zeit und Wärmeaustauschfläche) proportional zur treibenden Temperaturdifferenz. Als Proportionalitätsfaktor dient der Wärmeübergangskoeffizient, der meist (gemeinsam mit einem typischen Apparatemaß und der Wärmeleitfähigkeit des Fluids) in Form der Nusselt-Zahl angegeben wird. Die Nusselt-Zahl ist wiederum eine Funktion der Reynolds- und der Prandtl-Zahl. Für den Wärmeübergang in Rührkesseln muß die Kriteriengleichung erweitert werden. Als zusätzliche dimensionslose Größe wird die auf die Viskosität von Wasser normierte Viskosität μ/μ_{Wasser} eingeführt. Näherungsweise gilt folgende Kriteriengleichungen (turbulenten Strömungsbereich $2{,}5 \cdot 10^2 < Re < 7{,}0 \cdot 10^5)^3$

$$Nu = C\, Re^{2/3}\, Pr^{1/3}\, (\mu/\mu_{Wasser})^{0{,}14} \tag{6.12}$$

mit (typischerweise)

$$0{,}33 < C < 0{,}73$$

$C \approx 0{,}5$ für axialfördernde Rührer, $C > 0{,}6$ für radialfördernde Rührer.

6.2 Flüssigkeitsverteilung in der Gasphase

6.2.1 Kriterien zur Flüssigkeitsverteilung

Das Verteilen und Vermischen von Flüssigkeiten, Flüssigkeitsgemischen, Lösungen, Suspensionen, Schmelzen oder Dämpfen in und mit einer Gasphase dient in der Verfahrenstechnik

- einer gleichmäßigen Flüssigkeitsaufgabe:
  - in gepackten Säulen (Flüssigkeitsverteiler in Rektifizierkolonnen und Absorbern),
  - beim Beschichten (z. B. das Aufspritzen von Farbstoffen),
  - beim Reinigen von festen Flächen oder bei einer Behälterinnenreinigung und
  - in Berieselungs- sowie Beregnungsanlagen;
- der Schaffung einer großen Phasengrenzfläche zwischen flüssiger Phase und Gasphase
  a zur Verbesserung des Stofftransports:
  - das Befeuchten von Luft,
  - das Verbrennen von flüssigen Brennstoffen sowie
  - verschiedene Gaswäschen (z. B. durch Venturi-Wäscher);

  b zur Verbesserung des Wärmetransports bei:
  - der Kondensation von Dämpfen mittels Einspritzkondensatoren und
  - dem Quenchen zum schnellen Kühlen von Reaktionsgasen (z. B. bei der Wäsche und dem Abkühlen von Rauchgasen aus der Müllverbrennung);

  c zur Verbesserung sowohl des Stoff- als auch des Wärmetransports:
  - Sprühtrocknung, Suspensions- und Emulsionszerstäubung (Herstellung von Waschpulvern, Instantgetränken, Katalysatorträgermaterialien).

An die Flüssigkeitsverteilung innerhalb der Gasphase werden folgende technische Anforderungen gestellt:

- enge Tropfengrößenverteilung,
- räumlich gleichmäßiges Versprühen oder eine definierte Form des Sprühstrahls,
- niedriger Energiebedarf,
- Schaffung einer großen Gas/Flüssigkeits-Grenzfläche,
- guter Impulsaustausch zwischen dem treibenden Gasstrom und der Flüssigkeit bei pneumatischen Pumpen und bei Strahlpumpen sowie
- sicherer Betrieb (insbesondere Unempfindlichkeit gegenüber Verstopfungen).

360 6 Mischen als verfahrenstechnische Grundoperation

Eine Einteilung der zum Zerstäuben verwendeten Düsen erfolgt entsprechend der von ihnen erzeugten Strahlform [5, 27]:

- Die Erzeugung eines glatten, geschlossenen und glasklaren **Vollstrahls** mit definierter Strahllänge gewährleistet eine punktförmige, gebündelte Strahlkraft (wichtig bei verschiedenen Schneid- und Reinigungsprozessen). Ferner wird ein derartiger Strahl in „Laminarstrahlabsorbern" benötigt. Dies sind typische Laborabsorber für reaktionskinetische Untersuchungen zum Stoffübergang Gas/Flüssigkeit. Geringste Verunreinigungen oder eine Kalkablagerung am Düsenmund bewirken ein deutliches Herabsetzen der Länge des Vollstrahls.
- Düsen für den **Vollkegelstrahl** erzielen eine weitestgehend gleichmäßige Flüssigkeitsverteilung über eine Kreisfläche (in Abb. 6.14a dargestellt). Eine derartige Strahlform ist für die Flüssigkeitsbeaufschlagung in Rektifikations- und Absorptionskolonnen wichtig.
- Eine in Abb. 6.14b gezeigte Strahlform wird als **Hohlkegelstrahl** bezeichnet und läßt sich mit Hilfe von Dralldüsen erzeugen. Die Drallwirkung wird durch spiralartige

Abb. 6.14 Strahlformen von Düsen [27].
a Vollkegelstrahl, b Hohlkegelstrahl, c Flachstrahldüse

Nuten, die den axial fließenden Strom verwirbeln (Axialhohlkegeldüsen), oder durch eine tangentiale Einspeisung des zu versprühenden Stroms in die Düse (Hohlkegelexzenterdüsen) erzielt.
- Als Sprühbild des **Flachstrahls** bildet sich eine Linie aus (Abb. 6.14c). Eine derartige Strahlform kann durch eine Anfräsung der ansonsten zylindrischen Düsenöffnung erzeugt werden.

6.2.2 Abtropfen, Strahl- und Lamellenzerfall

Beim Verteilen einer Flüssigkeit wird deren Oberfläche (Phasengrenzfläche) vergrößert. Um die Oberflächenspannung zu kompensieren, muß Energie aufgebracht werden. Dies kann im einfachsten Fall mit Hilfe der Schwerkraft geschehen. Läßt man eine Flüssigkeit aus einer kreisförmigen Öffnung (einem Hahn oder einer Düse) sehr langsam ausfließen, bildet sich ein stets größer werdender Tropfen. Dieser Tropfen wird durch die Kraft der Oberflächenspannung getragen und kann einen Durchmesser d^P annehmen, der größer als der Durchmesser der kreisförmigen Öffnung d_D ist. Wenn jedoch der Betrag der Schwerkraft den der Oberflächenspannungskraft erreicht, löst sich der Tropfen. Der Durchmesser des dann abfallenden Tropfens läßt sich bei nicht zu großem und ideal geformtem Düsenmund durch eine Kräftebilanz (Schwerkraft = Oberflächenspannungskraft) berechnen [5]:

$$d^P = \sqrt[3]{\frac{6\sigma^L d_D}{\varrho^L g}} \ . \tag{6.13}$$

So berechnet sich für Wasser bei einer Temperatur von 20 °C [die Stoffeigenschaften von reinem, gasgesättigten Wasser (ohne Zusätze) sind z. B. dem VDI-Wärmeatlas zu entnehmen] und einem Düsendurchmesser von 1 mm eine Tropfengröße von 3,55 mm.

Durch Abtropfen kann man auf relativ einfache Art sehr gleichmäßige Tropfen erzeugen. Für ein sehr feines Verteilen einer Flüssigkeit in einer Gasphase sind die durch Abtropfen erzeugten Partikel jedoch zu groß. Darüber hinaus ist der erreichbare Volumenstrom für die meisten technischen Anwendungsgebiete nicht ausreichend. Deshalb wird durch die Anwendung von Überdruck die Austrittsgeschwindigkeit der Flüssigkeit am Düsenmund gesteigert (**Druckdüsen**). Dies führt, bei nicht zu hohem Überdruck, zur Ausbildung eines Flüssigkeitsstrahls bzw. einer Flüssigkeitslamelle. Schon nach kurzer Fallstrecke zerfallen diese in einzelne Tropfen. Eine weitere Erhöhung der Austrittsgeschwindigkeit führt zur Ausbildung einer wellenförmigen Schwingung des Flüssigkeitsstrahls. Der Zerfall in einzelne Tropfen wird jetzt als „Zerwellen" bezeichnet. Bei noch höherer Düsenaustrittsgeschwindigkeit werden sich die Flüssigkeitstropfen schon unmittelbar am Düsenmund bilden. Die Tropfengrößenverteilung ist dabei recht groß und, auf die Berieselungsfläche bezogen, ungleichmäßig. Ein derartiger Sprühstrahl entspricht in der Regel nicht den technischen Anforderungen. Zum Erreichen dieser Zielsetzungen werden meist der Strahl- und der Lamellenzerfall ausgenutzt.

Die Arbeitsweise von Zerstäubern beruht auf der Erzeugung einer Druckdifferenz in Kombination mit anderen mechanischen oder physikalischen Vorgängen. Dies wären z. B. die Kombinationen zwischen Druck und Vibration, Druck und Ultraschall oder zwischen Druck und Prall. Technisch von großer Bedeutung ist die Kombination von Druck und Drehimpuls (Dralldüsen). Bei den **Dralldüsen** wird durch eine tangentiale Zuführung der

Flüssigkeit, bzw. durch den Einbau eines Drallkörpers, ein Drehimpuls erzeugt. Am Düsenmund wird die tangentiale Bewegung durch die axial gerichtete Austrittsbewegung überlagert. Aus beiden Bewegungsrichtungen resultiert die Ausbildung einer kegelförmigen Flüssigkeitslamelle. Die Aufweitung dieses Kegels führt dazu, daß die Lamelle immer dünner wird und schließlich in einzelne Tropfen zerfällt. Bei höheren Strömungsgeschwindigkeiten wird der Lamellenzerfall durch die Ausbildung von Wellen begünstigt. Die Flüssigkeitslamelle zerfällt unter diesen Bedingungen in Bruchstücke definierter Größe, so daß sich anschließend Tropfen mit sehr einheitlicher Größe bilden.

Neben der Verwendung eines Überdrucks können die Saugwirkung eines Gasstroms (pneumatische Düsen) und die Fliehkraft (Fliehkraftzerstäuber) zum Versprühen ausgenutzt werden. Bei den **pneumatischen Düsen** handelt es sich um Zweistoffdüsen (Flüssigkeits- und Gasstrom). Prinzipell beruht die Zerstäubung in Zweistoffdüsen darauf, daß durch die unterschiedliche Strömungsgeschwindigkeit des Gas- und Flüssigkeitsstroms Druckwellen erzeugt werden, die ein Aufreißen des Flüssigkeitsstroms in feine Tröpfchen bewirken[5, 28]. Die Wirkung kann durch Verdrallen der Ströme verstärkt werden. Pneumatische Düsen ermöglichen ein Zerstäuben von Fluiden mittlerer bis hoher Viskosität bei niedrigem Druck sowie den Einbau einer Volumenstromregelung. Eine hohlkegelförmige Flüssigkeitslamelle läßt sich allerdings nicht erzeugen. Bei den **Fliehkraftzerstäubern** wird die Flüssigkeit auf die Innenwand eines schnell rotierenden Bechers bzw. auf ein rotierendes Zerstäuberrad gegeben. Durch die Rotation wird der Flüssigkeitsfilm vom Rand des Bechers (des Zerstäuberrades) weggeschleudert und zerfällt schließlich in einzelne Tropfen. Aufgrund der Form der Ablösung des Flüssigkeitsfilms wird unterschieden zwischen Tropfen-, Faden- und Lamellenablösung. Technisch interessant ist die Fadenablösung (s. Abb. 6.15), da sie zu einer sehr engen Tropfengrößenverteilung führt.

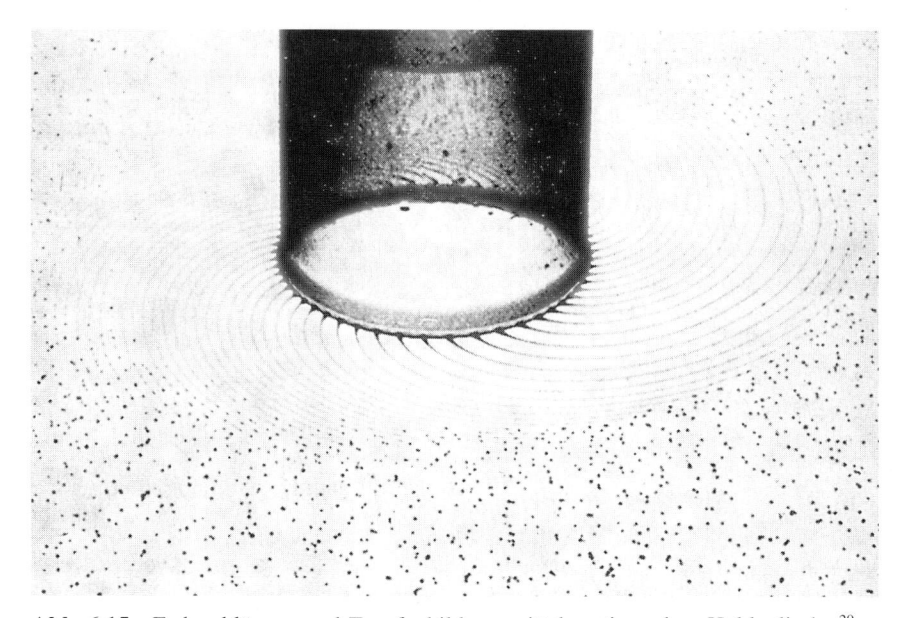

Abb. 6.15 Fadenablösung und Tropfenbildung mittels rotierendem Hohlzylinder[29]

6.2.3 Einflußgrößen und Auswahlkriterien beim Zerstäuben

Da mit dem Zerstäuben die Grenzfläche zwischen versprühtem Fluid und umgebender Gasphase vergrößert wird, ist es naheliegend, daß der Energiebedarf für das Zerstäuben von der Oberflächenspannung und dem Ausmaß der Oberflächenvergrößerung abhängt. Die Oberflächenenergie ist allerdings nur ein kleiner Teil der zur Erzeugung von Tropfen tatsächlich erforderlichen Energie. In der Regel werden über 99% des Energiebedarfs für die Erzeugung von Translations- und Rotationsschwingungen sowie für das Überwinden von Reibungswiderständen verbraucht. Aufgrund des komplexen Zusammenwirkens der Einflußgrößen ist eine exakte Vorausberechnung der Zerstäubungsenergie nicht möglich. Man ist deshalb auf die experimentell ermittelten Angaben der Hersteller von Düsen angewiesen.

Eine typische technische Aufgabenstellung ist die Erzeugung von Tröpfchen einer vorgegebenen Größe. Dabei sind in der Regel der Fluidstrom und die Tropfengrößenverteilung vorgegeben. Durch die Forderung nach einer engen Tropfengrößenverteilung kommen als Zerstäubertypen entweder Druckdüsen mit Lamellenzerfall (Hohlkegeldüsen) oder Fliehkraftzerstäuber, die im Fadenablösungsbereich arbeiten, in Frage. In der Verfahrenstechnik werden besonders häufig Hohlkegeldüsen mit Lamellenzerfall verwendet. Ein Zerfall durch Zerwellen wird bevorzugt. Bei geometrisch ähnlichen Düsen verbleiben als Einflußparameter für die Auslegung

- die Strömungsgeschwindigkeit,
- der Durchmesser des Düsenmunds (als charakteristische geometrische Größe) sowie
- die Dichte und die Oberflächenspannung der Flüssigkeit (Dahl und Muschelknautz [30] beziehen in ihre Berechnungen auch die Eigenschaften der Gasphase ein).

Die Größen lassen sich zu einer dimensionslosen Kennzahl (der Weber-Zahl = Trägheitskraft/Oberflächenkraft) zusammenfassen [5, 31]:

$$We = \frac{\varrho^L u^2 d_D}{\sigma} \,. \tag{6.14}$$

Ferner erfordert die Beschreibung des Zerfallsvorgangs die Kenntnis der Lamellendicke δ, die ihrerseits in dimensionsloser Form $\varkappa$ angeben wird. Da die Lamellendicke experimentell nur schwer zugänglich ist, wird $\varkappa$ als Funktion der einfach zu messenden (oder vom Hersteller der Düsen angegebenen) Größen Volumenstrom $\dot{V}$, Querschnittsfläche des Düsenmunds A_D, Druckverlust in der Düse ΔP und Sprühwinkel φ angegeben (s. Abb. 6.17):

$$\varkappa = 1 / \left[8{,}89 \sin (\varphi/2) \sqrt{Eu} \, \right] \tag{6.15}$$

Eu   Euler-Zahl = Druckkraft/Trägheitskraft

$$Eu = \frac{A_D^2 \, \Delta P}{\dot{V}^2 \varrho^L} \,. \tag{6.16}$$

Für die Mehrheit der technisch interessierenden Gas/Flüssigkeits-Systeme (Dichteverhältnis: $0{,}3 \cdot 10^{-3} < \varrho^G/\varrho^L < 2{,}0 \cdot 10^{-3}$ und näherungsweise reibungsfreie Strömung, als Kriterium gilt: $\mu^L / \sqrt{\varrho \sigma d_D} \Rightarrow 0$) tritt das Zerwellen unter folgender Bedingung ein:

$$\varkappa \, We > 520 \,. \tag{6.17}$$

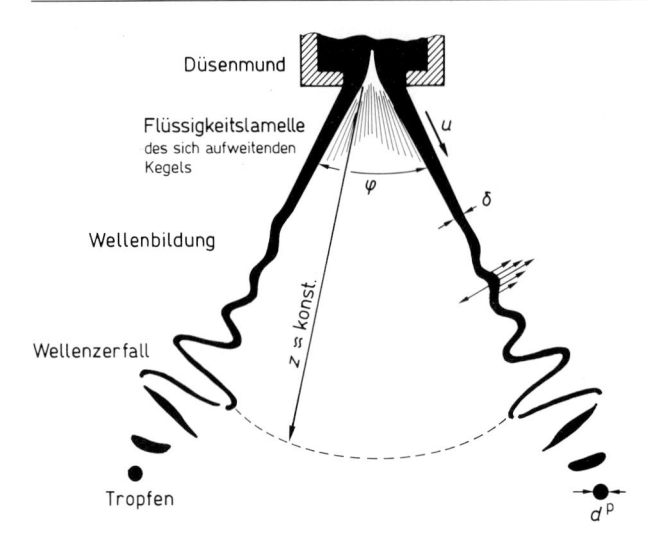

364   6 Mischen als verfahrenstechnische Grundoperation

Abb. 6.16 Zerwellen einer hohlkegelförmigen Lamelle und Ausbildung der Tropfen

Eine Aussage zur Tropfengröße läßt sich beim Zerwellen daraus ableiten, daß die Flüssigkeitslamelle jeweils an den Wellenbergen zerfallen (s. Abb. 6.16), wodurch sich gleich große Bruchstücke ausbilden. Diese ziehen sich anschließend zu Tropfen mit dem Durchmesser d^P zusammen. Experimentell ermittelte Befunde belegen, daß sich bei der Verwendung von Hohlkegeldüsen der auf den Durchmesser des Düsenmunds bezogene Tropfendurchmesser berechnen läßt[5]:

$$\frac{d^P}{d_D} = 1{,}20 (\varkappa/We)^{1/3} \left(\varrho^G/\varrho^L\right)^{-1/6} . \tag{6.18}$$

Beispiel:
In einem Sprühtrockner wird eine Flüssigkeit mit einer Dichte von 900 kg/m³, einer Oberflächenspannung von 0,045 N/m und einer dynamischen Viskosität von 0,003 kg/(ms) in einem Gas mit einer Dichte von 1,2 kg/m³ zerstäubt. Zur Zerstäubung von 0,72 m³/h dieser Flüssigkeit ist eine Axialhohlkegeldüse mit einem Durchmesser des Düsenmunds von 4 mm und einem Sprühwinkel von 90° vorgesehen. Die Druckdifferenz in der Düse soll 1 MPa betragen. Wie groß ist der erzielte Tropfendurchmesser?
(Die Aufgabe wurde aus [5] entnommen.)

Lösung:

Gl. (6.16) ergibt $Eu = 4{,}39$,

mit Gl. (6.15) ist demzufolge $\varkappa = 0{,}076$,

$u = \dot{V}/(\tfrac{1}{4}\pi d_D^2) = 15{,}91$ m/s,

mit Gl. (6.14) errechnet sich $We = 20\,300$,

so daß gilt (s. Gl. 6.18)

$$\frac{d^P}{d_D} = 0{,}0562,$$

$$d^P = 0{,}225 \text{ mm}.$$

Bei einem Dichteverhältnis zwischen Gasphase und Flüssigkeit von $\varrho^G/\varrho^L < 0{,}2 \cdot 10^{-3}$ (niedrige Gasdrücke) sowie bei dispersen Fluiden (Suspensionen oder Emulsionen) ist die Anwendung der Gl. (6.18) und (6.20) nicht mehr zulässig. Der Lamellenzerfall geht unter diesen Bedingungen aufgrund der Inhomogenität nicht mehr vom Rand der Lamelle, sondern von sich bildenden Löchern aus, die die Lamellenfläche zerreißen [31]. Die Lamellendicke ist am Ort der Lochbildung dicker, als es die Gl. (6.15) angibt. Dies führt zu Tropfen, die 1,2- bis 1,5mal größer sind als beim „Zerwellen". Ferner ist die Tropfengrößenverteilung breiter.

Auswahlkriterien von Zerstäubern

Die am weitesten verbreiteten Zerstäuber sind die Druckdüsen. Diese unterteilen sich wie folgt: Düsen mit

- Strahlzerfall (Vollkegeldüsen) sowie
- Lamellenzerfall:
  - Hohlkegeldüsen mit tangentialem Einlauf,
  - Axialhohlkegeldüsen und
  - Flachstrahldüsen (auch als Fächerstrahldüsen bezeichnet).

Tab. 6.2 Auswahlkriterien von Zerstäubern [5]

Düsenart	Anmerkungen	technische Anwendungen
Druckdüsen	konstanter Volumenstrom erforderlich	
mit Strahlzerfall	breite Tropfengrößenverteilung geringer Energiebedarf	Besprühen großer Flächen, Gegenstromsprühtrocknung
mit Lamellenzerfall	enge Tropfengrößenverteilung	Stofftransportprozesse
Hohlkegeldüsen mit tangentialem Einlauf	geringer Energiebedarf, nur für niedrige Zähigkeiten	Sprühtrocknung, Absorptionsprozesse
Axialhohlkegeldüsen	große Verstopfungsgefahr	Brennstoffzerstäubung, Sprühtrocknung
Flachstrahldüsen	Form des Sprühstrahls, höherer Energiebedarf	Beschichten ebener Flächen, Reinigen fester Flächen
pneumatische Düsen	enge Tropfenverteilung, für hohe Zähigkeiten geeignet, Volumenstrom variabel, hohe Druckluftkosten	Emulsions- und Suspensionszerstäubung (z. B. Sprühtrocknung)
Fliehkraftzerstäuber	enge Tropfengrößenverteilung bei Fadenablösung, Volumenstrom variabel, geringe Verstopfungsgefahr	Sprühtrocknung, Emulsions- und Suspensionszerstäubung

Vollkegeldüsen dienen dem „gleichmäßigen" Besprühen großer Flächen. Hohe Anforderungen an die Tropfengrößenverteilung sowie an das Vorhandensein besonders kleiner Tropfengrößen dürfen nicht gestellt werden. Die Tropfen sind im Vergleich zu Hohlkegeldüsen 5- bis 10mal größer (bei gleichem Durchmesser des Düsenmunds und gleichem Druckverhältnis). Für die Auslegung von Vollkegeldüsen gibt es keine zuverlässigen Berechnungsgleichungen. Hohlkegeldüsen dienen insbesondere zum Zerstäuben, da durch den Zerfall der kegelförmigen Lamelle kleine Tropfen mit sehr gleichmäßiger Größe gebildet werden. Im Vergleich zwischen Hohlkegeldüsen mit tangentialem Einlauf und Flachstrahldüsen muß festgehalten werden, daß die Hohlkegeldüsen bei gleichen Düsenabmessungen kleinere Drücke benötigen, um gleich große (kleine) Tropfen zu erzeugen. Mit zunehmender Viskosität der Flüssigkeit wird durch den tangentialen Einlauf der Betriebsbereich von Hohlkegeldüsen stark eingeschränkt. Deshalb ist bei hohen Zähigkeiten die Verwendung von Flachstrahldüsen günstiger. Ferner sind Flachstrahldüsen aufgrund ihres Sprühbilds zum Beschichten von ebenen Flächen besser geeignet. Eine Übersicht über die Auswahlkriterien von Zerstäubern, die auch Axialhohlkegeldüsen, pneumatische Düsen und Fliehkraftzerstäuber mit Fadenablösung einbezieht, ist in Tab. 6.2 gegeben.

Literatur

1 Schneider, G. (1980), Kontinuierliches Mischen von Flüssigkeiten mit statischen Mischern, Sonderdruck aus Chemische Rundschau 33/1980.
2 Kneule, F. (1986), Rühren, DECHEMA, Frankfurt.
3 Wilke, H.-P., Weber, C., Fries, T. (1988), Rührtechnik – Verfahrenstechnische und apparative Grundlagen, A. Hüthig Verlag, Heidelberg.
4 Chapman, C. M., Nienow, A. W., Cook, M. (1983), Chem. Eng. Res. Des. **61**, 167.
5 Zogg, M. (1987), Einführung in die Mechanische Verfahrenstechnik, 2. Aufl., B. G. Teubner, Stuttgart.
6 EKATO-Handbuch der Rührtechnik, Kap. Rührsysteme RS. 1, Firmeninformation.
7 EKATO-Handbuch der Rührtechnik, Kap. Hydrometallurgie HM.1, Firmeninformation.
8 Henzler, H.-J. (1978), VDI-Forschungsheft Nr. 587.
9 Diel, A. (1993), Verfahrenstechnische Grundlagen des Homogenisierens, aus Rührtechnik, Stelzer Rührtechnik GmbH.
10 Schönemann, E., Mengler, F., Hein, J. (1994), Chem. Ing. Tech. **66**, 865.
11 Wetzler, H. (1985), Kennzahlen der Verfahrenstechnik, A. Hüthig Verlag, Heidelberg.
12 Pawlowski, J. (1971), Die Ähnlichkeitstheorie in der physikalisch-technischen Forschung, Springer-Verlag, Heidelberg, Berlin.
13 Zlokarnik, M. (1990), Dimensional Analysis, in Ullmann's Encyclopedia of Industrial Chemistry, 5. Aufl., Vol. B1, VCH Verlagsgesellschaft mbH, Weinheim.
14 Zlokarnik, M. (1994), Nachr. Chem. Tech. Lab. **42**, 485.
15 Philipp, H. (1980), Einführung in die Verfahrenstechnik, Salle u. Sauerländer, Frankfurt, Aarau.
16 Nienow, A. W., Miles, D. (1971), Ind. Eng. Chem. Process Des. Dev. **10**, 41.
17 Deckwer, W.-D. (1985), Reaktionstechnik in Blasensäulen, Salle u. Sauerländer, Frankfurt, Aarau.
18 Fair, J. R. et al. (1984), Liquid-Gas Systems (Kap. 18), in Perry's Chemical Engineers' Handbook, McGraw-Hill, New York.
19 Fonds der Chemischen Industrie (1990), Biologische Reinigung chemischer Abwässer, Computerprogramme des Fonds der Chemischen Industrie, Frankfurt.
20 Henzler, H.-J. (1982), Chem. Ing. Tech. **54**, 461.
21 Hassan, I. T. M., Robinson, C. W. (1977), AIChE J. **23**, 48.
22 Seßlen, W. (1991), Chem.-Techn. **20**, 6, 16.
23 Förster, T. et al. (1994), Henkel-Referate **30**, 96.
24 Einenkel, W.-D. (1977), Chem. Ing. Tech. **49**, 697.
25 Kraume, M., Zehner, P. (1995), Chem.-Ing.-Tech. **67**, S. 280.
26 Einenkel, W.-D. (1979), vt – verfahrenstechnik **13**, 790.
27 Lechler GmbH + Co KG (1989), Die ganze Welt der Düsentechnik, Firmeninformation.
28 Spraying Systems (1991), Verfahrenstechnik **3**, 36.
29 Grassmann, P. (1983), Physikalische Grundlagen der Verfahrenstechnik, 3. Aufl., Salle u. Sauerländer, Frankfurt, Aarau.
30 Dahl, H. D., Muschelknautz, E. (1992), Chem. Ing. Tech. **64**, 961.
31 Walzel, P. (1982), Chem. Ing. Tech. **54**, 313.
32 Brauer, H. (1971), Grundlagen der Einphasen- und Mehrphasenströmung, Sauerländer, Aarau, Frankfurt, S. 119.

Kapitel 7
Mechanische Trennverfahren

7.1 Feststoffabtrennung aus Flüssigkeiten

7.1.1 Sedimentieren und Zentrifugieren

Das Abtrennen von Feststoffen aus Flüssigkeiten mittels Sedimentation dient in der Verfahrenstechnik vorrangig zum Eindicken oder zum Klären. Typische Anwendungsbeispiele sind:

- Herstellung von Aluminiumoxid nach dem Bayer-Verfahren,
- Klärung und Aufarbeitung von Salzsolen,
- metallurgische Prozesse [z. B. zur Gewinnung von Kupfer, Eisen, Blei, Nickel und Zink sowie die Erzlaugung mittels Cyaniden (Goldgewinnung)],
- Abwasserreinigung und
- Aufarbeitung von Phosphatschlämmen.

7.1.1.1 Modellmäßige Beschreibung des Sedimentierens

Unter Sedimentation wird das Absetzen von Feststoffteilchen aus einer Trübe oder aus einer Suspension unter der Wirkung der Schwerkraft verstanden. Die Geschwindigkeit des Absetzens ist von der Korngröße, der Dichte der Feststoffe und der umgebenden Flüssigkeit (Trägerflüssigkeit) sowie der Reibung zwischen Feststoffteilchen und Flüssigkeit abhängig. Zur Beschreibung der Sedimentation wurden verschiedene Modelle entwickelt[1]. Hier soll ein vereinfachtes Modell vorgestellt werden, das auf folgenden Annahmen beruht:

- Die suspendierten Feststoffteilchen sind nicht porös, inkompressibel und weisen eine kugelförmige Gestalt mit glatter Oberfläche auf, sie bewegen sich frei und unabhängig, sie beeinflussen sich nicht gegenseitig.
- Das fluide Medium ist ebenfalls inkompressibel und räumlich so weit ausgedehnt, daß Wandeffekte vernachlässigbar sind.
- Das auf die Suspension von außen einwirkende Kraftfeld sei während des Sedimentationsvorgangs konstant.
- Thermischer Auftrieb wird nicht berücksichtigt.

Unter Berücksichtigung dieser Annahmen gilt (s. Kap. 1.3.2.2, Ausbildung von Wirbelschichten):

$$\text{Gewichtskraft} - \text{Auftriebskraft} - \text{Reibungskraft} - \text{Trägheitskraft} = 0 \, . \qquad (7.1)$$

Der Sedimentationsvorgang läßt sich wie folgt beschreiben:

Bei Einsetzen des Kraftfeldes beginnt das Absetzen der Teilchen, dabei werden die Teilchen zunächst beschleunigt. In dieser Phase muß die Trägheitskraft bei der Kräftebilanzierung berücksichtigt werden, da sie die zeitliche Änderung der Fallgeschwindigkeit (du/dt) beeinflußt. Beim Sedimentieren eines Feststoffteilchens in einer Flüssigkeit ist die

Beschleunigungsphase meist sehr kurz. Nach dieser Phase wirkt die Trägheitskraft nicht mehr und die Fallgeschwindigkeit ist konstant. Unter Berücksichtigung der kugelförmigen Gestalt der Teilchen gilt für die verbleibenden Kräfte:

a   Gewichtskraft – Auftriebskraft = $1/6\,\pi d^3(\varrho^P - \varrho^L)\,g$ (7.2)

b   Reibungskraft $= \zeta \left(\dfrac{\text{kinetische Energie}}{\text{Volumen}} \right)$ Spantfläche (7.3)

ζ wird als Reibungszahl bezeichnet und ist von der Strömungsart abhängig;
für die volumenbezogene kinetische Energie gilt $E_{kin} = {}^1/_2\,\varrho^L u^2$;
die Spantfläche berechnet sich für kugelförmige Teilchen nach $A = {}^1/_4\,\pi d^2$.

Für den stationären Absetzvorgangs ergibt damit:

$1/6\pi d^3(\varrho^P - \varrho^L)\,g = \zeta\ {}^1/_2\,\varrho^L u^2\ {}^1/_4\,\pi d^2$ (7.4)

Aus Gl. (7.4) folgt für die Absetzgeschwindigkeit

$$u = \sqrt{\frac{4d(\varrho^P - \varrho^L)g}{3\zeta \varrho^L}}\ .$$ (7.5)

Bei einer definierten Fallhöhe z läßt sich mit $u = z/t$ die Fallzeit t berechnen:

$$t = \sqrt{\frac{3\zeta \varrho^L z^2}{4d(\varrho^P - \varrho^L)g}}$$ (7.6)

ζ ist, wie bereits erwähnt, von der Strömungsart abhängig. Im laminaren Strömungsbereich ($Re_P < 0{,}5$) gilt das Widerstandsgesetz von Stokes:

Reibungskraft $= 3\pi\mu^L du$ (7.7)

Unter Einbeziehung der Gl. (7.3) und (7.4) gilt damit

$\zeta\,({}^1/_2\,\varrho^L u^2)\,({}^1/_4\,\pi d^2) = 3\pi\mu^3 du$

$$\zeta = \frac{24\mu^L}{ud\varrho^L} = \frac{24}{Re_P}\ .$$ (7.8)

Re_P ist die mit Hilfe des Teilchendurchmessers d formulierte Reynolds-Zahl. Einsetzen in Gl. (7.5) ergibt

$$u = \frac{d^2(\varrho^P - \varrho^P)g}{18\mu^L}$$ (7.9)

bzw. für die Fallzeit

$$t^{-1} = \frac{d^2(\varrho^P - \varrho^L)g}{18\mu^L z}\ .$$ (7.10)

Für den Bereich $0{,}5 < Re_P < 2\cdot 10^5$ kann folgende Näherungsformel verwendet werden [2]:

$$\zeta = \frac{1}{3}\sqrt{\frac{72}{Re_P}} + 1$$ (7.11)

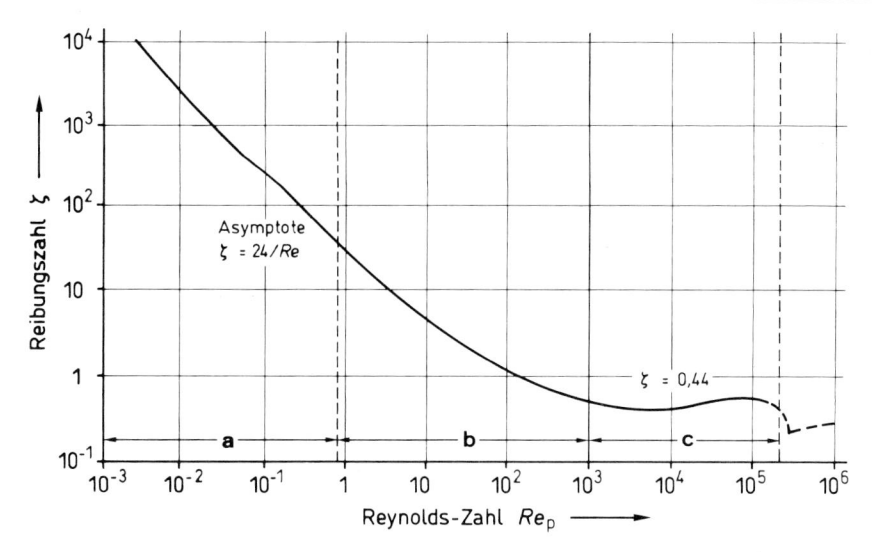

Abb. 7.1 Reibungszahl ζ in Abhängigkeit von der Reynolds-Zahl (nach[4])
a Reibungsgesetz nach Stokes (laminarer Strömungsbereich),
b Übergangsbereich,
c Newtonsches Gesetz (turbulenter Strömungsbereich)

Im Bereich einer ausgeprägten turbulenten Strömung ($Re_p > 500$) ist ζ unabhängig von der Strömungsgeschwindigkeit, und es gilt

$$\zeta = 0{,}44 \ . \tag{7.12}$$

In Abb. 7.1 ist die Reibungszahl in Abhängigkeit von der Reynolds-Zahl aufgetragen.

Bei nicht kugelförmigen Feststoffteilchen ist eine „Formkorrektur" durchzuführen[3]. Dazu notwendig sind die

- Einführung eines „äquivalenten Durchmessers" d':

$$\frac{m}{\varrho} = 1/6\pi(d')^3 \ \Rightarrow \ d' = \left(\frac{6m}{\varrho\pi}\right)^{1/3} \tag{7.13}$$

- Berücksichtigung eines Formbeiwerts Φ in der Definitionsgleichung der Reynolds-Zahl:

$$Re = \Phi^{-1} \frac{ud'\varrho^L}{\mu^L} \tag{7.14}$$

Φ ist das Verhältnis aus der Oberfläche einer Kugel zur Oberfläche des Feststoffteilchens, wobei die Kugel und das Feststoffteilchen volumengleich sind:

Form	Kugel	Oktaeder	Würfel	Scheibe$_{(Breite/Länge\,=\,1/10)}$
Φ	1	0,85	0,80	0,32

Berechnung von Absetzbecken (Klärbecken)

In einem Absetzbecken muß die Verweilzeit der Trübe $\dot{V}_{\text{Trübe}}$ so groß sein, daß ein Teilchen von der Oberfläche bis in den Schlamm absinken kann:

$$\tau_{\text{Trübe}} = V_{\text{Becken}}/\dot{V}_{\text{Trübe}} \tag{7.15}$$

V_{Becken} errechnet sich aus der Höhe des Beckens und der Klärfläche (A_{Becken}):

Für die hier vorgestellte Berechnungsformel soll angenommen werden, daß das Absetzbecken eine einheitliche Beckenhöhe H_{Becken}, -breite und -länge besitzt. Dies ist bei Klärbecken in der Regel nicht der Fall. Meist nimmt die Beckenhöhe in Strömungsrichtung ab.

Besitzen die Teilchen während des Absetzvorgangs die Absetzgeschwindigkeit u, dann gilt

$$u = H_{\text{Becken}}\tau_{\text{Trübe}} = H_{\text{Becken}}\dot{V}_{\text{Trübe}}/H_{\text{Becken}}A_{\text{Becken}} = \dot{V}_{\text{Trübe}}/A_{\text{Becken}} . \tag{7.16}$$

Unter Einbeziehung der Gl. (7.9) (im Klärbecken herrschen im allgemeinen laminare Strömungsbedingungen) und unter Vernachlässigung der gegenseitigen Beeinflussung der Feststoffteilchen kann das Klärbecken ausgelegt werden.

Sedimentieren mit gegenseitiger Beeinflussung der Feststoffteilchen

In Klärbecken und anderen technischen Absetzbecken behindern sich im allgemeinen die sedimentierenden Teilchen gegenseitig. Dies führt zu einem, im Vergleich zur Sinkgeschwindigkeit eines einzelnen Teilchens, langsameren Absetzen. Maßgebend für die gegenseitige Behinderung ist der Volumenanteil der Feststoffteilchen (ε^P) am Gesamtvolumen der Suspension[1]. In Abb. 7.2 ist für kugelförmige Teilchen die Abhängigkeit des Geschwindigkeitsverhältnisses u_s/u gegen ε^P aufgetragen. Dabei ist u_s die Sedimentationsgeschwindigkeit einer Kugel im Teilchenschwarm und u die Fallgeschwindigkeit ohne gegenseitige Beeinflussung der Feststoffteilchen. Die experimentellen Daten erfassen folgende Variablenbereiche:

Teilchendurchmesser (mm)	$0{,}053 \leq d \leq 0{,}71$
Feststoffdichte (g cm^{-3})	$1{,}19 \leq \varrho^P \leq 7{,}40$
Flüssigkeitsdichte (g cm^{-3})	$0{,}89 \leq \varrho^L \leq 1{,}25$
Viskosität (g cm^{-1} s^{-1})	$1 \cdot 10^{-2} \leq \mu^L \leq 4 \cdot 10^{-2}$
Reynolds-Zahl	$0{,}001 \leq Re \leq 0{,}21$

Der Einfluß des Feststoffvolumenanteils auf die Sinkgeschwindigkeit kann in guter Näherung durch Gl. (7.17) erfaßt werden:

$$u_s/u = (1 - \varepsilon^P)^{4{,}65} \tag{7.17}$$

7.1.1.2 Beschleunigung des Absetzens

Die Sinkgeschwindigkeit von Teilchen ist bei laminaren Strömungsbedingungen dem Quadrat der Teilchengröße proportional. Bei Teilchengrößen < 10 µm (insbesondere bei geringem Dichteunterschied zwischen den Teilchen und der Trägerflüssigkeit) wird die Sedimentation sehr langsam oder, durch thermische Bewegungen innerhalb der Trübe, ganz verhindert. Teilchen mit einer Größe von ≤ 1 µm bleiben in der Regel dauernd in der

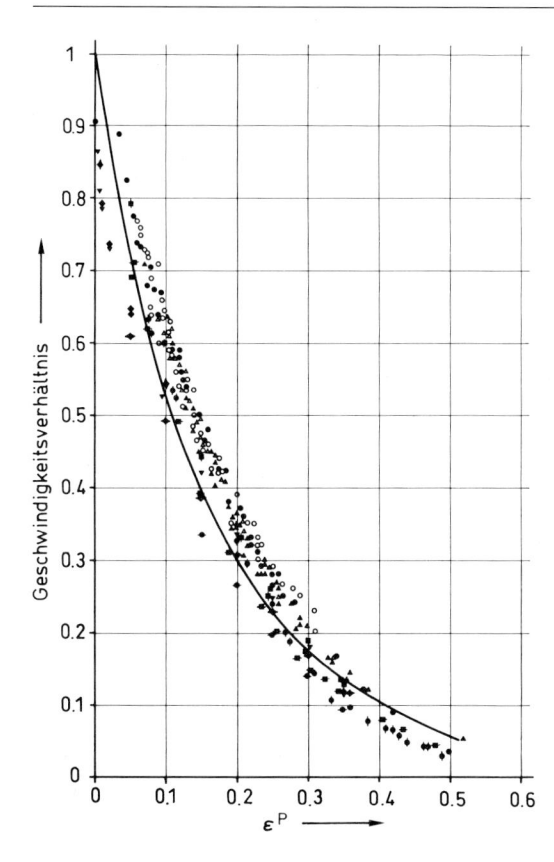

Abb. 7.2 Abhängigkeit der Sinkgeschwindigkeit (normiert) kugelförmiger Teilchen vom Volumenanteil der Feststoffteilchen[1]

Schwebe. Dies macht die Notwendigkeit einer Beschleunigung des Absetzens deutlich. Eine derartige Beschleunigung ist zu erreichen durch

- die Anwendung von Zentrifugalkräften,
- eine Verringerung der Absetztiefe und
- eine „Vergrößerung" der Teilchen (z. B. durch Agglomerieren).

Verwendung von Sedimentationszentrifugen

Eine Bauart von Sedimentationszentrifugen sind schnell rotierende Trommeln, deren Innenwand als Absetzfläche für die abgeschiedenen Teilchen dient. Die für die Berechnung der Absetzgeschwindigkeit verwendete gravimetrische Beschleunigung g wird bei Sedimentationszentrifugen durch die Zentrifugalbeschleunigung a_Z ersetzt[4-6]. Deren Größe wird durch die Winkelgeschwindigkeit ω und den Durchmesser der Trommel d_R bestimmt:

$$a_Z = {}^1\!/_2\, \omega^2 d_R = {}^1\!/_2\, (2\pi N)^2\, d_R \tag{7.18}$$

N Zahl der Umdrehungen der Trommel pro Zeiteinheit

Die mit Hilfe von Gl. (7.18) errechnete Zentrifugalbeschleunigung gilt natürlich nur für die Trommelinnenwand. Dort setzen sich allerdings schon nach kurzer Zeit die Feststoffteilchen als Schlammschicht ab, so daß die Zentrifugalbeschleunigung an dieser Kreisbahn nicht mehr wirksam ist. Dies gilt natürlich auch für die Drehachse (Trommelachse mit $r = 0$). Zur Auslegung von Zentrifugen wird ein mittlerer Radius verwendet. Dieser berechnet sich als logarithmisches Mittel zwischen dem Radius an der Aufgabestelle der Suspension r_0 und dem Radius der Oberfläche der Schlammschicht r_e:

$$\bar{r} = \frac{r_e - r_0}{\ln(r_e/r_0)} \qquad (7.19)$$

Oftmals wird die Zentrifugalbeschleunigung als das Z-fache der gravimetrischen Beschleunigung formuliert:

$$a_Z = Zg \qquad (7.20)$$

Die Schleuderziffer Z ist dabei der Quotient aus Zentrifugalbeschleunigung und gravimetrischer Beschleunigung:

$$Z = \frac{2(\pi N)^2 d_R}{g} \qquad (7.21)$$

Es ist zu beachten, daß die Zentrifugalbeschleunigung in technischen Zentrifugen um den Faktor 200 bis 4000 (bei Ultrazentrifugen 10^5 bis 10^6) größer ist als die Erdbeschleunigung. Unter diesen Voraussetzungen setzen sich die Feststoffteilchen nicht mehr unter laminaren Strömungsbedingungen, sondern unter den Bedingungen des Übergangsbereichs ab.

Verkürzung der Absetzzeit durch eine Verringerung der Absetztiefe

Entsprechend Gl. (7.10) nimmt die Absetzzeit proportional zur Tiefe des Absetzbeckens zu. Es ist also naheliegend, die Absetztiefe möglichst gering zu halten. Allerdings kann ein Klärbecken nicht beliebig flach gebaut werden, da:

- aus baulichen Gründen das Verhältnis zwischen Beckenbreite und Beckentiefe einen Wert zwischen 2 und 4 besitzen sollte;
- bei vorgegebenem Volumenstrom und festgelegter Beckenbreite mit abnehmender Beckentiefe die Horizontalgeschwindigkeit vergrößert wird. Dies hätte bei Becken mit geringer Tiefe ein Aufwirbeln der sich absetzenden Teilchen (und damit einen der Sedimentation entgegenwirkenden Effekt) zur Folge.

Diesen Einwänden läßt sich dadurch entgegnen, daß zwei oder mehr Klärbecken nebeneinander betrieben werden. Eine verbesserte Trennwirkung läßt sich auch durch den Einbau einer Trennwand am Einlauf und schräg gestellter Platten innerhalb des Absetzbeckens erzielen (Abb. 7.3a). Darin wird der Suspensionsstrom auf viele übereinander angeordnete Kammern (lamellenförmige Spalte) geleitet. Während des Strömens durch diese Lamelle sedimentieren die Feststoffteilchen. Die Lamellen sind stark geneigt, so daß der abgesetzte Schlamm abrutscht. Eine hohe Schlammdicke und ein Zusetzen der Kammern wird so vermieden. In Lamellenklärern (Abb. 7.3b) wird durch eine modifizierte Stromführung einem Aufwirbeln von einmal abgesetzten Feststoffteilchen entgegengewirkt und die Klärung verbessert.

Sehr wirksam ist die kombinierte Anwendung von Lamellenklärer und Zentrifugalkraftabscheider. Die entsprechenden Apparate werden als Tellerzentrifugen bezeichnet und können, je nach Ausführungsform, zur Abscheidung von Feststoffen oder zur Trennung

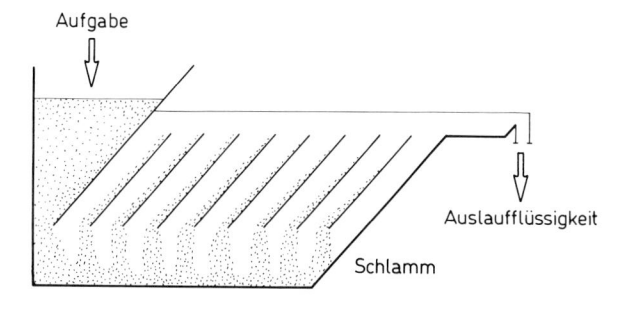

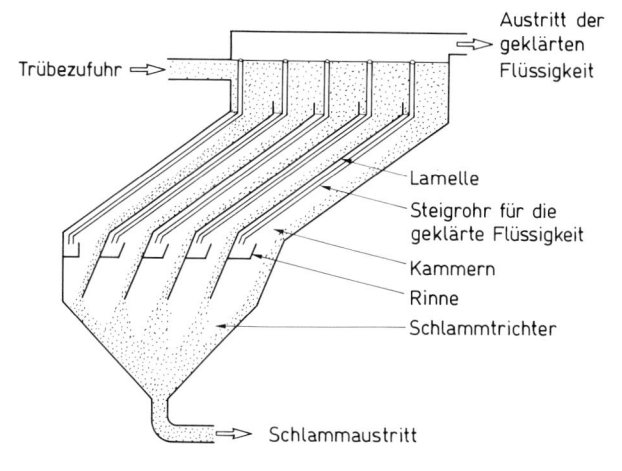

Abb. 7.3 a Absetzbecken mit eingebauten Schrägplatten[6], b Lamellenklärer[4]

von Emulsionen verwendet werden. Die prinzipielle Funktionsweise von Tellerzentrifugen ist in den Abb. 7.4 dargestellt. Durch eine Hohlwelle gelangt die zu trennende Suspension in den Abscheideraum. Anschließend wird sie auf die lamellenförmigen Spalten einer rotierenden Trommel verteilt. Die Trägerflüssigkeit der Suspension strömt nach innen und wird dort abgezogen. Die Feststoffteilchen (schwerere Phase) werden durch die Zentrifugalkraft nach außen gedrängt und lagern sich in einem Schlammsammelraum ab. Je nach anfallender Schlammenge wurden konstruktive Lösungen entwickelt, die einen kontinuierlichen (selbstentleerend) oder diskontinuierlichen Schlammaustrag ermöglichen. Eine Berechnung der Durchsatzleistung $\dot{V}$ ist durch folgende Gleichung möglich[7]:

$$\dot{V} = \underbrace{\frac{2\pi}{3} \frac{R_a^3 - R_i^3}{R_a \tan\varphi} n}_{\text{äquivalente Klärfläche}} \; Z \underbrace{\frac{1}{18} \frac{d^2 \Delta\varrho g}{\mu^L}}_{\cong \text{Gl. (7.9)}} \qquad (7.22)$$

R_a Außenradius des Tellers (in m),
R_i Innenradius des Tellers (in m),
φ halber Telleröffnungswinkel,
n Anzahl der Teller,
Z Schleuderziffer (s. Gl. 7.21)

Durch die Verwendung von Tellerzentrifugen können schwer abtrennbare Feststoffe innerhalb kürzester Zeit auf sehr kleinem Raum aufkonzentriert werden. So ist bei der Klärung von Fruchtsäften, Wein und Bier der Einsatz von derartigen Separatoren verbreitet. Bei der

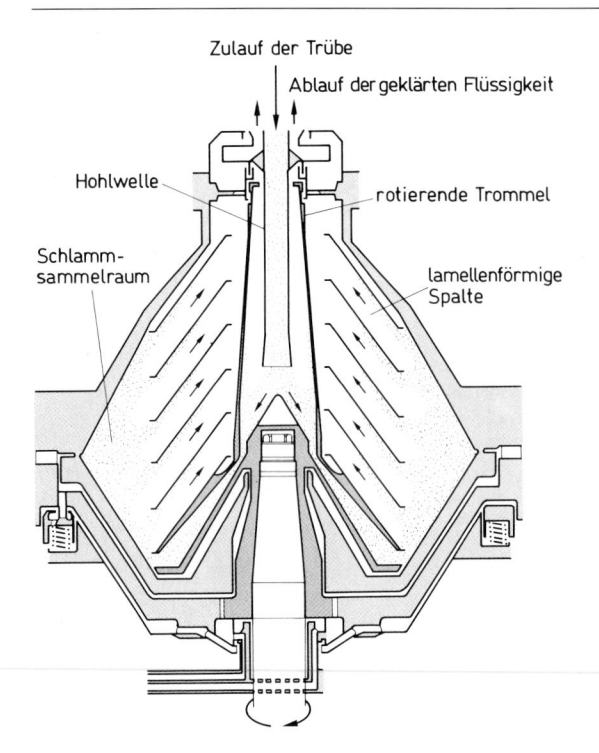

Abb. 7.4 Schematische Darstellung und Funktionsweise von Tellerzentrifugen (nach[6])

Aufarbeitung von Industrieabwässern ist eine Eindickung des Schlamms aus den Nachklärbecken mit einem Feststoffgehalt von 6 bis 15 g/dm³ auf das 6- bis 8fache möglich, wobei ein Abscheidegrad von 80 bis 99% erreicht wird. Oftmals ist allerdings die Spaltbreite zwischen den Tellern so gering, daß insbesondere bei der Abwasserbehandlung eine Verstopfung droht. In solchen Fällen wird mit sog. „Dekantern" gearbeitet.

Verwendung von Flockungsmitteln

In einer Reihe von industriellen Abwässern kommen Schwermetalle in Form ihrer Ionen vor[8]. Dazu gehören Pb^{2+}, $Cr_2O_7^{2-}$, Cd^{2+}, Ni^{2+}, Hg^{2+} oder Zn^{2+}. Eine bevorzugte Methode, diese Ionen zu entfernen, ist deren chemische Fällung. Auch Cyanide und Phosphate werden durch chemische Reinigungsmethoden aus dem Abwasser entfernt. Das Schema 7.1 zeigt den zeitlichen Ablauf einer mittels Fällung durchgeführten Abwasserreinigungsstufe.

Zur Beschleunigung des Absetzvorgangs müssen insbesondere in der dritten Phase der Reinigung die Anziehungskräfte zwischen den Teilchen vergrößert werden. Als Anziehungskräfte wirken in Suspensionen die Van-der-Waals-Kräfte sowie die elektrostatische Anziehung. Während die Van-der-Waals-Kräfte nur eine geringe Reichweite besitzen, kann die elektrostatische Anziehung über Entfernungen wirken, die ein gezieltes Agglomerieren von Feststoffteilchen in Suspensionen erlauben. Viele Feststoffarten sind so leicht aufladbar, daß sie durch die Reibungsvorgänge während des Suspendierens zur „Eigenflockung" neigen[4]. Die Eigenflockung kann durch Rühren gefördert werden (mechanische Flockung). Oftmals müssen allerdings Flockungsmittel zudosiert werden. Die Wahl des Flockungsmittels ist vom jeweiligen pH-Wert und von der Teilchenbeschaffenheit abhängig. Typische Flockungsmittel sind Eisenchlorid, Aluminiumchlorid und Aluminiumsulfat[10]. Neben

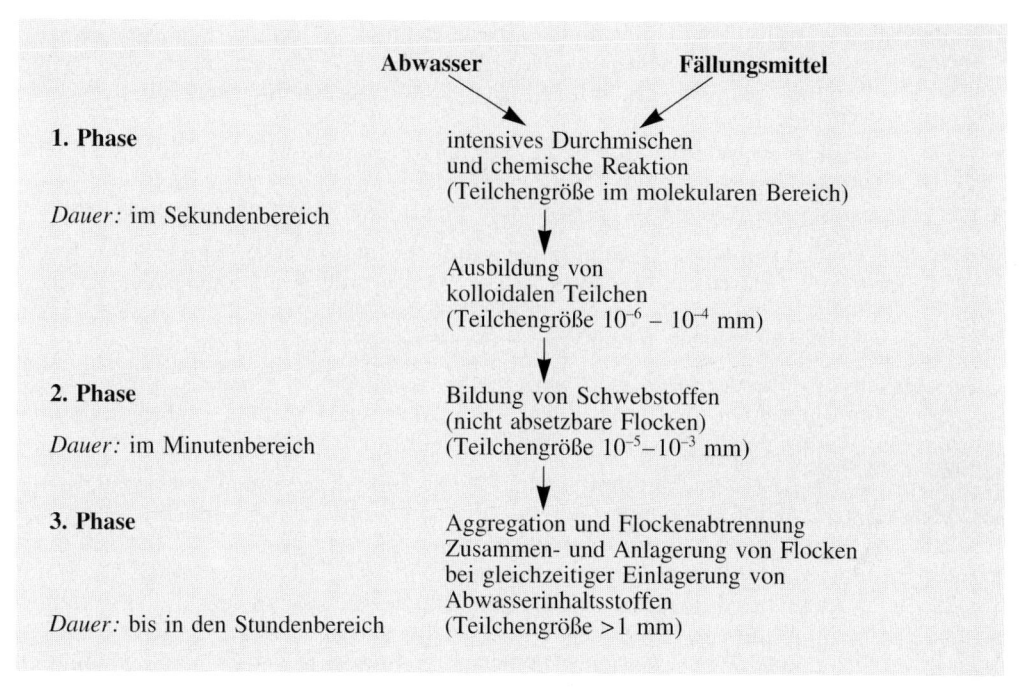

	Abwasser	**Fällungsmittel**
1. Phase	intensives Durchmischen und chemische Reaktion (Teilchengröße im molekularen Bereich)	
Dauer: im Sekundenbereich	↓	
	Ausbildung von kolloidalen Teilchen (Teilchengröße $10^{-6} - 10^{-4}$ mm)	
	↓	
2. Phase	Bildung von Schwebstoffen (nicht absetzbare Flocken) (Teilchengröße $10^{-5} - 10^{-3}$ mm)	
Dauer: im Minutenbereich	↓	
3. Phase	Aggregation und Flockenabtrennung Zusammen- und Anlagerung von Flocken bei gleichzeitiger Einlagerung von Abwasserinhaltsstoffen	
Dauer: bis in den Stundenbereich	(Teilchengröße >1 mm)	

Schema 7.1 Chemische Reinigungsstufe für das Abwasser (nach[9])

diesen Aluminiumsalzen werden Aluminiumhydroxidchloride sowie sulfatkonditionierte Verbindungen der Aluminiumchloride verwendet[11]. Bedingt durch das hohe Molekulargewicht (Flockungsmittel werden oft in polymerer Form eingesetzt) lagern sich die Mikroflocken zusammen[12]. Bei Polyaluminiumchloriden (PAC-Typen) kann die Basizität speziell eingestellt werden, so daß bei sachgerechtem Gebrauch weder der pH-Wert noch der Salzgehalt des Wassers wesentlich beeinflußt werden[13].

Im Gebrauch sind ferner hochmolekulare wasserlösliche Mischpolymere wie[10]:

- Mischpolymere aus Acrylamid und acrylsauren Salzen mit anionischem Charakter,
- Mischpolymere aus Methacrylsäureestern und Acrylsäureestern mit kationischem Charakter sowie kationisch modifiziertes Polyacrylamid und
- Ethylenoxidpolymerisate mit nichtionischem neutralen Charakter.

Man benötigt zwischen 100 und 200 g Flockungsmittel pro m^3 „Frischschlamm", das entspricht etwa 2 bis 20 g Flockungsmittel pro kg Trockensubstanz des Schlamms. Flockungsmittel werden bei der industriellen Abwasserbehandlung, insbesondere beim Bergbau, und zur Nachreinigung von Raffinerieabwässern verwendet.

7.1.2 Filtrieren

7.1.2.1 Möglichkeiten des Filtrierens

Bei der Filtration setzen sich Feststoffteilchen an einer porösen Schüttschicht oder einem Filtermittel (Sieb, Filtertuch, Sinterplatte oder Membran) ab, so daß eine weitestgehende Feststoff/Fluid-Trennung erfolgt. Vorteile der Filtration gegenüber der Sedimentation sind:

- vollständigere Abtrennung (zwar bleiben, bedingt durch Adhäsions- und Kapillarkräfte, die Feststoffteilchen oberflächenfeucht, doch kann im Unterschied zur Sedimentation ein Großteil der Flüssigkeit auch aus dem abgesetzten Filterkuchen entfernt werden),
- bei der Filtration kann durch Anwendung von Druck oder Vakuum die Abtrennung des Feststoffs wesentlich beschleunigt werden sowie
- ein Dichteunterschied zwischen Feststoff und Flüssigkeit ist nicht erforderlich.

Der Vorteil der Sedimentation gegenüber der Filtration liegt in erster Linie in den geringeren Kosten, die im Durchschnitt nur etwa 20% von denen der Filtration ausmachen. Deshalb wird, insbesondere bei Suspensionen mit hohem Feststoffanteil, der Filtration ein Absetzprozeß vorgeschaltet.

Grundsätzlich wird bei der Filtration unterschieden zwischen der Kuchen-, Sieb-, Tiefen- und Querstromfiltration (Crossflow-Systeme). Am weitesten verbreitet ist die **Kuchenfiltration**. Das Prinzip der Filtration kann wie folgt beschrieben werden:

Die Suspension wird auf ein Filtermittel geleitet. Die Güte der Trennung ist abhängig von der Maschenweite des Filtermittels (zumindest in der Anfangsphase der Filtration). Mit fortschreitender Filtration baut sich ein Filterkuchen (Schicht aus abgesetzten Feststoffteilchen) auf, der dann in der Regel die eigentliche Filtrierfunktion übernimmt. Da es mit zunehmender Dicke des Filterkuchens zu einem exponentiellen Anstieg des Filterwiderstands kommt ($\cong$ Erhöhung des Druckverlustes beim Durchströmen), muß der Filterkuchen regelmäßig abgetragen werden. Dies kann kontinuierlich oder diskontinuierlich geschehen. Während die ablaufende Flüssigkeit (Filtrat) meist feststofffrei ist, verbleibt im Filterkuchen eine Restfeuchte (in der Regel größer als 6 Gew.%). Diese Restfeuchte kann erst durch eine vergleichsweise teure Trocknung entfernt werden.

Bei der **Siebfiltration** scheiden sich die Feststoffteilchen an der Oberfläche des Filtermittels ab. Die Teilchen sind derart groß, daß der Filterkuchenwiderstand gering bleibt. Siebfilter sind im allgemeinen recht stabil und dienen als mechanischer Schutz vor groben Verunreinigungen („Polizeifilter"). Bei der **Tiefenfiltration** scheiden sich die Feststoffteilchen im Inneren des Filtermittels ab. Die Tiefenfiltration wird daher auch oft als „Speicherfiltration" bezeichnet. Als Filtermittel dienen Sand- und Kiesschichten (Klären von Trinkwasser sowie die Nachreinigungsstufen der Abwasserreinigung) sowie Vliese (oftmals in Form einer „Filterkerze" angeboten) aus unterschiedlichen Materialien. Filterkerzen sind Gebilde, bei denen durch Wickeln, Falten oder Sintern ein Filtermittel mit röhrenförmigem Korpus entsteht. Ein oder mehrere Filterkerzen sind in einem Gehäuse eingebaut, das es erlaubt, die Filtration durch Anlegen von Druck oder Vakuum durchzuführen. Da mit zunehmender Ablagerung von Feststoffteilchen die Durchlässigkeit abnimmt, ist der Einsatzbereich von Tiefenfiltern auf Trüben mit geringen Feststoffkonzentrationen begrenzt. Der Feststoffgehalt sollte in der zulaufenden Trübe nicht größer als 0,1 Gew.% sein.

Bei der Reinigung von Gasströmen werden auch kleine Feststoffteilchen ($d^P < 10$ µm) abgeschieden. Dabei beruht die Filterwirkung nicht auf einem siebartigen Effekt, sondern darauf, daß die Teilchen mit einer Faser des Vlieses zusammenstoßen und dort anhaften (Abb. 7.5)[14, 15]. Dabei sollte die kinetische Energie des Teilchens möglichst vollständig von der Faser aufgenommen werden[16]. So ist die Haftung bei Verwendung weicher Materialien (Paraffin und Polyamid) größer als bei härteren Stoffen (Quarzteilchen und Glasfaser). Die Haftwirkung kann durch Auftragung eines deformierbaren Haftmittels auf die Fasern verstärkt werden. Als derartige Haftmittel sind harzartige Mischpolymerisate der Acrylsäureester in Gebrauch. So lassen sich mit Polyacrylsäurebutylester und Vinylchloridmischpolymerisat als Bindemittel sehr dünne harzartige Filme bilden[16].

Abb. 7.5 Abscheidung auf einer Filterfaser von 50 μm Durchmesser[14]

Das Prinzip der **Querstromfiltration** beruht darauf, daß eine Trübe durch mehrere Meter lange Membranschläuche strömt. Dabei wird die Strömungsgeschwindigkeit so groß gehalten, daß die sich absetzenden Teilchen durch Turbulenzen in die Kernströmung zurücktransportiert werden[17–19]. Da das (das Filtermittel passierende) Filtrat abgezogen wird, wird die Trübe „lediglich" aufkonzentriert (Abb. 7.6). Aus dem so entstandenen „Konzentrat" ist eine wirtschaftliche Abtrennung der Feststoffe durch eine Kuchenfiltration möglich. Das Schema 7.2 gibt eine Zusammenstellung typischer Filtermittel.

Neu entwickelte Filtermaterialien gewährleisten durch einen asymmetrisch strukturierten Aufbau oder durch die Beschichtung mit einer Membran aus PTFE (s. Abb. 7.7 c) ein energiesparendes Filtrieren sowie ein vereinfachtes Reinigen dieser Filtermittel.

Tab. 7.1 listet typische Faserarten mit der oberen Gebrauchstemperatur und Aussagen zur Beständigkeit auf.

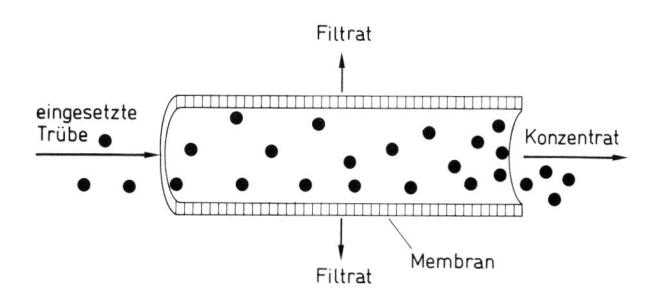

Abb. 7.6 Schematische Darstellung der Querstromfiltration

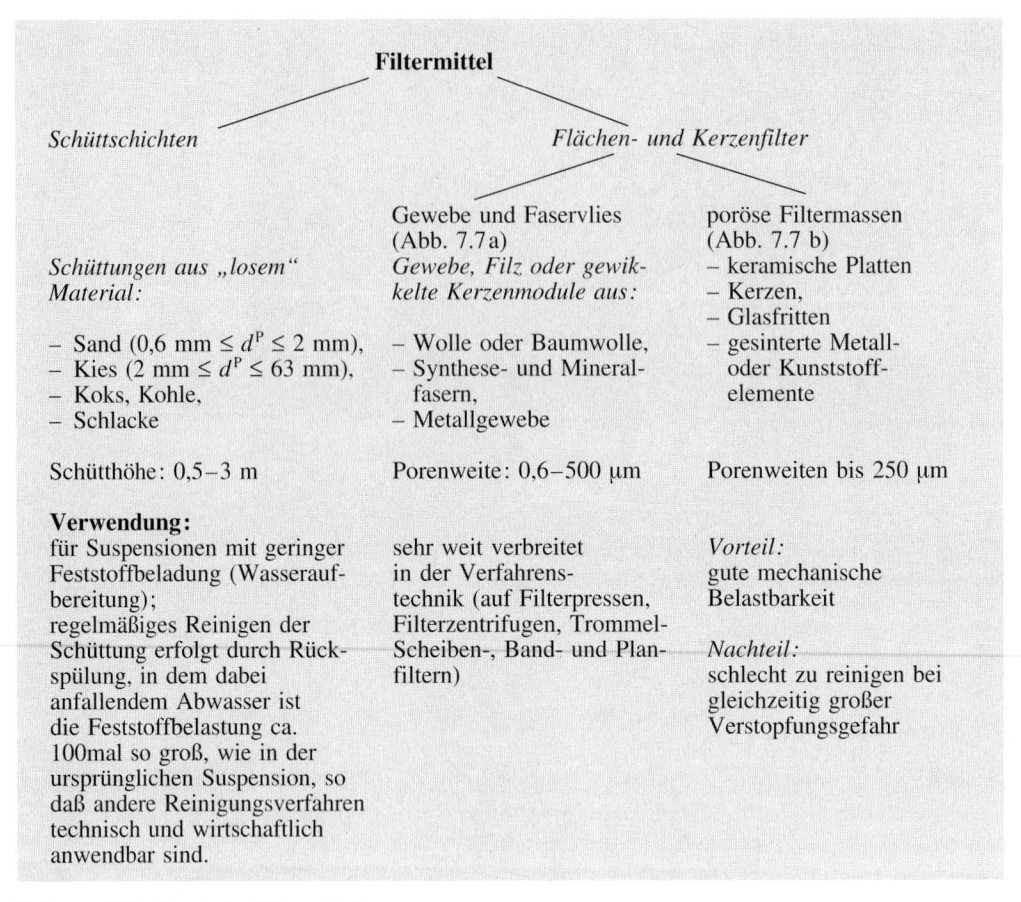

Filtermittel

Schüttschichten

Schüttungen aus „losem" Material:

- Sand (0,6 mm ≤ d^P ≤ 2 mm),
- Kies (2 mm ≤ d^P ≤ 63 mm),
- Koks, Kohle,
- Schlacke

Schütthöhe: 0,5–3 m

Verwendung:
für Suspensionen mit geringer Feststoffbeladung (Wasseraufbereitung); regelmäßiges Reinigen der Schüttung erfolgt durch Rückspülung, in dem dabei anfallendem Abwasser ist die Feststoffbelastung ca. 100mal so groß, wie in der ursprünglichen Suspension, so daß andere Reinigungsverfahren technisch und wirtschaftlich anwendbar sind.

Flächen- und Kerzenfilter

Gewebe und Faservlies (Abb. 7.7a)

Gewebe, Filz oder gewickelte Kerzenmodule aus:
- Wolle oder Baumwolle,
- Synthese- und Mineralfasern,
- Metallgewebe

Porenweite: 0,6–500 μm

sehr weit verbreitet in der Verfahrenstechnik (auf Filterpressen, Filterzentrifugen, Trommel-Scheiben-, Band- und Planfiltern)

poröse Filtermassen (Abb. 7.7 b)
- keramische Platten
- Kerzen,
- Glasfritten
- gesinterte Metall- oder Kunststoffelemente

Porenweiten bis 250 μm

Vorteil:
gute mechanische Belastbarkeit

Nachteil:
schlecht zu reinigen bei gleichzeitig großer Verstopfungsgefahr

Schema 7.2 Typische Filtermittel

Tab. 7.1 Typische Faserarten für Filtergewebe und ihre Eigenschaften [21]

Faserart	maximale Temperatur (°C)	Beständigkeit gegen Alkalien	Säuren	Fäulnis	Bemerkungen
Wolle	95	–	+	–	hohe Feuchtigkeitsaufnahme
Baumwolle	95	+	–	–	Feuchtigkeitsaufnahme
Glasfaser	300	–	–	++	für Heißgasfiltration
Mineralfaser	500	– –	– –	–	für Heißgasfiltration
Polyester	150	–	0	++	hohe Festigkeit
Polyacrylnitril	140	–	0	++	für feuchte Gase
Polyamid	100–110	0	–	+	hohe Festigkeit
Aromatisches Polyamid	210	–	–	+	für Heißgasfiltration
Polypropylen	100	+	+	++	
Polytetrafluorethylen	200	++	++	++	chemisch sehr beständig
Polyvinylchlorid	80	+	+	++	

++ sehr gut beständig,
+ gut beständig,
0 beständig,
– bedingt beständig,
– – nicht beständig

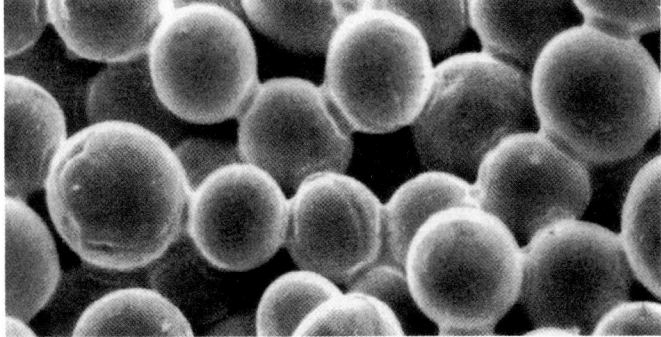

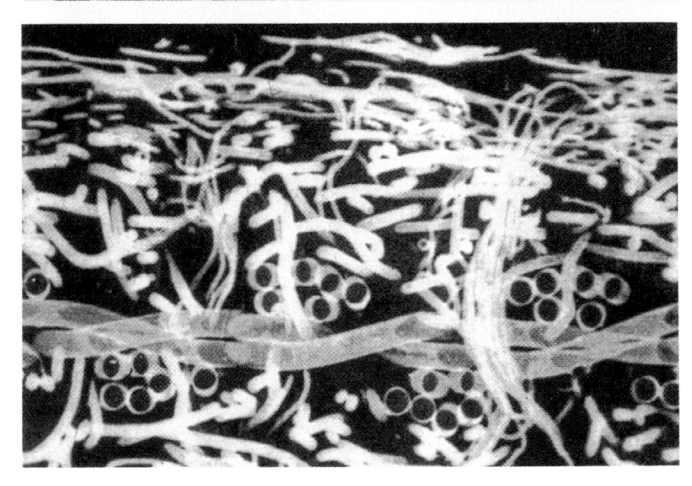

Abb. 7.7 Mikroskopische Aufnahmen von Filtermitteln [20].
  a Fasergewebe,
  b poröses Sintermaterial,
  c Polyestervlies mit PTFE-Membran beschichtet (für Viledon-Filterpatronen)

7.1.2.2 Filtriergeschwindigkeit

Die Filtriergeschwindigkeit ist direkt proportional zur Druckdifferenz in der zulaufenden Trübe und im ablaufenden Filtrat. Zur Erhöhung der Druckdifferenz wird entweder die zulaufende Suspension auf den Filter gedrückt (Druckfiltration), oder es wird das ablaufende Filtrat durch Anlegen eines Vakuums abgesaugt (Vakuumfiltration). Abb. 7.8 zeigt den Verlauf der dafür notwendigen (volumenbezogenen) Energie als Funktion des erzeugten Über- bzw. Unterdrucks[22]. Es ist zu erkennen, daß mit gleichem Energieaufwand ein Unterdruck von 0,02 MPa und ein Druck von 0,40 MPa erzeugt werden können. Die absolute Druckdifferenz zu 0,1 MPa (1 bar) ist bei der Druckerzeugung wesentlich größer. Deshalb wird oftmals die Druckfiltration der Vakuumfiltration vorgezogen. In Tab. 7.2 sind die an technischen Filtern verwendeten Differenzdrücke aufgelistet.

Neben der Druckdifferenz wird die Filtriergeschwindigkeit durch den Filterwiderstand beeinflußt. In der Anfangsphase der Kuchenfiltration sowie bei Verwendung von Tiefenfiltern dominiert der Widerstand im Filtermittel. Für den Druckverlust, der beim Durchströmen des Filtermittels auftritt, gilt folgende Proportionalität:

$$\Delta P \propto \frac{\mu z_F}{D_F} u . \qquad (7.22)$$

μ = Viskosität der Flüssigkeit
z_F = Dicke des durchströmten Filtermittels
D_F = spezifische Permeabilität
u = Anströmgeschwindigkeit = Volumenstrom/angeströmte Filterfläche

Die spezifische Permeabilität (D_F) ist eine das Filtermittel charakterisierende Konstante, deren Wert von den Herstellern des Filtermittels angegeben wird. Die Größe der spezifischen Permeabilität ist abhängig von den Stoffeigenschaften des Filtermaterials, den Bedingungen bei der Herstellung des Filtermittels und der Porosität (je feiner die Filter sind, desto kleiner ist die spezifische Permeabilität). Mit zunehmender Verstopfung der

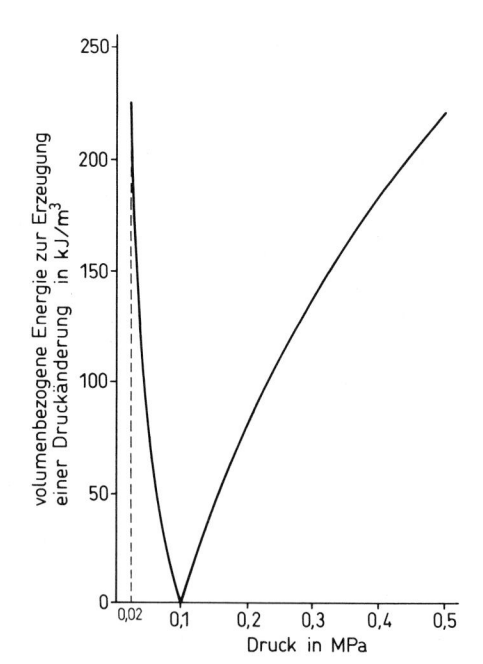

Abb. 7.8 Volumenbezogene Energie zur Vakuum- und Druckerzeugung[22]

7.1 Feststoffabtrennung aus Flüssigkeiten

Tab. 7.2 Differenzdrücke an Filtern[23]

	Differenzdruck am Filter
durch Überdruck in der zulaufenden Trübe erzeugt	0,1–3 MPa
durch filtratseitiges Evakuieren erzeugt	0,02–0,09 MPa
durch natürliches Gefälle (Zulauf aus Hochbehälter) erzeugt	0,02–0,2 MPa

Poren sowie durch Quellen des Filtermaterials wird die Durchlässigkeit schlechter, so daß sich die spezifische Permeabilität mit der Zeit verkleinert.

Während bei der Berechnung des Druckverlustes beim Durchströmen des Filtermittels lediglich die Durchlässigkeit von der Zeit abhängig ist, wird der **Druckverlust im Filterkuchen**, insbesondere durch das zeitliche Anwachsen der Dicke des Filterkuchens, steigen. Der Grad dieses Anwachsens ist abhängig vom Volumen der Trübe, die in einem bestimmten Zeitabschnitt filtriert wird, deren Feststoffgehalt $\varepsilon_{\text{Trübe}}$ und dem Feststoffgehalt im ablaufenden Filtrat $\varepsilon_{\text{Filtrat}}$. Aus diesen Größen, sowie aus der Schüttdichte $\varepsilon_{\text{Filterkuchen}}$ und der Filterquerschnittsfläche A, läßt sich die zeitliche Änderung der Filterkuchenhöhe dl berechnen. Für einen infinitesimalen Zeitabschnitt dt gilt:

$$dl = \frac{\dot{V} \varrho_L (\varepsilon_{\text{Trübe}} - \varepsilon_{\text{Filtrat}})}{\varrho_S A \varepsilon_{\text{Filterkuchen}}} dt . \tag{7.23}$$

Bleiben die Feststoffgehalte und die Porosität des Filterkuchens während der Filtrationszeit konstant, gilt:

$$dl \propto dV . \tag{7.24}$$

V = Volumen des Filtrats

Da die Strömung durch den Filterkuchen bei den (bei der Filtration) angewendeten Drücken immer laminar ist, wird zur Berechnung des Filterwiderstands das Gesetz von Hagen-Poiseuille (Gl. 1.38) herangezogen. Diese Gleichung muß bei der Berechnung des Druckverlusts aus mehreren Gründen modifiziert werden:

a Die Strömungsgeschwindigkeit u und der mittlere Porenradius im Filterkuchen sind nicht ermittelbar. Deshalb wird statt der Strömungsgeschwindigkeit ein „spezifischer Volumendurchsatz" definiert. Dieser errechnet sich als Quotient aus dem Volumenstrom des Filtrats und der Querschnittsfläche des Filterkuchens.
b Die Länge der Poren ist nicht identisch mit der Höhe, da die Poren zwischen den Feststoffteilchen labyrinthförmig ausgebildet sind (siehe Abb. 7.9).

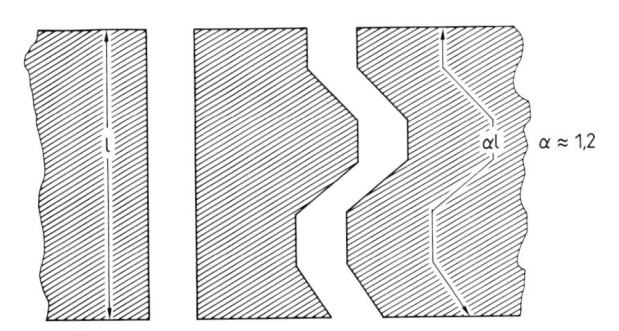

Abb. 7.9 Schematische Darstellung einer Pore im Filterkuchen – Berücksichtigung des Labyrinthfaktors[24]

Durch die Zusammenfassung der konstanten Filtergrößen, des Labyrinthfaktors, der Porosität sowie des Proportionalitätsfaktors zu einer den Strömungswiderstand im Filterkuchen charakterisierenden Größe β_{FK} erhält man:

$$\Delta P = \frac{\beta_{FK} V^2 \mu}{tA^2}. \qquad (7.25)$$

Durch die Kompressibilität des Filterkuchens hängen allerdings auch die Schüttdichte und $\varepsilon_{Filterkuchen}$ vom Druck ab. Dennoch läßt sich Gl. (7.25) als Grundlage für die Ermittlung des Druckverlustes bei wachsender Filterkuchenhöhe verwenden. Allerdings müssen zusätzliche Exponenten (n und m) eingeführt werden. Diese sind experimentell zugänglich:

$$\Delta P^m = \frac{\beta_{FK} V^n \mu}{tA^2}. \qquad (7.26)$$

Näherungsweise gilt:
$m = 1$, wenn der Filterkuchen starr und inkompressibel ist (kristalline Feststoffteilchen);
$m = 2$, wenn die Höhe des Filterkuchens stark vom Druck abhängt; $n > 1$ (oft $n \rightarrow 2$).

Es scheint auf den ersten Blick erstaunlich, daß der Druckverlust am Filterkuchen umgekehrt proportional zur Zeit sein soll, wird doch der Druckverlust mit der Zeit durch den Anstieg der Filterkuchenhöhe größer. Dieser scheinbare Widerspruch ist dadurch zu erklären, daß natürlich auch das Volumen der Trübe mit der Zeit anwächst und daß dieses Volumen mit dem Exponenten $n > 1$ in Gl. (7.25) eingeht. Bei konstantem Volumenstrom steigt also ΔP mit der Zeit an.

Ein weiterer wichtiger Zusammenhang der Kuchenfiltration wird bei der Interpretation der Gl. (7.23) klar. Entsprechend dieser Gleichung ist der Zuwachs der Filterkuchenhöhe (dl) umgekehrt proportional zur Schüttdichte ($\varepsilon_{Filterkuchen}$). Die Schüttdichte ist wiederum abhängig von der Kristallinität, der Form und der Größenverteilung der abzufiltrierenden Feststoffe. Als ein Maß für die Schüttdichte kann der Restfeuchtegehalt im Filterkuchen nach abgeschlossener Filtration gelten. Dieser Restfeuchtegehalt ist mittels Voruntersuchungen leicht zu ermitteln. Als Richtwerte zur Filtrierbarkeit einer Trübe werden folgende Werte angegeben[3]:

Restfeuchtegehalt des Filterkuchens (%)	6–20	20–30	30–75	> 75
Filtrierbarkeit der Trübe	sehr gut	gut	schwer	sehr schwer

Die mit zunehmender Filterkuchenhöhe verbundene Abnahme an Filtriergeschwindigkeit, bzw. der zunehmende Druckverlust, führt je nach Art der abzutrennenden Feststoffteilchen zu folgenden Begrenzungen bezüglich der Filterkuchenhöhe [3]:

Abzutrennende Teilchen	anzustrebene Filterkuchenhöhe (mm)
kolloidal, schleimig	5–15
kristallin	50–100

7.1.2.3 Filterbauarten und ihre Einsatzbereiche

Bei der Auswahl und der Auslegung von *Filtern zur Auftrennung von Trüben oder Suspensionen* müssen

- der Feststoffgehalt in der zulaufenden Trübe,
- deren Volumenstrom und
- die notwendige Güte der Flüssigkeit/Feststoff-Trennung

beachtet werden. Darüber hinaus ist zu klären, ob kontinuierlich oder diskontinuierlich arbeitende Filtrationsverfahren, Druck oder Vakuum und/oder Zentrifugalkräfte (Filterzentrifugen) angewendet werden sollen. Schließlich müssen Investitionskosten sowie der Personalbedarf, der Platz- und der Energiebedarf kalkuliert werden[25, 26].

Die bei vielen chemischen Prozessen zur Herstellung fester Produkte anfallenden Flüssigkeit/Feststoff-Gemische haben eine Feststoffkonzentration, die größer als 0,5 Gew.% ist. Derartige Gemische werden mittels Kuchenfiltration getrennt. Die eigentliche Filterwirkung wird vom Filterkuchen selbst ausgeübt. Bei zu geringem Feststoffgehalt in der zulaufenden Trübe baut sich der Filterkuchen nicht, oder zu langsam, auf. In diesem Fall muß die Trübe aufkonzentriert (eingedickt) werden, d. h., daß ein Sedimentationsverfahren, eine Tiefenfiltration mittels Schüttfiltern oder eine Querstromfiltration der Kuchenfiltration vorgeschaltet werden.

Bei der Kuchenfiltration wird zwischen Druck- und Vakuumfiltration unterschieden. Beide Verfahrensvarianten haben prinzipielle Vor- und Nachteile. Während bei der Druckfiltration mit höheren Druckdifferenzen gearbeitet und größere Filterflächen verwendet werden können, vereinfacht die Vakuumfiltration eine kontinuierliche Fahrweise. Dies liegt daran, daß sich der Filterkuchen immer auf der Seite des höheren Drucks am Filtermittel aufbaut. Bei einer Vakuumfiltration liegen druckseitig 0,1 MPa (1 bar) an. Ein kontinuierliches Entfernen des Filterkuchens ist daher möglich. Aufgrund der im Vergleich zur Druckfiltration kleineren Druckdifferenz können bei der Vakuumfiltration nur gröbere Feststoffe filtriert werden, so daß der Filtrationswiderstand klein gehalten wird. Die im Filterkuchen auftretende Druckdifferenz bestimmt u. a. den Filtrationswiderstand. Als Einsatzbereiche für die Druck- bzw. Vakuumfiltration gelten folgende Anhaltswerte[4]

Druckfiltration	Filtrationswiderstand · mittlere Filterkuchenhöhe > $5 \cdot 10^{10}$ m^{-1}
Vakuumfiltration	Filtrationswiderstand · mittlere Filterkuchenhöhe < $1 \cdot 10^{12}$ m^{-1}

Die typischen **Druckfilter** sind Nutschen, Blattfilter und Filterpressen. Darüber hinaus kann sich auch auf Filterkerzen ein Filterkuchen ausbilden, dies gilt insbesondere dann, wenn auf einem großporigen Kerzenmaterial eine feinfiltrierende Membran aufgetragen wird, so daß eine Tiefenfiltration nicht mehr möglich ist.

Nutschen werden sowohl im Labor als auch im Technikum und in der chemischen Produktion verwendet. Ihr Arbeitsprinzip beruht darauf, daß eine Trübe diskontinuierlich auf eine horizontale Filterfläche (meist eine mit einem Filtermittel bespannte Siebplatte) aufgegeben wird. Durch Anlegen eines Überdrucks (zulaufseitig) oder eines Vakuums (filtratseitig) wird die Flüssigkeit durch die Filterfläche gepreßt (Drucknutschen) bzw. gesogen (Saugnutschen). Im Gegensatz zum Labormaßstab, in dem offene Saugnutschen gebräuchlich sind, arbeitet man im Produktionsmaßstab mit geschlossenen Apparaten. Diese sind oft mit Rührwerken, Waschvorrichtungen und Möglichkeiten zur Trocknung des Filterkuchens ausgestattet. In Nutschen werden Suspensionen mit hohen Gehalten an kristallinen Feststoffen (10–50 Gew.%) verarbeitet.

Blattfilter dienen zur Auftrennung von schlecht filtrierbaren Suspensionen. Dies sind insbesondere Suspensionen mit sehr kleinen Teilchen. Der Feststoffgehalt sollte nicht größer als 5 Gew.% sein. In Blattfiltern werden mehrere Filterplatten oder -scheiben in ein druckfestes Gehäuse eingebaut. Dieses Gehäuse läßt sich (im Vergleich zu den unten beschriebenen Filterpressen) leicht öffnen, so daß die Entnahme des Filterkuchens vereinfacht wird. Filterplatten bestehen aus einem mit einem Filtertuch bespannten Stützgerüst, durch welches das Filtrat abgezogen wird. Bei vertikaler Bauausführung sind die Platten entweder

- als Baueinheit dem Gehäuse zu entnehmen und zu reinigen,
- zur Entfernung des Filterkuchens mit einem Vibrator versehen oder
- mit Rückspül- bzw. Rückblasvorrichtungen ausgestattet.

In der horizontalen Bauausführung werden in der Regel mehrere Filterscheiben übereinander auf einer drehbaren Welle angeordnet. Dadurch wird es möglich, den Filterkuchen nach der eigentlichen Filtration abzuschleudern. Blattfilter dieser Bauart werden als „Tellerfilter" bezeichnet.

Filterpressen (Abb. 7.10a–c) bestehen aus einer großen Zahl parallel geschalteter Filterelemente, die (vertikal angeordnet) aneinander gepreßt werden. Aufgrund des Aufbaus der Filterelemente wird zwischen Rahmenfilterpressen und Kammerfilterpressen unterschieden. Bei Rahmenfilterpressen (Abb. 7.10 a) werden zwischen den mit Filtertüchern bespannten Filterplatten Rahmen eingesetzt, die den notwendigen Raum für den Aufbau des Filterkuchens schaffen. Kammerfilterpressen bestehen (abgesehen von den Endplatten) nur aus den mit Filtertüchern bespannten Filterplatten. Diese sind, wie die Abb. 7.10 b zeigt, am äußeren Rand mit einer Wulst versehen und so geformt, daß sich zwischen zwei zusammengepreßten Platten die notwendige Filterkammer ausbildet. Aus technischen Gründen muß die Trübe durch einen zentralen Zulauf in die Filterkammern gelangen. Dies erschwert das Bespannen der Filterplatten mit dem Filtertuch. Ein häufiger Wechsel der Filtertücher, wie er insbesondere (aus hygienischen Gründen) in der Lebensmittelindustrie notwendig ist, ist kaum noch durchzuführen. Eine weitere Einschränkung ergibt sich dadurch, daß die Filterkammern recht schmal sind, so daß die Filterkuchendicke auf maximal 20 bis 30 mm anwachsen darf. Bei Rahmenfilterpressen können Filterkuchen mit Dicken bis zu 150 mm gebildet werden. Dennoch wird, vor allem bei schwer zu filtrierenden Suspensionen mit geringem Feststoffgehalt, die Verwendung von Kammerfilterpressen bevorzugt. Aufgrund des kompakten Aufbaus und der damit verbundenen Möglichkeit der Anwendung hoher Drücke (bis zu 5 MPa) können derartige Trennaufgaben besser mit Kammerfilterpressen gelöst werden. Die Anwendung derart hoher Drücke führt außerdem zu vergleichsweise niedrigen Restfeuchten im Filterkuchen. Allgemein zeichnen sich Filterpressen dadurch aus, daß sie bei geringem Platzbedarf große Flächen für die Kuchenfiltration besitzen. Ferner ist bei Filterpressen durch die Möglichkeit des Hinzunehmens oder des Weglassens von einzelnen Filterelementen der Einsatzbereich sehr breit.

Für die **Vakuumfiltration** werden Saugnutschen, Bandfilter, Vakuumtrommelfilter oder Vakuumscheibenfilter verwendet. Dabei erlauben die Band-, Trommel- und Scheibenfilter eine kontinuierliche Arbeitsweise. Sie eignen sich zur Filtration von Suspensionen kristalliner Feststoffe mit einem Feststoffgehalt von mind. 5 Gew.% und werden insbesondere beim Anfall großer Produktmengen verwendet. Als Beispiel sei auf die Herstellung von Zeolithen für Waschmittel verwiesen, die mit Hilfe von **Bandfiltern** getrocknet werden. Leider benötigen Bandfilter sehr viel Platz. Bandfilter sind meist horizontal angeordnet. Der Bewegungsablauf des Filtertuchs ist ähnlich dem des Fließbands. Die Filter sind in der Regel so lang, daß Filtrations-, Wasch- und Trocknungsvorgänge hintereinander geschaltet werden können (Abb. 7.11). Durch eine Gegenstromführung kann dabei die Waschflüssigkeit sehr gut ausgenutzt werden.

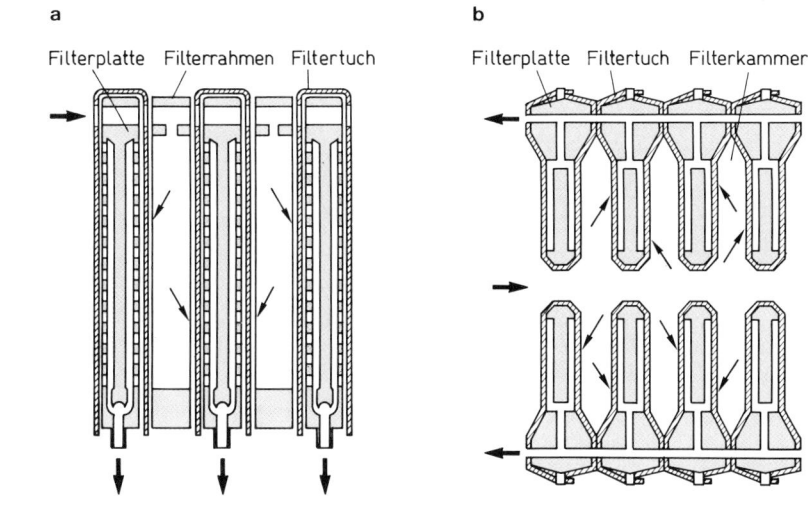

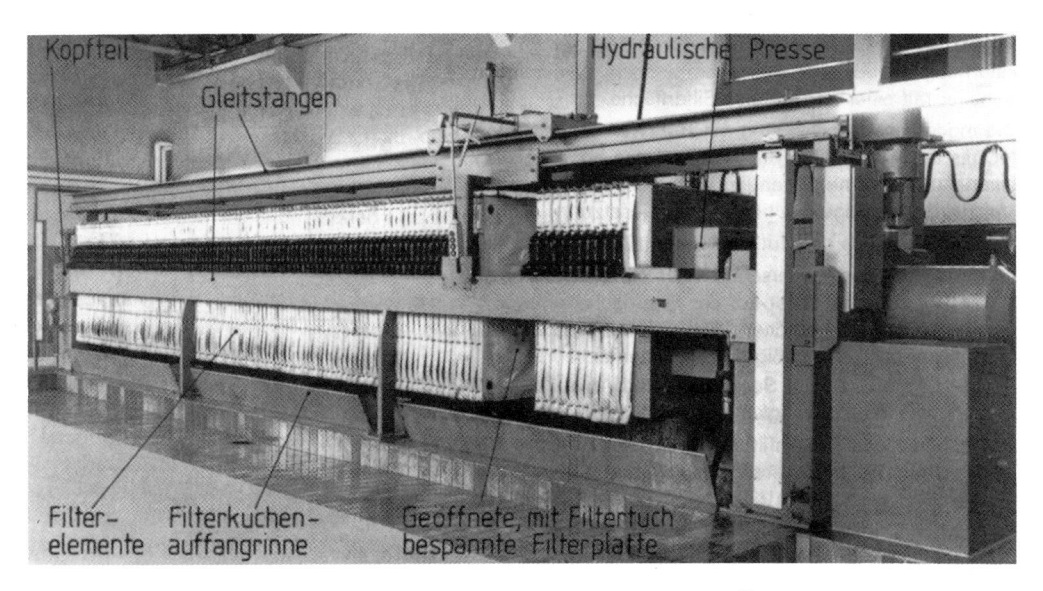

Abb. 7.10a Rahmenfilterpresse, **b** Kammerfilterpresse, **c** Filterpresse [27]

Vakuumtrommelfilter bestehen aus einer mit Filtertuch bespannten, rotierenden Trommel. Wie Abb. 7.12 zeigt, ist die Trommel im Inneren durch Trennwände in 14 bis 30 Filterzellen unterteilt. Diese Zellen können, dank eines an der Trommelachse angeschlossenen Steuerkopfes, evakuiert oder mit Druck belegt werden. Ferner ist ein getrenntes Absaugen des Filtrats möglich. Die Funktionsweise eines Vakuumtrommelfilters läßt sich wie folgt beschreiben:

Die sich langsam drehende Trommel taucht zu etwa einem Drittel ihres Umfangs in die zu filtrierende Trübe ein. Die Zellen, deren Stirnflächen in die Suspension eintauchen, stehen unter Vakuum. Dadurch wird die Trübe angesaugt und filtriert. Nach Auftauchen der

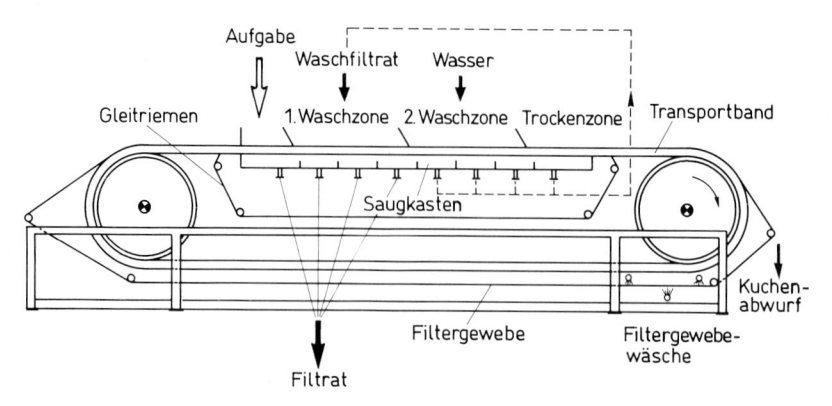

Abb. 7.11 Bandfilter mit Gegenstromwäsche (Fa. Lurgi, Frankfurt/Main)

Filterzellen wird das im Filterkuchen verbliebene Filtrat abgesaugt. Anschließend wird durch Abbrausen der Filterkuchen gewaschen. Die Waschflüssigkeit wird getrennt vom Filtrat gesammelt. In der letzten Phase schaltet der Steuerkopf auf Druckluft um. Damit wird der Filterkuchen gelockert, getrocknet und kann anschließend mechanisch vom Filtertuch abgehoben werden.

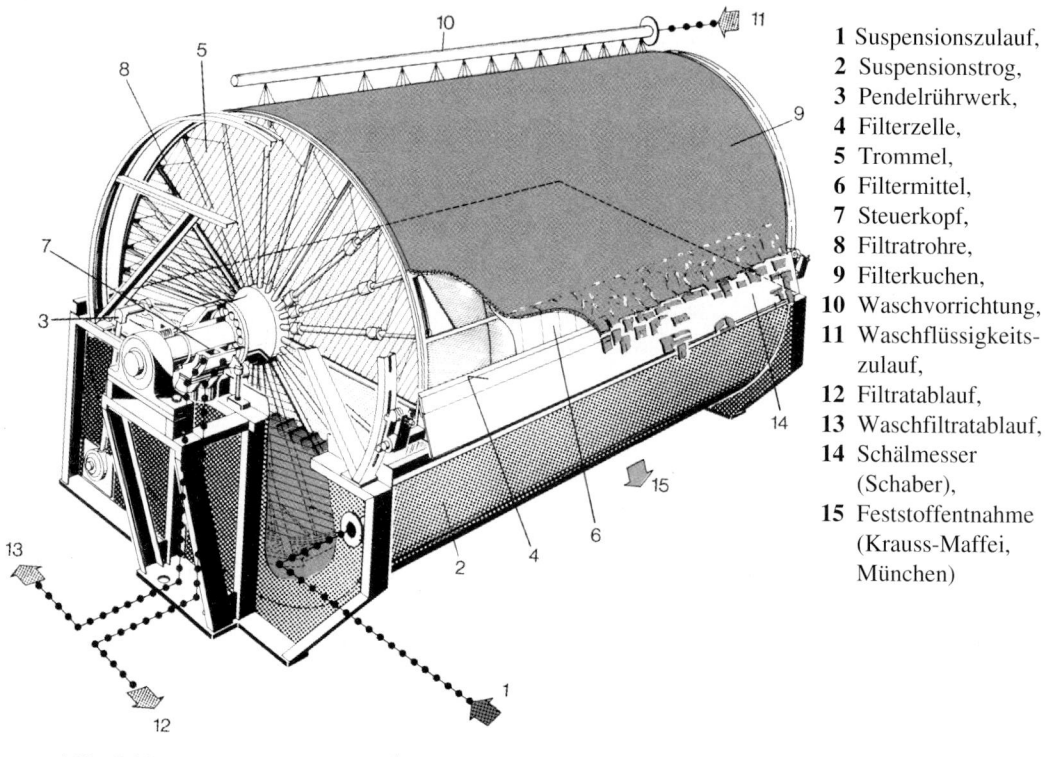

1 Suspensionszulauf,
2 Suspensionstrog,
3 Pendelrührwerk,
4 Filterzelle,
5 Trommel,
6 Filtermittel,
7 Steuerkopf,
8 Filtratrohre,
9 Filterkuchen,
10 Waschvorrichtung,
11 Waschflüssigkeits-
   zulauf,
12 Filtratablauf,
13 Waschfiltratablauf,
14 Schälmesser
   (Schaber),
15 Feststoffentnahme
   (Krauss-Maffei,
   München)

Abb. 7.12 Vakuumtrommelfilter[4]

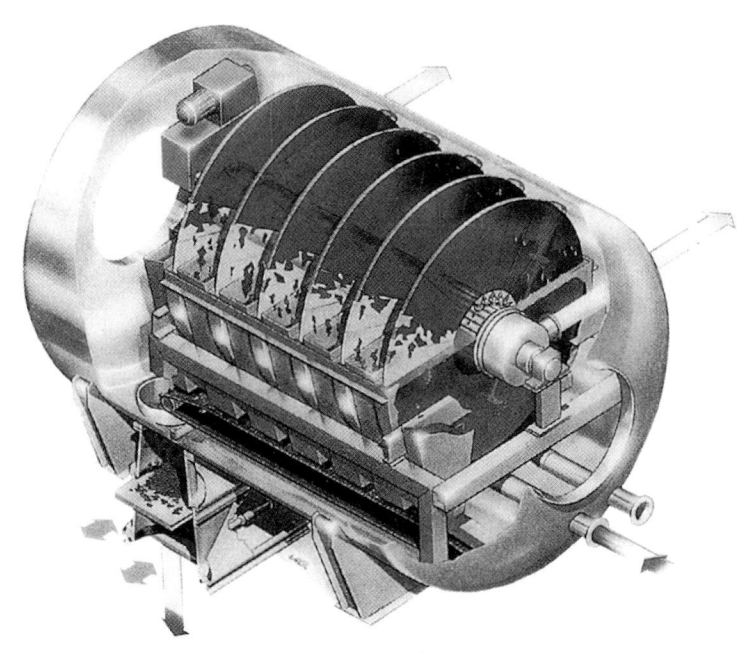

Abb. 7.13 Andritz HBF-Scheibenfilter [22]. Schnittbild eines Andritz HBF-Scheibenfilters

Vakuumtrommelfilter können einen Durchmesser von 4 m und eine Länge von 8 m besitzen. Dies entspricht einer Filterfläche von bis zu 100 m². Größere Filterflächen (bis zu 400 m²) besitzen **Scheibenfilter**. Sie werden für die Filtration von Massengütern der Grundstoffindustrie (Erz- und Kohleaufarbeitung, Aluminiumindustrie) verwendet. Scheibenfilter ähneln in ihrer Funktionsweise den Vakuumtrommelfiltern. Mehrere Filterschei-

Tab. 7.2 Anhaltswerte zu den wichtigsten Apparaten für die Kuchenfiltration [4]

Filtertyp	Betriebsweise	Filterfläche (m²)	Druckdifferenz (MPa)	Kuchendicke (mm)
Druckfilter				
Nutsche, (ohne Rührwerk)	diskontinuierlich	0,1–1	0,05–0,4	25–200
Nutsche, (mit Rührwerk)	diskontinuierlich	0,6–15	0,05–0,3	50–500
Kerzenfilter	diskontinuierlich	0,4–40	0,1–1	5–25
Blattfilter	diskontinuierlich	1–150	0,1–1	5–25
Rahmenfilterpresse	diskontinuierlich	1–500	0,1–1,5	5–40
Kammerfilterpresse	diskontinuierlich	1–1000	0,1–1,5	5–20
Vakuumfilter				
Bandfilter	kontinuierlich	0,2–120	0,02–0,07	3–100
Vakuumtrommelfilter	kontinuierlich	0,2–100	0,02–0,07	2–30
Vakuumscheibenfilter	kontinuierlich	20–400	0,02–0,07	5–20

ben sind horizontal auf einer Hohlwelle angeordnet. Während des Rotierens saugen diese beidseitig die Suspension aus einem Filtertrog an. Nach Auftauchen aus der Trübe wird der Filterkuchen trockengesaugt, kurz vor dem Wiedereintauchen in den Filtertrog mit Druckluft gelockert und abgehoben. In den letzten Jahren wurden statt der üblichen Vakuumscheibenfilter auch Druckscheibenfilter mit höheren Leistungswerten und reduzierten Restfeuchten des Filterkuchens eingesetzt. Abb. 7.13 zeigt das Schnittbild eines derartigen Filters.

In Tab. 7.2 werden typische Daten für die wichtigsten Apparate zur Kuchenfiltration zusammengestellt. Die Einsatzgebiete dieser Filter sowie Eindicker sind in Abb. 7.14 dargestellt. Dabei ist zu beachten, daß die Durchsatzleistung den Volumenstrom der *zulaufenden* Trübe bezeichnet.

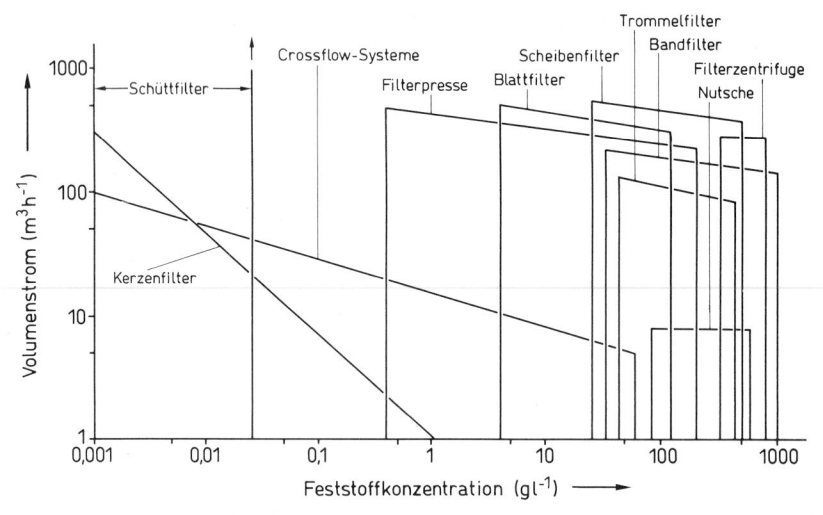

Abb. 7.14 Diagramm zu den Einsatzgebieten häufig eingesetzter Filterbauarten[28]

7.2 Emulsionstrennung

Die technische Bedeutung der Emulsionstrennung, insbesondere der Auftrennung eines Öl/Wasser-Gemisches, wird am Beispiel der Rohölförderung[29] deutlich.

Jährlich werden weltweit etwa 3 Mrd. t Erdöl gefördert. In nahezu allen Ölfeldern ist das Erdöl mit salzhaltigem Lagerstättenwasser vermengt, so daß eine Rohölemulsion anfällt. Der Anteil des mitgeförderten Wassers variiert zwar bei den verschiedenen Lagerstätten, insgesamt kann man aber davon ausgehen, daß die mitgeförderte Wassermenge der Menge des Öls entspricht. Ein wasserhaltiges Rohöl kann von den Raffinerien nicht verarbeitet werden. Das Lagerstättenwasser wird deshalb schon am Ölfeld abgetrennt. Diese Abtrennung muß (auch aus Gründen des Umweltschutzes) hohen Ansprüchen genügen. So darf z. B. in der Nordsee der Restölgehalt im Abwasser, das von den Förderplattformen ins Meer gelangt, nur 20 bis 25 ppm betragen.

Emulsionen sind thermodynamisch immer instabil. Bedingt durch die Grenzflächenspannung besteht die Tendenz zur Verkleinerung der Phasengrenzfläche. Deshalb werden sich viele kleine dispergierte Tropfen vereinen und größere Tropfen bilden. Im weiteren Verlauf findet die Auftrennung in zwei separate Phasen statt. Die Arbeitsweise von Apparaten zur Trennung von Emulsionen (Separatoren) kann, vergleichbar den Scheidetrichtern des Laborbetriebs, darauf beruhen, daß sich die beiden flüssigen Phasen unter Wirkung der Schwerkraft voneinander trennen. Entsprechende Separatoren werden in stehender oder liegender Bauweise angeboten. Eine spezielle Ausführungsform, die sich insbesondere bei der Öl/Wasser-Trennung in der Erdölraffinerie bewährt hat, arbeiten nach dem Prinzip des Lamellenklärers (Abb. 7.4, Kap. 7.1.1.2) und gewährleistet durch viele parallele, schrägliegende Platten eine sehr große Trennfläche, kurze Absetzwege sowie die Einhaltung kleiner Reynoldszahlen. In der chemischen Industrie werden zur Emulsionstrennung am häufigsten Tellerzentrifugen eingesetzt (vergleichbar Abb. 7.5, Kap. 7.1.1.2). Bezüglich der Stromführung in der rotierenden Trommel unterscheiden sich zwar die Tellerzentrifugen für die Emulsionstrennung von denen für die Suspensionstrennung, dennoch ist der Aufbau dieser Apparate vergleichbar. Bei der Emulsionstrennung ermöglicht die Kombination von Lamellenklärer und Zentrifugalabscheider die Auftrennung recht großer Volumenströme. Bei kleineren Volumenströmen kommen Rohrzentrifugen zum Einsatz. Auch diese können kontinuierlich betrieben werden, wenn durch den Einbau eines speziellen Trennrings die schwerere und die leichtere Phase separat entnommen werden können. Bei der Auslegung von Zentrifugen zur Emulsionstrennung ist zu beachten, daß insbesondere größere dispergierte Tropfen während der Beschleunigung im Zentrifugalfeld zerfallen.

In einigen Emulsionen ist die Koaleszenz der feindispergierten Tröpfchen derart langsam oder behindert, daß die Emulsion stabil ist. Dies kann durch gleichsinnige (also abstoßende) Aufladung der Tröpfchen, durch eine (die Tröpfchen umgebende) Solvathülle, durch Schutzkolloide oder durch (aus anwendungstechnischen Gründen) zugesetzte Emulgatoren verursacht werden. Praktische Beispiele dafür sind

- die Abwässer von metallverarbeitenden Betrieben (Verwendung von Bohr- und Schneideemulsionen) sowie
- das bereits oben erwähnte Gemisch aus Rohöl und salzhaltigem Lagerstättenwasser.

Eine Auftrennung dieser Emulsionen ist möglich, wenn neben der rein mechanisch arbeitenden Abscheideanlage eine „Emulsionsspaltung" eingeleitet wird. Bewirken z. B. geladene, oberflächenaktive Zusätze eine Abstoßung der dispergierten Tröpfchen, wird durch einen Ladungsausgleich eine Destabilisierung der Emulsion erreicht. Der Ladungsausgleich kann mit Hilfe eines elektrischen Feldes, durch Zugabe eines festen Ladungsträgers (Adsorptionsverfahren) oder durch Zudosierung von Emulsionsspaltern (Demulgatoren) erfolgen. So werden z. B. bei der Rohölaufarbeitung Ethylenoxid/Propylenoxid-Blockpolymere, Alkylphenolharze oder Polyesteramine verwendet, die bereits im ppm-Bereich als Demulgatoren wirksam sind. Als Spaltmittel (insbesondere bei der Abwasseraufarbeitung) können aber auch Tonerdemineralien dienen.

7.3 Partikelabscheidung aus Gasströmen

Die Abtrennung von Feststoffteilchen aus einem Gasstrom wird insbesondere angewendet bei

- der Entstaubung von Abluft – die TA Luft verlangt eine Reinigung der Abluft nach dem „Stand der Technik" (als niedrigster Grenzwert wird inzwischen eine Feststoffkonzentration von 0,2 mg/m^3 Abgas für stark toxische, staubförmige anorganische Stoffe verlangt) [30,31],
- dem Schutz empfindlicher Prozeßapparate (z. B. Gasturbinen) und Meßgeräte (z. B. Mass-Flow-Meter),

- Materialien, die durch Sichten sortiert werden,
- der Produktabtrennung, z. B. bei der Phosphorherstellung und
- der Zurückgewinnung von Katalysatoren, die in Flugbettverfahren eingesetzt werden. Als Beispiel sei das Abtrennen von Katalysatoren beim katalytischen Cracken von Schwerölen (FCC – fluid catalytic cracking) genannt.

7.3.1 Ausnutzung der Schwer- und der Zentrifugalkraft (Absetzkammern und Zyklone)

In Absetzkammern wird die Geschwindigkeit des Gasstroms verlangsamt, gleichzeitig erfolgt ein ein- oder mehrmaliges Umlenken, ohne daß dabei eine wesentliche Erhöhung der Zentrifugalkräfte resultiert. Beide Effekte begünstigen die Abtrennung der Feststoffteilchen. Absetzkammern in Form von Rauchfängen wurden schon vor mehr als 400 Jahren im Berg- und Hüttenwesen entwickelt [32]. Als neuere Bauarten gelten der Absetzzug, der Schwerkraftgegenstromabscheider [15] und die Flugstaubkammer. Während der Absetzzug, den Rauchfängen vergleichbar, einen großvolumigen Behälter mit großer Querschnittsfläche und Umlenkblech darstellt, sind in der Flugstaubkammer lamellenförmige Horden angeordnet. Durch diese wird, ähnlich der Wirkungsweise von Lamellenklärern, der Gasstrom in parallel verlaufende Strömungsbahnen aufgeteilt sowohl die Reynold-Zahl als auch und die Absetzhöhe herabgesetzt.

Durch eine reine Schwerkraftabscheidung kann lediglich eine Grobentstaubung erfolgen, d. h., es können nur Teilchen >100 µm abgetrennt werden. Eine Abtrennung kleinerer Partikel gelingt durch Anwendung der Zentrifugalkraft (Fliehkraft). Die Fliehkraftabscheidung von Stäuben wird in **Zyklonen** durchgeführt. Ein Zyklon ist ein zylinderförmiger Apparat, der sich im unteren Teil verjüngt (s. Abb. 7.15). Das staubbeladene Gas strömt in den oberen Teil tangential ein und wird anschließend in einer spiralförmigen Bewegungsbahn nach unten geleitet. Dadurch treten Zentrifugalkräfte auf, die 100 bis 1000mal größer sind als die Erdbeschleunigung. Durch diese Zentrifugalkräfte werden bevorzugt die Staubteilchen an die Innenwand des Zyklons geschleudert, verlieren durch die Reibung an der Zykloninnenwand ihre Energie und rieseln an der Wand nach unten. Dort werden sie über ein Zellenrad oder einen Abschirmkegel ausgetragen. Der gereinigte Gasstrom wird umgelenkt und verläßt über ein „Tauchrohr" den Zyklon.

Die Qualität eines Zyklons wird in erster Linie nach der Abscheideleistung und dem Druckverlust beurteilt. Entscheidend für die Güte der Feststoffabscheidung sind die Strömungsverhältnisse an der Innenwand des Zyklons und die Partikeldichte. Für eine gute Abscheideleistung müssen

- die Eintrittsgeschwindigkeit und resultierende Umfangsgeschwindigkeit groß sein,
- das Gas eine ausreichende Verweilzeit innerhalb des Strömungswirbels aufweisen (dies wird durch eine lange, schmale Bauart gewährleistet),
- ein Mitreißen der herabrieselnden Staubteilchen beim Umlenken des Gasstroms zum Tauchrohrs vermieden werden.

Zyklone werden seit über 90 Jahren gebaut. Theorien zur Auslegung von Zyklonen wurden insbesondere von Barth, Muschelknautz und Brunner sowie Rumpf und Leschonski entwickelt [7.1]. Als Richtwerte können demzufolge angegeben werden:

Einlaufgeschwindigkeit des Gasstroms	7–17 m/s
Geschwindigkeit des Gases im Tauchrohr	5–20 m/s und
Druckverlust	$\Delta P = 4\text{–}20$ mbar

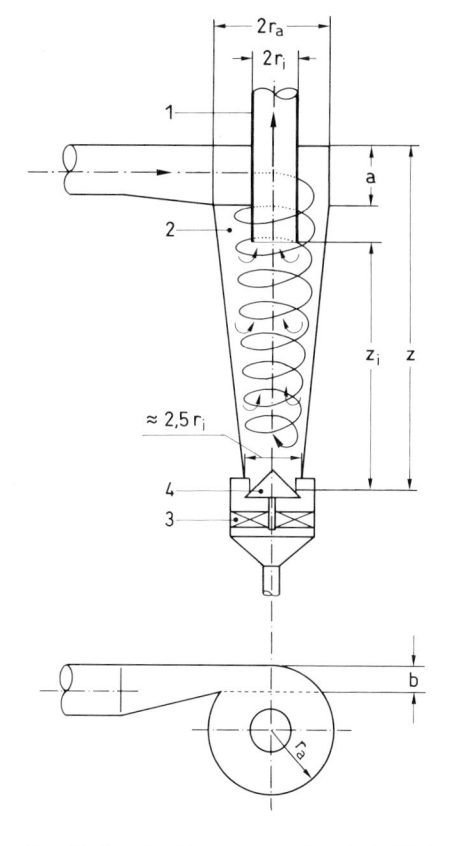

Abb. 7.15 Aufbau und Wirkungsweise eines Zyklons[4] (Seitenansicht und Draufsicht).
1 Tauchrohr, **2** Abscheideraum, **3** Feststoffsammelbehälter, **4** Abschirmkegel.
Abmessungen:
$r_i = 25–1500$ mm
$r_a = 1,5–4,0 r_i$
$z = 8,0–15,0 r_i$
$z_i = 6,0–12,0 r_i$
$a = 2,0–4,0 r_i$
$b = 1,0–3,0 r_i$

Partikel mit 50 μm werden bei Einhaltung der angegebenen Erfahrungswerte fast vollständig abgetrennt, während Staubteilchen < 5 μm im allgemeinen nicht mehr abgeschieden werden können. Gl. (7.27) erlaubt die Ermittlung des Grenzkorndurchmessers* $d^{P,g}$, hat allerdings nur einen abschätzenden Charakter[4]:

$$d^{P,g} = \sqrt{\frac{9\mu(ab)^2}{(\varrho^S - \varrho^G)\pi z_i \dot{V}}} \, (r_i/r_a)^m. \tag{7.27}$$

Die Symbole der geometrischen Abmessungen sind in Abb. 7.16 erklärt. Der Exponent m nimmt je nach Bauart des Zyklons Werte zwischen 0,5 und 1,0 an. Weitere charakteristische Größen sind die Grenzkornverweilzeit und die Grenzbeladung[1].

Ein Zyklon ist ein billiger, robuster und zuverlässig arbeitender Apparat. Er benötigt wenig Bauvolumen. Die Betriebskosten eines Zyklons werden durch den Energieverbrauch, also letztlich durch den Druckverlust im Gasstrom beim Durchströmen des Zyklons, bestimmt. Zur Berechnung des Druckverlustes kann Gl. (1.43) (Kap. 1.3.1.1) herangezogen werden:

$$\Delta P = \zeta \frac{\varrho u^2}{2}. \tag{1.43}$$

$\zeta = f$ (Reynolds-Zahl, Staubbelastung des Gasstroms, Rauheit der Apparatewand, Apparategeometrie)

---

* Als Grenzkorn werden die Teilchen bezeichnet, die gerade noch abgeschieden werden. Kleinere Partikel werden vom Gasstrom durch das Tauchrohr mitgerissen.

Ein typisches Einsatzgebiet für Zyklone ist das Reinigen der Abgase von Kohlekraftwerken. Daß dabei der Abgastrom nicht mit nur einem Zykon gereinigt werden kann (oftmals werden mehrere Zyklone parallel und/oder hintereinander geschaltet), soll exemplarisch am Beispiel eine 20-MW-Kraftwerks gezeigt werden.

Beispiel:
Durch das Verbrennen von 1 kg Steinkohle werden 26000 kJ freigesetzt. Daraus errechnet sich, daß in einem 20-MW-Kraftwerk 770 kg Steinkohle pro Sekunde verbrannt werden müssen. Dies entspricht einer Menge von ca. 64 kmol/s:

$$C + O_2 \Rightarrow CO_2 \, .$$

Bei der Reaktion fallen pro Sekunde 64 kmol Kohlendioxid als Abgas an. Diese Abgasmenge wird dadurch vergrößert, daß die Verbrennungsluft im trockenen Zustand noch ca. 79 Vol.% N_2 + Inertgase enthält. Der Volumenstrom der benötigten Luft beträgt also das 4,76 fache des Sauerstoffs. Der tatsächliche Luftbedarf ist zudem stark vom Verbrennungsvorgang und von der Feuerungsführung abhängig. Er liegt um den Faktor 1,3 bis 1,5 höher als der theoretische Luftbedarf*. Für die durchgeführte Modellrechnung soll ein Faktor von 1,3 angenommen werden. Damit steigt die Abgasmenge (CO_2 + N_2 + Inertgase):

$$64 \cdot 4{,}76 \cdot 1{,}3 \text{ kmol/s} = 396 \text{ kmol/s} \, .$$

Dies entspricht (bezogen auf Normalbedingungen) einem Volumenstrom von 8870 Nm^3/s Abgas, die unter anderem vom Staub (Asche) gereinigt werden müssen. Die Asche kommt aus den Verunreinigungen in der Steinkohle. Die zu Beginn der Rechnung angeführten 26000 kJ pro kg Steinkohle sind bezogen auf eine *w*asser- und *a*sche*f*reie (waf) Steinkohle. Verbrannt wird allerdings eine Kohle, die ca. 8% Wasser und ca. 5% Asche enthält. Das Wasser wird während der Verbrennung verdampft (der zusätzliche Verbrauch an Energie ist im Faktor 1,3 enthalten) und erhöht die Abgasmenge. Die Asche fällt als Staub an. Beim Verbrennen von 770 kg/s Kohle fallen demzufolge 38,5 kg Asche in der Sekunde an, die mit Hilfe von Zyklonen und Elektrofiltern abgetrennt werden müssen.

Aus den angeführten Richtwerten für die Auslegung eines Zyklons ist zu entnehmen, daß die Einlaufgeschwindigkeit bei Zyklonen zwischen 7 und 17 m/s liegen sollte. Soll also mit nur einem Zyklon gearbeitet werden, bei dem die Einlaufgeschwindigkeit 17 m/s beträgt, errechnet sich bei einem Abgastrom von 8870 Nm^3/s eine Querschnittsfläche des Einlaufs von ca. 522 m^2. Derartige Querschnittsflächen sind aber unrealistisch.

Als Lösung bietet sich die Parallelschaltung von mehreren Zyklonen an. Dabei hat es sich als platzsparend und kostengünstig erwiesen, wenn diese Zyklone in einem Apparat (**Multizyklon**) zusammengefaßt werden. In Multizyklonen wird die spiralförmige Bahnbewegung des staubbeladenen Gasstroms nicht durch einen tangentialen Einlauf gewährleistet, vielmehr wird der Gasstrom axial um das Leitrohr herum eingeleitet. Mittels Leitblechen wird dann die spiralförmige Bahnbewegung erzeugt (Abb. 7.16).

---

* Bei Kohle, die zu Staub zermahlen wurde (Energieaufwand und Kosten für die Zerkleinerung!) kann der Faktor auf einen Wert von 1,2 gesenkt werden. Dieser Faktor entspricht dem für die Verbrennung flüssiger Brennstoffe; gasförmige Brennstoffe können bei optimaler Feuerungsführung auch praktisch mit dem theoretischen Luftverhältnis verbrannt werden.

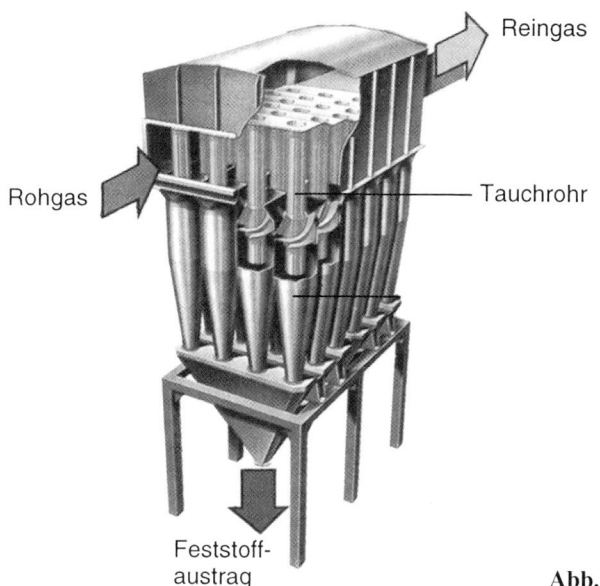

Abb. 7.16 Bauweise eines Multizyklons[32]

7.3.2 Verwendung von Trennhilfen (Filterelemente, Elektrofilter, Naßentstaubung)

Mit Zyklonen lassen sich für Korngrößen <5 μm kaum noch brauchbare Abscheidegrade erreichen. Daher wird bei vielen technischen Anlagen mittels eines Zyklons lediglich die Hauptmenge des Staubs abgetrennt, während ein nachgeschalteter Apparat den Gasstrom so weit reinigt, daß die gesetzlichen Vorgaben (TA Luft) eingehalten werden. Für die Abtrennung von kleineren Feststoffteilchen werden Filterelemente, Elektrofilter oder Naßwäscher verwendet. **Filterelemente** besitzen eine flache Form (Taschenfilter), eine Beutelform oder die Form einer Kerze. Ihre Funktionsweise entspricht im Prinzip der der Beutel- bzw. Kerzenfilter für die Abtrennung von Feststoffen aus Flüssigkeiten (Abb. 7.17). In den letzten Jahren führte die Weiterentwicklung dieser Filtersysteme von der Tiefen- zur Oberflächenfiltration (vergleichbar der Kuchenfiltration). So werden heute Filterkerzen angeboten, die aus einem beschichteten, weitporigen Stützkörper bestehen. Als Beschichtung dient eine feinfiltrierende Membran. Auf der Membran setzt sich der Staub ab und kann relativ einfach mit Hilfe von Druckstößen entfernt werden. Parallel dazu wurden selbsttragende Filterelemente entwickelt, bei denen auf einem Stützrahmen ein beschichtetes textiles Filtermittel aufgezogen wird. Meist wird Nadelfilz, häufig beschichtet mit PTFE, verwendet. In letzter Zeit werden auch Nadelfilze, beschichtet mit Mikrofasern (Fasermaterial oftmals PTFE), als Filtermittel angeboten. Bei diesen ist die Oberfläche des Filzes weitestgehend geglättet, der Filterwiderstand vergleichsweise gering und die Abscheideleistung vergrößert. Dies gilt auch für die Auftragung von porösem Acrylschaum als filtrieraktive Schicht mit hydrophoben Eigenschaften. Die Porenweite beträgt hier 3 bis 8 μm [33].

Das Prinzip der **Staubabscheidung mittels elektrischer Aufladung** wurde etwa um die Jahrhundertwende in die Praxis überführt. So konnten schon vor dem ersten Weltkrieg die Abgase eines Bleischachtofens in Bad Ems auf diese Weise gereinigt werden. Auch heute noch werden Elektrofilter in Hüttenwerken eingesetzt. Darüber hinaus bedient man sich ihrer in der Glasindustrie, in Kraftwerken, bei der Zement- und der Phosphorherstellung

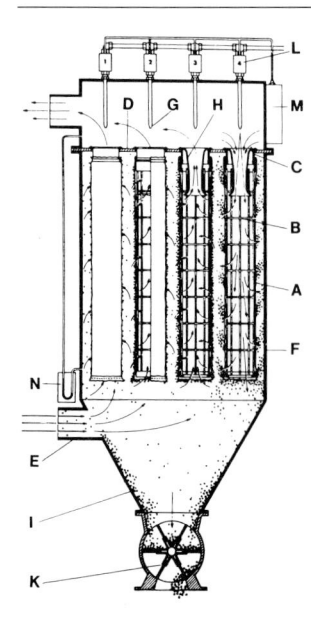

A Filterschläuche
B Drahtstützkörbe
C Rohrstutzen
D Kopfplatte
E Einlaßstutzen
F Filtergehäuse
G Druckluftdüsen
H Venturirohre
I Staubtrichter
K Zellenrad
L Elektroventile
M Steuergerät
N Manometer

Abb. 7.17 Schlauchfilter mit Druckstoßabreinigung[15]

sowie in den Lackierstraßen der Automobilindustrie. Auch beim Auftreten von Schwefelsäurenebeln können Elektrofilter eingesetzt werden. Sehr bekannt ist die Verwendung von Elektrofiltern bei Abfallverbrennungsanlagen. Hier waren sie umstritten, da sich in ihnen (durch eine falsche Temperaturführung in Gegenwart von Kupfer) im großen Umfang Dioxine bildeten. Heute sind die Bedingungen der Dioxinbildung bekannt, so daß die Elektrofilter in anderen Temperaturbereichen arbeiten.

In Elektrofiltern werden die Staubteilchen des Gasstroms durch eine negativ geladene Sprühelektrode elektrisch aufgeladen und anschließend an der Niederschlagselektrode (Anode) abgeschieden. Als Niederschlagselektrode dient die Wand bzw. ein an der Wand befindlicher Kondensatfilm. Elektrofilter werden in Form von Rohren oder Platten, in einfacher oder in gebündelter Ausfertigung hergestellt. Sie sind generell vertikal angeordnet und besitzen eine Länge von 2 bis 4 m. Die Sprühelektrode ist zentral aufgehängt. Der Abstand zwischen den Elektroden beträgt 5 bis 15 cm. Abb. 7.18 zeigt schematisch den Aufbau eines Rohrelektrofilters. In Abb. 7.19 ist die Innenausrüstung von parallel geschalteten Elektrofiltern mit bürstenförmigen Sprühelektroden zu sehen. Elektrofilter sind in der Lage, auch feinste Staubteilchen abzuscheiden ($d^{P,g} = 0,02$ μm). Da der Druckverlust beim Durchströmen der Elektrofilter sehr gering ist, können sie auch bei sehr großen Gasmengen eingesetzt werden.

Naßentstauber nutzen eine Waschflüssigkeit (im allgemeinen Wasser) zum Abscheiden des Staubs[34]. Gleiches gilt auch für „Entstaubungssysteme der nassen Bauart" (Naßzyklone oder Naßelektrofilter). Während bei „Entstaubungssystemen der nassen Bauart" die Zugabe von Wasser sehr dosiert erfolgt, wodurch die Trennwirkung lediglich verstärkt wird, ist bei den Naßentstaubern die Zugabe der Waschflüssigkeit eine unbedingte Voraussetzung für die Funktionsweise. Mittels Naßentstauber können Staubteilchen im Korngrößenbereich von 0,1 bis 100 μm abgetrennt werden. Sie werden bevorzugt dann eingesetzt, wenn

- klebrige und zum Anbacken neigende Stäube abzuscheiden sind,
- Produkte aus ohnehin feuchten Phasen aufgearbeitet werden und
- sich aus betrieblichen Gründen (z. B. wegen der Gefahr von Staubexplosionen) der Naßwäscher nicht durch andere Entstauber ersetzen läßt.

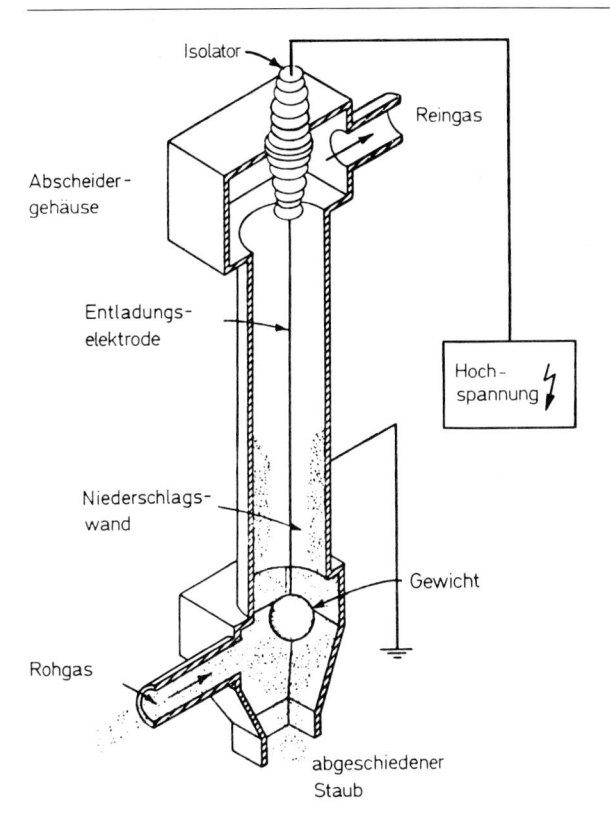

Abb. 7.18 Schematische Darstellung eines Rohrelektrofilters[15]

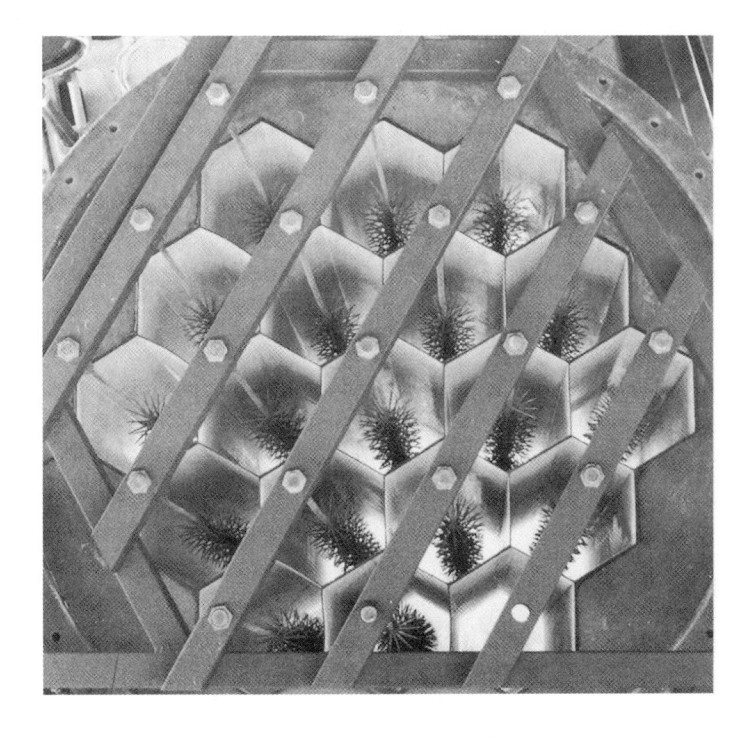

Abb. 7.19 Innenausrüstung eines Elektrofilters mit bürstenfömigen Sprühelektroden – Parallelschaltung (Lurgi AG, Frankfurt)

Beim Naßentstauben werden die im Gas befindlichen Partikel mit Wassertröpfchen in Kontakt gebracht, von ihnen festgehalten und mit ihnen abgeschieden. Der Kontakt zwischen Wassertröpfchen und Staubteilchen ist abhängig vom der Größe und Masse der Staubteilchen, der Tropfengröße und Anzahl der Tropfen. Die Tropfen sind etwa um den Faktor 30 bis 1000 größer als die abzutrennenden Staubteilchen. In der Regel gilt, daß die Staubabscheidung um so leichter ist, je größer und schwerer die Staubteilchen sind und je höher die Anzahl möglichst feiner Tropfen ist. Ferner sollte die Relativgeschwindigkeit der Tropfen zu den Staubteilchen groß sein [34]. Während gut benetzbare Stäube sofort nach dem Auftreffen auf die Wasseroberfläche in die Tropfen eindringen, lagern sich die schlecht benetzbaren nur oberflächlich an. Bei hohen Staubgehalten kann es passieren, daß Staubteilchen auf bereits (auf der Tropfenoberfläche) gebundene Teilchen auftreffen und wieder abprallen. Dies entspricht einer Verschlechterung der Abscheidung. In solchen Fällen ist der Einsatz von Benetzungsmitteln hilfreich [15].

Bei sehr kleinen Staubteilchen, insbesondere beim Abscheiden von durch Sublimation gebildeten Feststoffen, können Kondensationseffekte zur Abscheidung ausgenutzt werden. Dazu wird das zu reinigende Gas zunächst mit Wasserdampf gesättigt und anschließend gekühlt. Die Staubteilchen wirken als Kondensationskeime, umhüllen sich also mit dem Kondenswasser [35]. Einschränkend muß angemerkt werden, daß insbesondere bei Hochleistungswäschern die Verweilzeit im Wäscher wesentlich kürzer als die Kondensationszeit ist, so daß die Dampfzudosierung nicht mehr wirkt. Für alle Naßabscheider gilt ferner, daß die Qualität der Staubabscheidung oftmals durch die Güte der Abtrennung der Wassertropfen aus dem, den Abscheider verlassenden, Gasstrom bestimmt wird.

Naßentstauber lassen sich in fünf Grundtypen unterteilen: Wasch- oder Sprühtürme, Strahlwäscher, Wirbelwäscher, Rotationswäscher und Venturiwäscher. Waschtürme entsprechen in ihrer Funktionsweise den Absorptionskolonnen. Strahlwäscher wirken ähnlich den Treibmittelpumpen (s. Kap. 1.4.3). In Wirbelwäschern wird das staubhaltige Gas auf die Waschflüssigkeit geblasen und so weitergeleitet, daß der Gasstrom Wassertropfen mitreißt. Durch Umlenkkanäle werden dann Gas und Flüssigkeit miteinander verwirbelt. Sowohl Waschtürme als auch Strahl- und Wirbelwäscher besitzen schlechte Abscheideleistungen und sind bestenfalls in einem sehr engen Leistungsbereich (der Leistungsbereich wird durch die abtrennbare Korngröße und den spezifischen Energiebedarf bei der Abtrennung gekennzeichnet) einsetzbar. Rotations- und Venturiwäscher gelten hingegen als Hochleistungswäscher. Sie besitzen eine große Leistungs- und Anpassungsfähigkeit; ihre Anschaffungskosten sind vergleichsweise niedrig.

Beim **Rotationswäscher** wird durch einen tangentialen Einlauf dem zu reinigenden Gas eine Drallströmung aufgeprägt. Die gröberen Teilchen werden durch die Zentrifugalkräfte an die Wand des Wäschers gedrückt und abgeschieden. Danach passiert das Gas die Waschzone. Hier wird über ein oder zwei rotierende Räder die Waschflüssigkeit zu einem dichten Nebel zerstäubt. Die im Gasstrom verbliebenen, kleineren Staubteilchen lagern sich an die Flüssigkeitstropfen an und werden mit diesen abgeschieden. Die Abtrennung feinster Flüssigkeitstropfen, die nach der Waschzone noch im Gas enthalten sind, erfolgt mit Hilfe eines Zentrifugaltropfenabscheiders. Die Funktionsweise eines Rotationszerstäubers ist in Abb. 7.20 schematisch dargestellt.

Noch etwas höhere Abscheidegrade lassen sich mit **Venturiwäschern** erzielen. Diese bestehen aus einem Venturirohr. Der Gasstrom tritt von oben in den Wäscher ein und erreicht an dessen engster Einschnürung (Venturikehle) seine höchste Geschwindigkeit (50–150 m/s). Hier wird die Waschflüssigkeit über tangential mündende Rohre zugespeist (in Strahlwäschern sind die eingespeisten Ströme vertauscht, d. h., daß an der Kehle der zu reinigende Gasstrom zugegeben wird). Durch die zwischen Gasstrom und zudosierter

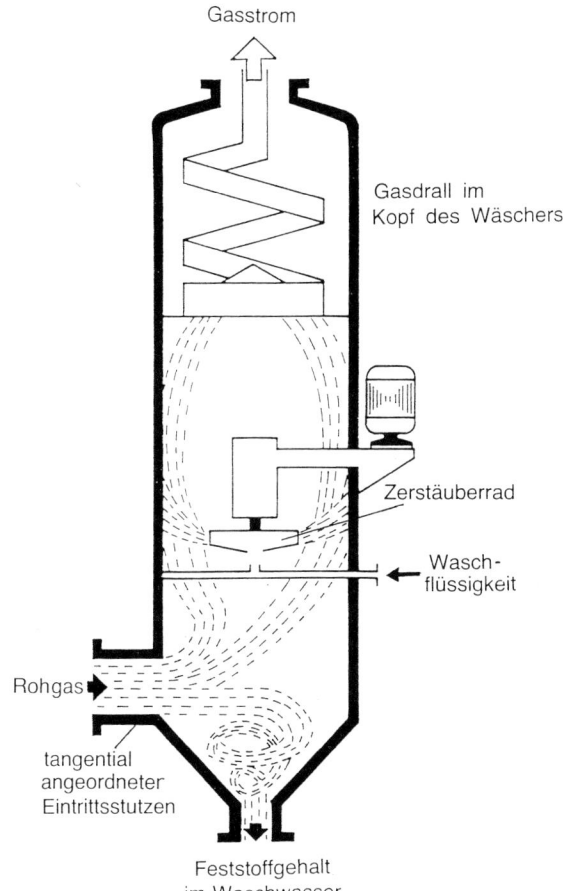

Abb. 7.20 Schematische Darstellung eines Rotationswäschers [35]

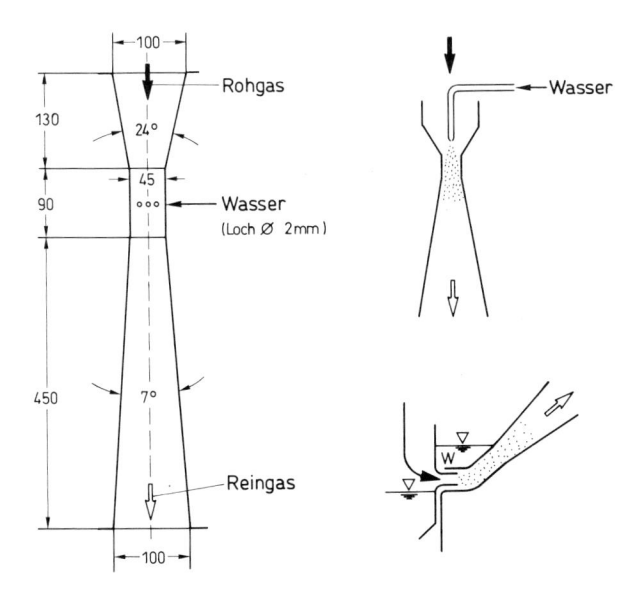

Abb. 7.21 Venturiwäscher (geometrische Verhältnisse und Möglichkeiten der Flüssigkeitszugabe [15])

Flüssigkeit auftretenden Scherkräfte wird die Flüssigkeit in feine Tröpfchen zerrissen. Ausschlaggebend für eine hohe Abscheideleistung ist die Relativgeschwindigkeit zwischen den Wassertropfen und den Staubteilchen. Dabei ist zu beachten, daß bei zu hoher Strömungsgeschwindigkeit des Gasstroms die Waschflüssigkeit extrem fein zerstäubt wird. Die Eigenbewegung der Tröpfchen, und damit die Relativgeschwindigkeit, wird herabgesetzt. Die Abscheideleistung fällt ab. Ideal ist es, wenn sich in der Venturikehle kurzfristig (im Nanosekundenbereich) Flüssigkeitslamellen ausbilden, die anschließend zu Tröpfchen mit einem Durchmesser von ca. 30 µm zerfallen. In Abb. 7.21 sind die geometrischen Verhältnisse eines Venturiwäschers sowie die möglichen Bauformen zusammengestellt.

In Tab. 7.3 werden die einzelnen Methoden zur Gasfeinreinigung (Reinigung unter Verwendung von Trennhilfen) gegenübergestellt.

Tab. 7.3 Leistung und Kosten verschiedener Gasfeinreinigungssysteme [35]

Entstaubertyp	Grenzkorn (µm)	Investitionskosten	Energiekosten	Wartung	Platzbedarf
Filter	>0,01	hoch	mittel	hoch	hoch
Elektrofilter	>0,01	sehr hoch	niedrig	hoch	hoch
Rotationswäscher	>0,1	mittel hoch	hoch	mittel	niedrig
Venturiwäscher	>0,05	niedrig bis hoch	hoch	niedrig	niedrig

7.4 Trennen von Nebeln und Schäumen

Trennen von Aerosolen
Feuchte Luft ist ein Gas/Flüssigkeits-Gemisch, das in verschiedenen Zuständen vorliegen kann:

- als ungesättigte feuchte Luft (ein zusätzliches Verdampfen oder Verdunsten bewirkt eine Erhöhung der Luftfeuchtigkeit),
- als gesättigte feuchte Luft (die Luft kann bei konstanten Druck- und Temperaturbedingungen kein zusätzliches Wasser aufnehmen),
- als übersättigte feuchte Luft liegt ein Gemisch von gesättigter feuchter Luft und Wassertröpfchen (Nebel, Aerosole) bzw. Eiskristallen vor.

Zum Entfeuchten **ungesättigter feuchter Luft** wurde eine Reihe von Verfahren entwickelt, die zu den thermischen Grundoperationen zu zählen sind. So läßt sich Luft durch Absorption, durch Adsorption (z. B. mit Molekularsieben oder Silicagel) sowie durch Ausfrieren trocknen. Bei extrem hohen Ansprüchen an die Entfeuchtung ist darüber hinaus an eine chemische Abreaktion des Wassers zu denken [36].

Die Abscheidung von **Flüssigkeitstropfen aus übersättigter feuchter Luft** ist eine für die Verfahrenstechnik in vielerlei Hinsicht wichtige Grundoperation. So könnten sich beim Transport von Luft durch Rohrleitungen die Tropfen abscheiden und zu Schäden führen. Dabei ist zu beachten, daß durch eine im Rohrsystem auftretende adiabatische Expansion ein Abkühlen des Gasstroms erfolgen kann. In derartigen Fällen tritt Kondensation und Wasserabscheidung sogar bei gesättigter feuchter Luft auf. Die Abtrennung von Wassertröpfchen kann mit Hilfe von Nebelabscheidern erfolgen. Als Nebelabscheider können im einfachsten Fall Prallbleche dienen. Der Gasstrom wird durch diese Prallbleche mehrfach umgelenkt, wobei sich die größeren Wassertröpfchen abscheiden. Eine verbesserte

Abscheidung gelingt mit Hilfe lamellenartig übereinander gelegte Bleche. Ähnlich wirken Packungen aus Drahtgeflecht oder Kunststoff bzw. Füllkörperschichten. Für die Abscheidung sehr feiner Nebel wird wiederum die Zentrifugalkraft ausgenutzt (Drallabscheider sowie „Nebelabscheidezyklone").

Wasser aus **gesättigter feuchter Luft** wird entweder nur mittels thermischer Verfahren oder durch eine Kombination von mechanischen und thermischen Verfahren abgeschieden. Letzteres geschieht unter Berücksichtigung des Taupunkts (Teilkondensation unter Einbeziehung von Kühlverfahren) sowie mit Hilfe von Adsorptionsbetten und „Sorptionsrädern"[37]. „Sorptionsräder" bestehen aus einem (rotierbar gelagerten) keramischen SiO_2-Träger mit formstabiler Wabenstruktur, auf dem zur Bindung des Wassers LiCl oder Silicagel aufgetragen ist. Durch die Rotation der „Sorptionsräder" können die Sorptions- und Desorptionsvorgänge in einem kontinuierlichen Prozeß hintereinandergeschaltet werden.

Auftrennen von Schäumen (Schaumverhinderung und Schaumbrechen)

Das Schäumen ist eine recht weit verbreitete Eigenschaft von Gas/Flüssigkeits-Gemischen. Zur Ausbildung eines stabilen Schaums muß die Grenzflächenspannung zwischen der Gasphase und der Flüssigkeit gering sein. Ferner sollte zumindest an der Oberfläche die Flüssigkeit ein viskoelastisches Verhalten zeigen. Eine Stabilisierung erfahren die Schaumlamellen auch durch sterische und elektrische Abstoßung. So bilden sich insbesondere durch Verwendung von ionischen Tensiden abstoßende Oberflächen aus, die dem Absinken der Dicke der Flüssigkeitslamellen des Schaums entgegenwirken und so den Schaum stabilisieren.

In der Verfahrenstechnik ist das Auftreten von Schäumen meist unerwünscht. Zwar wird durch die Schaumbildung die Phasengrenzfläche vergrößert, jedoch wird gleichzeitig die Phasentrennung erschwert. Darüber hinaus wird beim Aufschäumen das Behältervolumen nicht optimal genutzt. Ferner wird insbesondere bei kontinuierlicher Prozeßführung ein hoher Anteil an Flüssigkeit vom Gasstrom mitgerissen und muß anschließend abgetrennt werden. Der abgeschiedene Flüssigkeitsfilm neigt dann wiederum zur Schaumbildung. Derartige Probleme treten z. B. bei den Gaswäschern auf. Auch bei Rektifikationsprozessen kann die Schaumbildung mit sehr unerwünschten Effekten verbunden sein. Wächst die Schaumschicht auf einem Kolonnenboden oder innerhalb einer Kolonnenpackung stark an, wird mit dem Schaum Flüssigkeit nach oben getragen. Da von den Flüssigkeitslamellen das Gas eingeschlossen ist, entspricht das Aufsteigen des Schaums bestenfalls einer Gleichstromführung von Flüssigkeits- und Dampfphase. Die Wirkung der Rektifizierkolonne wird dadurch stark beeinträchtigt. Schaumbildung kann aber auch verfahrenstechnisch erwünscht sein. Dies gilt z. B. bei der Herstellung von Schaumbeton oder von Schäumen auf Kunststoffbasis (z. B.: thermische Isoliermittel, Polyurethanschäume). Oftmals soll die gewünschte Schaumbildung nur begrenzt und vorübergehend erfolgen. Aus dem Alltag sind entsprechende Beispiele bekannt:

- beim Spülen von Geschirr oder beim Wäschewaschen muß die Schaumbildung in Grenzen gehalten oder vermieden werden,
- bei einem gut gezapften Bier darf eine Schaumkappe nicht fehlen; ein übermäßiges Schäumen würde allerdings das Bierzapfen wesentlich verlängern.

Auch aus der chemischen Verfahrenstechnik sind Prozesse bekannt, bei denen eine begrenzte und vorübergehende Schaumbildung für die Durchführung dieses Verfahrensschritts notwendig ist. Das typische Beispiel ist die Flotation (s. Kap. 8.4.2). Dieses Verfahren dient als Sortierprozeß bei der Aufarbeitung von festen mineralischen Rohstoffen. Dabei werden die mineralischen Wertstoffe in einen Schaum eingebunden (Dreiphasenschaum) und so von der Gangart (Muttergestein) abgetrennt. Nach Abziehen des Schaums aus der Flotationsapparatur soll dieser Schaum möglichst schnell zerfallen, um die Weiterbehandlung der abgetrennten Mineralstoffe nicht zu verzögern.

Das Zerfallen des Schaums (**Schaumbrechen**) läßt sich prinzipiell durch Ausdünnen der Flüssigkeitslamellen (schnelleres Abfließen oder Verdunsten der Flüssigkeit) und/oder durch die Beseitigung der stabilisierenden Lamelleneigenschaften bewirken[42]. Häufig wird dies durch stoffliche Zusätze (Antischaummittel) erreicht[14]. So bewirkt die Zugabe von hydrophoben Kolloiden einen schnellen Schaumzerfall. Zu diesen Kolloiden zählen emulgierte unpolare Öle. Eine derartige Schaumzerstörung ist effektiv, kontaminiert jedoch das Reaktionsmedium und ist im allgemeinen teuer. Ferner kann durch die Zugabe von beispielsweise Siliconölen oder Polypropylenglykol der Gaseintrag, das Koaleszenzverhalten und möglicherweise auch der Reaktionsablauf beieinträchtigt werden. Sollte die Zugabe von stofflichen Schaumzerstörern nicht möglich sein, muß durch eine geeignete Prozeßführung, durch großzügig bemessene „Entspannungsräume" oder durch mechanische Maßnahmen die Schaumzerstörung ermöglicht bzw. beschleunigt werden[38]. In der Regel wird ein mechanisches Einwirken die Bildung eines Schaums verursachen. Die mechanische Schaumzerstörung basiert im wesentlichen auf der Scherbeanspruchung sowie der Dehnung der Schaumlamellen. Bewährt haben sich Schaumzerstörer, die spezielle (laufradförmige) Rührorgane verwenden[39]. Derartige Schaumzerstörer werden oberhalb der Flüssigkeits- bzw. der Schaumoberfläche installiert und saugen den aufsteigenden Schaum axial ein. Innerhalb des Laufrads erfolgt eine Umlenkung in radialer Richtung. Die dabei auftretenden Scher- und Zentrifugalkräfte führen zur Zerstörung der Schaumlamellen. Neben den beschriebenen chemischen und mechanischen Verfahren führen auch thermische Verfahren sowie ein „Beregnen" (vorzugsweise mit einer arteigenen Flüssigkeit) zur Schaumzerstörung[40, 41]. Diese Verfahren sind aber nicht so wirkungsvoll wie die oben beschrieben Methoden des Schaumbrechens.

In vielen technischen Anwendungen muß schon die Ausbildung eines Schaums unterbunden werden (**Schaumverhinderung**). So neigen insbesondere hochmolekulare Verbindungen, wie hochviskose Schmierstoffe, zur Schaumbildung. Schäumende Schmierstoffe verlieren aber ihre Wirksamkeit und führen zu Störungen in der Betriebsführung sowie zu starken Verunreinigungen. Darüber hinaus wird aufgrund des intensiven Kontakts mit Luft der Schmierstoff beschleunigt oxidieren. Als wirksame Mittel zur Verhinderung einer Schaumbildung haben sich die Verdünnung der Tensidkonzentration durch ein „Beregnen" mit Frischwasser, eine Verringerung der Verunreinigung mit Feststoffteilchen, eine Veränderung der Strömungsführung, des pH-Werts und der Elektrolytkonzentrationen sowie die Zugabe von Siliconen (insbesondere Polydimethylsiloxan) bewährt. Diese werden in Konzentrationen < 0,001 % angewandt.

Literatur

1 Brauer, H. (1971), Grundlagen der Einphasen- und Mehrphasenströmung, Salle u. Sauerländer, Frankfurt, Aarau.

2 Martin, H. (1980), Chem. Ing. Tech. **52**, 199.

3 Vauck, W. R. A., Müller, H. A. (1993), Grundoperationen chemischer Verfahrenstechnik, 10. Aufl., Deutscher Verlag für Grundstoffindustrie, Leipzig.

4 Zogg, M. (1987), Einführung in die Mechanische Verfahrenstechnik, 2. Aufl., B. G. Teubner, Stuttgart.

5 Hemfort, H. (1983), Separatoren, Westfalia Separator AG, Oelde.

6 Alfa Laval (1993), Theorie der Separation, Alfa Laval GmbH, Glinde b. Hamburg, Firmenmitteilung.

7 Brunner, K.-H. (1983), Chem. Techn. **12**, 2, 55.

8 Fonds der chemischen Industrie (1982), Reinhaltung des Wassers, Folienserien des Fonds der chemischen Industrie, Frankfurt.
9 Gleisberg, D. (1980), UMWELT 1/80, 73.
10 Burkert, H., Hartmann, J. (1988), Flocculants, in Ullmann's Encyclopedia of Industrial Chemistry, 5. Aufl., Vol. A11, VCH-Verlagsgesellschaft mbH, Weinheim.
11 Haake, G., et al. (1993), Umweltmagazin, S. 48.
12 Henzelmann, W. (1993), Chemie-Umwelt-Technik, S. 52.
13 Hoelzle & Chelius GmbH (1994), Firmenmitteilung.
14 Grassmann, P. (1983), Physikalische Grundlagen der Verfahrenstechnik, 3. Aufl., Salle u. Sauerländer, Frankfurt, Aarau.
15 Löffler, F. (1988), Staubabscheiden, Georg Thieme Verlag, Stuttgart, New York.
16 Hiller, R., Löffler, F. (1980), Staub Reinh. Luft **40**, 405.
17 Ripperger, S. (1989), Chem. Techn. **18**, 6, 54.
18 Gasper, H. (1993), Chem. Techn. **22**, 2, 64.
19 Ripperger, S. (1993), Chem.-Ing.-Tech. **65**, 533.
20 Gasper, H. (1990), Chem. Techn. **19**, 11, 59.
21 Junker Filter (1991), Sinsheim, Firmenmitteilung.
22 Haintz, J. (1992), Chem. Industr., 1, 46.
23 Philipp, H. (1980), Einführung in die Verfahrenstechnik, Salle u. Sauerländer, Frankfurt, Aarau.
24 Jakubith, M. (1991), Chemische Verfahrenstechnik: Einführung in die Reaktionstechnik und Grundoperationen, VCH Verlagsgesellschaft mbH, Weinheim.
25 Gasper, H. (1990), Handbuch der industriellen Fest/Flüssig-Filtration, A. Hüthig Verlag, Heidelberg.
26 Hess, W. F. (1991), Chem. Techn. **20**, 10, 84.
27 Ignatowitz, E. (1992): Chemietechnik (aus Europa-Fachbuchreihe für Chemieberufe", 4. Aufl., Verlag Europa-Lehrmittel, Nourney, Vollmer GmbH & Co, Haan-Gruiten.
28 Gasper, H. (1991), Chem. Techn. **20**, 9, 78.
29 Staiß, F., Gulden, W. (1992), Hoechst High Chem. Magazin **12**, 27.
30 Reh, L. (1983), Erdoel, Erdgas Z. **99**, 5.
31 Müller, G., Ulrich, M. (1991), Chem.-Ing.-Tech. **63**, 819.
32 Fonds der chemischen Industrie (1987), Umweltbereich Luft, Folienserien des Fonds der chemischen Industrie, Frankfurt.
33 Armbruster, L., Stockmann, H.-W. (1992), Chem. Techn. **20**, 10, 36.
34 Holzer, K. (1979), Chem.-Ing.-Tech. **51**, 200.
35 Tagali, A. (1992), Chem. Techn. **21**, 4, 119.
36 Röben, K. W. (1991), Chem. Tech. **20**, 5, 57.
37 DST-Sorptionstechnik GmbH (1990), Kontinuierliche und wirtschaftliche Luftentfeuchtung, Firmeninformation.
38 Zlokarnik, M. (1984), Chem.-Ing.-Tech. **56**, 839.
39 EKATO-Handbuch der Rührtechnik, Kap. Sonderformen SF.1, Firmenmitteilung.
40 Lohmann, T., Pahl, M. H. (1993), Aufbereitungs-Technik **34**, 347.
41 Lohmann, T., Pahl, M. H. (1993), Chem.-Ing.-Tech. **65**, 1362.
42 Pahl, M. H., Franke, D. (1995), Chem.-Ing.-Tech. **67**, 300.

Kapitel 8
Verarbeiten von Feststoffen

8.1 Grundlagen des Zerkleinerns von Feststoffen

8.1.1 Methoden zum Zerkleinern

Das Zerkleinern von Feststoffen dient der Herstellung von (für die Weiterverarbeitung) günstiger oder handelsüblicher Kornklassen und/oder der Isolierung und der Freilegung von mineralischen Wertstoffen aus dem Muttergestein. Die Durchführung einer Reihe chemischer Verfahren ist ohne eine Zerkleinerung nicht denkbar. Zu diesen Verfahren zählen praktisch alle Prozesse, die mit einem festen Reaktionsteilnehmer ablaufen. Ferner ist beim Lösen, Mischen, Suspendieren und Fluidisieren die Teilchengröße ein wichtiger Parameter für die Geschwindigkeit dieser Prozesse. Bei Schüttgütern werden durch die Teilchengröße die Rieselfähigkeit, die Kapillarkräfte im Zwischenkornvolumen, die Schüttdichte und das Schüttvolumen, das Agglomerisationsverhalten sowie die Staubexplosionsgefährlichkeit beeinflußt. Darüber hinaus werden durch die Teilchengröße eine Reihe an Produkteigenschaften, also die Qualität des Produktes, bestimmt[1]. Dazu zählen

- die Farbintensität von Pigmenten und
- der Geschmack von Lebensmitteln (z. B. die Feinheit des eingerührten Zuckers bei der Herstellung von Schokolade).

Im großen Maßstab werden Zement, Erze, Mineralien, Düngemittel, Nahrungsmittel, Grundchemikalien und Pigmente gemahlen. Das Zerkleinern ist sehr energieaufwendig. Für das Zerkleinern werden weltweit schätzungsweise 3,5 bis 5% der erzeugten elektrischen Energie verbraucht[2].

Für die Zerkleinerung wurden diverse Apparate entwickelt, die das Gut in unterschiedlicher Weise beanspruchen und damit zerteilen. Die Wahl des Zerkleinerungsverfahrens wird nicht zuletzt durch die zu erzielende Feinheit und Kornverteilung sowie durch die Struktur und Größe des Aufgabeguts bestimmt. Dabei wird die Struktur des Aufgabeguts charakterisiert durch die

- physikalische Zusammensetzung (homogen oder dispers),
- chemische Zusammensetzung,
- Korngröße und die Korngrößenverteilung,
- Kornform sowie
- spezifische Oberfläche.

Vom physikalischen Standpunkt aus sind vier Einteilungsprinzipien zur systematischen Erfassung des Zerkleinerns möglich:

1 Art des zu verarbeitenden Guts,
2 Art der Beanspruchung,
3 zu zerkleinernde und zu erreichende Korngröße sowie
4 Verwendung von „Mahlhilfsstoffen" (z. B. Wasser).

Bei der Einteilung nach **1** ist vor allem zwischen der Hartzerkleinerung von spröden Stoffen (Gesteinen, Erzen), der Zerkleinerung von mittelharten Stoffen (Kohle, Salze mit vielen Kerbstellen und inneren Inhomogenitäten) und der Weichzerkleinerung von zähen, faserigen Stoffen (Holz, Kunststoffe) zu unterscheiden. Als Kriterien gelten neben der Härte die Elastizität, die Plastizität und das Ausmaß der faserartigen Struktur des zu zerkleinernden Guts[3, 4].

Die prinzipiellen Möglichkeiten der **Beanspruchung des Guts** sind im Schema 8.1 zusammengefaßt. Tab. 8.1 zeigt eine Zuordnung der verschiedenen Beanspruchungsarten zu den wichtigsten Stoffeigenschaften[5].

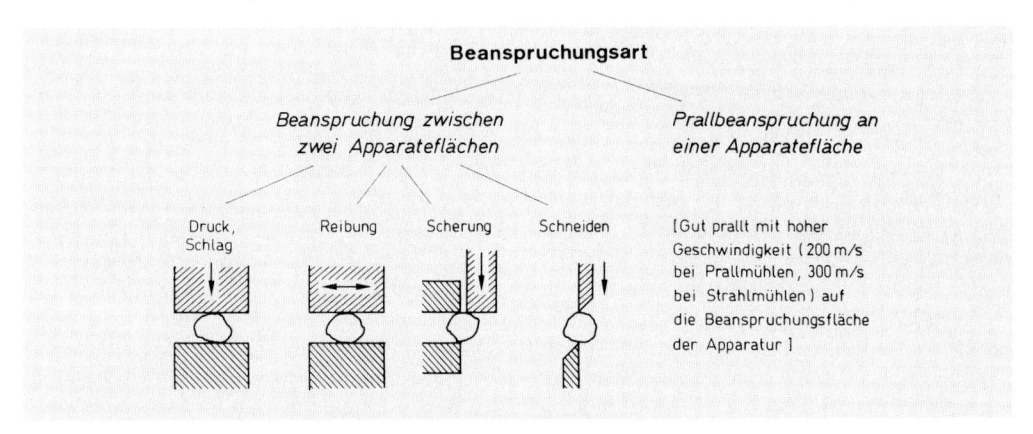

Beanspruchungsart

- Beanspruchung zwischen zwei Apparateflächen
  - Druck, Schlag
  - Reibung
  - Scherung
  - Schneiden
- Prallbeanspruchung an einer Apparatefläche
  - [Gut prallt mit hoher Geschwindigkeit (200 m/s bei Prallmühlen, 300 m/s bei Strahlmühlen) auf die Beanspruchungsfläche der Apparatur]

Schema 8.1 Beanspruchungsarten in Zerkleinerungsapparaturen

Darüber hinaus ist insbesondere bei faserigem Gut die Zugbeanspruchung sehr wirkungsvoll. So wirkt beim Spalten von Brennholz weniger die Schneid- als vielmehr die Keilwirkung des Beils. Das heißt, es wird die relativ kleine Zugfestigkeit des Holzes senkrecht zur Faserrichtung zur Spaltung ausgenutzt. Anzumerken ist ferner, daß während des Zerkleinerns erwünschte oder unerwünschte physikalische und chemische Vorgänge ablaufen können. Zu diesen Vorgängen zählen das Schmelzen, das Verdampfen von Flüssigkeiten und chemische Reaktionen.

Tab. 8.1 Zuordnung der verschiedenen Beanspruchungsarten zu den für die Zerkleinerung wichtigen Stoffeigenschaften[6]

Stoffeigenschaft	Beanspruchungsart			
	Druck	Prall	Schnitt	Scherung
hart	++	−	−	−
mittelhart	++	++	−	−
weich	+	+	++	++
spröde	++	++	−	−
elastisch	+	++	+	+
zäh	−	++	++	++
faserig	−	−	++	−
wärmeempfindlich	−	+	+	+

++ gut verwendbar,
+ beschränkt anwendbar,
− nicht anwendbar

404   8 Verarbeiten von Feststoffen

Tab. 8.2 Unterscheidungsmerkmale beim Brechen und Mahlen[7]

	Zerkleinerungsgrad* n	Größtkorndurchmesser nach dem Zerkleinern
Grobbrechen	3 ... 6	>50 mm
Feinbrechen	4 ... 10	5 ... 50 mm
Schroten	5 ... 10	0,5 ... 5 mm
Feinmahlen	10 ... 50	50 ... 500 µm
Feinstmahlen	>50	5 ... 50 µm
Kolloidmahlen	>50	<5 µm

* Größtkorndurchmesser im Aufgabegut/Größtkorndurchmesser nach dem Zerkleinern

Entsprechend der **Stückgröße des Aufgabeguts** wird zwischen Brechen und Mahlen unterschieden. Eine detailliertere Auflistung ist in Tab. 8.2 gegeben. Häufig ist ein stufenweises Zerkleinern bis zum Erreichen der gewünschten Feinheit erforderlich. Da durch das Erzeugen und die Anwesenheit von Teilchen, die kleiner als die angestrebte Korngröße sind, zusätzliche Energieverluste auftreten, wird das auf die gewünschte Korngröße zerkleinerte Mahlgut durch geeignete *Klassiervorrichtungen* während des Zerkleinerns oder zwischen den einzelnen Zerkleinerungsstufen ausgesondert. Als Klassiervorrichtungen können Siebroste in dem verwendeten Zerkleinerungsapparat eingebaut oder „Siebmaschinen" in der stufenweisen Zerkleinerung zwischengeschaltet werden. Als Siebmaschinen werden feststehende oder bewegliche Siebroste (bei schweren Materialstücken Stangen, die so angeordnet sind, daß sie eine Grobtrennung des Materials ermöglichen) eingesetzt. Abb. 8.1 zeigt eine stufenweise Zerkleinerung.

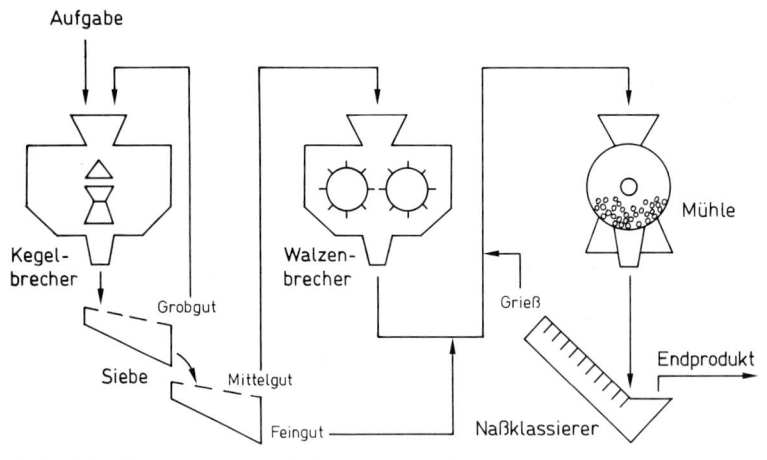

Abb. 8.1 Stufenweise Zerkleinerung (nach [7])

Beim Mahlen wird unterschieden zwischen **Trockenmahlen** und **Naßmahlen**. „Naßmahlen" erfolgt in Gegenwart einer Flüssigkeit als Trägermedium. Durch die weitgehende Inkompressibilität von Flüssigkeiten werden günstige Voraussetzungen für die Kraftübertragung geschaffen, so daß beim „Naßmahlen" ein geringerer Energieaufwand erforderlich ist. Im allgemeinen rechnet man, daß durch den Zusatz an Flüssigkeit ca. 20% des Energieaufwands eingespart werden kann. Darüber hinaus wird durch das Zusetzen von Trägerflüssigkeiten die Gefahr von Staubexplosionen gebannt. Als Nachteil erweist es sich allerdings, daß das Gut und die Flüssigkeit nach dem Mahlen getrennt werden müssen. Als Trägerflüssigkeit wird häufig Wasser verwendet. Eine noch bessere Energieausnutzung kann durch Zugabe von Flüssigkeiten erzielt werden, die vom Aufgabegut stark adsorbiert werden und so die Grenzflächenenergie herabsetzen (z. B. die Zugabe von Isoamylalkohol und Methanol). Auch beim „Trockenmahlen" werden Mahlhilfen dem Mahlgut zugesetzt. Diese sollen ein Agglomerieren des Feinguts verhindern. Als Mahlhilfen dienen organische Stoffe, die sich einerseits an der Kornoberfläche gleichmäßig verteilen müssen und andererseits die Wechselwirkungen zwischen den Teilchen herabsetzen. Als Beispiele werden Triethanolamin, Octandiol, Ethylenglykol, Propylenglykol und Carboxylate angegeben [8]. Technisch wird der Zusatz von Mahlhilfen beim Trockenmahlen von Zementklinker in großem Umfang genutzt.

Als eine Art von Mahlhilfe kann auch die Anwendung von Kälte aufgefaßt werden. Durch Abkühlen auf Temperaturen von oftmals $\vartheta < -100$ °C (unter Zuhilfenahme von flüssigem Stickstoff) wird das Mahlgut versprödet. Die plastischen und elastischen Eigenschaften der zu zerkleinernden Teilchen werden zurückgedrängt. Kaltmahlanlagen können für die Fein- und Feinstzerkleinerung von hochelastischen (gummiartigen), zähen, klebrigen und wärmeempfindlichen Stoffen eingesetzt werden. Ferner können stark fettige, ölige und aromabehaftete Produkte vorteilhaft unter Anwendung von Kälte gemahlen werden [9]. Von ständig zunehmender Bedeutung ist das Kaltmahlen des Kunststoffrecyclings. Die vorteilhaften Eigenschaften der Kunststoffe sind die hohe Schlagfestigkeit, die Zähigkeit, die gute Verformbarkeit, eine hohe Bruchdehnung und die Elastizität. Genau diese Eigenschaften bereiten aber bei der Zerkleinerung die größten Schwierigkeiten. Die Anwendung von Schneidmühlen (Schneid-, Scher- und Reißbeanspruchung) beschränkt sich auf die Zerkleinerung im Grob- und Mittelfeinbereich. Für das Fein- und Feinstmahlen müssen die Kunststoffe unter Zuhilfenahme von Kälte versprödet werden. Dabei stellt sich die Frage nach dem Grad der notwendigen Abkühlung. Als charakteristischer stofflicher Parameter gilt in diesem Zusammenhang die „Glastemperatur" ϑ_{ak}. Sie ist definiert als die Temperatur des Übergangs von der amorphen in die kristalline Phase. Die Lage der Glastemperatur ist abhängig von der Art des Kunststoffs, vom Polymerisationsgrad, von der Art der Vernetzung der Polymerketten sowie von eigenschaftsbestimmenden Zusätzen (z. B. Weichmacher). So besitzen Thermoplaste, die aus verzweigten Kettenmolekülen aufgebaut sind, eine Glastemperatur, die bei $\vartheta_{ak} = 80$ bis 100 °C (also oberhalb der Raumtemperatur) liegt. Bekannte Vertreter sind Polycarbonat (PC), Polymethylmethacrylat (PMMA), Polystyrol (PS) und Polyvinylchlorid (PVC). Diese können, sofern ihre Eigenschaften nicht durch Zusätze beeinflußt werden (Weich-PVC zur Kabelisolierung besteht bis zu 70 % aus Weichmachern), ohne Anwendung von Kälte zerkleinert werden. Thermoplaste, die aus linearen Ketten aufgebaut sind, haben eine teilkristalline Struktur. Dazu zählen Polyethylen (PE), Polypropylen (PP), Polytetrafluorethylen (PTFE) und Polyamid (PA). Sie sind bei Raumtemperatur zäher und besitzen Glastemperaturen von [9]

- PE: $\vartheta_{ak} \approx -95$ °C,
- PP: $\vartheta_{ak} \approx -18$ °C,
- PTFE: $\vartheta_{ak} \approx -20$ °C und
- PA: $\vartheta_{ak} \approx +40$ °C.

Eine Zerkleinerung dieser Stoffe sollte unter Zuhilfenahme von Kälte geschehen. Als prinzipielle Nachteile der Kaltmahlung gelten

- der hohe Preis zur Kälteerzeugung,
- die Schaffung besonderer Mühlenkonzepte (z. B. kältestabile Öle zur Schmierung) und
- langwierige Anfahrphasen.

8.1.2 Energiebedarf beim Zerkleinern

Eine modellmäßige Beschreibung des Zerkleinerns von Feststoffen gelingt durch die Einführung einer „molekularen Zerreißspannung". Diese ist eine Funktion der „molekularen Wirkungsbreite", des Elastizitätsmoduls und der spezifischen Oberflächenenergie, und sie bestimmt die für einen Bruch aufzubringende Energie (Bruchenergie)[10]. Die Bruchenergie beträgt pro Oberflächeneinheit etwa 5 bis 10 J/m^2 bei Gläsern, 10 bis 1000 J/m^2 bei Kunststoffen und 100 bis 10^5 J/m^2 bei Metallen. Kerbstellen und innere Inhomogenitäten erleichtern das Zerkleinern. Der eigentliche Bruchvorgang läßt sich wie folgt beschreiben:

Ein Feststoff zerbricht unter Einwirkung mechanischer Kräfte (Abb. 8.2). Der Vorgang beginnt an der Oberfläche des Feststoffs, meist an einer Kerbstelle. Ab einer bestimmten Intensität der Nennspannung setzt die Rißbildung ein. Sie bewirkt eine Vergrößerung der Kerbstelle. Damit verbunden ist eine irreversible Vergrößerung der Oberflächenenergie. Die sich bildenden Risse sind mikroskopisch klein und führen noch nicht zu einem Auseinanderbrechen (stabiles Rißwachstum). Mit zunehmender Rißlänge wird die Fähigkeit zur reversiblen (elastischen) Formänderung kleiner. Ab einer bestimmten Rißlänge (kritische Bruchspaltlänge) ist die Fortpflanzung des Bruchspalts die energetisch günstigere Lösung. Von diesem Punkt an beginnt die zweite Phase des Bruchvorgangs. In dieser, sehr viel schneller verlaufenden Phase (der instabilen Rißausbreitung) wird die nach außen sichtbare Zerteilung des Feststoffs vollzogen. Bei verformungsfähigen Stoffen wird zusätzlich plastische Energie irreversibel aufgenommen. Der für das Schaffen der kritischen Rißlänge notwendige Energieaufwand wird damit wesentlich größer. Der Zähigkeit eines Stoffs kommt damit eine besondere Bedeutung zu.

Wie bereits bei der modellmäßigen Beschreibung des Bruchs erwähnt wurde, erleichtern Kerbstellen und innere Inhomogenitäten das Zerkleinern. Für diese Erleichterung ist der „mittlere Kerbstellenabstand" die charakteristische Größe. Dieser Abstand beträgt bei mittelharten Stoffen ca. 10^{-6} m und bei harten Stoffen [11] ca. $2 \cdot 10^{-6}$ m. Mit abnehmender Korngröße wird die Zahl der vorhandenen Kerbstellen kleiner. Deshalb nimmt der Einfluß der Kerbstellen und der inneren Inhomogenitäten mit fortschreitendem Zerkleinern ab und geht schließlich beim sehr feinen Mahlen verloren [12]. Als Folge dieser Erscheinung steigt die zur Zerkleinerung notwendige Energie an. Hinzu kommt, daß mit abnehmender Korngröße die Zunahme der Oberflächenenergie stärker anwächst und die Energieverluste steigen. Insbesondere bei der Fein- und Feinstzerkleinerung greift die von der Mühle aufgebrachte Energie nicht direkt an das zu spaltende Partikel an. Vielmehr wird der Großteil der Energie durch das „Gutbett", also über benachbarte Körner und/oder

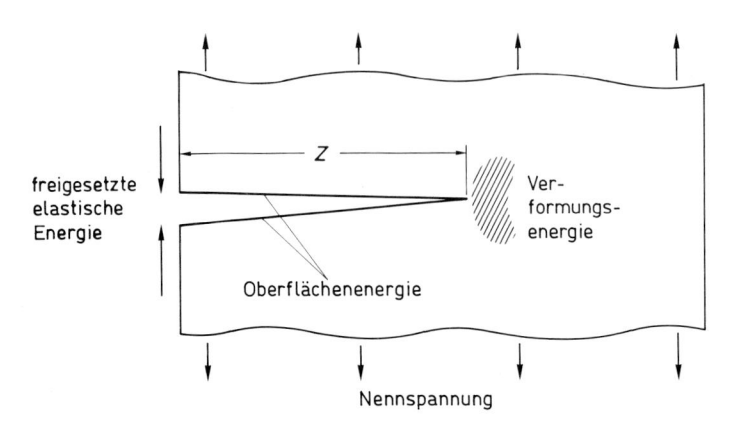

Abb. 8.2 Darstellung der Rißbildung unter Berücksichtigung der auftretenden Energien [10]

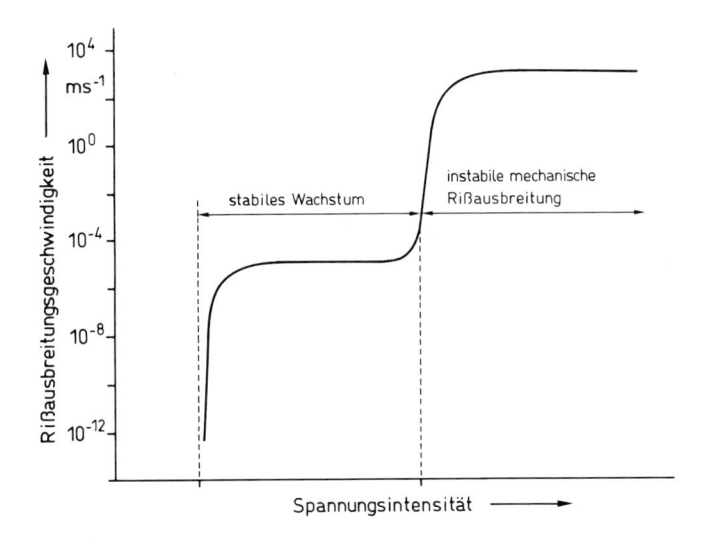

Abb. 8.3 Schematische Darstellung des Einflusses steigender Spannungsintensität auf die Bruchmechanik [10]

über das Trägermedium (z. B. Wasser), übertragen. Dadurch teilt sich die außen am Gutbett anliegende Kraft auf viele kleinere Kräfte auf (Abb. 8.3)[13]. Dies ist für das Spalten des Einzelkorns sehr ungünstig. Beträchtliche Energieverluste entstehen darüber hinaus durch das Aneinanderreiben der Einzelkörner des Guts, durch elektrostatische Aufladungen, durch nichtelastische Deformationen und durch die Abgabe von akustischer Energie. Deshalb ist im Vergleich zur eigentlichen Bruchenergie die technisch aufzubringende Energie wesentlich größer. Der energetische Wirkungsgrad von Zerkleinerungsapparaten liegt im allgemeinen unter 1%! Im Schema 8.2 ist eine für die Zerkleinerung typische Energiebilanz gegeben.

Die im Kap. 8.1.2 vorgestellte modellmäßige Beschreibung des Bruchvorgangs bildet eine wichtige Grundlage im Apparatebau. So können chemische Reaktoren nur dann entwickelt und sicher betrieben werden, wenn die Gesetzmäßigkeiten der Rißbildung und des Rißwachstums beachtet werden. Zur Berechnung des spezifischen Energiebedarfs* für das Zerkleinern kann, bedingt durch die hohen Energieverluste, nicht auf modellmäßige Konzepte zurückgegriffen werden. Für den praktischen Gebrauch wurden halbempirische Gleichungen entwickelt, die eine Abschätzung der technischen Zerkleinerungsenergie ermöglichen. Grundlage für diese Gleichungen ist ein einfacher mathematischer Ansatz:

$$\frac{\mathrm{d}(E/\dot{m})}{\mathrm{d}(d_{max})} = k(d_{max})^i \tag{8.1}$$

Der Ausdruck $\frac{\mathrm{d}(E/\dot{m})}{\mathrm{d}(d_{max})}$ ist die erste Ableitung der notwendigen spezifische Zerkleinerungsenergie nach dem Größtkorndurchmesser im Gut (d_{max})**. k und i sind Konstanten, wobei immer gilt: $i < 0$. Mit kleiner werdendem Teilchendurchmesser d_{max} wird die notwendige spezifische Zerkleinerungsarbeit größer***. Abb. 8.4 stellt den mathematischen Ansatz für die Zerkleinerungsgesetze graphisch dar.

---

* Als spezifischer Energiebedarf wird die für das Zerkleinern eines Guts notwendige Energiemenge bezogen auf die pro Zeit zu zerkleinernde Masse des Guts definiert.
** Oft werden in entsprechenden Gleichungen auch die mittleren Korndurchmesser eingesetzt.
*** Genauere Zerkleinerungsgesetze beziehen den Zerkleinerungsgrad n ein. Danach ist $E/\dot{m} \propto n^{1/4}$.

8 Verarbeiten von Feststoffen

Gesamtenergieaufwand

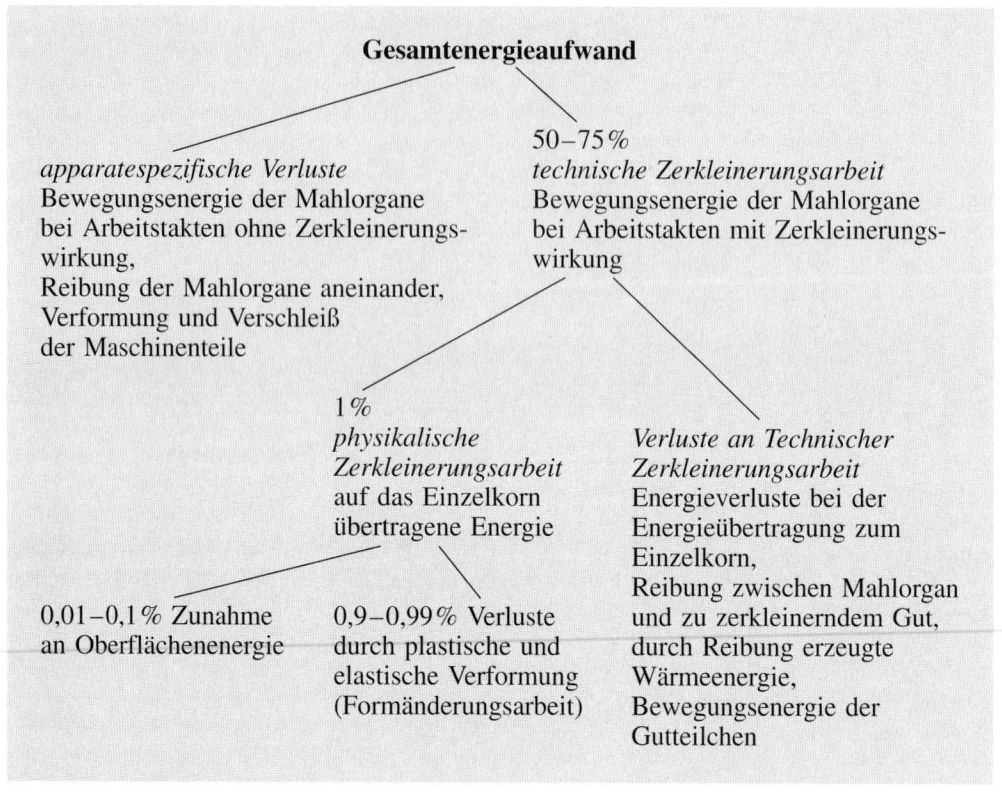

apparatespezifische Verluste
Bewegungsenergie der Mahlorgane bei Arbeitstakten ohne Zerkleinerungswirkung,
Reibung der Mahlorgane aneinander, Verformung und Verschleiß der Maschinenteile

50–75 %
technische Zerkleinerungsarbeit
Bewegungsenergie der Mahlorgane bei Arbeitstakten mit Zerkleinerungswirkung

1 %
physikalische Zerkleinerungsarbeit
auf das Einzelkorn übertragene Energie

Verluste an Technischer Zerkleinerungsarbeit
Energieverluste bei der Energieübertragung zum Einzelkorn,
Reibung zwischen Mahlorgan und zu zerkleinerndem Gut,
durch Reibung erzeugte Wärmeenergie,
Bewegungsenergie der Gutteilchen

0,01–0,1 % Zunahme an Oberflächenenergie

0,9–0,99 % Verluste durch plastische und elastische Verformung (Formänderungsarbeit)

Schema 8.2 Typische Verteilung des Gesamtenergieaufwands beim Zerkleinern

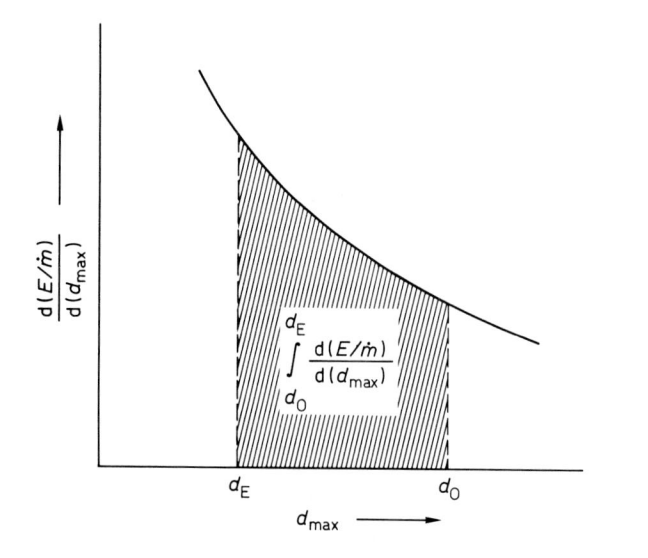

Abb. 8.4 Ansatz für die Zerkleinerungsgesetze (nach [11])

Mit Einsetzen der Integrationsgrenzen d_E (Größtkorndurchmesser im zerkleinerten Gut) und d_0 (Größtkorndurchmesser im Aufgabegut) erhält man aus Gl. (8.1) je nach der Größe von i für das

- Grobbrechen mit $i = -1$ (Gleichung von Kick):

$$E/\dot{m} = k_{Kick} \log(d_0/d_E) \quad (8.2)$$

- Feinbrechen, Schroten und Feinmahlen mit $i = -1{,}5$ (Gleichung von Bond):

$$E/\dot{m} = k_{Bond}(d_E^{-1/2} - d_0^{-1/2}) \quad (8.3)$$

- Feinst- und Kolloidmahlen mit $i = -2$ (Gleichung von Rittinger):

$$E/\dot{m} = k_{Rittinger}(d_E^{-1} - d_0^{-1}) \quad (8.4)$$

$\dot{m}$ (kg/s),
k_{Kick} (m²/s),
k_{Bond} (m^{2,5}/s),
$k_{Rittinger}$ (m³/s)

Als Beispiel sind in Tab. 8.3 einige experimentell bestimmte Koeffizienten für das Zerkleinerungsgesetz von Bond aufgeführt.

Tab. 8.3 Koeffizienten für das Zerkleinerungsgesetz von Bond[5]

Gut	Dichte (kg m^{-3})	k_{Bond} (m^{2,5} s^{-1})	
		Naßmahlen	Trockenmahlen
Bauxit	2380	340	456
Eisenerz	3960	556	745
Gips	2690	294	394
Glas	2580	111	149
Graphit	1750	1621	2172
Kalisalz	2180	296	397
Kalkstein	2690	418	560
Kohle	1630	409	548
Korund (Schmirgel)	3480	2047	2807
Ölschiefer	1760	652	873
Phosphatdünger	2650	469	629
Schlacke (Hochofen)	2390	438	587
Siliciumcarbid	2730	942	1262

8.2 Zerkleinerungsapparate

Als Zerkleinerungsapparate werden Brecher und Mühlen verwendet. Abb. 8.5 zeigt die Einsatzbereiche und stellt damit die in den einzelnen Brecher- und Mühlentypen erreichbaren Zerkleinerungsgrade zusammen[12].

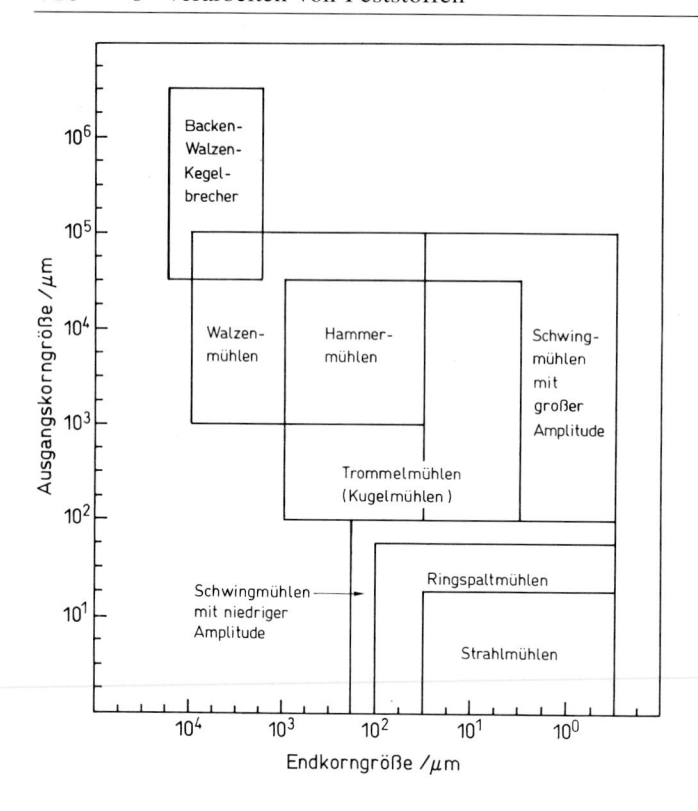

Abb. 8.5 Einsatzbereiche der verschiedenen Zerkleinerungsapparate

8.2.1 Brecher

Die wichtigsten Brechertypen und deren Wirkungsweise lassen sich wie folgt zusammenfassen[7]:

Brechertyp	Backenbrecher	Kegelbrecher	Walzenbrecher	Prall- und Hammerbrecher
Wirkungsweise	Druck, Schlag	Druck, Scheren	Druck, Reiben	Schlag, Prall

Backenbrecher

- Zerkleinerungsgrad: 8–10
- max. Korngröße des Aufgabeguts: 2 m

Backenbrecher dienen dem Grobbrechen von hartem Material. Sie besitzen eine feststehende Brechfläche (Stirnwand) und eine, durch einen Exzenter angetriebene, hin und her gehende Brechschwinge. Wie Abb. 8.6 zeigt, sind die Backen so angeordnet, daß der Eintrag (oben) größer als der Austrag ist, daß also der Raum zwischen den Backen nach unten hin schmaler wird. Das zu zerkleinernde Material wird beim Brechvorgang gequetscht, also mittels Druck (bei schnell laufenden Brechern auch durch Prall und

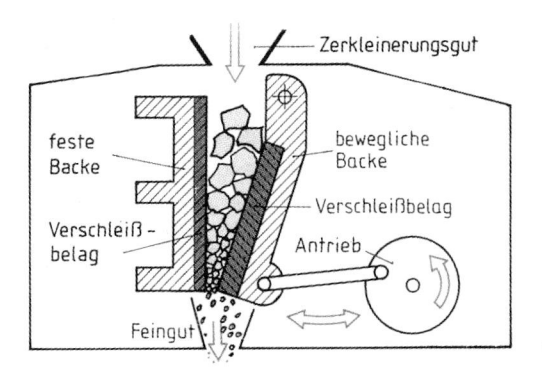

Abb. 8.6 Backenbrecher (nach [14])

Schlag) beansprucht. Je nach Ausführungsform ist die Aufgabe von Stücken mit einem Durchmesser bis zu 2 m möglich. Die Breite des Austrags ist verstellbar und beträgt meistens 150 bis 300 mm.

Kegelbrecher

Kegelbrecher (oft auch als Rund- oder Kreiselbrecher bezeichnet) haben ein starres Gehäuse, in dem ein Kegel eine taumelnde Kreisbewegung ausführt (Abb. 8.7). Das zu brechende Gut wird durch die ständige Veränderung des Spalts zwischen Kegel und Gehäuse und die dadurch auftretenden Druck- und Scherkräfte gebrochen. Dank der gleichförmigen Taumelbewegung findet die Zerkleinerung kontinuierlich statt. Dadurch können im Kegelbrecher (bei im Vergleich zum Backenbrecher gleichem Bauvolumen) wesentlich größere Masseströme verarbeitet werden. Als weiterer Vorteil gilt, daß sich im Kegelbrecher hohe Zerkleinerungsgrade ($n = 10$ bis 30) erreichen lassen. Je nach der Form des Brechkegels (der Kegelwinkel beträgt in der Regel 25 bis 40°), bzw. des Raums zwischen Kegel und Gehäuse, dient der Kegelbrecher zum Grob- oder zum Feinbrechen von hartem Aufgabegut.

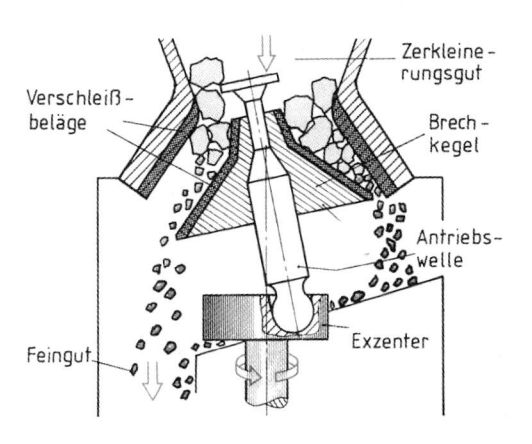

Abb. 8.7 Kegelbrecher (nach [14])

Walzenbrecher

Walzenbrecher bestehen aus einem Gehäuse, in dem zwei Brecherwalzen gegensinnig umlaufen (Abb. 8.8a). Das Gut wird oben aufgegeben, von den Walzen erfaßt und zwischen ihnen zerkleinert. Oftmals tragen die Walzen ineinandergreifende Nocken, die das Erfassen des Guts und die Zerkleinerung erleichtern (Abb. 8.8b). In Walzenbrechern wird ein Zerkleinerungsgrad von 4 bis 6 erreicht. Sie dienen dem Feinbrechen von harten und mittelharten Gütern (z. B. Split oder Schotter).

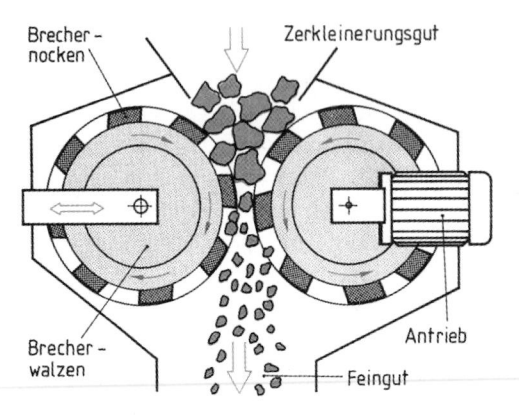

Abb. 8.8 a Schematische Darstellung eines Walzenbrechers (nach [14]),
  b Walzenbrecher mit Nockenwalzen, abgedeckt (Krupp, Duisburg) [5]

Hammerbrecher

Hammerbrecher besitzen einen oder mehrere schnell umlaufende, walzenförmige Rotoren, auf denen Schläger (Hämmer) gelenkig befestigt sind. Das Zerkleinerungsgut wird einerseits durch die rotierenden Hämmer zerschlagen, andererseits wird es gegen fest installierte

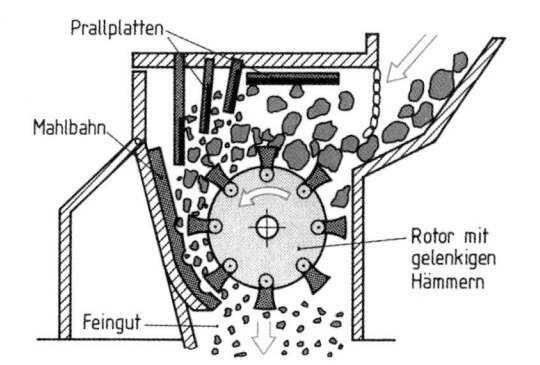

Abb. 8.9 Hammerbrecher (schematische Darstellung, nach [14])

Prallbleche und die Mahlbahn geschleudert (s. Abb. 8.9). Hammerbrecher zerkleinern mittelharte bis weiche Güter mit Durchmessern von 150 bis 300 mm auf eine Endkorngröße von 1 bis 10 mm. Wegen ihres hohen Zerkleinerungsverhältnisses können Hammerbrecher (und auch Hammermühlen) zwei sonst hintereinander zu schaltende Brechertypen (mit geringerem Zerkleinerungsverhältnis) ersetzen.

8.2.2 Mahlen

Die Mahlbarkeit von Feststoffen wird sehr stark von der Zähigkeit (weniger von der Härte) des Mahlguts bestimmt. Beim Mahlen wird zwischen Schroten, Fein-, Feinst- und Kolloidmahlen unterschieden (s. Tab. 8.2). Die Grundtypen der Mahlapparate und deren Wirkungsweisen sind [7]:

Mühlentyp	Walzenmühlen	Trommelmühlen	Strahlmühlen
Wirkungsweise	Druck, Reibung	Schlag, Reibung	Prall

Walzenmühlen

Die älteste Bauform, die nach dem Prinzip der Walzenmühlen arbeitet, ist der Kollergang, bei dem ein Mahlkörper auf einer ebenen, ringförmigen Mahlbahn abgerollt wird. Moderne Apparate, wie z. B. die Rollenwalzenmühlen, besitzen einen rotierenden Mahlteller und Walzen ohne eigenen Antrieb. Sie ermöglichen ein kontinuierliches Austragen des Feinguts und damit eine Steigerung der Durchsatzleistung. Walzenmühlen werden vornehmlich zum Weichzerkleinern (Getreide) sowie zum nassen Feinstmahlen (Schokolade) eingesetzt.

Trommelmühlen

In Trommelmühlen rotiert der ganze Mühlenkörper (Trommel), so daß die sich in der Trommel befindlichen Mahlkörper (durch ihren Bewegungsablauf) die Zerkleinerung des Mahlguts bewirken. Die Leistung dieser Mühlen hängt sehr stark von der Rotationsgeschwindigkeit ab. Bei optimaler Arbeitsweise entspricht die Bewegung der Mahlkörper der

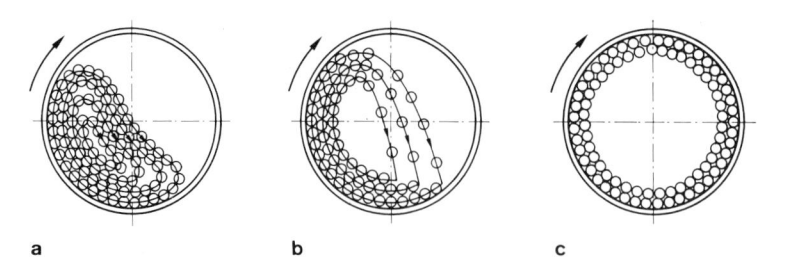

Abb. 8.10 Mahlkörper/Mahlgut-Bewegung in Abhängigkeit von der Drehzahl bei 30% Füllung. **a** Abrollen, **b** Kugelfall, **c** nach Überschreiten der Grenzdrehzahl

Abb. 8.10b. Steigt die Rotationsgeschwindigkeit bezüglich dieses optimalen Wertes um 1/3, lösen sich die Mahlkörper (durch die hohe Zentrifugalkraft) nicht von der Trommelwand. Die „Wurfbewegung" entfällt, und die Mahlleistung wird schlechter.

Entsprechend der Mahlkörper wird unterschieden zwischen

- Kugelmühle (Rohr- und Trommelmühlen, s. Abb. 8.11a): Zerkleinerungsgrad: $n \leq 80$ (max. Korngröße des Aufgabeguts: 20 mm) und
- Stabmühle (siehe Abbildung 8.11b): Zerkleinerungsgrad: $n \leq 20$ (max. Korngröße des Aufgabeguts: 25 mm).

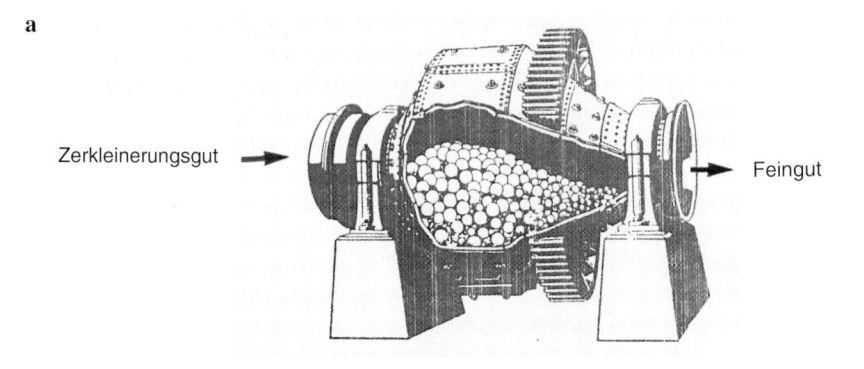

Abb. 8.11 **a** Kugelmühle (schematische Darstellung, nach [15]), **b** Stabmühle (Allis-Chalmers Mfg. Co., nach [15])

Trommelmühlen werden sowohl zur Trockenmahlung als auch zur Naßmahlung verwendet. Bei der Trockenmahlung wirkt insbesondere die Prallbeanspruchung; beim Naßmahlen tritt hingegen eine hohe Scherbeanspruchung auf. Diese wirkt schonender und liefert dadurch hauptsächlich ein aus runden Körnern bestehendes Gut.

Eine weitere Ausführungsform von Mahlkörpermühlen sind die **Schwingmühlen** (Vibrationsmühlen). Bei den Schwingmühlen wird der Mühlenkörper durch eine Unwucht in Schwingungen versetzt. Die maximale Korngröße des Aufgabeguts beträgt 30 mm, der Durchsatz kann bis zu 5 t/h erreichen. Das Mahlgut kann auf Korngrößen unter 10 µm zerkleinert werden. Schwingmühlen werden demzufolge insbesondere zum Feinstmahlen eingesetzt.

Weitere Mühlentypen sind die Pralltellermühlen, die Zahnscheibenmühlen, die Stift- und die Strahlmühlen. In **Pralltellermühlen** wird das Mahlgut mittels eines Schleuderrads in eine Kreisbewegung gebracht und gegen einen tellerartigen Konus geschleudert. Durch eine zusätzliche starke Luftströmung wird sowohl der Zerkleinerungsvorgang unterstützt als auch eine Kühlung des Mahlguts erreicht. Deshalb eignen sich Pralltellermühlen für das Feinmahlen von wärmeempfindlichen Produkten (z. B. von Pflanzenschutzmitteln). In **Stiftmühlen** wird das Aufgabematerial zwischen rotierenden, mit Stiften belegten Scheiben zerkleinert (Prallwirkung). Sie werden in der Lebensmittelindustrie für Herstellung fetthaltiger, pulverförmiger Produkte benötigt. Beispiele sind die Gewürz- und die Kakaopulverherstellung, ferner die Herstellung von Instantmischungen sowie (unabhängig von der Lebensmittelindustrie) das Zerkleinern von Hartwachsen, Stärke und Pigmenten. Bei **Strahlmühlen** wird das Mahlgut mit Hilfe eines Trägergasstroms in den Mahlraum geschleudert und dort vor allem durch Prallwirkung zerkleinert.

Insbesondere bei der Farben- und Lackindustrie wird eine sehr enge Kornverteilung mit minimalem Kornanteil unter 5 bis 10 µm verlangt. Zur Erzeugung eines derartigen Produkts ist es oftmals nicht ausreichend, daß durch Trocken- oder Naßsiebung das Feingut aus dem Mahlgut entfernt wird. Für derartige Anforderungen wurden **Sichtermühlen** entwickelt. In diesen Apparaten wird das Material (meist durch Prallbeanspruchung) zerkleinert und das Feingut mittels eines Luftstroms fluidisiert und ausgetragen. In speziellen Bauarten wird zum Fluidisieren heiße Luft verwendet. Dadurch kann im gleichen Arbeitsgang getrocknet werden (Mahltrocknung).

8.3 Trennen von Haufwerken fester Mischgüter

Das Mahlgut ist nach der Zerkleinerung polydispers, also ein Haufwerk von Teilchen, die sich durch Gewicht und Größe unterscheiden. Es wird mit Hilfe der Kenngrößen „Feinheit" und „Kornverteilung" charakterisiert (**Klassieren**). Eine derartige quantitative Darstellung des Haufwerks berücksichtigt zumindest nicht unmittelbar die Teilcheneigenschaften. Eine Auftrennung des Haufwerks unter Ausnutzung der Eigenschaften (Benetzbarkeit, Leitfähigkeit, Magnetisierbarkeit) wird als **Sortieren** bezeichnet. Eine weitere, oftmals weit aufwendigere mechanische Trennoperation ist das **Klauben**[16]. Dabei wird das jeweilige Trennmerkmal (z. B. Farbe, Glanz oder Form) an jedem einzelnen Korn geprüft. Oftmals und insbesondere bei größeren Schüttgütern ist dies nur per „Handklaubung" möglich (personalintensiv). In der chemischen Produktion wird das Klauben nur in Ausnahmefällen angewendet. So ist ein Aussondern von „Spitzkorn" (Feststoffstücke, die sich durch eine lange, schmale Form von den „normalen" Schüttgutstücken unterscheiden) technisch sehr schwierig und dennoch notwendig, um eine Verstopfungsgefahr zu minimieren. In den letzten Jahren gewinnen automatische Klaubeverfahren eine gewisse Bedeutung. Mit induktiven oder mit fotometrischen Verfahren werden thermoplastische Kunststoffabfälle getrennt.[17]

8.3.1 Auftrennen des Mahlguts nach Kornklassen (Klassieren)

Zur Bestimmung der Feinheit und/oder der Kornverteilung müssen „Körnungsanalysen" durchgeführt werden. Die Art der Körnungsanalyse ist von der Feinheit des Mahlguts abhängig. Bei Korngrößen >63 µm wird die Korngrößenverteilung mit Hilfe von Prüfsieben und bei Korngrößen zwischen 5 und 125 µm mittels Sedimentationsanalysen sowie durch Schlämmanalysen durchgeführt. Bei der Sedimentationsanalyse setzen sich die Teilchen aus einer ruhenden Suspension ab, während bei der Schlämmanalyse ein Absetzen entgegen einem aufwärts gerichteten Flüssigkeitsstrom erfolgt (Abb. 8.12). Eine Korngrößenanalyse unter Zuhilfenahme eines Gasstroms wird als Sichtanalyse bezeichnet. Während bei der Verwendung von Prüfsieben der Korndurchmesser der relevante Parameter ist (von Bedeutung ist auch die Kornform), trennen die Sedimentationsanalyse sowie die Sicht- oder Schlämmanalyse nach der Gleichfälligkeit. Die Gleichfälligkeit wird in erster Linie von der Korngröße und der Dichte der Teilchen bestimmt. Obwohl die Dichte eine Stoffeigenschaft ist, wird das Auftrennen, das sich das Prinzip der Gleichfälligkeit zu Nutze macht, zum Klassieren und nicht zum Sortieren gezählt. In zweiter Linie wird sie von der Teilchenform beeinflußt (kugelförmige Teilchen sinken schneller als blättchenförmige). Soll die Korngrößenverteilung im Bereich unter 5 µm bestimmt werden, müssen fotografische Methoden oder Streulichtverfahren angewendet werden.

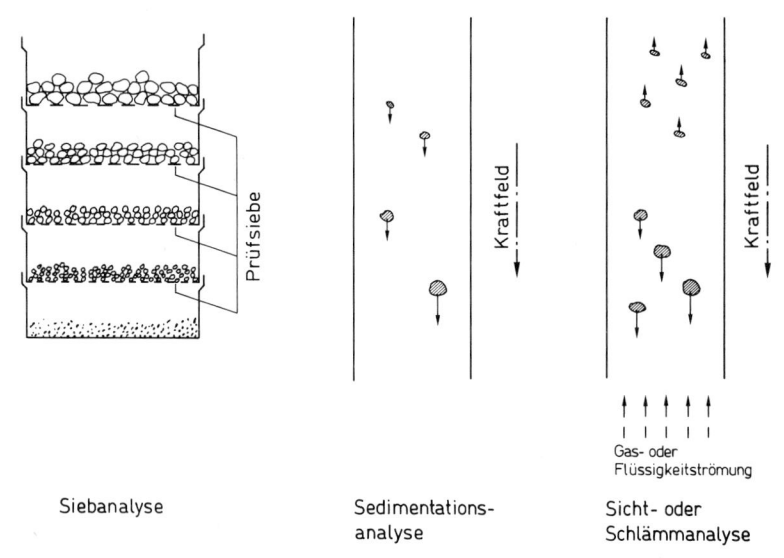

Abb. 8.12 Siebanalyse, Sedimentationsanalyse und Schlämmanalyse in schematischen Darstellungen (nach [8])

Bestimmung der Kornverteilung mittels Siebanalyse

Die Siebanalyse wird mit Hilfe eines Prüfsiebsatzes durchgeführt. Der Siebsatz besteht neben der Bodenpfanne und dem Siebdeckel aus einer Serie von übereinander stapelbaren Sieben (Abb. 8.12), deren Siebgewebe genormte Maschenweiten besitzen müssen [18]. Die Normung wird durch die DIN 4188, ISO 565 R20/3, ASTM E-11-1970 festgelegt. Entsprechende Prüfsiebe werden mit Maschenweiten zwischen 0,02 und 25 mm vom Fachhandel angeboten. Die Siebe werden übereinandergestapelt. Dabei nimmt die Maschenweite von oben nach unten ab. Eine exakte Ausführung der Siebanalyse ist nur dann gewährleistet, wenn das Gut das Sieb höchstens in einfacher Schicht bedeckt. Deshalb sollten je nach Größe und Anzahl der Siebe nicht mehr als 300 g Gut aufgegeben werden. Bei Feststoffgrößen <100 µm ist es vorteilhaft und schonender, wenn der Siebdurchgang (Anteil der Feststoffe, deren Größe kleiner als die Maschenweite des Siebes ist) mit Hilfe einer Trägerflüssigkeit durch die Maschen gespült wird (Naßsiebung).

Bestimmung der Kornverteilung mittels Sedimentationsanalyse

Das Prinzip der Sedimentation beruht darauf, daß sich aus einer Suspension die Feststoffe absetzen. Die Geschwindigkeit des Absetzens resultiert aus dem Gewicht und dem Auftrieb der Feststoffteilchen sowie der Reibung zwischen den Feststoffteilchen und der Flüssigkeit. Entsprechend der Absetzgeschwindigkeit der Feststoffteilchen läßt sich eine Sedimentationsanalyse durchführen. Dazu dient eine „Andreasen-Pipette"[18]. Diese besteht aus einem Glaszylinder, der mit einer eingeschliffenen Pipette versehen ist. Eine Zentimetereinteilung beginnt an der Pipettenspitze und endet im allgemeinen nach 20 cm. Der Ablauf der Analyse gestaltet sich folgendermaßen:

Für vorgegebene Partikeldurchmesser (i. allg. 10–63 µm) wird ein „Absaugplan" erstellt, d. h., es werden entsprechend dem Sedimentationsmodell (Kap. 7.1.1.1, Gl. 7.10) Absetzzeiten für eine Absetzhöhe von 20 cm berechnet. Vor der Sedimentationsanalyse wird die Suspension gut durchgeschüttelt (völlig gleichmäßige Verteilung der Feststoffteilchen im Suspensionsvolumen). Wenn die Teilchen sich abzusetzen beginnen, startet der Absaugplan. Zu den berechneten Zeiten werden Proben entnommen, anschließend getrocknet und gewogen. In den jeweiligen Proben sind Feststoffteilchen enthalten, deren Durchmesser kleiner *und* gleich dem berechneten Wert sind. Die kleineren Teilchen befanden sich zu Beginn der Messung zwischen der Suspensionsoberfläche und der Pipettenspitze; sie benötigten daher eine kürzere Fallstrecke, um zur Probenahmezeit die Pipettenspitze zu erreichen. In der nächstfolgenden Probe sind lediglich die großen Teilchen nicht mehr vorhanden, so daß durch Differenzbildung das Kornspektrum (s. Kap. 8.3.2) erstellt werden kann.

Bestimmung der Kornverteilung im Bereich 0,1 bis 10 µm

Bei der Bestimmung der Korngrößenverteilung im Bereich unter 10 µm unterscheidet man die Meßmethoden danach, ob die Partikel einzeln (Einzelkornverfahren, meist fotografische Methoden) oder als Kollektiv (Streulichtverfahren) erfaßt und vermessen werden[19]. Bei den **fotografischen Methoden** werden dem Haufwerk statistisch Feststoffproben entnommen. Diese werden mit Hilfe eines Mikroskops oder eines Rasterelektronenmikroskops (REM) vergrößert dargestellt und fotografiert. Dazu müssen die Teilchen auf einen Probestempel so aufgeklebt werden, daß sie nicht übereinander liegen. Die Fotos werden mittels Teilchengrößenanalysator (TGA) ausgewertet. Pro Analyse müssen mindestens 250 Einzelteilchen erfaßt werden.

Zur Durchführung der **Streulichtmethoden** wurden Laserstreulichtphotometer entwickelt. In ihnen wird eine Probe bestrahlt (Primärstrahlung). Die Intensität dieses Strahls wird einerseits durch die Absorption und anderseits durch die Streuung an den feinverteilten Feststoffteilchen (Fraunhofersche Beugung) geschwächt. Das Beugungsspektrum (Beugungsmuster) wird ausgewertet. Damit können sowohl die molare Masse als auch die Partikeldimensionen bestimmt werden. Zur Unterscheidung der Beugungsmuster insbesondere bei größeren Teilchen ist eine sehr genaue Messung notwendig. Dies bedingt die Anwendung extrem kleiner Beugungswinkel (<0,1°). Bei Teilchen im Größenbereich 0,1 bis 1 μm sollte darüberhinaus eine zusätzliche Meßtechnik (PIDS ≙ Polarisationsintensität bei differentieller Streuung) angewendet werden [20–22].

8.3.2 Funktionen zur Beschreibung der Kornverteilung

Ein weitverbreitetes Körnungsgesetz basiert auf den Modellvorstellungen der Siebanalyse, bei der auf den einzelnen Sieben als Siebrückstände Fraktionen anfallen. Bei der mathematischen Auswertung zur Siebanalyse wird als „Siebrückstand" die Massensumme aller bis dahin ausgesiebten Teilchen (Masse aller bis zu diesem Sieb anfallenden Fraktionen) verstanden. Dies entspräche dem Rückstand einer Siebung des gesamten Aufgabeguts durch nur ein Sieb mit entsprechender Maschenweite d. Dieser Siebrückstand R wird auf die Gesamtmasse des zur Siebanalyse verwendeten Guts bezogen, so daß sich ein Massenanteil μ_R ergibt. Entsprechend wird der Massenanteil des Siebdurchgangs als μ_D bezeichnet, und es gilt

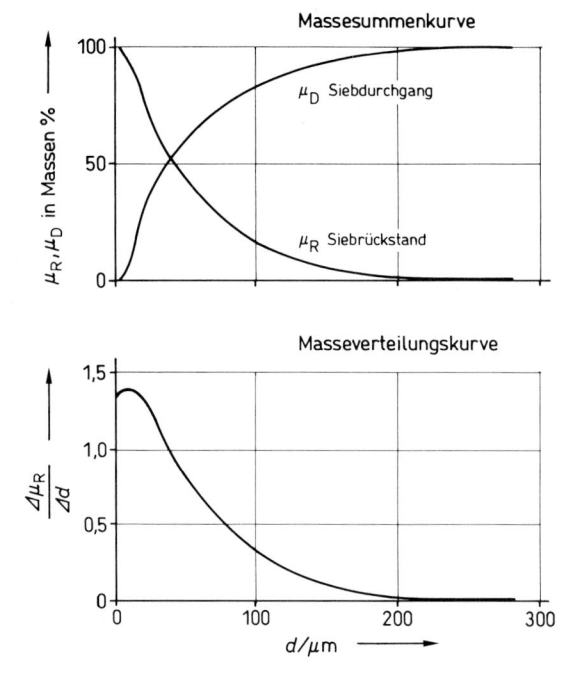

$$\mu_R + \mu_D = 1 \ . \tag{8.5}$$

Abb. 8.13 Rückstands- und Körnungskennlinie (nach [7])

Die bei der Siebanalyse anfallenden *einzelnen* Fraktionen ($\Delta\mu_R/\Delta d$)* ergeben die Rückstandsverteilung. Die Auswertung selbst erfolgt im allgemeinen mittels graphischer Auftragung. Dabei muß zwischen der Massensummenkurve** (μ_R wird gegen den Korndurchmesser d bzw. die Maschenweite aufgetragen) und der Massenverteilungskurve*** ($\Delta\mu_R/\Delta d$ wird gegen d aufgetragen) unterschieden werden. Abb. 8.13 zeigt gegenüberstellend diese Kurven. Das Maximum in der Massenverteilungskurve entspricht dem Wendepunkt in der Massensummenkurve.

Rosin, Rammler, Sperling und Bennet (RRSB) konnten den Verlauf der Massensummenkurve durch folgende Gleichung beschreiben:

$$\mu_R = \exp[-(d/\bar{d})^n] \tag{8.6}$$

d Korngröße, $\bar{d}$, n charakteristische Konstanten, die als $\bar{d}$ Korngrößenparameter und n Gleichmäßigkeitsparameter aufgefaßt werden

Zweimaliges Logarithmieren überführt Gl. (8.6) in eine Geradengleichung:

$$\lg(-\lg\mu_R) = n\lg d - n\lg\bar{d} + \lg(\lg e) \tag{8.7}$$

Abb. 8.14 zeigt das „Körnungsnetz", in dem (entsprechend der Gl. 8.7) $\lg(-\lg\mu_R)$ gegen $\lg d$ aufgetragen wurde. Da bei $d = \bar{d}$ gilt: $\mu_R = e^{-1} = 0{,}368$ (s. Gl. 8.7), kann aus dem Körnungsnetz der Korngrößenparameter unmittelbar abgelesen werden.

Nicht immer können Haufwerke eindeutig mit Hilfe des RRSB-Körnungsnetzes charakterisiert werden. Oftmals ergibt sich keine Gerade. In Fall eines konvexen Kurvenverlaufes kann durch Verwendung anderer Verteilungsfunktionen eine brauchbare Charakterisierung

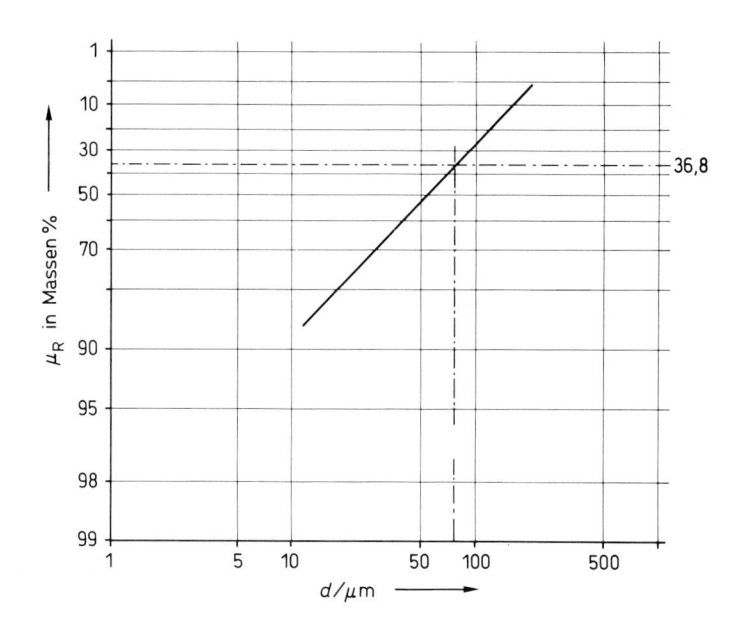

Abb. 8.14 Körnungsnetz der RRSB-Verteilung

---

* Δd ist die Differenz zwischen den Maschenweiten zweier übereinander gestapelter Siebe,
** oft auch als „Rückstandskennlinie" bezeichnet,
*** häufig als „Körnungskennlinie" bezeichnet

erfolgen. Neben der RRSB-Verteilung ist die Anwendung der GGS-Verteilung (Gates-Gaudin-Schuhmann-Verteilung) und der logarithmischen Normalverteilung[8] verbreitet. Ferner können durch Unstetigkeiten im Teilchenspektrum Richtungsänderungen und Sprünge der Verteilungsgeraden auf dem Körnungsnetz auftreten. Außerdem ist durch die Anwendung von unterschiedlichen Analysenmethoden und durch Nichtberücksichtigung der spezifischen Eigenarten dieser Methoden ein Abweichen von der Geraden zu erklären.

8.3.3 Auftrennen des Mahlguts unter Ausnutzung von Stoffeigenschaften (Sortieren)

Eine Auftrennung eines Haufwerks unter Ausnutzung der Teilcheneigenschaften (Magnetisierbarkeit, Leitfähigkeit, Benetzbarkeit) wird als Sortieren bezeichnet. Das älteste Sortierverfahren verwendet als Stoffeigenschaft die Dichte. Wie aber bereits im Kap. 8.3.1 dargestellt wurde, gelingt ein exaktes **Dichtesortieren** nur dann, wenn alle Teilchen die gleiche Größe besitzen. In der Regel ist dies nicht der Fall, so daß dieses Verfahren zum Klassieren gerechnet wird. Ausnahmen sind Verfahren, bei denen der ausgenutzte Dichteunterschied besonders groß ist. Dazu zählt das „Goldwaschen" mittels „Herdsortieren". Bei diesem wird das mit Wasser aufgeschlemmte Gemenge in einer Ecke einer geriffelten Platte (Herdplatte) aufgegeben. Durch das Wasser werden die leichteren Teilchen mitgerissen, während die schwereren, auszusortierenden Partikel in den Rillen der Platte liegen bleiben. Das Herdsortieren eignet sich für feinkörnige Gemenge (Korndurchmesser < 1mm). Ein weiteres Beispiel für ein Dichtesortieren ist das in den letzen Jahren immer wichtiger werdende Recycling von Kunststoffabfällen[17]. Dabei wird zwischen trockenen und nassen Aufarbeitungsverfahren unterschieden. Ein trockenes Verfahren benötigt einen großen Dichteunterschied bei engem Korngrößenbereich des Haufwerks. Es wird bei der Altkabelaufarbeitung angewendet. Nasse Aufarbeitungsverfahren erfordern hingegen nur eine Dichtedifferenz von ca 0,02 g/cm^3 (bei gleicher Korngröße und -form). In Tab. 8.4 sind die Dichten einiger Kunststoffe aufgeführt. Man kann erkennen, daß auch bei nicht sehr engem Korngrößenbereich eine Auftrennung durch ein nasses Verfahren möglich ist. In der Praxis wurde zur Kunststoffsortierung (neben einem Hydrozyklonverfahren) eine „Sink-Schwimm-Scheidung" entwickelt.

Tab. 8.4 Rohdichten einiger Kunststoffe[17]

Polymer	Dichte ϱ (g/cm^3)
Polypropylen PP	0,91
Polyethylen LDPE	0,92
Polyethylen HDPE	0,96
Polystyrol PS	1,05
Polyamid PA 6	1,13
Polymethylmethacrylat PMMA	1,18
Polycarbonat PC	1,20
Polyvinylchlorid PVC	1,39
Polytetrafluorethylen PTFE	2,20

Sortieren unter Ausnutzung der Magnetisierbarkeit [23]

Die Bauform von Magnetsortierern kann sehr unterschiedlich sein. Wenn nur wenige magnetisierbare Teilchen vorhanden sind und entfernt werden sollen, kann der Materialstrom mittels Förderband unter einem Elektromagneten vorbeigeführt werden. Sind die Materialströme größer, wird, wie Abb. 8.15a zeigt, der Magnet mit einem zusätzlichen Förderband versehen, so daß das abgeschiedene Material kontinuierlich aus dem Feld der Krafteinwirkung transportiert werden kann. Dabei können sowohl Elektro- als auch Dauermagnete eingesetzt werden. Abb. 8.15b zeigt die Verwendung einer magnetischen Kopfrolle. Auch hier wird das Gut über ein Laufband antransportiert. Die magnetisierbaren Bestandteile des Guts erfahren durch die magnetische Kopfrolle beim Abwerfen vom Laufband eine Krafteinwirkung und haften dadurch etwas länger am Band. Somit ist eine Auftrennung möglich. Weitere Bauformen sind die Trommelmagnete. Sie bestehen aus einer Trommel, die sich um einen stationär angeordneten Magneten dreht (Abb. 8.15c). Der Magnet wirkt nur auf einen Teilbereich der Trommel. Die Beschickung des Guts erfolgt von der Trommeloberseite, die nichtmagnetisierbaren Bestandteile rutschen über die Trommel. Das magnetisierbare Material wird angezogen und erst verzögert abgeworfen.

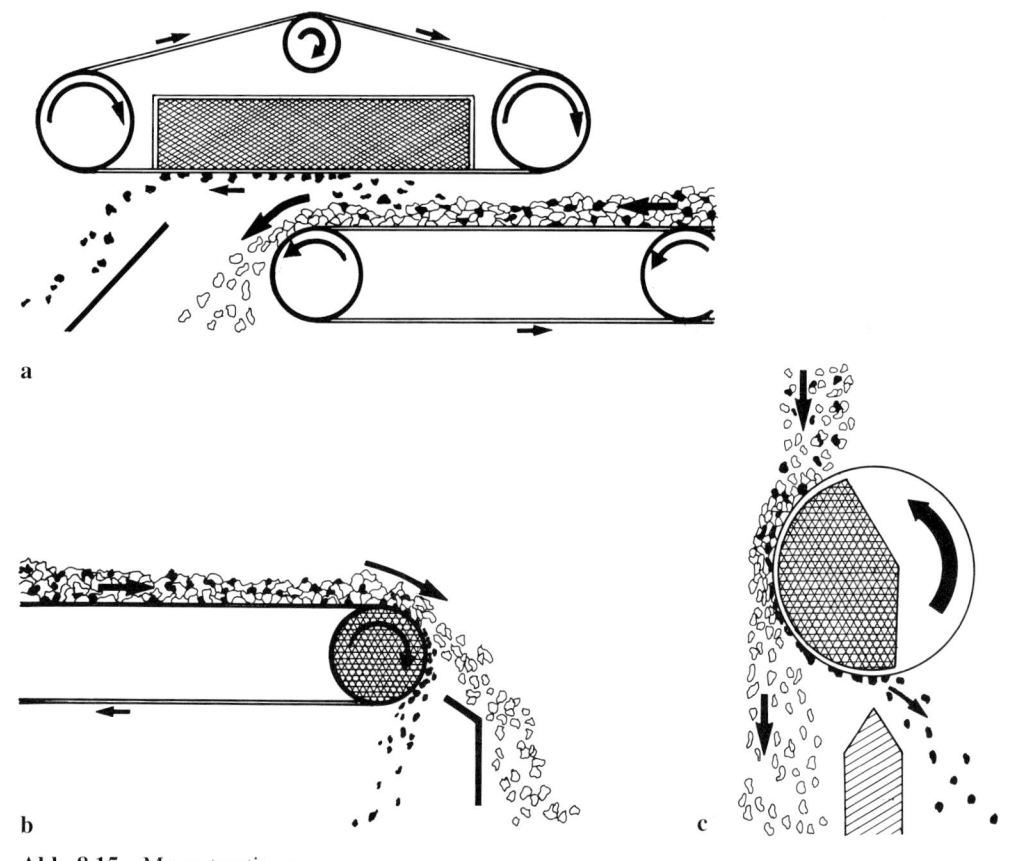

Abb. 8.15 Magnetsortierer.
a Überbandmagnet,
b magnetische Kopfrolle,
c Trommelmagnet (Goudsmit Magnetic Systems B. V., Niederlande)

Als Sonderformen von Magnetsortierern gelten Apparate, die mit Hilfe des Wirbelstromprinzips arbeiten. Nach Abtrennung der magnetisierbaren Partikel wird der verbleibende Gutstrom an einem besonders starken Magnetfeld vorbeigeleitet. Dadurch werden Wirbelströme erzeugt (wenn ein veränderliches Magnetfeld in einem elektrisch leitenden Körper eine elektrische Spannung erzeugt, entstehen Wirbelströme). Das Wirbelstromsortieren wird zum Aussortieren von Bunt- und Nichteisenmetallen wie Aluminium und Kupfer (z. B. Kabelabfälle) verwendet.

Eine weitere Möglichkeit des Sortierens ist durch die Ausnutzung der elektrischen Leitfähigkeit gegeben. Als typischer Sortierapparat ist dabei der Elektrowalzenabscheider in Gebrauch. Das Gut fällt von oben auf eine geerdete Walze. Während des Gleitens über diese Walze werden mittels Sprühelektrode die Feststoffteilchen negativ aufgeladen. Je nach elektrischer Leitfähigkeit wird die Ladung schnell oder langsam an die Walze abgegeben. Mittels einer nachgeschalteten Ablenkelektrode kann somit eine Auftrennung entsprechend der elektrischen Leitfähigkeit erfolgen.

Sortieren unter Ausnutzung der Benetzbarkeit (Flotation)

Mit Hilfe der Flotation lassen sich insbesondere erzführende Sedimentgesteine verarbeiten, die einen geringen Gehalt an Erzmineralien besitzen. Die Erze sind als kleine Partikel gleichmäßig im Muttergestein (Trägergestein) verteilt. Zur Gewinnung der Erze muß das Gestein sehr fein zermahlen werden (Teilchengröße < 0,3 mm; die untere Grenze der Flotationsteilchengröße liegt bei 50 µm). Derart kleine Korngrößen lassen eine Auftrennung unter Ausnutzung der Gleichfälligkeit nicht zu, zumal der Dichteunterschied zwischen Erzmineral und Muttergestein meist nicht sehr groß ist. Da, bedingt durch die große spezifische Oberfläche des Feinmahlguts, die Grenzflächeneigenschaften stark hervortreten, können die unterschiedliche Benetzbarkeit mit Wasser sowie die Fähigkeit zur adsorptiven Bindung mit Reagenzien (Sammlermoleküle) zum Sortieren des Gemenges ausgenutzt werden. Die Sammlermoleküle verleihen dem Mineralteilchen hydrophobe Eigenschaften. Das zu sortierende Gemenge, die Sammlermoleküle sowie ein schaumbildendes Mittel werden in Wasser gegeben und intensiv vermischt. Die Sammlermoleküle verbinden sich mit den Mineralteilchen des Gemenges. Beim Begasen mit Luft lagern sich dann die Erzteilchen an die Luftblasen an und schwimmen auf. Es bildet sich ein Schaum, der abgezogen und aufgearbeitet wird. Das, im Vergleich mit den Mineralien zwar spezifisch leichtere, aber mit Wasser benetzte Muttergestein sedimentiert und sinkt zu Boden [16, 24]. Prinzipiell kann der Anteil am zu gewinnenden Mineral im abgebauten Gestein beliebig gering sein; aus wirtschaftlichen Gründen sind jedoch folgende Minimalgehalte erforderlich:

- Bleierz   1,0 % Pb,
- Kupfererz   0,5 % Cu,
- Molybdänerz   0,3 % Mo und
- Golderz   0,0005 % Au.

Ferner kann durch selektiv wirkende Zusätze auch ein weitergehendes Sortieren der im Roherz enthaltenen Mineralien erfolgen. So ist es möglich, daß ein bestimmter Bestandteil des Flotationsguts durch Passivierung am Aufschwimmen gehindert wird. Nach dem Abtrennen der nicht passivierten Mineralstoffe kann eine Reaktivierung erfolgen, so daß letztlich ein „fraktioniertes Sortieren" möglich wird.

Das anfangs zum Sortieren von Roherzen entwickelte Flotationsverfahren hat heute in fast allen Gebieten der Feststoffsortierung Eingang gefunden. So werden Arsen und Selen aus dem Schlamm der Naßelektrodenfilter der Schwefelsäurefabrikation zurückgewonnen und pflanzliche Rohstoffe aufgearbeitet. Sehr verbreitet ist die Flotation bei der Salzaufarbeitung. Dies gilt vor allem dann, wenn ein von vielen Verunreinigungen durchsetztes Salz mit vergleichsweise kleinem Anteil an Wertkomponente vorliegt. Als Beispiel kann die Gewinnung von Coelestin ($SrSO_4$) angeführt werden. Coelestin ist der zur Produktion von Strontiumcarbonat benötigte Rohstoff (Strontium- und Bariumcarbonat werden unter anderem bei der Herstellung von Fernsehbildröhren verwendet). In vielen Lagerstätten ist das Salz mit Gips und Kalk verunreinigt. Der $SrSO_4$-Gehalt beträgt oft nur 50 bis 60%. Da die Verarbeitung und der Transport nur mit einem Coelestinanteil von über 90% lohnt, ist eine Aufkonzentrierung notwendig. Durch Flotation kann der Gipsanteil abgetrennt werden [25].

Die für die Flotation charakteristischen Reagentien sind die Sammler- und die Schäumermoleküle. Darüber hinaus wird, wie bereits erwähnt, durch Zusatz von Reglern eine selektive Flotation möglich. Schließlich können unpolare Stoffe (z. B. Paraffinöle) die Hydrophobierung verstärken.

Sammlermoleküle bestehen aus einer unpolaren, meist geradkettigen und gesättigten Kohlenwasserstoffkette, die endständig eine polare Gruppe besitzt. Während die Kohlenwasserstoffkette den hydrophoben Charakter bedingt, ist die polare Gruppe für die Adsorption des Sammlermoleküls an der Mineraloberfläche zuständig. Gewöhnlich ist die polare Gruppe ionogen, so daß das Sammlermolekül als Ion adsorbiert wird. Bei den ionogenen Sammlern mit polar-unpolarem Aufbau wird zwischen anionenaktiven und kationenaktiven Sammlermolekülen unterschieden (in [24] sind weitere Sammlermoleküle aufgeführt).

Anionenaktive Sammler

Sulfhydrylsammler (Verbindung zur polaren Gruppe erfolgt über ein Schwefelatom)

Die **Xanthogenate** sind die wichtigsten Sammler für die Flotation von Sulfiden, Edelmetallen und oxidischen Zink-, Blei- und Kupfermineralien. Sie werden meist im schwach alkalischen Bereich eingesetzt, da sie sich bei pH-Werten < 5 zersetzen. Ihre Wasserlöslichkeit ist von der Länge der unpolaren Kohlenwasserstoffkette abhängig; kurzkettige lösen sich ausgezeichnet in Wasser, wodurch ihre Dosierung vereinfacht wird. Deshalb werden fast ausschließlich Alkalixanthogenate mit Alkylkettenlängen von C_2 bis C_6 verwendet. Da allerdings durch die kurze Kettenlänge der hydrophobe Charakter beeinträchtigt wird, müssen diese Xanthogenate in Kombination mit längerkettigen Reagentien eingesetzt werden.

Im Vergleich zu den Xanthogenaten sind die **Alkyl- und Aryldithiophosphate** (Aerofloate) etwas schwächere Sammler (der fünfwertige Phosphor bindet den Schwefel etwas stärker). Dithiophosphate sind im sauren Milieu stabiler, ihre Löslichkeit ist besser als die der Xanthogenate. Deshalb sind sie in bezug auf die unpolare Gruppe sehr variationsfähig. Dialkyldithiophosphate mit mittleren Kettenlängen besitzen neben ihrer Fähigkeit als Sammlermolekül auch ausgeprägte Schäumereigenschaften. Aerofloate werden beispielsweise für die Flotation sulfidischer Zinnerze verwendet.

Oxhydrylsammler (Verbindung zur polaren Gruppe erfolgt über ein Sauerstoffatom)

Carboxylate sind die wichtigsten Sammler für nichtsulfidische Mineralien. Auch für Eisen- und Manganerze werden insbesondere Carboxylate eingesetzt. Die Kettenlänge der Carboxylate ist größer C_8. Die Sammlerwirkung nimmt bis zu einer Alkylkettenlänge von

C_{13} zu. Carboxylate mit noch längeren Ketten sind aufgrund ihrer schlechter werdenden Löslichkeit in Wasser weniger wirksam. Dies gilt nicht für Verbindungen mit ungesättigten Ketten (z. B. Salze der Ölsäure).

Kationenaktive Sammler

***n*-Alkylammoniumsalze** sind die wichtigsten kationenaktiven Sammler. Sie werden bei der Flotation fast ausschließlich in Form der Chloride oder Acetate eingesetzt. Die Kettenlänge der unpolaren Gruppe liegt zwischen C_8 und C_{18}. Wichtige Anwendungsgebiete sind die Flotation von Kalirohsalzen (Sylvinit) und oxidischen Zinkmineralien. Es sind aber auch Sulfide und gediegene Metalle flotierbar. Andere kationenaktive Sammler sind

- quartäre Ammoniumsalze,
- Alkylpyridiniumsalze, die nicht der Hydrolyse unterliegen und somit auch im stark alkalischen Bereich benutzt werden können, sowie
- Alkylmorpholinsalze, die gute Sammler für NaCl sind; dadurch ist eine Abtrennung von KCl auch bei Anwesenheit von Magnesiumsalzen möglich.

Neben diesen Sammlergruppen sind **ampholytische Sammler** entwickelt worden, bei denen in Abhängigkeit vom pH-Wert ein anionischer oder ein kationischer Charakter resultiert. Derartige Sammler enthalten im Molekül zumindest eine anionenaktive und eine kationenaktive Gruppe. Ein Beispiel ist die Alkylaminopropionsäure:

$$RNH_2^{(+)}CH_2CH_2COOH \Leftrightarrow RNH_2^{(+)}CH_2CH_2COO^- + H^+ \Leftrightarrow RNHCH_2CH_2COO^- + H^+$$

| im sauren Bereich | im isoelektrischen Bereich | im alkalischen Bereich |

Andere ampholytischen Sammler sind die Sarcoside und die Tauride:

$$R-CO-N(CH_3)-CH_2-COONa \qquad R-CO-N(CH_3)-CH_2-CH_2-SO_4Na$$

Sarcoside · Tauride

Diese Verbindungen sind unempfindlich gegenüber härterem Wasser und eignen sich als Sammlermoleküle für die Flotation von Eisen- und Wolframmineralien.

Während die Sammler die abzutrennenden Mineralienkörner umhüllen und ihnen damit hydrophobe Eigenschaften verleihen, werden durch den Zusatz von **Schäumern** das Koaleszenzverhalten der Luftblasen und die Eigenschaften des sich ausbildenden Schaums beeinflußt. Als Schäumer werden Tenside verwendet. Die Anforderungen an die Schäumer sind:

- Die Schaumeigenschaften sollen möglichst wenig vom pH-Wert der Trübe und der Ionenstärke der Lösung abhängen.
- Die Schaumstruktur soll eine gute sekundäre Anreicherung gestatten. Dies bedeutet, daß während der Schaumbildung die mitgerissenen hydrophilen Teilchen des Muttergesteins (und nur diese) zurückgespült werden.

Diesen Anforderungen genügen bestimmte nichtionogene Tenside. Die wichtigsten Flotationsschäumer sind

- aliphatische Alkohole mit geraden oder verzweigte Ketten (C-Zahl von 5 bis 8),
- Homologe des Phenols (mit kurzkettigen Alkylgruppen als Substituenten),

8.3 Trennen von Haufwerken fester Mischgüter

- hydroxylierte Polyether und
- durch Solventextraktion gewonnene ölartige Fraktionen des Terpentins, des Kiefernharzes oder des Teeröls, z. B. α-Terpineol.

Die mit den Mineralienkörnern besetzten Luftblasen steigen zur Oberfläche auf, falls die mittlere Dichte dieser Aggregate geringer als die der Trübe ist. Abb. 8.16 zeigt die verschiedenen Formen der aufsteigenden Luftblasen-Mineralienkörner-Aggregate[2]. Sehr häufig haften mehrere Mineralienkörner an einer Luftblase (Abb. 8.16a). Dabei wird die Oberfläche der Luftblase nur zu 1 bis 30% belegt. Die Mineralienkörner gleiten nach dem Anhaften an die Unterseite der Blase (der der Bewegungsrichtung abgewandten Seite) und sammeln sich dort. Bei groben Körnern reicht es oftmals nicht aus, wenn nur eine Gasblase am Mineral haftet. Erst durch mehrere Blasen (Abb. 8.16b) wird ein Aufschwimmen erreicht. Voraussetzung für die Ausbildung derartiger Blasen-Körner-Gebilde sind eine ausgeprägte Hydrophobie sowie die Vermeidung von intensiven Turbulenzen innerhalb der Supensionsphase. Bei besonders guten Flotationsbedingungen bildet sich ein Gemenge aus Luftblasen und Mineralienkörnern aus (Abb. 8.16c). Dies gewährleistet die bestmögliche Ausnutzung des Aufschwimmverhaltens der Blasen. Allerdings besteht hierbei die Gefahr eines Mitreißens von Körnern des Muttergesteins, so daß während der Ausbildung des Schaums an der Flüssigkeitsoberfläche eine „sekundäre Anreicherung" der zu flotierenden Mineralkörner erfolgen sollte.

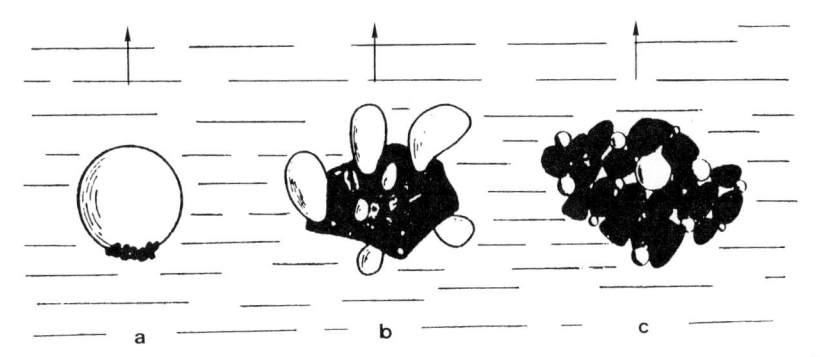

Abb. 8.16a–c Formen von Aggregaten aus Mineralienkörnern und Luftblasen[2]

An der Flüssigkeitsoberfläche bildet sich ein Schaum aus, in dem die Mineralienkörner festgehalten werden. Dieser Schaum muß bestimmten Anforderungen genügen. So dürfen die Schaumblasen nicht sofort zerplatzen. Sie müssen vielmehr bis nach dem Abziehen des Schaums aus dem Flotationsbehälter an den Mineralienkörnern anhaften. Nach dem Abziehen soll der Schaum möglichst schnell zerfallen, um die weitere Behandlung (Fördern, Pumpen, Eindicken, Filtrieren) nicht zu erschweren. Gewünscht wird demzufolge ein vorübergehend stabiler Schaum. Eine Beeinflussung der Stabilität des Schaums ist möglich. Der Zusatz von hydrophilen Kolloiden erhöht die Schaumbeständigkeit; hydrophobe Kolloide bewirken einen schnellen Schaumzerfall. Eine Verminderung der Schaumbeständigkeit kann auch durch emulgierte unpolare Öle erreicht werden. Bei der Auswahl der geeigneten Schäumer ist ferner zu beachten, daß die Anwesenheit der zu flotierenden Feststoffe die Schaumbeständigkeit beeinflußt. Im allgemeinen sind die sich bei der Flotation ausbildenden Schäume stabiler als die entsprechenden Zweiphasenschäume (Abwesenheit von Feststoffteilchen). Zu den Flotationsschäumern, die nur eine sehr schwache Grenzflächenaktivität besitzen und nur in Gegenwart von Feststoffen einen Schaum mit genügender Stabilität bilden, zählt Ethylacetat. Abb. 8.17 zeigt Glasperlen, die in einem

426   8 Verarbeiten von Feststoffen

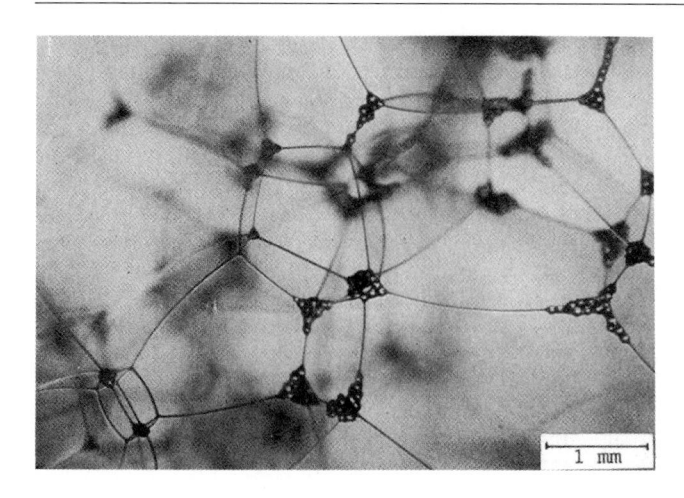

Abb. 8.17 Glasperlen in einem Schaumsystem [26]

Schaumsystem festgehalten werden. Es ist zu erkennen, daß sich die Feststoffteilchen an den Berührungspunkten der Flüssigkeitslamellen des Schaums sammeln. Eine derartige Konstellation stabilisiert den Schaum.

Flotationsapparate bestehen, ähnlich den bei der Flüssig/Flüssig-Extraktion verwendeten Mixer-Settler-Apparaturen, aus mindestens einer Misch- und einer Ruhezone (Abb. 8.18). In der Mischzone werden mittels Propellerrührer die Luftblasen-Mineralkörner-Aggregate gebildet. Die Auftrennung erfolgt dann in der Ruhezone. Während das Muttergestein (mit Wasser benetzte Teilchen) als Schlamm zu Boden sinkt, wird der mit Mineralienkörnern beladene Schaum abgeschöpft und entwässert. Die dabei zurückgewonnene Flotationsflüssigkeit wird im Kreislauf geführt. Flotationsapparate arbeiten generell kontinuierlich.

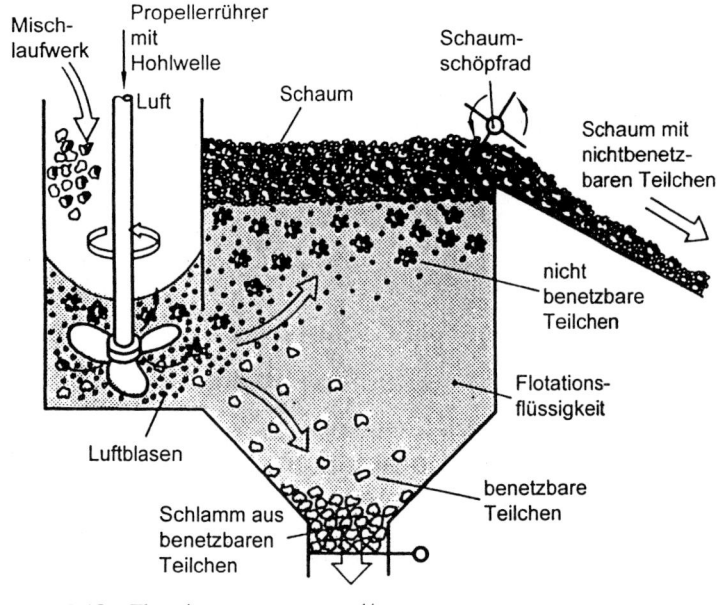

Abb. 8.18 Flotationsapparat (nach [14])

8.4 Formgebung

8.4.1 Schüttgutbehandlung

Schüttgüter fallen in vielen Bereichen der chemischen Prozeßtechnik an. Zur Weiterverarbeitung sowie zur Überführung in einen verkaufsfähigen Zustand müssen sie behandelt werden. Die notwendigen Verfahrensschritte sind

- das Homogenisieren gleichartiger Produkte, die in Einzelchargen hergestellt wurden und zu einer einheitlichen Gesamtmasse vermengt werden sollen,
- das Mischen von heterogenen pulverförmigen Komponenten (Produkte unterschiedlicher Art) zu einem einheitlichen Endgemisch,
- die Zugabe und Verteilung von Flüssigkeiten zum Zweck der Staubbindung oder der Veränderung der chemisch-physikalischen Produkteigenschaften sowie zur Vorbereitung auf eine anschließende Formgebung,
- das Imprägnieren, das Einfärben und/oder das Aromatisieren sowie
- das Neutralisieren mit sauren oder basischen Sprühkomponenten.

Das **Mischen** erfolgt in Drehtrommeln, in denen mittels fester Einbauten das Mischgut umgewälzt wird, sowie in Trögen, Silos und auf Tellern mit mechanisch bewegten Schaufeln, Schwenkarmen oder Schnecken. Ferner können insbesondere bei kleineren Feststoffteilchen pneumatische Mischer (Fließbettmischer) genutzt werden. Bei gleichzeitiger Zugabe einer Flüssigkeit findet eine Agglomeration statt. Wichtig dabei ist die gleichmäßige Verteilung der Flüssigkeit auf der gesamten Schüttgutoberfläche. Um diese zu erreichen, wird (bei einer chargenweisen Behandlung) erfahrungsgemäß ca. 1 % des gewünschten Flüssigkeitsanteils pro Minute eingesprüht [27]. Führt die Zugabe einer größeren Menge an Flüssigkeit zu einer teig- oder pastenartigen Masse, wird dieser Prozeß als Anteigen bezeichnet. Es entstehen stichfeste Pasten. Ein weiteres Vermischen und Homogenisieren dieser Masse heißt Kneten. Zum Anteigen und Kneten verwendet man meist Planeten-, Schaufel- oder Schneckenkneter. Schaufelkneter sind (meist geschlossene) Tröge oder Bottiche, in denen durch Schaufeln (oft auch als „Flügel" bezeichnet) die Masse geknetet wird. Die Form der Schaufeln richtet sich nach der Konsistenz der zu mischenden Stoffe. Weitverbreitet sind pflugscharähnliche sowie T-, U- und S-Flügel (Abb. 8.19) [28, 29]. Auch wenn sehr große Materialmengen homogenisiert werden, kommen in der Regel diskontinuierlich arbeitende Mischer zum Einsatz, da in kontinuierlich arbeitenden Schaufelknetern aufgrund des kleinen Apparatevolumens die Rückvermischung begrenzt ist.

In Schneckenknetern [30] wird das Knetgut von ein oder zwei sich drehenden Förderschnecken durch ein enges Gehäuse transportiert. Das Gehäuse ist jedoch weit genug, damit sich auch außerhalb der Schneckengänge ein Spalt zwischen der Mischschnecke und dem Gehäuse ausbildet. In diesem Spalt wird das Gut langsamer transportiert als in den Schneckengängen (Reibung mit der Wand). Durch zusätzliche Einbauten kommt es zu einem Austausch des Materials. Schneckenkneter arbeiten kontinuierlich. Die Austrittsöffnung kann durch Formdüsen oder Schablonen gebildet werden, die der austretenden Knetmasse ein bestimmtes Profil geben. Ferner werden oftmals Heizwicklungen in das Gehäuse eingebaut, so daß auch Stoffe, die sich erst beim Erwärmen kneten lassen, homogenisiert werden können. Typisch dafür ist die Verarbeitung von Thermoplasten. In den letzten Jahren wurden Apparate entwickelt, die gleichzeitig ein Vermengen und ein chemisches Reagieren sowie die Kopplung zur reaktiven Extrusion ermöglichen [31, 32].

428   8 Verarbeiten von Feststoffen

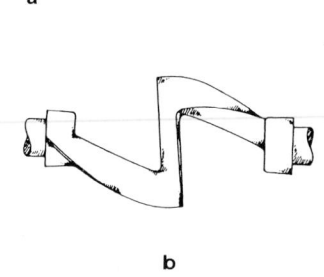

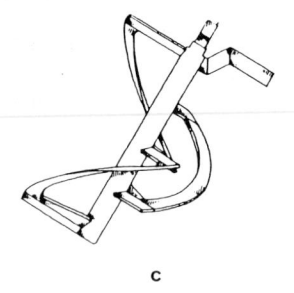

Abb. 8.19 a Trommelmischer mit Mischwerkzeug mit T-Flügel [28, 29], **b** U-Flügel, **c** S-Flügel

8.4.2 Herstellen von Formkörpern

Die Herstellung von Formkörpern dient u. a. der leichteren Weiterverarbeitung und der Handhabung von pulverförmigen Haufwerken. Durch eine Formgebung werden folgende anwendungsbezogene Eigenschaften beeinflußt:

- Verbesserung der Strömungsbedingungen innerhalb einer Schüttschicht,
- Beeinflussung des Lösungsverhaltens (Instantprodukte der Lebensmittelindustrie, Langzeitdüngemittel),
- Verminderung der Staubbildung,
- bequemere und sichere Handhabbarkeit sowie Dosierbarkeit,
- Verbesserung der Lager- und der Rieselfähigkeit,
- Verminderung des Verpackungsvolumens.

Bei der Auswahl des geeigneten Verfahrens zur Formkörperherstellung müssen stoffliche Eigenschaften (wie Benetzbarkeit, Form, Druck- und/oder Temperaturempfindlichkeit) des zu formenden Materials berücksichtigt werden. Aber auch die Eigenschaften der herzustellenden Formkörper werden von der Methode der Formgebung beeinflußt. Wichtige Eigenschaften der Formkörper sind

- Größe und Form (Kugeln, Tabletten, Schuppen oder Blättchen, Granulate oder Hohlextrudate).

8.4 Formgebung

- Schüttvolumen, Größe, Form und Verzweigung der Poren in Granulaten und Extrudaten sowie
- Druck- und Abriebfestigkeit (scharfkantige und schuppenförmige Produkte sind zu vermeiden).

In Abb. 8.20 sind die prinzipiellen Möglichkeiten zur Agglomeration, also zum Zusammenfügen von staubförmigen Material, dargestellt [33, 34]. Die Teilchen können ohne Ausbildung von Materialbrücken zusammenhalten. Dies wird sowohl durch van-der-Waals-Kräfte als auch durch elektrostatische Kräfte verursacht. Ferner ist ein „Verhaken", also ein Zusammenhalten aufgrund der Teilchenform, möglich. Eine weitere prinzipielle Möglichkeit der Agglomeration ist die Ausbildung von Materialbrücken. Diese können durch chemische Bindungen oder durch ein Zusammensintern sowie durch Prillen erfolgen. Oftmals müssen allerdings die Materialbrücken durch einen Zusatzstoff (Bindemittel) gebildet werden. Diese Zusatzstoffe sind entweder zähflüssig und klebrig, oder sie bilden beim Austrocknen feste Materialbrücken aus. Schließlich kann eine Agglomeratbildung durch Benetzen erfolgen. Als Bindemittel dient häufig Wasser. Die Bindewirkung von Wasser beruht auf der Kapillarkraft des Wassers im Zwischenkornvolumen. Bei schlechter Benetzbarkeit müssen zusätzlich Netzmittel hinzugegeben werden. Andere Möglichkeiten sind die Herstellung von Pastillen[35], das Umhüllen, Einkapseln und Dragieren sowie das Einschließen in eine Polymermatrix (Sol-Gel-Prozesse zur Herstellung von Katalysatorperlen beispielsweise aus Polyvinylalkohol) [36, 37].

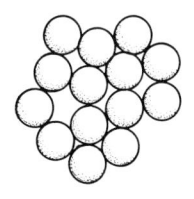

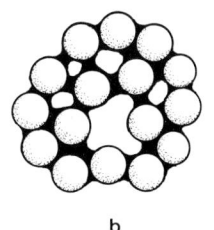

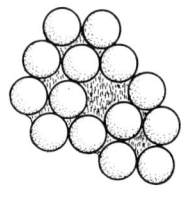

Abb. 8.20a–c Prinzipielle Möglichkeiten zur Agglomeration

ohne Materialbrücken	mit Materialbrücken	Benetzung
Van-der-Waals-Kräfte	Sintern	Kapillarflüssigkeit im
elektrostatische Kräfte	chemische Bindungen	Zwischenkornvolumen
Formschluß	Zusatz von Bindemitteln:	Umhüllen, Kapseln,
	– Bindemittel ist fließfähig	Dragieren
	– Bindemittel ist fest	Einschließen in eine
	(gehärtet oder kristallin)	Polymermatrix
		(Sol-Gel-Prozesse)

Zur Herstellung von Formkörpern gibt es mehrere Verfahren. Sehr vereinfacht sind dies das

- Granulatformen (Pelletisieren),
- Formpressen und
- Sintern.

Granulatformen (Aufbaugranulieren)

Beim Granulatformen lagern sich die Teilchen unter Zugabe von Flüssigkeit zu weitestgehend runden, porösen Formkörpern zusammen. Die entstehenden Granulate werden oftmals als Pellets und der Granuliervorgang als Pelletisieren bezeichnet. Die runde Form wird durch eine rollende Bewegung der sich bildenden Pellets erreicht. Letzteres geschieht entweder in Granuliertrommeln oder auf Granuliertellern. Granulierteller sind geneigt angeordnet und führen eine langsame Drehbewegung aus. Durch Variation der Tellerdrehzahl und der Tellerneigung kann die Größe des Granulats eingestellt werden. Eine weitere Möglichkeit ist die Wirbelschichtgranulierung in Sprühtürmen. Dabei wird in einem turmartigen Apparat eine Suspension versprüht und durch einen nach oben gerichteten Luftstrom getrocknet (Granuliertrocknung). Es bilden sich Granulatteilchen aus, die kleiner und ungleichmäßiger als die beim Granulieren durch Abrollen sind. Vorteil der Wirbelschichtgranulierung ist, daß sehr große Granulatmengen hergestellt werden können. Darüber hinaus haben Produkte, die mittels Granuliertrocknung hergestellt werden, oftmals ein verbessertes Lösungsverhalten. Deshalb sind das Herstellen von Instantlebensmitteln (z. B. Instantkaffee) und die Waschmittelproduktion typische Anwendungsbeispiele.

Prillen

Beim Prillen wird eine Schmelze am Kopf eines „Prillturms" versprüht. Im Gegenstrom zu den sich ausbildenden, herabfallenden Tropfen wird ein kalter Luftstrom geführt. Dadurch kühlen die Tropfen ab, werden ggf. getrocknet und erstarren zu granulatartigen Teilchen. Das Prillen ist ein weitverbreitetes Verfahren zur Herstellung von Düngemittelgranulaten. Als Beispiele seien die Herstellung von Harnstoff und von Kalkammonsalpeter (NH_4NO_3 + 25–30 % $CaCO_3$) genannt.

Formpressen

Beim Formpressen werden
- die Teilchen verformt,
- die Berührungsflächen der Teilchen vergrößert,
- der Kontakt zwischen den Teilchen intensiviert und
- die Oberflächenrauheit beeinflußt.

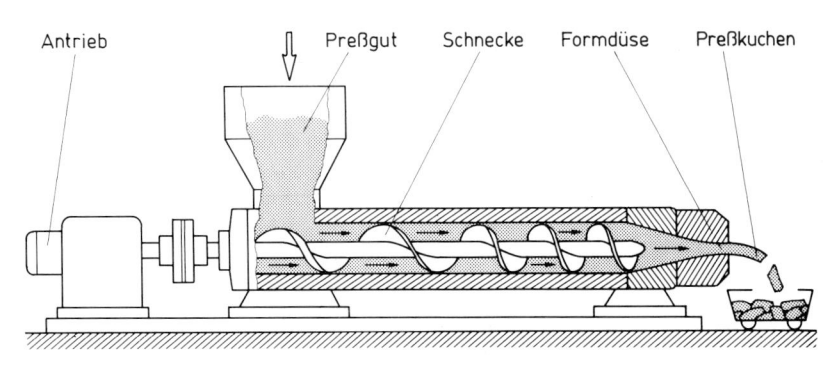

Abb. 8.21 Schematische Darstellung einer Extruderschnecke (Schneckenstrangpresse) (nach [14])

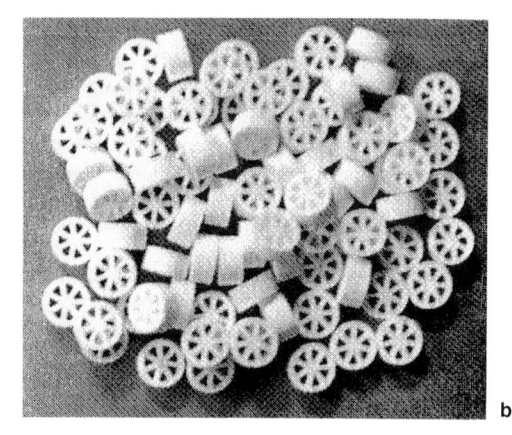

Abb. 8.22 Typische Formen von Extrudaten. **a**, **b** Katalysatoren für das Dampfreformieren (Durchmesser: 16 mm)[38], **c** Monolith als Katalysatorträger (BASF)[39]

All diese Veränderungen bewirken eine festere Bindung zwischen den Teilchen. So wird durch die Zunahme der Oberflächenrauhigkeit die Möglichkeit zum mikroskopischen Verhaken geschaffen. Solange nicht elastische Eigenschaften oder elektrostatische Abstoßung der Aneinanderhaftung der Teilchen entgegenwirken, ist die Ausbildung eines Formkörpers durch Pressen (auch ohne Zusatz eines Bindemittels) möglich. Durch das Vorhandensein von Restfeuchten wird die Formgebung vereinfacht. Das Zusammenpressen führt zur Verkleinerung des Zwischenkornvolumens, wodurch die Kapillarkräfte im Zwischenkorn verstärkt werden.

Oftmals wird zur Formgebung das Material angeteigt. Dieser Teig kann dann mit der Hilfe von Extruderschnecken verdichtet und durch eine Blende gedrückt werden. Dem Preßstrang wird so eine definierte Form gegeben (Abb. 8.21). Abb. 8.22 zeigt einige typische Extrudate, die als Formkörper für Katalysatoren dienen. Zur Reinigung von Autoabgasen mittels Katalysatoren werden (durch Formpressen) Formkörper hergestellt, die typischerweise ca. 60 Waben pro cm^2 besitzen (die Herstellung von Formkörpern mit über 100 Waben pro cm^2 ist technisch möglich). Darüber hinaus werden Formkörper angeboten, deren Wabenkanäle nicht gradlinig verlaufen. Durch eine derartige Formgebung wird die kritische Reynolds-Zahl herabgesetzt ($Re_{kr} \approx 250$), so daß die Abgase den Wabenkörper nicht mehr laminar durchströmen. Der Katalysator kann so effektiver arbeiten, die Grenzwerte der neusten Abgasvorschriften werden dadurch eingehalten[40]. Beim Herstellen von Extrudaten ist es wichtig, daß der Teig auf von außen wirkende Kräfte mit bleibender Formgebung reagiert, innere Deformationen sind zu vermeiden. Strömungstechnisch bedeutet dies, daß die Schubspannung (weitestgehend) unabhängig von der Schergeschwindigkeit sein muß[41]. Einige Katalysatorträgermaterialen (z. B. plastischer Ton) genügen diesen Anforderungen, andere (z. B. angeteigtes Aluminiumoxidpulver) tun dies nicht. Deshalb müssen die Fließeigenschaften dieser Stoffe durch eine Zugabe von „Plastifizierhilfsstoffen" verbessert werden. Ein gebräuchlicher Hilfsstoff ist dabei das Polyvinylpyrrolidon.

Sintern

Sintern ist eine nach Temperatur und Zeit gesteuerte Wärmebehandlung von vorab hergestellten Formteilchen. Bei der thermischen Behandlung von Formkörpern (z. B. Katalysatoren) ist zu unterscheiden zwischen Trocknen, Kalzinieren, Sintern und Schmelzen[38]. Das Trocknen wurde bereits im Kap. 2.5 ausführlich besprochen. Es stellt eines der verfahrenstechnisch schwierigsten Schritte bei der Herstellung von großvolumigen Formkörpern (z. B. für die Abgasreinigung) dar. Unter Kalzinieren versteht man eine thermische Behandlung, mit deren Hilfe die im Formkörper verbliebenen Hilfsstoffe zersetzt und

Tab. 8.5 Methoden zur Herstellung von Formkörpern

Herstellungsverfahren	Granulatformen	Sintern	Formpressen
Vorbereitung zur Formgebung	Anfeuchten, Zugabe von Bindemitteln	meist keine, möglicherweise Zugabe von Koksgrus	Anfeuchten mit Bindemittel
thermische Behandlung	Hartbrennen bei 1000–1400 °C	Erreichen der Sintertemperatur, meist 1200–1500 °C (ca. 60% der Schmelztemperatur)	Trocknen ggf. Kalzinieren

adsorbierte Gase desorbiert werden sollen. Zum Kalzinieren wird eine relative Temperatur T_{rel} (auf die Schmelztemperatur bezogene Temperatur) von <0,20 benötigt. Durch eine derartige thermische Behandlung wird gleichzeitig die innere Oberfläche aktiviert, d. h., es werden aktive Oberflächenplätze geschaffen. Bei einer Erhöhung der relativen Temperatur $0,20 < T_{rel} < 0,35$ werden diese energiereichen, aktiven Plätze wieder abgebaut. Gleichzeitig heilen Fehlordnungen an der Oberfläche aus. Ab $T_{rel} \approx 0,33$ beginnt das Zusammenbacken der Teilchen (Sintern). Für einen gezielt durchgeführten Sinterprozeß [ein Beispiel für ein gesintertes Material ist in der Abb. 7.6 c gezeigt (Filtermittel aus porösem Sintermaterial)] gilt $0,45 < T_{rel} < 0,80$. Bei $T_{rel} > 0,8$ wird der eigentliche Schmelzvorgang bereits vorbereitet. Die angegebenen relativen Temperaturen sind als Richtwerte zu verstehen, zumal der Ablauf der einzelnen Vorgänge auch zeitabhängig ist. Tab. 8.5 gibt eine Gegenüberstellung der Verfahren zur Herstellung von Formkörpern.

Literatur

1 Borho, K. et al. (1991), Chem.-Ing.-Tech **63**, 792.
2 Grassmann, P. (1983), Physikalische Grundlagen der Verfahrenstechnik, 3. Aufl., Salle u. Sauerländer, Frankfurt, Aarau.
3 Schönert, K. (1984), Zerkleinern, in Chemische Technologie (Winnacker/Küchler), 4. Aufl., Bd. 1, Carl Hanser Verlag, München, Wien.
4 Bernotat, S.; Schönert, K. (1988), Size Reduction, in Ullmann's Encyclopedia of Industrial Chemistry, 5. Aufl., Vol. B2, VCH Verlagsgesellschaft mbH.
5 Zogg, M (1987), Einführung in die Mechanische Verfahrenstechnik, 2. Aufl., B. G. Teubner, Stuttgart.
6 Pallmann GmbH (1991), Chem. Techn. **20**, 3, 18.
7 Vauck, W. R. A., Müller, H. A. (1994), Grundoperationen chemischer Verfahrenstechnik, 10. Aufl., Deutscher Verlag für Grundstoffindustrie, Leipzig.
8 Schubert, H. (1975), Aufarbeitung fester mineralischer Rohstoffe, Bd. 1, 3. Aufl., VEB Deutscher Verlag für Grundstoffindustrie.
9 Hackl, H., Schwechten, D. (1993), Chem. Ind., 6, 43.
10 Gräfen, H. (1982), Korrosionsrisse in Chemieapparaten und ihre sicherheitstechnische Beurteilung, aus Sichere Chemietechnik – Sicherheitstechnisches Kolloquium der Bayer AG, Zentralbereich Ingenieurverwaltung.
11 Philipp, H. (1980), Einführung in die Verfahrenstechnik, Salle u. Sauerländer, Aarau, Frankfurt.
12 Hoppert, H. (1991), Aufbereit.-Techn. **32**, 704.
13 Alpine AG (1990), Chem. Techn. **19**, 3, 49.
14 Ignatowitz, E. (1992), Chemietechnik (aus Europa-Fachbuchreihe für Chemieberufe, 4. Aufl., Verlag Europa-Lehrmittel, Nourney, Vollmer GmbH & Co, Haan-Gruiten.
15 Brown, G. G. (1950), Unit Operations, John Wiley & Sons + Chapman & Hall, New York, London.
16 Schubert, H. (1979), Aufarbeitung fester mineralischer Rohstoffe, Bd. 2, 2. Aufl., VEB Deutscher Verlag für Grundstoffindustrie.
17 Michaeli, W., Bittner, M. (1992), Chem.-Ing.-Tech. **64**, 422
18 Patat, F., Kirchner, K. (1975), Praktikum der Technischen Chemie, Walter de Gruyter, Berlin, New York.
19 Rumpf, H. (1975), Mechanische Verfahrenstechnik, Carl Hanser Verlag, München, Wien.
20 Suck, T. A., Kerperin, K. J. (1989), Chem. Techn. **18**, 11, 74.
21 Bott, S., Hart, H. (1991), Chem. Techn. **20**, 5, 196.
22 Schoofs, T. (1993), Chem. Techn. **22**, 10, 104.
23 Bronkala, W. J. (1988), Magnetic Separation, in Ullmann's Encyclopedia of Industrial Chemistry, 5. Aufl., Vol. B2, VCH Verlagsgesellschaft mbH.
24 Yarar, B. (1988), Flotation, in Ullmann's Encyclopedia of Industrial Chemistry, 5. Auflage, Vol. B2, VCH Verlagsgesellschaft mbH.
25 Solvay Deutschland (1992), Einblick – Solvay Deutschland Nachrichten, 2, 20.
26 Lohmann, T., Pahl, M. H. (1993), Chem. Ing. Tech. **65**, 1362.
27 Firmeninformation, Telschig-Verfahrenstechnik GmbH, Murrhardt/D.
28 Firmeninformation, Aachener Misch- und Knetmaschinenfabrik (AMK), Aachen.

29 Firmeninformation, J. Engelmann AG, Ludwigshafen.
30 Scheffels, G. (1993), Verfahrenstechnik **27**, 99, 12.
31 List, J. (1994), Chem. Anlagen + Verfahren, 5, 164.
32 Michaeli, W., Berghaus, U., Speuser, G. (1991), Chem. Ing. Tech. **63**, 221.
33 Rumpf, H. (1974), Chem.-Ing.-Tech. **46**, 1.
34 Schubert, H. (1979), Chem.-Ing.-Tech. **51**, 266.
35 Robens, A., Kaiser, M. (1990), Verfahrenstechnik **24**, 5, 50.
36 Remmers, P., Vorlop, K. D. (1992), 10. DECHEMA-Jahrestagung der Biotechnologen, Karlsruhe.
37 Brandau, E. (1993), Chemische Rundschau Nr. 30/31, Nukem-Firmeninformation.
38 Satterfield, C. N. (1991), Heterogeneous Catalysis in Industrial Practice, McGraw-Hill, New York.
39 Asche, W. (1993), Chem. Ind. **11**, 11, 40.
40 Stringaro, J. P., Luder, J. (1992), Katalysatoren für heterogene Reaktionssysteme, Sulzer-Chemtech. AG, Firmeninformation
41 Graczyk, J., Gleißle, W. (1990), Erdöl, Kohle, Erdgas, Petrochem., 43, 27.

D Anhang

Molvolumina v_i, van der Waalssche Größen r_i und q_i, Antoine-Konstanten mit Gültigkeitsbereich, Verdampfungsenthalpie am Normalsiedepunkt und Molmasse für ausgewählte Komponenten**

	v_i (cm³/mol)	r_i	q_i	Antoine-Konstanten P_i^s (kPa)	ϑ °C	Gültigkeitsbereich °C		h_{vS} (kJ/mol)	M (g/mol)
Wasser	18,07	0,9200	1,400	7,19621	1730,63	233,426	1	100	40,66	18,015
Dichlordifluormethan	69,09	2,6243	2,376	5,74194	758,96	232,922	−119	−30	19,97	120,914
Chloroform	80,67	2,8700	2,410	6,07955	1170,97	226,232	−10	60	29,71	119,378
Ameisensäure	37,91	1,5280	1,532	6,50280	1563,28	247,060	0	125	21,92	46,025
Methanol	40,73	1,4311	1,432	7,20587	1582,27	239,726	15	84	35,23	32,042
Acetonitril	52,86	1,8701	1,724	6,46476	1482,29	250,523	−27	82	31,38	41,053
1,2-Dichlorethan	78,87	2,9308	2,528	6,15020	1271,25	222,927	−31	99	32,00	98,960
Essigsäure	57,54	2,2024	2,072	6,68450	1644,05	233,524	17	118	23,68	60,052
Ethan	54,87	1,8022	1,696	5,94967	663,48	256,893	−137	−73	14,71	30,070
Ethanol	58,69	2,1055	1,972	7,23710	1592,86	226,184	20	93	38,74	46,069
Aceton	74,04	2,5735	2,336	6,24204	1210,59	229,664	−13	55	29,12	58,080
Methylacetat	79,84	2,8042	2,576	6,19104	1157,63	219,726	2	56	30,12	74,080
Dimethylformamid	77,44	3,0856	2,736	6,23340	1537,78	210,390	48	153	38,96	73,095
1-Propanol	75,15	2,7799	2,512	6,86906	1437,69	198,463	15	105	41,76	60,096
2-Propanol	76,92	2,7791	2,508	8,00319	2010,33	252,636	−26	83	39,83	60,096
2-Butanon	90,17	3,2479	2,876	6,18846	1261,34	221,969	43	88	31,21	72,107
Tetrahydrofuran	81,55	2,9415	2,720	6,12005	1202,29	226,254	23	100	29,58	72,107
1,4-Dioxan	85,71	3,1854	2,640	6,55645	1554,68	240,337	20	105	36,36	88,107
Ethylacetat	98,49	3,4786	3,116	6,22669	1244,95	217,881	16	76	32,22	88,107
1-Butanol	91,96	3,4543	3,052	6,96290	1558,19	196,881	−1	118	43,10	74,124
Isobutanol	92,91	3,4535	3,048	7,66006	1950,94	237,147	−9	108	43,4	74,124
Pyridin	80,86	2,9993	2,113	6,16605	1373,80	214,979	67	153	35,14	79,102
n-Pentan	116,11	3,8254	3,316	6,00122	1075,78	233,205	−50	58	25,5	72,15
Hexafluorbenzol	115,79	4,1688	3,144	6,15785	1227,98	215,491	5	114	31,66	186,056
Benzol	89,41	3,1878	2,400	6,00477	1196,76	219,161	8	80	30,76	78,114
Anilin	91,53	3,7165	2,816	6,58931	1840,79	216,923	35	184	41,84	93,129
Cyclohexan	108,75	4,0464	3,240	5,97636	1206,47	223,136	7	81	29,96	84,162
1-Hexen	125,89	4,2697	3,644	5,99063	1152,97	225,849	−30	87	28,28	84,162
Cyclohexanon	104,18	4,1433	3,34	6,59540	1832,20	244,20	−1	155	38,8	98,15
n-Hexan	131,61	4,4998	3,856	6,00266	1171,53	224,366	−25	92	28,85	86,178
Cyclohexanol	103,43	4,3489	3,512	5,92859	1199,10	145,00	50	162	45,9	100,16
Toluol	106,85	3,9228	2,968	6,07577	1342,31	219,187	−27	111	33,18	92,141
Methylcyclohexan	128,34	4,7200	3,776	5,96390	1278,57	222,168	−36	102	31,13	98,189
n-Heptan	147,47	5,1742	4,396	6,01876	1264,37	216,640	−3	127	31,70	100,205
n-Octan	163,54	5,8486	4,936	6,05632	1358,80	209,855	−14	126	34,41	114,232

** Gmehling, J., Kolbe, B. (1992), Thermodynamik, VCH Verlagsgesellschaft mbH, Weinheim

Wilson-, NRTL- und UNIQUAC-Parameter für ausgewählte binäre Systeme (Annahme: $\Phi_i = 1$)**

Komponente 1	Komponente 2	Wilson		NRTL			UNIQUAC	
		$\Delta\lambda_{12}$ (K)	$\Delta\lambda_{21}$ (K)	Δg_{12} (K)	Δg_{21} (K)	α_{12}	Δu_{12} (K)	Δu_{21} (K)
Wasser	Ameisensäure*	415,6	−479,7	−294,5	244,3	0,3059	−184,6	3,533
Methanol	Wasser	54,04	236,3	−127,8	425,3	0,2994	−165,3	254,7
Acetonitril	Wasser	324,1	698,5	183,6	665,1	0,2858	134,0	167,4
Wasser	Essigsäure*	371,4	19,13	580,0	−166,9	0,2970	−0,5244	41,70
Ethanol	Wasser	95,68	506,7	−177,5	766,9	0,1803	81,22	58,39
Aceton	Wasser	147,3	727,3	316,2	603,0	0,5341	323,4	−44,14
Aceton	Benzol	128,5	10,36	85,32	50,64	0,3175	−18,75	51,81
Aceton	Cyclohexan	548,5	189,0	315,0	424,26	0,4858	−32,63	284,7
Wasser	Dimethylformamid	580,5	−468,1	470,3	−267,7	0,2768	321,9	−280,2
1-Propanol	Wasser	390,2	680,3	251,8	823,6	0,5081	95,91	146,2
2-Propanol	Wasser	220,4	623,5	−13,22	789,7	0,2879	164,8	32,43
2-Butanon	Wasser	3427,6	950,5	339,4	910,8	0,3536	390,1	15,34
Tetrahydrofuran	Wasser	574,0	915,6	460,8	868,1	0,4522	420,3	5,292
Wasser	1,4-Dioxan	854,0	−110,4	360,3	276,2	0,2920	−223,4	655,2
Ethylacetat	Wasser	187,4	982,2	298,8	773,8	0,2934	529,7	−76,92
Wasser	1-Butanol	787,6	910,8	1325,3	253,6	0,4447	275,9	44,81
Wasser	Pyridin	486,3	611,3	923,5	211,3	0,6802	−28,45	−49,06
Methanol	Acetonitril	253,8	99,01	173,0	158,3	0,2981	51,31	168,6
Methanol	Ethanol	−26,14	62,42	−165,1	189,3	0,3057	−101,7	130,2
Aceton	Methanol	−85,64	299,0	92,73	114,0	0,3009	221,2	−54,74
Methylacetat	Methanol	−15,70	409,2	192,0	174,4	0,2965	307,6	−35,72
Methanol	2-Butanon	386,2	−109,5	154,7	109,7	0,3003	−68,45	293,9
Methanol	Tetrahydrofuran	403,1	−112,3	85,25	192,8	0,3002	−77,12	316,9
Methanol	1,4-Dioxan	327,1	34,92	305,7	38,63	0,2985	−9,61	227,0
Methanol	Ethylacetat	508,7	−93,53	173,8	211,7	0,2962	−69,94	387,6
Methanol	Benzol	862,1	94,17	363,1	583,0	0,4694	−38,56	587,2
Methanol	Cyclohexan	1187,1	374,1	661,8	753,4	0,4222	24,32	699,0
Methanol	Toluol	903,1	141,0	472,9	549,0	0,4643	−32,85	604,5
Aceton	Ethanol	111,8	131,3	18,27	218,8	0,2987	47,58	59,31
Ethanol	1,4-Dioxan	225,0	99,64	254,4	56,28	0,2988	25,57	106,8
Ethylacetat	Ethanol	1,005	337,9	153,8	166,3	0,2988	219,4	−49,60
Ethanol	Benzol	704,5	104,3	259,7	536,4	0,4774	−53,00	385,7
Ethanol	Toluol	783,2	105,9	359,1	577,6	0,5292	−74,03	441,9
Benzol	2-Propanol	197,6	409,6	366,7	184,5	0,2910	143,2	42,62

Wilson-, NRTL- und UNIQUAC-Parameter für ausgewählte binäre Systeme (Fortsetzung)

Komponente 1	Komponente 2	Wilson		NRTL			UNIQUAC	
		$\Delta\lambda_{12}$ (K)	$\Delta\lambda_{21}$ (K)	Δg_{12} (K)	Δg_{21} (K)	α_{12}	Δu_{12} (K)	Δu_{21} (K)
Toluol	1-Butanol	103,5	480,2	399,3	217,8	0,6649	194,65	–38,04
Aceton	Chloroform	14,53	–243,8	–323,7	115,0	0,3043	–357,5	561,0
2-Butanon	Benzol	180,5	–87,38	–155,5	255,7	0,2847	–118,9	147,2
Cyclohexan	Anilin	344,5	710,5	569,3	259,5	0,2892	272,8	–3,686
Methylcyclohexan	Anilin	369,2	594,8	397,1	399,4	0,2921	227,9	11,45
Methylcyclohexan	Toluol	19,92	81,03	48,72	48,92	0,3019	56,63	–26,32
Cyclohexanon	Cyclohexanol	5,68	102,4	41,72	45,91	0,3206	14,31	11,41
Toluol	n-Octan	–3,682	170,5	440,9	–261,9	0,2880	92,51	–65,33
Benzol	Cyclohexan	63,14	70,56	167,4	–32,63	0,3375	–45,25	96,62
n-Hexan	Benzol	137,0	55,22	–29,81	203,3	0,5986	42,85	–3,102
Benzol	n-Heptan	103,2	75,92	288,3	–109,9	0,3469	–52,43	103,0
n-Heptan	Toluol	98,68	52,85	–59,43	202,0	0,3895	36,01	–10,24
Benzol	1,2-Dichlorethan	98,27	–65,82	29,60	–19,90	0,3035	9,029	–19,97
Benzol	Anilin	–4,197	304,3	390,9	–89,75	0,2990	134,5	–27,82

* Das reale Verhalten der Dampfphase wurde mit der chemischen Theorie berücksichtigt
** Gmehling, J., Kolbe, B. (1992), Thermodynamik, VCH Verlagsgesellschaft mbH, Weinheim

In der folgenden Tabelle ist ein FORTRAN-Programm zur Auslegung von Rektifikationskolonnen nach dem Naphtali-Sandholm-Verfahren gelistet. Dieses Programm erlaubt die Berechnung für maximal 5 Komponenten und 50 theoretische Stufen. Für eine Erhöhung bzw. Verringerung der Komponenten- bzw. Stufenzahl müssen lediglich die Dimensionierungen verändert werden. Die Anzahl der möglichen Feed-Ströme, sowie flüssiger bzw. dampfförmiger Seitenströme ist ausreichend für nahezu jede Fragestellung.

Zur Darstellung der K_i-Faktoren (Dampf-Flüssig-Gleichgewicht) wurde der Wilson-Ansatz gewählt. Der Druckverlust innerhalb der Kolonne kann durch Vorgabe des Druckes im Kopf und im Sumpf der Kolonne berücksichtigt werden.

Vereinfachend wurde in diesem Programm auf die Berücksichtigung des realen Verhaltens (φ_i, φ_i^s), Bodenwirkungsgrade sowie der Enthalpieeffekte (unterschiedliche Verdampfungsenthalpien, Wärmeverluste, Mischungsenthalpien) verzichtet, um den Input zu diesem Programm übersichtlich zu halten.

Input

	Variablen	Format	Erklärung	
1.	NK	I5	NK	Anzahl der Komponenten
2.	ITEXT	40A2	ITEXT	beliebiger Text
3.1	PARAM(I,J),J=1,NK	8F10.4	PARAM	Wilson-Parameter $\Delta\lambda_{ij}(K),(\Delta\lambda_{ii}=0,0\ K)$
.				
3.NK				
4.1	VI,ANT(K,I),K=1,3	8F10.4	VI	Molvolumen (cm³/mol)
.			ANT	Antoine-Konstanten A,B,C (kPa,°C)
4.NK				
5.	NST,NFEED,NSL,NSV	4I5	NST	Anzahl der theoretischen Stufen
			NFEED	Anzahl der Feed-Böden
			NSL	Anzahl der flüssigen Seitenströme
			NSV	Anzahl der dampfförmigen Seitenströme
6.	DEST,RFLX,PT,PB, TT,TB	8F10.4	DEST	Destillatmenge (kmol/h)
			RFLX	Rücklaufverhältnis
			PT	Druck im Kopf der Kolonne (kPa)
			PB	Druck im Sumpf der Kolonne (kPa)
			TT	Schätzwert für die Kopftemperatur (°C)
			TB	Schätzwert für die Sumpftemperatur (°C)
7.	DTMAX,FLMAX	8F10.4	DTMAX	maximal zulässige Temperaturänderung bei der Iteration (°C)
			FLMAX	maximal zulässige Änderung der Molenströme bei der Iteration
8.1 a	NF	I5	NF	Nummer des Feed-Bodens
8.1 b	FKV,FSTR(J)	8F10.4	FKV	Dampfanteil im Feed
.			FSTR(J)	Feed-Ströme der einzelnen Komponenten
8.NFEED,a				
8.NFEED,b				
	für NSL > 0			
9.1 a	NLS	I5	NLS	Boden für den flüssigen Seitenstrom
9.1 b	SL	F10.4	SL	Menge des flüssigen Seitenstroms
.				
9.NSL,a				
9.NSL,b				
	für NSV > 0			
10.1				
10.1 a	NVS	I5	NVS	Boden für dampfförmigen Seitenstrom
10.1 b	SV	F10.4	SV	Menge (kmol/h) an dampfförmigem Seitenstrom
.				
10.NSV,a				
10.NSV,b				
11.	IRES	I5	IRES	Exponent für das Abbruchkriterium RLIM=10**(-IRES)

Für die in Beispielen behandelten Probleme sind die Eingaben im Anhang zu finden.

Listing des FORTRAN-Programms DESWBUCH

```
      PROGRAM DESWBUCH
C     DAS PROGRAMM DESW BASIERT AUF DEM PROGRAMM UNIDIST, WELCHES IN
C     DER ARBEITSGRUPPE VON PROF. FREDENSLUND (LYNGBY,DK) ENTWICKELT
C     WURDE
      IMPLICIT REAL*8 (A-H,O-Z)
      DIMENSION P(50),XX(5)
      DIMENSION INDEX(50),PROD(6)
      DIMENSION FEED(6),FL(50),FV(50),FLL(50,5),T(50)
      DIMENSION BMAT(50,7,6),D(50,6),CM(6,13),PI(5),DPI(5,6)
      DIMENSION SL(50),SV(50),FKV(50),FSTR(50,6),ITEXT(40)
      COMMON/DIST/ANT(3,5),VI(5),PARAM(5,5),NK,NK1
      CHARACTER*30 INFILE,OUTFILE
      NEG=5
      NAG=6
      WRITE (6,'(A)') ' INPUT FILE  '
      READ (5,'(A)') INFILE
      IF (INFILE. NE.' ') THEN
      NEG = 20
      OPEN (NEG,FILE=INFILE,STATUS='OLD',IOSTAT=IOS,ERR=9905)
      ENDIF
      WRITE (6,'(A)') ' OUTPUT FILE  '
      READ (5,'(A)') OUTFILE
      IF (OUTFILE. NE.' ') THEN
      NAG=21
      OPEN (NAG,FILE=OUTFILE,IOSTAT=IOS,ERR=9906)
      ENDIF
C     EINGABE: ANZAHL DER KOMPONENTEN
      READ (NEG,8) NK
    8 FORMAT(16I5)
C     EINGABE EINES BELIEBIGEN TEXTES
      READ (NEG,12) ITEXT
      WRITE (NAG,12) ITEXT
   12 FORMAT (40A2)
      WRITE(NAG,11)
   11 FORMAT(/,' WILSON (U(J,I)-U(I,I))/R (KELVIN)',/)
C     EINGABE DER WILSON-PARAMETER PARAM(I,J) (U(J,I) – U(I,I))/R
      DO 60 I=1,NK
      READ (NEG,13) (PARAM(I,N),N=1,NK)
   60 WRITE (NAG,13) (PARAM(I,J),J=1,NK)
      WRITE(NAG,62)
      DO 57 I=1,NK
C     EINGABE DER MOLVOLUMINA (CM3/MOL) UND ANTOINE-KONSTANTEN
      (KPA)
      READ (NEG,13) VI(I),(ANT(K,I),K=1,3)
   57 WRITE (NAG,13) VI(I),(ANT(K,I),K=1,3)
   13 FORMAT(8F10.4)
      DO 30 I=1,NK
      ANT(1,I)=2,3025851*ANT(1,I)
   30 ANT(2,I)=2,3025851*ANT(2,I)
   62 FORMAT(//,' MOLVOLUMEN ANTOINE KONSTANTEN',/)
C     VORGABE DER KOLONNENKONFIGURATION
  333 READ (NEG,8,END=555) NST,NFEED,NSL,NSV
      INDEX(1)=1
      NSL1=NSL+1
      NSL2=NSL+2
      INDEX(NSL2+NSV)=-NST
```

```
          IK=1
C     EINGABE: DESTILLATMENGE, RUECKLAUFVERHAELTNIS, DRUCK IM KOPF
C     UND SUMPF DER KOLONNE (KPA), SCHAETZWERTE FUER DIE TEMPERATUR
C     AM KOPF UND IM SUMPF DER KOLONNE (C)
      READ (NEG,13) DEST,RFLX,PT,PB,TT,TB
C     FLMAX: MAXIMALE AENDERUNG DER STROEME (Z. B. 0.5), DTMAX: MAXI-
C     MALE TEMPERATURAENDERUNG WAEHREND DER ITERATION (Z. B. 10.)
      READ (NEG,13) DTMAX,FLMAX
      NK1=NK+1
      DO 221 I=1,NST
      P(I)=PB-(PB-PT)/FLOAT(NST-1)*FLOAT(I-1)
      SL(I)=0.D0
      SV(I)=0.D0
      FKV(I)=0.D0
      FSTR(I,NK1)=0.D0
      DO 221 J=1,NK
  221 FSTR(I,J)=0.D0
      DO 201 I=1,NFEED
C     EINGABE DES ZULAUFBODENS, -BEDINGUNGEN UND -MENGEN
C     NF = ZULAUFBODEN
      READ (NEG,8) NF
C     FKV = DAMPFANTEIL DES ZULAUFS
C     FSTR(NF,I) MENGE DER KOMPONENTE I IM ZULAUF
      READ (NEG,13)FKV(NF),(FSTR(NF,J),J=1,NK)
      DO 201 J=1,NK
  201 FSTR(NF,NK1)=FSTR(NF,NK1)+FSTR(NF,J)
      IF (NSL. EQ.0) GO TO 203
      DO 202 I=1,NSL
C     NLS = BODEN FUER DEN FLUESSIGEN SEITENSTROM
      READ (NEG,8) NLS
      IK=IK+1
      INDEX(IK)=NLS
C     SL = MENGE DES FLUESSIGEM SEITENSTROMS
  202 READ (NEG,13) SL(NLS)
  203 IF (NSV. EQ.0) GO TO 204
      DO 205 I=1,NSV
      IK=IK+1
C     NVS = BODEN FUER DEN DAMPFFOERMIGEN SEITENSTROM
      READ (NEG,8) NVS
      INDEX(IK)=-NVS
C     SV = MENGE DES DAMPFFOERMIGEN SEITENSTROMS
  205 READ (NEG,13) SV(NVS)
C     BERECHNUNG DER FLUESSIGKEITS- UND DAMPFSTROEME AUF DEN BOEDEN
C     (CONSTANT MOLAR OVERFLOW)
  204 FV(NST) = DEST+FKV(NST)*FSTR(NST,NK1)
      FL(NST)=DEST*RFLX+(1.-FKV(NST))*FSTR(NST,NK1)-SL(NST)
      FV(NST-1)=FL(NST)-FSTR(NST,NK1)+SV(NST)+SL(NST)+DEST
      DO 222 II=3,NST
      IF (NST. LE.2) GO TO 222
      I=NST+2-II
      FL(I)=FL(I+1)-SL(I)+(1.-FKV(I))*FSTR(I,NK1)
      FV(I-1)=FV(I)+SV(I)-FKV(I)*FSTR(I,NK1)
  222 CONTINUE
      FL(1)=FL(2)-SL(1)+(1.-FKV(1))*FSTR(1,NK1)
      FL(1)=FL(1)-FV(1)
      DO 211 J=1,NK1
      FEED(J)=0.D0
      DO 211 I=1,NST
```

```
  211 FEED(J)=FEED(J)+FSTR(I,J)
      WRITE (NAG,16)NST,DEST,RFLX,PT,PB,DTMAX,FLMAX
   16 FORMAT(//,' ANZAHL DER STUFEN ',19X,I9/,' DESTILLATMENGE',24
     1X,F12.2,/,' RUECKLAUFVERHAELTNIS ',13X,F15.2,/,' DRUCK IM KOPF DE
     1R KOLONNE (KPA)',7X,F12.2,/,' DRUCK IM SUMPF DER KOLONNE (KPA)', 6
     1X,F12.2,/,' MAXIMALE TEMPERATURAENDERUNG PRO ITERATION ',F6.2/,
     1' MAXIMALE MOLENSTROMAENDERUNG PRO ITERATION ',F6.2//)
      WRITE (NAG,215)
  215 FORMAT(//,' KOLONNENKONFIGURATION ',//,' I FL FV
     1SL SV FKV FEEDSTROEME',/)
      DO 216 I=1,NST
  216 WRITE (NAG,217)I,FL(I),FV(I),SL(I),SV(I),FKV(I),(FSTR(I,J),J=1,NK)
  217 FORMAT(I3,3X,10F8.1)
C     ERSTE ABSCHAETZUNG DES TEMPERATUR- UND KONZENTRATIONSPROFILS
      DO 26 I=1,NST
   26 T(I)=TB+(I-1)*(TT-TB)/NST
      READ (NEG,8) IRES
C     IRES = EXPONENT FUER DAS ABBRUCHKRITERIUM RLIM= 10.D00**(-IRES)
      RLIM= 10.D00**(-IRES)
      DO 3 I=1,NST
      DO 3 J=1,NK
      FLL(I,J)=FEED(J)/FEED(NK1)*FL(I)
    3 CONTINUE
      NIT=0
  500 CONTINUE
      NKA=NK-1
      NIT=NIT+1
C     BERECHNUNG DER AKTIVITAETSKOEFFIZIENTEN UND DER ABLEITUNG
C     NACH DER TEMPERATUR UND DER MOLMENGEN
      DO 200 I=1,NST
      DO 210 J=1,NK
  210 XX(J)=FLL(I,J)
      FLSUM=FL(I)
      CALL WILSON (T(I),XX,PI,DPI,FLSUM)
      DO 220 J=1,NK
      DO 230 K=1,NKA
  230 BMAT(I,J,K)=(DPI(J,K)-DPI(J,NK))/P(I)
      BMAT(I,J,NK)=DPI(J,NK+1)/P(I)
  220 BMAT(I,NK+1,J)=PI(J)/P(I)
  200 CONTINUE
      DO 300 IK=1,NST
      I=NST+1-IK
      IP=2*NK+1
      IF (I. EQ.1) IP=NK+1
      D(I,NK)=-1+BMAT(I,NK+1,NK)
      DO 310 J=1,NKA
      D(I,NK)=D(I,NK)+BMAT(I,NK+1,J)
      D(I,J)=FSTR(I,J)-FLL(I,J)*(1+SL(I)/FL(I))
      D(I,J)=D(I,J)-BMAT(I,NK1,J)*(FV(I)+SV(I))
      IF (I. NE.1) D(I,J)=D(I,J)+BMAT(I-1,NK1,J)*FV(I-1)
      IF (I. NE. NST) D(I,J)=D(I,J)+FLL(I+1,J)
C     AUFSTELLEN DER JACOBI-MATRIX UND LOESUNG DER TRIDIAGONALEN
C     MATRIX DURCH GAUSSSCHE ELIMINIERUNG
      DO 310 K=1,NK
      IF (I. NE.1) CM(J,K+NK)=BMAT(I-1,J,K)*FV(I-1)
  310 CM(J,K)=-BMAT(I,J,K)*(FV(I)+SV(I))
      DO 315 J=1,NKA
  315 CM(J,J)=CM(J,J)-1-SL(I)/FL(I)
```

```
          DO 320 J=1,NK
          CM(NK,J)=0.D0
          CM(NK,J+NK)=0.D0
          CM(J,IP)=D(I,J)
          DO 320 K=1,NK
      320 CM(NK,J)=CM(NK,J)+BMAT(I,K,J)
          IF (I. EQ. NST) GO TO 350
          DO 330 J=1,NKA
          CM(J,IP)=CM(J,IP)-D(I+1,J)
          DO 330 K=1,NK
      330 CM(J,K)=CM(J,K)-BMAT(I+1,J,K)
      350 CONTINUE
          CALL GAUSL(6,13,NK,IP-NK,CM)
          DO 360 J=1,NK
          D(I,J)=CM(J,IP)
          IF (I. EQ.1) GO TO 360
          DO 370 K=1,NK
      370 BMAT(I,J,K)=CM(J,K+NK)
      360 CONTINUE
      300 CONTINUE
          DO 380 I=2,NST
          DO 380 J=1,NK
          DO 380 K=1,NK
      380 D(I,J)=D(I,J)-BMAT(I,J,K)*D(I-1,K)
          RES=0.D0
C         AENDERUNG DER UNABHAENGIGEN VARIABLEN NACH DER NEWTON-
C         RAPHSON-METHODE
          DO 400 I=1,NST
          Q=DABS(D(I,NK)/DTMAX)
          IF (Q. GT.1.) D(I,NK)=D(I,NK)/Q
          T(I)=T(I)-D(I,NK)
          D(I,NK)=0.D0
          FLM=FLMAX*FL(I)
          DO 410 J=1,NKA
      410 D(I,NK)=D(I,NK)-D(I,J)
          SUM=0.D0
          DO 420 J=1,NK
          Q=DABS(D(I,J)/FLM)
C         BERECHNUNG DER FEHLERQUADRATSUMME
          RES=RES+Q*Q
          IF (Q. GT.1.) D(I,J)=D(I,J)/Q
          FLL(I,J)=FLL(I,J)-D(I,J)
          IF (FLL(I,J).LT.0.) FLL(I,J)=0.D0
      420 SUM=SUM+FLL(I,J)
          Q=FL(I)/SUM
          DO 400 J=1,NK
      400 FLL(I,J)=FLL(I,J)*Q
          WRITE (NAG,502) RES,T(1),T(NST)
      502 FORMAT(/,' WERT DER ZIELFUNKTION=',E12.3,' TB =',E12.3,' TT ='
         1,E12.3)
C         UEBERPRUEFUNG DES ABBRUCHKRITERIUMS
          IF (RES. GT. RLIM) GOTO 500
C         OUTPUT
          WRITE (NAG,21)
       21 FORMAT(//,' STUFE TEMP. DRUCK GESAMTSTROM KOMPONENTENST
         >ROEME'/)
          DO 6 I=1,NST
        6 WRITE (NAG,22) I,T(I),P(I),FL(I),(FLL(I,J),J=1,NK)
```

```
   22 FORMAT(I4,F9.2,F10.3,F12.2,5X,5F12.3)
      WRITE (NAG,601)
  601 FORMAT(//,' FLUESSIGE PRODUKTSTROEME ',//,' STUFE   KOMPONENTENST
     1ROEME'/)
      DO 602 J=1,NSL1
      I=INDEX(J)
      Q=1.D0
      IF (I. NE. 1) Q=SL(I)/FL(I)
      DO 603 K=1,NK
  603 PROD(K)=Q*FLL(I,K)
  602 WRITE (NAG,605) I, (PROD(K),K=1,NK)
      WRITE (NAG,611)
      NSLT=NSL2+NSV
      DO 608 J=NSL2,NSLT
      I=-INDEX(J)
      Q=1.D0
      IF (I. NE. NST) Q=SV(I)/FV(I)
      DO 609 K=1,NK
  609 PROD(K)=Q*BMAT(I,NK1,K)*FV(I)
  608 WRITE (NAG,605) I,(PROD(K),K=1,NK)
  611 FORMAT(//,' DAMPFF. PRODUKTSTROEME ',//,' STUFE KOMPONENTENSTROE
     1ME'/)
  605 FORMAT(I4,7X,8F10.5)
      GO TO 333
  555 STOP
 9905 STOP 'FEHLER BEIM EROEFFNEN DES EINGABEFILES'
 9906 STOP 'FEHLER BEIM EROEFFNEN DES AUSGABEFILES'
      END
      SUBROUTINE WILSON (TEMP,FL,PI,DPI,FLSUM)
C     DAS UNTERPROGRAMM WILSON ERLAUBT DIE BERECHNUNG DER PARTIAL-
C     DRUECKE UND DER ABLEITUNGEN NACH DER TEMPERATUR UND DER
C     MOLMENGEN (BASIS: WILSON- UND ANTOINE-GLEICHUNG)
C     DIE UEBERGABEPARAMETER HABEN DIE FOLGENDE BEDEUTUNG:
C     TEMP TEMPERATUR C
C     FL(I) MOLMENGEN DER KOMPONENTE I I=1,2..NK
C     GAM(I) AKTIVITAETSKOEFFIZIENT BERECHNET MIT DER WILSON-GLEICHUNG
C     PI(I) PARTIALDRUCK DER KOMPONENTE I
C     DPI(I,J) ABLEITUNG VON PI(I) NACH WILSON
C     FUER J=1,2..NK SIND ES DIE ABLEITUNGEN NACH DEN MOLMENGEN
C     FUER J=NK+1 SIND ES DIE ABLEITUNGEN NACH DER TEMPERATUR
      IMPLICIT REAL*8 (A-H,O-Z)
      DIMENSION FL(5),PI(5),GAM(5),DPI(5,6),PRS(5),DPRS(5),WLAM(5,5)
      COMMON/DIST/ANT(3,5),VI(5),PARAM(5,5),NK,NK1
      DO 10 I=1,NK
      PRS(I)=DEXP(ANT(1,I)-ANT(2,I)/(ANT(3,I)+TEMP))
   10 DPRS(I)=ANT(2,I)/(ANT(3,I)+TEMP)**2
      TEMK=TEMP+273,15D0
      DO 1000 I=1,NK
      DO 1000 J=1,NK
 1000 WLAM(I,J)=VI(J)/VI(I)*DEXP(-PARAM(I,J)/TEMK)
      DO 1010 I=1,NK
      A1=0.D00
      A2=0.D00
      A3=0.D00
      A4=0.D00
      DO 1020 K=1,NK
      A5=0.D00
      A6=0.D00
```

```
            A1=A1+FL(K)*WLAM(I,K)
            A2=A2+FL(K)*WLAM(I,K)*PARAM(I,K)/TEMK**2
            DO 1030 J=1,NK
            A5=A5+FL(J)*WLAM(K,J)
       1030 A6=A6+FL(J)*WLAM(K,J)*PARAM(K,J)/TEMK**2
            A3=A3+FL(K)*WLAM(K,I)/A5
            A4=A4+FL(K)*WLAM(K,I)*PARAM(K,I)/TEMK**2/A5
       1020 A4=A4-FL(K)*WLAM(K,I)*A6/A5**2
            GAM(I)=DEXP(-DLOG(A1/FLSUM)+1.-A3)
            PI(I)=FL(I)/FLSUM*GAM(I)*PRS(I)
            DPI(I,NK1)=PI(I)*(-A2/A1-A4+DPRS(I))
            DO 1010 L=1,NK
            A7=0.D00
            A9=0.D00
            DO 1050 K=1,NK
            A8=0.D00
            A9=A9+FL(K)*WLAM(L,K)
            DO 1060 J=1,NK
       1060 A8=A8+FL(J)*WLAM(K,J)
       1050 A7=A7+FL(K)*WLAM(K,I)*WLAM(K,L)/A8**2
            DPI(I,L)=-WLAM(I,L)/A1-WLAM(L,I)/A9+A7
       1010 CONTINUE
            DO 260 I=1,NK
            DO 260 L=1,NK
            S=DPI(I,L)*FL(I)
            IF (L. EQ. I) S=S+1
        260 DPI(I,L)=PRS(I)*GAM(I)/FLSUM*S
            RETURN
            END
            SUBROUTINE GAUSL(ND,NCOL,N,NS,A)
C           DAS UNTERPROGRAMM GAUSL LOEST N LINEARE ALGEBRAISCHE
C           GLEICHUNGEN DURCH GAUSSSCHE ELIMINIERUNG
            IMPLICIT REAL*8 (A-H,O-Z)
            DIMENSION A(ND,NCOL)
            N1=N+1
            NT=N+NS
            IF (N .EQ. 1) GO TO 50
            DO 10 I=2,N
            IP=I-1
            I1=IP
            X=DABS(A(I1,I1))
            DO 11 J=I,N
            IF (DABS(A(J,I1)) .LT. X) GO TO 11
            X=DABS(A(J,I1))
            IP=J
         11 CONTINUE
            IF (IP .EQ. I1) GO TO 13
            DO 12 J=I1,NT
            X=A(I1,J)
            A(I1,J)=A(IP,J)
         12 A(IP,J)=X
         13 DO 10 J=I,N
            X=A(J,I1)/A(I1,I1)
            DO 10 K=I,NT
         10 A(J,K)=A(J,K) - X*A(I1,K)
         50 DO 20 IP=1,N
            I=N1-IP
            DO 20 K=N1,NT
```

```
      A(I,K) = A(I,K)/A(I,I)
      IF (I .EQ. 1) GO TO 20
      I1=I-1
      DO 25 J=1,I1
   25 A(J,K) = A(J,K) - A(I,K)*A(J,I)
   20 CONTINUE
      RETURN
      END
```

Nachfolgend sind die zu den Beispielen in Kap. 4 benötigten Inputdateien für das Programm DESWBUCH gelistet. Weiterhin sind die Resultate in graphischer Form dargestellt. Neben der Kolonnenkonfiguration sind dies die Molanteile der beteiligten Komponenten in der flüssigen Phase und die Temperatur in Abhängigkeit von der betrachteten Stufe.

Beispiel 4.9a

```
2
CYCLOHEXANON(1)-CYCLOHEXANOL(2)
0.0         5.68
102.4       0.0
104.18      6.59540      1832.20      244.20
103.43      5.92859      1199.10      145.00
   48       1
100.0       6.8          4.           26.0         60.         120.
3.          1.5
   20
0.          100.0        100.0
   10
    2
```

Beispiel 4.9a

CYCLOHEXANON(1)−CYCLOHEXANOL(2)

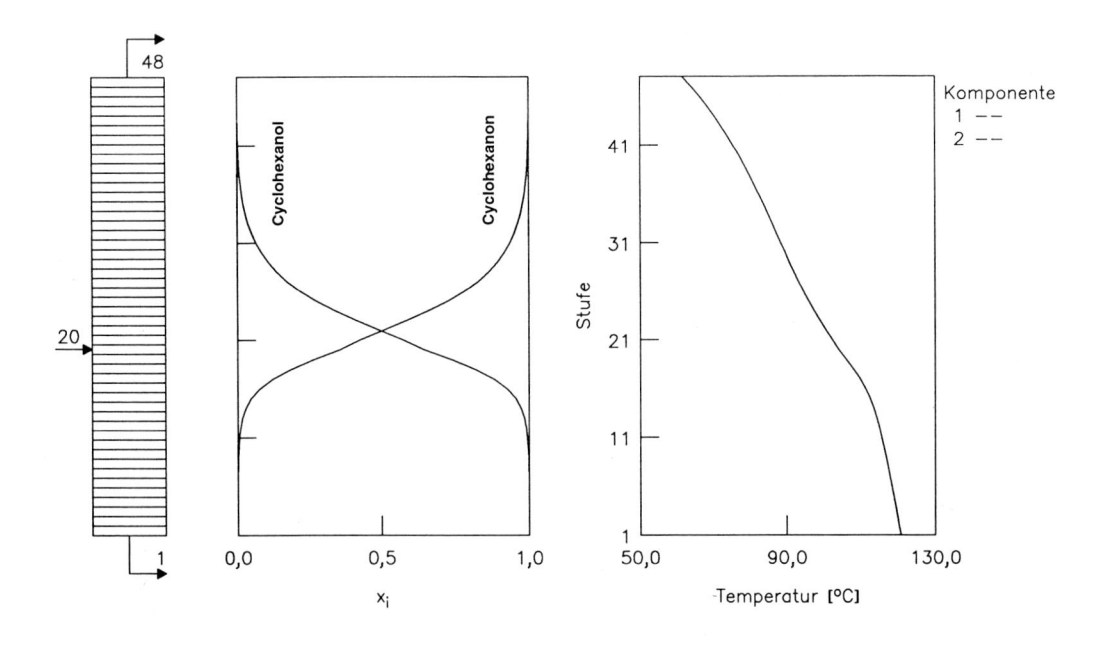

Beispiel 4.9b

```
2
CYCLOHEXANON(1)-CYCLOHEXANOL(2)
0.0             5.68
102.4           0.0
104.18          6.59540     1832.20     244.20
103.43          5.92859     1199.10     145.00
 38             1
100.0           3.1         4.          6.0         60          85.
3.              1.5
  17
0.              100.0       100.0
  10
```

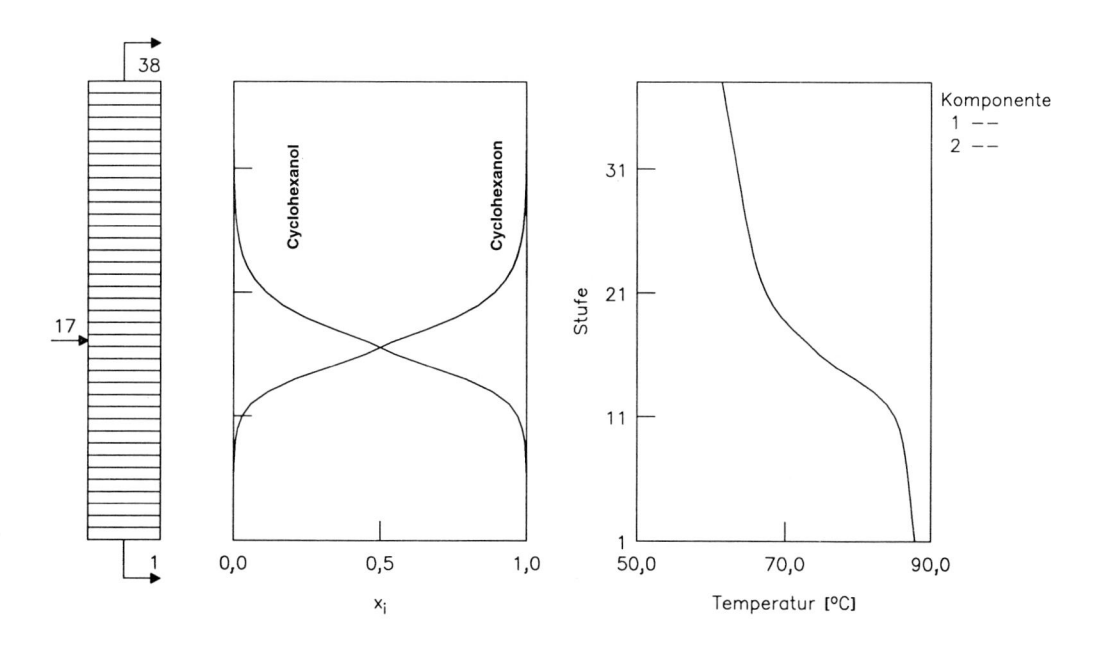

Beispiel 4.9b

CYCLOHEXANON(1)−CYCLOHEXANOL(2)

Beispiel 4.11 a

```
2
TETRAHYDROFURAN(1)-WASSER(2)  (1.KOLONNE 1 ATM)
0.0             574.0
915.6           0.0
81.55           6.12005         1202.29         226.254
18.07           7.19621         1730.63         233.426
   20              2      0
144.5           1.0             101.32          101.32          64.             100.
 3.             1.5
    4
 0.             80.0            20.0
    5
 0.             40.3            24.7
   10
```

Beispiel 4.11 a

TETRAHYDROFURAN(1)−WASSER(2) (1.KOLONNE 1 ATM)

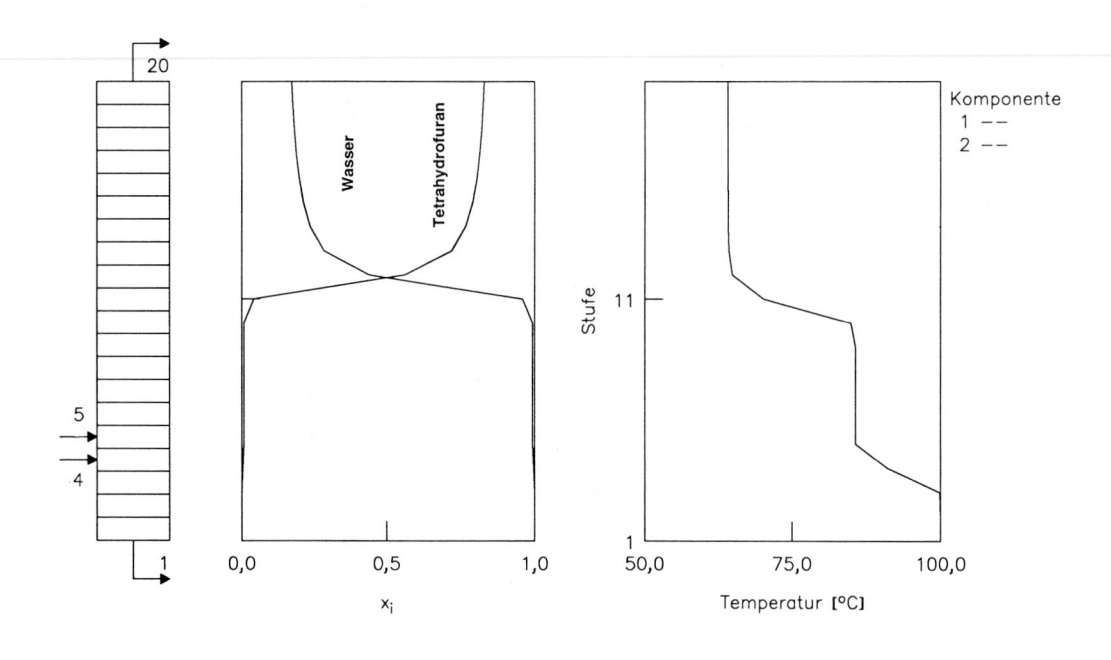

Anhang 451

Beispiel 4.11 b

```
2
TETRAHYDROFURAN(1)-WASSER(2) (1.KOLONNE 10 ATM)
0.0           574.0
915.6         0.0
81.55         6.12005      1202.29      226.254
18.07         7.19621      1730.63      233.426
  28          1     0
72.0          1.4          1013.2       1013.2       150.         160.
5.            3.0
  22
0.            120.0        25.0
  10
```

Beispiel 4.11 b

TETRAHYDROFURAN(1)-WASSER(2) (2.KOLONNE 10 ATM)

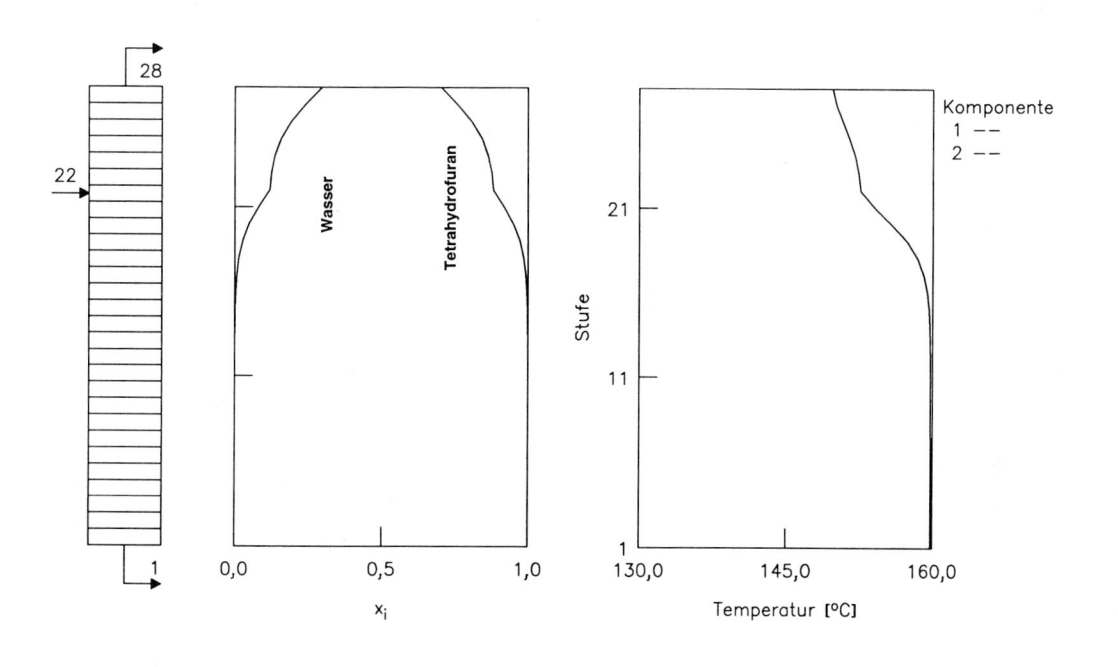

Anhang

Beispiel 4.13

```
3
BENZOL(1)-CYCLOHEXAN(2)-ANILIN(3)
0.0           92.78          4.197
50.22         0.0            344.5
304.3         710.5          0.0
89.41         6.00477        1196.76        219.161
108.75        5.97636        1206.47        223.136
91.53         6.58931        1840.79        216.923
   28            2
100.0         2.8            101.           110.           80.           126.
3.            3.0
   9
0.            100.0          100.0          0.00
   21
0.            0.0            0.             480.
   10
```

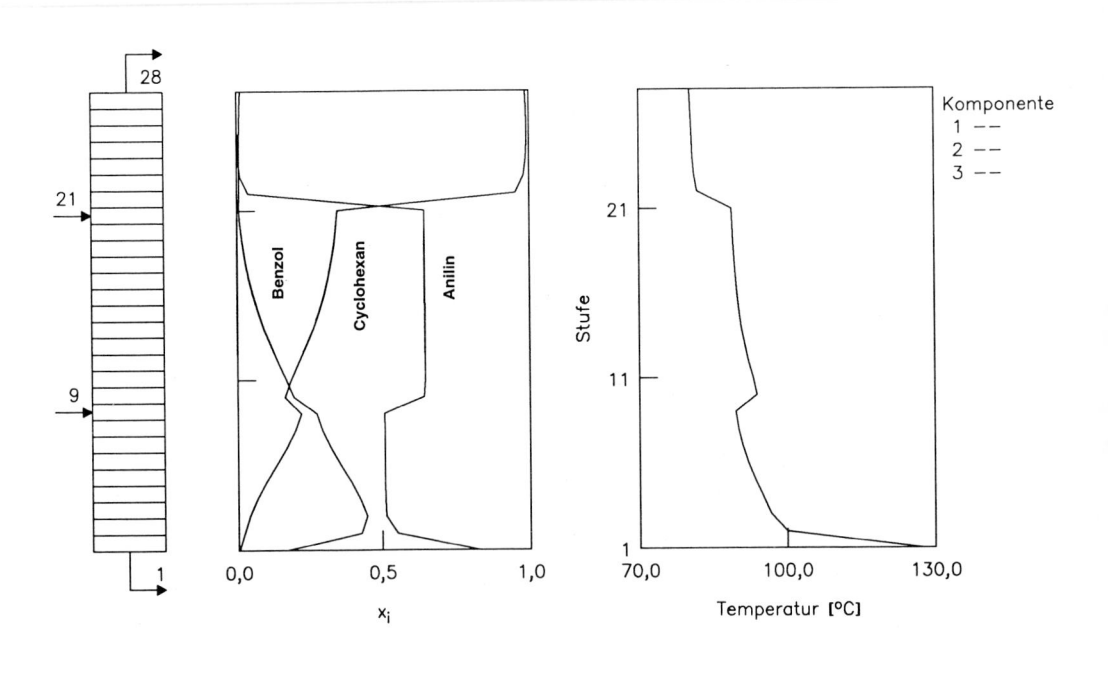

Beispiel 4.13

BENZOL(1)−CYCLOHEXAN(2)−ANILIN(3)

Beispiel 4.15

```
4
METHANOL(1)-WASSER(2)-ETHANOL(3)-ISOBUTANOL(4)
0.0             54.04           −26.14          298.0
236.3           0.0             506.7           987.2
62.42           95.68           0.0             159.8
−215.5          652.6           −91.12          0.0
40.73           7.20587         1582.271        239.726
18.07           7.19621         1730.63         233.426
58.69           7.23710         1592.864        226.184
92.91           7.66006         1950.94         237.147
  45            1       1
125.5           3.0             120.            130.            70.             105.
3.              1.5
  21
0.              127.1           65.8            0.07            0.12
  10
  5.2
  10
```

Die graphische Darstellung der Ergebnisse ist in Abb. 4.43 zu finden.

Weiterführende Literatur

Allgemein

Coulson, J. M., J. F. Richardson (1991), Chemical Engineering, 4th ed., Pergamon Press, Oxford:
- Volume 1, Fluid Flow, Heat Transfer and Mass Transfer,
- Volume 2, Particle Technology and Separation Processes,
- Volume 6, An Introduction to Chemical Engineering Design.

Dialer, K., U. Onken, K. Leschonski (1986), Grundzüge der Verfahrenstechnik und Reaktionstechnik, Hanser-Verlag, München.

Geankopolis, C. J. (1993), Transport Processes and Unit Operations, Prentice Hall, Englewood Cliffs.

McCabe, W. L., J. C. Smith, P. Harriott (1993), Unit Operations of Chemical Engineering, McGraw-Hill, New York.

Perry's Chemical engineers' handbook (1984), McGraw-Hill, New York.

Ullmann's Encyclopedia of Industrial Chemistry (1990), VCH Verlagsgesellschaft mbH, Weinheim:
- Volume B1 – Fundamentals of Chemical Engineering,
- Volume B2 – Unit Operations I,
- Volume B3 – Unit Operations II.

Vauck, W. R. A., H. A. Müller (1988), Grundoperationen chemischer Verfahrenstechnik, VCH Verlagsgesellschaft mbH, Weinheim.

Stofftransportprozesse und Wärmetransportprozesse

Baerns, M., H. Hofmann., A. Renken (1993), Chemische Reaktionstechnik, Bd. 1, 2. Aufl., Georg Thieme Verlag, Stuttgart, New York.

Bird, R. B., W. E. Stewart, E. N. Lightfood (1960), Transport Phenomena, John Wiley & Sons, New York.

Brauer, H. (1971), Grundlagen der Einphasen- und Mehrphasenströmung, Salle u. Sauerländer, Frankfurt, Aarau.

Deckwer, W.-D. (1985), Reaktionstechnik in Blasensäulen, Salle u. Sauerländer, Aarau, Frankfurt.

Grassmann, P. (1983), Physikalische Grundlagen der Verfahrenstechnik, 3. Aufl., Salle u. Sauerländer, Aarau, Frankfurt.

Krischer, O., W. Karst (1978), Die wissenschaftlichen Grundlagen der Trocknungstechnik, Springer-Verlag, Berlin, Heidelberg.

Kulicke, W.-M. (1986), Fließverhalten von Stoffen und Stoffgemischen, Hüthig und Wepf, Basel.

Martin, H. (1988), Wärmeübertrager, Georg Thieme Verlag, Stuttgart, New York.

Pawlow, K. F., P. G. Romankow, A. A. Noskow (1972), Beispiele und Übungsaufgaben zur chemischen Verfahrenstechnik, Deutscher Verlag für Grundstoffindustrie, Leipzig.

Schlünder, E.-U. (1988), Wärmeübertragung, Georg Thieme Verlag, Stuttgart, New York.

VDI-Wärmeatlas (1984), VDI-Verlag GmbH, Düsseldorf.

Thermodynamik

Gmehling, J., B. Kolbe (1992), Thermodynamik, VCH Verlagsgesellschaft mbH, Weinheim.

Stephan, K., F. Mayinger (1992), Thermodynamik, 2 Bände, Springer-Verlag, Berlin, Heidelberg, New York.

Thermische Grundoperationen

Henley, E. J., J. D. Seader (1981), Equilibrium Stage Separation Operations in Chemical Engineering, John Wiley, New York.

King, J. C. (1980), Separation Processes, McGraw-Hill, New York.

Mersmann, A. (1978), Thermische Verfahrenstechnik, Springer-Verlag, Berlin.

Sattler, K. (1988), Thermische Trennverfahren – Grundlagen, Auslegung, Apparate, VCH Verlagsgesellschaft mbH, Weinheim.

Wankat, P. C. (1988), Equilibrium Staged Operations, Elsevier, Amsterdam.

Weiß, S., K.-E. Militzer, K. Gramlich (1993), Thermische Verfahrenstechnik, Deutscher Verlag für Grundstoffindustrie, Leipzig.

Rektifikation

Billet, R. (1979), Distillation Engineering, Chemical Publishing Co, New York.
Kister, H. Z. (1990), Distillation – Operation, McGraw-Hill, New York.
Kister, H. Z. (1992), Distillation – Design, McGraw-Hill, New York.
Schlünder, E.-U., F. Thurner (1986), Destillation, Absorption, Extraktion, Georg Thieme Verlag, Stuttgart, New York.

Membranprozesse

Rautenbach, R., R. Albrecht (1989), Membrane Processes, John Wiley & Sons, Chichester.
Staude, E. (1992), Membranen und Membranprozesse, Grundlagen und Anwendungen, VCH Verlagsgesellschaft mbH, Weinheim.

Kristallisation

Mullin, J. W. (1992), Crystallization, Butterworth-Heinemann, Oxford.

Absorption

Kohl, A., F. Riesenfeld (1979), Gas Purification, 3. Aufl., Gulf Publishing Company, Houston.

Extraktion mit überkritischen Gasen

Brunner, G. (1994), Gas Extraction – An Introduction to Fundamentals of Supercritical Fluids and the Application to Separation Processes, Steinkopff, Darmstadt.

Mechanische Grundoperationen

Gasper, H. (1990), Handbuch der industriellen Fest/Flüssig-Filtration. A. Hüthig Verlag, Heidelberg.
Kneule, F. (1986), Rühren, DECHEMA, Frankfurt.
Leschonski, K. et al. (1984), Grundzüge der mechanischen Verfahrenstechnik, Bd. 1 (Allgemeines), Winnacker/Küchler, Chemische Technologie.
Löffler, F. (1988), Staubabscheiden, Georg Thieme Verlag, Stuttgart, New York.
Philipp, H. (1989), Einführung in die Verfahrenstechnik, Salle u. Sauerländer, Aarau, Frankfurt.
Schönert, K. (1984), Zerkleinern, in Chemische Technologie, Winnacker/Küchler, 4. Aufl., Bd. 1, Carl Hanser Verlag, München, Wien.
Schubert, H. (1978), Aufarbeitung fester mineralischer Rohstoffe, VEB Deutscher Verlag für Grundstoffindustrie, Leipzig.
Spieß, M. (1992), Mechanische Verfahrenstechnik 1, Springer, Berlin, Göttingen, Heidelberg.
Wilke, H.-P., C. Weber, T. Fries (1988), Rührtechnik – Verfahrenstechnische und apparative Grundlagen, A. Hüthig Verlag, Heidelberg.
Zogg, M. (1987), Einführung in die Mechanische Verfahrenstechnik, 2. Aufl., B. G. Teubner, Stuttgart.

Sachverzeichnis

A

Absorption 255f
– Anwendungsbeispiele 257
– chemische 267
– Kremser-Gleichung 263
– Lösungsmittelauswahl 257
– McCabe-Thiele-Verfahren 258
– nichtisotherme 267
– Absorberbauarten 268
Absorptionsenthalpie 151
Absetzkammern 390
– Flugstaubkammer 390
– Rauchfang 390
Absorptionskoeffizient
– Bunsenscher 150
– Ostwaldscher 150
Abtriebsverhältnis 175
Abwasserstripper 235
Adsorber 328, 399
– typischer 328
Adsorption 316f
– Adsorptionsmittel 317
– Desorption 328
– Durchbruchskurve 326
– Prozeß 326
– SORBEX-Verfahren 329
– technische Anwendung 317
Adsorptionsgleichgewicht 320f
– IAS-Theorie 324
– Langmuirsche Adsorptionsisotherme 320
Adsorptionsisothermen 321
Adsorptionsmittel
– Porengrößenverteilung 318
Adsorptionsprozeß 326
Aerosol 342, 398
Agglomeration 429
Aktivitätskoeffizient 98
– bei unendlicher Verdünnung 116
– Druckabhängigkeit 112
– Standardfugazität 107
– Temperaturabhängigkeit 111
– Modelle 113f
Antoine-Gleichung 140
Antoine-Konstanten für ausgewählte Komponenten 436

Anzahl theoretischer Trennstufen
– Absorption 258, 263
– Extraktion 272f, 275, 276, 280
– Rektifikation 170f
Arbeitsgeraden McCabe-Thiele-Verfahren
– Abtriebsgerade 174
– Einfluß des thermischen Zustands des Zulaufs 176, 180
– Schnittpunktsgerade 174
– Verstärkungsgerade 174
Archimedes-Zahl Ar 26
Axialverdichter 46
azentrischer Faktor 102
azeotrope Punkte 124
– Bedingungen für das Auftreten 124
azeotrope Rektifikation 232
– technische Anwendung 232
azeotropes Verhalten 117, 124
– Temperatur-(Druck)-Abhängigkeit 125

B

Bancroft-Punkt 125
Bernoulli-Gleichung 15
Bilanzgleichungen (MESH) 170
Bingham-Flüssigkeit 18
Bodenkolonne 173, 285
– Druckverlust 288
– typische 173, 286
– Bodenwirkungsgrad 288
Bodenstein-Zahl Bo (Dispersionsstrom) 15
Bodenwirkungsgrad 288f
Bodenzahl
– minimale theoretische 170, 181
Brechen 404, 409
Brecher 410f
– Backenbrecher 410
– Hammerbrecher 412
– Kegelbrecher 411
– Walzenbrecher 412

Bruchenergie 406
Brüdenkompression 246

C

Chemische Theorie 107
Clausius-Clapeyron-Gleichung 139

D

Dampfdruck 139
Dampf-Flüssig-Gleichgewicht
– in Abhängigkeit von der Stärke der Abweichung vom Raoultschen Gesetz 117
– Beziehungen zur Berechnung 99
– Flußdiagramm zur Berechnung mit g^E-Modellen 116
– Flußdiagramm zur Berechnung mit SRK-Zustandsgleichung 104
– Messung 93f
Dampf-Flüssig-Flüssig-Gleichgewicht 149
Datensammlungen
– Gemischdaten 159
– Reinstoffdaten 160
Destillationslinien 131
Destillationstechnik
– geschichtliche Entwicklung 168
Dialyse 337
Diffusion 4
dilatantes Fließverhalten 18
Diskontinuierliche Rektifikation 247f
– einfache Destillation 248
– Mehrkomponentensysteme 253
– mehrstufige 251
– Rayleigh-Beziehung 248
Dispersion 11
Dralldurchflußmesser 29
Drehschieberpumpen 50
Druckfiltration 380, 383
Druckrektifikation 224

Sachverzeichnis

Druckverlust
– Bodenkolonne 288
– Filtrieren 380
– Gesetz von Hagen-Poiseuille 20
– örtlicher Druckverlust 22
– Packungskolonne 296
– in Schüttschichten 23
Druckwechselrektifikation 226
Düsen
– Dralldüsen 361
– Druckdüsen 361
– Flachstrahldüsen 360
– Hohlkegelstrahldüsen 360
– pneumatische Düsen 362
– Radialstromdüsen 356
– Venturidüsen
– Vollkegelstrahldüsen 360
Durchbruchskurven 326

E

Elektrodialyse 338
Emissionszahl (grauer Körper) 61
Emulgieren 357
Emulsion 342, 388
Emulsionsspaltung 389
Emulsionstrennung 388
Entstaubung 389f
Energieeinsparung 244
Enhancement-Faktor 310
Euler-Zahl Eu 363
Extraktion
– Fest-Flüssig 308
– Flüssig-Flüssig 268
– mit überkritischen Gasen 309
Extraktionsprozeß
– typischer 269
Extraktionskolonne
– Anzahl theoretischer Stufen (McCabe-Thiele) 272
– Dreiecksdiagramm 276
– Kremser-Gleichung 275
– typische 269
Extraktionsmittel
– Anforderungen 271f
Extraktive Rektifikation 229
– Lösungsmittelauswahl 230
– technische Anwendung 231
Extraktoren 281f
– Kühni 284
– Mischer-Scheider 281
– mit Energiezufuhr 283f
– ohne Energiezufuhr 283
– Zentrifugal 283
– Fest-Flüssig 308
Extrudieren (Schneckenstrangpressen) 430

F

Fallfilmkristallisator 315
Fallstromverdampfer 302

Fenske-Gleichung 191
– Beispiel 194
F-Faktor 296
Ficksches Gesetz 4
Filmkondensation 59
Filmmodell 8
Filmverdampfen 59
Filtrieren 375f
– Druckfiltration 380, 383
– Elektrofilter 393
– Filtergeschwindigkeit 380
Filter
– Bandfilter 384
– Blattfilter 384
– Filterkerzen 376
– Filterpressen 384
– Kammerfilterpressen 384
– Nutschen 383
– Rahmenfilterpressen 384
– Scheibenfilter 387
– Taschenfilter 393
– Vakuumtrommelfilter 385
– Filtergewebe 378
– Kuchenfiltration 376
– Querstromfiltration (Crossflow-Systeme) 377
– Schüttfilter 376
– Siebfiltration 376
– Tiefenfiltration 376
– Vakuumfiltration 380, 384
Flash 134f
Fliehkraftzerstäuber 362
Fließverhalten – siehe Viskosität
Flockung 374
Flotation 422f
– Flotationsapparate 426
– Sammler 422,
– Alkyl- und Alkyldithiophosphate 423
– Alkylammoniumsalze 424
– ampholytische Sammler 424
– Carboxylate 423
– Xanthogenate 423
– Schäumer 422, 424
Flüssig-Flüssig-Extraktion 268
Flüssigmembrantechnik 338
Flüssigkeitsringpumpen 50
Flüssig-Flüssig-Gleichgewicht 143
– binäre Systeme 144f
– Gibbssche Enthalpie 144
– Selektivität 144
– Spinodalkurve 144
– Temperaturabhängigkeit 146, 148
– ternäre Systeme 146f
– Verteilungskoeffizient 143
Formpressen (Extrudieren) 430
Fouriersche Gleichung 54, 55
Froude-Zahl Fr 25, 354
Füllkörper 291

Fugazitätskoeffizient 98
– SRK-Zustandsgleichung 103
– Virialgleichung 105

G

Gaslöslichkeit 149
– bei gleichzeitiger chemischer Reaktion 154
Gaspermeation 336
Gasverteiler
– dynamische 355
– statische 355
Gegenstromprinzip 165f
geordnete Packung 292
Gibbssche Exzeßenthalpie 111
– Modelle 113f
– Parameter für ausgewählte binäre Systeme 437
Gilliland-Beziehung 197
Glastemperatur 405
Gleichstrom 165
Glockenboden 286
Granulatformen (Pelletisieren) 430
Gruppenbeitragsmethoden 137
– UNIFAC 137
– modified UNIFAC 138
– PSRK 139

H

Hagen-Poiseuillesches-Gesetz 20
Hausbrand-Diagramm 235
Henry-Konstante 150
– Bestimmung 152f
– Druckabhängigkeit 153
– Konzentrationsabhängigkeit 153
– Temperaturabhängigkeit 151
Heteroazeotrop 149
Heteroazeotroprektifikation 225
HETP 220
Higbie-Modell (Stoffübergang) 8
Hirschfelder-Gleichung (Diffusionskoeffizienten) 5
HTU 214
Hubkolbenpumpen 33
Hubkolbenkompressoren 41
Hydrodynamik 14f
Hydrostatik 13

I

IAS-Theorie 324

K

K-Faktor 99, 143
Kaltgaseinspeisung (zur Temperaturlenkung) 66
Kavitation 37, 346

Keimbildung 313
Klärbecken 370
Klassieren 415, 416f
– fotografische Methoden 417
– Schlämmanalyse 416
– Sedimentationsanalyse 416
– Sichtanalyse 416
– Siebanalyse 416
– Streulichtmethode 418
Klauben 415
Kneten 427
Knudsen-Diffusion 6
Kompressoren 38f
– Hubkolbenkompressoren 41f
– Kreiselverdichter (Turbokompressoren) 43f
– Verdichten
   adiabatisch 39
   isotherm 39
   polytrop 40
– Umlaufkolbenverdichter 48
Kondensator 304
konfigurelle Diffusion 7
Kontakttrockner 83
Konvektion 7f
Konvektionstrockner 80
Kontakttrockner 83
Konzept der idealen Trennstufe 163
Konzept der Übertragungseinheit 213
Körnungskennlinie 418
Kornverteilung, Beschreibung der 418
– GGS-Verteilung 420
– Massensummenkurve (Rückstandskennlinie) 418
– Massenverteilungskurve (Körnungskennlinie) 418
– Normalverteilung (logarithmisch) 420
– RRSB-Verteilung 419
Kreiselpumpen 35
Kreiselverdichter (Turbokompressoren) 43
– Axialverdichter 46
– Cordier-Diagramm 44
– Radialverdichter 46
Kremser-Gleichung
– Absorption 263
– Extraktion 275
Kreuzstrom 166
Krichevsky-Kasarnovski-Gleichung 153
Krichevsky-Illinskaya-Gleichung 153
Kristallisation 311
– Keimbildung 313
– Kristallwachstum 313
– Kühlungs- 313
– Übersättigung 313
– Vakuum- 313

– Verdampfungs- 313
Kristallisatoren 314f
– Fallfilm 315
– Schabkühl- 316
– Schicht- 314
– Suspensions- 314
Kristallwachstum 313
Kühlungskristallisation 313
Kühni-Extraktor 284

L

Lamellenklärer 372, 389
Langmuirsche Adsorptionsisotherme 320

M

McCabe-Thiele-Verfahren 172, 258, 272
– Beispiel 184
– Berücksichtigung mehrerer Zulaufströme 188
– Berücksichtigung von Seitenströmen 188
– Berücksichtigung weiterer Verdampfer 189
– direkte Beheizung 189
– Stufenkonstruktion 179f, 187
Mahlen 404
– Naßmahlen 404
– Trockenmahlen 404
Margules-Gleichung 114
Massensummenkurve (Rückstandskennlinie) 418
Massenverteilungskurve (Körnungskennlinie) 418
Matrix-Verfahren 199
Membrantrennverfahren 331f
– Dialyse 337
– Elektrodialyse 338
– Flüssigmembrantechnik 338
– Gaspermeation 336
– Mikrofiltration 333
– Pervaporation 336
– reverse Osmose 335
– schematisch 332
– Trennprinzipien 332
– Ultrafiltration 333
– Membranmodule 333
Membranpumpen 34, 50
MESH-Gleichungen 170
Mikrofiltration 333
Mischen von Schüttgütern 427
Mischer-Scheider-Systeme 281
Mischzeit (beim Rühren) 351
modified UNIFAC 138
molare Volumina für ausgewählte Komponenten 436
Molekularsiebe 317

Mühlen 413f
– Hammermühlen 410, 412
– Kugelmühle 414
– Pralltellermühlen 415
– Schwingmühlen 410, 415
– Sichtermühlen 415
– Stabmühle 414
– Stiftmühlen 415
– Strahlmühlen 410, 415
– Trommelmühlen (Mahlkörpermühlen) 413
– Walzenmühlen 410, 413
Multizyklon 392
Murphree-Bodenwirkungsgrad 289

N

Naphtali-Sandholm-Verfahren 211
Nebel 342
Newton-Raphson-Verfahren 209
Newton-Zahl Ne 354
Normaldiffusion (in Poren) 6
NRTL-Gleichung 114
– Parameter für ausgewählte binäre Systeme 437
NTU 214
Nusselt-Zahl Nu 57, 359

O

Osmose 334
– reverse 335
osmotisches Gleichgewicht 334

P

Packungskolonne 291f
– Anzahl theoretischer Stufen 297
– Aufbau 294
– Druckverlust 296
– Durchmesser 301
– Flüssigkeitsholdup 297
– typische 295
partielle molare Exzeßgrößen 111
Pelletisieren (Granulatformen) 430
Pervaporation 336
Phasengleichgewicht
– Beziehungen zur Berechnung 97
– Dampf-Flüssig 99f
– Fest-Flüssig 155f
– Flüssig-Flüssig 143f
– Gaslöslichkeit 149f
– osmotisches 334
– Pervaporation 337
– Poynting-Faktor 108
– überkritische Extraktion 309
plastisches Fließverhalten 18
Podbielniak-Extraktor 283

Porendiffusion 6, 7
- Normaldiffusion 6
- Knudsen-Diffusion 6
- konfigurelle Diffusion 7, 20
Prallscheiben 29
Prandtl-Zahl 57
Prillen 430
pseudoplastisches Fließverhalten 17
PSRK 139
Pumpen 30f
- Drehschieberpumpen 50
- Flüssigkeitsringpumpen 50
- Hubkolbenpumpen 33
- Kreiselpumpen 35
- Membranpumpen 34, 50
- Pumpgrenzlinie 30
- Pumpenkennlinie 30
- Treibmittelpumpen 32, 51
- Umlaufkolbenpumpen 37
- Widerstandskennlinie (Anlagenkennlinie) 31
- Wirkungsgrad 32
Punktwirkungsgrad 290

Q

Querstromfiltration (Crossflow-Systeme) 377

R

Radialverdichter 46
Raoultsches Gesetz 111, 136
Rauch 342
reaktive Rektifikation 236
Realfaktor 109
Realanteil thermodynamischer Größen 142
Reh-Diagramm (Wirbelschicht) 25
Rektifikation
- Druck 224
- extraktive 229
- Heteroazeotrop 225
- kontinuierliche 167
- Kolonne 167
- reaktive 236
- Sonderverfahren 224
- Vakuum 221
- Wärmebedarf 245
- Zweidruckverfahren
Rektifikationsanlage 305
Rektifikationskolonnen 285
reverse Osmose 335
Reynolds-Zahl Re 3, 57, 351, 369
Rheodestruktion 18
rheoplexes Fließverhalten 18
Rohrbündelapparat 69
Rotationswäscher 396
Rücklaufverhältnis 174
- minimales 181, 187, 191, 196

- optimales 182
Rückstandskennlinie 418
Rückstandskurven 133

S

Sättigungsdampfdruck 139
Schabkühlkristallisator 316
Schaum 342, 399
- Flotation (Dreiphasenschaum) 422
- Schaumbrechen 400
- Schaumverhinderung 400
Schichtkristallisator 314
Schlämmanalyse 416
Schlüsselkomponente 193
Schneckenextraktor 309
Schneckenstrangpressen (Extrudieren, Formpressen) 430
schwarzer Körper 61
Schwebekörperdurchflußmesser (Schwimmermesser) 29
Sedimentieren 367
Sedimentationsanalyse 416
Selektivität
- Extraktionsmittel 270
- extraktive Rektifikation 229, 270
Sherwood-Zahl Sh (Stoffübergang) 10
Short-cut-Methoden 190
Sichtanalyse 416
Siebanalyse 416
Siebboden 286
Simulationsprogramm DESWBUCH
- Anwendungsbeispiele 243
- Fortran-Programm 441
- Inputbeispiele 448
- Inputbeschreibung 439
Sintern 432
Sorptionsräder 399
Sortieren 415
- Dichtesortieren 420
- Elektrowalzenabscheider 422
- Flotation 422
- Magnetsortierer 421
Spinodalkurve 144
Stanton-Zahl St (Stoffübergang) 10
statische Mischer 343
Stauränder (Staublenden) 27
Staurohre 29
Stefan-Boltzmann-Gleichung 61
Stoffübergang 7f
- Filmmodell 8
- Higbie-Modell 8
- Sherwood-Zahl 10
- Stanton-Zahl 10
- Stoffdurchgangskoeffizient 9
- Stoffübergangskoeffizient 7

Strömungsarten 3f
- Diffusion 4
- Dispersion 11
- Konvektion 7
- labile Strömung 4
- laminare Strömung 3, 20
- molekulare Strömung (Diffusion) 4
- turbulente Strömung 4, 20
Strömungsbrecher 344
Strömungslehre 13f
strukturviskoses Fließverhalten 17
Suspendieren 357
- 1-Sekunden-Kriterium 358
- Schichthöhenkriterium 358
Suspension 10, 342
Suspensionskristallisator 314

T

Tellerzentrifuge 372, 389
Temperaturleitzahl 55
theoretische Trennstufe
- Ermittlung der Anzahl 170f
- McCabe-Thiele-Verfahren, Absorption 258
- McCabe-Thiele-Verfahren, Flüssig-Flüssig-Extraktion 269
- McCabe-Thiele-Verfahren, Rektifikation 172
Thermische Trennverfahren 88f
- Berechnung 163
Thermodynamische Grundlagen 92f
thixotropes Fließverhalten 18
Treibmittelpumpen 32, 51
Trennfaktor 99
- Konzentrationsabhängigkeit 120f
- mittlerer 193
Trennprozeß, schematisch 88
Trennsequenz 239
Trennung Mehrkomponentensystem
- Zahl der Kolonnen 239
- Trennsequenz 239
Trocknung 77f
Trockner 80f
- Kontakttrockner 83
- Konvektionstrockner 80
Trombe 344
Tunnelboden 288

U

Ultrafiltration 333
Umlaufkolbenpumpen 37
Umlaufkolbenverdichter 48
Umlaufverdampfer 302
Underwood-Gleichung 196

UNIQUAC-Gleichung 114
– Parameter für ausgewählte binäre Systeme 437
U-Rohr-Manometer 13

V

Vakuumerzeugung 48
Vakuumfiltration 380, 384
Vakuumkristallisation 313
Vakuumrektifikation 221
van der Waalssche Größen für ausgewählte Komponenten 436
van der Waals-Zustandsgleichung 101
van Laar-Gleichung 114
Varianz 357
Ventilboden 286
Venturidüsen 20, 51, 396
Venturiwäscher 396
Verdampfer 302
Verdampfungsenthalpie 140f
– für ausgewählte Komponenten 436
– Kirchhoffsches Gesetz 141
– Watson-Gleichung 141
– Realanteile (Zustandsgleichung) 142
Verdampfungskristallisation 313
Verdichten
– adiabatisch 39
– isotherm 39
– polytrop 40
Verdunstungskühlung 67
Virialgleichung 105
Viskosität 16
– dilatantes Fließverhalten 18
– newtonsches Fließverhalten 17
– nichtnewtonsches Fließverhalten 17
– Strukturviskosität (pseudoplastisches Fließverhalten) 17
– viskoelastisches Fließverhalten (plastisches Fließverhalten, Bingham-Flüssigkeit) 18
– zeitabhängiges Fließverhalten 18

W

Wärmeintegration bei Rektifikationsprozessen 245
Wärmeleitung 54f
– Fouriersche Gleichung 54, 55
– Temperaturleitzahl 55
– Wärmeleitzahl 54
– Wärmeleitwiderstand 55
Wärmepumpe 246
Wärmestrahlung 61
– Emissionszahl (grauer Körper) 61
– schwarzer Körper 61
– Stefan-Boltzmann-Gleichung 61
Wärmestrom 54
Wärmestromdichte 54
Wärmetauscher 73f, 302
– Plattenwärmetauscher 73
– Rohrbündelwärmetauscher 73
Wärmeträger 63
Wärmetransport, konvektiv 56f
– Filmkondensation 59
– Filmverdampfen 59
– Wärmedurchgang 59
– Wärmeübergangskoeffizient 56
– Nusselt-Zahl Nu 57, 359
Wärmeübertragung – Stromführung 69f
– Gegenstrom 69
– Gleichstrom 69
– Kreuzstrom (Querstrom) 69
Wäscher (Gasentstaubung) 396
Wang-Henke-Verfahren 200
– Beispiel 206
– Matrix 201
– Lösung mit dem Thomas-Algorithmus 201
Wasserdampfdestillation 234
Watson-Gleichung 141
Weber-Zahl We 363
Wiedemann-Franz-Lorenzsches Gesetz 54
Wilke-Chang-Gleichung (Diffusionskoeffizienten) 5
Wilson-Gleichung 114
– Parameter für ausgewählte binäre Systeme 437
– Beispiele (binäre Systeme) 119, 122, 126
– Beispiele (ternäre Systeme) 128, 132
Wirbeldurchflußmesser 29
Wirbelschicht 24

Z

Zentrifugalextraktoren 283
Zentrifugieren 371
Zeolithe 317
Zerkleinern 402f
– Brechen 404, 409
– Bruchenergie 406
– Kornverteilung, Beschreibung der 418f
– Mahlen 404, 409
– Rißwachstum 404
– Schroten 404, 409
– Zerkleinerungsapparate 409f
– Brecher 410f
– Mühlen 413f
– Zerkleinerungsarbeit, spezifische 407
– Zerkleinerungsgesetze 407
  nach Bond 409
  nach Kick 409
  nach Rittinger 409
– Zerkleinerungsgrad 404
– Zerreißspannung, molekulare 406
Zulaufboden Rektifikation
– Wahl 183
Zustandsgleichungen 100
– Berechnung von Dampf-Flüssig-Gleichgewichten 103
– Flußdiagramm 104
– kubische 101
– Peng-Robinson 101
– Redlich-Kwong 101
– Reinstoffparameter 101
– Soave-Redlich-Kwong 101
– van der Waals 101
Zweidruckverfahren Rektifikation 226
Zyklone 390